国家科学技术学术著作出版基金资助出版

仿生传感与智能感知

王　平　庄柳静　万　浩等　著

科学出版社

北　京

内 容 简 介

　　视觉、听觉、触觉、嗅觉与味觉是自然界人类等生物体获取和感知环境信息的 5 种基本感官。仿生传感与智能感知是将传感技术与生命科学、人工智能技术相结合，通过模仿生物体的感官功能实现信息的获取，包含了敏感机理与传感功能的仿生以及信息处理和智能识别技术的仿生，其中模拟生物感官的敏感机理和智能识别是发展仿生传感与智能感知的核心。本书从感官生物学机制、仿生传感技术原理、智能感知技术、实际应用及未来发展等多个层面对国内外仿生传感与智能感知技术研究进行了详细介绍。

　　本书适合从事生物医学工程、仪器仪表、电子信息、计算机与人工智能、脑科学与脑机融合、生物物理学、仿生学、神经生物学、材料科学等多学科交叉与融合方向研究的专家、学者和技术人员参考阅读。

图书在版编目（CIP）数据

仿生传感与智能感知/王平等著. —北京：科学出版社，2023.2
ISBN 978-7-03-074927-7

Ⅰ. ①仿…　Ⅱ. ①王…　Ⅲ. ①生物传感器–研究　Ⅳ. ①Q811.4

中国国家版本图书馆 CIP 数据核字（2023）第 033107 号

责任编辑：李　悦　付丽娜 / 责任校对：严　娜
责任印制：赵　博 / 封面设计：北京蓝正合融广告有限公司

科学出版社 出版
北京东黄城根北街 16 号
邮政编码：100717
http://www.sciencep.com

北京厚诚则铭印刷科技有限公司印刷
科学出版社发行　各地新华书店经销

*

2023 年 2 月第 一 版　　开本：787×1092 1/16
2025 年 1 月第三次印刷　印张：26 3/4
字数：713 000
定价：280.00 元
(如有印装质量问题，我社负责调换)

前　言

随着生命科学与人工智能的发展，人类对生物体感官的研究进入了一个新的阶段，使仿生的人造感官系统具有了类似生物体的特征。近 10 年来，脑科学研究又促使了智能感知技术的快速发展，从而推动了一个新的交叉研究领域——仿生传感与智能感知技术应运而生。仿生传感与智能感知作为生命科学与人工智能以及脑科学的重要探索领域之一，通过模仿生物体的 5 种基本感官，即视觉、听觉、触觉、嗅觉和味觉的感知过程，实现类似生物体的信息捕获、传递、处理以及与环境交互的能力和人工系统或仪器装置。

仿生传感与智能感知是由生物、化学、物理、医学、电子信息技术等多学科互相交叉而衍生出来的高新技术，是现代人工智能以及智慧医疗等领域的先导和核心技术，也是重要的研究和发展方向，在传感技术、人工智能、生物医学、环境监测、食品医药等众多领域具有重要的应用。随着生命科学、人工智能、材料科学技术等的发展，仿生传感与智能感知将应用于更复杂的检测和识别环境，这对其稳定性、灵敏度、特异性、高效性等性能提出更高要求。

本书共分为 8 章，包括绪论、仿生传感与智能感知技术基础、仿生视觉传感与智能感知、仿生听觉传感与智能感知、仿生触觉传感与智能感知、仿生嗅觉传感与智能感知、仿生味觉传感与智能感知以及仿生传感与智能感知未来发展趋势。本书首先介绍了仿生传感与智能感知的发展现状，其次对视觉、听觉、触觉、嗅觉、味觉的生物学机制进行了详细介绍，然后分别对仿生视觉、听觉、触觉、嗅觉、味觉与智能感知的原理及其应用进行了详细介绍，最后对仿生传感与智能感知的未来发展进行了展望。

本书的出版得到了国家科学技术学术著作出版基金和浙江大学研究生院优秀教材出版基金的资助。此外，对参与本书的编写、修改及校对的浙江大学生物医学工程与仪器科学学院、生物传感器国家专业实验室的多位教师和研究生表示衷心感谢，他们是秦春莲、张钧煜、袁群琛、刘梦雪、熊忆舟、薛莹莹、于伟杰、牟石盟、朱宇瑄、陈畅明、张筱婧、石倩颖、向奕、吴建国等。

由于仿生传感与智能感知是一个新兴和不断发展的领域，新的理论、方法和应用技术不断涌现，本书内容难免存在不足，敬请各位专家和读者批评指正。

国家杰出青年科学基金获得者　国家百千万人才工程专家

浙江大学求是特聘教授　浙江大学生物传感器国家专业实验室主任

2022 年 12 月

目　　录

第1章 绪 论

1.1 引 言

20 世纪 60 年代，国际上兴起了一门新的综合性学科——仿生学。仿生学被定义为"模仿生物原理构建的技术系统或使人造技术系统具有类似于生物特征的科学"，因此，仿生学是模仿生物的科学，是生命科学与机械、材料和信息等工程技术学科相结合的交叉学科，其目的是研究和模拟生物体的结构、功能、行为及其调控机制，将其应用到技术系统，改善已有的技术工程设备，并创造出新的工艺过程、系统构型、自动化装置等技术系统，为工程技术提供新的设计理念、工作原理和系统构成。

仿生传感技术是由生物、化学、物理、医学、电子信息技术等多学科互相交叉而衍生出来的高新技术，是现代生物医学技术的先导和核心，也是重要的研究和应用方向。在生物医学、环境监测、食品医药以及军事医学等各领域都有重要的应用价值。仿生传感器即是在该高新技术的发展下催生的多学科交叉产物。仿生传感器以生物活性单元，如生物酶、抗体、核酸、受体、细胞、组织、类器官以及完整生物体等作为敏感单元，获取生物敏感单元与检测目标物之间的响应信号（也称为识别单元），再通过理化方式的变换器（也称为换能器单元），转化为容易被检测和处理的电信号（或光信号）等[1]。

仿生传感与智能感知技术，是模仿生物体的 5 种感官（sense），即视觉、听觉、触觉、嗅觉和味觉，以及识别或认知等过程的技术，仿生传感具有捕获信息的能力，而智能感知具有传递、处理以及显示信息的能力，因此，仿生传感与智能感知具有广阔的应用前景，特别是面向医疗和健康的更高层次需求，如疾病的早期诊断、快速诊断、床边监护、在体监测等，以及生命科学深层次的研究，包括分子识别、基因探针、神经递质与神经调质的监控等都对新型的仿生传感与智能感知技术有很高的要求。创新性的科研探索和实际应用的需求为仿生传感与智能感知技术的发展提供了客观条件，使仿生传感与智能感知技术在过去的几十年产生了丰厚的成果。该技术随着科技与经济的发展取得了极大的进步，同时也必将极大地推动未来的科学技术和经济社会的发展。

1.2 生物感官的发展现状

目前的生物绝大多数是由数亿年前的单细胞生物演变而来的。在原始海洋的条件下，生物必须具有感知生存环境的能力，这些"生物先民"为了适应环境所做的进化承袭至今，逐步演变为如今生物的各种感官。随着科学研究的不断进步，人们已经对生物感官演化成形的过程以及其功能机制有了一定的认识。通过解析生物感官机制，利用现代科学技术构建仿生感官系统，从而开发具有生物感官功能、某些性能指标甚至超越生物体的智能仪器设备，同时也促进了生物感官机制的深入探究。

在动物感觉器官中，有一类细胞能通过改变内部状态来呈现接收到的外界信息，称为感受细胞或感受器。当感受器受到某种感官刺激时，相应的离子会透过细胞膜上的通道蛋白，使得细胞内与外界环境的电荷产生电位差，从而形成生物电，这种机制使生物得以对外界信息做出反应。很多生物体，包括人类都拥有视觉、听觉、触觉、嗅觉与味觉的感知能力，进而表现出不同的行为。

生命演化出这种改变细胞生理状态的方式来适应外界环境，在之后的演化中逐步向特定的感官系统发展。最早演化出的感官涉及生命最早面对关键挑战所做出的种种反应，如寻找与食物相关的化学物质，或者避开表示危险环境条件的化学物质。这种感知机制延续到现在，并且在细菌中也发现了类似根据化学物质浓度梯度来做出不同的响应的机制。

随着生态环境中物种数量不断增长及生态环境不断变化，生物也逐步演化形成了各种感官。一个生物的"生态"就是它所在的生活环境，还有和它互动的其他物种，包括竞争者、天敌和猎物。所有的生态层面会影响一个物种演化感官的方向，从而影响它所感觉到的世界。目前生物感官一般包括视觉、嗅觉、味觉、听觉、触觉这5种基础感官，图1-2-1为人类的五大感官示意图。

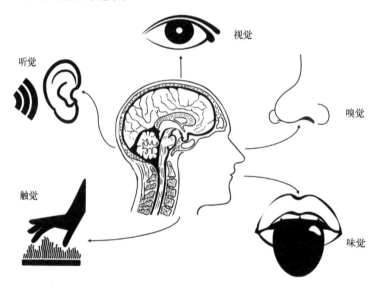

图 1-2-1 人类的五大感官示意图

1.2.1 视觉感官的发展

1. 视觉感官的研究

对于大多数生物，尤其是人类，视觉是最重要的感官系统。生物视觉是持续数百万年的进化产物，有研究表明，96%的动物具有能感受并形成图像的复杂视觉系统[2]。最初，在海洋中生活的某些藻类具有视紫红质（rhodopsin）基因，能够判断明暗，从而更加有效地进行光合作用。拥有视紫红质基因的还有一些浮游生物，而以浮游生物为食的一些生物如水母等也逐渐融入了视紫红质基因，发展出最原始的可以感应光的"原始眼睛"。

　　最原始的眼睛只是原生动物身上的感光细胞团，称为眼点（eye spot），一般眼点只能感受到光线的强弱。接着演化出了感光细胞的保护结构——凹陷，于是眼睛就成为一个覆盖色素的凹陷区域，在保护感光细胞的同时可借此粗略判断光线的来源。但这时的眼睛并没有成像功能。在之后的视觉系统演化中，不同的物种由于生活环境和基因突变的影响产生了不同的进化方向。例如，头足类动物的进化方向是加深视觉凹陷的程度，且其视觉凹陷一直暴露于体表，最终形成了前端有小孔的形状。根据小孔成像的原理，发展出晶状体、虹膜、角膜等结构，最终能够成像于视网膜上，从而拥有较清晰的视觉[3]。节肢动物则是发展出了复眼，利用眼睛阵列来提高视力，虽然复眼不能调焦，导致节肢动物的视觉成像不清晰，但它们拥有丰富的色觉和对动作的高灵敏度。而脊索动物（包括人）的视觉系统的发展则走向了另一个方向。通过对文昌鱼、斑马鱼的研究，结果发现，在早期的进化中，随着神经的发育，最初的视觉凹陷逐渐进入体内，不再暴露于体表。这个内陷的过程中还使得视网膜倒置，光线先穿过传递信息的视神经细胞才到达感受光线信息的感光细胞，这种结构一直延续到现在。图 1-2-2 为不同生物的视觉系统。

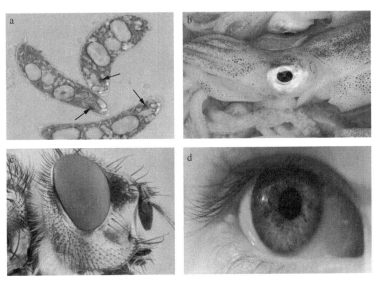

图 1-2-2　不同生物的视觉系统
（a）眼虫，其中箭头指示部位为眼点；（b）章鱼的眼睛；（c）蝇复眼；（d）人眼

　　科学家对于人的视觉系统的探究从 16 世纪就已经开始了。1550 年，意大利解剖学家巴尔托洛梅奥·欧斯塔基奥（Bartolomeo Eustachio）在他的解剖学著作《解剖学》（*Tabulae Anatomicae*）中描述了视神经在脑部的起点。1583 年，瑞士解剖学家菲利克斯·普拉特（Felix Platter）提出晶状体只是"负责"让光线聚焦，而视网膜才是真正形成影像的地方，并且用实际病例证实了他的理论。1604 年，德国天文学家开普勒对人眼视觉的研究做出了巨大贡献，他解释了视网膜的功能，提出在视网膜上的成像是倒立的，阐明

了近视和远视的成因，同时还证明了凹透镜能矫正近视、凸透镜能矫正远视，这是医学界和生物界的重大突破。

1851 年，德国解剖学家、生理学家海因里希·米勒（Heinrich Müller）首次提出视网膜视杆细胞显红色，但其误认为是血红蛋白造成的[4]，他的研究成果为后续的视觉研究打下了重要的生理基础。1876 年，德国生理学家弗朗茨·克里斯蒂安·博尔（Franz Christian Boll）也观测到视网膜呈红紫色，并认为其颜色来源于一种特殊物质，更正了米勒的错误。在这之后，另一位德国生理学家维利·屈内（Willy Kühne）继续了该特殊物质的研究，并将这种物质称为"视紫红质"（rhodopsin），同时他还证明了胆酸可使视杆细胞内的视紫红质释放到溶液里，并基于这一原理完成了牛视网膜中视紫红质的纯化[5]。之后美国生物化学家乔治·沃尔德（George Wald）通过生物化学方法从视网膜中分离出了维生素 A，揭示了视紫红质感光的生化反应[6]，并因此获得了 1967 年的诺贝尔生理学或医学奖。图 1-2-3 所示为视网膜光感受细胞[7]——视杆细胞的结构示意图。

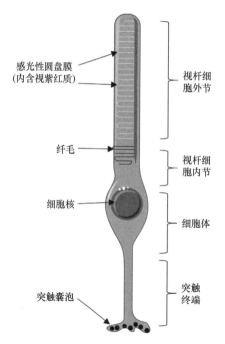

感光性圆盘膜
(内含视紫红质)

视杆细胞外节

纤毛

视杆细胞内节

细胞核

细胞体

突触囊泡

突触终端

图 1-2-3　视网膜光感受细胞——视杆细胞结构示意图

20 世纪 60 年代开始，哈佛大学教授大卫·胡贝尔（David H. Hubel）以及托斯坦·威塞尔（Torsten N. Wiesel）开展了对视皮层细胞的研究，他们的探索开创了视皮层结构和功能研究的新纪元。一方面，他们大量的基础工作为视觉神经生物学的后续发展奠定了基础，描述了视觉信息在皮层水平的处理机制；另一方面，他们从发育的角度对皮层功能的可塑性等进行了研究和阐述，因此他们共同获得了 1981 年的诺贝尔生理学或医学奖。威塞尔根据视觉刺激的响应特征，在视皮层发现了多种神经元[8]，分别称为简单细胞（simple cell）、复杂细胞（complex cell）以及超复杂细胞（hypercomplex cell）。他们后续的研究以及后来大量科研工作者的实验对这些不同细胞的功能进行了深入的探索。

他们的另外一项重要发现则是在视皮层中证实了前人根据其在躯体感觉皮层的研究提出的皮层功能柱的结构。他们的发现可以简单描述为许多具有相同特性的皮层细胞，在视皮层内按照一定的规则在空间上排列起来，这种按功能排列的皮层结构，即皮层的功能构筑，沿着皮层的不同层次呈现柱状分布，如方向柱、方位柱、眼优势柱、空间频率柱以及颜色柱等。这一结构的形成对于皮层内感觉信息的处理具有重要的影响。

2. 视觉模型的研究

在对视觉感知机制的研究过程中，很多研究者建立了不同的视觉模型，用来阐释视觉系统不同的功能，同时为实现机器仿生视觉功能的研究提供参考模型。视觉模型的建立也促进了计算机视觉（computer vision，CV）的快速发展，在机器上实现仿生视觉的目标也在逐步实现。

（1）视差与空间视觉

关于眼睛的空间视觉很早就引起了很多学者的讨论和研究。最开始被接受的空间视觉模型是法国数学家笛卡儿提出的双眼单视数学学说，他认为空间视觉是由几何定律决定的，近处物体远近由物体对于双眼夹角大小决定，远处由可见点光线落入眼睛的分光程度决定。他认为人的空间视觉是生来就有的，而不是后天经验所得。后来的学者提出了不同的假说试图解释空间视觉。

1838 年，英国著名的物理学家惠斯通发明了实体镜，并提出了立体视觉的概念，他指出双眼中两个近似相同的图像结合后会产生实体感。这种立体视觉是基于视差产生的，这为之后空间视觉的实验研究提供了思路。1886 年，奥地利物理学家马赫在《感觉的分析》一书中将空间视觉与眼睛的运动和响应的神经支配过程联系起来，进一步提出了空间时间与运动的关系。1987 年，澳大利亚心理学家巴夫拉·吉勒姆（Babra Gillam）发现存在遮挡时，由于眼睛在水平方向上有一段距离，因此视网膜上遮挡区总存在不对称区，在这些区域上没有对应性，因此不能用视差来解释立体视觉感。吉勒姆在实验中发现，双眼的视力融合后，不对称区域的存在能产生不同的深度、轮廓和表面的视觉信息，因而产生了立体感觉。这个现象被称为达·芬奇立体视觉，以区分因视差产生的惠斯通立体视觉。

（2）计算机视觉的发展

从 20 世纪 50 年代开始，在视觉系统生理学机制不断完善的基础上，科学家将研究方向转向了由机器模拟人类视觉系统上，由此计算机视觉领域不断发展。20 世纪 50 年代，贝尔实验室的贝拉·朱莱斯（Bela Julesz）设计出了随机点立体图（random-dot stereogram，RDS），图 1-2-4 所示为随机点立体图的构造原理示意图。朱莱斯提出只要左右眼图像有视差，就能产生深度感，也就是立体视觉。这说明，立体视觉产生于识别之前。他们的结论启发了麻省理工学院人工智能实验室的大卫·马尔（David Marr）等，他们提出可以利用不同机位的摄像机获得两个有视差的图像，测量对应点之间的视差就可以恢复物体和景物的深度，从而重建并识别图像中的物体，实现视觉系统的功能。马尔依此建立了他的三维（three-dimensional，3D）重建的计算机视觉理论。其编写的于 1982 年出版的《视觉》（*Vision*）一书风靡学术界，不但影响了计算机视觉研究领域，也影响了神经生理学、神经心理学等有关学科，复杂的视觉过程变成了可以用计算机处理的信息加工过程，标志着视觉研究进入了一个新的信息加工时代，成为一门独立学科。

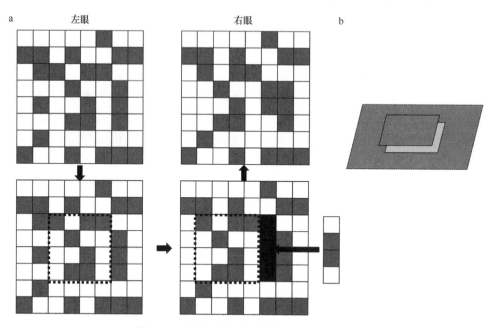

图 1-2-4　随机点立体图的构造原理示意图

（a）创建一张呈现给左眼的随机点图形，右眼的刺激是通过复制第一张图形，水平地移动中间一小块区域，然后使用其他随机点填充间隙；（b）当同时观看左右两张图像时，会产生深度感

之后又有学者提出马尔的计算机视觉理论和视觉重建缺乏目的性与主动性，其他主动视觉和应用视觉的理论开始出现。不少学者认为视觉要有目的性和主动性，在很多应用中不需要严格的三维重建，因此，该方向的研究较长时间没有取得实质性的进展。20 世纪 90 年代初，由于商业应用的要求过于复杂且较难实现，这个时期的计算机视觉发展方向从工业应用转向更为简单的视觉效果呈现，如远程视频会议、虚拟现实、视频监控、图像分割等，这时候的应用也主要是图像识别等。随着人工智能的发展，人们开始尝试不同的算法和模型，同时引入了统计学方法以及局部特征描述。自 21 世纪初以来，借助于深度学习和神经网络，计算机视觉领域也得到了爆发式发展和产业化推进。近年来，基于计算机视觉的智能视频监控和身份识别等市场逐渐成熟扩大，机器视觉的技术和应用趋于成熟，广泛应用于制造、安检、图像检索、医疗影像分析、人机交互等领域。

1.2.2　听觉感官的发展

听觉系统是生物体具备的基本功能，是生物获取外界信息、进行信息交流、调整自身行为认知的重要感官。听觉对于人类语言的发展和交流更有着不可或缺的作用。时至今日，人类的听觉系统已经发展得非常成熟，并形成了统一、完善的工作机制。而在相当长的一段时间，人们对于听觉系统的工作机制认知一直比较模糊。

1. 听觉感官的研究

历史上对于听觉的研究起步很早，希腊著名的哲学家亚里士多德认为，听觉的产生是基于听觉系统中的某种"内部空气"的振荡来传播的。意大利哲学家卢克莱修则认为声音的感知是来自听觉器官上小颗粒的作用；第一个已知的对听觉器官进行解剖研究的是希腊医生阿尔克迈翁，他对动物进行解剖，描述了动物的一些生理结构，包括视神经、咽鼓管和其他结构。同时，他还对一些现象尝试做出了解释，如听觉是由耳后的中空骨头产生的，所有具有空洞的东西都能发出一定音量等。

1543 年，近代解剖学的创始人比利时医生安德烈亚斯·维萨里（Andreas Vesalius）在其著作《人体结构》（*De Humani Corporis Fabrica*）中首次介绍了人耳的解剖模型，提出了耳骨的概念。人耳的成功解剖为人类听觉的研究探索打下了基础，开拓了研究人耳结构和听觉机制的方向，许多学者在此基础上做了许多听觉领域相关的研究。耳朵的结构发现大多起源于 16 世纪至 19 世纪的意大利医生和解剖学家的研究。1564 年，意大利解剖学家欧斯塔基奥描述了后来被称为咽鼓管和鼓膜张肌的生物构造，咽鼓管是连接股室和鼻咽部的通道，用来调节鼓室中的压力，同时还有引流作用，帮助排出鼓室中的分泌物；鼓膜张肌则是调节鼓膜收缩紧张的肌肉。1561 年，意大利医生加布里埃莱·法洛皮奥（Gabriele Falloppio）描述内耳的结构包括前庭、半规管和耳蜗，由于内耳结构曲折迂回，又称为内耳迷路。1683 年，法国解剖学家吉夏尔·约瑟夫·迪韦尔内（Guichard Joseph Duverney）更为详细地描述了内耳的迷路结构，除由前庭、半规管和耳蜗形成的骨迷路（bony labyrinth）外，还有由上皮和结缔组织构成的膜状管及膜状囊所组成的膜迷路（membranous labyrinth）。1761 年，那不勒斯医学院的解剖学教授 Cotugno[9,10] 证明了内耳充满了淋巴液，且外淋巴空间与大脑底部的蛛网膜下腔空间相同。后来，多尔帕特大学解剖学教授厄恩斯特·赖斯纳（Ernst Reissner）提出了前庭膜的概念，所以前庭膜又称为赖斯纳膜（Reissner 膜），并提出耳蜗内部被三个膜片分为不同的部分。1851 年，意大利解剖学主要代表人物之一阿方索·科尔蒂（Alfonso Corti）提出内耳存在一种螺旋器（克利克器），是耳内感受声波刺激的听觉感受器，该部位的细胞可以感受声音的振动产生神经冲动，从而传递到大脑形成听觉。

后来，匈牙利生理学家格奥尔·贝凯希（Georg Von Békésy）对听觉机制进行了深入研究，他试图弄清楚声音信号从空气到液体，也就是从鼓膜到耳蜗内是如何传递的。在已有的耳蜗生理知识基础上，他制作了一个人工耳蜗模型，反复地做了实验，发现了声波通过耳蜗内的液体时会引起基底膜像波动一样的位移，该现象就是耳蜗兴奋的生理机制。他的研究还表明沿基底膜传播的波形实际上是行波，从而确立了行波学说。同时还研究了耳膜的振动模式、骨链运动和耳蜗内的声音传播。他对听觉系统研究做出的贡献使他在 1961 年获得了诺贝尔生理学或医学奖。

20 世纪以来，人们对听觉系统的研究逐渐深入，对于听觉产生的机制也有了一个较为清晰的认知。图 1-2-5 所示为听觉系统（外耳、中耳和内耳）的结构图，听觉的产生经过外耳、中耳、内耳，再通过听觉神经抵达大脑[11]。具体过程如下：当声音发出时，周围的空气分子就起了一连串的振动，这些振动就是声波。当声音到达外耳后，通过耳廓的收集作用把声音传入外耳道并到达鼓膜。鼓膜是外耳与中耳的分界线，厚度和纸一样薄，但非常强韧。当声波撞击鼓膜时，引起鼓膜振动。鼓膜后面的中耳腔内，紧接着三块相互连接的听小骨。当声波振动鼓膜时，听小骨也跟着振动，把声音放大并传递入内耳。听小骨中的镫骨连接在一个极小的薄膜上，这层膜称为前庭窗（卵圆窗）。卵圆窗的另一边是充满液体的耳蜗管道。当卵圆窗受到振动时，液体也开始流动。耳蜗里有数以千计的毛细胞，它们的顶部长有细小纤毛。在液体流动时，这些纤毛受到冲击，经过一系列的生物电变化，毛细胞把声音信号转变成生物电信号经过听神经传递到大脑。大脑再把送达的信息整合、加工后就产生了听觉。

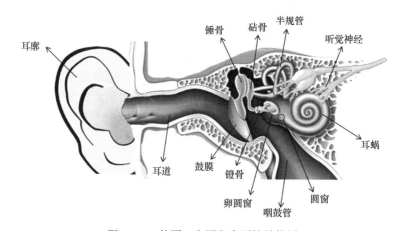

图 1-2-5　外耳、中耳和内耳的结构图

2. 听觉模型的研究

在生理学和神经学不断深入的基础上，许多学者也建立了更加完善的听觉模型。听觉模型可应用于多个领域，如言语感知、听力恢复和机器人仿生听觉等研究。听觉模型的研究目的是通过模拟人类听觉系统的机制和信息加工方式使模型的功能接近人类听觉系统的一种或多种特性。由于听觉系统比较复杂，一般研究者对于听觉模型的研究也有所偏重，因此听觉模型包括了听觉外周模型、听觉中枢模型等不同的局部功能模型。由于人类听觉系统的功能和特性很多，因此设计出完全兼顾听觉系统所有功能的模型较为困难，而每一位研究者对于听觉模型的研究都有自己的思路和方法，模型的用途也不尽相同，于是出现了各式各样的听觉模型。

在本章前面提到的贝凯希是内耳模型的先驱者，他用频闪观测仪观察并发现了基底膜上特异的行波现象，并由此建立了耳蜗一维传输模型，开启了耳蜗模型研究的大门，这也是第一个仿人类听觉特性的模型。在贝凯希的研究基础上，美国加利福尼亚大学旧金山分校的 Flanagan[12,13]教授提出了新的听觉机制模型，该模型将听觉机制分为两个部分，一个由中耳组成，另一个由基底膜组成。输入声音信号，在鼓膜处转化为压力作为系统输入，然后输出镫骨位移作为下一阶段的输入，最后的输出量是基底膜距离镫骨的位移。

谷歌音频研究科学家 Lyon 和 Mead[14]基于耳蜗的工作原理开发了一个模拟人工耳

蜗模型。他的方法是根据观察到的介质性质，通过级联滤波器来模拟耳蜗的流体动力波介质。文中通过一组自动增益控制的基底膜上的动态压缩，来模拟实现了外毛细胞的活动。英国埃塞克斯大学的 Meddis[15] 教授则开发了一个内毛细胞模型，该模型描述了内毛细胞的渗透性功能，能控制将神经递质释放到突触间隙中。后来，同校的 Summer 等[16] 对该模型进行了修正，将大量模拟现象整合到该模型中，使其更符合毛细胞生理学的最新发展。图 1-2-6 所示为 Summer 等[16] 修订过后的内毛细胞听觉模型。

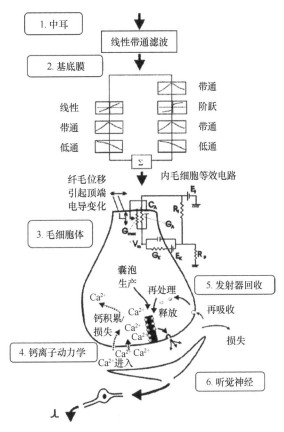

图 1-2-6　内毛细胞听觉模型示意图[16]

剑桥大学的 Patterson[17] 等开发了一种听觉图像模型，该模型包括了外围听觉系统的处理阶段：中耳滤波、频谱分析、神经编码、时间间隔稳定。中耳滤波是一个简单的线性滤波器，用于增强中频。

IPEM 工具箱是一个用于音乐分析的听觉模型，这个模型是一个听觉外设模块，该模型是由比利时根特大学的 Vanimmerseel 和 Martens[18] 开发的，可用于一些音乐感知的研究，提供对声音的感知和认知参数的估计。该工具箱经过中耳滤波后，用一系列带通滤波器模拟耳蜗，毛细胞模型融合了半波整流和动态范围压缩的功能，同时还引入了与节拍频率相对应的失真功能，通过一个低通滤波器提取每个通道的包络，能模拟初级听觉神经的同步丢失。

目前所进行的研究已经能基本阐明人类听觉的工作机制。然而还有一些与听觉处理有关的其他特征尚不清楚。感知和神经信息传递到大脑的最终机制仍然是一个模糊的主题。现在这些过程被处理为黑盒系统，只能通过观察受试者对规定的听觉刺激的反应，来测试该部分的功能。但现在的神经网络技术越发先进，有望建立更加完善的仿生听觉网络模型，能真正模拟人听觉系统，进行对声音信息的收集和处理。

1.2.3　触觉感官的发展

触觉是躯体感觉的一种，除触觉之外，其他如痛觉、本体感觉等也属于躯体感觉。相比于其他感官，触觉感受器遍布全身，是人体分布最广的感官。对于某些动物来说，触觉是至关重要、赖以生存的感觉，相比眼睛，动物通过触觉能获取比视觉更多的信息。而对于眼睛受损的人来讲，触觉也是获取信息的重要感官之一。与视觉和听觉相比，触觉信号并不是一个定义明确的量，触觉感受器也不是存在于一个单独的局部的感受感官上。同样，作为一种感受域很广的感觉，触觉感知也不是单一地将某种物理特性转化为电信号，触觉包括对温度、纹理、形状、力、疼痛等多种相关物理量的感知。

1. 触觉感官的研究

对于触觉的研究始于 19 世纪末期，稍晚于视觉研究。刚开始研究的重点是对触觉的生物机制和感知特性进行探索，多是对动物触觉进行的研究。触觉是一种在动物界广泛分布的原始感觉，可诱发出身体收缩、蜷曲等简单的非定位性运动反应，全身僵直、接触倾斜性、负趋性，以及身体的切向、变向无定位运动等各种防御反应，具有向刺激部位做出反击习性的动物也不少。许多动物对弱的触刺激具有正趋性，这与它们向固体表面附着、潜入、穿孔等习性有关。部分生物伴有身体不动状态（接触趋性僵直），如草履虫。

触觉是动物重要的定位手段。主要以触觉来认识生活环境及其变化的动物（如蚯蚓）等称为触觉动物。各种动物的立直反射和昆虫的飞翔运动也因对足端及腹面的触觉刺激的缺失而诱发。蜜蜂种群中通过"蜂舞"对有关蜜源的距离和方向进行报信，其中触觉刺激也是主要因素。鱼类的侧线器官作为远距离触觉装置，对辨别外界环境具有重要的作用，对之后的仿生触觉也有很大的启发。在植物界也可看到对触觉刺激的反应，特别是在食虫植物如茅膏菜、毛毡苔等，能观测到感受器的组织明显分化，并在触觉刺激时产生动作电位。

瑞典生理学教授 Vallbo 和 Hagbarth[19]在 1968 年记录了手部触觉感受器的神经冲动信号，并依照时间特性与空间特性对神经细胞进行了分类。在触觉感受器的信息获取方面，以色列神经生物学专家 Ahissar 等[20,21]发现大脑对触觉信息的获取由空间和时间两个通道的数据同时编码而成。1972 年，美国普林斯顿大学的 Geldard 和 Sherrick[22]在前臂上间隔布置了 3 个内装扬声器作为振动器，当按顺序施加刺激时，受试者不仅感觉到了两个振动器之间的轻拍，而且感觉到有一个东西从手腕一路跳到肩膀上，这就是有名的"皮肤兔子"错觉。

对于人类各种触觉感受器的研究，已经有一个比较清晰的模型。以最大的器官——皮肤为例，背根神经节的神经纤维分布到皮下，分化成各类机械感受器。图 1-2-7 所示为人类的皮肤触觉系统结构。轻触觉感受器需要响应较小的力，是低阈值机械感受器，主要有无毛皮肤（如手掌）中的特殊细胞——梅克尔细胞和各类神经末梢小体——鲁菲尼末梢、迈斯纳小体和帕奇尼小体；以及有毛皮肤（如手背）中的梅克尔细胞和环绕毛囊的各类纵向和环形针状的低阈值机械感受器。而痛觉感受器往往接收响应较强的伤害性机械刺激，是高阈值机械感受器，它们一般以自由神经末梢的形态存在于皮肤中。本体感觉的感受器最主要分布在肌肉组织中，主要包括肌梭和肌腱中的本体感觉感受器，它们能感受肌肉的牵张，继而反馈四肢方位和躯体平衡的信息。

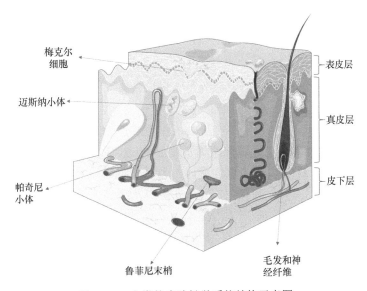

图 1-2-7　人类的皮肤触觉系统结构示意图

　　虽然人们逐渐了解了触觉系统的生理结构，但还不是很清楚人类或动物受到外界刺激时是如何感觉到的。因为在细胞基因层面的研究中，触觉受体蛋白的低表达给生化鉴定带来一定困难，且在基因序列上也很难找到规律[23]。凭借遗传筛选技术，科学家得以在较低等的生物中鉴定到部分机械感受通道，细菌中的机械感觉通道 mscL 是通过生化方法获得的[24]。

　　在以往的研究中，对于触觉的工作机制停留在外界刺激如温度和压力会引起皮肤中的感受器产生神经冲动由此产生触觉阶段，但科学家并没有找到神经细胞中特定的离子通道和受体蛋白。20 世纪 90 年代末，美国加利福尼亚大学旧金山分校的 Caterina 等[25]开始研究辣椒素引起灼烧感的原因。他们提出假说认为，在人体某个 DNA 片段中包含了能对辣椒素做出响应的蛋白质的基因。在漫长的寻找和实验中，他们发现了一个对辣椒素有较强响应的基因 TRPV1，同时还发现该基因编码的蛋白质对高温也有反应，因此推测该蛋白质其实是温度受体蛋白。之后按照相同的思路，他们又发现了对低温反应的受体蛋白 TRPM8 和对机械刺激反应的受体 Piezo2，由此他们发现了温度感受通道 TRP 以及压力感受通道 Piezo。图 1-2-8 所示为朱利叶斯（Julius）教授研究的辣椒素刺激痛觉离子通道的机制。

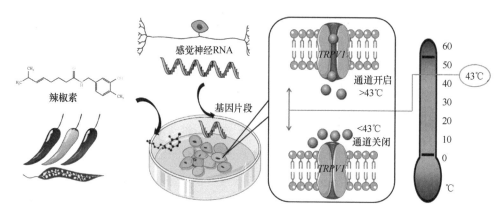

图 1-2-8　辣椒素刺激痛觉离子通道的机制示意图

2010 年，美国 Scripps 研究所阿德姆·帕塔博蒂安（Ardem Patapoutian）实验室的 Coste 等[26]开始研究触觉蛋白离子通道。在之前的研究中，他们用 RNA 干扰技术逐个抑制备选基因表达，寻找能使 N2A 细胞失去机械敏感性的基因表达蛋白。通过这样的实验方法，他们发现了一类新的机械敏感离子通道 Piezo 蛋白家族——Piezo1 和 Piezo2，并于 2014 年证明 Piezo2 是主要的触觉受体。为了证明这种蛋白质就是触觉离子通道本身，该团队继续进行了实验，将提纯的 Piezo 蛋白重组到人工脂质体上，并记录到了电流，从而证明了这种蛋白质就是离子通道本身。朱利叶斯和帕塔博蒂安对于触觉领域研究的突破性发现也使他们获得了 2021 年度诺贝尔生理学或医学奖。

2. 触觉模型的研究

从 20 世纪开始，对于触觉和仿生触觉的研究从未停止。随着对机器人研究的深入，人工触觉的发展也被不断推动。除应用于机器触觉外，人工触觉还可以应用于工业、医学等各领域，发展潜力巨大。20 世纪 70 年代，机器人触觉传感技术的研究随着机器人研究的兴起而起步。这段时间属于人们对触觉再现的阶段，科学家试图通过触觉传感技术将触觉在机器人身上再现。80 年代是机器人触觉传感技术研究和发展的快速增长期。这一时期科学家对触觉传感器的设计、原理和方法进行了大量研究，涉及声、光、电、磁的各种运用。研究方向主要集中在传感器研制、触觉数据处理和主动触觉感知三部分，以面向工业自动化的传感器装置研究为中心。美国的阿尔卡特-朗讯贝尔实验室（Alcatel-Lucent Bell Labs）在当时提出了常用触觉传感器的技术标准。20 世纪 90 年代后，触觉传感器技术的研究重点在于开发新材料以及与现代微加工技术相结合，向高度集成、多方向发展，涉及传感技术与传感器设计、触觉图像处理、形状识别、结构与集成、数据处理与融合等各方面，而最活跃的领域依然是新型传感器的设计与制造。另外，集成传感、驱动和控制的主动触觉感知、多手指灵巧操作、柔软材料的开发利用也成为研究的重要方面。触觉信息对于人类识别周围环境非常重要，触觉信息大致分为两类，即目标物的几何形状和表面纹理以及如何将触觉信号参数化。

一般比较常见的触觉传感器有电接触型传感器、面接触型传感器、滑觉传感器以及热觉传感器。而随着技术的发展，触觉传感也向着全局检测、多维检测、微型化、智能化的趋势发展。柔性电子皮肤就是一种全局触觉方案，利用柔性材料可以制成大面积的触觉阵列，进行任意表面的触觉测量，也可以进行多维的接触力分布测量。多模感知则可以通过材料和传感器叠加实现，不仅可以测量触觉，还能检测物体的接近、滑移、表面温度以及表面纹理等[27]。图 1-2-9 所示为生物触觉传感机制与仿生触觉传感机制的对比。

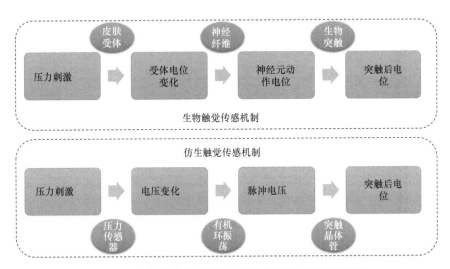

图 1-2-9　生物触觉传感机制与仿生触觉传感机制示意图

随着触觉传感研究的深入，研究者尝试进行触觉交互，即不仅能被动接收处理真实存在的触觉信息，还可以通过触觉交互技术主动接触物品，产生触觉并与虚拟物品进行交互与控制，或者通过机械媒介与实物进行交互。触觉交互技术和立体视觉、立体听觉技术结合使用，可以实现虚拟现实。现在已经有运用在智能手机和电脑上的手势交互。该技术还可应用于工业设计和制造、手术仿真训练、远程工程操作、影视娱乐等方面。

触觉显示则是随着触觉交互技术的成熟，通过分离触觉传感和触觉再现，根据需求应用于不用的场景。例如，视触觉技术，即触觉传感的内容不止来源于触觉传感器，还可以来自视觉传感器的信息，通过视觉信息来得到触觉消息。例如，在使用深度学习算法训练机器人抓取的任务中，机器人仅通过视觉输入学习抓取操作。这一设想是十分可行的，因为抓取之前的状态（物体和抓手的视觉场景），包括操作参数和操作结果，之间存在一致的关系。这种一致的关系可以通过神经网络或其他机器学习方法来学习，从而通过视觉信息做出触觉动作。

1.2.4　嗅觉感官的发展

嗅觉是化学感觉的一部分，也是生物感官中非常重要的一部分。嗅觉系统是胚胎发育中发育最早熟的系统之一。一般的生物嗅觉是通过鼻腔中的气味受体细胞，来感受空气中的化学物质，并通过嗅觉神经将信息传递给大脑。不同的嗅觉细胞组合能感知不同的气味，由于嗅觉细胞种类众多，细胞的组合形式也多种多样，因此能感受辨别多种不同的气味，形成不同的气味识别模式，这也是生物能够辨别和记忆不同气味的基础。

1. 嗅觉感官的研究

被囊动物和脊椎动物的祖先拥有同一个化学感觉系统，从外胚层和前神经板一起发展而来，再逐步进化到如今被囊动物和脊椎动物中的系统。通过对基因、发育过程、细胞类型和组织到脊索动物系统发育过程的描述，得到一个嗅觉系统的进化演变模型。

嗅觉是一种古老的感觉，可能是由脊索动物共同祖先表皮上的分散感觉细胞介导进化而来的。脊椎动物的共同祖先，进化出结合嗅觉和腺垂体的前基板后，在此基础上建立了独特的嗅觉和腺垂体系统。演化过程中，元细胞增殖发生变化使单个神经元变成原始神经器官，然后不同的部位确定表达不同类型受体，最后形态发生不同的变化，包括神经嵴细胞的合并以及基板外胚层和颅骨外胚层之间的相互作用。在颌类脊椎动物的共同祖先中，这个组合基板分离为内侧腺垂体基板和成对嗅觉基板，促进了成对鼻孔的进化。随后，较完整的嗅觉系统逐渐诞生。

无脊椎动物的嗅觉系统与脊椎动物的嗅觉系统不太一样，以昆虫为例，昆虫没有鼻腔，其嗅觉感受器广泛分布在触角、下颚须和下唇须上，在其他部位如尾须和产卵器上也有少量嗅觉感受器。嗅觉感受器是昆虫体壁上皮细胞演变而来的神经信号传导路径，与昆虫的神经系统联系在一起。气味分子能够与细胞间质中的气味识别蛋白结合，然后传递给嗅觉感受器。

2. 嗅觉机制的研究

有学者认为，嗅觉是原始动物最早的感觉器官，并认为可能是嗅觉刺激了原始鱼类的进化。在生物的多种感觉中，嗅觉是基本感知能力之一，在生物的生存和成长中起到不可忽视的作用。由于直接的嗅觉实验研究比较困难，嗅觉系统的工作机制在很长一段时间内都是一个谜团。许多学者试图通过研究不同的动物来探索清楚嗅觉感官的秘密。

关于嗅觉的识别机制，一直以来没有比较清晰的概念和统一定论，20 世纪 50 年代，学术界有两种主要的理论来解释嗅觉分子识别的内容。加拿大科学家罗伯特·赖特（Robert Wright）提出了振动模型，即通过分子的能量水平来识别气味。气味受体中存在能量差，一旦气味分子进入，填补了能量差，则气味识别环路完成，该信号被放大并打开离子通道向嗅球发送电脉冲。美国科学家约翰·阿穆尔（John Amoore）则提出了立体化学理论，立体化学理论即假设气味受体拥有特殊形状的结构，气体分子有与之相契合的形状和大小，当气味受体和气味分子结合时，就激发了嗅觉反应。当时两种理论各有拥护者，但都是未经证实的假说，直到 20 世纪 90 年代才有了决定性的进展。

1991 年，哥伦比亚大学的巴克（Buck）和阿克塞尔（Axel）[28] 在《细胞》（Cell）杂志上发表了一篇论文，从分子水平到细胞水平，清楚地阐明了嗅觉系统是如何运作的。对于嗅觉感受器如何对多种嗅质分子做出反应的问题，Buck 和 Axel 认为重点应在于气味受体蛋白的基因表达上。他们克隆和鉴定了小鼠的 18 个嗅觉基因，并发现有 7 个能表达跨膜氨基酸序列的域段，都以 G 蛋白为介导，能激发嗅觉信号，并且只在嗅上皮细胞中存在该基因的表达，从侧面证明了这些是嗅觉受体的基因。该发现作为嗅觉研究领域的一个重大突破，研究者获得了 2004 年诺贝尔生理学或医学奖。同时由于其开拓性，启发了众多研究者，因此嗅觉的研究重点从机械化学理论方面转移到基因方面。图 1-2-10 所示为嗅上皮结构示意图，有不同的分层结构。

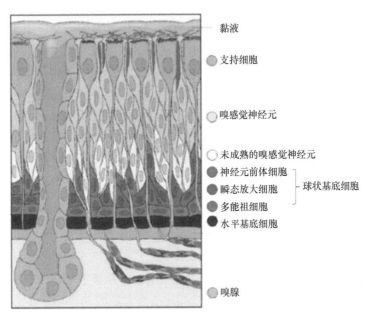

黏液

支持细胞

嗅感觉神经元

未成熟的嗅感觉神经元
神经元前体细胞
瞬态放大细胞　　} 球状基底细胞
多能祖细胞
水平基底细胞

嗅腺

图 1-2-10　嗅上皮结构示意图（彩图请扫封底二维码）

　　法国科学家 Rouquier 等[29]于 1998 年提出，气味受体基因位于人类基因组上的 25 个不同位置。通过分析嗅觉受体基因的碱基序列，结果表明，染色体之间及内部存在大量的重复序列和无功能拷贝，提出这可能是气味受体基因家族十分庞大的原因。美国国立卫生研究院（NIH）的分子神经科学家 Ressler 等[30]指出气味受体表达在鼻腔嗅感觉神经元上，并且每一个神经元仅表达一个受体基因的等位基因。沙利文（Sullivan）1993 年提出了两种基因选择模型：位置依赖性和非位置依赖性。为了评定这两种模型的可能性，沙利文检测了小鼠的大量气味受体基因的表达区、核苷酸序列和所在的染色体部位。他们将气味受体基因定位在 7 条染色体的 11 个区带上，表现为大量的重复序列和多边性。这些研究结果说明：不同位点的气味受体基因具有相同的区域表达，单个位点可能含有在不同区域表达的基因，表明了气味受体基因表达选择可能是非位置依赖性的。

　　耶鲁大学的 Zhao 等[31]用重组腺病毒作为载体，将外源性小鼠气味受体 I7 的基因和绿色荧光蛋白基因导入小鼠嗅感觉神经元，然后用 76 种不同气体分子刺激感染的嗅感觉神经元，监测细胞的生物电活动。结果发现单个受体 I7 的基因表达增加可导致小鼠嗅感觉神经元对一小组气味分子的敏感性增加。由此可以得出结论：一个受体基因编码产生一种受体，一种受体可以和有限的几种气体分子结合。这一研究首次为气味受体基因的研究提供了功能方面的证据，被认为是气味受体研究的一个重要的里程碑。

　　对于嗅觉编码的研究，是气味受体研究后的又一大领域。由嗅神经传入的气味信息，需要在嗅球中进行时间编码和空间编码，最终在皮质中形成不同的气味感觉。时间编码是嗅球中僧帽/丛状细胞的动作电位发放的振荡特征。不同的气味刺激对电位振荡有不同的影响,呈现出不同的振荡模式。而振荡是周期性的,因此,嗅觉信息的编码包含时间要素,即时间编码。空间编码则是嗅觉信息的解剖学定位,因为嗅觉系统是一个立体的空间,所以嗅觉信息在嗅球中的位置排列和空间分布模式就是空间编码。机体形成的"时间-空间编码"机制,携带两个相位的信息,能够更加完整、全方面地显示嗅觉信息的特征。

如今,研究人员也提出了更加完整的嗅觉模型:气体分子随呼吸吸入鼻腔,与嗅上皮感应神经元膜的特异性气味受体结合,使受体蛋白发生形变,进而产生动作电位,沿嗅神经传导通路至大脑皮质产生嗅觉。研究表明,人类拥有近 400 种气味受体基因,有许多基因都处于非活性状态,这也就是人类的嗅觉敏感性和特异性与某些动物相比不足的主要原因。不同物种之间嗅觉基因表达的差异仍在探索之中。同样,嗅觉与大脑功能区的联系十分紧密,因此嗅觉与情绪也有密切关系,对于嗅觉的认知仍待进一步的研究。

1.2.5 味觉感官的发展

味觉也是生物体 5 种感官中重要的一种感知功能,基本的味觉包括 5 种,即酸、甜、苦、咸、鲜。味觉的产生与嗅觉类似,通过相应的感受细胞捕获味道分子,产生电信号,经神经传导入大脑产生味觉。

1. 味觉感官的研究

19 世纪以前,对于味觉的研究大多数针对味觉感受器的数量、味觉感受器的识别机制以及它们的神经连接上。对味觉的研究可以追溯到公元前 6 世纪中叶的希腊医生阿尔克迈翁。阿尔克迈翁认为舌头上有细小的毛孔让味觉分子通过从而进入内部的感觉器官。而自然原子理论的创始人之一德谟克利特提出假说,认为各种味道的性质是由组成味道的原子形状决定的。例如,有棱角的味道是"酸";球形的味道是"甜";有挂钩的小球形的味道是"苦"。亚里士多德则认为应该有酸、甜、苦、辣、咸、涩、糙 7 种味觉,其中,甜味和苦味是基本味觉,可以调节为酸味和咸味。后续的研究者还提出了不同味觉,包括之前的被广为接受的基本味觉,并提出了无味的概念,认为含盐度超过唾液即可认为是无味。1908 年,日本池田菊苗教授从昆布汤中分离出了谷氨酸钠,发现了第 5 种基本味道:由谷氨酸钠赋予的味道,称为鲜味。并在后续的研究中进一步提出鲣鱼中的 5′-肌苷酸二钠和香菇中的鸟苷酸二钠也是重要的鲜味物质,并可以增强谷氨酸钠的鲜味强度。

随着解剖学的发展,人们对于味觉系统的生理结构也有了进一步的认识。1867 年德国医生加斯塔维·阿尔伯特·施瓦尔伯(Gastavy Albert Schwalbe)的研究发现了味蕾是提供味觉感知功能的感觉器。如图 1-2-11 所示,舌头上有 4 种类型的乳头突起,分别是菌状乳头、轮廓状乳头、叶状乳头和丝状乳头。丝状乳头与菌状乳头主要分布在舌前部 2/3 处,叶状乳头位于舌后两侧,体积最大的轮廓状乳头在舌根附近。其中,丝状乳头数量最多，但内部无味蕾从而无法产生味觉感知。味蕾是主要感受味觉的味觉细胞集合，每个味蕾都有 50～100 个味觉细胞。

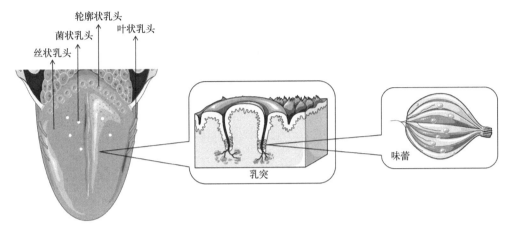

图 1-2-11 舌头及分布于其上的乳突和味蕾示意图

2. 味觉机制的研究

研究味觉受体是解析味觉机制的核心。1901 年，德国科学家黑尼希（D.P. Hänig）提出了舌头的不同部位有不同的味觉敏感度，为后来的"舌头味觉地图"提供了灵感，但之后的研究证明"舌头味觉地图"并不准确，实际上舌头的每个部分对 5 种味觉都很敏感。人们普遍认为每个味觉细胞都携带了 5 种味觉的味觉受体。

1966 年，美国科学家 Dastoli 和 Price[32]首次尝试从牛舌中分离出味觉受体蛋白。但大多数分离出来的组织只包含一小部分味觉细胞，他们的受体蛋白检测方法没有被多数人所接受，但这项工作启发了其他研究者进行分离受体蛋白的工作。

1931 年，美国化学家阿蒂尔·福克斯（Arthur Fox）在一次实验中意外发现了舌头对苦味苯硫脲（PTC）的敏感性，并发现尝不出苦味是一种隐性遗传性状，人们对苦味的敏感度各不相同，在之后的研究中还发现，有不止一种基因参与感知苦味化合物。之后对于味觉受体蛋白的研究最主要的贡献者是哥伦比亚大学的查尔斯·朱克（Charles Zuker）和美国国立卫生研究院的尼古拉斯·里巴（Nicholas Ryba），二人的实验室从 2000 年开始陆续发现了感受 5 种基本味觉的细胞类型以及除酸味以外的另外 4 种味觉的受体。酸味的味觉受体则于 2018 年由南加利福尼亚大学的利曼实验室发现。

2000 年，朱克的团队成员 Adler 等首先发现了苦味受体，即 T2R[33]，2002 年，他们在胃肠中也发现有苦味受体的存在[31]。2001 年，超过 5 个团队都在寻找甜味受体，最终发现甜味受体是 T1R2+T1R3 的组合受体。如图 1-2-12 所示，为味觉受体细胞中的 T1R 蛋白类型示意[34]。2005 年，同样在胃肠中发现了甜味受体。2003 年，朱克的团队成员 Zhang 等[35]还发现 T1R1+T1R3 的受体组合能检测氨基酸，可以作为鲜味受体。甜味、苦味和鲜味受体都属于 G 蛋白偶联受体（GPCR）家族，都是使用本质上相同的信号分子将味觉信号传递到大脑中。2006 年，酸味受体被发现[36]，并定义为 PKD2L1，在后来的研究中，在酸味细胞中还发现有感知碳酸饮料中二氧化碳的 Car4 受体。2010 年，受体蛋白 ENAC 被定义为咸味受体，可以检测钠盐。咸味受体和酸味受体的检测与甜味、苦味和鲜味不同，都是使用离子通道而不是 GPCR。2018 年，埃米莉的团队成员 Teng 等发现了一种质子选择性离子通道 OTOP1，能检测酸味在细胞中的表达，起到酸味受体的作用[37]。

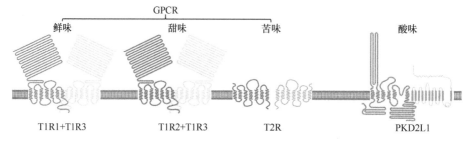

图 1-2-12　味觉受体细胞中的 T1R 蛋白类型示意图

在研究中发现，这些味觉受体不仅仅在舌头上表达，在消化器官、肾脏以及大脑中也有表达，这些部位的受体存在的生理意义还在研究中。味觉信息传导的研究目前也有了比较清晰的结果。美国宾夕法尼亚大学的 Taruno 等[38]揭示了大脑对甜、苦、鲜味三种味道的识别通路。他们的研究表示离子通道蛋白钙平衡调节蛋白 1（CALHM1）具有 ATP 通道的功能。味觉细胞释放的 ATP 将作为神经递质传导味觉信号。CALHM1 在感受甜、苦、鲜味的味觉细胞中特异性表达，味觉信号转导反应使 CALHM1 在细胞膜形成孔道，ATP 从孔道释放并改变周围神经元的状态，使味觉信号传递至脑部相应的味觉中枢。

美国哥伦比亚大学的 Lee 等[39]通过研究小鼠舌头上检测苦味的细胞和检测甜味的细胞，梳理出味觉系统如何自我建立连接。他们利用 RNA 测序方法，测试两种分子可能作为关键性信号所发挥的功能。苦味受体细胞产生一种被称为 SEMA3A（semaphorin 3A）的分子，甜味受体细胞大量地产生一种被称为 SEMA7A（semaphorin 7A）的分子。这两种分子有助于正确地建立神经回路。实验结果证实了新生的味觉受体细胞中的特定化学信号能够引导合适的神经细胞靠近它们，建立产生味觉细胞的连接，从而允许味道信息从舌头传递到大脑。

1.3　仿生传感技术的发展现状

仿生，即研究和模仿生物的方法、机制和过程。仿生传感技术则是在仿生的基础上，以自然生物系统作为工作模型来构建不同类型的传感器技术，包括直接模仿和类似模仿。仿生传感技术有多种构建方式：功能、原理、形态、策略、行为，以及上述方式的各种组合。其研究工作大部分是跨学科的，不但涉及基础学科如物理、化学和生物学，还涉及材料科学、电子工程学和计算机科学等学科。仿生传感技术研究的目标是使仪器拥有与自然生物类似甚至更加强大的捕获感知信息的能力。其应用遍及生物医学中人体感受器官的疾病诊断和修复、智能机器人、食品、环境、大气污染的监测、军事安全、化学和生物武器以及反恐怖等广泛的领域，如具有仿生功能的人工眼、人工耳、人工鼻、人工舌以及人工皮肤用于人体感受器官损伤的修复和替代；用于现场对食品和环境质量进行快速检测与鉴别的电子鼻和电子舌。在化学和生物领域，仿生传感器能对可疑的样本实行快速监控，使工作人员尽早检出病菌。在未来的小型、微型甚至纳米机器人中，如模拟蜜蜂、蝴蝶甚至蟑螂的小型机器昆虫将可能配备众多的仿生传感器。

近年来，随着生物医学和微电子加工技术的快速发展以及人类生活质量的不断提高，用仿生技术研制各种具有感觉功能的人工器官得到了快速的发展。国际上仿生传感技术的研究首先是从检测和识别物理量开始的，并在人工视觉、人工听觉和人工触觉的研究方面取得了一系列的成果。随着生命科学和人工智能研究的快速发展以及生物医学领域对气体、液体分析诊断仪器的需求日益增长，人们对探索和模仿动物的嗅觉和味觉功能以及在应用领域对电子鼻与电子舌智能感知仪器的需求有了极大的兴趣。

1.3.1　仿生传感器的工作原理

仿生传感器按照模拟生物体的感官功能可划分为仿生视觉传感器、仿生听觉传感器、仿生触觉传感器、仿生嗅觉传感器和仿生味觉传感器。如图 1-3-1 所示，仿生传感器根据检测目标或工作原理分为物理传感器、化学传感器和生物传感器。物理传感器检测的是物理量，一般是利用物理性质或物理效应制成的传感器，检测各种物理量的变化，包括光学、声学以及机械力学等，从仿生角度通常是模拟人的视觉、听觉和触觉的传感器。化学传感器检测的是化学量，一般用于化学物质的检测，将化学物质的浓度、成分转换为电信号（或光信号，一般光信号最终也转变成电信号）。一般是利用某些功能性膜或者化学反应对特定化学成分进行检测识别，进而转变为电信号，从仿生角度通常是模拟人的嗅觉和味觉。

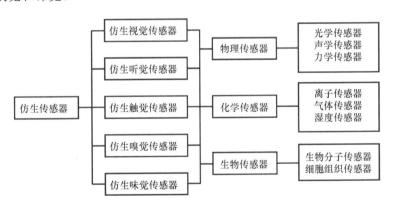

图 1-3-1　仿生传感器分类示意图

仿生传感器还有一类是以生物活性材料，如生物酶、抗体、核酸、受体等分子及细胞、组织、类器官、完整生物体等作为敏感元件的，获取生物敏感单元与检测目标物之间的响应信号（识别元件），再通过物理或化学方式进行变换（换能元件），转化为易被检测和分析的电信号等。目前国际上生物仿生传感器的主要研究目标是模拟人的感官，以生物活性材料作为敏感元件检测各种物理、化学和生物信息，主要是模拟获取嗅觉与味觉的信息，见图 1-3-1。

1. 视觉传感器

光学型传感器属于物理传感器，一般是由紫外线到中红外光谱范围内的自然光和人工光激发的，需要光源、光制导装置和光电探测器，可以直接测量光参数的变化，或者将光参数的变化作为所需参数和检测器之间的中介，从而测到其他参数类型的变化。这种类型的仿生传感器常见的有摄像头、相机、人工复眼、光纤传感器等，基本是用于仿生视觉传感。

数码相机模拟人眼的功能，将入射光线聚焦到图像传感器阵列上再重新构建图像。虽然数码相机也是仿生视觉的一种，但它并没有完全模仿眼睛的特征及其全部功能。因为眼睛的球形结构，位于眼睛后方的视网膜上的光感受器也呈半球形。这种结构使得光感受器无需复杂的光学系统即可捕捉到广角、高分辨率、低像差的图像。除此之外，如节肢动物的复眼也有许多凸半球结构的感光器，可提供更广的视角。在不同的眼睛构造中，光感受器都是曲面分布的，所以除了传统的仿生视觉传感器，通过柔性和可拉伸电子技术设计的立体仿生视觉传感器也在不断发展。

新型的光学型传感器包括仿生昆虫复眼，如加利福尼亚大学洛杉矶分校的 Jeong 等[40]设计的光学传感器用于全向检测或宽视场的自定位微透镜直接模拟复眼小眼阵列的功能、形态和结构，这种光感受器型传感器是人工复眼的发展方向。还有仿生候鸟体内的磁敏化学过程的仿生视觉传感器，美国伊利诺伊大学的 Solov'yov 等[41]提出了一个基于视觉磁罗盘的理论概念，直接模拟眼睛中光感受细胞的灵敏度调制。图 1-3-2[42]所示为一种新型的人工复眼成像原理。

图 1-3-2　人工复眼成像原理示意图[42]

除了光学型传感器，仿生视觉传感器还有电学型。电传感器是能检测连续或离散的电学参数（电场、电压、电流、电容等），并将输入转换为另一个电学参数，由电路输出或处理。电鳗、苍蝇、人眼和人体肌肉系统都为这类传感器提供了生物灵感。

美国怀俄明大学的赖特等受果蝇启发设计出一种电路，用来模拟发生在六边形定向光感受器中的平行"微视网膜"处理过程，直接模拟果蝇的形态。高通量、高分辨率（高灵敏度）和六倍光子捕获使这种光感受器类型比传统的光学传感器有所改进。同样受苍蝇启发的还有法国神经生物实验室的维奥莱等提出的一种视觉传感器，它结合了运动检测和变速扫描，降低了距离和光线水平的影响，这种使用光电二极管检测局部运动来进行运动检测和跟踪的方法，类似于苍蝇视觉系统。

2. 听觉传感器

在哺乳动物的耳朵中，声波中的气压振动使鼓膜以精确的频率和幅度振动，这些振动通过听小骨传递到耳蜗毛细胞转换成电信号。听觉系统的复杂结构，尤其是耳蜗系统，可以将振动信号放大数百倍，因此即使是最细微的声音也能被选择性地识别。其他的生物如蜘蛛、蟑螂、蝎子和蟋蟀，已经进化出不同的感官系统，专门用于感知各种频率的振动，以进行交流并探测附近的敌人和猎物。因此听觉仿生的基础是机械振动。通过电子设备模仿这种人耳感知振动的模式，需要精细的结构和特定的材料相结合组成的声学传感器。

声学传感器是由气体、液体或固体等介质的物理压缩和膨胀（振荡或振动）产生的特定频率的纵向机械波（声波）激发的，与温度有关。其仿生对象是人类和动物的听觉系统，如人类内耳耳蜗、海豚和蝙蝠的声呐系统等。澳大利亚国立大学的 Bell[43] 提出了一种耳蜗放大器的设计，通过有源阻尼在宽范围内进行窄带频率分析，证明其性能优于典型的声表面波谐振器。其平行结构直接模仿了耳蜗的形态，在语音识别过程中，模拟听觉感知系统可以直接模仿耳蜗前端信号处理的原理，从而抑制背景噪声。基于海豚下颌的形态和功能原理，英国工程师 Dobbins[44] 提出了声呐接收器的新概念，直接模仿海豚下颌结构，在单脉冲模式下进行角度定位，在浅水区中提供了高分辨率的输出。美国耶鲁大学的 Kuc[45] 提出利用两个近似的传感器，直接模仿海豚的行为，复制回声定位，最大限度地获取双耳信息，一个用于目标定位和识别，另一个用于无人水下飞行器的被动/主动遥感、归航和通信。美国工程师 Olivieri[46] 提出了双耳声呐系统，模仿蝙蝠回声定位的功能和形态，可以重建复杂的环境，将时频表示与预定义模板进行比较以识别对象。还有一种模仿人类鼓膜的仿生听觉传感器[47]，由多种材料压制而成，其中的可拉伸椭圆形聚四氟乙烯（polytetrafluoroethylene，PTFE）膜对宽带频率范围内的外部动态压力很敏感，能检测到微小的声波振动。PTFE 膜和尼龙层之间形成的略微锥形的空腔可以产生和转移电信号。

仿生听觉传感器除了模仿人类听觉系统，还对其他生物的听觉系统进行了仿生。一些动物已经进化出类似于听觉的机械感觉机制，扩大了外部振动的检测范围，它们拥有独特的振动感受器，可以听到范围极广的声波。而有一些动物已经发展到可以选择性地过滤和感知特定频率范围，对这种听觉结构进行模仿可能有望研制出功能超越人耳的听力设备。目前动物身上已经被模仿的独特振动检测机制包括用于信号放大的蛇信结构、苍蝇的翼耦合结构以及超灵敏的蜘蛛缝振动感受器等。

3. 触觉传感器

皮肤是人类最大的触觉器官，大多的触觉传感器也是模仿皮肤的感受机制来感受触觉。由于触觉是由不同类型的触觉感受器的综合反应产生的，因此模仿一个完整的触觉系统需要模仿多个感官系统。人的皮肤可以感知到微小的物理压力，同时能够产生弯曲、拉伸和压缩等变形。此外，皮肤还能区分压力（按压）和应变（拉伸、扭曲），同时能检测附近空间分布的温度。从本质上讲，触觉传感器需要使用电子元件感受物理压力、应变和温度的变化，以模拟人类可以感受到的完整触觉。为了准确模仿触感背后的机制，触觉传感器一般分为压力、应变和温度传感器三种以及能检测多种感觉的复合传感器。

触觉传感器大多属于机械式传感器。机械式传感器是检测与机械能（运动、力、应变、流量等）或材料特性相关的参数，并将这些参数转换为合适的输出或通过电路处理。该种传感器的仿生对象有：昆虫、哺乳动物肌肉、人类皮肤、有柔韧外壳的节肢动物、甲壳动物和鱼类。如图 1-3-3 所示，触觉传感器根据所受力的不同发生不同的几何形变可以检测法向力、剪切力和拉伸力。美国加利福尼亚大学伯克利分校的 Wu 等[48]直接模仿有翼昆虫的功能和形态设计了一种能持续自主飞行的微型扑翼飞行器，用于测量高精度的科里奥利力（Coriolis force）。该设计对微机电系统（micro-electro-mechanical system，MEMS）陀螺仪进行了重大改进。华盛顿大学的 Jaax 等[49]设计了一个长度和速度传感器直接模拟人体肌肉纺锤体的功能、行为和形态，能应用于运动控制系统和医学假肢。

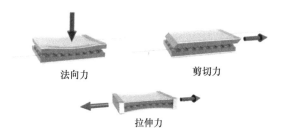

图 1-3-3　触觉传感器工作原理示意图[50]：法向力、剪切力和拉伸力对应的传感器几何变形

在触觉的仿生上也有许多机械类传感器。日本名古屋工业大学的 Sano 等[51]通过带有模压波纹管和线圈的硅胶手指测量不同条件下的皮肤拉伸，提供适应握力的反馈，并直接模拟迈斯纳小体功能。同样模仿迈斯纳小体功能的还有日本岐阜大学的 Yang 等[52]提出的一种触觉传感器，它嵌入了漂浮在聚硅树脂中的碳微线圈，可以自由压缩和扩展，产生快速和准确的响应。荷兰特温特大学的 Krijnen 等[53]通过 MEMS 技术对蟋蟀丝状毛发形态进行了仿生，产生了带有聚合物毛发的悬浮膜，可以进行电容、流量测量以及静电驱动。美国波士顿东北大学的 Mcgrueer[54]设计的一个复杂的 MEMS 制造的悬臂梁结构与集成电气开关，类似于甲壳动物的触角功能，这些传感器对微小的力能快速响应，并且可以测量三维空间中系统的瞬态线性加速度、方向、重力大小和角速度，是对人类前庭系统功能的直接模仿。

4. 嗅觉传感器

在人的鼻子中，约 400 种功能性嗅觉受体形成了复杂的气味传感器网络，可以检测多种不同的挥发性化学物质。嗅觉和味觉受体系统通过向大脑传递远距离和直接的化学信息，共同充当气味和食物的重要探测器。因此仿生嗅觉传感器主要是通过模仿人鼻产生嗅觉的化学过程来感知嗅觉信息的。

因此最广为应用的仿生嗅觉传感器是化学型传感器。化学型传感器是通过识别和量化特定的化学物质或化学反应，显示出对所需目标物质的选择性。受生物化学传感器启发，也有将普通的化学感受敏感元件替换为生物敏感元件（包括受体、基因、细胞、生物体等）来测量气味分子的。同时还可以将生物受体与新型换能器相结合，如微电极阵列（microelectrode array，MEA）、膜片钳、电化学阻抗谱、电化学和光学器件和基于纳米材料的场效应晶体管（field effect transistor，FET）相结合的独特化学传感器也可以有效地将气味和味道化学信号转化为电信号以便于测量。生物电子鼻能从气体混合物中识别出非常低浓度的特定化学物质，并且拥有很高的选择性。但这种方法在传感器制造、细胞接种之前和过程中需要考虑设备材料的生物相容性、细胞-设备相互作用和其他形式的生物污染[55]。目前的仿生嗅觉传感器中的敏感材料主要有分子蛋白和细胞，换能器一般都是通过生物芯片来检测敏感材料与气味分子的特异性响应，目前常用的二级换能器设备有：表面等离子共振、钙离子成像、微电极、石英晶体微天平等。

美国北卡罗来纳州立大学的 Nagle 等[56]提出模仿嗅上皮薄黏液层的功能和形态，利用石英晶体微天平作为传感器，该天平由聚合物涂层的共振盘组成，在气味存在时改变质量，从而改变传感器的共振频率，进而模拟嗅觉刺激。加州理工学院的 Bar-Cohen[57]提出一种光纤传感器，其表面涂有化学活性荧光染料，可在气味存在时改变极性，从而引起荧光光谱的波长变化，这种传感器非常适用于存在电噪声的环境中气味的准确检测。

5. 味觉传感器

人的舌头由味蕾组成，味蕾可以感知溶解在唾液中的物质。每个味蕾由 50～150 个不同的味觉感受细胞组成，一些通过受体蛋白与味觉分子结合以检测苦味、甜味和鲜味，一些通过离子通道检测咸味和酸味。通过模仿舌头检测不同味道分子，仿生味觉传感器被广泛应用于环境、食品以及公共卫生领域。

传统研究的重心主要是提高特定分析物质检测的灵敏度以及特异性，同仿生嗅觉传感器一样，主要是应用化学传感器对味道分子进行检测。但是在检测实际样品时只有少数化学传感器不会受到干扰或者基质效应的影响，对于真实结果的分析有很大的影响。为了解决上述问题，其难点在于如何保证传感器对分析物具有较高的选择性和灵敏度。因此研究者提出了生物电子舌，即结合生物敏感材料进行检测，包括味觉受体、味觉细胞以及含有味觉受体的组织等。图 1-3-4 所示为一种整合了嗅觉上皮细胞的 MEA 味觉传感器。

日本九州大学的都甲洁（Kiyoshi Toko）教授团队受到哺乳动物味觉系统的启发，利用味觉受体作为化学传感器敏感材料来检测多种味觉物质，开发出一种带有电极识别位点的微芯片，用于测量味道，并将选定的化合物绘制成咸、甜、酸、苦和鲜味的 5 种基本味道。智能识别算法则代替大脑识别味道的功能。模仿人类味蕾的是一种压电石英晶体，它带有分子印迹聚合物涂层，具有增强的"记忆效应"，性质稳定，可以清洗，重现性高。

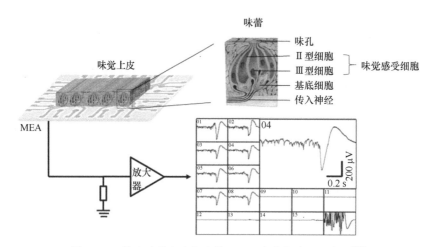

图 1-3-4　整合嗅觉上皮细胞的 MEA 味觉传感器示意图[58]

1.3.2　仿生传感技术的应用

仿生传感技术的发展主要着眼于功能仿生传感器，如视觉、听觉、触觉、嗅觉、味觉等感官系统都是被模仿的主要对象。当然，由于某些生物系统的工作原理并没有完全被研究透彻和理解，因此，不是所有的仿生传感器都是直接按照被模仿的生物原理进行工作的，绝大部分仿生传感器都是对功能的一种类比模仿，通过抽象建模生物系统，再根据该模型达到所需功能。现在比较常见的仿生传感器根据模仿的感官对象可以分为视觉传感器、听觉传感器、嗅觉传感器、味觉传感器以及触觉传感器[59]。图 1-3-5 为人类感官系统和与之对应的仿生传感器示意图。

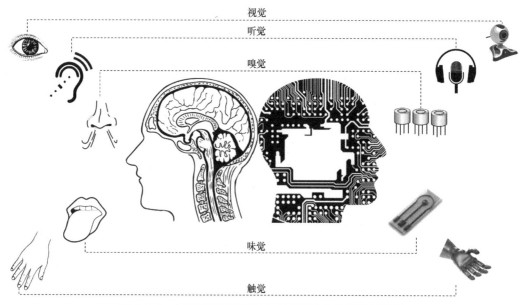

图 1-3-5　人类感官系统和与之对应的仿生传感器示意图

1. 仿生视觉传感技术的发展

视觉传感器主要是模拟视觉，利用仪器和计算机技术来检测目标的形状、大小、位置、运动状态。机器视觉和视觉假体是仿生视觉传感器的主要代表。机器视觉传感技术是利用光学元件和成像装置获取外部环境图像信息的技术。对机器来说，通过视觉传感器获得信息是最重要的信息获取渠道。机器视觉传感器从 20 世纪 50 年代后期出现，发展十分迅速。到现在应用最广泛的有电荷耦合器件（charge coupled device，CCD）传感器、互补金属氧化物半导体（complementary metal-oxide semiconductor，CMOS）传感器、红外热成像传感器等，是简单仿生人眼的成像结构。CCD 传感器是可记录光线变化的半导体，能将光线能量转换为电荷，得到光强的大小，从而得到完整的画面，具有光电转换和信息储存的功能。CCD 一般是数码相机和扫描仪上的主要成像元件。CMOS 传感器也是能记录光线变化的半导体，相比于 CCD 传感器，CMOS 传感器最大的特点在于使用了有源的 MOS 管，区别在于光电子转变为电信号的位置不同以及电信号输出的形式不同，现如今新一代的 CMOS 传感器的性能已经超过了 CCD 传感器。

由于 CCD 和 CMOS 传感器是基于帧的成像设备，在进行采样和输出时易造成数据冗余及延迟、噪声等。为了解决这个问题，发展出了动态视觉传感器，主要是模仿视网膜系统的工作机制，形成了异步的事件驱动的传感器。这类传感器打破传统基于"帧扫描"的感知方式，采用全像素异步的工作方式。当某像素感知到光强变化，即产生"事件"时，会输出像素对应的地址编码，且只有探测到光强变化的像素点才进行输出，并且通过这种异步工作方式来模拟视网膜细胞感光。之后还发展出了脉冲阵列仿生视觉传感器，是利用脉冲间隔来表示视网膜感知的视觉信息，同样可以实现数据的压缩和功耗的降低。脉冲阵列仿生图像传感器采用像素异步复位和阵列同步读出的工作方式，以单比特脉冲数据表示光强信息。

视觉假体则是另一种比较重要的仿生视觉传感技术。研究人员希望通过仿生眼球代替损坏的视觉器官部分功能，能够修复或代替人眼视觉。该技术一般是在视觉通路的一个或多个部分植入神经假体刺激装置（通常为微电极阵列）。视觉假体设备必须执行 3 个主要任务：使用外部照相机或直接在眼睛（通过光电二极管）内检测输入光；将该输入转换为刺激；激活残余的神经组织。视觉假体有 4 个可行的安装刺激部位：视网膜的特定区域、视神经、丘脑、视觉皮层。此外，还可以使用电学或光遗传学方法进行刺激。日本仙台东北大学的 Watanabe 等[60]提出了一种 3D 堆叠式视网膜假体，他们采用了多层硅芯片堆叠，相互连接。在最上面的芯片上制造了一个 16 像素的多光电二极管芯片。中间层和较低层用于信号处理与电流生成。使用电极阵列进行电刺激可以引起视觉活动。电极阵列连接到刺激发生器并使用视网膜钉固定在视网膜表面，在双向电流脉冲刺激下产生电位。来自瑞士的 Gerding[61]于 2007 年发表了微创视网膜植入物的想法，使用穿透性电极阵列延伸穿过巩膜、脉络膜和视网膜并缝合到巩膜，能刺激眼睛内部的视网膜产生信号，而无须在视网膜放置假体。眼睛外部通过放置柔性带状电缆连接到电极阵列的射频遥测接收器来接收信号。2020 年，美国贝勒医学院的 Beauchamp 等[62]开发了一种视皮层视觉假体，通过使用动态电流刺激大脑皮层，成功在受试者脑海中呈现指定的图像。这种技术通过动态电极刺激大脑皮层绘制字母或图像的轮廓，能产生连贯的感知，从而让患者能够更清楚地识别研究人员想要传达的信息。

2. 仿生听觉传感技术的发展

仿生听觉传感器最基本的功能是感受声音振动的强度和频率，从而检测声音信息。最常见的听觉传感器就是压电传感器、摩擦电传感器和电磁传感器。

电磁材料长期以来一直用于制造声学设备，因此也用作声音检测的传感器。近年来，已经开发了一系列新型磁性纳米材料来提高声学器件的灵敏度。首尔延世大学的 Lee 等[63]研发了一种合成磁性立方体纳米颗粒（cubic magnetic nanoparticle，c-MNP，$Zn_{0.4}Fe_{2.6}O_4$）来修饰两栖动物内耳的毛细胞。凭借其高磁化和胶体稳定性，修饰后的毛细胞的振荡可通过外部磁场进行远程微调。由于磁性纳米颗粒响应范围为 100～10 000 Hz，它满足听觉机械传导系统中的频率检测范围。

压电材料在机械刺激中产生电信号的能力使它们成为听觉传感器系统中振动传感器的常用材料。有研究者将 40 μm 聚偏氟乙烯压电膜用作人工基底膜和毛细胞，将它们植入豚鼠耳蜗后，压电传感器能成功转换声音（频率为 6.6～19.8 kHz）并产生听觉脑干反应。然而，由于聚合物压电材料的低压电常数，电输出功率不足以刺激信号处理单元。为了增强电性能，使用具有高压电常数的无机压电材料来模拟基底膜和毛细胞。研究人员将锆钛酸铅（lead zirconate titanate，PZT）薄膜涂覆到柔性塑料衬底上使得听觉传感器更加灵敏，这种压电材料甚至能够将纳米级变形的声能转化为电能。

摩擦电材料可以模仿鼓膜，利用两种具有不同电子亲和力的膜材料将声音信号转换为电信号，声波振动两个膜并在它们之间产生电子传输，由此产生信号并传播。有研究者使用了一个 125 μm 厚、可卷曲的纸基聚四氟乙烯/铜摩擦纳米发生器来检测声音的振动，它能够提供较高的功率密度。

和视觉假体一样，仿生听觉另一个重要的领域在人工耳蜗，旨在利用机器代替人受损的听力。人工耳蜗的发展得益于其他领域重要的发现，包括语音合成声码器、电听觉原理等。1961 年，美国医生威廉·豪斯和约翰·夏普进行了首例人工耳蜗手术，通过在耳蜗圆窗钻孔，经此孔将一根电极插在鼓阶上。之后的人工耳蜗技术不断发展完善。目前市面上有各种各样的人工耳蜗设备，但人工耳蜗的硬件组件背后的概念在各种设备之间是相似的。图 1-3-6 中展示了豪斯医生开发的早期人工耳蜗系统，一般来说，硬件

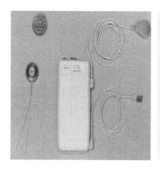
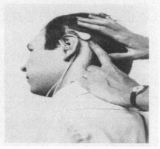

图 1-3-6　豪斯医生于 1973 年开发的人工耳蜗系统示意图

包括接收和处理声音的外部设备以及内部设备,转导接收信号并直接刺激耳蜗神经。尽管植入背后的概念很简单,制造和执行恢复声音输入的假体是非常复杂的,但随着计算机和助听器技术的发展,生产人工耳蜗硬件所需的部件发展成了我们今天所熟悉的样子。硬件技术只是人工耳蜗设计必须考虑的一部分,同时需要确保生物相容性,特别需要考虑到在可能与脑脊液接触的空间中放置异物是否会引起脑膜炎等问题。

人工耳蜗的外部组件由麦克风和语音处理器组成,内部组件由接收器/刺激器和电极阵列组成。麦克风检测外部环境产生的声音,处理器将这些输入转换成电子编码信号。在目前的人工耳蜗模型中,这两个组件都戴在耳后。外部组件产生的编码信号透过皮肤和软组织发送到内部的接收器/刺激器上。传输的信号继续传递到位于耳蜗鼓阶内的电极阵列,并向耳蜗神经纤维发送电子刺激。电极阵列可能是人工耳蜗多年来发展最快的组成部分。此外,电极的刚度和灵活性可以根据个人需要改变以优化插入长度或实现非创伤插入。相对于其他许多电子植入设备,人工耳蜗提供的信息更多且复杂。

3. 仿生触觉传感技术的发展

仿生触觉传感离不开机器人技术的发展。目前已经开发出具有不同检测机制的触觉传感器,最常见的有压阻触觉传感器、电容触觉传感器、压电触觉传感器、摩擦电触觉传感器、电磁触觉传感器和光学触觉传感器,如图 1-3-7 所示,有几种工作原理不同的触觉传感器。近年来,很多学者的研究重点转向研发出拥有触觉的电子皮肤和机器手。仿生触觉传感器也对高灵敏度、传感器寻址以及剪切力测量有了更高的要求。

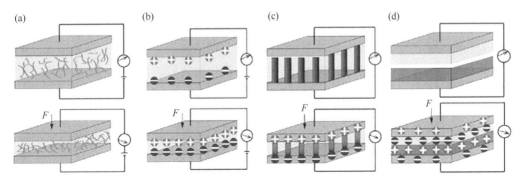

图 1-3-7　触觉传感器的几种典型工作原理示意图[64]

（a）压阻式；（b）电容式；（c）压电式；（d）摩擦电式。F 表示外界施加的力

高灵敏度可以测量更微小的力,为了提高灵敏度,研究者对开发纳米表面结构的传感器进行了深入研究。韩国的 Park 等[50]采用了基于碳纳米管（carbon nano-tube,CNT）复合材料橡胶的联锁（interlock）微球阵列的电子皮肤,该传感器表现出独特的高灵敏度,而且可以检测多方向多维度的力,尽管在微球阵列中 CNT 复合材料橡胶在输出曲线上表现出非线性行为,以及在压电复合材料中都有的典型漂移和迟滞现象,但压电复合材料制作工艺简单且灵敏度高,能够检测蜗牛的运动或人类的呼吸。首尔大学的 Kang 等[65]展示了一种基于裂纹原理的高灵敏度传感器,该传感器的灵感来源于蜘蛛步足上独特的纳米级裂纹,该裂纹使得蜘蛛能够对周围环境的振动信号有高度敏感性。该传感器

有高灵敏的输出特性和机械灵活性，在应变为 0.5%时，含裂纹的应变片传感器的电阻变化比不含裂纹的样品高 450 倍。

另一个需要解决的问题是，类皮肤的触觉传感器阵列的布局有很大的串扰问题，因此，单个传感器的输出会被同在阵列上的其他元素干扰。为了消除或减少这种"寄生"干扰，需要一种新的阵列布局方案：将二极管（无源型）或晶体管（有源型）连接到系列中的每个传感元件上。韩国的 Park 等[50]介绍了一种基于硅纳米膜的触觉传感器原型，该传感器是一个基于 8×8 阵列的有源矩阵电路。薄膜单晶硅晶体管具有极佳的特性，有高场效应迁移率和 0.5 V 的阈值电压，可以实时测量大范围的压力，最小可测压力为 12.4 kPa，对应于人体皮肤的阈值（10～40 kPa）。此外，稳定的电流可以使高达 100 kHz 的高开关频率映射出压力分布。高开关比的晶体管阵列具有低串扰的优点，提高了触觉图像的分辨率。韩国科学技术研究院的 Shin 等[66]开发了一种基于石墨烯场效应晶体管阵列的触觉压力敏感传感器，该传感器使用空气介电层，利用简单的折叠方法建立局部气隙，使得器件具有突出的压电特性和稳定性。

还有一个问题是多向力测量。在与物体进行交互时，接收到的触觉输入包括法向力、剪切力以及振动，从而识别出表面的形状纹理和位移。日本大阪大学的 Harada 等[67]开发了一种三轴触觉传感器（36 个应变计）和温度传感器（9 个单元），他们在 8 cm×8 cm 的区域上使用 3×3 的阵列，以解决电子皮肤应用中需要同时测量切向力、法向力和温度的问题。他们通过模拟指纹的结构来同时测量法向力、剪切力和温度，该柔性三轴力传感器具有较低的空间分辨率和较小的阵列尺寸，可以用于电子皮肤应用中检测多种刺激。美国马里兰大学的 Charalambides 和 Bergbreiter[68]提出了一种基于碳纳米管和聚二甲基硅氧烷（polydimethylsiloxane，PDMS）混合物的全弹性体材料的三轴触觉传感器。研究人员同时采用接触电阻方案和电容测量方案。传感器由导电支柱和衬垫组成，通过泊松效应进行压缩和拉伸操作，这种转导方法与柔软的硅树脂弹性体材料结合，可以使电子皮肤具有高性能的机械柔性触觉感知能力。

常用的触觉敏感材料有金属基材料、碳纳米材料和导电聚合物等功能材料。为了促进向柔性触觉传感器方向发展，制作传感器的材料也是研究的重点方向。韩国成均馆大学的 Bae 等[69]研发了一种基于石墨烯的玫瑰花形透明应变传感器，具有优良的拉伸性能和良好的光学透明度，所开发的石墨烯应变片传感器根据应变值表现出两种不同的输出特性，当应变低于 1.8%时，应变系数为 2.4，这与传统金属材料相似。

上文所述的 Park 等还开发了基于石墨烯的共形器件，如电子皮肤和可拉伸薄膜晶体管。研究证实，总厚度为 70 nm 的共形超薄石墨烯场效应晶体管在不均匀表面上具有优异的性能。过渡金属盐（如 MoS_2）因具有与石墨烯相当甚至更优越的特性而备受关注，包括良好的光学透明度、优异的机械弹性和良好的电学性能，具有高灵敏度和可调谐带隙的超薄 MoS_2 半导体是生产具有良好整合性的高级触觉传感器的理想材料。

4. 仿生嗅觉传感技术的发展

嗅觉系统区分不同化学分子的非凡能力，让人们尝试将人工嗅觉系统应用于环境监测、食品质量安全评估以及医学诊断等领域。生物电子鼻通常由初级感知元件、次级传感器和放大器组成，因此，将生物受体与新型传感器相结合的独特化学传感器，如微电极阵列、电化学器件、光学器件和基于纳米材料的场效应晶体管都可以有效地将外部化学信号转换为电信号，适合作为电子鼻的敏感元件。

在嗅觉受体被发现之前，研究人员已经开发了用于客观评价的传感技术，如嗅觉的辨别和量化。经验丰富的评估人员（感官小组成员）实际品尝样品以对其进行评估。但也存在客观性、可重复性不高等问题。为了解决这个问题，研究人员开发了一种用于客观区分和量化食物气味的传感技术，即电子鼻，用于模拟生物嗅觉的功能。参考生物嗅觉系统，人工嗅觉系统（电子鼻）对气体的识别有如下步骤：首先，传感器阵列模拟嗅觉细胞检测气体并产生相应的响应信号；其次，对响应信号进行一系列滤波降噪等数据处理和特征提取；最后，利用统计识别、机器学习等计算机模式识别算法对提取的特征进行学习和判别，完成对气体的定性、定量检测和识别。图 1-3-8 所示为传统常见的电子鼻检测系统。

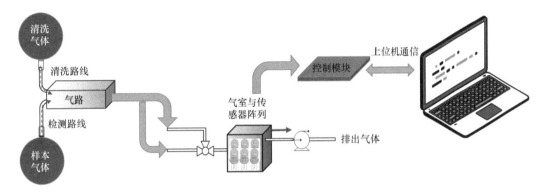

图 1-3-8　电子鼻检测系统示意图

除了由传感器阵列构成的电子鼻，生物电子技术的进步促进了生物电子鼻的发展，即将嗅觉蛋白、细胞或者组织作为敏感元件，接受目标气体分子的刺激，通过电极阵列获得响应信号，再将信号转换为更易处理的物理信号。

浙江大学的王平教授团队[70]提出了以嗅觉细胞作为敏感元件，他们将体外原代培养的嗅感觉神经元与光寻址电位传感器（light addressable potentiometric sensor，LAPS）结合，嗅感觉神经元细胞膜表面的特异性受体与气味分子结合后，引起胞内外离子浓度的变化，并最终影响 LAPS 传感器偏置电流的大小，利用该现象可以检测不同的气味分子。同时，该系统还可以用于细胞状态的监测。

另外，由于离体生物细胞传感器中的生物材料难以长时间存活，不能进行长时、重复测试，同时也没有与生物嗅觉完全一致的嗅觉响应机制，因此，王平教授团队提出了在体生物电子鼻的概念，如图 1-3-9 所示。利用脑机接口技术，可以将植入式微电极植入小鼠的嗅皮层中，将整个小鼠生物体作为气味传感器，直接提取大脑皮层中的嗅觉信号，进行信号分析从而获得嗅觉信号。该种在体生物电子鼻可以有效区分不同气味和味道，使用寿命可达 3 个月。这种基于脑机接口技术的在体生物电子鼻的研究难点是解码大脑分析产生的信息和神经元活动模式，构建映射模型，从而获得气味信息。

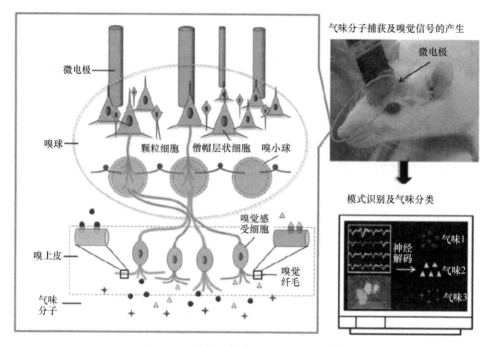

图 1-3-9　在体生物电子鼻系统示意图[70]

5. 仿生味觉传感技术的发展

与嗅觉感知技术类似，感官评价测试是食品工业中评估味道的主要方法，一般来说，5 种基本味觉的大部分受体可以接受多种化学物质，表现出半选择性。因此，虽然可以通过液相色谱、气相色谱等化学分析方法测定化学物质的浓度，但由于不同的味道以及味道物质之间存在相互作用，无法同时快速测定含有大量味道物质的食品的味道。

为了解决单一化学传感器检测性能低的问题，受电子鼻概念和哺乳动物味觉感受系统的启发，日本九州大学东子清团队首次提出了基于化学传感器阵列的味觉传感器系统，完成了多种味觉物质的检测，之后进一步提出了电子舌的概念。电子舌是一种用于溶液成分分析的仪器，包含一组由非特异性、低选择性的化学传感器组成的阵列以及合适的多元数据处理方法。电子舌的结构与哺乳动物的味觉感受系统类似，交叉敏感的化学传感器阵列可以模拟味蕾中不同味觉细胞对各种味觉物质的编码模式，后端的数据处理模块与大脑的功能类似，负责对传感器的输出信号进行处理和整合，完成定性筛选和定量检测。

1990 年，Toko 团队[71]开发了一种基于多通道电极的味觉传感器，使用脂质/聚合物膜作为换能器。这种味觉传感器是具有全局选择性的电子舌。其中，全局选择性是东子清团队最初提出的一个术语，定义为将一种化学物质的特性分解为每种口味的特性并对其进行量化，而不是只区分单种化学物质，在此基础上来区分食物的味道。有研究人员在 1995 年将电子舌定义为一种使用非特异性化学传感器阵列和模式识别来分析溶液的传感系统。现在的电子舌已经有商业化的产品，如 SA-402B 和 TS-5000Z，它们是世界上第一批商业化的电子舌系统，它们能够区分和量化味觉信息。此外，还有 Astree Ⅱ 电子舌。其中，Astree II 电子舌传感器用于区分溶液样品，而 SA-402B 和 TS-5000Z 味觉传感系统主要用于使用味觉“尺度”量化人类舌头识别的每种味道的强度，即能够通过阈值来区分味道的浓度。目前，这些电子舌一般用于评估药物的苦味以及食品和饮料的质量控制。

浙江大学的王平教授团队在提出在体生物电子鼻之后，又开发了用于苦味、咸味和鲜味等味觉物质检测的在体生物电子舌系统，发展了新型的仿生味觉传感技术，如图 1-3-10 所示。另外，他们还将原代味觉细胞与 LAPS 耦合，提出了一种无损研究味蕾内细胞间信号传导机制的方法。在采用原代的味觉感受细胞作为仿生敏感元件基础上，该团队提出了基于异源表达细胞的味觉仿生传感器，该系统将人类的味觉受体转染至成熟的细胞系中。由于人类受体的引入，该系统可以更好地模拟人类的化学感觉。此外，在味觉细胞的基础上，他们还提出基于受体蛋白的味觉传感器，可以将味觉受体固定在石英晶体微天平（quartz crystal microbalance，QCM）传感器上，进行苦味物质的检测。

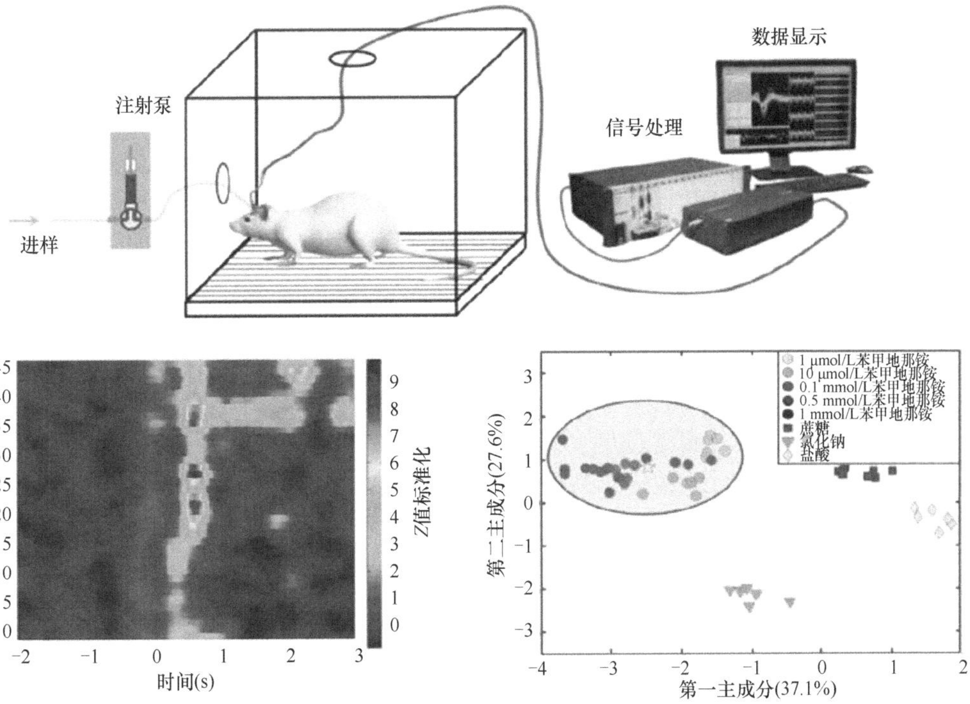

图 1-3-10 在体生物电子舌系统示意图[70]

1.4 智能感知技术的发展现状

智能感知这一概念由中国电子科技大学外籍教授 Kendrick[72]提出，他将智能感知定义为动物对其在环境中或自身意识到的物体表现出适应性学习反应的能力，即智能感知是一种既能感知又能从中学习的能力。智能感知技术则是使用传感器获取未知事物（如物体的图像、人的语音、物体的硬度、环境的气味以及食物的味道等）的信息后，进行多种方式检测、识别和认知的技术。其中如何模拟和学习生物体,特别是,人体大脑的神经认知系统实现智能化的自动识别是智能感知技术的核心内容和发展方向。

仿生识别技术理论的基本出发点是把人所认知的事物(如图像、语音、文字等)在数字化以后使用高维空间几何方法来分析并计算,从而产生高维空间(点分布)的几何计算分析方法理论。高维空间(点分布)分析几何计算方法是在分析空间几何向高维发展中的规律性基础上,优化高维空间点覆盖的一种几何计算方法,可以解决仿生识别中大部分的计算问题。

人类的文字识别能力与生俱来,在处理杂乱无序的文字时也具有准确分辨的能力。将这种准确识别并分辨的能力应用到机器上会面临许多难题,仿生识别技术的主要研究内容便是解决这些难题。仿生模式识别是研究机器如何观察环境,让机器学会从背景中区分指定的模式,并对这些模式的类别做出合理的决策。至今近 70 年的研究背景下,通用机器模式识别器的设计仍然是一个十分具有挑战性的研究方向。

人体是最完美的模式识别器,但在大部分情况下,机器对于人体的识别模式无法直接进行分析与应用,在技术实现上具有较大的困难。斯坦福大学斯坦福直线加速器中心组长 Friedman[73]高度赞扬了诺贝尔奖获得者希尔伯特·西蒙的工作,他的重要发现对模式识别在类人决策任务具有十分重大的启示:模型掌握的相关模式越多,最终决策就越好。这为利用人工智能发展仿生模式识别奠定了重要的基础,识别模式领域的研究数量也与日俱增。比起直接让机器进行模式识别,通过人工智能的模式分类及识别,可以达到事半功倍的效果,仿生的最终目标是将模式识别作为利用现有传感器、处理器和领域知识自动做出决策的最佳方式。

1.4.1 智能感知识别技术的原理

模式识别技术这一概念最早于 20 世纪 50 年代由来自麻省理工学院人工智能方向的先驱者 Selfridge[74]提出,他们认为模式识别是从大量的背景中提取有意义特征的过程。国内最早提出模式识别技术的是傅京孙等[75],他们于 20 世纪 60 年代提出了模式识别问题是基于某种主观标准对一组目标进行分类或标记,而这些被分到一类的目标具有一些共同特性。

在模式识别这一概念还未被提出之前,部分研究人员已经开发了早期的模式识别技术,1914 年以色列发明家埃马努埃尔开发了一种能阅读字符并将其转化为电报码的机器,该仪器即为统计机器(statistical machine)的前身——通过光学码识别搜索胶片档案,奥地利工程师古斯塔夫发明了光学字符识别(optical character recognition,OCR)阅读机器(reading machine)[76],这些仪器都是纯光学与机械的,没有使用数字计算机。

20 世纪中期,使用计算机的模式识别算法开始得到广泛研究,匈牙利数学家、美国哥伦比亚大学教授 Wald[77]使用了基于贝叶斯决策的模式识别方法:最小风险决策、最大后验决策、带拒识的最小风险决策。1958 年,第一台基于计算机的感知仪器也被研究人员开发出来。美国计算机科学家 Nj[78]发表了典型模式识别著作,提出了判别函数、参数法与非参数法、分层多层机器、分段线性函数等概念,对于模式识别的后续发展具有十分重要的参考意义。电气与电子工程师协会（IEEE）于 1966 年首次举办了关于模式学习的大型国际会议，大量关于模式识别的观点被提出，为后续的综述工作奠定了基础。20 世纪 70 年代，句法模式识别被首次提出，为后续关于句法的模式识别方法开拓了新思路。1973 年，首届国际模式识别联合大会（IJCPR）正式召开，并以 1974 年为起始成为每两年举办一次的关于模式识别的固定国际会议（ICPR），模式识别与人工神经网络（artificial neural network，ANN）之间的关联与差异也从此时开始被研究人员广泛讨论。

20 世纪 80 年代，多层神经网络、反向传播（back propagation，BP）算法被来自美国的心理学家 Rumelhart 等[79,80]正式提出，提出的多层神经网络是简单的两层关联网络，在这种网络中，到达输入层的一组输入模式直接映射到输出层的一组输出模式。这样的网络没有隐藏单位，它们只涉及输入和输出单元，没有其他的内部表示。Rumelhart 提出的 BP 算法是当时一种新的学习过程——反向传播，是一种与最优化方法（如梯度下降法）结合使用的用来训练人工神经网络的常见方法，该方法对网络中所有权重计算损失函数的梯度，这个梯度会回馈给最佳化方法，用来更新权值以最小化损失函数。1989 年，图灵奖获得者、法国计算机科学家 Lecun 等[81]首次提出了卷积神经网络这一概念，他们提出了一种反向传播网络在手写体数字识别中的应用，只需对数据进行最少的预处理，但网络架构受到高度限制，而且是专门为这项任务设计的，网络的输入由孤立数字的归一化图像组成，这种方法对美国邮政服务提供的邮政编码数字识别的错误率为 1%。图 1-4-1 为经典多层神经网络原理示意图。

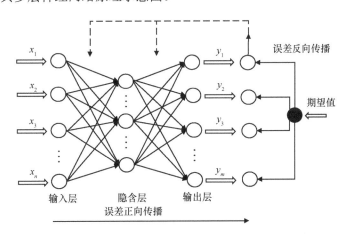

图 1-4-1　经典多层神经网络原理示意图

20 世纪 90 年代，支持向量机（support vector machine，SVM）这一概念也被正式提出，丹麦计算机科学家、谷歌搜索负责人 Cortes 等[82]实现了将输入的向量非线性映射到非常高维的特征空间，并在这个特征空间构建了一个线性决策面，决策面的特殊属性保证了学习机的高泛化能力。支持向量网络背后的想法是针对训练数据可以无误地分离的受限情况实施的，Cortes 等将这个结果扩展到不可分离的训练数据中。同时，多分类器系统（集成学习系统）、半监督学习、多标签学习、多任务学习等学习方法也不断被提出，多种学习方法不断兴起。

21 世纪初期，概率图模型如马尔可夫随机场、隐马尔可夫模型、条件随机场等学习方法也陆续被提出，在图像识别、语音文字识别等领域产生了很大的影响。2007 年，上海交通大学计算机学院的邢迪侃等[83]首次提出了迁移学习的概念，迁移学习的核心即为了领域自适应，该算法将无位移（shift-unaware）分类器预测的标签修正为目标分布，并以训练和测试数据的混合分布为桥梁，更好地从训练数据转移到测试数据，该算法成功地改进了三种最先进算法预测的分类标签：支持向量机、朴素贝叶斯分类器和转导支持向量机。关于深度学习的概念首次由多伦多大学的 Hinton 等[84]提出，他们提出如何使用"互补先验"来消除在具有许多隐藏层密集连接的信念网络中使推理变得困难的解释效应。他们使用互补先验推导出一种快速、"贪婪"的算法，只要前两层形成无向关联记忆，该算法便可以一次一层地进行深度且有向的学习。快速贪婪算法主要用于初始化较慢的学习过程，该过程使用唤醒-睡眠算法的对比版本微调权重，经过微调，一个具有三个隐藏层的网络形成了一个非常好的手写数字图像及其标签联合分布的生成模型，这种生成模型为判别学习算法提供了更好的数字分类。深度学习产生较大影响并被广大研究人员重视是源自加拿大计算机科学家 Krizhevsky 等[85]发表的研究论文，他们训练了一个大型的深度卷积神经网络，将 ImageNet LSVRC-2010 竞赛中的 120 万张高分辨率图像分类为 1000 个不同类别。在测试数据上，他们实现了 top-1 和 top-5 错误率分别为 37.5%和 17.0%，大大优于以往的技术水平。神经网络有 6000 万个参数和 65 万个神经元，由 5 个卷积层、1 个最大池化层和 3 个全连接层组成，并且最终有 1000 路的归一化指数函数分类。为了使训练更快，他们使用了非饱和神经元和一个非常高效的图形处理单元（GPU）实现卷积操作。为了减少全连接层的过拟合，他们采用了非常有效的正则化方法"Dropout"（暂退法）。

传统模式识别在过去近 70 年的发展中，在基础理论、方法技术、算法模型的性能提升及应用方面取得了巨大的成就，目前的模式识别发展中，深度学习在几乎所有的任务中占据了统治级别的优势，近现代算法的开源也促进了技术的加速迭代，但是传统模式识别与人工智能其他分支领域方法趋同，研究内容重合度过高，没有较大的区分度，且在应用性能方面还存在不足，精度、可靠性、鲁棒性和自适应性都还有提升的空间，目前传统模式识别面临的主要问题是理论方法的突破，在模型的可解释性、小样本学习、自主进化等领域还有很大的进步空间，传统模式识别奠定了仿生识别技术的基础。

1.4.2　智能感知技术的应用

与传统模式识别从"划分"的角度出发进行研究不同，仿生模式识别是一种从"认知"模式角度出发进行研究的崭新模式识别理论。仿生模式识别对一类事物的认知过程就是对该类事物的样本点在高维特征空间中形成的点的分布状况进行分析的过程。

中国科学院院士、微电子学专家王守觉于 2002 年提出了一套全新的模式识别理论——仿生模式识别（biomimetic pattern recognition，BPR）理论[86]，研究相关的理论思想可以追溯到其 1996 年发表的相关研究。传统的模式识别方法仅以若干类别的最佳分类划分作为出发点，只重视"区分"。由于是基于不同类型样本之间的划分，因此每当增加一种新类型的样本时，都需要对现有的所有类别样本进行重新训练。对于未曾训练过的新样本，使用传统的识别方法并不能判别出它是否在已知类别中，只能粗略地将它归属为已有的某一类。因此，尽管最佳分类方法在数学描述和处理方法上具有一般性和通用性等优点，但这种基于"区分"的传统模式识别的实际效果却远不能满足预期。仿生模式识别则是从"认知"模式这一角度进行模式识别。它的出发点是"认知"一类样本，并以一类样本在特征空间中分布的最佳覆盖区域为目标。二维（two-dimensional，2D）空间的识别情况如图 1-4-2 所示，图中三角形为要识别的样本，点和十字是与三角形不同类的两类样本，折线为传统的反向传播（BP）网络模式识别的划分方式，大圆为径向基函数（radial basis function，RBF）网络的划分方式（等同于以模板匹配的识别方式），细长椭圆形构成的曲面代表仿生模式识别的"认知"方式。

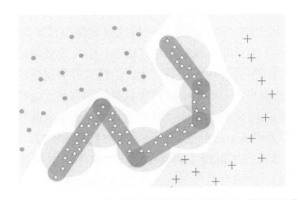

图 1-4-2　BP、RBF、仿生模式识别网络的认知方式区别示意图

仿生模式识别这一概念于 2002 年被提出后，研究人员就迅速应用到多种识别任务中，并获得了有效的识别结果，展现出了仿生模式识别独特的优势。

1）仿生模式识别能履行识与别的任务，不会将没有训练过的样本错误地归为已训练样本中的某一类，能将不同类样本正确拒识，并在实际应用中降低误识率。

2）仿生模式识别可以不断学习并分类，在学习样本时不需要负样本参加训练，也不会影响已经学习完成的分类样本。

3）仿生模式识别在低训练样本数量情况下仍能获得较高的识别准确率，因为其引入了"同源连续性"的先验知识，所以有效的信息不局限于训练样本。低训练样本数、高识别率的特点，使其可以正确分类一些不易获取大量训练样本的特殊场合中的识别任务。

仿生模式识别由于其独特的优点在国内逐渐受到关注，目前已经有越来越多的研究机构加入，从理论、方法以及应用等多方面开展研究。在仿生嗅觉领域，电子鼻仪器的开发主要集中在气体传感技术和模式识别方法，目前识别模型仍处于研发的初期阶段，随着更多新的传感技术被应用于电子鼻，信号处理和模式识别方法的重要性不断提升，得益于交叉研究，嗅觉系统中从基因、细胞到系统水平的信息处理机制被更为全面地解析。模式分析是开发能够检测、识别和测量挥发性化合物的气体传感器阵列仪器的关键组成部分，这项技术已被研究人员提议作为人类嗅觉系统的人工替代品。机器嗅觉模式分析系统的成功设计需要仔细考虑处理多元数据所涉及的各种问题：信号预处理、特征提取、特征选择、分类、回归、聚类和验证。来自统计模式识别、神经网络、化学计量学、机器学习和生物控制论的大量方法目前已被用于处理电子鼻数据。由于高维性和冗余性，预处理阶段产生的特征向量通常不适合直接由后续模块处理。高维数据的问题，在统计模式识别中被称为"维数灾难"，意味着为了学习准确的模型，训练示例的数量必须随着特征的数量呈指数增长。由于通常样本只有有限数量的示例可用，因此存在最佳数量的特征维度，超过这些维度，模式分析模型的性能就会开始下降。由于化学气体传感器的交叉选择性，在化学计量学和统计学中电子鼻仪器需要解决共线点冗余这一统计学问题。当两个或多个特征维度共线时，整个数据集的协方差矩阵会变得奇异且不可逆，这会导致各种统计技术［如二次分类器和普通最小二乘法（OLS）］出现数值问题。出于这些原因，在大多数情况下的数据都需要降维处理，即特征提取或特征选择。

特征提取的目标是找到一个低维映射，该映射能保留原始特征向量中的大部分信息。两个基本标准可用于衡量测量投影的信息内容：信号分类和信号表示[87]。信号分类方法将信息与鉴别能力（如类间距）联系起来，是模式分类问题的首选方法，这一方法的前提是有足够多的数据可用。对于小数据集或高维数据集，这些技术有过度拟合训练数据的趋势，导致预测的结果可能无法很好地概括测试样本。信号表示方法将信息与数据的结构（如方差）联系起来，当分类目标是探索性数据分析时，应优先采用这种方法。电子鼻应用中的大多数特征提取技术都是基于线性技术，主要是主成分分析和费希尔（Fisher）线性判别分析。主成分分析（principal component analysis，PCA）技术是一种信号表示技术，它沿最大方差方向生成投影，最大方差由协方差的第一特征向量定义[87]。线性判别分析（linear discriminant analysis，LDA）是一种直接最大化类别可分性的信号分类技术，可以直接生成预测，其中每个相同类别的示例形成紧凑的簇，而不同的簇彼此相距很远。或者这些投影由矩阵的第一特征向量定义，如类内和类间协方差矩阵。LDA和 PCA 判别结果的区别如图 1-4-3 所示，它们是单峰高斯假设下的最优技术，对于

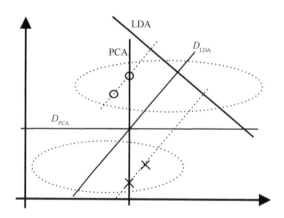

图 1-4-3　PCA、LDA 判别结果的区别示意图

图中◎和✕代表两种类别，D_x 代表分类区间阈值（D_x 为泛指，表示 D_{LDA} 和 D_{PCA} 两个阈值），虚线为基本分布

非高斯分布，可使用其他技术，包括 Sammon 映射、多层感知器、Kohonen 自组织映射、核 PCA、投影寻踪和独立分量分析等。

特征子集选择（feature subset selection，FSS）也是一种降维技术，可用于为特定气味测量应用配置小型传感器阵列。FSS 的目标是找到传感器（或特征）的"最佳"子集，以最大化信息内容或预测精度。最简单的 FSS 方法包括单独评估每个功能后选择得分最高的功能，不过这种方法由于忽略了特征冗余这一问题，很少能找到最佳子集。相反，这可能会导致模型去试图评估所有可能的属性子集并选择全局最优值，从组合的数量甚至对于中等的和值来说，这种方法是不切实际的。为了避免穷举搜索导致的指数爆炸，研究人员已经设计了多种方法以更有效的方式探索特征空间。这些搜索策略可以分为三类：指数搜索、顺序搜索和随机搜索。指数搜索执行的搜索复杂度随状态数呈指数增长，其中，分支定界技术[88]非常流行，因为如果求值函数是单调的，那么该技术便可以找到给定大小的最优子集。然而，这一假设在实际问题中却恰恰相反，随意添加特征会增加过度拟合的风险。顺序搜索算法是一种贪婪策略，通过应用局部搜索来减少搜索过程中所要访问的状态数，最简单的方法是顺序前向选择（sequential forward selection，SFS）和顺序后向选择（sequential backward selection，SBS）[89]，SFS 从空集开始，依次添加功能，而 SBS 从完整集开始，依次删除功能，SFS/SBS 的性能可以通过具有回溯功能的顺序浮动方法来提高。随机搜索算法在目标位置基本服从均匀分布的条件下搜索相应轨迹，其中模拟退火（simulated annealing，SA）和遗传算法（genetic algorithm，GA）应用最为广泛。SA 是基于热系统的退火过程，对单个解执行随机搜索，GA 则相反，受到自然选择过程的启发，GA 对一组解进行全局随机搜索。

有两种策略可用于评估不同的功能子集：过滤器和包装器[90]。过滤器根据特征子集的信息内容（如类间距离）比较特征子集，而过滤器根据特征子集在模式识别算法上的预测精度（统计重采样或交叉验证测量）来评估特征子集，每种方法都有许多优缺点。由于特征子集可以根据模式识别算法的特定偏差进行调整，包装器通常可以获得更好的预测精度。此外，包装器还有一种避免过度拟合的机制，因为特征子集是通过它们在测试数据上的性能来评估的，而包装器是密集型的计算器，在不断地重新训练模式识别算法。过滤器倾向于找到一个更通用的特征子集，该子集适用于更广泛的模式识别技术，并且在计算上更具优势。林雪平大学的 Eklöv 等[91]使用包装器方法结合 SFS 为多层感知器（multilayer perceptron，MLP）回归问题选择特征，由于 MLP 包装器在计算上不可行，因此每个特征子集的预测精度用普通最小二乘回归近似，实验结果表明，他们的特征选择程序可以找到小的特征子集，其预测精度与完整的多个特征集相近甚至更好。得克萨斯农业大学 Ricardoa 等[92]比较了 8 种搜索策略在气味分类问题上的性能，这项研究表明，所有搜索技术的性能都类似，在将特征集的大小减少 50%的同时，预测精度提高了25%～30%。德比大学传感与控制研究组的 Corcoran 等[93]使用遗传算法和基于 Fisher 判别比的滤波器从温度调制传感器阵列中选择出了理想的特征。

模式分类器的目标是从一组离散的预先学习的标签中为未知特征向量生成类标签预测。最简单的评估方法是假设每一类的似然函数是一个单峰（即包含单个平均值）高斯密度。k 最近邻（k-nearest neighbor，KNN）算法是一种强大的技术，可用于生成数据有限的高度非线性分类。为了对示例进行分类，KNN 算法在数据集中查找最接近的示例，并从这些示例中选择主要类，KNN 算法在形式上是最大后验概率（MAP）准则的非参数化近似策略。KNN 算法可以通过选择适当的值来生成局部密集的决策区域，并呈现出十分强大的渐进性质：当示例数接近无穷大时，KNN 分类器的错误概率会比贝叶斯决策的小得多，这说明任何分类器都可以达到最佳效果。KNN 算法的主要限制是：①存储需求，因为整个数据集都需要在召回期间处于可用状态；②计算成本，对于每个未标记的示例，需要计算（和排序）到所有训练示例的距离。这两个限制可以通过编辑训练集和生成原型子集来克服[94]，其中必须特别注意每个特征尺寸的缩放，KNN 对其极为敏感。MLP 是最流行的人工神经网络类型，是由简单的处理元件或神经元组成的前馈网络，其连接性类似于生物神经元电路。MLP 中的每个神经元执行其输入的加权和，并通过非线性激活函数（通常是挤压的 S 型函数）进行转换。MLP 能够通过一种被称为误差反向传播的梯度下降技术调整网络中的权重来学习任意复杂的非线性回归，在训练过程的每个阶段，MLP 以前馈方式处理其所有输入，将结果输出与期望输出进行比较，并反向传播这些误差，达到根据其对总体误差的贡献调整网络中的每个权重。

径向基函数（radial basis function，RBF）是前馈连接结构，如图 1-4-4 所示，该函数由径向核的隐藏层和输出层或线性神经元组成[95]。虽然 RBF 网络的结构类似于 MLP，但它们的输入输出映射和训练算法却存在根本上的不同。RBF 中的每个隐藏神经元通过径向对称函数（如高斯函数）调整为响应特征空间的局部区域，输出单元形成隐藏单元的线性组合，以类似于 MLP 的方式预测输出变量。RBF 通常使用混合算法进行训练，该算法对隐藏层采用无监督学习，然后对输出层进行监督学习。首先，通过均值聚类方法选择聚类中心；其次，根据相邻簇中心之间的平均距离或每个簇的样本协方差确定分布，可以使用期望最大化算法同时评估两者；最后，训练输出层是一个直接的有监督学习，其中径向基被激活用作回归器来预测目标输出。由于输出神经元具有线性激活函数，因此可以使用普通最小二乘法有效地解决这一问题。MLP 和径向基函数是仿生嗅觉传感与识别技术中最流行的两种神经网络结构。这两种模型都可以作为"通用近似器"，但它们仍然存在较大的差异。

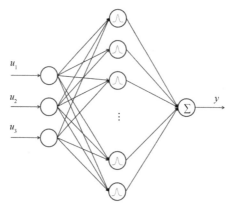

图 1-4-4　径向基函数神经网络示意图

　　回归问题是仿生传感仪器研究中最具挑战性的领域。回归的目标是建立一个从一组自变量（如传感器响应）到另一组连续因变量的预测模型。而模式分类可以被视为因变量分类的回归问题，根据这一原理，大多数回归技术可以用于分类之中。例如，在电子鼻仪器中解决了三个基本回归问题：多组分分析、过程监督和感官分析。在多组分分析中，因变量是分离分析物的浓度或混合物中已知组分的相对浓度。在实际应用中，由于传感器交叉选择性和校准点数量随值的增加呈指数增长，多组分分析仅限于少数组分应用场景中（2~4 组）。在过程监督中，因变量是与可能嵌入未知化合物基质中的分析物相关的过程变量（如质量水平），不同类型传感器的广泛选择性是仿生传感仪器解决此类回归问题的一个比较大的劣势。在感官分析中，因变量是人类感官小组的得分（如强度、感官描述等），模仿人类对不同环境的感知是仿生传感的终极挑战，也是一个极其复杂的回归问题。

　　回归的一种简单方式是假设依赖变量可以从传感器响应的线性组合中预测，比较常用的是化学计量中的向量表示法。岭回归（ridge regression，RR）是一种正则化方法，通过在协方差矩阵的估计中加入一个单位矩阵的倍数来稳定 OLS 解。OLS 共线性问题的另一种解决方案是执行主成分分析，仅保留少数主成分作为回归因子或"潜在变量"，由此命名为主成分回归（principle component regression，PCR）。然而，PCR 与 PCA 存在一个共同的问题，即最大方差的方向不一定与因变量相关。偏最小二乘法（partial least square method，PLS）是化学计量学中的"金标准"，因为它能够处理共线数据并减少所需校准样品的数量[96]。与 PCR 相反，PLS 从传感器矩阵的最大方差方向（特征向量）中提取"潜在变量"，PLS 以顺序方式查找相关性最大的特征参数。第一个 PLS 潜在变量是通过沿最大特征值对应的特征向量投影而获得的，为了找到第二个和随后的潜在变量，通过当前 PLS 潜在变量的 OLS 预测进行平减，并重复特征分析，最终通过交叉验证确定顺序扩展的停止点。

　　生物在进化的过程中演变形成了许多非常精细的结构和高度复杂的功能，它们的效率和可靠性远胜大多数人造机器，目前许多工程师正在研究生物系统并从中得到新的想法和理论。仿生传感仪器的原始设计灵感便是来自生物感觉，现有的部分仿生传感设备对生物感觉的模拟仍然有限，它们在辨识率上目前仍远不如动物本身的感官。近年来，生物感知信息处理机制的研究取得了长足进展，推动了仿生传感及其识别技术理论的发展，但从理论发现到工程应用需要相当长的时间，这一点限制了仿生应用的发展。仿生传感识别模型是描述生物感官识别机制的数学模型，它不仅是生物学和工程学之间的沟通工具，也是生物原型和仪器实现之间的桥梁。在仿生传感研究中，其应用于模式识别的研究仍在继续，有关理解和应用动态特性、引入更有效的学习规则和高效率硬件实现的问题仍然存在，如何解决这些问题也是接下来需要重点研究和改进的方向。随着计算神经科学的发展，越来越多的感官模型将被应用到仿生传感及其识别技术中，以使其在信息处理方面的表现更接近生物感觉，最终形成一种多功能的仿生传感仪器，这些仿生传感仪器也将为验证生物感官的相关假说提供十分重要的参考价值。对仿生人工传感及其识别技术的研究将有助于进一步了解生物感官中的信息处理机制，对未来先进仿生传感技术的发展具有十分重要的意义。

1.5 仿生传感与智能感知的应用概述

随着现代科学技术的发展，仿生传感与智能感知技术已经越来越多地渗透到计算机、通信、交通运输、医学、军事、经济等各个领域，人类正在由信息时代向智能时代前进。智能感知技术的发展把仿生传感的技术领域推向"智能化"高度，随着仿生传感技术的不断发展，这种智能化越来越注重实现拟人的感受和判断，仿生传感与智能感知技术已经成为当代科学技术发展的大趋势之一，智能感知是智能科学与技术区别于自动化的重要标志。智能感知技术更侧重于智能化，而传统传感识别技术主要侧重于各种传感器件的研发。近年来，随着仿生学的迅速发展，仿生学在各种智能传感器中的应用越来越多，仿生智能传感技术已成为目前一个热门的研究领域。传统的传感识别系统要求输入的信息比较单一，而仿生传感系统要智能感知周围环境信息的变化，要面对复杂系统视、听、触、嗅、味觉各种形式的信号，并将其作为输入，进行融合、分析和推理，再进一步随环境与条件的变化，采取相应的应对策略或行动。传统的识别技术明显无法实现此类要求，相比而言，仿生智能传感技术则可以为不同领域各个方向所产生的复杂性问题和不确定性问题提供很好的解决办法，因此，发展仿生传感与智能识别技术对现代科学技术的发展有着十分重要的意义。

在各种传感器的应用中，人们通过对生物体自身的各种感知（如嗅觉、味觉等）进行模拟，使得多种传感器具有某些生物的特性和功能，研制出可以自动获取、处理信息并能模仿人类思维的仪器，这就是仿生智能传感技术的研究与应用。以下将对仿生传感与智能感知技术的应用进行简单的介绍，后续章节中将会具体介绍五大感官的智能传感技术与智能识别及其应用。

1.5.1 仿生视觉与智能感知的应用

仿生视觉传感技术包括复杂的数字成像系统、脉冲刺激集成系统、信号转换及传输系统等功能模块，随着技术的发展，算法识别模块也逐渐被研究团队开发并在该领域具有重要的意义，具体内容将在后续章节中详细讲述，本节将着重介绍目前仿生视觉与识别技术的主要应用。

视觉假体（人工视网膜装置）是目前治疗严重视力丧失的一种创新方法。这些设备目前已经发展到一定的水平，在当前的临床试验中，它们已经开始恢复盲人的基本视觉功能。视觉假体的定义是通过在视觉通路的某个点电刺激残余神经元来引发视觉感觉或幻视。当前的视网膜前假体由三个主要组件组成。第一个组件使用相机捕获光图像。第二个组件将此图像转换为电刺激信号。第三个组件位于视网膜内表面，负责刺激内层视网膜中剩余的细胞。目前最先进的视网膜假体是由总部位于加利福尼亚州的 Second Sight（第二视觉医疗器械公司）开发的 Argus II 视网膜前植入物。该设备的第一代模型 Argus I 由一个 250～500 μm 的眼内视网膜前多电极阵列和 16 个铂微电极组成，该阵列位于眼球中央凹陷的颞侧，并通过插入电极阵列的单个弹簧张力视网膜钉固定到对应位置。眼外组件由安装在眼镜外的相机组成,用于捕获图像,这些图像由视觉处理单元转换为像素化图像,这种处理过的信息以及所需的电力通过感应链路遥测系统传输到植入颞骨的磁线圈,然后通过连接到多电极阵列的跨巩膜电缆传递电信号,该装置的电源是外部磨损的电池组。在动物模型中,视网膜前假体对视网膜的慢性电刺激不会引起任何炎症反应、新血管形成或血管包裹[97]。Argus I 的临床试验于 2002 年在多汉尼眼科研究所开始,Argus I 设备被植入 6 名患有原发性视网膜色素变性(RP)的受试者,这些受试者的视力都降低到裸光感知。受试者描述当视网膜受到植入电极刺激时视网膜局部的一些视觉感知。当使用 Argus I 设备的受试者进行测试时,他们描述了在设备保持开启状态下在物体检测、物体计数、物体识别和移动方向方面相较于未开启设备的改进。随着设备使用次数的增加,研究人员还观察到受试者在实验期间行为表现的不断改善,这表明视力恢复也是一个学习过程。Argus I 假体还在患者感知中产生了图案化的视觉感知,其空间分辨率达到了使用计算机生成的光栅测试时电极之间的距离所确定的极限[98,99]。

　　Argus II 仿生眼由 60 个独立可控的电极组成,该系统已在全球 11 个中心的 30 名受试者中植入[100]。受试者的运动检测能力、机动性有所提高,并且能够区分常见的家用物品。在定向和运动检测中,58%的受试者在系统打开的情况下成功地导航到目的地,而在系统关闭的情况下,这一比例为 32%。在 22 名受试者中,使用该系统使他们能够在闭合集测试中正确识别字母,73%的受试者能够正确识别字母,而在系统关闭时正确识别字母的概率仅为 17%,受试者还表现出空间运动方面的改善,包括方形定位空间的改善。这些实验都是在一定条件下执行的,例如,在黑暗的房间中,通过外部液晶显示屏读取字母,在黑色背景上显示白色字母。虽然越来越多的实验表明空间分辨率是准确的,但该设备提供的视野仍然存在局限性。使用电子眼的受试者的视野与视网膜受刺激区域的大小直接相关,因此与电极阵列的直径直接相关。增加视野的一个选择是增加植入物的尺寸,目前这一方向的研究进展较为缓慢。

　　另一种视网膜前假体是智能医疗植入物公司(Intelligent Medical Implants AG)开发的学习型视网膜植入物,学习型视网膜植入系统由眼外和眼内部分组成。眼外部分为位于一对眼镜框架上的视网膜编码器(retina encoder,RE)。RE 近似于视网膜神经节细胞的典型感受野特性,并通过 100~1000 个单独可调时空滤波器以替代视网膜的视觉处理能力。该处理器能重新模拟神经节细胞执行的滤波操作。然后对再输出进行编码,并通过无线信号和能量传输系统传输至植入的视网膜刺激器,该视网膜刺激器被植入视网膜表面并用视网膜钉固定到对应位置。EPI-RET3 植入物由眼外组件和眼内组件构成。该眼外组件利用眼镜架中的互补金属氧化物半导体照相机来捕获图像。然后将该图像无线传输到位于前部玻璃体的接收器,这类似于人工晶状体的功能。该接收器又通过连接微型电缆刺激视网膜前植入物。植入物由 25 个(5×5)电极组成,与神经节细胞相连。EPI-RET3 植入物与 Argus II 的主要区别在于前者拥有无需金属丝穿孔的巩膜造口术。目前全球正在开发其他视网膜前假体,但仍处于早期开发阶段。

　　视网膜下假体涉及在视网膜(很可能是双极细胞层)和视网膜色素上皮之间植入假体装置。电子眼进入视网膜下间隙的途径是巩膜外切口或内切口(通过玻璃体腔和视网膜）。有两种视网膜下植入物已经发展到非常高的水平。

最早的视网膜下假体是由光电子仿生学公司（Optobionics）开发的，称为人工硅视网膜（artificial silicon retina，ASR）[101]。ASR 直径为 2 mm，厚度为 25 mm。它是一种光仿生装置，因此视网膜修复装置所需的能量来自入射光，由约 5000 个独立工作的电极端微型光电二极管组成。ASR 产生的电荷用于改变接触视网膜神经元的膜电位，并模拟光激活正常神经元以形成视网膜视觉图像。视网膜植入技术公司于 2003 年初在德国图宾根成立，最初开发了一种由微型光电二极管阵列和棋盘图案配置中的 7000 个微电极组成的光学植入物。植入物目前已进入动物模型阶段，但研究人员发现微型光电二极管阵列需要额外的电源支撑。于是该团队开发了复合视觉假体装置，包括三部分：视网膜下、眼外和皮下。视网膜下部分由 4×4 氮化钛电极阵列（直径 50 mm，间距 280 mm）和具有 1550 个光电二极管和位于旁中心凹的电极的微型光电二极管阵列组成。眼外部分是一个箔条，带有外部连接电极和参比电极的 22 条金色连接通道。皮下部分由硅胶电缆组成，该电缆在鼓膜下通向耳后空间，穿透皮肤最终连接到塞子中。视网膜前和视网膜下假体装置都有明显的优点与缺点。视网膜前植入物的优点是玻璃体腔中的手术方法是主流和常规的。此外，整个玻璃体腔可用于容纳假体，对视网膜的破坏可以控制在最小。在视网膜前放置还可以将玻璃体腔充当假体散热的散热器。用于视网膜前设备的微电子设备被整合到设备的眼外组件中，无需进一步手术即可轻松升级。

视觉假体的早期工作首先是从开发皮质假体的想法开始的。20 世纪 60 年代和 70 年代，英国生理学家保罗·布林德利和美国生物医学研究员多贝尔开始将电极植入视觉皮层，并通过电刺激产生幻视。然而电极阵列位于软脑膜上方的皮层上，引起光幻视所需的电流在毫安范围内，这导致空间分辨率差、硬脑膜刺激不适，在某些情况下还会造成局灶性癫痫活动。随后美国国立卫生研究院的施密特研究院开发了皮质内电极，与表面刺激相比，其平均阈值低于 25 mA，两点分辨率更接近。目前的皮层内假体模型包括皮层内视觉假体项目和犹他电极阵列（Utah electrode array，UEA）。在美国食品药品监督管理局（FDA）批准后，UEA 在人体内进行了短期植入实验。

在过去的几十年里，图像识别一直是一个活跃的研究领域。特别是在过去 5 年中，由于其显著的进步和广泛的社会应用，它在计算机视觉、机器学习和人工智能等多个领域获得了广泛的研究关注。任何识别系统的主要目标都是从静态图像、视频数据、数据流以及积极使用这些数据组件的上下文知识中识别出人类身份。基于卷积神经网络的深度学习也被广泛用于研究图像识别领域，其中人脸识别是当前仿生视觉与传感技术较为关注的一个研究点。

人脸识别系统的主要目标是从静态图像、视频数据或数据流中识别人类身份，包括这些数据组件被使用的情况。由于传感器和成像技术的快速进步，人脸识别系统已广泛应用于许多实际应用中，具体来说，有人机交互、安全目标的人员识别、面部移动生物识别、执法、选民识别、反恐、边境管制和移民、日托中心、社会保障、银行、电子商务等。随着在现实世界的广泛应用，人脸识别受到了商业利益相关者和研究团体的极大关注，对能够处理复杂现实世界情况的强大人脸识别算法有着重要的需求。随着人脸识别系统的日益普及，它已被各种自动访问控制机制用于人机交互。它也已取代密码保护、指纹、虹膜验证等其他身份验证控制方法。随着智能手机和闭路电视摄像机的普及，基于面部的身份验证已在许多实际生活中应用。基于硬件的验证系统正在迅速扩展，以控制单次登录多个网络服务的基于面部的授权，基于人脸的自动取款机、在线资金转账和密文访问也越来越流行于各种社会实践中，基于人脸身份的计费、支票处理、敏感实验室的访问、敏感对象的快递服务和基于人脸身份的自动访问控制无处不在[102]。深度神经网络（deep neural network，DNN）在物体识别方面具有强大的计算能力，并且在过去几年中彻底改变了机器学习。来自所有领域的研究人员，不只社会科学和工程学、生命科学等，都在考虑使用深度框架来混合他们现有的模型并获得更优化的结果。许多研究人员，肯定了深度神经网络具有的卓越计算能力、准确性和结果导向性。

1.5.2 仿生听觉与智能感知的应用

仿生听觉与识别技术广泛应用在人工耳蜗、数字助听器、机器人和人工听觉智能芯片等领域。人工耳蜗、数字助听器在医学和技术领域取得了突破，在重听和失聪儿童的教育方面带来了巨大的变化，开辟了新的视野。听力障碍是一种发生率较高的病症。据世界卫生组织统计，55 岁以上中老年人的听力障碍发生率约为 20%。部分听力损失患者尚可通过配戴助听器来弥补听力损失，但是因内耳听力毛细胞受损而导致的听力损失，则必须通过植入人工耳蜗来重拾听力，人工耳蜗植入与数字助听器是医学和技术领域的重大突破。

耳朵能够听到各种各样声音的原理，实际上属于物理学上的"快速傅里叶转换"。当外界声源产生的声波传入耳道后，可被内耳耳蜗中的听力毛细胞感知，这些会"跳舞"的听力毛细胞在接收到声波后会发生振动并生成微电流，再经由听神经传至大脑听觉处理中心，最后被感知为声音。

随着医学技术的发展，出现了一种新的接口形式，即"增强"接口。由于身体各部分不能正常工作，且无法恢复到健康状态，因此修复术可以用来恢复部分重要的身体功能。这一研究领域被称为"生物电子学"，即仿生学。通常情况下，最容易识别信号的助听器是数字助听器，然而在医疗设备和处理能力方面，信号增强通常与更先进的设备有关，例如，5 岁以上的患者，如果患有发育障碍，如外耳或中耳发育不良、组织发育失败或导致发育不全的功能障碍，外耳的慢性炎症，如影响外耳通道的外耳炎，或损害中耳的中耳炎，由于活动受限，固定问题或过度生长，以及中耳或内耳小骨的耳硬化症，那么在这些情况下数字助听器就不是一个较为理想的解决方案。在这种情况下，特别是对于听力闭锁或慢性耳引流的患者，可以使用骨锚定助听器（bone anchored hearing aid，BAHA）。在临床上，BAHA 被固定在乳突骨上，并在外部发挥与大多数助听器相似的功能。从结构上讲它是不同于数字助听器的，它没有使用薄膜将声波转换成电能，而是借助了一个非常坚固的微系统，在固定它的骨头内部产生振动[103]。

仿生听力学技术的顶尖产品是人工耳蜗（cochlear implant，CI），如图 1-5-1 所示。设计和实施能够增强人类能力的仿生器官与装置，即控制论，已经成为一个越来越引起科学兴趣的领域。这一领域有潜力为人体制造定制的替代部件，甚至创造出具有人类生物学通常所不能提供的功能器官。特别是，将功能性电子元件与生物组织和器官直接多维集成的方法的发展，将对再生医学、假肢和人机界面产生巨大影响。CI 本质上是一种电子设备，它可以恢复严重听力损失患者的部分听力；这些患者已经无法通过传统的助听器来感受听觉。它与助听器不同，CI 不会使声音更响亮或更清晰，而是绕过受损的听觉系统，直接刺激听觉神经，让严重听力受损的人能够接收声音。由于任何故障或任何非引导穿透都可能导致电极错误地进入后半规管，损伤面神经，或在前庭耳蜗神经内造成无监督电极接触，因此临床手术需要精细的操作和熟练的工程方法。CI 适用于患有双侧、严重感音神经性听力损失的儿童和成人，这些患者无法通过佩戴助听器或者规定的语言治疗来提高他们的口语交流技能。通过计算机断层扫描（computed tomography，CT）早期对听觉中枢神经系统的刺激，如果在学前年龄便已经开始佩戴，将可能在后续改善患者听觉记忆和声音辨别能力。人工耳蜗植入术的适应证和术前要求包括完整的病史和体格检查、医学评估、听力检查、CT 和磁共振成像（magnetic resonance imaging，MRI）扫描（评估耳蜗和听神经），以及心理测试、语言评估和参加口语教育的计划。临床上经常对儿童植入物进行系统的随访和定位，同时进行专门的语言治疗。根据患者对声音和语言的声学感知记录以及基于语言需求而制定的协议对发音的各个要素进行区分，对每个新的结果进行评估。人工耳蜗无法恢复正常听力，只是提供了一种声音的表现方法，内耳问题通常会导致感觉神经损伤或神经性耳聋，在大多数情况下内耳毛细胞受损后就无法正常工作，尽管各种听觉神经纤维可能完好无损，可以向大脑传输电脉冲，但由于毛细胞损伤，这些神经纤维无法接收到信号并产生反应。临床上普遍认为，由于严重的感音神经性听力损失，无法直接用药物治疗，人工耳蜗植入术在未来会具有十分广阔的应用前景。

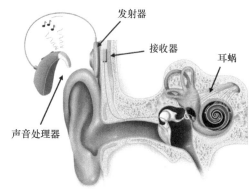
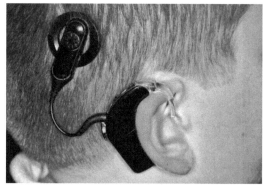

图 1-5-1　人工耳蜗示意图

美国阿拉巴马州立大学的 Mannoor 等[104]利用基于挤压的 3D 打印材料堆积技术，成功将纳米电子材料和生物细胞同时融入打印器官中，产生了具有独特功能的三维集成半机械人组织和器官。Mannoor 等在藻酸盐（海藻酸盐）水凝胶基质中预接种了密度约为 6000 万/mL 的活软骨细胞，海藻酸盐基质在培养中具有三维稳定性、无毒、预接种性和挤压兼容等特性，可以在细胞沉积之前开始交联，是合适的细胞递送载体。用于打印的软骨细胞是从一个月大的小牛的关节软骨中分离出来的，通过将模型切片为轮廓和光栅填充路径层，使用立体光刻格式的人耳耳廓计算机辅助设计（CAD）图纸，将集成圆形线圈天线连接到耳蜗形电极，以定义打印路径。随后在海藻酸盐水凝胶基质中启动交联，该基质预先接种了活的软骨细胞，然后与导电（注入 AgNP）和非导电硅胶溶液一起进行 3D 打印，用这种方法打印生成了仿生器官的生物、电子和结构组件。将打印的耳朵结构浸入含有 10%或 20%胎牛血清的软骨细胞培养基中，每 1~2 天更新一次基底，仿生耳在培养条件下表现出良好的结构完整性和形状保持性，随着时间的推移，结构逐渐变得更加不透明，在培养 4 周后最为明显，与细胞外基质的形成基本一致，体外培养 10 周后仿生耳的大体形态为完整外耳结构。

对该仿生人工耳进行了无线射频接收实验，为了证明仿生人工耳能够接收超出正常可听信号频率的信号（人类为 20 Hz 至 20 kHz），将仿生耳朵的感应线圈制成耳蜗形电极，并与之形成外部连接，然后将耳朵暴露在频率为 1 MHz 至 5 GHz 的正弦波中，使用网络分析仪分析线圈天线的参数（正向传输系数），发现该参数可在扩展频谱上传输信号。作为通过修改 CAD 设计修改最终器官的多功能性的示范示例，研究人员通过将原始模型对称变化打印了一个互补的左耳，左声道和右声道立体声音频通过发射铁氧体磁芯磁环天线暴露于左声道和右声道仿生人工耳，仿生耳朵接收到的信号从双耳蜗电极的信号输出中采集，输入数字示波器，并由扬声器播放，用于听觉和视觉监控，结果显示制造的机械人耳朵能够在赫兹到千兆赫兹的广泛频率范围内接收电磁信号。

美国加利福尼亚大学的吴健等[105]设计并制作了一种用于听神经刺激和记录的新型高密度穿透微电极阵列。该阵列设计用于将倒装芯片凸点连接到数字处理和无线通信芯片，从而消除系统中的电线互连误差，并对三维阵列制造进行了改进，使得阵列在无需后处理组装的情况下实现高电极密度。通过沉积铱激活被动阵列，以形成电极尖端和带有一层生物相容性聚氯代对二甲苯的保形涂层，最后选择性地从尖端区域去除聚氯代对二甲苯来暴露尖端。这种设计使得 CMOS 芯片具有无线通信和数字信号处理（digital signal processing，DSP）功能，可用于神经记录和刺激。这种芯片上的电路还将消除电子芯片和 MEMS 电极之间的互连需求，使用无线链路和片上 DSP 固件的最显著优势包括易于植入手术，大大提高了机械稳定性，在慢性的植入过程中确保最低的并发症概率。

仿生听觉与识别技术目前仍在快速发展中，随着临床试验和材料研究的进展，将有望实现完整的仿生听觉与识别系统，具体应用进展将在后续的章节中详细介绍。

1.5.3　仿生触觉与智能感知的应用

人体皮肤具有高度的感觉性能，是我们平时很容易忽略的身体中最大、最复杂的感觉器官。皮肤是我们与周围环境相互作用的物理屏障，使我们能够感知各种形状和纹理、温度变化以及不同程度的接触压力。为了实现如此高性能的传感能力，我们的皮肤细胞中包含多种不同类型的高度特异性的感觉受体。这些受体首先将身体接触产生的信息转换成电信号，然后将其发送到中枢神经系统进行更复杂的处理，收集到的信号最终由躯体感觉皮层处理，形成触觉这一重要的感觉。

仿生触觉与识别技术的一大重要应用为人工电子皮肤，制备具有类人感觉能力的人造皮肤的基础，便是这种多功能的皮肤高度适用于自主人工智能（如机器人）、医疗诊断或者能够成为功能相同的修复结构替代品，否则人造皮肤便无法实现人体触觉感官功能。赋予机器人传感能力可以扩展其应用范围，使其完成高度交互的任务，如照顾老人等，而应用在身体上或体内的传感器皮肤可以提供前所未有的诊断和监测能力。具有这种感觉能力的人造皮肤即为敏感皮肤、智能皮肤或电子皮肤（electronic skin，E-skin），如图 1-5-2 所示。人体皮肤的主要功能是机械力感应，而人造电子皮肤可以增加额外的功能，在实验过程中，研究人员可以将化学和生物传感器集成到柔性基板上。可以分别使用此类电子鼻（electronic nose，E-nose）或电子舌（electronic tongue，E-tongue）在气体或液体介质中感测目标物种。其他传感模式（如温度）和其他功能（如生物相容性、自愈和自供电）也很重要，将在后续章节中详细介绍。

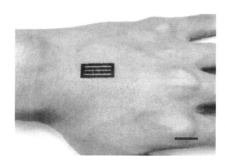

图 1-5-2　人造电子皮肤示意图

电子皮肤发展的早期技术进步伴随着科幻灵感。1974 年，杜克大学医学中心 Clippinger 等[106]研发了一种能够进行离散传感器反馈的假手。近十年后，惠普公司推出了配备触摸屏的个人电脑（HP-150），用户只需触摸显示屏即可激活功能，这是第一款利用人类触觉的直观特性进行大规模销售的电子设备。1985 年，美国通用电气公司使用放置在柔性薄片上的离散红外传感器以 5 cm 的分辨率为机械臂制造了第一个敏感皮肤，制造的敏感皮肤能够感知周围环境，使机器人的手臂能够避开潜在的障碍并在其物理环境中有效地完成各种动作，尽管机械臂没有手指且分辨率低，但它证明集成到薄膜中的电子设备可以实现自然的人机交互，如该机械臂能够在没有任何预编程动作的情况下与芭蕾舞女演员"跳舞"。人造皮肤除具有与其周围环境相互作用的能力外，还需要模仿人体皮肤的机械特性以适应其各种运动。因此，要制造栩栩如生的假肢或类人机器人，还需要开发柔软、灵活且可拉伸的电子设备。

20 世纪 90 年代，科学家开始使用柔性电子材料制造大面积、低成本、可印刷的传感器芯片。美国加州理工学院的 Jiang 等[107]提出了第一个用于触觉剪切力传感的柔性传感器片，通过蚀刻薄硅晶片并将其集成到柔性聚酰亚胺箔上来创建硅微型机电岛。此后研究人员又做了大量研究来提高大型传感器片对机械进行弯曲的性能。同一时间，由有机半导体制成的柔性阵列开始出现，其性能可与非晶硅相媲美。

20 世纪末，在美国国家科学基金会和国防高级研究计划局的支持下，第一届敏感皮肤研讨会在华盛顿特区举行，汇集了来自学术界、工业界和美国国防高级研究计划局的约 60 名研究人员。研究发现，从机器人技术到医疗保健，电子皮肤有着重大的工业领域的应用。21 世纪初期，电子皮肤的发展速度因这次研讨会而显著加快，研究人员开始探索可以更容易与微处理器集成的不同类型的传感器。

　　近年来，电子皮肤的发展和进步取得了重大进展，特别是模仿人类皮肤的机械顺应性与高度敏感的传感特性。美国新泽西州普林斯顿大学的 Lacour 等[108]已经开发出可拉伸电极，美国伊利诺伊大学的 Kim 等[109]通过使用由可拉伸互连连接的超薄（100 nm）薄膜将典型的脆性材料 Si 转变为灵活的高性能电子产品。东京大学的 Sekitani 等[110]为大面积集成压敏片材制造了具有有源矩阵读出功能的可弯曲并五苯聚合物有机场效应晶体管（organic field-effect transistor，OFET），约翰内斯·开普勒大学的 Graz 等[111]研究了使用泡沫电介质和铁驻极体与 FET 集成的新型压力传感方法。还有许多的可伸缩光电传感器件也被相继开发，包括用于与电子皮肤集成的发光二极管和有机光伏等。

　　人体皮肤可被视为开发人工触觉系统的性能基准。电子皮肤开发的重要考虑因素是其制造材料的选择以及将人类皮肤的机械特性（低模量、拉伸性和柔韧性）赋予其人造对应物的能力。人体皮肤的一个重要特征是它在机械上具有柔顺性，允许它在不引起物理损伤的情况下弯曲和伸展。皮肤的低机械模量使其能够将与我们相互作用的物体的物理特性传递给埋在保护性表皮层下的无数受体。因此，在人造皮肤的开发中，其制造材料的选择应体现人体天然皮肤的柔韧性和可拉伸性，皮肤的自我修复能力也十分关键，而人造皮肤若有良好的延续性则应该具有这种特性。为了实现这些特性，材料的选择至关重要，通过开发用于制造可拉伸和柔性设备的新材料与加工方法，电子皮肤技术正在快速发展进步。除机械顺从性外，良好的电气性能和与大面积加工技术的兼容性对于创建高功能、低成本的设备也很重要，纳米材料则是高物理特性和低成本的有利组合。

　　机器人技术在提高效率和降低制造业中重复的、定义明确任务的成本方面具有巨大的效用。仿生机器人是目前十分热门的一个研究领域，这种机器人可以通过收集有关周围环境的信息来做出适当的反应，可以在较恶劣的环境中工作。这种能力将使他们能够与人类近距离合作并完成更复杂和动态的任务（例如，为老年人提供基本服务或执行危险的救援任务），这将需要功能强大的触觉感知来提高当前机器人技术的操作速度和有效性。除了机器人应用，有效的触觉传感阵列还可以改变医疗领域，集成到假肢中的触觉传感器可以让截肢者恢复相当多的功能，而触觉传感器皮肤可用于增强手术触觉并连续测量患者的健康状况。

　　人类触觉传感系统使我们能够充分地在周围环境中导航，其工作机制的原理可以为有效设计电子替代品提供灵感。皮肤内的触觉感知依赖于被称为机械感受器的神经元，这些神经元分布在皮肤表面下方的不同深度，并可以对不同时间尺度上的力做出响应。快速适应机械感受器感知力的动态变化，并在施加或去除力的过程中以强烈的信号做出响应。相比之下，缓慢适应机械感受器能够通过在长时间刺激期间连续响应来感知静态力。机械感受器的密度取决于其在体内的位置，范围约为指尖到手掌中的位置，手指尖的分辨率约为 1 mm。在人体中，数据处理从个体受体中的刺激被数字化开始，来自受体组的信号在到达大脑的途中被处理并进行最终的数据解释。触觉信号处理的分解有助于减少大脑的数据处理需求。通过这一信号处理途径，身体可以感觉到大于 10 kPa 的压力，时间分辨率为 20～40 ms，并且可在高达 800 Hz 的频率下感测振动[112]。

皮肤的机械特性对其触觉感知能力有显著影响，机械顺应性通过促进对物体形状的理解和增加与物体的接触面积来提高抓地力。皮肤的形态已经进化到有利于触觉感知，并且皮肤的脊线通过将力聚集在附近的机械感受器来增强敏感性，这些脊线对于促进滑动、纹理和硬度的感知也是必不可少的。生活的许多基本方面都由皮肤的多功能触觉感知能力主导，包括：①用于抓握控制、对象操纵、方向确定的法向力感应；②本体感觉的拉伸应变监测（对于站立和行走等简单运动至关重要）；③用于抓握控制和摩擦测定的剪切力传感；④用于滑动检测和纹理确定的振动检测。

上述特征应被视为电子皮肤的最低要求，方能使其能够以类人的方式与世界互动。具有增强功能如高灵敏度、高受体密度、快速响应时间等的电子皮肤，可以共同赋予机器人和假肢超越人类本身皮肤的能力。虽然皮肤提供了一系列令人印象深刻的触觉反馈功能，但它并不是一个完美的系统。此外，其柔顺性和黏弹性也使压力分布分析复杂化并降低了空间分辨率。活动触觉感知目前引起了科研人员极大的兴趣，该领域的发展十分迅速。仿生触觉与识别技术目前仍处于高速发展中，但在实现将多种功能集成到大面积、低成本传感器阵列中的目标之前，仍需要进一步的开发，后续章节将具体介绍其功能与详细应用。

1.5.4　仿生嗅觉与智能感知的应用

仿生嗅觉传感技术已成为全球最热门的研究方向之一，目前各种仿生电子鼻已被广泛应用于食品工业、环境监测、安全、军事、医药和医疗等行业。近年来，随着电子鼻技术研究的深入，仿生嗅觉系统在医学领域得到了广泛应用。

现代医学面临的问题和挑战是，通过早期检测发病症状或疾病状况来实现有效的疾病诊断，以促进快速治疗的应用，同时大大降低诊断治疗的侵入性。人体生物样本，如呼出气体、血液、尿液、汗液和皮肤的化学分析，是诊断大多数病理状况的最常用手段。传统的临床气味信息可以通过医生的嗅觉感官进行评价，然而由于主观识别误差、嗅觉疲劳或心理排斥等因素，医生对这些特殊气味的检测很容易受到影响，且一些特殊的异常气味超出了人类嗅觉的感知范围。因此，传统的嗅觉诊断在临床应用中没有得到应有的重视。医学电子鼻技术的引入是为了弥补传统嗅觉诊断的不足，促进嗅觉诊断的发展。作为一种无创、快速的诊断技术，电子鼻技术在临床诊断中的研究与应用涉及肺部疾病、微生物感染、2 型糖尿病和泌尿系统疾病等的检测。

美国肺脏协会的 Mazzone 等[113]利用比色传感器阵列对 149 名受试者进行了呼气分析。肺癌诊断的敏感性和特异性分别为 73.3%和 72%，结果不受年龄、性别、组织学或吸烟史的影响。以色列理工学院的 Peng 等[114]检测非小细胞肺癌患者呼气中挥发性有机化合物的准确率为 100%，且通过对新鲜切除标本的分析，可以区分良性肿瘤和恶性肿瘤，为外科手术提供指导。安徽医科大学第一附属医院的徐珍琴等[115]使用电子鼻筛选非小细胞肺癌患者的呼气挥发性标志物，结果表明电子鼻诊断的敏感性和特异性分别为95%和 70%。电子鼻还可以区分慢性阻塞性肺疾病（chronic obstructive pulmonary disease，COPD）、哮喘等不同肺部炎症疾病中挥发性化合物的呼吸，已广泛应用于呼吸系统疾病的诊断。由于哮喘和 COPD 可以呈现相似的临床症状，阿姆斯特丹大学的 Fens 等[116]用电子鼻呼吸指纹识别了 30 例 COPD 患者和 20 例哮喘患者，准确率为 96%。天主教圣心大学医学院的 Montuschi 等[117]将电子鼻、肺功能测试和呼出一氧化氮分数（faction nitric oxide in exhaled air，FENO）应用于哮喘组与健康组之间的检测，得出电子鼻、FENO 和肺功能检查的诊断率分别为 87.5%、79.2%和 70%。电子鼻与 FENO 联合应用对哮喘的诊断率为 95.8%，说明电子鼻结合 FENO 的检测可提高哮喘的诊断率。

在传染病诊断中，确定微生物感染的类型和感染程度对于合理使用抗生素具有至关重要的意义。华威大学传感研究实验室的 Gardner 等[118]用电子鼻预测致病微生物白喉杆菌和金黄色葡萄球菌的类型与生长停滞，金黄色葡萄球菌检出率为 100%，白喉杆菌检出率为 92%，对细菌三个生长阶段的检测准确率为 80%。日本齿科大学的 Yamada 等[119]使用电子鼻检测牙髓炎患者口腔中的气味。参考细菌培养的结果，与正常受试者相比，当口腔中含有布氏杆菌、牙龈卟啉单胞菌、梭杆菌或类杆菌时，口腔气味中的硫化氢和氨含量显著增加，因此电子鼻检测口腔气味分子可作为牙髓炎的客观诊断指标。宾夕法尼亚大学的 Thaler 等[120]将电子比色传感器阵列应用于慢性鼻窦炎患者鼻腔的气体检测，以区分革兰氏阳性菌和革兰氏阴性菌。该传感阵列的准确率为 90%。2011 年，徐山等发现传统的伤口感染诊断方法耗时且操作复杂，他们提出了一种基于电子鼻和独立成分分析（independent component analysis，ICA）的新方法来检测常见的伤口感染病原体，并提高了伤口感染病原体识别的准确性。这些研究对快速检测细菌感染、合理用药和取得更好的治疗效果具有积极作用。

电子鼻技术在糖尿病诊断中的应用具有早期诊断、无创、方便等特点，因此它一直受到医生和患者的青睐。糖尿病的并发症之一是酸中毒，这与机体血液中酮酸的含量直接相关。血液中萘啶酸代谢终产物丙酮可通过呼吸排出，根据这种关系，利用电子鼻技术直接检测呼吸丙酮含量，可以间接评估血糖值，达到了解血糖变化的目的。浙江大学王平等[121]研制了多种基于呼气诊断的新型仿生电子鼻系统，设计仿生气体传感器阵列检测人体呼出的气体，再通过智能感知软件和人工神经网络算法识别呼出气体中与疾病相关的分子标志物，实现肺部疾病和肠道疾病的早期、快速筛查与诊断，如图 1-5-3 所示。亚历山大大学的 Mohamed 等[122]采集了 2 型糖尿病患者和正常健康人的尿液样本，并通过电子鼻技术检测尿液气味分子。结果显示 2 型糖尿病患者的检出率为 96%。英国考文垂大学的 Arasaradnam 等[123]指出，在评估和应用电子鼻技术检测人类疾病的研究中，电子鼻对炎症性肠病或糖尿病的检出率约为 97%。

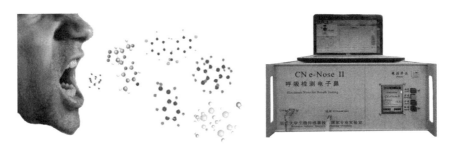

图 1-5-3 呼气诊断电子鼻仪器示意图

由于肾功能不全患者代谢废物的异常排泄，因此血液中的酸碱和电解质紊乱，肾病患者的气味将不同于正常人。德国耶拿应用科学大学的 Voss 等[124]从正常人和肾功能不全患者身上收集气味，并应用电子鼻进行判别分析。结果显示，晚期肾功能衰竭和慢性肾功能衰竭患者的检出率均为 95.2%。香港理工大学的郭东敏等[125]研究发现，应用电子鼻分析肾功能衰竭患者的呼吸可以很好地评价血液透析的疗效。除上述疾病外，电子鼻还被广泛应用于结核病、癌症、卵巢癌和炎症性肠病的诊断。因此，随着电子鼻技术的进步，电子鼻的临床应用价值将不断发展和提高。

目前，由于电子鼻的灵敏度不高、稳定性差、样品含量少等，极大地影响了数据的可靠性。然而，随着新型传感器技术、精细处理技术、纳米技术、先进的信号处理算法的快速发展，电子鼻技术将不断得到推广，为临床诊断提供无创、科学、简单、高效的嗅觉检测仪器，电子鼻技术对诊断技术的发展具有重要意义。

仿生嗅觉机器人也被称为电子鼻，仿生嗅觉机器人是一种模拟生物嗅觉能力定位气味源的人工嗅觉机器人，这种机器人通常携带气体传感器，并具有定位气味源的能力，其中一些机器人甚至可以通过视觉和听觉避开障碍物并定位气味源，气味源定位主要包括三个过程：气体羽流发现、气体羽流追踪和气味源确定。

1990 年，美国圣地亚哥大学的罗萨斯及其同事首次开始用电子鼻研究气味源的定位。它由一个内部有 6 个气体传感器的金属盒和一个扇形风扇组成，并安装在移动机器人上。在实验中，该装置在水平范围内每 90°收集一次气味信息，检测到高浓度后，它便沿着该方向移动一步。如果浓度低于阈值或为零，机器人返回初始位置并循环此过程，直到到达气味源位置，该方法主要采用浓度梯度算法。1992 年，克利夫兰凯斯西储大学的石田初男开始研究这个问题，并提出了模仿蛾子的逆风搜索算法，他开发了第一台携带 4 个气体传感器和 4 个风速传感器的机器人，该机器人充分利用气味信息和风向信息来检测气味源。1997 年，石田研究了二维（2D）气体分布并用移动机器人绘制了地图，提出了主动嗅觉的概念。1999 年，石田又设计了一个带有 3D 气味源定位装置的气味罗盘，该装置配有 4 个气体传感器和一个小风扇，用于将空气吸入传感器。它是通过在罗盘旋转的情况下平衡传感器沿水平和垂直方向的响应来获得方向。2004 年，石田开发了一种携带 6 个气体传感器和 2 个风向传感器的机器人，可以在 3D 空间中定位气味源。从 2005 年起，石田开始将视觉信息加入机器人导航实验。2006 年，石田开发了一种配备 CMOS 摄像头、气体传感器和气流传感器的机器人，机器人可以结合嗅觉和视觉信息来确定气体是否存在。2008 年和 2009 年，石田分别设计了一种有源立体鼻模拟犬和一种采集化学信号的小龙虾机器人[126]。

仿生嗅觉机器人是一个新兴的领域，包括机器人学、仿生学、智能控制、传感器和计算机科学等多个学科。目前，气体传感器技术还相对落后，生物嗅觉机制尚未被彻底解析。湍流和精确的气体模型难以建立，这对探测气体羽流有很大影响。目前的嗅觉机器人还不能与生物嗅觉相媲美，应用的嗅觉传感技术相对简单，无法满足实际需求。利用多信息融合技术开发实用的嗅觉机器人已成为未来研究的趋势。此外，如何在无风环境和多风环境下建立气体模型也还需要大量的实验研究。

仿生嗅觉与识别技术是传感检测技术中炙手可热的研究方向，目前仿生嗅觉与识别技术在疾病诊断、食品检测、机器人研究等领域已经有了许多优秀的研究成果，具体研究内容以及成果也将会在后续章节中做详细的介绍。

1.5.5 仿生味觉与智能感知的应用

在食品和制药行业的味觉评估中，感官测试通常由味觉专家来进行。人类的舌头约含有 10 000 个味蕾，它们都包含味觉受体，每个味蕾由 50～100 个味觉细胞组成，可以向人脑产生多种物质的独特信号模式。大脑根据经验或神经网络模式识别对这些信号进行解释，并做出判断或分类，以识别相关物质。因为受测试专家的主观经验及生理状态影响，人体感官评价的方法存在局限性，而味觉传感器的使用有望大大改善这种情况。

电子舌和生物电子舌是两种十分有前景的食品味觉评估工具，它们通过模拟人类味觉感知及传导过程，从而实现味觉物质的检测。电子舌涉及多种传感方法，如电化学方法、光学方法等。与其他分析方法不同的是，电子舌获取的是食品中的味觉指纹信息，而不是对化合物具体成分进行分析，由于重叠或干扰信号导致的信息失真可通过化学计量学工具进行操作，所涉及的数据处理算法主要包括主成分分析、偏最小二乘法、人工神经网络等。

最近，生物电子舌的概念正在兴起，并已被用于味觉评价，这种传感器的特点是在传感器阵列中包含一个或多个生物传感元件。生物传感器的识别元件来源于生物，如酶、抗原、抗体、受体蛋白、细胞或组织。尽管生物电子舌已应用于某些味觉特征和食品成分的选择性检测，但值得一提的是，生物电子舌仍处于早期阶段，在食品味觉或质量评估方面的应用研究目前还没有很多的成果报道。但是生物电子舌仍然具有广阔的应用前景，并正处于飞速的发展当中。

自从九州大学的 Toko 等于 1990 年生产出第一个基于非特异性传感器方法的液体分析多传感器系统以来，味觉传感器得到了快速发展，并通过改进成功应用于食品工业的味觉评估。圣彼得堡大学的 Vlasov 和 Legin[127]提出了一种基于电位检测的电子舌系统，该系统由一组基于聚氯乙烯（polyvinyl chloride，PVC）膜或硫属化合物玻璃的离子交换电极组成。该系统已用于啤酒、软饮料、果汁、茶、咖啡、矿泉水和葡萄酒等的鉴别，并且可以对苦、甜和咸味物质进行区分，以及检测药品中具有不同味道的物质。阿威罗大学的 Rudnitskaya 等[128]使用了一种包含 17 个电位化学传感器的电子舌来量化红酒中的苦味。研究发现，与非苦味葡萄酒相比，苦味葡萄酒中酚类化合物（儿茶素、表儿茶素、没食子酸、咖啡酸和槲皮素）的浓度更高。关于苦味物质的检测结果可以实现葡萄酒的分类，分类准确率达到 94%，同时利用电子鼻检测结果计算的校准模型可以很好地定量预测苦味强度。

离子敏感场效应晶体管（ion sensitive field effect transistor，ISFET）和源于 ISFET 的光寻址电位传感器（LAPS）也被作为电子舌的传感器件。基于半导体物理和微加工技术，这些硅基传感器更容易实现小型化，并为同时检测多种化合物提供了有效的平台。亚琛应用科技大学的 Codinachs 等[129]开发了一种基于 ISFET 传感阵列的电子舌。他们将大面积的 ISFET 芯片封装在单个设备中，其中光固化聚氨酯膜对 K^+、Na^+、Ca^{2+} 和 Cl^-

等敏感,在加入氧化还原电位元素后使用六通道装置进行检测。该装置已用于鉴定矿泉水、葡萄汁和葡萄酒样品。

伏安电子舌主要有三类,分别是贵金属、导电聚合物和酞菁薄膜。林雪平大学的Winquist 等[130]开发了由一系列贵金属工作电极组成的伏安电子舌,并将其应用于不同食品的分析。他们选择铂(Pt)、金(Au)、铱(Ir)、钯(Pd)和铑(Rh)等贵金属作为电极阵列,研究了小振幅脉冲伏安法(small amplitude pulse voltammetry,SAPV)和大振幅脉冲伏安法(large amplitude pulse voltammetry,LAPV)这两种类型的伏安法,在数据处理过程中提取信息量最大的数据点,并用于校准和识别。包括 SAPV、LAPV和阶梯伏安法在内的不同技术已用于茶叶、洗涤剂、果汁与牛奶的检测,该电子舌还被用于检测水环境中生长的各种霉菌、不同的微生物物种和饮用水质量。浙江工商大学的田师一等[131]利用多频大幅度脉冲伏安法(multi-frequency large amplitude pulse voltammetry,MLAPV)开发了一种电子舌系统,该系统包含多个金属工作电极,可以成功地将 6 种中国白酒和 7 种龙井茶按不同的频率段进行分类。最近一种通过在硅片上沉积铂(Pt)、金(Au)、铱(Ir)、钯(Pd)和铑(Rh)等金属的微加工技术也被开发用于构建伏安电子舌的传感器阵列,为了获得交叉选择性更好的性能,各种材料如聚合物、石墨环氧树脂、酞菁和掺杂剂也被用作传感器敏感膜。例如,基于导电聚合物(如聚吡咯和聚苯胺)的电子舌传感器与不同分析物吸附引起导电性差异,这种电子舌已被用于评估苦味、甜味、咸味、酸味和涩味等味道。巴塞罗那自治大学的 Cetó 等[132]开发了一种新型电子舌,该电子舌包含 5 个改性石墨环氧电极,用于分析卡瓦葡萄酒。导电聚合物可以选择性地快速吸附/解吸目标物,酞菁化学修饰的伏安传感器也成功地应用于电子舌。由不同酞菁衍生物修饰的传感阵列由于其多功能性、不同的离子结合性和电催化性质,具有良好的交叉选择性。酞菁作为敏感材料的另一个优势是,它们可以通过不同的技术进行修饰,如碳糊电极技术和朗缪尔-布洛杰特膜(Langmuir-Blodgett film)技术,从而具有不同的敏感特性。基于双酞菁表面修饰的伏安电极传感器阵列可用于区分5 种基本味道,同时也被用于苦味物质研究,包括 $MgCl_2$、奎宁和橄榄油中 4 种具有苦味的酚类化合物。

酶生物传感器已成为环境监测、食品质量控制和制药工业中对各种目标分析物进行定性与定量分析的一种十分有发展前景的工具。目前最广泛使用的是用于葡萄糖、乳酸、谷氨酸、尿素、肌酐和胆固醇等物质检测的酶生物传感器。巴塞罗那自治大学的 Gutés 等[133]开发了一种伏安生物传感器,将修饰了环氧石墨生物复合物、葡萄糖氧化酶和不同金属催化剂的传感器组成传感阵列,可以实现多种物质的检测,该系统已成功应用于葡萄糖和抗坏血酸的同步检测。在 FET 表面修饰适配体和单壁碳纳米管,可实现测凝血酶的实时监测,检测浓度低至 7 pmol/L。英国伦敦帝国理工学院的 Premanode 和Toumazou[134]提出了一种新型的酶场效应晶体管,他们在晶体管上修饰肌酐酶、肌酸酶和尿素酶,用于实时检测肌酐和尿素。耶路撒冷希伯来大学的 Braeken 等[135]研制了另一种表面修饰谷氨酸氧化酶的酶场效应晶体管。该传感器对谷氨酸的测定具有高灵敏度和长期稳定性。此外,通过在传感器表面修饰酪氨酸酶、辣根过氧化物酶、乙酰胆碱酯酶和丁酰胆碱酯酶,开发了基于 4 种酶生物传感器的生物电子舌,他们实现了废水净化过程中的质量评估。

　　虽然电子舌可以对多种味觉物质进行检测分析，但电子舌系统与生物味觉系统存在本质的差异，包括化学响应和信息编码机制。因此，研究者提出了基于生物活性材料的传感器，通过将受体、细胞或组织修饰固定在传感器表面作为生物敏感元件，实现对目标物的高灵敏度、高选择性检测，从而开发更具有生物特性的味觉传感器。浙江大学的陈培华等[136]通过在 LAPS 上培养味觉细胞（表达不同味觉受体的 II 型细胞和 III 型细胞）研究了不同味觉信息在味觉细胞内的编码方式，并证明表达不同受体的味觉感受细胞具有特定的响应模式。

　　在人类生活的各个方面，如环境监测、医疗健康、食品安全等，对化学信息的获取有着广泛的需求。在众多的评价标准中，味觉评价占据着重要的地位，受到社会的广泛关注。新兴的电子舌和生物电子舌采用电化学传感器或生物传感器阵列，为快速、客观地收集味觉信息提供了有用的手段。但这些设备仍处于开发阶段，尤其是生物电子舌，后续章节中也将会详细介绍仿生嗅觉电子舌及其应用，电子舌的研究及其开发都在高速发展中。

参 考 文 献

[1] Coulet P R, Blum L J. Biosensor Principles and Applications. New York: Marcel Dekker, 1991.

[2] Land M F, Fernald R D. The evolution of eyes. Annual Review of Neuroscience, 1992, 15: 1-29.

[3] Gehring W J, Ikeo K. Pax 6: Mastering eye morphogenesis and eye evolution. Trends in Genetics, 1999, 15(9): 371-377.

[4] Wolf G. The discovery of the visual function of vitamin A. Journal of Nutrition, 2001, 131(6): 1647-1650.

[5] Costanzi S, Siegel J, Tikhonova I G, et al. Rhodopsin and the others: A historical perspective on structural studies of g protein-coupled receptors. Current Pharmaceutical Design, 2009, 15(35): 3994-4002.

[6] Kresge N, Simoni R D, Hill R L. Visual pigment molecules and retinol isomers: The work of george wald. Journal of Biological Chemistry, 2005, 280(32): e29-e31.

[7] Palczewski K. G protein-coupled receptor rhodopsin. Annual Review of Biochemistry, 2006, 75: 743-767.

[8] Wurtz R. Brain and visual perception—The story of a 25-year collaboration. Science, 2005, 308(5720): 357-358.

[9] Cotugno D. De Aquaeductibus Auris Humanae Internae. Vienne: Apud Rudolphum Graeffer, 1774.

[10] Manni E, Petrosini L. Domenico Cotugno (1736–1822). Journal of Neurology, 2010, 257(1): 152-153.

[11] Araújo L C, Magalhaes T N, Souza D P, et al. A brief history of auditory models. 10th Simpósio Brasileiro de Computaç ao Musical. Belo Horizonte: Simpósio Brasileiro de Computaç ao Musical, 2005: 1.

[12] Flanagan J L. Models for approximating basilar membrane displacement. Part II. Effects of middle-ear transmission and some relations between subjective and physiological behavior. Bell System Technical Journal, 1962, 41(3): 959-1009.

[13] Flanagan J L. Models for approximating basilar membrane displacement. Journal of the Acoustical Society of America, 1960, 32(11): 1163-1191.

[14] Lyon R F, Mead C. An analog electronic cochlea. IEEE Transactions on Acoustics Speech and Signal Processing, 1988, 36(7): 1119-1134.

[15] Meddis R. Simulation of mechanical to neural transduction in the auditory receptor. The Journal of the Acoustical Society of America, 1986, 79(3): 702-711.

[16] Sumner C J, Lopez-Poveda E A, O'mard L P, et al. A revised model of the inner-hair cell and auditory-nerve complex. The Journal of the Acoustical Society of America, 2002, 111(5): 2178-2188.

[17] Patterson R D, Allerhand M H, Giguere C. Time-domain modeling of peripheral auditory processing: A modular architecture and a software platform. Journal of the Acoustical Society of America, 1995, 98(4): 1890-1894.

[18] Vanimmerseel L M, Martens J P. Pitch and voiced unvoiced determination with an auditory model. Journal of the Acoustical Society of America, 1992, 91(6): 3511-3526.

[19] Vallbo A B, Hagbarth K E. Activity from skin mechanoreceptors recorded percutaneously in awake human subjects. Experimental Neurology, 1968, 21(3): 270-289.

[20] Ahissar E, Sosnik R, Haidarliu S. Transformation from temporal to rate coding in a somatosensory thalamocortical pathway. Nature, 2000, 406(6793): 302-306.

[21] Ahissar M, Ahissar E, Bergman H, et al. Encoding of sound-source location and movement-activity of single neurons and interactions between adjacent neurons in the monkey auditory-cortex. Journal of Neurophysiology, 1992, 67(1): 203-215.

[22] Geldard F A, Sherrick C E. The cutaneous "rabbit": A perceptual illusion. Science, 1972, 178(4057): 178-179.

[23] Ranade S S, Syeda R, Patapoutian A. Mechanically activated ion channels Neuron, 2015, 87(6): 1162-1179.

[24] Sukharev S I, Blount P, Martinac B, et al. A large-conductance mechanosensitive channel in *E. coli* encoded by *mscL* alone. Nature, 1994, 368(6468): 265-268.

[25] Caterina M J, Schumacher M A, Tominaga M, et al. The capsaicin receptor: A heat-activated ion channel in the pain pathway. Nature, 1997, 389(6653): 816-824.

[26] Coste B, Mathur J, Schmidt M, et al. Piezo1 and Piezo2 are essential components of distinct mechanically activated cation channels. Science, 2010, 330(6000): 55-60.

[27] Kim Y, Chortos A, Xu W T, et al. A bioinspired flexible organic artificial afferent nerve. Science, 2018, 360(6392): 998-1003.

[28] Buck L, Axel R. A novel multigene family may encode odorant receptors: A molecular basis for odor recognition. Cell, 1991, 65(1): 175-187.

[29] Rouquier S, Taviaux S, Trask B J, et al. Distribution of olfactory receptor genes in the human genome. Nature Genetics, 1998, 18(3): 243-250.

[30] Ressler K J, Sullivan S L, Buck L B. A zonal organization of odorant receptor gene-expression in the olfactory epithelium. Cell, 1993, 73(3): 597-609.

[31] Zhao H, Ivic L, Otaki J M, et al. Functional expression of a mammalian odorant receptor. Science, 1998, 279(5348): 237-242.

[32] Dastoli F R, Price S. Sweet-sensitive protein from bovine taste buds: isolation and assay. Science, 1966, 154(3751): 905-907.

[33] Adler E, Hoon M A, Mueller K L, et al. A novel family of mammalian taste receptors. Cell, 2000, 100(6): 693-702.

[34] Nelson G, Hoon M A, Chandrashekar J, et al. Mammalian sweet taste receptors. Cell, 2001, 106(3): 381-390.

[35] Zhang Y F, Hoon M A, Chandrashekar J, et al. Coding of sweet, bitter, and umami tastes: different receptor cells sharing similar signaling pathways. Cell, 2003, 112(3): 293-301.

[36] Ishimaru Y, Inada H, Kubota M, et al. Transient receptor potential family members PKD1L3 and PKD2L1 form a candidate sour taste receptor. Proceedings of the National Academy of Sciences of the United States of America, 2006, 103(33): 12569-12574.

[37] Teng B C, Wilson C E, Tu Y H, et al. Cellular and neural responses to sour stimuli require the proton channel Otop1. Current Biology, 2019, 29(21): 3647-3656.

[38] Taruno A, Vingtdeux V, Ohmoto M, et al. CALHM1 ion channel mediates purinergic neurotransmission of sweet, bitter and umami tastes. Nature, 2013, 495(7440): 223-226.

[39] Lee H, Macpherson L J, Parada C A, et al. Rewiring the taste system. Nature, 2017, 548(7667): 330-333.

[40] Jeong K H, Kim J, Lee L P. Polymeric synthesis of biomimetic artificial compound eyes. The 13th

International Conference on Solid-State Sensors, Actuators and Microsystems, 2005. Digest of Technical Papers. TRANSDUCERS'05. IEEE, 2005, 2: 1110-1113.

[41] Solov'yov I A, Ritz T, Schulten K, et al. A chemical compass for bird navigation. *In*: Mohseni M, Omar Y, Engel G, et al. Quantum Effects in Biology. Cambridge: Cambridge University Press, 2014: 218-236.

[42] Song Y M, Xie Y Z, Malyarchuk V, et al. Digital cameras with designs inspired by the arthropod eye. Nature, 2013, 497(7447): 95-99.

[43] Bell A. Sensors, motors, and tuning in the cochlea: Interacting cells could form a surface acoustic wave resonator. Bioinspiration & Biomimetics, 2006, 1(3): 96-101.

[44] Dobbins P. Dolphin sonar-modelling a new receiver concept. Bioinspiration & Biomimetics, 2007, 2(1): 19-29.

[45] Kuc R. Biomimetic sonar locates and recognizes objects. IEEE Journal of Oceanic Engineering, 1997, 22(4): 616-624.

[46] Olivieri M P. Bio-inspired broadband SONAR technology for small UUVs. Oceans'02 MTS/IEEE, 2002, 4: 2135-2144.

[47] Yang J, Chen J, Su Y, et al. Eardrum-inspired active sensors for self-powered cardiovascular system characterization and throat-attached anti-interference voice recognition. Advanced Materials, 2015, 27(8): 1316-1326.

[48] Wu W C, Wood R J, Fearing R S. Halteres for the micromechanical flying insect. Proceedings 2002 IEEE International Conference on Robotics and Automation, 2002, 1: 60-65.

[49] Jaax K N, Marbot P H, Hannaford B. Development of a biomimetic position sensor for robotic kinaesthesia. Proceedings 2000 IEEE/RSJ International Conference on Intelligent Robots and Systems (IROS 2000), 2000, 2: 1255-1260.

[50] Park J, Lee Y, Hong J, et al. Tactile-direction-sensitive and stretchable electronic skins based on human-skin-inspired interlocked microstructures. ACS Nano, 2014, 8(12): 12020-12029.

[51] Sano A, Kikuuwe R, Mochiyama H, et al. A tactile sensing for human-centered robotics. 2006 IEEE Sensors, 2006: 819-822.

[52] Yang S, Matushita N, Shimizu A, et al. Biomimetic tactile sensors of CMC/polysilicone composite sheet as artificial skins. 2005 IEEE International Conference on Robotics and Biomimetics-ROBIO, 2006: 41-44.

[53] Krijnen G, Lammerink T, Wiegerink R, et al. Cricket inspired flow-sensor arrays. 2007 IEEE Sensors, 2007: 539-546.

[54] Mcgrueer N. Biomimetic flow and contact/bending MEMS sensors. *In*: Ayers J, Davis J, Rudolph A. Neurotechnology for Biomimetic Robots. Cambridge: MIT Press, 2002: 13-30.

[55] Oh E H, Song H S, Park T H. Recent advances in electronic and bioelectronic noses and their biomedical applications. Enzyme and Microbial Technology, 2011, 48(6-7): 427-437.

[56] Nagle H T, Gutierrezosuna R, Schiffman S S. The how and why of electronic noses. IEEE Spectrum, 1998, 35(9): 22-31.

[57] Bar-Cohen Y. Biomimetics-using nature to inspire human innovation. Bioinspiration & Biomimetics, 2006, 1(1): 1-12.

[58] Liu Q J, Zhang D M, Zhang F N, et al. Biosensor recording of extracellular potentials in the taste epithelium for bitter detection. Sensors and Actuators B: Chemical, 2013, 176: 497-504.

[59] Jung Y H, Park B, Kim J U, et al. Bioinspired electronics for artificial sensory systems. Advanced Materials, 2019, 31(34): 1803637.

[60] Watanabe T, Kikuchi H, Fukushima T, et al. Novel retinal prosthesis system with three dimensionally stacked LSI chip. 2006 European Solid-State Device Research Conference, 2006: 327-330.

[61] Gerding H. A new approach towards a minimal invasive retina implant. Journal of Neural Engineering, 2007, 4(1): S30-S37.

[62] Beauchamp M S, Oswalt D, Sun P, et al. Dynamic stimulation of visual cortex produces form vision in sighted and blind humans. Cell, 2020, 181(4): 774-783.

[63] Lee J H, Kim J W, Levy M, et al. Magnetic nanoparticles for ultrafast mechanical control of inner ear

hair cells. ACS Nano, 2014, 8(7): 6590-6598.

[64] Wan Y B, Wang Y, Guo C F. Recent progresses on flexible tactile sensors. Materials Today Physics, 2017, 1: 61-73.

[65] Kang D, Pikhitsa P V, Choi Y W, et al. Ultrasensitive mechanical crack-based sensor inspired by the spider sensory system. Nature, 2014, 516(7530): 222-226.

[66] Shin S H, Ji S, Choi S, et al. Integrated arrays of air-dielectric graphene transistors as transparent active-matrix pressure sensors for wide pressure ranges. Nature Communications, 2017, 8(1): 1-8.

[67] Harada S, Kanao K, Yamamoto Y, et al. Fully printed flexible fingerprint-like three-axis tactile and slip force and temperature sensors for artificial skin. ACS Nano, 2014, 8(12): 12851-12857.

[68] Charalambides A, Bergbreiter S. Rapid manufacturing of mechanoreceptive skins for slip detection in robotic grasping. Advanced Materials Technologies, 2017, 2(1): 1600188.

[69] Bae S H, Lee Y, Sharma B K, et al. Graphene-based transparent strain sensor. Carbon, 2013, 51: 236-242.

[70] 王平, 庄柳静, 秦臻, 等. 仿生嗅觉和味觉传感技术的研究进展. 中国科学院院刊, 2017, 32(12): 1313-1321.

[71] Hayashi K, Yamanaka M, Toko K, et al. Multichannel taste sensor using lipid-membranes. Sensors and Actuators B: Chemical, 1990, 2(3): 205-213.

[72] Kendrick K M. Intelligent perception. Applied Animal Behaviour Science, 1998, 57(3-4): 213-231.

[73] Friedman J H. Regularized discriminant analysis. Journal of the American Statistical Association, 1989, 84(405): 165-175.

[74] Selfridge O G. Pattern recognition and modern computers. In: Martin W L. Proceedings of the March 1-3, 1955, Western Joint Computer Conference (AFIPS'55 (Western)). New York: Association for Computing Machinery, 1955: 91-93.

[75] Fu K S, Chien Y. Sequential recognition using a nonparametric ranking procedure. IEEE Transactions on Information Theory, 1967, 13(3): 484-492.

[76] Buckland M K. Emanuel Goldberg and His Knowledge Machine: Information, Invention, and Political Forces. Westport: Greenwood Publishing Group, 2006.

[77] Wald A. Statistical decision functions. The Annals of Mathematical Statistics, 1949: 165-205.

[78] Nj N. Learning Machines: Foundations of Trainable Pattern-classifying Systems. New York: McGraw-Hill, 1965.

[79] Rumelhart D E, Hinton G E, Williams R J. Learning internal representations by error propagation. California Univ San Diego La Jolla Inst for Cognitive Science, 1985.

[80] Rumelhart D E, Hinton G E, Williams R J. Learning representations by back-propagating errors. Nature, 1986, 323(6088): 533-536.

[81] Lecun Y, Boser B, Denker J, et al. Handwritten digit recognition with a back-propagation network. In: Touretzky D S. Proceedings of the 2nd International Conference on Neural Information Processing Systems (NIPS'89). Cambridge: MIT Press, 1989: 396-404.

[82] Cortes C, Vapnik V. Support-vector networks. Machine Learning, 1995, 20(3): 273-297.

[83] Xing D, Dai W, Xue G R, et al. Bridged refinement for transfer learning. In: Fürnkranz J, Scheffer T, Spiliopoulou M, et al. European Conference on Principles of Data Mining and Knowledge Discovery. Berlin, Heidelberg: Springer, 2007: 324-335.

[84] Hinton G E, Osindero S, Teh Y W. A fast learning algorithm for deep belief nets. Neural Computation, 2006, 18(7): 1527-1554.

[85] Krizhevsky A, Sutskever I, Hinton G E. ImageNet classification with deep convolutional neural networks. Advances in Neural Information Processing Systems, 2012, 25: 1097-1105.

[86] Wang S J. Bionic (topological) pattern recognition-a new model of pattern recognition theory and its applications. Acta Electronica Sinica, 2002, 30(10): 1417.

[87] Fukunaga K. Introduction to Statistical Pattern Recognition. Amsterdam: Elsevier, 2013.

[88] Narendra P M, Fukunaga K. A branch and bound algorithm for feature subset selection. IEEE Transactions on Computers, 1977, 26(9): 917-922.

[89]　Webb A R. Statistical Pattern Recognition. New York: John Wiley & Sons, 2003.

[90]　John G H, Kohavi R, Pfleger K. Irrelevant features and the subset selection problem. *In*: Cohen W W, Hirsh H. Machine Learning Proceedings 1994. Amsterdam: Elsevier, 1994: 121-129.

[91]　Eklöv T, Mårtensson P, Lundström I. Selection of variables for interpreting multivariate gas sensor data. Analytica Chimica Acta, 1999, 381(2-3): 221-232.

[92]　Gutierrez-Osuna R. Signal processing and pattern recognition for an electric nose. North Carolina State University, 1998.

[93]　Corcoran P, Lowery P, Anglesea J. Optimal configuration of a thermally cycled gas sensor array with neural network pattern recognition. Sensors and Actuators B: Chemical, 1998, 48(1-3): 448-455.

[94]　Dasarathy B V. Nearest neighbor (NN) norms: NN pattern classification techniques. IEEE Computer Society Tutorial, 1991.

[95]　Bishop C M. Neural Networks for Pattern Recognition. Oxford: Oxford University Press, 1995.

[96]　Geladi P, Kowalski B R. Partial least-squares regression: A tutorial. Analytica Chimica Acta, 1986, 185: 1-17.

[97]　Indebetouw R, Whitney B A, Kawamura A, et al. The large magellanic cloud's largest molecular cloud complex: Spitzeranalysis of embedded star formation. The Astronomical Journal, 2008, 136(4): 1442-1454.

[98]　Humayun M S, Weiland J D, Fujii G Y, et al. Visual perception in a blind subject with a chronic microelectronic retinal prosthesis. Vision Research, 2003, 43(24): 2573-2581.

[99]　Caspi A, Dorn J D, Mcclure K H, et al. Feasibility study of a retinal prosthesis: Spatial vision with a 16-electrode implant. Archives of Ophthalmology, 2009, 127(4): 398-401.

[100]　Humayun M S, Dorn J D, Ahuja A K, et al. Preliminary 6 month results from the Argus Ⅱ epiretinal prosthesis feasibility study. Annu Int Conf IEEE Eng Med Biol Soc, 2009: 4566-4568.

[101]　Chow A Y, Pardue M T, Chow V Y, et al. Implantation of silicon chip microphotodiode arrays into the cat subretinal space. IEEE Transactions on Neural Systems and Rehabilitation Engineering, 2001, 9(1): 86-95.

[102]　Qian J Y. A survey on sentiment classification in face recognition. Journal of Physics: Conference Series, 2018, 960(1): 012030.

[103]　Wesarg T, Wasowski A, Skarzynski H, et al. Remote fitting in nucleus cochlear implant recipients. Acta Oto-Laryngologica, 2010, 130(12): 1379-1388.

[104]　Mannoor M S, Jiang Z, James T, et al. 3D printed bionic ears. Nano Letters, 2013, 13(6): 2634-2639.

[105]　Wu J, Hainley R E, Tang W C. A high-density micromachined electrode array for auditory nerve implants. Proc. Summer Bioeng. Conf., 2005: 22-26.

[106]　Clippinger F W, Avery R, Titus B. A sensory feedback system for an upper-limb amputation prosthesis. Bulletin of Prosthetics Research, 1974, 10: 247.

[107]　Jiang F, Tai Y C, Walsh K, et al. A flexible MEMS technology and its first application to shear stress sensor skin. *In*: Proceedings IEEE the Tenth Annual International Workshop on Micro Electro Mechanical Systems. An Investigation of Micro Structures, Sensors, Actuators, Machines and Robots. IEEE, 1997: 465-470.

[108]　Lacour S P, Jones J, Wagner S, et al. Stretchable interconnects for elastic electronic surfaces. Proceedings of the IEEE, 2005, 93(8): 1459-1467.

[109]　Kim D H, Xiao J, Song J, et al. Stretchable, curvilinear electronics based on inorganic materials. Advanced Materials, 2010, 22(19): 2108-2124.

[110]　Sekitani T, Yokota T, Zschieschang U, et al. Organic nonvolatile memory transistors for flexible sensor arrays. Science, 2009, 326(5959): 1516-1519.

[111]　Graz I, Kaltenbrunner M, Keplinger C, et al. Flexible ferroelectret field-effect transistor for large-area sensor skins and microphones. Applied Physics Letters, 2006, 89(7): 073501.

[112]　Dahiya R S, Metta G, Valle M, et al. Tactile sensing—From humans to humanoids. IEEE Transactions on Robotics, 2009, 26(1): 1-20.

[113]　Mazzone P J, Hammel J, Dweik R, et al. Diagnosis of lung cancer by the analysis of exhaled breath

with a colorimetric sensor array. Thorax, 2007, 62(7): 565-568.

[114] Peng G, Tisch U, Adams O, et al. Diagnosing lung cancer in exhaled breath using gold nanoparticles. Nature Nanotechnology, 2009, 4(10): 669-673.

[115] Xu Z, Ding L, Liu H, et al. The feasibility of detection of volatile markers by the electronic nose for non-small cell lung cancer. Journal of Medical University of Anhui, 2011, 46(8): 798-801.

[116] Fens N, Zwinderman A H, Van Der Schee M P, et al. Exhaled breath profiling enables discrimination of chronic obstructive pulmonary disease and asthma. American Journal of Respiratory and Critical Care Medicine, 2009, 180(11): 1076-1082.

[117] Montuschi P, Santonico M, Mondino C, et al. Diagnostic performance of an electronic nose, fractional exhaled nitric oxide, and lung function testing in asthma. Chest, 2010, 137(4): 790-796.

[118] Gardner J W, Shin H W, Hines E L. An electronic nose system to diagnose illness. Sensors and Actuators B: Chemical, 2000, 70(1-3): 19-24.

[119] Yamada Y, Takahashi Y, Konishi K, et al. Association of odor from infected root canal analyzed by an electronic nose with isolated bacteria. Journal of Endodontics, 2007, 33(9): 1106-1109.

[120] Thaler E R, Lee D D, Hanson C W. Diagnosis of rhinosinusitis with a colorimetric sensor array. Journal of Breath Research, 2008, 2(3): 037016.

[121] Ping W, Yi T, Haibao X, et al. A novel method for diabetes diagnosis based on electronic nose. Biosensors and Bioelectronics, 1997, 12(9-10): 1031-1036.

[122] Mohamed E I, Linder R, Perriello G, et al. Predicting type 2 diabetes using an electronic nose-based artificial neural network analysis. Diabetes, Nutrition & Metabolism, 2002, 15(4): 215-221.

[123] Arasaradnam R, Quraishi N, Kyrou I, et al. Insights into 'fermentonomics': Evaluation of volatile organic compounds (VOCS) in human disease using an electronic 'E-nose'. Journal of Medical Engineering & Technology, 2011, 35(2): 87-91.

[124] Voss A, Baier V, Reisch R, et al. Smelling renal dysfunction via electronic nose. Annals of Biomedical Engineering, 2005, 33(5): 656-660.

[125] Guo D, Zhang D, Li N, et al. A novel breath analysis system based on electronic olfaction. IEEE Transactions on Biomedical Engineering, 2010, 57(11): 2753-2763.

[126] Zheng J B, Yang L, Chen J B, et al. Study on odor source localization method based on bionic olfaction. Applied Mechanics and Materials, 2014, 448-453: 391-395.

[127] Vlasov Y, Legin A. Non-selective chemical sensors in analytical chemistry: From "electronic nose" to "electronic tongue". Fresenius' Journal of Analytical Chemistry, 1998, 361(3): 255-260.

[128] Rudnitskaya A, Nieuwoudt H H, Muller N, et al. Instrumental measurement of bitter taste in red wine using an electronic tongue. Analytical and Bioanalytical Chemistry, 2010, 397(7): 3051-3060.

[129] Codinachs L M, Kloock J P, Schöning M J, et al. Electronic integrated multisensor tongue applied to grape juice and wine analysis. Analyst, 2008, 133(10): 1440-1448.

[130] Winquist F, Wide P, Lundström I. An electronic tongue based on voltammetry. Analytica Chimica Acta, 1997, 357(1-2): 21-31.

[131] Tian S Y, Deng S P, Chen Z X. Multifrequency large amplitude pulse voltammetry: A novel electrochemical method for electronic tongue. Sensors and Actuators B: Chemical, 2007, 123(2): 1049-1056.

[132] Cetó X, Gutiérrez J M, Moreno-Barón L, et al. Voltammetric electronic tongue in the analysis of cava wines. Electroanalysis, 2011, 23(1): 72-78.

[133] Gutés A, Ibanez A, Del Valle M, et al. Automated sia E-tongue employing a voltammetric biosensor array for the simultaneous determination of glucose and ascorbic acid. Electroanalysis: An International Journal Devoted to Fundamental and Practical Aspects of Electroanalysis, 2006, 18(1): 82-88.

[134] Premanode B, Toumazou C. A novel, low power biosensor for real time monitoring of creatinine and urea in peritoneal dialysis. Sensors and Actuators B: Chemical, 2007, 120(2): 732-735.

[135] Braeken D, Rand D, Andrei A, et al. Glutamate sensing with enzyme-modified floating-gate field effect transistors. Biosensors and Bioelectronics, 2009, 24(8): 2384-2389.

[136] Chen P, Wang B, Cheng G, et al. Taste receptor cell-based biosensor for taste specific recognition based on temporal firing. Biosensors and Bioelectronics, 2009, 25(1): 228-233.

第 2 章　仿生传感与智能感知技术基础

2.1　概　　述

感觉器官是生物实现感觉过程的功能结构,包括感受器及其附属结构。以视觉为例,眼睛是人的视觉器官,包括视网膜、眼球壁和眼球等结构。生物体的感受器具有不同的类型,针对感受器的分类有多种方法。根据感受器分布部位的不同,可分为内感受器和外感受器。内感受器位于生物体内部,用于感受内部环境的变化,而外感受器位于生物体外部或表面,用于感受外界环境的变化。其中,外感受器可分为视觉感受器、听觉感受器、嗅觉感受器、味觉感受器、触觉感受器。同样,内感受器也可再分为本体感受器(如肌肉、肌腱、关节囊和韧带等运动器官的感觉神经末梢)和内脏感受器(位于内脏、体腔膜等处)。感受器还可根据它们所接受的刺激性质的不同而分为光感受器、机械感受器、温度感受器、化学感受器和伤害感受器等。

20 世纪 60 年代初,为了实现并有效应用生物功能,仿生学应运而生。其中,仿生传感作为仿生学的一个重要分支,并不是简单地模拟生物体的形态,而是注重模拟感觉信号的获取和处理过程。生物体 5 种不同感觉信息的获取过程是将外界刺激转化为可传导的神经冲动,为后续信号的传导和处理奠定了基础,也为仿生传感技术的研究提供了重要参考。此外,外界信息在被生物感觉器官获取后,会经过特定的传导通路传入神经中枢。这一感知过程是复杂而快速的,了解信号传导过程,对于仿生传感与智能感知技术的发展具有重要意义。因此,本章我们将分别介绍视觉、听觉、触觉、嗅觉、味觉这五大感觉的生物学基础、信号转换、信号传导与大脑的感知识别。

2.2　视觉感知的生物学基础

2.2.1　视觉器官的生理结构

人体的视觉感受器官是眼睛,图 2-2-1 显示了人眼的生理结构。眼球近似球形,位于眼眶内。对于正常成年人,其前后径约为 24 mm,垂直径约为 23 mm,最前端突出于眶外 12～14 mm,受眼睑保护。眼球包括眼球壁、眼内腔和内容物、神经、血管等组织。

1. 眼球壁

眼球壁是眼球的外壳,自外向内依次为外膜、中膜和内膜,在眼部器官中具有不可替代的作用。

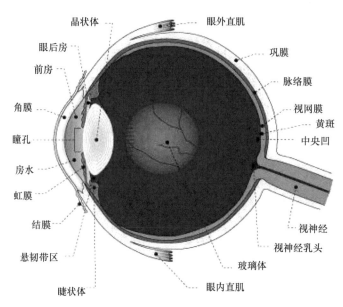

图 2-2-1　人眼的生理结构示意图（彩图请扫封底二维码）

（1）外膜

眼球壁的外膜又称为纤维膜，为致密坚韧的纤维结缔组织，具有保护作用，分为角膜和巩膜。

角膜：占眼球纤维膜的前六分之一，无色透明，无毛细血管和毛细淋巴管分布，但有丰富的感觉神经末梢，感觉十分敏锐。角膜约呈圆形，其曲度较巩膜的曲度大，所以角膜较向前突出。正常情况下，角膜是无色透亮的，允许光线通过，是眼的屈光装置之一。在婴幼儿时期，如严重营养不良会导致角膜软化，使角膜由无色透亮变为乳白色不透明，影响光线通过，使视力下降，甚至导致失明。由于角膜感觉敏锐，在受到刺激时会引起迅速眨眼的反应，称为角膜反射，属于正常的生理反射。

巩膜：占眼球纤维膜的后六分之五，乳白色不透明，厚而致密、坚韧，对维持眼球外形、保护眼球起着重要作用。巩膜前部稍分开，与角膜相接，衔接处为角膜缘，又称角巩膜缘。其内有环形的巩膜静脉窦，是房水回流的必经之路。巩膜后部与视神经的硬膜鞘相延续。

（2）中膜

眼球壁的中膜位于纤维膜的内面，由于富含血管和色素又被称为血管膜或色素膜，为眼球提供营养并起到保护作用。从前向后依次分为虹膜、睫状体和脉络膜。

虹膜：位于角膜后方、晶状体前方，以及中膜的最前部，呈冠状位圆环形的薄膜，虹膜中央圆形的孔称为瞳孔，是光线通过的主要通道。虹膜上，围绕在瞳孔周围呈环形分布的平滑肌称为瞳孔括约肌，而以瞳孔为中心呈辐射状分布的平滑肌称为瞳孔开大肌。在不同光强度刺激时，二者受神经系统的控制收缩或舒张，以调节瞳孔的大小。当受到强光刺激时，前者收缩使瞳孔缩小；当光线较弱时，后者收缩使瞳孔开大，以调节进入眼球的光强，从而保护眼球内膜。由于人种不同，虹膜所含的不同色素会呈现出不同的颜色。

睫状体：是中膜内最厚的部分，位于巩膜与角膜交界处的后方，前后分别与虹膜根部和脉络膜连接，前部厚而后部薄。在通过眼轴的切面上，睫状体的断面呈三角形，其前三分之一较厚，内表面有 70～80 个向前内侧突出的皱襞，称为睫状突，借睫状小带与晶状体囊相连；后三分之二较平坦，称为睫状环。睫状体内有丰富的平滑肌，可调节晶状体的曲度，以观察不同距离的物体。此外，睫状体还有产生房水的功能。

脉络膜：占中膜的后三分之二，前接睫状体，后方有视神经穿过，外与巩膜疏松结合，内面紧贴视网膜的色素上皮层。脉络膜富含血管，为眼球壁提供营养；富含色素细胞，可吸收眼内散射的光线，维持眼内暗室的效应，有利于视网膜成像。

（3）内膜

眼球内膜位于中膜的内面，是眼球的感觉膜，称为视网膜。根据结构分布，视网膜由前向后可分为三部分：虹膜部、睫状体部和视部。虹膜部和睫状体部由于光线始终照不到，不能成像，故称为视网膜的盲部。衬贴于脉络膜内面的区域，称为视网膜的视部。视部是视觉感受器官的感光、成像部分。视网膜分内、外两层，外层紧贴于中膜内面，为色素上皮层，由单层色素上皮细胞构成；内层为神经细胞层，是视网膜的固有结构，两层之间有一潜在性间隙，是二者易于分离的解剖学基础。临床上，把色素上皮层与神经细胞层的分离称为视网膜剥脱症，严重者可导致失明。

视网膜视部的神经细胞层主要有三层，由外向内依次为视细胞层、双极细胞层和节细胞层。视细胞层内有视锥细胞和视杆细胞两种感光细胞。视锥细胞是强光和色彩的感受器，病变时会导致色盲；视杆细胞是弱光和白光感受器，病变时会导致夜盲。视细胞能把不同光线的刺激转变为神经冲动传给双极细胞、节细胞。节细胞的轴突向眼球的后内侧汇聚，穿过脉络膜组成视神经。来自眼球不同方位的节细胞轴突，在穿过脉络膜前形成圆盘状、白色的隆起，称为视神经盘，该区域不能感光，又称为生理盲点。在视神经盘颞侧偏下方约 3.5 mm 处有一黄色区域称为黄斑，呈褐色或红褐色，黄斑中央的凹陷称为中央凹，此处视细胞最集中，是感光辨色最敏锐的区域。在此处成像时，图像最清晰。由于物种的差异，中央凹处视细胞的分布有区别，因此不同动物对强、弱光及光的颜色感觉不同。

在视网膜的神经细胞层内，光的传导方向与神经信号的传导方向不同。前者是相对眼球中心由内向外传导，即光线透过节细胞、双极细胞，到达视细胞层，被视锥细胞或视杆细胞接收后，把光刺激转变为神经信号；而后者则是由外向内传导，即视细胞把转变成的神经信号，逐层向内传至双极细胞、节细胞，最终通过视神经传至脑的视觉中枢。

2. 眼球内容物

眼球内容物包括晶状体、房水和玻璃体。

（1）晶状体

晶状体无色透明，呈双凸透镜状，前面曲度较小，后面较前面隆凸，富含弹性，但无血管、淋巴管和神经分布，位于虹膜后方、玻璃体前方。在晶状体外面有一层极具弹性的被膜，称为晶状体囊。晶状体通过晶状体囊与睫状小带、睫状体相连，通过睫状肌的收缩舒张调节晶状体的曲度。当睫状肌收缩时，睫状突向前内汇聚，睫状小带松弛，晶状体本身弹性变厚，使近处的物体清晰地成像在视网膜上；当睫状肌舒张时，睫状突向后外侧移动，睫状小带收缩，晶状体变薄，使远处的物体清晰地成像在视网膜上。当成像在视网膜之前时，称为近视；反之则称为远视。随着年龄的增长，晶状体的弹性会不断下降。晶状体若因疾病或理化损害变浑浊则称为白内障。长时间近距离用眼，容易造成视疲劳，视力下降，所以视物时，要远、近结合使睫状肌得到充分休息，从而保证眼睛的正常功能。

（2）眼房和房水

眼房是介于角膜与晶状体、睫状小带之间的腔隙。以虹膜的瞳孔为界，分为较大的眼前房和较小的眼后房，二者通过瞳孔连接。在眼前房内，虹膜和角膜交界处构成虹膜角膜角隙（前房角），是房水回流入巩膜静脉窦的必经之处。

房水是由睫状体产生的无色透明的液体，充满于眼房内，为角膜和晶状体提供营养，并对维持眼压起主要作用。睫状体产生的房水，首先进入眼后房内为晶状体提供营养，连同晶状体的代谢产物一起经瞳孔到达眼前房营养角膜，最后经虹膜角膜角隙渗透到巩膜静脉窦，经睫前静脉汇入眼静脉。在正常情况下，房水的产生与回流保持动态平衡，一旦该平衡被破坏，则会造成眼压的改变。当房水产生增多或回流受阻如虹膜后粘连、瞳孔闭锁、虹膜角膜角隙变窄或粘连，导致眼压升高，视力下降，临床上称为继发性青光眼。

（3）玻璃体

玻璃体为无色透明的胶状物质，充满于晶状体、睫状小带与视网膜之间，对视网膜有支撑作用。当玻璃体萎缩变小时，对视网膜的支撑作用减弱，则会导致视网膜剥离。

3. 眼的屈光装置与成像原理

角膜、房水、晶状体和玻璃体4部分构成眼的屈光系统，它们的共同特点是无色、透明，允许光线通过，故统称为眼的屈光系统。角膜、前房及玻璃体均有屈光作用，但其屈光度是不能改变的。眼睛前部的晶状体能产生焦距的变化，是眼睛中屈光系统的重要组成部分，可将外部物体发出或反射的光线汇聚到眼球内壁的视网膜上。

人眼的结构相当于一个凸透镜，视网膜成像与凸透镜成像相似，如图2-2-2所示。晶状体相当于一个可变焦距的凸透镜，视网膜相当于光屏。视觉成像是物体的反射光通过晶状体折射成像于视网膜上，再由视觉神经感知传给大脑产生视觉。对于正常的眼睛，当物体远离眼睛时，晶状体变薄，当物体靠近眼睛时，晶状体变厚。而近视眼是由于人的晶状体肿大，对光折射能力强，只能看得清近物。远视眼是由于人的晶状体变薄，对光折射能力弱，只能看得清远物。当然除了晶状体，其他任何一部分的病变，均会影响视力，形成屈光不正。

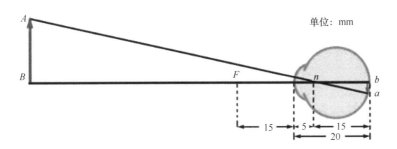

图 2-2-2　人眼成像过程示意图
物体 A、B 在视网膜上的成像分别为 a、b；F 为焦点；n 为晶状体中心

2.2.2　视觉感受器

视觉感受器，也称为光感受器，按其细胞形状分类可分为视杆细胞和视锥细胞。视杆细胞能分辨不同的颜色，而视锥细胞在黑暗中的夜视能力强。这两种细胞是大多数脊椎动物（包括人）光感受器的组成部分。视杆细胞和视锥细胞均分化为内段、外段两部分，内段、外段之间由纤细的纤毛连接。内段包含细胞核、线粒体及其他细胞器，与光感受器的终末相连续；外段则与视网膜的第二级神经细胞形成突触联系。外段包含一群由细胞膜内褶而成的小盘，在外段小盘上排列着对光敏感的色素分子，这种色素称为视色素，它在光照射下会发生一系列光化学变化，这是整个视觉过程的起始点。

视杆细胞的视色素称为视紫红质，具有一定的光谱吸收特性，呈粉红色。视锥细胞与视杆细胞的视色素结构相似，两者的视蛋白类型不同，但视蛋白的分解和复生过程相似。19 世纪，德国生理学家弗伦茨·克里斯蒂安·伯尔（Franz Christian Boll）最先发现了在视杆细胞上表达的视紫红质，之后哈佛大学乔治·沃尔德（George Wald）通过生物化学手段揭示视紫红质感光的生化原理，并因此获得 1967 年的诺贝尔生理学或医学奖。具有颜色感觉的动物有 3 种不同光谱敏感性的视锥细胞，包含光谱吸收峰在黄、绿、蓝光谱区的视色素。光感受机制的基本过程是：首先视色素分子被光漂白，而后激活三磷酸腺苷结合蛋白，进而又激活磷酸二酯酶将环磷酸鸟苷（cyclic guanosine monophosphate，cGMP）水解为鸟苷酸，降低了 cGMP 的浓度。cGMP 的作用是使细胞膜离子通道保持开放，其浓度降低会使这些通道的开启情况发生变化，从而引起光感受器的兴奋。

2.2.3　视觉信息的传导

图 2-2-3 所示为人类视觉传导通路。光线进入瞳孔经过晶状体折射后，进一步经过支撑固定眼球的玻璃体到达视网膜。视网膜接收光线后，由视锥细胞和视杆细胞将其转换为神经冲动，并进一步经过视网膜中的神经节细胞加工，再从视网膜传出。经神经节细胞加工的神经信号，经过视交叉部分的交换神经纤维后，再形成视束，传到中枢的多个脑区，包括丘脑的外侧膝状体（外膝体）或外膝核、四叠体上丘、顶盖前区和皮层等。

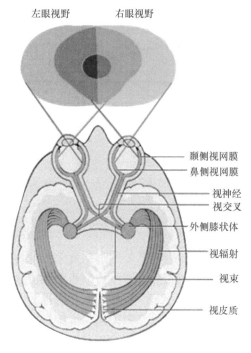

图 2-2-3 人类视觉传导通路示意图

1. 视网膜内的信息传递

在胚胎发育过程中，视网膜由于与大脑均源于外胚层，因此结构相近，都是十分规则的细胞分层结构，如图 2-2-4 所示，各层细胞间形成纵、横和水平方向上的复杂网络，均负责信息处理工作，故视网膜被称为外周脑。由于光线入射方向与视网膜信息处理传递方向相反，视网膜又称为倒转视网膜。视网膜内信息传递有两条途径，一条是纵向的，主要由三层细胞组成，由外至内分为感受器细胞、双极细胞和节细胞；另一条是横向的，即由水平细胞和无轴突细胞在纵向传递途径之间进行横向传递。

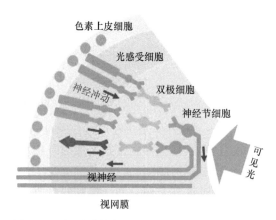

图 2-2-4 视网膜的主要细胞层次及其联系模式图

神经节细胞接收来自双极细胞和无轴突细胞的输入，是视网膜整合过程的最终阶段，视网膜神经节细胞轴突形成视神经。神经节细胞在没有光刺激时，会产生自发的低频电位发放，当视网膜的给定区域受到光刺激时，神经节细胞以增加或减少其发放频率的形式做出反应。由于一个神经节细胞综合了许多光感受器的信息，其细胞数目不足光感受器的 1%，而且神经节细胞活动是光信号通过视网膜各层的转换与整合后的反应。

2. 视觉信息向大脑皮层的传播

神经节细胞的轴突在眼球后汇聚形成视神经，见图 2-2-3。从两眼鼻侧视网膜发出的视神经纤维交叉到对侧；从颞侧视网膜发出的纤维不交叉。因此，来自左眼颞侧视网膜的纤维和右眼鼻侧的纤维汇聚成左侧视束，投射到左侧外膝体，再由左侧外膝体投射到左侧大脑半球；来自左眼鼻侧视网膜的纤维和右眼颞侧视网膜的纤维汇聚成右侧视束，投射到右侧外膝体，再由右侧外膝体投射到右侧半球。其中，外膝体仅有 10%～20% 的输入来自视网膜，其余大多数的输入来自视觉皮层和其他脑区，因此外膝体与皮层和其他中枢之间存在复杂的反馈通路。

2.2.4　视觉信息的识别

1. 视觉皮层及其功能特性

视觉功能是由多个中枢部位相互协调和配合实现的。视觉皮层在视觉信息的识别、选择和整合中具有决定性的作用。尽管视觉产生的深层机制有待阐明，但任一时刻，生物体能清晰地辨别物体的形状、颜色和运动状态，并能理解许多外界事物的变化和关系等信息，产生清晰的视觉和有关的视效应，这些功能需要多个脑区同时进行复杂的视信息处理，且相互影响和联系。

传统意义上的视觉皮层是指大脑枕叶内侧面的距状裂周围，称为第一视区，接受外膝体信息的直接输入，也称为初级视觉皮层（primary visual cortex），外膝体与第一视区的皮层之间具有点对点的投射关系，对视觉皮层的功能研究大多数在第一视区进行。左侧枕叶皮层接受左眼颞侧和右眼鼻侧视网膜传入纤维的投射，右侧枕叶皮层接受右眼颞侧和左眼鼻侧视网膜传入纤维的投射。因此只有在两半球视中枢全部损伤时才会出现全盲。近年来，视觉皮层的范围已扩大到包括顶叶、颞叶和部分额叶在内的许多新皮层区。在人类大脑里，新皮层包括额叶、顶叶、枕叶和颞叶四大区域，主要参与大脑的高级功能，例如，感觉认知、空间认知、语言及运动指令的生成、逻辑推理等。因此在这些视觉皮层区，有的还兼有视觉和其他感觉或运动的功能。所有视区总和占大脑新皮层总面积的 55%。

视觉皮层的神经元对视觉刺激的各种静态和动态特征都具有高度的选择性。目前的研究已初步表明，视觉皮层具有对方位、空间频率、时间频率、速度、双眼视差和颜色等的选择性。1970 年，伦敦大学学院的英国生理学家伯纳德·卡茨证实了中枢神经系统视觉皮层中对同一信号产生反应的神经元常呈簇状聚集在同一个柱状结构内，称为皮层功能柱，获得诺贝尔生理学或医学奖。1981 年，哈佛大学的加拿大神经科学家大卫·胡贝尔（David Hubel）和瑞典神经科学家托斯坦·威塞尔（Torsten Wiesel）在视觉中枢研究中发现的视觉皮层功能柱（functional column），为视觉皮层的功能特征研究提供了有力的证据，共同获得诺贝尔生理学或医学奖。视觉皮层以细胞柱为功能单位，对信息进行加工，分为取向柱（分辨线条的方向）和优势柱（分别以左眼或右眼为优势眼）。通常视觉皮层上的神经元只与同一柱状结构内的其他神经元发生相互作用，视觉皮层的早期发育受环境影响，具有很大的可塑性。

2. 视觉信息处理的脑机制

美国马里兰大学帕克分校的路易斯·佩索阿（Luiz Pessoa）认为，视觉信息处理可以分为三级：低级水平的视觉处理的是亮度、边界、颜色、运动等物体物理特性；中级水平的视觉处理则加以整合，获得物体的形状和空间朝向；高级水平的视觉处理包括物体的含义、物体的识别和分类等。

猴与人类一样同为灵长类动物，故而许多经典实验通过研究猴的视觉系统来揭示视觉信息处理机制。首先，在中低级水平的视觉处理方面，视觉的运动分析功能主要在猴视觉皮层的背侧信息通路中进行，第一个被发现的专门处理运动分析的视皮层区位于中颞区（mid-temporal area，MT，也即 V5），被称为外纹状体皮层，见图 2-2-5。它是皮层分级中选择性地着重运动分析的最低一级区域。MT 内大部分细胞对物体运动的方向、运动速度和双眼视差敏感[1]，可以感受光流。光流描述的是相对于观察者的运动所造成的观测目标、表面或边缘的运动。但是这类细胞不会或很少对刺激的形状或颜色敏感。MT 主要投射于毗邻的内侧上颞（medial superior temporal，MST）和顶内沟腹侧区（ventral intraparietal area，VIP）。其中 MST 对运动的分析比 MT 更全面，该区域的细胞具有方向选择性和大范围的感受野，其最优方向随其感受野内的位置而变化。其次，视觉运动的形状和颜色分析主要在猴视觉皮层的腹侧信息通路中进行，相关通路包括初级视觉皮层（V1）、视觉联络区（V2、V3、V4）和下颞叶皮层（interotemporal，IT）等。形状分析主要从 V1 到 IT 和颞叶其他部位。其中，V2、V4、腹后区（ventral posterior，VP）内的方位选择细胞，以及对长度和宽度具有选择性响应的细胞用于处理形状信息。颜色分析过程是从 V1 区投射到 V2 区，再投射到 V4 区，有研究表明该区域内颜色选择细胞

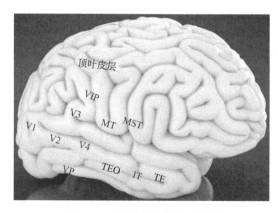

图 2-2-5　视觉皮层分区示意图

比例很高。同形状分析一样，V2、V4、VP（腹后区）对颜色分析也起到主要作用。之后信息输入到 IT 区，该区域在图形视觉和物体认知中起重要作用。最后，背腹侧的两条信息流之间也存在跨通路的相互作用。

高级水平的视觉处理主要涉及 IT 区，当 IT 区功能异常时动物会无法识别视野内位置变化的同一个物体。腹侧通路主要从 V1 区出发经 V2 区抵达 V4 区，再分别投射到前下颞（anterior inferior temporal cortex，TE）或先投射到后下颞（posterior inferior temporal cortex，TEO）再投射到 TE 区，而 TEO 区和 TE 区组成了 IT 皮层的后部及前部。对物体共同视觉特征响应的细胞在 IT 皮层内的 TE 区聚集，形成垂直于皮层表面的功能柱结构[2]。该研究认为，在一个较大的区域内存在复杂特征空间的连续条带状分布，每一个条带包含部分重叠的功能柱，而不是周期性地出现同样的特征。物体识别通路中，神经元对形状、颜色以及纹理等刺激都有响应，但随信息处理水平逐渐升高，神经元感受野不断变大，它们对视觉刺激的选择性变得越来越复杂。近年来，功能性磁共振成像（functional magnetic resonance imaging，fMRI）研究已在人脑确认了三个对物体识别分类的皮层区域，即梭状回面部区（fusiform face area，FFA）、海马旁回位置区（parahippocampal place area，PPA）和身体纹状皮层区（extrastriate body area，EBA）。其中，FFA 在受试者看人脸时特别活跃，PPA 则对房子图形的反应强于对人脸的反应[3]，而 EBA 对看人体或人体部分（人脸除外）的物体时的 fMRI 信号强度是看其他物体时的 2 倍。

视觉系统处理视觉信息时存在既平行又分级串行的机制。美国哈佛医学院的 Livingstone 和 Hubel[4]对猴子的 V1 和 V2 区进行了研究，提出了形状、颜色、运动和深度视觉信息在 V1、V2 区内进行分离处理的机制模型。在视网膜-外膝体神经元通路，不同的视觉信息已明确形成了分离，并由不同的细胞机制进行平行处理。美国贝勒医学院的 Roe 和 Tso[5]对猴 V2 区皮层神经感受野的拓扑性质进行了探究，实验结果显示 V2 区既保持局部功能的特异性又保持整体上的视网膜拓扑投射性的结构，反映了视皮层区内多重、交叉的映射模式可能是皮层表征多种视觉功能的一种常见组织策略。在 V2 区以上更接近大脑皮层顶部的视区，这种功能上的分离会更加明显。

3. 视觉的整体效应

视觉的产生是在视网膜、外侧膝状体和视觉皮层及广泛的脑区神经功能网络中进行的。在生物体产生视觉的同时，还伴有复杂的整体活动。

（1）视觉引起的整体效应

眼睛在为大脑提供外界信息的同时，通过大脑皮层的活动变化引起一系列的整体反应：同一时刻通过视网膜感知的信息众多，在向皮层传递的过程中，突触传递过程对信息进行的重组，使相对重要的信息到达皮层。视觉皮层及有关中枢部位对获得的信息进行分析、比较和选择，并产生相应的皮层功能活动变化。视觉信息进入皮层颞叶、顶叶和额叶等部位的语言中枢，触发其活动。多个中枢部位功能相互配合和协调，使生物体能同时地进行看、说和写的功能活动。信息进入包括海马、颞叶联合皮层以及其他皮层区域，触发有关神经元的活动和突触传递过程。同时，还可将储存的有关信息与现实信息进行比较、综合，以产生新的信息并将其储存。视觉信息进入运动皮层，使生物体产生相应的运动反馈，同时将观察到的运动信息传入，以调整皮层及运动中枢的活动，使生物体的运动过程保持相对稳定。视觉信息进入有关反射的中枢、皮层边缘系统和下丘脑等部位，可反射性地引起生物体的情感和心理活动以及内脏功能等的变化[6]。

（2）立体视觉和视野

两眼观看同一物体时所产生的感觉为两眼视觉（binocular vision）。人及其他高等哺乳动物的两眼都在头面部的前方，两眼视野有很大一部分是重叠的。两眼看物体时，在视网膜形成一个完整的物像，两眼视网膜的物像又按各自的神经通路传向中枢。正常人只产生一个物体的感觉，这是由于从物体同一部分发出的光线，成像于两眼视网膜的对应点上。例如，注视某物体时，两眼的黄斑互为对应点，左眼的颞侧视网膜与右眼的鼻侧视网膜互相对应，左眼的鼻侧视网膜和右眼的颞侧视网膜也互相对应。

另外，单眼视物时，只能看到物体的平面信息，即物体的大小。双眼视物时，主观上可产生物体厚度以及空间深度或距离的感觉，形成立体视觉（stereopsis）。立体视觉形成的原因，主要是同一物体在两眼视网膜上形成的像并不完全相同，左眼看到物体的左侧面较多，右眼看到物体的右侧面较多，因此，物体的每一点在视网膜上的成像点并不相同，由此产生的微小差别称为视差（disparity）。视差是客观的物理现象，是外界物体输入到眼睛的深度或距离等方面的信息，眼睛将这些信息传到中枢后，经过中枢神经系统的整合作用，就会将左、右眼视物时存在的差异融合为一，产生一个有立体感的物体形象。不过眼睛受损仅用单眼视物的个体，也能产生一定程度的立体感觉。这种立体感觉的产生，主要与物体表面的阴影和生活经验等有关[6]。

两眼视觉通过二元交互机制可扩大视野，互相弥补单眼视觉在视野方面的不足，并产生立体感和比较准确的深度判断。视野是指单眼固定注视前方一点不动时，该眼所能看到的空间范围，反映了视网膜的普遍感光能力。由于面部额鼻可阻挡视线，故颞侧和下方的视野较鼻侧和上方的视野大。视野的大小还与视网膜中各类感光细胞的分布和感受不同颜色刺激的能力等因素有关，在同一光照下，白色视野最大，其次分别为蓝色、红色和绿色。视网膜、视神经或视觉传导通路的某些病变，表现为特殊形式的视野缺损，因此可以通过这种方法临床诊断眼部疾病。

4. 人类的视觉特性

（1）亮度适应能力

由于数字图像是作为离散的亮点阵列显示的，眼睛对不同亮度的感知灵敏度在设计图像传感器时是一项重要参考。实验结果表明，主观亮度（即人的视觉系统感受到的亮度）与进入人眼光线强度的对数呈线性关系，这种关系如图 2-2-6 所示。长实线（a）代表人的视觉系统能适应的光强范围，短实线（b）代表人的视觉系统能适应的暗光范围。短交叉曲线表示当眼睛适应亮度 B_a 这一强度级别时，人眼能感受到的主观亮度的范围。亮度 B_b 以下人眼感受为黑，曲线上部的虚线部分实际上不受限制，但如果延伸得太远，就失去了意义，因为更高的强度只会使适应水平提高到比 B_a 更高的水平[6]。

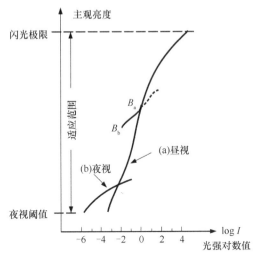

图 2-2-6　人眼对光强的适应能力示意图[6]

I 表示光强

　　人的视觉系统能够适应的光强范围很宽，从夜视阈值的几微勒克斯（lx，照度单位）到强闪光之间的数万勒克斯。但是，在同一时刻，人眼并不能适应如此宽的光强范围，因为人的视觉系统不能同时在全部适应范围内工作。在某一特定的环境下，视觉系统通过调节自身对光强环境的灵敏度来适应环境，这时它能同时鉴别的光强范围要小得多，这种现象称为人眼的"亮度适应"。在特定的内外部条件下，人的视觉系统当前所具有的灵敏度级别称为"亮度适应级"[6]。

　　另外，曲线中昼视觉和夜视觉曲线的重叠部分，即从 0.001 mlx 到 0.1 mlx（图 2-2-7 中对应的对数坐标为–3 和–1）是夜视觉到昼视觉的过渡范围。对于人的视觉系统，昼视觉、夜视觉过渡需要一定时间。例如，当人们从室外刚进入电影院的一段时间会感觉漆黑一片，很难辨别物体，但过一段时间就逐渐适应了这种环境，物体开始变得清晰明朗，这种适应能力就称为"暗光适应"；同样，当人从黑暗环境进入明亮环境的适应过程

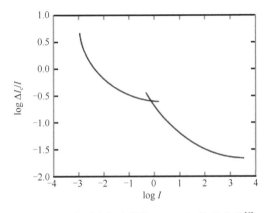

图 2-2-7　光强度与韦伯比（$\Delta I_c/I$）关系曲线[6]

称为"亮光适应"。对人眼来说,亮光适应与暗光适应需要的时间是不同的,暗光适应需 10～30 s,亮光适应仅需 1～2 s[6]。

（2）同时对比度

人眼对不同环境下的亮度适应能力很强,在不同的亮度情况下,人眼的主观亮度可能相同,但物理亮度可能差别很大,因此很难根据主观亮度判断对应的物理亮度,即感觉到的亮度不仅仅取决于光强度。如图 2-2-8 所示,所有中心方块都是完全相同的物理亮度,但是它们看起来却有不同的亮度感受,背景较暗的方块感觉亮度更高,而背景较亮的方块感觉亮度更低。换而言之,若同一亮度的物体具有不同的背景亮度,即使人眼受到的亮度刺激相同,人感受到的主观亮度也不一样,这种现象就称为"同时对比度"。这种由亮度差引起的同时对比效应,也称为"亮度对比"。相应的还有"色度对比",如同一灰色物体,背景为红色时人的视觉系统却感觉到它带有绿色,而背景为绿色时又感觉到它带有红色[6]。

图 2-2-8　人眼同时对比度示意图[6]

（3）对比灵敏度

人眼根据物体的亮度区分物体并判断其距离和形状的能力称为差别感知,这是人眼的独特性能。人眼可以区分不同强度的光线,但不能依据这种判断来给出其亮度值,只能采用间接的方法测试在某一亮度下,能区分光强的最小改变值。在某一亮度适应级,人眼辨别光强度之间差别的能力称为对比灵敏度。有一个经典的实验可用以确定对比灵敏度,该实验环境由一个注视对象和均匀且足够大到使其占有全部视野的发光区构成,这一发光区是典型的漫反射体,它被一个背光源照射发光。在该背景区域的中央再加上一个照射分量 ΔI,形成一个亮度为 $(I+\Delta I)$ 的圆形短暂闪烁。如果 ΔI 不够大,则表明人的视觉系统没有察觉到变化,当 ΔI 逐渐增加到某一值时,人的视觉系统可以准确地识别出亮度变化。眼睛开始能分辨出 I 与 $(I+\Delta I)$ 有差别时的 ΔI,是背景亮度 I 的函数,当背景亮度 I 增大时,ΔI 也会对应增大。$\Delta I_c/I$ 称为韦伯比,ΔI_c 是在背景光强为 I 时可辨别的光强增量 ΔI 的 50%。韦伯比较小意味着光强变化较小即可被鉴别出来,即亮度辨别能力好,对比灵敏度高;反之,韦伯比较大意味着光强变化较大时才能被辨别出来,即亮度辨别能力差,对比灵敏度低[6]。

光强 I 的对数与韦伯比 $\Delta I_c/I$ 的对数具有如图 2-2-7 所示的关系。这一特性曲线表明,在较低的光强级别,对比灵敏度较低（韦伯比大）,当背景光强度增加时对比灵敏度增加（韦伯比降低）。曲线的两个分支反映了人视觉系统的工作特性:在低光强环境下,视觉感受主要由视杆细胞执行;在高光强环境下,视觉感受主要由视锥细胞执行[6]。

2.3　听觉感知的生物学基础

2.3.1　听觉器官的生理结构

　　哺乳动物的听觉系统可分为耳朵和大脑两大部分。耳朵包括整个听觉外周系统，即外耳、中耳、内耳以及与脑部相连的听神经，其生理结构如图 2-3-1 所示。脑部与听觉相关的部分称为听觉中枢。从生理功能来看，外耳可以汇聚外界声音；中耳起到传音作用，将外界的声波传入内耳；内耳则负责感受声音。

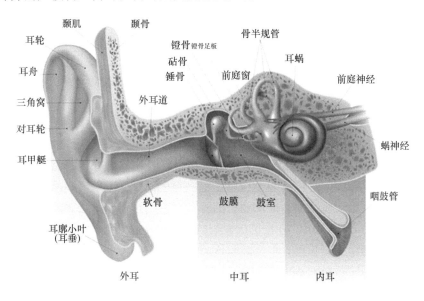

图 2-3-1　人耳的生理结构示意图

　　声音是由发声体发出的有一定频率范围的振动波——声波。人的耳廓能接收声波，并将其汇聚到外耳道，经由外耳、中耳和内耳组成的传导系统，传到鼓膜，引起鼓膜振动。鼓膜的振动频率与声波频率一致，声波频率的高低即音调的高低，振幅取决于声波强度。这样，声波的声能转变为机械能，引起耳蜗内淋巴液和基底膜纤维的振动，并由此引起听觉细胞的兴奋，产生神经冲动。从外耳集声、中耳传声至耳蜗基底膜振动及毛细胞纤毛弯曲的物理过程称为声学过程。听觉感受细胞，即毛细胞，受到刺激后引发细胞生物电信号变化、化学递质释放，产生神经冲动，而后传至各级听觉中枢。经过多环节的信息处理，最终在大脑皮层形成听觉。

1. 外耳

　　哺乳动物的外耳是听觉器官的第一层，外耳由耳廓、外耳道等结构组成。外耳道为一端由鼓膜封闭的管道，是声波通过气导途径传入内耳的主要通道，其主要功能是将声音的能量集中到鼓膜上，实现声音的收集和放大。外耳通过向听觉系统提供一个狭窄而延伸的入口来保护鼓膜免受机械损伤。同时外耳的特殊结构还改变了声场,修饰和增强了声音,在不同的频率上具有不同的增益效果。这些特性与声音的空间知觉密切相关,在听觉测量和仪器设计中具有相当重要的意义。正常人能感受的声音频率为 20~20 000 Hz。声音的强度,又称响度(可以用声压或声强来表示,声压单位为达因/平方厘米,即 dyn/cm^2;声强单位为瓦特/平方厘米,即 W/cm^2),人能感受的最弱的声压约为 0.0002 dyn/cm^2,人耳可耐受比它强 100 万倍的声音。

2. 中耳

中耳包括鼓膜、鼓室、听小骨、中耳肌肉、韧带和咽鼓管。鼓室内的听小骨由锤骨、砧骨和镫骨组成,形成从鼓膜到前庭窗(卵圆窗)的听骨链。锤骨附在鼓膜上,镫骨附在卵圆窗上,两骨之间是砧骨,分别与它们形成关节。卵圆窗是位于鼓室内壁上的椭圆形开口,由镫骨底封闭,内连内耳骨迷路。听小骨坚硬致密,在发育过程中最早骨化,出生时已完全成熟。与其他不同的是,听小骨外覆鼓室黏膜,而不是骨膜。

中耳主要负责以下功能。

1)传递声音。中耳的主要功能是将外耳道内空气中的声能传递到耳蜗。在生理结构上,耳蜗通过鼓膜和听骨链的振动,实现声能转换。

2)声压放大。声波通过听骨链镫骨足板作用于鼓膜和前庭窗。如果不考虑微机械摩擦损失,作用于鼓膜的总压应等于作用于前庭窗的总压。由于鼓膜面积大大超过镫骨足板面积,镫骨足板(前庭窗)单位面积的压力大大超过作用于鼓膜的压力。人体鼓膜有效振动面积约为 59.4 mm^2,镫骨足板面积约为 3.2 mm^2,两者之比等于 18.6,即作用于鼓膜的声压传递至前庭窗时,单位面积压力增加到 18.6 倍。另外,中耳结构也具有共振特性。研究发现听骨链对 500~2000 Hz 声波共振明显,并具有带通特性。

3)阻抗匹配。听骨链杠杆系统中锤骨柄(长臂)长度与砧骨长突(短臂)长度之比为 1.3∶1。因此前庭窗膜单位面积压力提高到 24.18 倍(18.6×1.3),相当于 27.7 dB(20×lg24.18)。这样,整个中耳的增压作用,大大补偿了声波从空气传入内耳淋巴液时,两种介质声阻抗不同而造成的 30 dB 能量衰减。

3. 内耳

内耳包括前庭和耳蜗两部分。前庭主要负责平衡感觉,耳蜗主要负责声能转换,即实现了声波向电信号的换能过程。耳蜗由三个相邻的膜管组成,盘绕成蜗牛的形状,并被骨壳(耳囊)包围。如图 2-3-2 所示,将耳蜗展开可以看到,它是一个密闭的管状器官,底部较粗而顶部较细,内部充满了淋巴液。耳蜗内部由软组织分隔成三个沿耳蜗卷曲方向平行排列的管道,即前庭阶、鼓阶和中阶。中阶又称为蜗管,含科蒂器,是位于前庭阶和鼓阶之间的一根盲管,其中包含可以将机械振动转换为电信号的内毛细胞、外毛细胞以及覆盖在毛细胞上的盖膜。中阶内部充满内淋巴液,这种含有高浓度钾离子的特殊流体,可维持较大的正电位。前庭阶和鼓阶充满了外淋巴液,这是一种离子组成类似于其他细胞外液的液体。内、外淋巴液间互不相通,具有为内耳提供营养和传递声波的作用。在近似圆锥形的耳囊底部,有两个覆盖着薄膜的窗口通向中耳,分别称为卵圆窗和圆窗。卵圆窗与中耳听骨链中镫骨的底板相连接，是前庭阶在蜗底的窗口，又称前庭窗；圆窗为鼓阶在蜗底的窗口。分隔前庭阶和中阶的膜状结构称为前庭膜，分隔中阶和鼓阶的膜状结构称为基底膜，基底膜上排列着毛细胞、神经末梢及其他结构组成的声音感受器。人类的基底膜呈带状结构，围绕蜗轴沿耳蜗管道方向由蜗底向蜗顶盘旋。哺乳动物的基底膜长度与体重呈正相关（例如，小鼠、龙猫、豚鼠、松鼠猴、猫、人类、大象和一些鲸鱼的基底膜长度分别为 7 mm、18 mm、20 mm、21 mm、25 mm、34 mm、60 mm 和 100 mm），并且远远大于同等大小的爬行动物或鸟类。

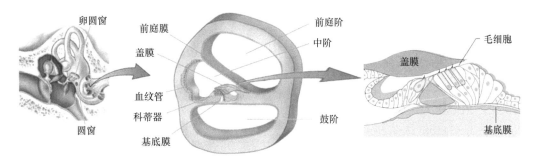

图 2-3-2　人的内耳的生理结构示意图[7]

内耳可以对声音诱发的不到 1 nm 的振动做出反应，将信号放大 100 倍以上，并且具有宽的动态范围，使人类能够感知从 20 Hz 到 20 kHz 的声音频率。实现这一功能的关键是机械感觉毛细胞，它们与支持细胞一起构成内耳蜗牛状耳蜗内的科蒂器，如图 2-3-2 所示。科蒂器约含 16 000 个毛细胞，毛细胞分为外毛细胞和内毛细胞两类，其中内毛细胞一排，外毛细胞三排[7]，每个毛细胞在顶端表面都含有机械敏感的毛束，它由几十根立体纤毛组成。盖膜覆盖在科蒂器的顶端表面，并附着在毛细胞的立体纤毛束上。毛细胞的细胞体与支持细胞形成紧密的连接，支持细胞反过来又附着在它们的基底表面。

基底膜在耳蜗底部较窄，在耳蜗顶部较宽。顶膜比基底宽 5 倍左右，刚度不均匀，越靠近卵圆窗，其刚度越大，底部约为顶部的 5 倍大。该膜在功能上相当于一个频谱分析仪，可以将传入人耳的声音信号按频段进行频域分解。当声波从外耳传到内耳时，基底膜随入射声波振动，以行波形式出现。行波在传播过程中，振幅逐渐增大，到达一定位置后迅速衰减。这是因为不同频率的声音可以激发基底膜不同部位的振动，而靠近卵圆窗的位置对高频成分最敏感，越是朝向耳蜗孔的位置，对低频越敏感。对于中频声波，它使基底膜的振动从底部向前延伸，在中段达到最大振幅，然后逐渐消失。总之，声音频率越高，行进距离越短，最大振幅点的位置越靠近耳蜗底部。在同一个声音频率下，声强越大，基底膜的振动幅度越大，带动更宽的部分振动。不同的声音频率沿基底膜呈对数分布。当声波被引入时，镫骨向内或向外移动，导致内淋巴流动。内淋巴的运动使基底膜在基底部分弯曲，波动自下而上传播。

2.3.2　听觉感受器

耳蜗是外围听觉系统中最重要的部分，是人的听觉感受器。它实现了声音从声波信号转换成神经冲动的换能过程，并具有机械频率分析器的功能，能够将复杂的声波分解成一系列频率信号的组合，声音感觉的响度、音调、音色等很多方面都起源于耳蜗的这种机械特性。

基底膜上的科蒂器是耳蜗中真正的声音感受器，它由耳蜗覆膜、外毛细胞和内毛细胞构成。内毛细胞、外毛细胞分别位于科蒂器的两侧，外毛细胞沿基底膜纵向分行排列，在中枢神经系统的控制下调节科蒂器的力学性质。内毛细胞沿基底膜纵向排列成一行，与若干个听觉神经纤维形成突触连接，负责声音检测并激励传入神经的发放。内毛细胞、外毛细胞都是长柱形细胞，且顶部都覆有静纤毛，其上方有一层盖膜，静纤毛的一端嵌在皮板当中，而另一端伸向上方的盖膜。

当气压变化转变为沿耳蜗管向下传播的流体压力并在基底膜中诱发振动时，便产生了听觉信号。如图 2-3-3 所示，振动传递到毛细胞上，会改变盖膜与毛细胞之间的相对位置，进而导致静纤毛倾斜或弯曲，引起发束偏转，听觉转导离子通道 TMC1 和 TMC2 打开[8]，毛细胞去极化。听觉转导离子通道 TMC1 于 2002 年由美国国立卫生研究院的 Andrew J. Griffith 团队和英国的 Karen P. Steel 团队在耳聋患者与耳聋老鼠中发现，而 TMC2 则直到 2011 年才由 Andrew J. Griffith 团队和美国弗吉尼亚大学医学院的 Jeffrey R. Holt 团队发现，这两者均是毛细胞机械转导电流所必需的蛋白质分子，位于发生机械转导的静纤毛尖端，且都在毛细胞中表达。只有同时去除 TMC1 和 TMC2，才能完全消除毛细胞的机械传导电流[9]。由于科蒂器的特征逐渐改变，如立体纤毛的高度和基底膜的

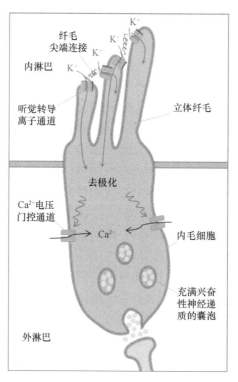

图 2-3-3　听觉毛细胞机械门控离子通道示意图

宽度及厚度[10]，沿耳蜗管不同位置的毛细胞被调节到不同的频率，耳蜗管底部的毛细胞对最高频率做出反应，而尖端的毛细胞对最低频率做出反应[11,12]。因为耳蜗的黏性阻尼会耗散声能，所以主动反馈机制必须放大基底膜的运动。潜在的过程被称为耳蜗放大器，依赖于外毛细胞[13]。当耳蜗导管上相应频率处的声音诱发被动基底膜共振时，外毛细胞被局部激活并增强基底膜振动[14]。内毛细胞检测到这些振动并激活传入神经元。耳蜗放大器具有显著的非线性压缩特性，从而可以更大程度地放大柔和的声音[15,16]。因此，科蒂器是一种传感系统，可将传到耳蜗的机械振动转变成听神经纤维的神经冲动。其信号转换过程可简单概括如下：耳蜗内流体速度的变化引起科蒂器毛细胞两边电位的变换，进而造成听觉神经的兴奋或抑制，从而实现机械振动向神经信号转换的过程。在这一转变过程中，耳蜗基底膜的振动是关键因素，使位于基底膜表面的毛细胞受到刺激，而后耳蜗内发生各种过渡性的电变化，引起位于毛细胞底部的传入神经纤维产生动作电位，进而导致神经末梢化学递质释放，神经冲动传至各级听觉中枢。经过多层次的信息处理，最后在大脑皮层引起听觉。

2.3.3 听觉信息的传导

如图 2-3-4 所示，听觉中枢的主要核团包括耳蜗核、上橄榄核、外侧丘系、下丘核、内侧膝状体、听觉皮层，其中听觉中枢通路的起点为耳蜗核。耳蜗核对于提取和处理听觉神经携带的刺激信息具有至关重要的作用。耳蜗核主要包括前腹侧核、后腹侧核和背侧核。听觉神经纤维进入耳蜗核时产生连接不同子核的分支，且每个分支都保持着听觉神经纤维的频率拓扑特性。其中前腹侧核主要用于保存听觉神经纤维中的时间-位置编码；后腹侧核的主要功能是保存听觉神经纤维中的发放率-位置编码。听神经由传入神经和传出神经组成，听觉传入神经将信号从耳蜗传向神经中枢，听觉传出神经是将信号从神经中枢传向耳蜗。

上橄榄核位于脑桥，大部分接受来自对侧耳蜗核的投射，小部分则是接受来自同侧耳蜗核的投射，同时负责向同侧发出传入神经纤维上行信号。外侧丘系主要接受同侧耳蜗核和上橄榄核的投射，并且使源自耳蜗核和上橄榄核向下丘核投射的神经纤维通过。下丘核接受来自耳蜗核、上橄榄核和外侧丘系等处的投射，对于听觉信号的频率信息和空间信息等具有很重要的整合作用。内侧膝状体是听觉通路中最后的中继核，接收来自下丘核的信号，并向上层的听觉皮层投射信号。听觉皮层是听觉系统的最高级中枢，主要负责识别声音和定位声源位置等。

听觉通路产生动作电位的第一级神经元是蜗神经节内的双极细胞，它提供送往大脑的所有听觉信息。其周围突分布于螺旋器的毛细胞，中枢突聚成听神经（蜗神经）。蜗神经传入脑后，到达蜗神经前（腹侧）核和后（背侧）核。蜗神经前核和后核内含第二级神经元，它们发出的纤维大部分在脑桥内形成斜方体并交叉至对侧，在上橄榄核外侧折向上行，称为外侧丘系。外侧丘系的纤维大部分传递到下丘。下丘内第三级神经元发出纤维从下丘臂到达内侧膝状体，第四级神经元在内侧膝状体，它们发出的纤维组成听辐射，经内囊到达同侧的大脑颞叶颞横回，即听觉皮层。听觉皮层接受听觉信息，经整合编码，产生听觉感知。部分蜗神经前、后核发出的纤维不交叉，进入同侧的外侧丘系；也有部分外侧丘系纤维直接到达内侧膝状体；还有一些蜗神经核发出的纤维到达上橄榄核，后者发出的纤维加入同侧的外侧丘系；另外，下丘核的神经细胞也互相关联。因此，听神经的冲动是双侧传导的。

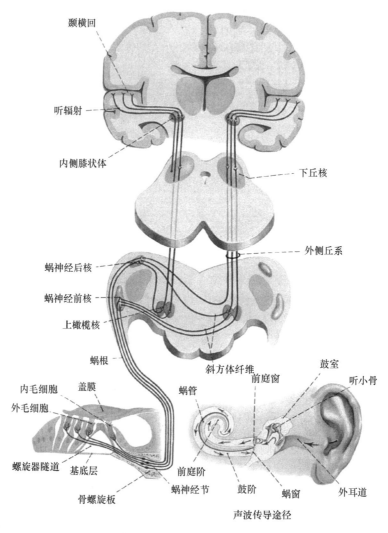

颞横回

听辐射

内侧膝状体

下丘核

外侧丘系

蜗神经后核

蜗神经前核

上橄榄核

斜方体纤维

蜗根

鼓室

听小骨

内毛细胞

盖膜

蜗管

前庭窗

外毛细胞

前庭阶

螺旋器隧道

基底层

蜗神经节

鼓阶

蜗窗

外耳道

骨螺旋板

声波传导途径

图 2-3-4　听觉中枢通路示意图

2.3.4　听觉信息的识别

在功能上，人的听觉系统具有两大特点：①可以通过少量的听觉感受细胞向神经中枢传输大量的信息。人耳的听觉感受细胞只有几千个，比视觉细胞低数个数量级，分布在耳蜗基底膜上。虽然听觉感受细胞数量很少，但是这些感受细胞却能够向神经中枢传输大量的信息，这也正是听觉系统的最大特点。②听觉器官可以从声音的变化中提取有用信息。由于听觉的感受细胞数量少，无法像视觉感受细胞那样同时接收大量的输入信息，但它在检测刺激信号时，时域上的变化速度却远远高于其他感觉系统。事实上，听觉器官接收声音信息时，信息的主要载体不是声音本身，而是其变化的时域特征，从声音的变化中提取有用信息。听觉系统高效率的信息传递功能令其在神经科学、声学、信息科学、人工智能、仿生学等应用领域都具有普遍的理论研究意义，因而也衍生出了若干学科交叉的前沿课题。

对于听神经如何表达声音信息，目前有两种解释：一种称为发放率位置表示方法，即每条听觉神经纤维与基底膜的一个特定部位对应，并在一个特定频率上发放；另一种则是时间位置表示方法，即听神经纤维与刺激同步发放，对共振峰的刺激谐波锁相或同步，表现出信号的时间特性。生理学实验表明，对于周期性刺激，随着刺激强度的增加，发放率位置表示方法的性能退化，不能很好地保留谱信息，而时间位置表示方法对于高强度刺激仍能保留详细的谱信息；对于非周期刺激，时间位置表示方法对于摩擦音这样的谱结构编码并不合适，而用发放率位置编码更恰当。因此，这两种解释方法对不同复杂声音的表示是互补的，在研究过程中缺一不可。

上文提到的视觉感受器接收的是二维信号，而听觉感受器接收的声音则是一维信号。相对于动物，语言是人类独有的高级功能，因此语言是人类听觉的重要识别对象。通过探讨听觉的言语知觉可以进一步了解听觉信息的识别过程。加利福尼亚大学圣克鲁斯分校的 Massaro 和 Chen[17]认为言语知觉是视觉与听觉信息并行处理的，研究者总结出了关于人类言语知觉机制的两种认知理论：听觉理论与运动理论。这两种不同的理论主要在以下三个方面存在分歧：第一，听觉理论认为言语知觉并不是语言运动的产物，而是听觉系统对各种声音信号进行自动解码，对说话人有意发出的音素序列产生知觉的过程，运动理论则认为言语知觉系统和发音的语言运动系统之间是密切联系在一起的；第二，听觉理论认为言语知觉并不是人类特有的现象，许多动物的听觉系统与人类听觉系统十分相似，动物也可以具有相似的言语听觉机制，而运动理论则认为言语知觉是人类特有的，因为只有人类才具有出生以来经过长期学习所积累的语言知识；第三，听觉理论认为言语知觉是后天形成的，虽然婴儿听觉系统就已经十分发达，但婴儿早期必须经过学习之后，才获得言语知觉能力，而运动理论则认为言语知觉能力是人类先天所具备的，因为人类生来就具备语言发生和言语知觉相互联系在一起的机能系统。多年来，许多实验观测结果从不同角度支持了言语感知运动理论，即人们主要通过辨认发音的语音姿势（说话人在语言层面控制的发音表征）而非听觉特征来理解话语。

20 世纪 70 年代，美国波士顿市立医院的神经学家 Geschwind[18]基于前期研究工作提出了 Wernicke-Geschwind 模型，这个模型为理解语言产生和感知的神经机制提供了指导性的功能解剖框架，并指出了两个亟须研究的问题，即声音如何转换为语义以及如何通过控制发声器官再现这些声音模式[19]。换句话说，语音信息必须沿着两种不同的路径加工，即语义路径和听觉运动路径。事实上，认知神经科学已经证实了类似的感觉输入与概念系统和运动系统分别交互的两条通路。正是借鉴了视觉感知的双通路模型，美国加利福尼亚大学认知科学系的 Hickok 和 Poeppel[20]提出了语言处理的双通路模型，包括腹侧通路和背侧通路两条分离的通路。如图 2-3-5a 所示，①腹侧通路负责将声音表征投射到颞叶区域进行概念表征，即加工语言信号用以听觉理解；②背侧通路负责将声音表征投射到颞顶叶区域进行运动表征。如图 2-3-5b 所示,语音信号先是到达大脑两侧听觉皮层的颞上回(STG)背侧,这部分位于前颞叶和眶额区之间的钩状束,此时大脑只是对所有输入听觉信号进行早期的低水平加工(如时频分析),而后下纵束将视觉信息从枕区传送到颞叶[21],当信号到达两侧颞上回中部和颞上沟(superior temporal sulcus,STS)时才会进行语音与非语音的判别[22]。作为针对语音处理的早期阶段,音素的区分主要出现在两侧颞上回的中后部。从这里皮层加工分为两路:①在腹侧通路中,如图 2-3-5c 所示,语音信号先到颞中回后部(posterior middle temporal gyrus,pMTG)和颞下回后部(posterior inferior temporal gyrus,pITG)。这两个区域是语音听觉表征与语义概念表征之间映射的接口。而后再通过颞叶前部将感觉运动区表示的特征进行整合汇总,在句子水平构成完整的语义概念[19]。②在背侧通路中,信号首先到达位于顶叶和颞叶交界处的大脑外侧裂后部,即 Spt 区。Spt 区是语音听觉表征与发音运动表征之间映射的关键区域,与包含布罗卡区的左侧额下回后部(posterior inferior frontal gyrus,pIFG)、运动前区(premotor area,PM)以及岛叶前部共同构成发音运动网络。在美国波士顿大学认知与神经系统系的 Guenther 等[23]提出的发音运动模型中,发音姿势首先在听觉空间进行规划,而后映射到运动表征上。双通路模型中,Spt 区正是作为该映射的接口,从而印证了言语知觉运动理论。此外,额枕下束作为人类大脑中额叶和枕叶皮层之间唯一的直接联系,是将额叶经过颞叶和岛叶与枕叶连接的联合纤维,也参与了语义的传导。然而,尽管背侧通路在语音产生和感知过程中表现出紧密的联系,但发音运动的映射并不是语音感知过程不可或缺的一部分。

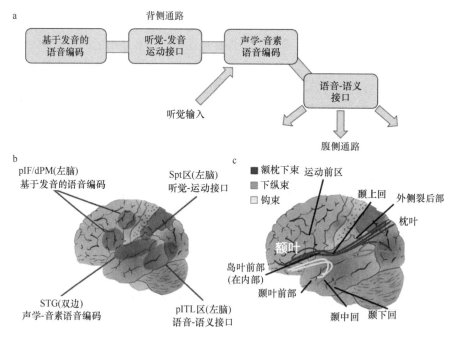

图 2-3-5 语言处理的双通路模型示意图[19,20]

(a)功能解剖框架[20];(b)双通路模型脑区大致位置[20];(c)左半球腹侧通路示意图[19]

pIF. 额叶后回/额下回后部(pIFG);dPM. 背侧运动前区(PM);pITL. 颞下回后部,对应 pITG

双通路模型还强调了两条通路的双向性，腹侧通路中的语音-语义映射区（左侧颞叶下部）在语音感知的词汇理解、语音产生的词汇检索方面都发挥着重要作用。类似地，左侧颞叶上部不仅在亚词汇水平的语音感知中十分重要，也同样参与了语音产生，汇总与亚词汇相关的编码。这与麦格克效应（McGurk 效应）中发现的，对听觉和发音姿势敏感的多模态信息整合区相对应[24]。尽管目前提出的语言感知产生模型可以用来解释语言加工过程中的一些现象，但越来越多的研究支持大脑的动态网络交互特性，认为语言产生和感知是由功能特定的子网络以时序和动态交互的方式实现，然而这方面仍缺乏明确的语言加工模型。

2.4　触觉感知的生物学基础

触觉是人感知外界环境的重要感觉功能，是指与目标物接触所得到的全部感觉，是接触、冲击、压迫等机械刺激感觉的综合。触觉是通过皮肤接触产生的，皮肤是一个很大的感觉器官，具有多种感觉，包括温觉（冷、热觉）、触摸觉、压觉和痛觉等。19 世纪末之前，人们普遍认为皮肤的感觉是一种单一的感觉，直到 1884 年瑞典隆德大学的生理神经学家 Blix 发现皮肤的感觉是点状分布的，包含触压、震颤、温度觉等多种感觉[25]。而后奥地利科学家 Frey 在 1894 年证明了皮肤感觉中的每种感觉存在不同的感受器。这些感受器在皮肤中的深度各不相同，形态也有差异。皮肤中的触觉对人具有特殊重要性，如保护功能、辅助诊断疾病、保持心理稳定、维持健康、表达和辨别情绪等。本节中的触觉包含触压觉、触摸觉、痛觉、振动觉和温度觉等，也可以理解为学术界通常定义的躯体感觉（general somatic sense）。

在心理学中所研究的触觉是狭义的，是指皮肤受到机械刺激而产生的感觉，触觉按刺激的强度可分为接触觉和压觉。轻轻地刺激皮肤而未引起皮肤变形会产生接触觉，当刺激强度增加，会产生压觉。但这种区分是相对的，在弱刺激范围内二者很难区分，实际上二者通常是结合在一起的，统称为触压觉，这被认为是被动性的触觉。

触摸觉是触觉与肌肉运动觉的结合，被认为是主动性的触觉，主要是指人手的触摸觉。它不但能感知物体表面的光滑、粗糙程度，还能感知物体的长短、大小以及形状。特别是对丧失视觉的盲人来讲，触摸觉尤其重要，他们可以通过触觉感知人的面孔、周围的物体，还可以用手识别盲文，进行阅读。他们的触觉通常会比正常人更为发达，称为感觉补偿。

痛觉是生物体感受到伤害性刺激时产生的一种感觉，对生物体起重要的保护作用。皮肤的痛觉可分为快痛和慢痛。快痛属于生理性疼痛，疼痛产生快，持续短，消失快，定位明确，不伴随情绪反应；慢痛属于病理性疼痛，刺激后 0.5～1 s 产生烧灼痛，持续长，消失慢，定位不明确，常伴有情绪和内脏反应。剧烈的疼痛可能会危及生命，长期的疼痛将对生物体造成难以忍受的精神折磨，失去应有的保护和警戒作用。痛觉可以来源于其他几种触觉的转化，如温度过高过低或触压力过大都会让人感到疼痛。

振动觉介于触觉和痛觉之间，如吃花椒时麻的感觉。振动觉的强度绝对阈值主要依赖于振动频率。频率过高或过低都不会引起振动觉，其下限一般为 10～18 Hz，上限为

650~8000 Hz。另外，这也因接触面积和感受部位不同而有所差异，如无毛发皮肤的振动觉阈限值普遍低于有毛发皮肤，更容易产生振动觉。长期施加振动刺激可导致适应，从而导致振动感受性降低，但这一适应过程相对于触觉适应更慢。

温度觉是相对于皮肤温度（生理零度）而产生的对物体温度的感觉，可以辨别其冷热。刺激温度高于皮肤温度则由温热感受器检测并在大脑产生热觉，低于生理零度则由冷感受器检测并在大脑产生冷觉。正常人可以辨别出 10℃的温差。

触觉除在日常生活中用于认识客观事物外，对作为社会成员的人而言，触觉还是人们进行社会交往的重要方式之一，在人的身心发展过程中（尤其对婴幼儿早期），具有特殊的重要性。例如，刺激婴儿嘴唇时，会发生食物性反射——张嘴乞食、吸吮动作等；当刺激身体其他部位时，就会发生防御性反射。因此，婴儿早期发达的触觉对保护生命和认识世界具有重要作用。目前，仿生传感技术快速发展，仿生触觉技术在机器人、生物医学领域和人体康复工程方面具有广泛的应用前景，触觉作为人体的重要感觉器官之一，对于研究仿生触觉技术具有重要意义。

2.4.1 触觉器官的生理结构

皮肤触觉感受器接触机械刺激产生的感觉，称为触觉。皮肤是人体最大的器官，总重量约占人体的 8%，皮肤包含人体约 1/3 的循环血液和约 1/4 的水分。如图 2-4-1 所示，目前普遍认为皮肤是由表皮、真皮、皮下组织这三部分组成的。

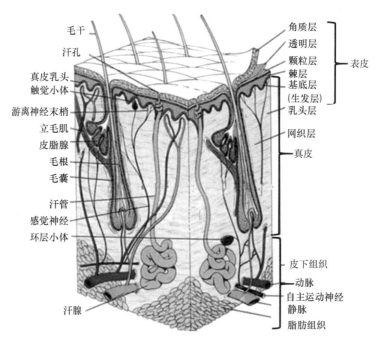

图 2-4-1　人的皮肤的生理结构示意图

表皮是皮上组织，与外界接触最频繁。表皮厚度非常薄，最厚处约 0.2 mm。表皮内无血管，但有游离神经末梢。它在身体表面形成保护屏障，负责保持体内水分并防止病原体进入，是一种分层的鳞状上皮。由浅入深依次为角质层、透明层、颗粒层和生发层，其中生发层由棘层和基底层组成：①角质层由多层角化上皮细胞构成，角质层上皮细胞的界限不清，细胞膜较厚，细胞核已退化溶解，细胞器消失，细胞质含有角质蛋白，角质蛋白不溶于水。角质层不透水，再生能力极强，具有防止组织液外流、防止体外化学物质和细菌侵入及抗摩擦等功能。角质细胞含有保湿因子，能防止表面水分蒸发，有很强的吸水性。足跟部皮肤的角质层最厚，腹部皮肤的角质层最薄。②透明层的细胞界限不清，细胞在这层开始衰老、萎缩，细胞核已退化溶解，呈无色透明状，光线可以透过透明细胞层，但只有手掌足底等角质层厚的部位才有透明层。③颗粒层由 2~4 层菱形细胞组成，细胞核已萎缩，有角蛋白颗粒，在掌趾等部位分布明显，对光线反射有阻断作用，可防止异物侵入，过滤紫外线。④棘层由厚度为 4~8 层带棘的多角形细胞组成，细胞棘突特别明显，是表皮中最厚的一层，它可以不断地制造出新细胞，从而一层层往上推移，以补充不断脱落的角质层。各细胞间有空隙，储存淋巴液，以供给细胞营养。⑤基底层位于表皮最深处，由基底细胞和黑色素细胞组成，基底细胞不断地进行分裂产生新细胞，黑色素细胞产生黑色素。皮肤的颜色因人而异，在同一个人身体的不同部位颜色也各不相同。皮肤的颜色取决于皮肤所含黑色素的多少和血流的快慢，被太阳暴晒后的皮肤含黑色素较多，皮肤逐渐变黑；运动后因毛细血管扩张，血流加快，皮肤会发红。

真皮在表皮下层，与表皮分界明显。表皮底部呈凹凸状与真皮紧密接触，真皮内部的细胞很少，主要由纤维结缔组织构成，其中有胶原纤维、弹性纤维和网状纤维等，它与皮肤的弹性、光泽、张力等有很重要的关系。皮肤的松弛、起皱等老化过程发生在真皮之中。真皮可分为乳头层与网状层。乳头层靠近表皮，向表皮隆起形成许多乳头，此层内的胶原纤维排列不规则。弹性纤维与网状纤维较少。乳头内除有纤维和细胞外，还有毛细血管和触觉小体。网状层位于乳头层的深部。乳头层与网状层没有明显的界线，主要由粗大的胶原纤维组成。胶原纤维之间有较多的弹性纤维。弹性纤维使皮肤伸展后恢复正常。老年时弹性纤维变性，失去弹性，皮肤呈松弛状态，出现皱纹。网状层内的细胞成分较少，有血管、淋巴管、神经以及感受器、腺体、毛发、汗腺、皮脂腺、竖毛肌（立毛肌）等。

皮下组织在真皮下，二者之间无明显分界。皮下组织由大量脂肪组织散布于疏松的结缔组织而构成。皮下脂肪组织是一层比较疏松的组织，它是一个天然的缓冲垫，能缓冲外来压力，同时它还是热的绝缘体，能够储存能量。除脂肪外，皮下脂肪组织也含有丰富的血管、淋巴管、神经、汗腺和毛囊。

2.4.2 触觉感受器

1944 年，美国诺贝尔生理学或医学奖获得者约瑟夫·厄兰格（Joseph Erlanger）和赫伯特·加瑟（Herbert Gasser）发现，生物体存在不同类型的感觉神经纤维，能对不同刺激做出响应，如对疼痛和非疼痛触摸的响应。皮肤表面散布着触点，触点的大小不尽相同，分布不规则，一般情况下指腹最多，其次是头部，背部和小腿最少，所以指腹的触觉最灵敏，而小腿和背部的触觉则比较迟钝。若用纤细的毛轻触皮肤表面时，只有当某些特殊的点被触及时，才能引起触觉。皮肤深层存在触觉小体，椎体中存在敏感的神经细胞，当神经细胞感受到触摸带来的压迫，就会马上发出一个微小的电流信号，从而实现外界刺激到神经信号的转换。

人体中的触觉感受器主要分为两种：慢适应型和快适应型，这两种又可以分为 I 型和 II 型，主要取决于该感受器在皮肤中所处的位置和分布。一般在研究触觉的过程中，主要研究迈斯纳小体（Meissner corpuscle，触觉小体）、帕奇尼小体（Pacinian corpuscle，环层小体）和梅克尔触盘（Merkel 触盘）三种触觉感受器。迈斯纳小体分布在皮肤的真皮乳头内，在手指、足趾的掌侧皮肤中居多，呈卵圆形，长轴与皮肤表面垂直，外包有结缔组织囊，小体内有许多横列的扁平细胞。环层小体分布在皮肤的皮下组织中，指尖、趾间、手掌和脚底等部位数量尤其多，长 1～4 mm，呈白色卵圆形，其神经末梢被含有丰富细纤维的结缔组织囊包裹。Merkel 触盘位于表皮基底层，由膨大的盘状神经终末与特化的 Merkel 细胞组成。有髓神经纤维进入小体时失去髓鞘，轴突分成细支盘绕在扁平细胞间。

这三种触觉感受器分别感受不同的刺激，其生理学参数如表 2-4-1 所示。迈斯纳小体可感知轻微触碰，对 10～50 Hz 的振动具有最灵敏的感知力，属于快速调节感受器。帕奇尼小体可感知振动觉和压觉，属于快速调节感受器。它们只对突然的扰动产生反应，并且对振动尤其敏感，这使得个体能感知物体的表面材质，如粗糙或光滑。此外，在个体紧握或释放物体时帕奇尼小体会对压力变化产生反应。梅克尔触盘能感知机械压力和位置，也能通过深层静态触碰进行特征感知，如感知形状和边缘，是一种缓慢调节的力学感受器。

表 2-4-1 触觉感受器的生理学参数

感受器	适应型	皮肤下深度（mm）	直径（μm）	感受模式
迈斯纳小体	快	0.7	3～5	主要感受触觉
帕奇尼小体	快	0.9	7～12	压觉、振动觉
梅克尔触盘	慢	>2.0	5～13	压觉、位置、特征感知、轻触

东京大学的 Kajimoto 等[26]称这三种触觉感受器为人体触觉的感觉三基色，认为这三种触觉感受器就像自然界的红、绿、蓝三基色一样组合起来，可以形成人体丰富的感觉。如图 2-4-2 所示，如果三种机械感受器的组合出现问题，就会像色盲症一样，只能体验很简单的感觉。

2021 年，诺贝尔生理学或医学奖获得者美国 Scripps 研究所教授阿尔代姆·帕塔普蒂安（Ardem Patapoutian）和加利福尼亚大学旧金山分校生理学及分子生物学教授戴维·朱利叶斯（David Julius）分别在压觉与热觉的信号转换机制研究中取得了重要成果。帕塔普蒂安及其团队鉴定出了一批对机械压力有电信号响应的细胞系，而后识别出编码该感受器的 72 个候选基因，而后一一沉默，从而确定负责感知机械力的基因。最终研究发现了一种对机械力敏感的基因及其离子通道 Piezo1，并证明了脂质双分子层的机械扰动足以激活这一压电通道，可以记录到单通道电流的变化情况，如图 2-4-3 所示，离子通道 Piezo1 先天性对机械力敏感而不需要其他任何细胞成分,但是其他细胞成分如细胞骨架和 STOML3 等也参与了调节通道的机械敏感性[27]。另外,他们也发现了另一个与 Piezo1 十分相似的离子通道 Piezo2,而这在 2014 年被证明是最主要的触觉受体[28,29]。对细胞膜施加压力可以激活这两种离子通道感受器[30]。此外,Piezo1 和 Piezo2 还被证明参与调控血压、呼吸和排尿等其他重要的生理过程。

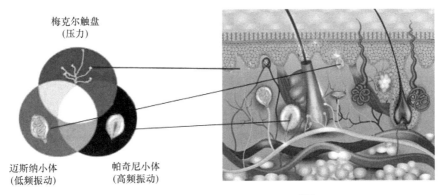

图 2-4-2　人的触觉感受器示意图[26]

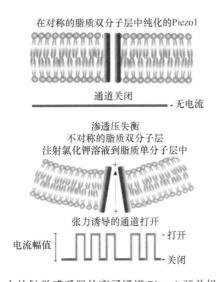

图 2-4-3　人的触觉感受器的离子通道 Piezo1 开关机制示意图[27]

朱利叶斯团队还确定了一种名为生物体感受辣椒素的基因。该基因编码了一种新的离子通道蛋白 TRPV1[31],这是一种热敏受体,它可以在令人感到疼痛的温度下被激活。它受到磷脂酰肌醇(PI)、磷脂酰肌醇-4-磷酸(PI4P)、磷脂酰肌醇-4,5-二磷酸(PIP2)等的调控。通过截断原 C 端并用 8x 组氨酸(8xHis)标记 C 端,得到了新的蛋白质(C-8xHis),再经纯化并重组为最小脂质体,如图 2-4-4 所示。该脂质体还含有 PI 和一个次氨基三乙酸(NTA)修饰的脂质(DGS-NTA),其头部基团能够与组氨酸相互作用。对于含有 C-8xHis 的脂质体,当镍(Ni)存在时,辣椒素剂量反应曲线显著右移。8xHis 标记 N 端(远离假定的 PIP2 结合位点)的对照重组体中未观察到对辣椒素的敏感性变化。这些结果支持 TRPV1 的 C 端和膜脂之间在功能上的直接相互作用，以调节通道对化学和热刺激的敏感性。

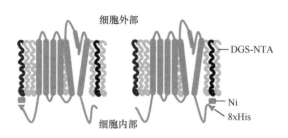

图 2-4-4　TRPV1 对化学和热刺激敏感性的调控机制示意图[31]

另外，早在 2002 年，Julius 和 Patapoutian 的团队[32,33]分别同时利用薄荷酮确认了一种会被寒冷（如低于 27℃）激活的冷觉感受器瞬时受体电位通道 M8 亚型（transient receptor potential melastatin 8，TRPM8），它是蛋白家族 TRPM 的一个成员，结构较为复杂，由 4 个相同的 TRPM8 基因编码的蛋白质拷贝组成。TRPM8 离子通道被嵌在细胞的外膜中，能够感知外部的低温，并将这一信息传递给细胞内部。中国科学院昆明动物研究所赖仞团队[34]将冷敏感性低的帝企鹅 TRPM8 通道移植到原本冷敏感性较高的小鼠后，小鼠显示出更强的低温偏好和低温耐受力。进一步地，研究人员发现低温会导致 TRPM8 通道孔区中数个关键氨基酸的侧链发生从包埋状态到水环境暴露状态的动态构象变化，因而改变这些氨基酸侧链的疏水性就可以实现对通道冷敏感性的特异性强弱调控，即增大侧链疏水性通道的冷敏感性提高。显然，TRPM8 受体的冷敏感性对生物适应环境十分重要。微观层面的生物物理机制为，在常温时，位于 TRPM8 受体孔区中的这些关键氨基酸的侧链随机发生着在包埋、暴露两种状态之间的动态变化；温度降低时，氨基酸侧链外围的水分子热运动降低，更能稳定关键氨基酸侧链的暴露状态构象，从而使得该通道蛋白的动态构象平衡趋于激活状态。

2.4.3　触觉信息的传导

触觉的传导通路可分为三种，分别是头面部的粗触觉传导通路、躯干和四肢的粗触觉传导通路和精细触觉传导通路。

1. 头面部的粗触觉传导通路

此通路第一级神经元的胞体位于三叉神经节内，如图 2-4-5 所示，其周围突构成三叉神经的感觉纤维，分布于头面部的痛、温和触觉感受器，中枢突经三叉神经根传入脑桥后终止于三叉神经感觉核群（第二级神经元）。第二级神经元发出的纤维交叉至对侧，形成三叉丘系，伴内侧丘系上升，终止于背侧丘脑的腹后核（第三级神经元）。更换神经元后，发出的投射纤维经内囊后肢投射到中央后回的下三分之一部。

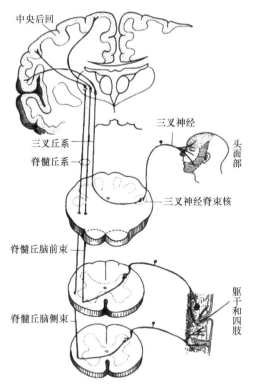

图 2-4-5　人的粗触觉传导通路示意图

中央后回

三叉神经

头面部

三叉丘系

脊髓丘系

三叉神经脊束核

脊髓丘脑前束

躯干和四肢

脊髓丘脑侧束

2. 躯干和四肢的粗触觉传导通路

此通路为躯干和四肢的痛温觉以及粗触觉共用的传导通路。如图 2-4-5 所示，第一级神经元位于脊神经节（属于假单极神经元），其周围突分布于躯干和四肢皮肤的痛、温和触觉感受器，中枢突经后根入脊髓灰质后角（第二级神经元）。更换神经元后发出纤维，先向对侧斜升 1～2 个脊髓节段，至对侧外侧索的前部和前索上升形成脊髓丘脑束，经脑干终于背侧丘脑腹后核（第三级神经元）。更换神经元后发出的投射纤维经内囊后肢投射到中央后回的上三分之一区和中央旁小叶的后部。

3. 精细触觉传导通路

此通路由三级神经元组成，如图 2-4-6 所示，第一级神经元（假单极神经元）的胞体位于神经节内，其周围突分布于肌、腱、关节及皮肤的感受器，中枢突进入脊髓同侧后索。其中来自第五胸节以下的纤维形成薄束，来自第 4 胸节以上的纤维形成楔束，两束分别上升至延髓的薄束核和楔束核（第二级神经元）。第二级神经元发出二级纤维，左右交叉，形成丘系交叉，交叉后的纤维在两侧上升称内侧丘系，经脑桥、中脑至背侧丘脑的腹后核（第三级神经元）。第三级神经元发出投射纤维，经内囊后肢投射到大脑皮层中央后回的上三分之二区和中央旁小叶的后部。

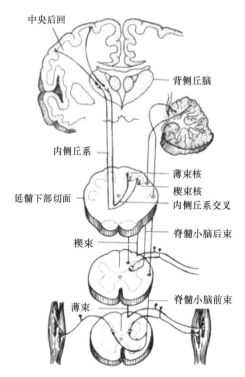

图 2-4-6　人的精细触觉传导通路示意图

2.4.4　触觉信息的识别

当触觉信息从丘脑传达到大脑皮层后，先被躯体感觉皮层（图 2-4-7）加工处理，这一皮层可以感知触压、疼痛和温度。目前一般将这一区域分为初级躯体感觉皮层（SI）和次级躯体感觉皮层（SII）两部分。触觉信息在 SI 与 SII 之间同时存在串行加工和并行加工模式，即可以直接跳过 SI 投射到 SII，或者在双侧 S1 和 S2 之间双向联系。经过躯体感觉皮层初步加工后，不同特征的触觉信息可能是在大脑中相对独立的深度加工网络中进一步处理[35]。

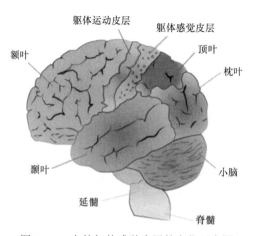

图 2-4-7　人的躯体感觉皮层的定位示意图

触觉涉及对物体表面结构、简单轮廓和空间相关信息的处理。早期研究表明，物体表面结构及轮廓能同时激活人脑的躯体感觉皮层和顶叶岛盖区[36-38]。近期研究则认为顶叶岛盖区具有结构选择性，能在受到物体表面结构相关的刺激（如粗糙度）后被特异性激活[39,40]。轮廓信息包括形状、大小、朝向等。其中触觉朝向信息能同时激活躯体感觉皮层、顶叶岛盖区、双侧右顶内沟的前侧以及视觉皮层，而形状相关信息的加工则主要由双侧右顶内沟和侧枕叶负责[41]。研究表明，对于空间相关信息如三维物体的复杂触觉信息，则需要皮肤感觉信息和本体感觉信息相结合。传统观点认为，这两种信息分别传入 SI 的不同区域，经过相对独立的信息处理再投射至更高级的皮层进行信息整合。但是近期研究表明，SI 的所有子区域可以由跨模态神经元同时编码这两种信息，即同时被加工和整合，从而实现三维形状的感知[42]。另外，三维信息的处理涉及双侧躯体感觉皮层、运动前区和前脑岛等，且右脑在处理空间信息时比左脑更有优势[43]。值得注意的是，在触觉信息加工时通常会同时涉及视觉皮层，说明视觉与触觉之间应当存在某些紧密联系。

2.5　嗅觉感知的生物学基础

2.5.1　嗅觉系统的生理结构

得益于精密的感受机制，生物体的嗅觉系统能够识别出极低浓度的气味分子，是目前最高效的化学感测系统之一，具有很高的灵敏性和选择性。人类的嗅区位于两侧鼻腔的顶部、双眼的正中靠下方位置。嗅区的总面积约只有 2.5 cm²，包含了约 5000 万个嗅觉感受细胞。在哺乳动物中，气味分子可以随呼吸的气流到达位于鼻腔黏膜的嗅上皮。嗅上皮表面含有一层黏液，是气味分子与嗅觉受体发生相互作用的部位。为了揭示嗅觉系统的功能，人们对嗅觉系统的组织结构做了大量研究。哺乳动物嗅觉系统的组织结构如图 2-5-1 所示，主要由嗅上皮、嗅球以及嗅皮层三部分构成。

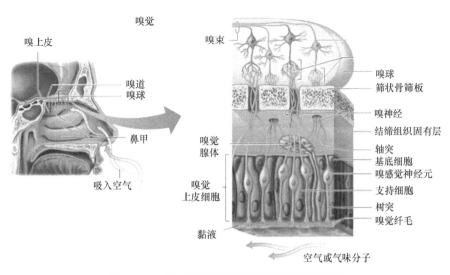

图 2-5-1　哺乳动物嗅觉系统的组织结构示意图

1. 嗅上皮

嗅上皮主要由三种类型的细胞组成：嗅感觉神经元、支持细胞和基底细胞。嗅感觉神经元是嗅觉感受器，占整个嗅神经上皮细胞的 75.80%左右[44]。嗅感觉神经元是一种双极细胞，它的树突伸向嗅上皮表面，末端呈圆形膨大，膨大部向嗅上皮表面的黏液中伸出许多纤毛，纤毛的质膜内含有嗅觉受体，是嗅觉信号发生的起始部位。

与其他神经细胞相比，嗅觉受体细胞的一个独特性质是每隔 30 天左右要变性退化，并由基底细胞分化出来的新的感受细胞所替代更新。基底细胞是一种干细胞，可以在整个生命过程中产生新的嗅感觉神经元，维持嗅感觉神经元的不断更新[45,46]。在更新过程中，嗅感觉神经元逐渐发育成熟，并移行到嗅神经上皮组织的顶端。支持细胞对于维持嗅神经上皮的结构以及嗅感觉神经元之间的绝缘性有一定作用。位于嗅神经上皮的一些腺体则可以保持嗅上皮表面具有合适的一层黏液，且黏液中含有气味结合蛋白，可以便于气味分子到达嗅觉受体所在部位并与之发生相互作用。

2. 嗅球

嗅球位于大脑半球额叶眶面嗅沟的下方和前端，呈扁卵圆形。嗅感觉神经元无髓鞘的轴突伸展到底部薄层和筛骨之间，在嗅神经上皮后方汇聚成嗅神经，穿过筛板中的小孔投射到嗅球的嗅小球。嗅球是嗅觉信号中转的第一站，位于筛板正上方和大脑额叶的下方。嗅球的主要结构包括嗅感觉神经元的轴突及其与僧帽/丛状细胞形成的突触连接（也称嗅小球）、僧帽细胞、丛状细胞、多种类型的中间神经元及由其神经纤维互联形成的复杂的神经网络。哺乳动物嗅球的皮层结构相对简单，图 2-5-2 为哺乳动物嗅球突触组织结构的基本回路示意图。嗅球内含有上千个称为嗅小球的信号处理模块。嗅小球是相对大的球形神经网络（直径 100～200 μm），其内含有由嗅神经元的轴突与嗅球输出神经元僧帽细胞和丛状细胞的树突形成的兴奋性突触连接[47]。嗅球内还含有两类中间神经元即颗粒细胞和球周细胞，它们能和僧帽细胞及丛状细胞形成局部神经回路。僧帽细胞和丛状细胞的轴突是嗅球的输出通路，这些轴突投射到嗅皮层及更高级大脑皮层。

3. 嗅皮层

大脑的嗅觉系统主要包括嗅球、嗅结节和梨状皮层，分布在原脑皮层。从系统发育上说，原脑皮层是旧皮层中最古老的脑组织，被认为是大脑皮层最原始的存在方式。与其他感觉系统相比，嗅觉系统的一个独特之处在于从初级感受器到皮层的神经通路不经过丘脑。嗅球输出神经元僧帽细胞的轴突直接投射到大脑颞叶的梨状皮层以及额叶的其他区域。梨状皮层是一个专门处理嗅觉信号的中枢，来自梨状皮层的神经把嗅觉信号传递到参与大脑高级功能的新皮层的相关区域。嗅神经束也投射到额叶的一些区域，如下丘脑和杏仁核。嗅皮层是嗅觉信号处理的高级中枢，在这些不同的区域嗅觉信号获得更高水平的分辨和解码处理，形成对不同气味的识别和感知，并且引发肢体、内脏或精神上对气味刺激的响应。

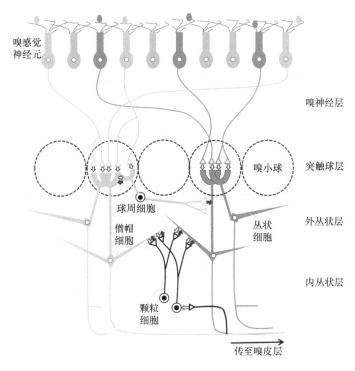

图 2-5-2 哺乳动物嗅球突触组织结构的基本回路示意图

短白箭头和短黑箭头分别代表兴奋性突触和抑制性突触

2.5.2 嗅觉感受器

嗅觉感受器，又称嗅器或嗅觉受体，是一类可以感受气味刺激并将之转换成嗅神经冲动信息的生物结构。嗅质，即环境中的气味分子，可以与位于嗅觉感受器纤毛上的嗅觉受体发生特异性的相互作用，这种相互作用通过嗅质中某些化学结构或基团作为配体并与嗅觉受体蛋白相结合来实现。

脊椎动物的嗅觉受体位于鼻腔内嗅上皮中的嗅感觉神经元。在人体嗅黏膜中约有总数 1000 万个嗅觉受体。嗅感觉神经元为双极性的神经细胞，一极（近鼻腔孔处）含有许多手指样的突起，即纤毛，可以感受气味分子的化学信号；另一极（近颅腔处）是投射到嗅球并可以传导动作电位的轴突。每个嗅感觉神经元有纤毛 1000 条之多，使 5 cm^2 的表面感受面积增加到 600 cm^2，有助于提高嗅觉的敏感性。

1991 年，美国哥伦比亚大学的 Buck 和 Axel[48]最早发现嗅觉受体，随后首次验证了嗅觉受体可以特异性地识别气味分子[49]。此外，有研究分析了大鼠嗅上皮中气味受体的空间分布规律，发现哺乳动物嗅觉系统中表达不同受体的感觉神经元分布于嗅上皮的一个较宽泛但仍有限制性的不同条带式区域内，显示出随机分布的特征，而不具有空间特异性[50]。

2.5.3 嗅觉信息的传导

人的嗅觉传导通路如图 2-5-3 所示，嗅感觉神经元一端的纤毛伸向嗅黏膜表面，接受外界气味的刺激。嗅感觉神经元另一端，若干条神经纤维集中在一起形成嗅丝。这些嗅丝向上穿过鼻腔顶的很多小筛孔，到达嗅球，嗅球位于颅腔内脑底面靠近鼻腔顶处。嗅球内，若干神经细胞的纤维组成嗅束，嗅束连于大脑底中部深处，嗅束的纤维经过脑内神经元的多级传递，最后将气味信息传到嗅皮层，嗅皮层位于大脑中部的深处，在此完成嗅觉的主观识别。值得注意的是，与味觉、触觉等感受器不一样，嗅觉感受器具有远距离感受功能，使得嗅觉成为外激素通信的前提条件。

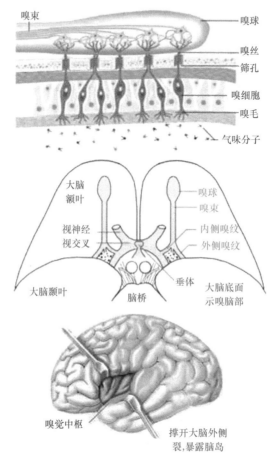

图 2-5-3　人的嗅觉传导通路示意图

　　根据嗅感觉神经元表达的嗅觉受体的不同，大鼠的嗅神经上皮被分成 4 个区域（区域 1~4），如图 2-5-4 所示，一种嗅觉受体只表达于嗅上皮 4 个区域中的其中一个[47]。在一个给定的区域内，表达不同类型嗅觉受体的嗅神经元相互混合，具有高度分散的分布特点。这种区域性的组织结构在主嗅球内也有一定程度的保留。每个嗅感觉神经元的轴突投射到嗅球相应的区域内，与嗅球内的第二级神经元建立联系。大鼠嗅感觉神经元轴突的投射服从"区域到区域的投射"和"嗅小球的汇聚"两个基本原理[47]：在嗅神经上皮一个给定区域（区域 1~4）上的嗅感觉神经元投射到主嗅球上定位于对应区域（区域 I ~IV）的嗅小球上；表达相同类型嗅觉受体（红色或深蓝色）的嗅感觉神经元的轴突汇聚于几个确定的嗅小球上。目前嗅小球汇聚模式已经可以由两种类型的实验实现可视化，一种是利用可显示嗅感觉神经元轴突末端嗅觉受体 mRNA 存在的原位杂交分析技术，来可视化表达特定嗅觉受体 mRNA 的嗅感觉神经元的轴突汇聚到特定的嗅小球上[51,52]。另一种更具说服力的证据则来自基因打靶技术，通过基因敲入的方法可以用特定基因取代另一种基因。生理研究表明这种嗅小球汇聚模式可以作为解释嗅球神经元特异性调制的一个可能机制[53,54]。

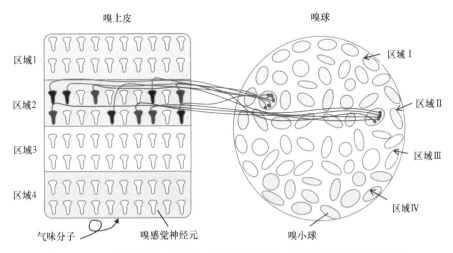

图 2-5-4　人的嗅上皮与主嗅球结构连接示意图（彩图请扫封底二维码）

嗅球与嗅皮层之间的信号传递是由嗅球僧帽细胞的轴突与皮层锥体神经元的突触连接完成的。僧帽细胞接收来自嗅感觉神经元的信号，这一信号经嗅球的加工处理后，由僧帽细胞的轴突投射传递到嗅皮层在空间上交叠分布的锥体神经元，并且单个锥体神经元可以接收来自多个不同类型嗅感觉神经元的输入信号，这与嗅球的嗅小球汇聚模式形成明显的反差。这也说明单个嗅皮层神经元可以整合来自不同类型嗅感觉神经元的输入信号，具备从分散的嗅觉特征信号中重建气味分子感知信息的功能。

2.5.4　嗅觉信息的识别

1. 嗅球对嗅觉信号的编码和处理

人类可以仅用 350 多种嗅觉受体识别 10 000 多种不同的气味分子，这归功于嗅觉信号的编码方式。嗅球作为嗅觉信号传导和处理的初级中枢，嗅觉信号在其中进行特异性的空间和时间编码，实现了对嗅觉信号的初步加工和处理。嗅球内的僧帽细胞和丛状细胞构成复杂而有序的神经网络结构，可以形成称为嗅小球的功能性嗅觉信号处理单元，并且嗅球内含有球周细胞和颗粒细胞等数量众多的中间神经元，可以实现对嗅觉信号的进一步加工和编码处理。

气味是由一系列的气味分子组成的，气味分子中的某些化学结构作为配体与特异的嗅觉受体相结合，因此一种气味分子可以激活几种不同的嗅觉受体，而同一种嗅觉受体可以接受几种不同气味分子的刺激[51]。气味分子作用于各种嗅觉受体后产生一种时间上独特、空间上分布的综合效应，这种综合效应通过嗅感觉神经元的轴突传导到嗅球。

如图 2-5-4 所示，嗅感觉神经元的轴突投射是高度有序的嗅小球汇聚模式：表达相同类型嗅觉受体的嗅感觉神经元轴突投射到主嗅球特定的少数几个嗅小球上。因此，在嗅上皮内一个给定区域的嗅感觉神经元接收到的气味信号传导到主嗅球相对应区域上的嗅小球。嗅觉受体基因的差异表达形成的一个嗅感觉神经元只表达一种嗅觉受体的机制和嗅感觉神经元轴突高度有序的投射模式，使得嗅觉系统能够在嗅球中形成一种气味特异的空间编码。这种建立在解剖结构基础上的信息编码使得嗅觉信息在嗅球中与嗅神经上皮具有相对应的位置排列模式，即嗅觉信息在嗅球中的地图，形成了嗅球中的空间编码[51]。

除了空间编码，嗅球对嗅觉信号还具有时间编码。生理研究提出嗅球中的局部神经回路使僧帽细胞和丛状细胞产生同步振荡放电的可能性，由于振荡的周期性，时间要素就被包含进嗅球中的嗅觉信号，因此可以看作嗅球对嗅觉信号的一种时间编码[47]。图 2-5-5 是嗅球对嗅觉信号进行时间编码的一种可能的模式示意图。

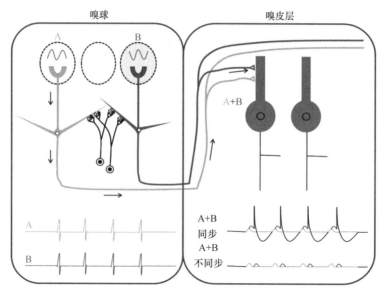

图 2-5-5　人的嗅觉信号时间编码示意图（彩图请扫封底二维码）

A、B 指两路信号

为了更加精确地跟踪特定气味特征，解释如何以复杂的模式组合感知特征，有研究使用单点光遗传学刺激来控制小鼠嗅小球在空间和时间上的神经元活动[55]。通过控制激活嗅小球之间的时间、激活的嗅小球数量和种类来系统地改变活动模式，以评估它们对气味识别的影响。该研究发现合成气味早期激活的嗅小球比随后激活的嗅小球对气味识别的作用更大。

2. 嗅皮层对嗅觉信号的感知

嗅觉感知最终是在嗅皮层中形成的，在嗅皮层中嗅觉信号被解码以分辨不同的气味。嗅觉信号经过嗅球的空间和时间编码以及各种修饰、加工后，通过僧帽细胞的轴突投射传导到大脑皮层的嗅觉信号处理高级中枢，在那里嗅觉信号以一种组合效应和同步振荡的方式对嗅觉信号进行解码处理，从而形成对气味的感知，形成嗅感觉。同时嗅觉可以与学习、记忆、行为、情绪等活动发生关联，同其他脑区协同完成大脑的一些高级功能。

气味是以受体组合的方式编码的[56]。大鼠有 1000 多种嗅觉受体，不同的气味分子由不同的嗅觉受体的组合检测，而且这些组合之间通常会有重叠，多种气味的混合产生的是一种新的嗅觉感知而不是多种气味感知的简单叠加[57]。例如，人类的嗅觉系统很难从混合气味中感知到单独的气味分子。对于两种气味分子混合构成的气体，单独的组分可能会被感知，但是会丢失一些可以描述的性质，如以适当的比例混合的两种气味分子丁香酚（丁香）和乙醇（玫瑰）将被感知为一种明显不同的康乃馨的气味[58]。这种对气味分子的混合感知效应可能是由新的嗅皮层神经元对混合气味分子的组合响应造成的。

嗅觉信号经过嗅球的空间和时间编码以及各种修饰、加工后，通过僧帽细胞的轴突投射传导到嗅皮层。僧帽细胞在向嗅皮层投射时，并不存在一对一的关系。一方面，来自同一受体的信号投射于多个嗅皮层区域。另一方面，嗅皮层的神经元可以接受多种僧帽细胞的轴突投射，也就是说不同嗅觉受体接收到的嗅觉信号可以投射到同一个嗅皮层神经元，因此在投射过程中会产生汇聚作用，一个嗅皮层细胞的激活需要来自多种嗅觉受体的输入。为了进一步明确嗅觉感知过程，有研究利用跨神经元示踪剂，在嗅皮层中建立起一个立体的感觉图谱[59]。

有研究人员让小鼠暴露在不同气味组合中，并观测了梨状皮层和嗅球的神经活动模式[60]。研究结果表明，气味化学结构的相似性会导致神经活动的相似性。关联性不强的气味产生的神经活动模式相似性也较弱。因此，凭借一系列与神经活动模式有关的化学特征，可以预测动物的大脑皮层对多种气味的反应。此外，反复给小鼠施加两种混合气味的刺激，经过一段时间后，大脑皮层中这些气味的相应神经模式的关联将会变得更加紧密，说明了神经表达具有可塑性。此外，嗅皮层神经元轴突也会投射到嗅球，从而形成嗅皮层和嗅球之间的反馈通路，可以对嗅球中嗅觉信号进行修饰。这些嗅皮层神经元也接受其他脑区传来的一些非嗅觉信号，如来自眶额皮层（orbitofrontal cortex，OFC）的横向联系。嗅觉信息不仅对嗅觉感知具有重要作用，对学习、记忆、行为以及情绪等也具有重要意义。目前，研究认为嗅觉中枢具有弥散分布的特点，嗅觉刺激可引起脑区内多个区域的激活，主要包括前嗅核和嗅结节、梨状皮层、杏仁体、内嗅皮层、海马、眶回、岛回、扣带回、额叶、颞叶、基底核、丘脑、针叶以及小脑等[61-63]。嗅皮层与其他脑区协同合作，共同实现嗅觉的完整识别。

2.6　味觉感知的生物学基础

2.6.1　味觉系统的生理结构

人体味觉感觉器官是舌头。如图 2-6-1 所示，舌分为上、下两面。上面又称舌背，舌背上有一向前开放的"V"形沟称界沟，将舌分为前三分之二的舌体和后三分之一的舌根。舌体前部为舌尖，舌根朝向口咽部。舌下部较舌背短，黏膜光滑而松软，与口底黏膜连接，在正中线上的黏膜皱襞称为舌系带。

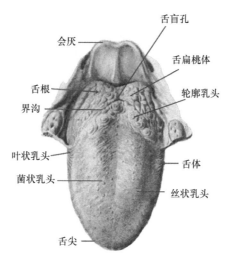

图 2-6-1　人的味觉感觉器官结构示意图

舌黏膜：舌黏膜上有密集的小突起称舌乳头，根据其形态可将舌乳头分为四类：①丝状乳头，细而长，呈白色丝绒状，遍布舌体表面，由于其浅层上皮细胞不断角化脱落，并和食物残渣共同附着在舌黏膜的表面形成舌苔，健康人舌苔很淡薄。②菌状乳头，散在于丝状乳头之间，顶端稍膨大而钝圆，肉眼看呈红色点状。③叶状乳头，位于舌侧缘后部，呈皱襞状，人类不发达。④轮廓状乳头，最大，有 7~11 个，排列在界沟的前方，乳头顶端特别膨大，呈圆盘状，周围有环状沟环绕。轮廓状乳头、菌状乳头、叶状乳头以及软腭、会厌等处的黏膜上皮中有味觉感受器——味蕾。舌根部的黏膜内含有许多淋巴组织，使黏膜表面形成许多隆起称舌扁桃体。

舌肌：舌肌可分为舌内肌和舌外肌两类。舌内肌的起、止都在舌内，由上下垂直、前后纵行和左右横行等不同方向的肌纤维束组成，且互相交错，收缩时可改变舌的形状。舌外肌是指起于舌外、止于舌的肌肉，包括：①颏舌肌，起于下颌骨体内面中点的两侧，肌纤维呈扇形向舌内放散，两侧颏舌肌同时收缩，使舌伸出，该肌一侧收缩，舌伸出时舌尖偏向对侧。②舌骨舌肌，起于舌骨，收缩时牵舌向后下外侧。③茎突舌肌，起于颞骨茎突，可牵舌向后上方。舌内、外肌共同协调活动，使舌头能向各方灵活运动。

2.6.2　味觉感受器

味觉的感受器是味蕾（taste bud），主要分布在舌头背部表面、边缘的菌状乳头和轮廓状乳头处，少量分布在口腔内咽部、软腭和会厌等上皮组织中，如图 2-6-1 所示。人的味蕾总数约有 8 万个。不同年龄时期人的味蕾数量差别较大，儿童味蕾较多，有上万个，成人则有几千个。随着年龄的增长，舌头上的味蕾逐渐萎缩而减少，角化程度增加，对物质的敏感性降低，到 70 岁时约有三分之二的味蕾萎缩。

　　味蕾由味觉细胞、支持细胞和基底细胞组成[64]，如图 2-6-2 所示。味觉细胞表面表达有味觉受体，可检测和辨别各种味道。基底细胞是一种未分化细胞，由周围的上皮细胞内向迁移所形成，将不断分化成为新的味觉细胞。味觉细胞是一种形态细长的双极细胞，细胞两端有味毛，一端伸入腔内与外界味觉物质接触以感受味觉信息，另一端与神经纤维突触连接传导味觉信息。每个味蕾含有 50～100 个味觉细胞，其更新率快，一般 10～14 天更换一次。在哺乳动物中，每个味蕾都是一个紧凑的细胞簇，类似于大蒜球，有 50～100 个细长的细胞从簇的基部延伸到其顶端，在簇基部有一些未分化的有丝分裂后细胞。将超微结构特征和基因表达模式与细胞功能相结合的分类方案通常可识别三种细胞类型：Ⅰ型、Ⅱ型和Ⅲ型细胞[65]，其结构如图 2-6-3 所示。

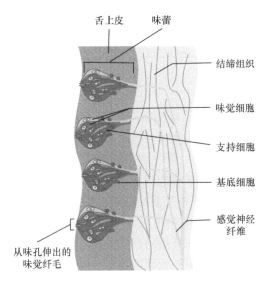

图 2-6-2　人的味觉感受器结构示意图

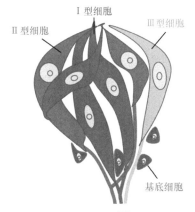

图 2-6-3　人的味觉细胞结构示意图[66]（彩图请扫封底二维码）

　　Ⅰ型细胞约占味觉细胞总数的一半，具有伸长、形状不规则的细胞核，并且有翼状的细胞质延伸，包裹着其他的味觉细胞。这种包裹行为可以限制神经递质的扩散，也可以避免味觉感受过程中形成的局部离子浓度变化影响味蕾中的其他细胞。Ⅰ型细胞具有类似神经胶质细胞的功能，表达的酶和转运蛋白可以消除细胞外与 K^+ 的再分配和空间缓冲有关的神经递质及离子通道。另外，有研究发现Ⅰ型细胞表达上皮钠离子通道（epithelial sodium channel，ENaC），与咸味的感知相关。

味蕾中大约三分之一的细胞是Ⅱ型细胞。这些细胞的直径比Ⅰ型细胞大，具有相当大的球形细胞核，并且表达味觉 G 蛋白偶联受体（G protein-coupled receptor，GPCR）及其下游信号分子，可作为甜味、鲜味和苦味刺激的化学感应受体。大多数Ⅱ型细胞表达一类味觉 GPCR，即味觉受体 1 型（T1R）或味觉受体Ⅱ型（T2R），相应地只对一种味觉产生反应。值得注意的是，T1R1、T1R2 和 T1R3 通常在味觉细胞中共同表达，因此，对甜味和鲜味刺激的反应可以在同一个细胞中检测到。味蕾中的Ⅱ型细胞在味觉 GPCR 的表达方面可能有所不同，导致每个味蕾都可以对多种味觉刺激做出反应。换而言之，味蕾对不止一种味觉刺激有反应，因为它们含有多种不同特异性的Ⅱ型细胞。另外，Ⅱ型细胞通过泛连接蛋白半通道（pannexin1 hemichannel，Panx1）分泌神经递质 ATP 作用于味觉传入神经上完成信息的传递，因此不需要胞吐和突触的参与。

Ⅲ型味觉细胞数量最少，它们占味觉细胞的 2%～20%。这些细胞显示出细长的轮廓和椭圆形的细胞核。它们不表达味觉 GPCR，不分泌 ATP，但可以传导酸味刺激。Ⅲ型细胞拥有突触，与突触的识别一致，Ⅲ型细胞表达与突触传递相关的蛋白质，包括SNAP 25、电压门控 Ca^{2+} 通道、血清素和 γ-氨基丁酸（GABA）的生物合成酶以及生物胺的摄取转运蛋白，具有透明和致密的囊泡以及能够启动囊泡融合的可溶性 N-乙基马来酰亚胺敏感因子附着蛋白受体（SNARE）。相比之下，Ⅱ型细胞缺乏突触囊泡，并通过非囊泡递质释放与紧密并列地传入纤维通信。

总而言之，Ⅰ型细胞是味蕾中的胶质细胞样支持细胞，与咸味感知有关。受体（Ⅱ型）细胞是甜味、苦味或鲜味的感觉细胞，由 G 蛋白偶联的味觉受体转导。这些刺激触发受体细胞分泌 ATP，进而激发感觉传入纤维和相邻的突触前味觉细胞。突触前（Ⅲ型）味觉细胞直接受酸味刺激，间接受甜味、苦味和鲜味刺激。因此，这些细胞在味蕾中整合了多种味觉刺激。

除味觉受体外，ATP 受体可以介导从Ⅱ型细胞到神经的传递和对Ⅱ型细胞的自分泌反馈，同时负责Ⅱ型和Ⅲ型细胞之间 ATP、血清素和 GABA 的细胞通信，以及Ⅲ型细胞和味觉传入纤维之间的血清素传递和谷氨酸能传递。

味觉细胞表面存在感受不同物质的受体，其主要成分有脂质、蛋白质以及少量糖、核酸，用于产生 5 种基本的味觉：酸、甜、苦、咸、鲜。美国科学家 Charles S. Zuker 和 Nicholas Ryba 团队于 2000 年陆续发现了感受 5 种基本味觉的细胞类型和除酸味以外的另外 4 种味觉的受体分子。2018 年，南加利福尼亚大学的 Emily R. Liman 团队发现酸味的受体分子[67]。值得注意的是，辣味是由食物成分刺激口腔黏膜、鼻腔黏膜、皮肤和三叉神经引起的痛觉，涩味是食物成分刺激口腔，使蛋白质凝固时产生的一种收敛感觉，因此辣味和涩味不是基本味觉。酸、咸味受体为脂质，甜味受体为蛋白质，而苦味受体不仅与脂质有关，还与蛋白质相关联。因为舌头不同部位受体不同，其感受味道的敏感程度也有所不同，一般舌尖和边缘为咸味敏感区域，舌前部为甜味敏感区域，舌两侧为酸味敏感区域，而舌根部为苦味敏感区域。

2.6.3　味觉信息的传导

图 2-6-4 展示了人的味觉传导通路。味觉的传导十分特殊，舌黏膜不同部位的味觉是由不同的脑神经管理的。例如，舌背面的前三分之二味觉刺激产生的神经冲动经面神经（脑神经Ⅶ）的鼓索支到达脑干的孤束。从舌背面的轮廓状乳头及口腔后部其他区域（约占据舌背面后三分之一）产生的味觉信号经舌咽神经（脑神经Ⅸ）传入孤束。从舌和咽部其他部位产生的一小部分味觉信息由迷走神经（即第 10 对脑神经）传入孤束，而孤束是在脑干内行走的一个神经束，它专门传导内脏感觉信息（包括味觉信息）。总之，由第 7、9、10 对这 3 对脑神经传递味觉信息的传入纤维都到达脑干终止于孤束核，在那里交换神经元。孤束核发出纤维在脑干内径直上升到达丘脑后，再次交换神经元后到达大脑皮层的岛盖、岛叶区。该区位于大脑外侧裂中的中央后回最外侧，和躯体感觉的舌区紧密联系，甚至重叠。这个区域就是大脑皮层的味觉中枢，是分析、综合味觉信息并感知味觉的最高级中枢。

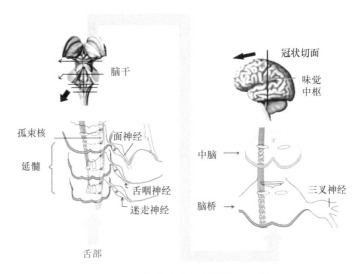

图 2-6-4　人的味觉传导通路示意图

味觉的形成来自味觉刺激物与味觉受体之间的化学诱导效应（chemical induction effect）而非化学反应，在化学诱导过程中味觉刺激物无须进入味觉细胞，而是与味觉细胞表面的受体发生相互作用产生味觉。例如，质子中和能产生咸味，氢键复体的形成能产生甜味，盐键交换能产生咸味，金属螯合物的络合能产生鲜味，疏水键合或电荷转移体的产生能形成苦味。味觉受体有多种类型，包括几类 GPCR 和离子通道（图 2-6-5）。一些味觉刺激物与受体相互作用，产生第二信使，而在其他情况下，味觉刺激物本身被输送到味觉细胞的细胞质中，并激活下游通路。味觉受体对味觉刺激具有特异性，一般来说，苦味、甜味和鲜味刺激由Ⅱ型细胞检测，酸味刺激由Ⅲ型细胞检测，咸味刺激由尚未确定的味觉细胞检测。但是味觉物质本身的结构和物质相互作用的多样性决定了味觉传导具有多种机制，难以归纳为统一的模式，如具疏水性配基糖苷结构的物质多数呈现苦味，但甜叶菊中的甜菊苷具有该结构呈现的是甜味。氨和铵盐多数呈现苦味，但部分呈现咸味甚至甜味。具有双键复体的分子并非都呈现甜味，如有双氢键复体结构的L-戊氨酸呈现苦味。呈咸味的物质只有盐类，但并不是所有的盐类都呈现咸味，有些可以呈现苦味（CsCl）、无味[Ca(HCO$_3$)$_2$]、甜味（BeCl$_2$）、酸味（NaH$_2$PO$_4$）等。味蕾传递不同的味觉刺激具有不同的机制[68]。

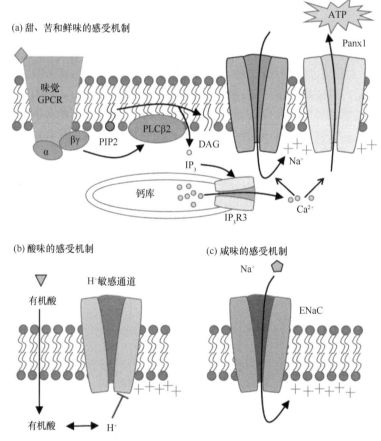

图 2-6-5　人的味蕾传递不同味觉刺激的感受机制

GPCR 刺激促使磷酸二酯酶 C（PLC）激活，催化 PIP2 分解，生成 1,4,5-肌醇三磷酸（IP$_3$）和二酰基甘油（DAG）。IP$_3$ 与 IP$_3$ 受体 3（IP$_3$R3）通道蛋白结合，促使钙库释放 Ca^{2+}

1. 酸味传导机制

酸味感知和 H$^+$ 浓度直接相关。酸在味觉细胞内可以阻断或激活离子通道，并可以改变细胞内的 pH。当酸导致胞外 pH 变化时，胞内 pH 也会相应改变，且呈线性关系。有机酸（弱酸）如柠檬酸和乙酸，比无机酸（强酸）如盐酸对酸味的刺激作用更强。这归因于未解离的有机酸分子更大的膜通透性和随后在细胞质中产生的质子。相比之下，

第 2 章　仿生传感与智能感知技术基础 | 99

无机酸很容易在胞外溶液中解离,但大多数细胞膜对质子相对不通透。因此,柠檬酸和乙酸对酸味的刺激性比盐酸在相似 pH 下测试时更强。

对酸产生去极化和产生钙离子反应的味觉细胞是神经元样的III型细胞。在过去的20 年里,许多质膜上的离子通道被认为是酸味的传感器,包括上皮 Na^+ 通道,超极化激活环状核苷酸门控通道和酸敏感离子通道。最近,瞬时受体电位(transient receptor potential,TRP)离子通道超家族中的两个成员——PKD1L3 和 PKD2L1 被认为是酸味的主要传感器。但是,有研究表明,缺少了 PKD1L3 的小鼠仍可以感受到酸味刺激。因此,III型细胞中仍有尚未发现的酸味受体。pH 和 Ca^{2+} 的共聚焦成像表明,有机酸可以渗透III型细胞,酸化细胞质,阻断 K^+ 通道,使细胞膜去极化。研究表明,III型细胞表达一种内向整流性 K^+ 通道 KIR2.1,可被细胞内质子抑制。细胞外质子,如来自无机酸或游离有机酸的质子,通过质子传导集中到III型细胞的顶端。质子通道所具有的分子特性是否"负责"这个质子的运动仍有待确定。质子通过通道流入会产生很小的去极化电流,此外,细胞内质子的积累有助于抑制 KIR2.1 通道,最终导致III型酸敏感细胞膜去极化,使它们达到动作电位启动的阈值。

2. 甜味传导机制

味蕾对糖及其他甜味刺激具有不同的响应机制。研究最多的甜味刺激受体是由两个 GPCR 形成的异源二聚体:味觉受体 T1R2 和 T1R3。这些亚基是通过筛选在小鼠味蕾中优先表达的 mRNA 或通过与 Sac 的遗传连锁来鉴定的,Sac 是已知的决定小鼠甜味敏感性的一个基因位点。当 T1R2 和 T1R3 共转染培养细胞时,它们对蔗糖、果糖、人造甜味剂和一些引起甜味的氨基酸产生反应。T1R2 和 T1R3 属于 GPCR 的 C 族,都有一个很长的胞外氨基末端,形成一个捕蝇器模块。T1R2 和 T1R3 作为异源二聚体,具有多个配体结合位点。然而,纯化后 T1R2 或 T1R3 的胞外结构域单独能够结合许多糖和糖醇。对嵌合和点突变的 T1R2 和 T1R3 建模,结果证明,糖和二肽甜味剂(如阿斯巴甜)结合在捕蝇器模块的裂隙中,结合位置略有不同。具有强烈甜味的蛋白质(如应乐果甜蛋白和布那珍)结合在捕蝇器模块以及连接捕蝇器模块与跨膜区的富含半胱氨酸的结构域,而小分子甜味剂(如甜蜜素)结合在跨膜区内或附近的残基上。

甜味在味觉细胞内通过两种途径进行传导[69,70]:蔗糖与特定的 GPCR 结合后,激活腺苷酸环化酶(AC),产生的环磷酸腺苷(cAMP)导致胞内 cAMP 浓度升高,进一步激活蛋白激酶 A(PKA)磷酸化,然后抑制基底外侧的 K^+ 通道,引起胞外 Ca^{2+} 内流。人造甜味剂与另外一种 GPCR 结合,激活 PLCβ2 产生 IP_3,引起胞内 IP_3 增加,导致胞内细胞膜上 IP_3 门控 Ca^{2+} 通道开放,胞内贮存的 Ca^{2+} 释放。天然糖类通过 Ca^{2+} 内流引发动作电位,人造甜味剂则通过释放胞内贮存的 Ca^{2+} 来产生动作电位。此外,甜味也可能与味蛋白有关。缺乏 T1R2 或 T1R3 的小鼠会失去对糖和人造甜味剂的所有行为敏感性和神经反应。

然而,另一组报告称,敲除编码 T1R3 的基因(Tas1r3)并不会影响小鼠对人造甜味剂和糖的感知行为。这一发现表明,检测糖和其他甜味剂可能存在不依赖 T1R3 的机制。这种假定的不依赖 T1R3 的机制涉及葡萄糖转运蛋白 4(GLUT4)和钠/葡萄糖协同转运蛋白 1（SGLT1），将葡萄糖转运到感觉甜味的细胞，导致细胞内 ATP 瞬时升高。由该途径产生的 ATP 会阻断 ATP 抑制的 K^+ 通道（K_{ATP} 通道）使膜去极化。蔗糖等二糖被水解为己糖后可以激活这一途径。钠离子依赖的转运蛋白（即 SGLT1）参与糖的转导，这为钠盐可以增强甜味提供了一个合理的解释。

不依赖于 T1R3 的糖转导途径，也可能触发与甜味感知无关的生理反应。长期以来，人们都知道口服糖会在几分钟内引起血浆胰岛素水平的显著升高，远远早于糖在肠道中的吸收。研究表明，在啮齿动物和人类中头期胰岛素分泌（cephalic phase insulin release，CPIR）需要刺激味觉神经及胰腺迷走神经。胰高血糖素样肽 1（glucagon-like peptide-1，GLP1，也称为胰岛素）是由甜味味觉细胞分泌的。糖诱导的 CPIR 持续存在于 *Tas1r3* 基因敲除小鼠中，并通过 K_{ATP} 通道的作用介导。因此，味觉细胞可以启动至少两种不同但同步的糖分感知机制：一种是发出富含碳水化合物食物（即甜味）的感知信号（通过 T1R2-T1R3）；另一种是引起胰岛素分泌的生理反应（通过转运蛋白）。

淀粉是一种高分子量的葡萄糖聚合物，对人类来说是无味的。然而，啮齿动物对含有较小聚合物（如多糖）的溶液表现出强烈的食欲偏好，在 *Tas1r3* 和 *Tas1r2* 敲除小鼠中仍保留这种行为。考虑到碳水化合物是大多数动物获取能量的重要来源，葡萄糖转运蛋白和 K_{ATP} 通道对糖的响应可能反映了一种确保热量充足的平行机制。

3. 苦味传导机制

苦味是由各种具有不同化学结构的化合物刺激产生的，从简单的盐到大型复杂分子，其中许多是有毒的。苦味受体 T2R 是 GPCR 的 A 族，N 端短，跨膜段有配体结合位点。与 T1R 不同，T2R 通常被认为是单体，尽管它们也可能形成同型二聚体或异质二聚体。许多哺乳动物基因组（包括人类基因组）都有 20 个或更多编码 T2R 的基因；相比之下，在哺乳动物基因组中只发现了 3 个编码 T1R 的基因。T2R 的亚群在任何给定的苦味味觉细胞中共表达。T1R（检测甜味和鲜味）和 T2R 不在同一个细胞表达，表明感受食欲刺激和厌恶刺激的受体细胞属于不同类型。

人类和啮齿动物的部分 T2R 只能对一种或几种苦味化合物产生微弱的反应，而另一些则可以对几种苦味化学物质产生广泛的反应。在对异源表达的味觉感受器的深入研究中，T2R3 只对一种化合物有反应（测试 94 种不同的天然和合成化合物），而 T2R14 至少对 33 种化合物有反应。相反，一种苦味化合物通常可以激活多个不同的 T2R。例如，奎宁可以激活多达 9 种不同的人类 T2R，而扑热息痛（一种止痛药）只能激活一种人类 T2R。T2R 的广谱性使得这种受体家族可以对多种苦味化学物质产生反应。这种特性可能是为了确保动物能够感知更多的潜在有毒（苦味）化学物质，从而防止有害食物的摄入。小鼠和人类的直系同源受体对同种苦味剂具有明显差异的响应，表明苦味基因家族在不同物种中的表达存在差异性。此外，许多 T2R 表现出功能差异性，即对特定化合物的响应能力不同，这种现象可能是导致动物存在食物偏好的原因。

2000 年，研究人员克隆出味觉受体细胞中的苦味受体 T2R/TRB，这类受体可以被苦味物质如苦精激活。T2R/TRB 属于 GPCR 超家族，是由一条多肽链形成的 7 个跨膜螺旋结构，有相应的 3 个胞内环和 3 个胞外环。T2R/TRB 可以结合不同结构的苦味物质，具有明显的多态性。苦味传导中最主要的就是味蛋白（gustducin，味转导素）调节通路。味蛋白是一种味觉特异性 G 蛋白，专门表达于舌味觉细胞而不表达于其他细胞，与参与视觉信号转导的转导蛋白相似。T2R/TRB 也即味蛋白偶联受体。味蛋白由 α、β、γ 三个亚基组成，在苦味和甜味传导中有重要作用，敲除 α-gustducin（味蛋白的 α 亚单位）的小鼠会明显减少对苦味和甜味的响应，即味蛋白调节的苦味响应的 2 条通路为：①苦味物质刺激苦味 T2R/TRB 受体，激活 α-gustducin 以及磷酸二酯酶（PDE），从而降低胞内第二信使 cAMP 的浓度，cAMP 通过一定途径影响味觉细胞膜上的离子通道活动性，使细胞去极化。②α-gustducin-Gβ3-Gγ13 三聚体被味觉物质激活后，β 基从 T2R/TRB 释放出来激活磷脂酶 Cβ2（PLCβ2）产生三磷酸肌醇（IP_3），从而引起胞内贮存的 Ca^{2+} 释放、神经递质释放。除此之外，研究发现还有其他的蛋白质参与了苦味的信号传导，同一种苦味物质可能有多种复杂关联的传导途径。其他一些苦味物质如奎宁和 Mg^{2+}，通过抑制顶端 K^+ 通道产生动作电位。而且，同一苦味物质作用于不同生物物种也会有不同的传导途径。

4. 咸味传导机制

氯化钠（sodium chloride，NaCl）是日常生活中最常见的一种咸味物质。为了确保摄入足够的必需矿物质，动物和人类需要摄入低于等渗浓度的 NaCl（低于大约 150 mmol/L）。然而，动物和人类通常拒绝高浓度的 NaCl 摄入，可能是为了避免个体出现高钠血症和脱水。传导 NaCl 的味觉细胞及其传导机制正在研究中。

目前，关于钠盐的传导机制，可以肯定的是 ENaC 通过 Na^+ 内流激活味觉细胞从而识别钠盐。味觉细胞上的 ENaC 电导率很小（约 5 pS），可以被亚摩尔级的阿米洛利抑制。ENaC 通常包含 3 个亚基：α、β、γ。α-ENaC 产生阿米洛利敏感的 Na^+ 电流，而 β-ENaC 和 γ-ENaC 的联合作用可使这些电流提高 100 多倍。Na^+ 也有可能通过细胞间隙渗透导致基底外侧膜胞外 Na^+ 浓度升高，再通过基底外侧膜上阿米洛利敏感 Na^+ 通道或者非选择性阳离子通道进入味觉细胞，使细胞去极化。日本长崎大学的 Takenori Miyamoto 等发现，阿米洛利虽然可以抑制味觉细胞对 NaCl 的响应，但高浓度的阿米洛利并不能把这种响应完全抑制，说明味觉细胞对于盐的响应存在阿米洛利敏感和不敏感两种情况。研究结果表明，NaCl 在小鼠味觉细胞内引起的三种响应变化包括：阿米洛利敏感电导、Cd^{2+} 敏感的非选择性阳离子电导和 NPPB 敏感的 Cl^- 电导。在不同的细胞内这三种响应强度各不相同。小鼠味觉细胞对 NaCl 的响应方式主要是位于顶端受体膜的前两种变化。

5. 鲜味传导机制

一些氨基酸，特别是谷氨酸和天冬氨酸，具有鲜味。鲜味的典型刺激物谷氨酸钠是味精的主要成分。谷氨酸大量存在于肉类、鱼类、奶酪和许多蔬菜中。当 5′核苷酸如肌苷 5′单磷酸（IMP）与谷氨酸盐一起少量存在时，会协同增强鲜味。

味觉细胞通过多种受体检测鲜味刺激。T1R1-T1R3 异源二聚体在传递鲜味方面具有重要作用。*Tas1r1* 基因敲除小鼠的研究结果表明，T1R1-T1R3 异构体负责所有鲜味的检测。然而，单独敲除 *Tas1r3* 基因的小鼠对鲜味化合物（味精和 IMP）的行为和神经反应几乎是正常的。此外,另一组 *Tas1r1* 基因敲除小鼠的味觉细胞和神经对鲜味化合物也表现出接近正常的反应,唯一的主要变化是核苷酸介导的鲜味增强消失了。因此,T1R1-T1R3 主要对味精和核苷酸的混合物产生反应。

味觉细胞中也存在除 T1R1-T1R3 以外的鲜味受体,在味觉细胞内,L 型谷氨酸有两种作用机制:离子型谷氨酸受体(iGluR)和代谢型谷氨酸受体(mGluR)。大鼠味觉细胞通过 iGluR 发生去极化,而通过 mGluR 激活产生超极化。iGluR 代表突触型受体或者自动受体,即可以被某些物质选择性激活的离子通道,某些氨基酸如精氨酸,就是激活离子型谷氨酸受体,导致味觉细胞去极化的;而 mGluR 是具有 7 个跨膜区的 GPCR,最早发现于大脑。代谢型谷氨酸受体的一个独特亚型 mGluR4,具有鲜味受体的所有特性。mGluR4 在味觉细胞中特异性表达,而且可以结合毫摩尔级的谷氨酸,和引起鲜味的浓度阈值一致。

6. 脂肪味传导机制

膳食脂肪主要由三酰甘油组成。大多数动物对脂肪都有强烈的偏好。膳食脂肪引起的感觉包括质地和黏度等。研究表明,如果大鼠味蕾的神经支配受到干扰,它们就会无法检测和识别某些脂肪,证实了味蕾在感知脂肪方面的作用。啮齿动物口腔的脂肪酶能快速有效地将味蕾周围环境中的脂肪消化成游离脂肪酸,而脂肪酸是有效的味觉刺激物。人类口腔中存在脂肪酶,但活性水平相对较低,且在脂肪检测过程中的作用机制尚未明确。脂肪味道可能不是单一的,因为饮食中的游离脂肪酸会引起多种感觉,包括脂肪味和刺激感,主要取决于脂肪链长度和脂肪浓度。

关于脂肪味的最早研究表明,某些多不饱和脂肪酸直接作用于 K^+ 通道,导致味觉细胞的去极化时间延长。最近,受体介导的机制,包括脂肪转运体 CD36(又称血小板糖蛋白 4)以及两个 GPCR——GPR40 和 GPR120 的作用已被证明。CD36 位于味觉细胞的顶端,并在脂肪酸刺激下引起细胞内 Ca^{2+} 水平的升高。同时,CD36 对某些脂肪酸的响应会促进胰腺分泌,可能涉及"头相反应",为肠道消化脂质做准备。GPR120 在啮齿动物 II 型细胞的一个亚群中表达,当被激活时可以引起 Ca^{2+} 流动。在小鼠中,敲除编码 CD36、GPR40 或 GPR120 的基因会导致部分脂肪味觉缺失。总之,脂肪味的产生过程比较复杂,涉及多种转导蛋白的相互作用,但还没有明确的特定传导机制。

2.6.4 味觉信息的识别

1. 味觉编码

味觉物质刺激味觉受体细胞产生相应的动作电位,然后释放神经递质到相应的味觉神经纤维,这些神经纤维再把得到的味觉信息传导到大脑,由大脑做出相应的判断,区分甜、酸、咸、苦、鲜味和可能的其他味道,这个过程称为味觉编码。

2004 年,加利福尼亚大学的 Scott[71]利用受体研究味觉编码,发现在糖类、氨基酸和苦味物质的识别中,特定受体在某类味觉细胞中表达并参与识别这些味道。如图 2-6-6

所示，甜味传导由 T1R 家族的 G 蛋白偶联受体 T1R2 和 T1R3 联合调节，鲜味传导由 T1R1 和 T1R3 联合调节，而苦味主要由 T2R 家族约 30 个 G 蛋白偶联受体介导。不同味道特定受体在味觉细胞中选择性地表达，味觉细胞内表达 2 种信号传导的组分：磷脂酶 Cβ2（PLCβ2）和 TRPM5 离子通道。TRPM5 与 T1R 或者 T2R 受体共存，味觉受体通过磷脂酶 C（PLC）可以激活 TRPM5，对于苦味、甜味和鲜味识别很重要。*TRPM5* 或者 *PLCβ2* 基因敲除的小鼠表现出甜味、苦味和鲜味的味觉缺失，但不影响其酸味和咸味的感觉，说明甜味、苦味和鲜味的感觉依赖于不同的受体。

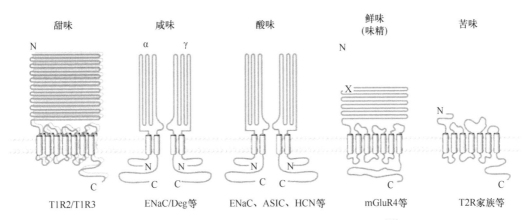

图 2-6-6　基本味觉的味觉感受器分子结构示意图[72]

ENaC/Deg 为上皮钠离子通道/退化蛋白离子通道超家族；ASIC 为酸敏感离子通道；HCN 为超极化激活的环状核苷酸门控通道；mGluR4 为代谢型谷氨酸受体 4；T2R 为味觉受体第二家族成员

味觉物质与对应的受体结合后，受体细胞会释放 ATP 以及神经递质，最终将味觉信息传输至味觉神经系统中。目前，对于味觉外周传入神经的编码模式有两种主要的理论，即标记线（labeled line，LL）和跨纤维传导模式（across-fiber pattern，AFP），两种理论的核心区别是味觉受体和味蕾中受体细胞的特异性是否保留到味觉传入神经（主要为轴突）中[73]。LL 理论认为，单个味觉传入神经元只对单独味觉刺激产生响应，或产生的响应显著大于其他味觉刺激，味觉信息通过彼此隔离的途径传输至中枢神经系统，味觉刺激的强度由神经元的活动程度表征。AFP 理论则认为，味觉感受细胞或味觉传入神经元具有广谱响应特性，即外周的单个味觉细胞识别出很多味道，并且对于多种味道有响应；不同类别、不同强度的味觉刺激都会引起多个广谱神经元的响应，味觉信息的编码也需要大量广谱神经元的参与[74]。

两种理论均有实验结果可以佐证。使用转基因动物的研究结果均偏向 LL 理论：特异性地将甜、鲜、苦、酸、咸味受体敲除后，小鼠的鼓索神经无法对相应的味觉刺激产生响应，但鼓索神经对其他味觉物质刺激的响应并未受到影响。苦味受体表达在原本有甜味受体的 II 型细胞内后，小鼠会对苦味物质产生偏好。在其他研究中，加利福尼亚大学圣地亚哥分校的 Zhao 等[75]将没有味道的类鸦片活性肽的受体表达在小鼠甜味响应 II 型细胞中后，发现小鼠能尝出类鸦片活性肽的味道，并对其产生偏好；相反地，将该受体表达在苦味响应 II 型细胞中后，小鼠会对该物质产生厌恶。这些实验结果都表明味蕾中的味觉细胞与中枢神经系统（central nervous system，CNS）的神经网络之间的连接具有特异性，外周味觉神经系统的编码模式呈 LL 形。但是，电生理实验的结果表明味觉传入神经具有广谱响应特性。传入神经的广谱响应增加了味觉信息解码的难度，但是 AFP 理论认为味觉信息的编码由大量传入神经共同完成，也有研究表明类似的味觉物质产生的传入神经集群响应模式更为相似。尽管目前更多证据支持 LL 理论，但这些实验中的电生理记录对象为鼓索神经，可能具有一定的片面性。另外，两种理论都只关注了味觉编码的空间分布，忽略了时域的动态性。

2. 大脑皮层对味觉信号的感知

早期日本学者借助正电子发射断层显像（PET）技术首次实现了人脑中枢神经系统对咸味觉响应的功能成像[76]。基本味觉引起的兴奋脑区一般包括已知味觉相关中枢的扣带回前部，以及额叶眶回、丘脑、脑岛（岛叶）与岛盖等，有些研究结果甚至还包括舌回、尾状核及角回等。

在完成味觉信息从外周至中枢的传递之后，鼠类和人类的味觉系统开始出现区别。人类的孤束核前部神经元直接投射至丘脑腹后内侧核小细胞区域（parvocellular division of ventroposteromedial thalamic nucleus，VPMpc）。然而在鼠类中，如图 2-6-7 所示，孤束核前部的神经元同侧投射到臂旁核（parabrachial nucleus，PBN）。臂旁核与前脑腹侧的神经元互相投射，后者包括终纹床核、外侧下丘脑（lateral hypothalamic area，LH）和杏仁基底外侧核（basolateral amygdala，BLA），这些脑区都参与了味觉相关任务的处理，如喂食、味觉记忆形成等。VPMpc 处的神经元进一步投射至味觉皮层。之后，味觉皮层不仅与臂旁核神经元互相投射，还进一步投射至初级躯体感觉皮层 S1 区域和眶额皮层。眶额皮层接受多种与食物相关的感觉信息输入，包括嗅觉、味觉、内脏传入神经、躯体感觉和视觉等。

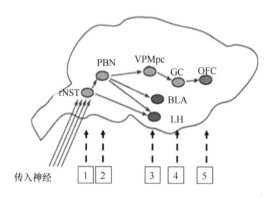

图 2-6-7　味觉信息在鼠类大脑中的传递示意图[76]

rNST. 孤束核吻侧，对应孤束核前部神经元；GC. 味觉皮层；OFC. 眶额皮层。1~5 表示先后顺序

味觉的兴奋脑区还受许多其他因素影响，如情绪[77,78]、生物体生理状态（如饥饿程度）等均会对味觉兴奋脑区造成影响。近期，美国康奈尔大学的 Chikazoe 等研究者[79]发现岛叶皮层还在内脏和情感体验等重要功能中发挥作用，说明了情绪对味觉的影响机制。此外，味觉皮层不仅在局部对不同味道的反应是交错在一起的，而且在脑区大范围内也不存在有序的空间分区，这与嗅觉信息在嗅皮层的表征颇为类似[80]。

2.7　多感官协同与大脑的感知

生物的大脑作为复杂的智能系统，汇集了不同感官传递的信号，而后对这些感官模态信息进行单一或整合处理，以便及时对外部刺激做出迅速的判断和回应。相对于单一的感官信号处理，多感官信号的协同作用更为普遍且对生物的活动至关重要。这样的信息处理过程十分复杂，而且被生物个体的意识所感知到的信息只占其中一部分，而有一些信息的处理是意识难以察觉的。目前，在微观神经元层面解释大脑信号处理的内在机制依然十分困难。本节主要介绍生物多感官的协同作用，以进一步探讨多感官信号处理的内在机制。

自 20 世纪 60 年代以来，在动物大脑内进行的电生理学研究已经发现，神经元可以对来自多种感觉的输入做出反应。这些多模态神经元分布在大脑的诸多区域[81]。多感官协同可以识别属于同一物体的不同类型感官输入，或进行因果推理以更好地认清事件[82]。它通过结合来自不同感官模态的信息来减少感知系统中的噪声，使得大脑更容易从有噪声的背景中提取事件。目前双感官的信息融合研究较多，而三感官乃至更多感官的信息融合研究较少，这里主要介绍日常生活中较为常见的 3 种协同模式，分别是视觉-听觉协同（视听协同）、视觉-触觉协同和嗅觉-味觉-触觉协同。

1. 视觉-听觉协同

如图 2-7-1 所示，涉及视听协同的脑区主要包括 STS、VIP 和侧顶叶（lateral intraparietal，LIP）、上丘（superior colliculus，SC）等区域[83]。其中，VIP、LIP 与猴子的这些区域是同源的。研究发现[84]，猴子会将视觉和动作发出的声音匹配到 STS 进行整合，这一现象在人类处理多感官语音信息时也可以观察到[85]。上丘则被认为参与眼球运动，与其他

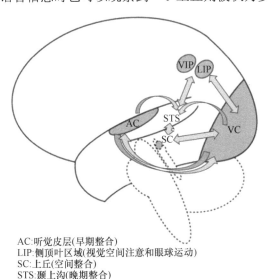

AC:听觉皮层(早期整合)
LIP:侧顶叶区域(视觉空间注意和眼球运动)
SC:上丘(空间整合)
STS:颞上沟(晚期整合)
VC:视觉皮层(早期时间整合)
VIP:顶内沟腹侧区(晚期整合)

图 2-7-1　参与视觉-听觉协同的大脑区域及其相关功能示意图[88]

许多皮层区域一起接收来自视觉皮层的输入，同时该区域的神经元也对躯体感觉和听觉做出反应[86]。因此在同一位置或相近时间呈现的声音和视觉事件都会激活同一神经元。LIP 区域的神经元不但在视听事件发生时变得活跃，还在之后的扫视反应中保持活跃[87]。这项研究还表明这些神经元的激活与是否对事件进行了扫视无关，这意味着 LIP 可能与注意力的保持有关。此外，一些被认为是功能单一的区域，如初级视觉皮层和初级听觉皮层都会对其他信号有所响应。有研究认为声音可以提高视觉事件的感知度。此外，对腹语术和时间腹语术的研究发现，听觉模态在时间域占主导地位，而视觉模态在空间域占主导地位。当然，这受到空间和时间的限制。进一步地，在视觉和听觉的整合中，一种感觉不但可以偏向另一种感觉，还可以抑制另一种感觉、增强另一种感觉甚至产生强烈的错觉效果[88]。

2. 视觉-触觉协同

与视觉和听觉的协同一样，视觉和触觉的协同也是生活中常见的一种协同模式。而且在生活中也已经有广泛应用，如沉浸式虚拟现实、仿生机器人等。图 2-7-2 为参与视觉-触觉协同的大脑区域示意图，视觉和触觉在物体处理的几乎每个层面上紧密联系，在识别物体时具有相同的对象表征，这些行为的相似性是由多感觉神经基础和上行与下行通路、物体和空间意象之间的复杂交互作用所造成的[89]。在触觉-视觉跨模态协同中，仅依靠触觉编码形状可能更为困难，因为在触觉模态中硬度和纹理信息比形状信息更为显著。而在图像中，形状信息可能更突出，因为它是视觉和触觉的交集，有助于触觉编码形状。而跨模态视觉-触觉使得对象识别相当准确，但与单模态的识别相比，通常要付出一定的代价。一般而言，跨模态识别是不对称的，当视觉编码后进行触觉识别效果更好，反之则不然。尤其是形状信息方面，触觉信息整合先前呈现的视觉信息比视觉信息整合先前的触觉信息要更多。这说明其背后的神经活动在视觉和触觉之间可能也是不对称的，且通常是视觉占主导地位[90]。该研究假设，只有一致的视觉和触觉对象特征才能激活统一的对象表征。结果发现，与单模态激活相比，双模态对与大脑双侧目标相关的外侧枕叶、梭状回和顶内沟等脑区的激活增加，但这仅对同一目标有效。另外，对纹理信息的整合进行研究发现，视觉-触觉纹理信息的整合发生在初级视觉和躯体感觉区，

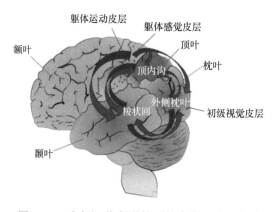

图 2-7-2　参与视觉-触觉协同的大脑区域示意图

双模态视觉-触觉点状图案信息提高了初级视觉皮层的平均激活水平[91]。最终，当协同处理视觉和触觉的所有信息时，在视觉和触觉中具有不同权重的属性可以根据最大似然估计进行最佳组合[92,93]，从而决定了视觉或触觉所占主导地位的程度。

3. 嗅觉-味觉-触觉协同

当食物或饮料进入口中时，产生的感知依赖于多个感官模式的输入。首先，因为味觉感受器与温度感受器、机械感受器和伤害感受器并排位于口腔中，所以任何被品尝到的东西都会诱发触觉和热感觉，有时还会诱发化学感觉（如灼烧感和刺痛感）。其次，虽然味觉和口腔体感提供了有关摄入刺激物的物理化学性质的关键信息，但食物的嗅觉成分是味道识别所必需的。品尝食物时涉及的嗅觉有两种，分别是鼻内嗅觉和鼻后嗅觉。鼻内嗅觉发生在通过鼻子吸入的过程中。而鼻后嗅觉是指咀嚼和吞咽的行为释放出挥发性分子进入口腔，在呼气时穿过鼻咽并刺激嗅觉上皮上的受体。最后，一些味觉刺激本身可以唤起躯体感觉。例如，在中等至高浓度下，盐和酸会引起灼烧或刺痛的化学感觉。换而言之，即使可能是纯味觉刺激也可能具有口腔体感成分。

耶鲁大学的 Small 等[94]提出了风味模态模型，在该模型中，来自嘴巴和鼻子的各种感官输入被整合在一起。更具体地说，皮层的躯体运动口腔区域存在一种结合机制，将味觉、触觉和嗅觉整合到一个共同的空间区域，并促进它们作为一个连贯的"味觉对象"的感知。他们认为，味觉客体的神经表征是一种分布于脑岛、盖层、眼窝前额、梨状体和前扣带皮层的活动模式。

图 2-7-3 是一幅描绘参与嗅觉-味觉-触觉协同的大脑区域示意图。舌头上味觉感受器的信息通过鼓索神经、舌咽神经和迷走神经传送到孤束核，然后再投射到丘脑。味觉信息从这里投射到中岛叶、前岛叶及其上覆的额叶盖，前岛叶投射到腹侧岛叶、内侧眶

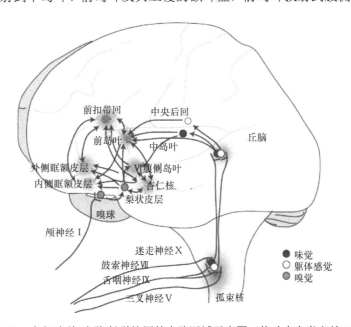

图 2-7-3 参与嗅觉-味觉-触觉协同的大脑区域示意图（修改自参考文献[94]）

额皮层和外侧眶额皮层。躯体感觉输入通过舌咽神经和三叉神经到达孤束核，然后投射到丘脑。然后，口腔躯体感觉信息被传递到中央后回的额区。嗅觉信息通过颅神经 I 传递到嗅球，嗅球投射到包括梨状皮层在内的初级嗅皮层。梨状皮层依次投射到腹侧岛叶和眼窝前额皮层。前扣带回皮层和杏仁核也与岛叶和眼眶区域紧密相连，这些区域代表味觉、嗅觉和口腔躯体感觉。

味觉信号本身通过颅神经Ⅶ、Ⅸ和Ⅹ从口腔的味觉受体细胞传递到脑干的孤束核，在那里味觉输入通过来自脊髓三叉神经核的口腔躯体感觉投射连接。三叉神经投射的确切位置因物种而异，但有证据表明人类的三叉神经投射区域与味觉区域重叠，以及在单根神经束的核内运行的区域可能促进跨模式整合。体感输入也通过舌咽神经到达孤束核，舌咽神经包括味觉敏感神经元，以及机械和热敏神经元。味觉和体感信息的重叠表达也发生在丘脑与皮层水平。例如，初级味觉皮层中除了可以对躯体感觉和味觉刺激同时响应的双峰神经元，还有数量与味觉神经元相近的躯体感觉神经元。总之，虽然味觉和口腔躯体感觉有不同的受体机制，但它们的信号在神经轴的几乎每一级汇聚，表明了广泛的相互作用。

嗅觉信号传递到嗅球后，嗅球再投射到前嗅核、嗅结节、梨状皮层等区域。这些区域依次投射到额外的杏仁核亚核、内嗅皮层、脑岛和眶额皮层。因此，嗅觉信息通过不同的途径传递到大脑，直到高级皮层区域（如脑岛和 OFC），嗅觉信息才与味觉和口腔躯体感觉汇合。味觉刺激可以同时激活味觉皮层和嗅皮层，在进食过程中抑制味觉皮层活动可以抑制嗅皮层活动，而在没有味觉刺激时，抑制味觉皮层活动会改变嗅皮层中的气味反应，从而改变对气味的感受[95]。总之，对味道的感知取决于多个不同的输入，这些输入在中枢神经系统的几个层面上相互作用。目前还不清楚这些交互作用是如何将信号整合成对味道的一致感知的。此外，味道感知也会受到视觉输入的影响，这是一种自上而下的味觉调控方式。

参 考 文 献

[1] 寿天德. 视觉信息处理的脑机制. 合肥: 中国科学技术大学出版社, 2010.

[2] Tanaka K. Inferotemporal cortex and object vision. Annual Review of Neuroscience, 1996, 19: 109-139.

[3] Tong F, Nakayama K, Vaughan J T, et al. Binocular rivalry and visual awareness in human extrastriate cortex. Neuron, 1998, 21(4): 753-759.

[4] Livingstone M S, Hubel D H. Psychophysical evidence for separate channels for the perception of form, color, movement, and depth. Journal of Neuroscience, 1987, 7(11): 3416-3468.

[5] Roe A W, Tso D Y. Visual topography in primate V2—Multiple representation across functional stripes. Journal of Neuroscience, 1995, 15(5): 3689-3715.

[6] Gonzalez R C, Woods R E. Digital Image Processing. 4th ed. New York: Pearson, 2017.

[7] Schwander M, Kachar B, Muller U. The cell biology of hearing. Journal of Cell Biology, 2010, 190(1): 9-20.

[8] Jia Y Y, Zhao Y M, Kusakizako T, et al. TMC1 and TMC2 proteins are pore-forming subunits of mechanosensitive ion channels. Neuron, 2020, 105(2): 310-321.

[9] Kawashima Y, Geleoc G S G, Kurima K, et al. Mechanotransduction in mouse inner ear hair cells requires transmembrane channel-like genes. Journal of Clinical Investigation, 2011, 121(12): 4796-4809.

[10] Lim D J. Cochlear anatomy related to cochlear micromechanics—A review. Journal of the Acoustical

Society of America, 1980, 67(5): 1686-1695.

[11] Liberman M C. The cochlear frequency map for the cat-labeling auditory-nerve fibers of known characteristic frequency. Journal of the Acoustical Society of America, 1982, 72(5): 1441-1449.

[12] Muller M. The cochlear place-frequency map of the adult and developing mongolian gerbil. Hearing Research, 1996, 94(1-2): 148-156.

[13] Dallos P. The active cochlea. Journal of Neuroscience, 1992, 12(12): 4575-4585.

[14] Rhode W S. Observations of the vibration of the basilar membrane in squirrel monkeys using the Mössbauer technique. The Journal of the Acoustical Society of America, 1971, 49(4B): 1218-1231.

[15] Robles L, Ruggero M A. Mechanics of the mammalian cochlea. Physiological Reviews, 2001, 81(3): 1305-1352.

[16] Hudspeth A J. Making an effort to listen: Mechanical amplification in the ear. Neuron, 2008, 59(4): 530-545.

[17] Massaro D W, Chen T H. The motor theory of speech perception revisited. Psychonomic Bulletin & Review, 2008, 15(2): 453-457.

[18] Geschwind N. The organization of language and the brain. Science, 1970, 170(3961): 940-944.

[19] Catani M, Mesulam M. The arcuate fasciculus and the disconnection theme in language and aphasia: History and current state. Cortex, 2008, 44(8): 953-961.

[20] Hickok G, Poeppel D. Dorsal and ventral streams: a framework for understanding aspects of the functional anatomy of language. Cognition, 2004, 92(1-2): 67-99.

[21] Catani M, Jones D K, Donato R, et al. Occipito-temporal connections in the human brain. Brain, 2003, 126: 2093-2107.

[22] Binder J R, Frost J A, Hammeke T A, et al. Human temporal lobe activation by speech and nonspeech sounds. Cerebral Cortex, 2000, 10(5): 512-528.

[23] Guenther F H, Hampson M, Johnson D. A theoretical investigation of reference frames for the planning of speech movements. Psychological Review, 1998, 105(4): 611-633.

[24] Nath A R, Beauchamp M S. A neural basis for interindividual differences in the McGurk effect, a multisensory speech illusion. Neuroimage, 2012, 59(1): 781-787.

[25] Ottoson D. Tactile Sensations, Position Sense and Temperature. *In*: Ottoson D. Physiology of the Nervous System. London: Palgrave Macmillan, 1983: 448-457.

[26] Kajimoto H, Kawakami N, Tachi S, et al. SmartTouch: Electric skin to touch the untouchable. IEEE Computer Graphics and Applications, 2004, 24(1): 36-43.

[27] Syeda R, Florendo M N, Cox C D, et al. Piezo1 channels are inherently mechanosensitive. Cell Reports, 2016, 17(7): 1739-1746.

[28] Ranade S S, Woo S H, Dubin A E, et al. Piezo2 is the major transducer of mechanical forces for touch sensation in mice. Nature, 2014, 516(7529): 121-125.

[29] Woo S H, Ranade S S, Weyer A D, et al. Piezo2 is required for Merkel-cell mechanotransduction. Nature, 2014, 509(7502): 622-626.

[30] Coste B, Mathur J, Schmidt M, et al. Piezo1 and Piezo2 are essential components of distinct mechanically activated cation channels. Science, 2010, 330(6000): 55-60.

[31] Cao E, Cordero-morales J F, Liu B, et al. TRPV1 channels are intrinsically heat sensitive and negatively regulated by phosphoinositide lipids. Neuron, 2013, 77(4): 667-679.

[32] Mckemy D D, Neuhausser W M, Julius D. Identification of a cold receptor reveals a general role for TRP channels in thermosensation. Nature, 2002, 416(6876): 52-58.

[33] Peier A M, Moqrich A, Hergarden A C, et al. A TRP channel that senses cold stimuli and menthol. Cell, 2002, 108(5): 705-715.

[34] Yang S, Lu X, Wang Y, et al. A paradigm of thermal adaptation in penguins and elephants by tuning cold activation in TRPM8. Proceedings of the National Academy of Sciences of the United States of America, 2020, 117(15): 8633-8638.

[35] Zhou L, Yao X, Tang Z, et al. Neural mechanisms of tactile information processing. Science & Technology Review, 2017, 35(19): 37-43.

[36] Osullivan B T, Roland P E, Kawashima R. A PET study of somatosensory discrimination in man-microgeometry versus macrogeometry. European Journal of Neuroscience, 1994, 6(1): 137-148.

[37] Ledberg A, O'sullivan B T, Kinomura S, et al. Somatosensory activations of the parietal operculum of man: A PET study. European Journal of Neuroscience, 1995, 7(9): 1934-1941.

[38] Servos P, Lederman S, Wilson D, et al. fMRI-derived cortical maps for haptic shape, texture, and hardness. Cognitive Brain Research, 2001, 12(2): 307-313.

[39] Stilla R, Sathian K. Selective visuo-haptic processing of shape and texture. Human Brain Mapping, 2008, 29(10): 1123-1138.

[40] Sathian K, Lacey S, Stilla R, et al. Dual pathways for haptic and visual perception of spatial and texture information. Neuroimage, 2011, 57(2): 462-475.

[41] Sathian K. Analysis of haptic information in the cerebral cortex. Journal of Neurophysiology, 2016, 116(4): 1795-1806.

[42] Kim S S, Gomez-Ramirez M, Thakur P H, et al. Multimodal interactions between proprioceptive and cutaneous signals in primary somatosensory cortex. Neuron, 2015, 86(2): 555-566.

[43] Li H Y, Lee Y, Grodd W, et al. Comparing tactile pattern and vibrotactile frequency discrimination: A human FMRI study. Journal of Neurophysiology, 2010, 103(6): 3115-3122.

[44] Krautwurst D, Yau K W, Reed R R. Identification of ligands for olfactory receptors by functional expression of a receptor library. Cell, 1998, 95(7): 917-926.

[45] Graziadei P P, Graziadei G A. Neurogenesis and neuron regeneration in the olfactory system of mammals. I. Morphological aspects of differentiation and structural organization of the olfactory sensory neurons. Journal of Neurocytology, 1979, 8(1): 1-18.

[46] Moulton D G, Beidler L M. Structure and function in the peripheral olfactory system. Physiological Reviews, 1967, 47(1): 1-52.

[47] Mori K, Nagao H, Yoshihara Y. The olfactory bulb: coding and processing of odor molecule information. Science, 1999, 286(5440): 711-715.

[48] Buck L, Axel R. A novel multigene family may encode odorant receptors—A molecular-basis for odor recognition. Cell, 1991, 65(1): 175-187.

[49] Sengupta P, Chou J H, Bargmann C I. Odr-10 encodes a seven transmembrane domain olfactory receptor required for responses to the odorant diacetyl. Cell, 1996, 84(6): 899-909.

[50] Vassar R, Ngai J, Axel R. Spatial segregation of odorant receptor expression in the mammalian olfactory epithelium. Cell, 1993, 74(2): 309-318.

[51] Ressler K J, Sullivan S L, Buck L B. Information coding in the olfactory system: evidence for a stereotyped and highly organized epitope map in the olfactory bulb. Cell, 1994, 79(7): 1245-1255.

[52] Vassar R, Chao S K, Sitcheran R, et al. Topographic organization of sensory projections to the olfactory bulb. Cell, 1994, 79(6): 981-991.

[53] Mombaerts P, Wang F, Dulac C, et al. Visualizing an olfactory sensory map. Cell, 1996, 87(4): 675-686.

[54] Mombaerts P. Seven-transmembrane proteins as odorant and chemosensory receptors. Science, 1999, 286(5440): 707-711.

[55] Chong E, Moroni M, Wilson C, et al. Manipulating synthetic optogenetic odors reveals the coding logic of olfactory perception. Science, 2020, 368(6497): eaba2357.

[56] Hallem E A, Carlson J R. The odor coding system of *Drosophila*. Trends in Genetics, 2004, 20(9): 453-459.

[57] Zou Z H, Buck L B. Combinatorial effects of odorant mixes in olfactory cortex (Retracted article. See vol. 329, pg. 1598, 2010). Science, 2006, 311(5766): 1477-1481.

[58] Laing D G, Francis G W. The capacity of humans to identify odors in mixtures. Physiology & Behavior, 1989, 46(5): 809-814.

[59] Zou Z H, Horowitz L F, Montmayeur J P, et al. Genetic tracing reveals a stereotyped sensory map in the olfactory cortex (Retracted Article. See vol. 452, pg. 120, 2008). Nature, 2001, 414(6860): 173-179.

[60] Pashkovski S L, Iurilli G, Brann D, et al. Structure and flexibility in cortical representations of odour space. Nature, 2020, 583(7815): 253-258.

[61] Pain F, L'heureux B, Gurden H. Visualizing odor representation in the brain: a review of imaging techniques for the mapping of sensory activity in the olfactory glomeruli. Cellular and Molecular Life Sciences, 2011, 68(16): 2689-2709.

[62] Murata Y, Okutani F, Nakahira M, et al. Effects of olfactory stimulation with isovaleric acid on brain activation in informed and naive conditions: a functional MRI study. Auris Nasus Larynx, 2007, 34(4): 465-469.

[63] Lombion S, Comte A, Tatu L, et al. Patterns of cerebral activation during olfactory and trigeminal stimulations. Human Brain Mapping, 2009, 30(3): 821-828.

[64] Tizzano M, Grigereit L, Shultz N, et al. Immunohistochemical analysis of human vallate taste buds. Chemical Senses, 2015, 40(9): 655-660.

[65] Roper S D. Taste buds as peripheral chemosensory processors. Seminars in Cell & Developmental Biology, 2013, 24(1): 71-79.

[66] Calvo S S, Egan J M. The endocrinology of taste receptors. Nature Reviews Endocrinology, 2015, 11(4): 213-227.

[67] Tu Y H, Cooper A J, Teng B C, et al. An evolutionarily conserved gene family encodes proton-selective ion channels. Science, 2018, 359(6379): 1047-1050.

[68] Roper S D, Chaudhari N. Taste buds: cells, signals and synapses. Nature Reviews Neuroscience, 2017, 18(8): 485-497.

[69] Meyers B, Brewer M S. Sweet taste in man: a review. Journal of Food Science, 2008, 73(6): R81-R90.

[70] Bernhardt S, Naim M, Zehavi U, et al. Changes in IP$_3$ and cytosolic Ca^{2+} in response to sugars and non-sugar sweeteners in transduction of sweet taste in the rat. The Journal of Physiology, 1996, 490(2): 325-336.

[71] Scott K. The sweet and bitter of mammalian taste. Current Opinion in Neurobiology, 2004, 14(4): 423-427.

[72] Lindemann B. Receptors and transduction in taste. Nature, 2001, 413(6852): 219-225.

[73] D'Agostino A E, Lorenzo P M D. Information processing in the gustatory system. *In*: Kasabov N. Bio-/Neuroinformatics. Berlin, Heidelberg: Springer, 2014: 783-796.

[74] Chandrashekar J, Hoon M A, Ryba N J P, et al. The receptors and cells for mammalian taste. Nature, 2006, 444(7117): 288-294.

[75] Zhao G Q, Zhang Y F, Hoon M A, et al. The receptors for mammalian sweet and umami taste. Cell, 2003, 115(3): 255-266.

[76] Kinomura S, Kawashima R, Yamada K, et al. Functional anatomy of taste perception in the human brain studied with positron emission tomography. Brain Research, 1994, 659(1-2): 263-266.

[77] Zald D H, Lee J T, Fluegel K W, et al. Aversive gustatory stimulation activates limbic circuits in humans. Brain, 1998, 121(Pt 6): 1143-1154.

[78] O'doherty J, Rolls E T, Francis S, et al. Representation of pleasant and aversive taste in the human brain. Journal of Neurophysiology, 2001, 85(3): 1315-1321.

[79] Chikazoe J, Lee D H, Kriegeskorte N, et al. Distinct representations of basic taste qualities in human gustatory cortex. Nature Communications, 2019, 10(1): 1-8.

[80] Chen K, Kogan J F, Fontanini A. Spatially distributed representation of taste quality in the gustatory insular cortex of behaving mice. Current Biology, 2021, 31(2): 247-256.

[81] Calvert G A, Thesen T. Multisensory integration: methodological approaches and emerging principles in the human brain. Journal of Physiology-Paris, 2004, 98(1-3): 191-205.

[82] Rideaux R, Storrs K R, Maiello G, et al. How multisensory neurons solve causal inference. Proceedings of the National Academy of Sciences of the United States of America, 2021, 118(32): e2106235118.

[83] Barraclough N E, Xiao D, Baker C I, et al. Integration of visual and auditory information by superior temporal sulcus neurons responsive to the sight of actions. Journal of Cognitive Neuroscience, 2005, 17(3): 377-391.

[84] Ghazanfar A A, Maier J X, Hoffman K L, et al. Multisensory integration of dynamic faces and voices in rhesus monkey auditory cortex. Journal of Neuroscience, 2005, 25(20): 5004-5012.

[85] Senkowski D, Saint-Amour D, Gruber T, et al. Look who's talking: the deployment of visuo-spatial attention during multisensory speech processing under noisy environmental conditions. Neuroimage, 2008, 43(2): 379-387.

[86] Meredith M A, Nemitz J W, Stein B E. Determinants of multisensory integration in superior colliculus neurons. I. Temporal factors. Journal of Neuroscience, 1987, 7(10): 3215-3229.

[87] Colby C L, Duhamel J R, Goldberg M E. Visual, presaccadic, and cognitive activation of single neurons in monkey lateral intraparietal area. Journal of Neurophysiology, 1996, 76(5): 2841-2852.

[88] Koelewijn T, Bronkhorst A, Theeuwes J. Attention and the multiple stages of multisensory integration: A review of audiovisual studies. Acta Psychologica, 2010, 134(3): 372-384.

[89] Lacey S, Sathian K. Visuo-haptic object perception. *In*: Sathian K, Ramachandran V S. Multisensory Perception. London: Academic Press, 2020: 157-178.

[90] Kassuba T, Klinge C, Holig C, et al. Vision holds a greater share in visuo-haptic object recognition than touch. Neuroimage, 2013, 65: 59-68.

[91] Eck J, Kaas A L, Goebel R. Crossmodal interactions of haptic and visual texture information in early sensory cortex. Neuroimage, 2013, 75: 123-135.

[92] Takahashi C, Watt S J. Visual-haptic integration with pliers and tongs: signal "weights" take account of changes in haptic sensitivity caused by different tools. Frontiers in Psychology, 2014, 5: 109.

[93] Ernst M O, Banks M S. Humans integrate visual and haptic information in a statistically optimal fashion. Nature, 2002, 415(6870): 429-433.

[94] Small D M, Green B G. A Proposed model of a flavor modality. *In*: Murray M M, Wallace M T. The Neural Bases of Multisensory Processes. Boca Raton: CRC Press/Taylor & Francis, 2012.

[95] Maier J X, Blankenship M L, Li J X, et al. A Multisensory network for olfactory processing. Current Biology, 2015, 25(20): 2642-2650.

第 3 章　仿生视觉传感与智能感知技术

3.1　概　　述

视觉在生物体感知外界的过程中具有非常重要的作用,大脑中约有 80%的信息都是通过眼睛获取的。眼睛能够识别不同波长和亮度的光线,并将这些信息转变为神经信号后传递给大脑。仿生视觉是一种应用生物学、工程学和计算机科学等方法,使用传感或计算机设备或结合两者,部分或全部代替视觉系统的功能,从而对视觉进行恢复或模拟的技术。仿生视觉传感与智能感知技术主要包括视觉假体和计算机视觉两个方面。

据世界卫生组织统计,在全球范围内,至少有 22 亿人患有视力障碍,造成了巨大的全球经济负担。这些视力障碍患者除先天性失明外,还有一些是由视网膜色素变性(retinitis pigmentosa,RP)和年龄相关性黄斑变性(age-related macular degeneration,AMD)等疾病导致的最终失明。基于仿生视觉技术研制的视觉假体将相机图像信息转换为植入式神经刺激器对组织施加的电刺激,通过电激活视觉系统中的神经细胞来产生视觉,可以帮助视障人士进行日常活动,为许多疾病提供了康复的可能。另外,通过模拟人类视觉原理,利用摄影机和计算机代替人眼获取、处理、分析和理解图像,对目标进行识别、跟踪和测量的计算机视觉开始蓬勃发展。计算机视觉通过训练计算机来解释和理解视觉世界,使计算机和系统能够从数字图像、视频和其他视觉输入中获取有意义的信息,并根据这些信息采取行动或提出建议。

3.2　仿生视觉传感技术的研究

3.2.1　视觉传感器

视觉传感器,又被称为图像传感器,是一种将外部环境信息输入的光信号转化为电信号数字图像的设备,功能相当于人眼。视觉传感器是机器视觉中最重要的组件之一,在过去几十年中,随着成像需求和工艺不断发展,视觉传感器从传统的 2D 系统发展到更复杂的 3D 系统,并在机器人、工业、农业、质量控制、视觉检测、自动驾驶、导航辅助等领域广泛应用。按照其工作原理,视觉传感器可以分为传统视觉传感器和仿生视觉传感器。

1. 传统视觉传感器

(1) CCD 传感器

CCD 最早由美国贝尔实验室的博伊尔(Boyle)和史密斯(Smith)在 1969 年发明。

它由多个光敏元（像素）有规则排列组成阵列，每个像素单元由金属氧化物半导体（metal-oxide semiconductor，MOS）电容器构成，其结构如图 3-2-1 所示，最下方是 P 型或 N 型硅衬底，在衬底上生长一层很薄（约 120 nm）的氧化层（二氧化硅），氧化层上的栅极 G 是由金属或掺杂多晶硅制作而成的电极。

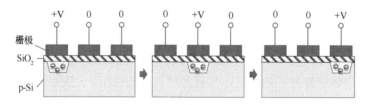

图 3-2-1　CCD 图像传感器的基本结构及电荷转移原理

CCD 由感光单元、并行（垂直）移位寄存器、并行移位寄存器时钟控制器、串行（水平）移位寄存器和串行移位寄存器时钟控制器及输出信号放大器和模数转换器等构成。它的工作原理主要分为 4 个部分：电荷的产生、存储、传输（耦合）和检测。以衬底为 P 型硅的 MOS 电容器（p-Si）为例，对电极施加正电压（+V），在其正下方的半导体中会形成耗尽层，从而产生势阱。当有光照射时，由于半导体的内光电效应，CCD 将入射光信号转化为电荷输出。光生电荷被收集在势阱中并存储起来形成电荷包，光线越强，产生的电荷越多，直到达到满阱容量。因此存储的电荷量多少可以准确地反映光线的强弱。通常测量在指定时间间隔内（积分时间或曝光时间）每个 CCD 光电二极管内累积的存储电荷，以确定该二极管上的光电子通量。通过在多个栅极上施加一定时序的脉冲信号，可以完成信号电荷包的定向转移。存储电荷的量化是通过并行和串行传输的组合实现的，这些传输将每个传感器元件的电荷包按顺序传送到单个测量节点。并行寄存器用于暂时存储感光后产生的电荷，产生的电荷以一次一行的模式沿阵列垂直传输到串行寄存器。串行寄存器将电荷按顺序转移到放大器以读出每个像素。当所有像素从串行寄存器读出后，再由并行寄存器的下一行重新填充，反复进行并行和串行移位的循环，直到整个并行寄存器被清空。放大器将电荷转换为成比例的电压并将信号传送到模数转换器（analog to digital converter，ADC），模数转换器将电压值转换为计算机解释所需的 0 和 1 二进制数值[1]。

CCD 可分为全帧 CCD（full-frame CCD，FF-CCD）、帧传输 CCD（frame-transfer CCD，FT-CCD）和行间传输 CCD（interline-transfer CCD，IT-CCD）三种架构，如图 3-2-2 所示。

全帧 CCD 是最简单的 CCD 传感器形式，常用于空间和地面天文学的科学成像应用。FF-CCD 将所有的像素都用于感光，增大了有效感光面积，同时所有的感光单元也是电荷寄存器。由于把所有的像素都用于感光区域，当发生电荷传输时，这些像素被用于处理电荷传输而不能继续捕捉新的影像，如果传感器再接收到光线，就会影响成像，从而使影像上出现光点。这种现象无法在电子方式上进行限制，因此一般会采用机械关闭快门的方式来隔离镜头射入的光线。FF-CCD 一般被用在顶级的数码相机上，以便获得高的影像密度。

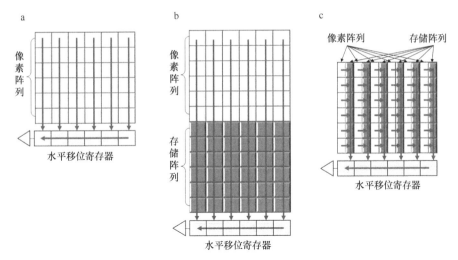

图 3-2-2　三种 CCD 光学图像传感器结构示意图
（a）全帧 CCD；（b）帧传输 CCD；（c）行间传输 CCD

帧传输 CCD 将阵列一半用作光敏成像区，另一半被不透明掩模覆盖，作为未掩模光敏部分聚集的光电子的存储缓冲器。图像曝光后，光敏像素中积累的电荷迅速转移到存储侧的像素，由于存储区像素被不透明涂层保护免受光线照射，因此可以以较慢的速度读出该部分中的存储电荷，同时下一个图像继续在芯片的感光面上曝光。FT-CCD 的曝光和读出可以同时发生，因而比全帧设备具有更快的帧速率，且不需要相机快门。这种传感器类型的一个缺点是只有一半的 CCD 表面积用于成像，因此需要更大的传感器尺寸来容纳帧存储区域，导致 FT-CCD 的价格昂贵。

在行间传输 CCD 中，成像像素和屏蔽存储像素交替排列，也就是成像列和存储列相邻。在图像曝光完成后，传感器中累积的电荷包同时传输到存储列，之后通过一系列并行移位将存储阵列读出到串行寄存器。行间传输设备能够在没有快门或同步频闪的情况下运行，从而提高设备速度和帧速率，减少了图像拖尾的现象。由于行间传输 CCD 减少了每个像素可用于收集光的区域（称为填充因子），因此灵敏度较低。一种解决方法是在每个像素上加入微透镜（或小透镜），这些微透镜收集掩蔽像素上丢失的光，并将其聚焦在光敏像素上，从而提高有效感光面积，将光学填充因子从 20%～25% 增加到75% 以上。行间传输 CCD 为数码显微镜相机提供了卓越的性能，可用于一些光线差的应用场景，如记录低浓度的荧光分子等。

（2）CMOS 传感器

CMOS 也是一种将光信号转换为电信号的半导体图像传感器。1963 年，美国仙童半导体公司（Fairchild Semiconductor）的弗兰克·万利斯（Frank Wanlass）和中国学者萨支唐（Chih-Tang Sah）提出了 CMOS 结构，20 世纪 90 年代随着光刻技术的发展，CMOS 被广泛应用于成像。

CMOS 和 CCD 图像传感器的感光原理相同，两种图像传感器都以硅作为感光材料，所收集的光电子反映了入射光的强度，但两种传感器在读出阶段有所不同。在 CMOS

传感器中，每个像素都由光电二极管和晶体管组成。光电二极管暴露于光线下时会积累电荷，这些电荷直接在像素中被转换为电压、放大并作为电信号传输。而 CCD 必须外加电压，且只有单一放大器，曝光后每一行中每一个像素生成的电荷信号依序传入寄存器中，再导引至放大器进行放大，最后串联 ADC 输出。根据读出电路的不同，CMOS 可分为两大类：无源像素传感器（passive pixel sensor，PPS）和有源像素传感器（active pixel sensor，APS），其结构如图 3-2-3 所示。PPS 是第一个使用的 CMOS 图像传感器设备。在 PPS 中，每个像素都有一个光电二极管和一个晶体管。光电二极管在积分时间产生电荷，积分时间结束时，电荷会从传感器上被带走并被放大。PPS 体积小且易于实现，缺点是读取速度慢、缺乏可扩展性并且信噪比低。APS 是当今应用中最主要的 CMOS 图像传感器类型，通过源极跟随器晶体管感测光电二极管两端的压降，可以读出光电二极管中累积的电荷。APS 每个像素包含 1 个光电二极管和 3 个（或 4 个）晶体管（3T-APS 或 4T-APS），这些晶体管将光电二极管累积的电荷转换为可测量的电压并进行放大，然后按顺序（行和列）传输到芯片的模拟信号处理部分。与 PPS 相比，APS 具有更高的信噪比和更快的读出速度，并能扩展成大阵列。由于晶体管增多和设计的复杂性减少了光敏区域的空间，因此 APS 比 PPS 具有更低的填充因子。

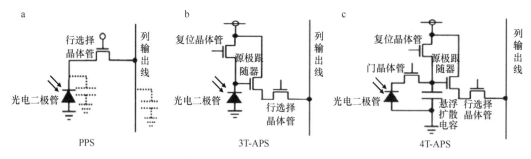

图 3-2-3 PPS 和 APS 结构示意图

CMOS 的像素结构主要包括前照式（front-illuminated structure，FIS）和背照式（back-illuminated structure，BIS）两种，如图 3-2-4 所示，其中图上最顶端的透镜用于将光线聚集在像素感光区，增加光电转化效率，减少相邻像素之间的光信号串扰。滤光片包括红、绿、蓝三种，分别只能透过红色、绿色、蓝色对应波长的光线。金属电路用于读出感光区的信号。光电二极管将光信号转换为电信号并通过金属电路读出。在传统的前照式结构中，光线通过透镜后还需要经过电路层才能到达受光面，阻碍了光线聚集。而背照式 CMOS 传感器最大的优化之处就是改变了元件的内部结构，将感光层的元件调转方向，光线通过透镜后可以直接到达感光层的背面，增加了进入每个像素的光量。由于中间没有阻隔，BIS 的感光面离透镜更近，光线的入射角度和覆盖的面都能得到优化。因此 BIS 显著提高了光的效能，改善低光照条件下的拍摄效果。

2012 年，日本索尼公司发布了世界第一款堆叠式图像传感器 Exmor RS CMOS。堆叠式 CMOS 图像传感器将背照式像素组成的像素芯片和由信号处理电路组成的逻辑芯片堆叠。在像素芯片内，用于将光转换为电信号的光电二极管和用于控制信号的像素晶体管在同一基片层并列。由于像素部分和电路部分分别独立，两者可以进行有针对性的优化。堆叠式解放了电路的处理能力，使各种强大快速的图像处理成为可能，对实现高动态范围、高图像质量的摄影具有重要作用。2021 年，索尼开发出双层晶体管堆叠的 CMOS。双层晶体管堆叠式 CMOS 将光电二极管和像素晶体管分离在不同的基片层，与传统图像传感器相比，这一结构使饱和信号量提升至约原来的 2 倍，扩大了动态范围并降低噪点，显著提高了成像性能。

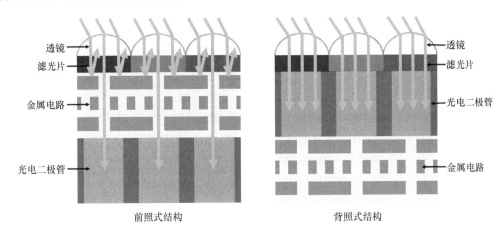

图 3-2-4　前照式与背照式 CMOS 传感器物理结构对比示意图

（3）红外热成像传感器

任何温度的物体都会对外进行电磁波辐射，其中波长为 2~1000 μm 的部分称为热红外线。红外热成像传感器是一种对物体散发出的红外线进行 CCD 感光成像的设备，这种设备被广泛运用在军事、消防、医疗、工业生产、海关检查等领域。

热成像技术是从对红外线敏感的光敏元件上发展而来的，但是光敏元件只能判断有没有红外线，无法呈现出图像。在第二次世界大战中交战各国将热成像传感器用于军事用途，并对其进行了零星的研究和小规模应用。1952 年，新型半导体材料锑化铟的开发促进了红外线热成像传感器的进一步发展。不久之后，美国得克萨斯州传感器公司开发了具有实用价值的前视红外线热成像仪。这一系统采用的是单元件感光，利用机械装置控制镜片转动，将光线反射到感光元件上。随着碲镉汞材料制造工艺的成熟，在军事领域大规模采用热成像传感器成为可能。20 世纪 60 年代之后出现了由 60 个或更多的感光元件组成的线性阵列，并且热成像传感器的应用也逐渐拓展至民用领域。然而由于红外线热成像仪最初采用的是非制冷感光元件，制冷部件加上机械扫描结构使得整个系统非常庞大。在 CCD 技术成熟之后，红外焦平面阵列式热成像传感器取代了机械扫描式热成像传感器。至 80 年代半导体制冷技术取代了液氮、压缩机制冷之后，便携式、可手持的热成像传感器开始出现。90 年代之后，美国得克萨斯州仪器公司又开发出了基于非晶硅的非制冷红外焦平面阵列，进一步降低了热成像传感器的生产成本。

红外热成像传感器有光子探测和热探测两种不同的原理。前者主要是利用光子在半导体材料上产生的光电效应进行成像，光子直接转化为电子，累积的电荷、电流或电导率的变化与景物中物体的亮度成正比。基于光子探测的红外热成像传感器敏感度高，但是探测器本身的温度会对其产生影响,因而需要降温处理,通常冷却到接近 200℃低温。后者利用了红外辐射的热效应,当热探测器的敏感元件吸收红外辐射后将引起温度升高,使敏感元件的相关物理参数发生变化,通过对这些物理参数及其变化的测量就可确定所吸收的红外辐射能量或功率。这类探测器包括辐射热计、热电偶、热电堆、热势电探测器等,它们不需要低温,但敏感度不如前者。除此之外,还可以根据热成像传感器的工作波段、所使用的感光材料进行分类。常见的热成像仪工作波段在 3~5 μm 或 8~14 μm,一般把 3~5 μm 称为中波段,8~14 μm 称为长波段。常用感光材料则有硫化铅(PbS)、硒化铅(PbSe)、碲化铟(InTe)、碲锡铅(PbSnTe/Pb$_{1-x}$Sn$_x$Te)、碲镉汞(HgCdTe)、掺杂锗和掺杂硅等。根据感光元件数量和运动方式,可分为机械扫描型、凝视成像型等。

目前许多用于评估器官状态的健康检查具有侵入性且令人不适,如 MRI 扫描可能使人感到幽闭恐惧,CT 扫描具有非常高的辐射,结肠镜检查十分不舒服且较为困难。而且,虽然超声、CT 扫描和 MRI 扫描等检测方法可以得到肌肉、骨骼等组织清晰的成像,但是成像范围较小,在查找病因的过程中具有很大的限制。热成像技术可以无侵入地检测器官功能障碍,而且可以对更大的区域成像,有利于准确、快速地确定疾病成因,从而使疾病得到及时治疗。红外热成像技术可应用于从人体头部到脚进行全身的身体检查,辅助器官、肌肉、神经和动脉等部分的疾病诊断。结合其他创新技术,包括营养能量系统(nutri-energetics system)扫描和其他非侵入性检查程序,可以为患者提供完整、清晰的身体图片,有利于实现疾病的早发现和早诊断。

2. 仿生视觉传感器

前文介绍的 CCD 或 CMOS 图像传感器和数字信号处理单元已用于实现传统的视觉系统,如目标跟踪、目标识别、三维重建、同步定位与地图构建(simultaneous localization and mapping,SLAM)、导航等。这些设备以预定帧速率记录视觉信息,在从一帧到另一帧的过渡期间,可能会出现欠采样的问题,无法满足那些需要实时处理信息的人工视觉系统,如自主机器人导航和高速控制系统等。另外,基于帧的视觉信息获取方式还存在采集的图像数据高度冗余的问题,造成资源浪费,导致信道带宽需求增加、传输功耗高以及内存大小增加等。近年来,基于生物学原理的仿生视觉传感器在性能和实用性方面有了许多改进,这些传感器包括动态视觉传感器(dynamic vision sensor,DVS)、异步时间图像传感器(asynchronous time-based image sensor,ATIS)、动态有源像素视觉传感器(dynamic and active pixel vision sensor,DAVIS)和球形仿生电化学眼(spherical biomimetic electrochemical eye,EC-EYE)等。下面将介绍几种典型的仿生视觉传感器。

(1) 动态视觉传感器

2006 年,瑞士苏黎世大学神经信息研究所的 Lichtsteiner 等[2]提出了第一个商用的仿生视觉传感器 DVS,它模拟生物空间视觉的功能,用于感知场景的动态信息。DVS 由一个对数光感受器、一个差分电路和两个比较器组成。光感受器将光转化为电信号,并使用对数光强感知模型,提高了光强感知范围。差分电路用于计算光强变化引起的电压的相对变化。比较器根据差分电压来确定事件的状态是开（ON）还是关（OFF）。这种传感器与生物模型类似，采用"事件驱动"而不是时钟驱动，也就是对观察到的场景中发生的自然事件做出反应。像素以微秒的时间分辨率自动响应强度的相对变化，如果像素的对数压缩光强度增加了固定的量，则每个像素异步发出一个"开"事件，当它降低时发出一个"关"事件。产生的事件通过地址事件表示（address event representation，AER）协议进行传输。AER 是一种时间多路复用的通信协议，模拟了生物系统内的神经信息传输方式，将事件按照其产生的先后顺序异步传输。AER 传输方式如图 3-2-5 所示，AER 识别传输像素的位置并将其编码为数字地址，然后通过共享数据总线发送。解码器解码地址后对脉冲序列进行重建。信息采用这种方式被连续传输和处理，并且通信带宽仅由活动像素使用。

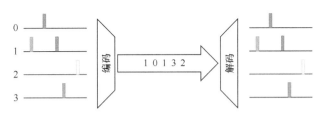

图 3-2-5　AER 传输协议示意图

DVS 是第一个属于神经形态传感器类别的商用产品，具有低固定模式噪声（2.1%）、低功耗（24 mW）、小像素阵列尺寸（128×128）、低延迟（15 μs）和高动态范围（120 dB）的特点。由于 DVS 只能对变化的光强输出事件（即动态信息），无法应用于一些需要绝对光强（静态信息）的场景。

（2）基于时间的异步图像传感器

为了弥补 DVS 的缺点，研究者提出了一些能够输出动态和静态信息的传感器。ATIS 传感器最先由奥地利研究中心（Austrian Research Centers GmbH）的 Posch 等[3]提出，能够提供变化事件和灰度信息。该传感器包含基于事件的变化检测器（change detector，CD）和基于脉冲宽度调制的曝光测量（exposure measurement，EM）单元。CD 类似于 DVS 传感系统中的检测器，当视觉场景发生光强变化时，CD 输出变化事件。EM 单元由单个像素独立启动，从 CD 中检测其视野中的亮度变化。EM 电路由光电二极管、电容、P 沟道 MOSFET 开关和比较器组成。在 ON 事件期间从 CD 产生的复位信号被施加到 P 沟道 MOSFET 开关的栅极，因此当 ON 事件发生时，电容器被充电。复位后，电容通过光电二极管中产生的光电流放电，电容电压逐渐降低，当低于比较器的限幅电压时，比较器的输出从低信号转换为高信号。在下一个 ON 事件发生之前，比较器输出的高电平保持不变。电容电压的下降速率与照亮光电二极管的光强成正比，也就是说，电压下降时间越短，光强越强，像素的灰度值越高。ATIS 通过此方法，利用基于时间的方式对像素的灰度信息进行编码。

ATIS 传感器具有极低的固定模式噪声（0.25%）、低功耗（<175 mW）、合理的像素阵列尺寸（304×240）、低延迟（4 μs）、高动态范围（125 dB）。由于只有变化的像素才

能提供灰度值，ATIS 减少了时间和空间冗余。ATIS 也存在一定缺点：ATIS 像素面积至少是 DVS 的两倍。除此之外，在亮度较低的环境中，两个事件之间的时间会很长，且灰度信息会被新事件打断，造成信息丢失。

（3）动态有源像素视觉传感器

DAVIS 传感器由瑞士苏黎世联邦理工学院的 Brandli 等[4]提出，它结合了 DVS 和 APS 在像素级别的优势，通过同步 APS 路径输出图像帧，同时通过异步 DVS 路径输出事件。DAVIS 将用于检测光强的四晶体管 CMOS-APS 和常规 DVS 电路集成在一起，DVS 电路中光电二极管产生的光电流用于监测光照变化，APS 可以获得读出光强。在 ATIS 中 CD 和 EM 两个模块各自具有光电二极管，DAVIS 与 ATIS 不同，DAVIS 的 APS 和 DVS 两个模块使用共享的光电二极管，且使用了小尺寸 APS 电路，因此 DAVIS 像素面积比 ATIS 像素面积小 60%。DAVIS 传感器具有非常低的固定模式噪声（0.5%）、非常低的功耗（<14 mW）、合理的像素阵列尺寸（240×180）、低延迟（3 μs）和合理的动态范围（DVS 为 130 dB，帧图像传感器为 51 dB）。

（4）球形仿生电化学眼

上述几种仿生视觉传感检测系统使用的都是平面微制造工艺成形的平面器件结构，并不是类似于人类视网膜的半球形。香港科技大学的 Gu 等[5]提出了一种与人眼具有高度结构相似性的球形仿生电化学眼（EC-EYE），该系统由透镜、半球形基板上的光电传感器阵列和作为电触点的液态金属细线组成，这些组件分别模拟生物眼睛的晶状体、视网膜和视网膜后面的神经纤维。EC-EYE 的人造视网膜使用通过气相沉积生长在半球形多孔氧化铝膜（PAM）内的高密度钙钛矿纳米线阵列制成，并使用纳米线作为光敏工作电极，用铝半球壳上的钨膜作为对电极。在两个电极之间，使用离子液体填充空腔，作为电解质并模拟人眼中的玻璃体液。软橡胶管中的柔性共晶镓铟液态金属线用于纳米线和外部电路之间的信号传输，液态金属和纳米线之间有不连续的铟层以改善接触。通过选择相应的液态金属线，可以实现对单个光电探测器进行寻址和测量。这类似于人类视网膜的工作原理，其中光感受器组单独与神经纤维连接，从而抑制像素之间的干扰和神经电信号的高速并行处理。此外，为了改善液态金属线的排列，EC-EYE 使用半球形的 PDMS 底座作为液态金属线的插座并模拟眼窝的结构。EC-EYE 使用的单晶纳米线的节距为 500 nm，对应的密度为 $4.6×10^8/cm^2$，远高于人类视网膜光感受器的密度，这表明该仿生视觉传感系统具有实现高成像分辨率的潜力。除此之外，EC-EYE 还具有高响应度、合理的响应速度、低检测限和宽视场的特点。

3.2.2　视觉假体

视觉假体是目前仿生视觉传感器的主要表现形式之一。视觉假体设备使用外部照相机或直接在眼睛（通过光电二极管）内检测输入光，并将该输入的光信号转换为电信号刺激，进一步通过植入的微电极阵列刺激并激活剩余的神经组织。相应地，视觉假体的基本结构通常包括三个部分：图像捕获设备、将捕获的图像转换为刺激参数的处理单元和形成神经元接口的刺激电极阵列。视觉假体可植入视觉通路的一个或多个部分,包括视网膜的特定区域、视神经和视觉皮层等。刺激方式包括电学或光遗传学方法。目前,临床试验中的视觉假体能够以有限的分辨率恢复患者基本的灰度视觉,使其能够缓慢读取字母,并改善了判别方向的能力。本小节将介绍几种主要的视觉假体及其主要敏感材料。

1. 视网膜假体

视网膜假体也被称为视网膜芯片,1956 年澳大利亚的 Tassicker[6]开发并植入了第一个视网膜假体,能够为接受者提供粗略的光感知。视网膜假体的工作原理是利用电信号脉冲刺激剩余的完整的视网膜神经元以引起视觉感知[7],见图 3-2-6。眼镜上携带的摄像头将拍摄到的图像信息传输到个人计算机中处理成数字信号,发送至耳后的信号接收器外部装置,外部装置控制内部驱动装置工作,通过内部信号线将数字信号传输至视网膜芯片以刺激视网膜,从而在大脑中形成摄像头捕获到的图像信息。按照视网膜假体的植入部位不同,可分为视网膜前假体、视网膜下假体和脉络膜上假体[8]。

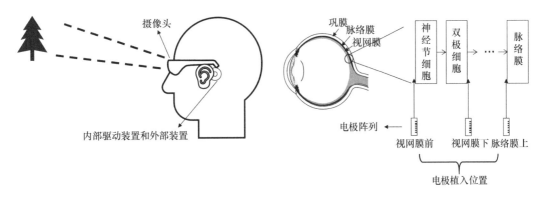

图 3-2-6　视网膜芯片的工作原理示意图

（1）视网膜前假体

视网膜前假体装置被植入玻璃体腔中并附接到视网膜内表面,靠近神经节细胞和轴突纤维。视网膜植入物依赖于照相机等成像装置,然后将该视觉信息转换成电刺激的模式激发视网膜剩余存活的神经元,从而感知到光。美国南加利福尼亚大学的眼膜外科医生 Humayun 等[9]开发了一种视网膜假体装置,并对假体植入物受试者进行了 10 周的测试。该假体包含一个用于固定电子设备的眼外盒、一个眼内电极阵列（铂圆盘,4×4 排列）,以及将电子设备盒连接到电极阵列的连接线。受试者能够在阵列的所有 16 个电极上感知到光点。此外,受试者能够使用相机检测环境光存在与否和运动状态,并识别简单的形状。

由美国 Second Sight 公司开发的 Argus Ⅱ是全球使用最广泛的视网膜前假体,它是第一个被批准在美国和欧洲使用的假体。Argus Ⅱ在 2011 年获得了欧洲的 CE 标志,并在 2013 年被美国食品药物监督管理局（FDA）批准用于治疗 RP 诱发的失明,改善视力障碍者的视觉功能。目前,全球超过 25 个区域的 350 多名患者接受了 Argus Ⅱ植入手术。Argus Ⅱ由外部组件和可植入组件组成。外部组件包括一个连接到便携式视觉处理单元的眼镜式摄像头，该单元处理图像后传输到外部通信线圈。线圈通过无线射频遥测技术向内部匹配线圈提供电力感应和数据传输。可植入组件包括固定在巩膜上的内部线圈和一个由 60 通道微电极阵列组成的视网膜刺激器。内部线圈接收到射频信号后通过内部电路为视网膜刺激器提供指令。植入式刺激器通过小的电脉冲将来自外部相机的信号传递到视网膜，从而触发视网膜中的信号，这些信号通过视神经传递到大脑，然后大脑将信号处理成视觉图片。

与 Argus Ⅱ类似的设备还包括法国 Pixium Vision 公司开发的 Iris-Ⅱ 视网膜前假体等，这类假体的主要优点是电子可佩戴部分不需要进行手术就可以容易地进行升级，缺点是将装置固定在视网膜上较为困难。

（2）视网膜下假体

视网膜下假体将假体植入色素上皮层和视网膜外丛状层之间，刺激双极细胞。它使用微光电二极管（太阳能电池）作为供电机制。芯片充当视网膜中光感受器的角色，光信号经外界传送到芯片，在光电二极管中产生电流，用光电转换的方式激活微电极，从而对双极细胞产生刺激。视网膜下假体的植入通过视网膜切开手术或经巩膜手术完成。美国 Optobionics 公司的 Chow 和 Peachey[10]的研究表明，由植入物输出的小电流对濒死的光感受器具有治疗与神经保护作用。德国图宾根眼科医生 Zrenner 等[11]的研究得出，视网膜下植入物可以作为缺失的光感受器的替代物。视网膜下假体具有许多优点，如剩余的存活神经元更接近视网膜，因此需要的电流更小，也不需要机械固定手段。该方法的缺点是在有限的视网膜下的空间将电子器件紧邻视网膜附接，会增加神经元热损伤的风险。

美国 Optobionics 公司首次提出视网膜下假体装置 ASR 并获得专利，ASR 是一种硅基微型光电二极管阵列，厚度为 25 μm，直径为 2 mm，阵列由 5000 个直径为 20 μm 的微型光电二极管和直径为 9 μm 的铱微电极相连。该系统可以通过光电二极管自供电。2013 年，德国 Retina Implant 公司开发的 Alpha-IMS 假体是第一个获得 CE 标志的视网膜下假体。Alpha-IMS 有一个 3 mm×3 mm 的微芯片，该芯片包含 1500 个与微电极相连的光敏光电二极管。光电二极管耦合到植入耳后皮肤下的外部电源模块，并放大光电二极管阵列产生的信号。由于芯片正好嵌入光感受器通常所在的位置，因此图像随着眼睛移动，患者不需要使用头部扫描来定位物体。更新迭代后的 Alpha-AMS 包含 1600 个光电二极管，并在 2016 年获得 CE 批准。

为了进一步提升视网膜下假体的性能，研究者做了更多尝试。美国加利福尼亚大学圣巴巴拉分校的 Theogarajan[12]实现了一种无线供电和驱动的视网膜芯片，该芯片能够接收来自外部的命令，将双向电流脉冲输出到放置在视网膜中的电极阵列，以刺激剩余的视网膜神经元。澳大利亚新南威尔士大学的 Dommel 等[13]设计并制造了一种集成电路神经刺激器用作视网膜芯片，该芯片具有很强的多功能性，能够提供集中、同时的刺激，将电流导向预期的刺激部位。考虑到引起视网膜神经元生理兴奋所需的刺激阈值相对较高，在专用集成电路的关键电路中使用了高压 CMOS 晶体管，以管理由未知或不断变化的电极-组织界面阻抗所引起的电压顺应性问题。考虑到视觉提供的信息量，视网膜刺激器必须有大量的刺激电极，日本奈良先端科学技术大学院大学的 Tokuda 等[14]提出并开发了一种"多芯片架构"来实现基于 CMOS 的视网膜刺激器，该刺激器可以适应视网膜的曲率。在这种架构中，称为"单元芯片"的小型 CMOS 刺激器以适当的间距排列在柔性基板上。为了实现同时多点刺激，他们在每个单元芯片上设计了一个片上刺激发生器。此外还采用了"单电极/单元芯片配置"，适合同时多部位刺激，提高了设备的灵活性。这种视网膜芯片被用于兔子的视网膜刺激实验，说明了新设备结构同时多点刺激功能的可行性。

（3）脉络膜上假体

脉络膜上假体的电子设备通常植入眼外，电极阵列放置在脉络膜和巩膜之间。在这个位置植入电极不需要经玻璃体手术，因此侵入性更小，更容易修复或更换。然而，脉络膜上腔内血管丰富，存在显著的出血风险，并且仍有植入后纤维化的风险。此外，由于它与视网膜的距离较远，这种设计可能需要更大的刺激能力来引发视觉感知，电极和神经组织之间的间隙较大也降低了其空间分辨率。

澳大利亚仿生视觉（Bionic Vision Australia，BVA）团队开发了一个脉络膜上装置，该装置依靠头戴式摄像头和图像处理器来提供电极刺激模式，眼内植入一个 19 mm×8 mm 大小、具有 33 个铂刺激电极和 2 个返回电极的电极阵列，电极的外环组合在一起可以实现六边形刺激，还有 20 个可以单独刺激的电极。与 Alpha-AMS 和人工耳蜗类似，该装置需要解剖颞肌，将经皮连接器连接到骨骼。经皮连接器曾用于人工耳蜗研究，它的优势在于能够通过连接导线直接刺激电极阵列，而无需植入式电子设备，因此可以进行灵活地测试。

除此之外，日本大阪大学和韩国首尔大学也在对类似设备进行研究。日本尼德克（NIDEK）公司与大阪大学和奈良科学技术研究所合作，通过灵活的多芯片阵列进行视网膜刺激。这种方法最重要的优点是神经组织没有与电极直接接触，因此具有更安全的电刺激。韩国首尔大学开发了一种基于聚酰亚胺基材的视觉假体，在兔子中的测试实验表明了聚酰亚胺的长期生物相容性。

2. 视神经假体

当视网膜不能正常工作时，激活其余神经组织的另一种可能性是基于视神经刺激的视神经假体，其植入组件如图 3-2-7 所示。在这种方法中，卡夫电极被放置在视神经外

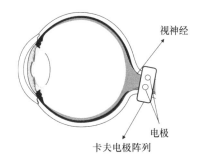

图 3-2-7　视神经假体的植入组件示意图

表面。与视网膜和皮层植入物的刺激相反，视神经假体仅用少量电极（<5 个）进行视神经刺激，这也导致了这种假体设备无法产生更高质量的视觉感知。视神经假体不需要穿透视神经鞘，它具有在小区域上表示整个视野的优点，但是植入手术操作涉及硬脑膜的解剖，使得该方法具有感染的风险。

相比于视网膜假体，只有少数研究围绕着视神经刺激进行。比利时鲁汶大学[15]开展了视神经视觉假体项目的研究，他们将一个神经刺激器长期（>5 年）植入一名患有视网膜色素变性且没有残留视力的 59 岁女性受试者的 4 个刺激部位。带有遥测功能的外部控制器用于神经的电激活，从而产生光幻视。在这一长期试验期间，患者在模式识别、粗对象辨别和对象定位方面获得了令人满意的结果，在 45 个简单图案的识别测试过程中，患者在 60 s 的处理时间内达到了 63%的识别准确率，并且在 8 s 的处理时间内准确辨别 L 形图案的方向。然而，由于这仅仅是单一的案例研究，结果必须进行仔细考虑和评价。除此之外，该团队的研究人员通过并行刺激电流的不同刺激参数和技术产生了空间映射的视觉感觉，开发了用于预测位置、大小和亮度的高级模型，以根据刺激参数创建光幻视[16]。该团队的进一步研究主要集中在物体定位、判别和抓取任务的性能以及模式识别上[17]。

我国科研人员在此方面也有深入的研究。C-Sight（中国视力项目）是科技部资助的第一个视觉假体多学科研究项目，其目标是开发一种可植入的微电子医疗设备，为失明患者恢复部分视力[18]。该项目的研究小组提出了一种基于穿透电极阵列的视神经刺激视觉假体，该假体允许以较低的刺激电流获得相对较高的空间和时间分辨率[19]。整个植入式系统由 4 个主要单元组成：植入式微相机、信息处理器、神经刺激器和刺激电极阵列。图像首先由植入的微型相机拍摄，该相机被生物相容性材料封装并植入在眼睛前房的晶状体囊袋中进行图像采集，并通过太阳能电池供电。信息处理器使用专门开发的图像处理算法来提取和处理图像的关键特征，处理过的视觉信息会被编码成具有特定时空刺激模式的信号。该信号将被传输到神经刺激器，神经刺激器与信息处理器集成到由射频可充电微电池供电的片上系统中。最后，通过神经刺激器驱动的多通道穿透电极阵列将电脉冲直接传递到视神经，产生动作电位并传送到视觉皮层，形成视觉感知。

3. 视皮层假体

用于开发视觉假体的电刺激目标除视网膜、视神经外，还可以使用表面或穿透微电极直接刺激视觉皮层，引起盲人的视觉感知。视皮层假体系统包括附接到眼镜的相机、外部处理和无线传输单元以及植入视觉皮层的微电极阵列[20,21]，如图 3-2-8 所示。图像信息进行人工处理和编码后，通过植入微电极阵列直接对视觉皮层进行刺激，使盲人恢复部分视力。视皮层假体的优点是它绕过所有患病的视觉通路神经元直接到达初级视觉皮层，但是这种类型的假体也有许多缺点，如假体会引起的各种组织学变化，可能会引起相关的并发症，而这些并发症有较高的发病率和死亡率。

英国剑桥大学医生 Brindley 和 Lewin[22]首次将永久性视觉假体植入了一位在手术前 6 个月就完全失明的 52 岁女性体内，81 个电极分布在枕叶皮层的顶部，通过给予适当的刺激，可以使患者感受到光幻视。他们的研究表明，由单个电极的刺激引起的感觉通常是视野中恒定位置的单个非常小的白光点，但是对于某些电极，会出现两个或几个这样的白光点或雾团，也就是说单个电极可能导致出现许多光幻视。除此之外，他们发现对于皮质光幻视，可能根本没有闪烁融合频率，即重复的闪光刺激不能引起主观上的连续光感。光幻视的空间分辨率和闪烁的限制也阻止了器件的进一步应用。

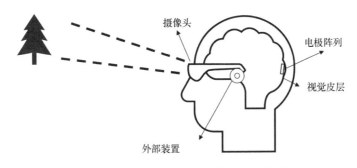

图 3-2-8　视皮层假体电刺激目标示意图

　　美国犹他大学生物医学工程研究所的 Dobelle 等[23]对人类进行皮层刺激试验，他们将由 64 个电极组成的阵列长期植入两名盲人受试者。其中一名患者能够读取字母，计数手指，并成功地完成与兰氏环相关的任务（用于测量视力的标记，形状为一个带缺口的环，类似于字母 C）。然而，另一名患者，虽然他保留了植入物超过 20 年，但是没有看到任何光幻视。实验后两名患者均顺利康复，虽然仍然有许多问题有待解决，但是这项实验的成功增加了开发功能性视觉假体的希望。

　　最近，由于植入技术和电极阵列制备技术的发展，有些研究已经提出了关于视觉皮层植入物性能提升的新方法。2020 年，美国加利福尼亚大学洛杉矶分校的 Yoshor 研究团队[24]使用了一种基于动态电流定向的视觉皮层刺激策略，通过动态电流电极刺激大脑皮层，成功在受试者脑海中呈现指定的图像。他们对传统电极进行了改进，结合电流定向和动态刺激，精准地控制电流依次激活不同的电极，来刺激大脑皮层绘制字母或图像的轮廓，从而让患者能够更清楚地识别研究人员想要传达的信息。

4. 其他类型的视觉假体

（1）丘脑刺激

　　视觉感知还可以通过刺激丘脑后部的外侧膝状体核（lateral geniculate nucleus，LGN）实现。美国哈佛医学院的 Pezaris 和 Peid[25]对猴子的 LGN 施加电刺激以确定人工创建视觉感知的可能性。他们使用了一项中心向外扫视任务，要求动物坐在电脑屏幕前，如果它们出现了从中心注视光点到近距离目标点的扫视眼球运动，就会获得奖励。在实验过程中，具有光学目标的试验与频率较低的电刺激试验（以及未受刺激的试验或空白试验）交错进行，以查看动物是否会以与屏幕目标相同的方式对待电感知。实验发现猴子对电和光刺激做出的反应表现为类似的扫视（从一个视觉目标到另一个视觉目标的快速、直接的眼球运动）。结果表明，LGN 中的电微刺激会产生视觉感知或光幻视。西班牙马德里康普顿斯大学的 Panetsos 等[26]参考 Pezaris 等的研究工作，将微电极植入麻醉的大鼠和兔子中，该研究通过修改刺激参数，生成了类似于视觉刺激引起的视觉皮层 V1 响应，通过人工刺激 LGN 产生可预测的和一致的幻视，这对于视觉假体的发展尤为重要。LGN 由于相当简单的结构和视网膜组织，成为视觉假体有吸引力的刺激部位。

（2）光遗传学方法

光遗传学方法（optogenetics）是近年来用于视觉系统的神经刺激的一种替代方法，2006 年，美国斯坦福大学的精神病学专家 Deisseroth 等[27]第一次将遗传学和光学的组合作为"光遗传学"提出，认为这是一种控制和监测组织中神经元活性的非常有前途的方法。光遗传学技术将特定神经元或蛋白质的基因靶向与光学技术相结合，用于对完整的活神经回路内的目标进行成像或控制。光遗传学方法中最重要的是寻找合适的光敏蛋白。光敏蛋白也称为视蛋白，是细胞膜上能够感受某一波长光照刺激而产生特定效应的一类膜蛋白，分为激活型和抑制型两种，能够引起神经元兴奋或抑制。其中光敏感通道 channelrhodopsin-2（ChR2）是目前在光遗传学技术中应用最多的光受体工具。它是一种阳离子选择性通道，当被蓝光（约 470 nm 波长处）照射时，阳离子内流，产生去极化电位。

光遗传学方法可用于恢复视觉，视网膜因其可访问性和透明性成为光遗传学视觉研究的主要对象。由于视网膜内有 60 多种细胞类型，不同种类的视蛋白在特定细胞群中表达。通过激活和沉默单个细胞类型，患者可以体验到更自然的视觉感知。早期的研究建议使用遗传修饰的视网膜神经节细胞作为靶细胞，然而目前更多使用双极细胞作为目标，因为剩余的视网膜网络有助于向大脑传递信号。另外，大多数基于光遗传学的研究都利用了微生物视蛋白，但也已经探索了动物视蛋白用于视力恢复。临床前试验表明，与微生物视蛋白相比，大多数动物视蛋白表现出优异的光敏感性，但时间响应性较差。美国加利福尼亚大学伯克利分校的 Berry 等[28]利用脊椎动物中感受中等波长的视锥细胞表达的视蛋白实现了高光敏感性和快速响应动力学，而这对于视觉假体都是必不可少的。

与为双极细胞或神经节细胞提供细胞外电刺激的视网膜芯片植入物不同，光遗传学试图从细胞膜内刺激细胞。除此之外，光遗传学方法的生物相容性问题很小。大多数的这些研究已在动物个体（小鼠或大鼠）上进行，更进一步的临床人体试验有可能在未来开始。

3.3 仿生视觉的智能感知技术研究

3.3.1 计算机视觉

早在 20 世纪 50 年代，研究人员就通过神经生理学研究，从视觉感知中寻找灵感，并将他们的发现扩展到计算机视觉。他们使用一些基于视觉原理的早期神经网络来检测对象的边缘并将简单的对象分类为圆形和正方形等类别。20 世纪 70 年代，光学字符识别（optical character recognition，OCR）技术被应用于解释打字或手写文本，这是计算机视觉的首次商业应用。随着 90 年代互联网的成熟，大量增长的在线图像数据集能够帮助机器识别照片和视频中的特定人物，面部识别开始蓬勃发展。进入 21 世纪，视觉数据集标记和注释的标准化开始出现。2010 年，斯坦福的科学家建立了 ImageNet 数据集，该数据集为研究人员提供了用于训练和测试的大规模图像数据，在推进计算机视觉和深度学习研究方面发挥了重要作用。2012 年，加拿大多伦多大学的研究团队在图像识别竞赛中提出 AlexNet 深度神经网络（deep neural network，DNN）模型，该模型显著降低了图像识别的错误率，使错误率降低至 15.3%[29]。这个网络的成功证明了在适当的学习算法和数据的基础上，神经科学家发现的视觉系统的基本特征确实能够支持视觉。AlexNet 被提出后，研究者探索了许多不同的神经网络架构和参数，深度神经网络开始在计算机视觉领域蓬勃发展。

卷积神经网络（convolutional neural network，CNN）是计算机视觉算法的核心，其灵感来自视觉皮层内部的视觉数据处理机制。在 20 世纪中叶，哈佛医学院神经生理学家 Hubel 和 Wiesel[30]发现猫及其他哺乳动物的初级视觉皮层 V1 中的神经元有选择性地对视野中具有特定位置和方向的边缘做出反应。他们在猫的 V1 中发现了两种主要的细胞类型，第一种类型是简单细胞，当在感受野中识别出特定方向的边缘时会产生响应。第二种类型是复杂细胞，复杂细胞以几个简单细胞为输入，这些简单细胞对相同的方向（如水平条）有响应但具有不同的感受野（如图像的底部、中间或顶部）。复杂细胞通过从一堆简单细胞中收集信息，可以对出现在任何地方的水平条做出反应。也就是说，复杂细胞通过对几个简单细胞的输出"求和"来实现空间不变性[31]，它具有更大的感受野来响应特定的边缘刺激，忽略了刺激的精确位置。

1980 年，日本学者福岛邦彦（Kunihiko Fukushima）[32]在 Hubel 和 Wiesel 对哺乳动物视觉系统的开创性研究的启发下，提出了视觉系统的功能模型——新认知机（neocognitron）。neocognitron 模型是现代卷积神经网络的前身，它的总体思路是捕捉"从简单到复杂"的概念，从整体上模仿了腹侧视觉通路，并将其转化为视觉模式识别的计算模型。neocognitron 是一个多层神经网络，由一系列二维神经元层组成，每个神经元与前一层的邻近神经元相连。neocognitron 可以看成由多个小模块组成的重复层级模型，每个小模块代表 V1 的基本计算，包含两种主要的单元格类型：S 细胞和 C 细胞。S 细胞以简单细胞命名，相当于一个特征提取细胞，用于从输入空间中提取特定的模式。它们的输入连接是可变的，并通过学习进行修改。完成学习后，每个 S 细胞开始有选择地响应其感受野中呈现的特定特征。C 细胞以复杂细胞命名，每个 C 细胞从一组 S 细胞接收兴奋性输入，这些S 细胞提取相同的特征，但位置略有不同。如果这些 S 细胞中的至少一个产生输出，C 细胞就会做出响应。因此，无论刺激特征的位置如何变化，同一个 C 细胞都会产生响应，也就是说 C 细胞的响应对输入模式的位置变化不太敏感。neocognitron 是一个自组织的模型，没有监督训练算法，这意味着权重会随着反复接触未标记图像而变化。

到 20 世纪 90 年代，许多类似的视觉系统层次模型被探索出来。人类通过视觉心理物理学实验研究心理现象与视觉刺激间的对应关系，而这些视觉系统层次模型与心理物理学实验中使用的图像相同，因此模型的行为可以直接与人类视觉分类的能力进行比较。其中最突出的一个是 HMAX 模型，模仿了灵长类动物视觉皮层的结构和功能。HMAX 模型引入了"MAX"操作，该操作获取来自输入的最大响应。"MAX"池化方法确保突触后反应由最强的输入决定，从而避免信号可能被不同组合传入的刺激混淆的情况。

1989 年，AT&T 贝尔实验室的杨立昆（Yann LeCun）等开发了第一个卷积神经网络，它包含了由具有局部和严重受限连接（类似于生物神经元的接受域）的神经元层产生的特征图的概念，权值使用反向传播算法进行监督训练，可以对手写邮政编码数字识别。LeCun 等[33]又在 1998 年提出了 LeNet-5，标志着卷积神经网络的真正面世。

卷积神经网络是一种深度学习模型，通常由三种类型的层组成：卷积层（convolutional layer）、池化层（pooling layer）和全连接层（fully connected layer）。卷积层和池化层执行特征提取，全连接层将提取的特征映射到最终输出，实现分类或识别等功能。在数字图像中，像素值存储在二维网格中，即数字数组。卷积和池化操作如图 3-3-1 所示，卷积层将输入图像每个位置与一组滤波器（卷积核）进行卷积，卷积核通过一定的步长（stride）在输入数组上滑动，计算结果形成特征映射，类似于 neocognitron 中的 S 细胞平面。然后使用池化层，创建复杂细胞样响应。池化层使用池化核以一定步长进行平均池化（average pooling）或最大池化（max pooling）操作，有助于概括卷积层的输出，以降低维度、去除噪声并提取稳健的特征，使其对视觉模式的位移不那么敏感。在此模式的多次迭代之后，添加非卷积的全连接层，全连接层的最后一层包含与任务中类别数量相同的单元，以便为图像输出类别标签。通过反向传播和梯度下降等优化算法进行训练，最小化输出和真实标签之间的差异。

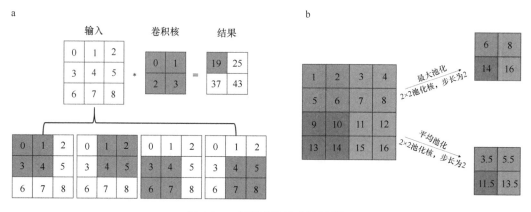

图 3-3-1　卷积和池化算法流程
（a）卷积，步长为 1；（b）池化

传统的 CNN 无法很好地处理具有可变长度的时间或空间序列的信息，递归神经网络（recurrent neural network，RNN）[34]通过构建反馈连接，使其具有内部记忆。RNN 一次处理一个输入序列中一个元素，在其隐藏单元中维护一个"状态向量"，该向量隐式包含有关该序列所有过去元素的历史信息。长短时记忆（long short-term memory，LSTM）网络[35]是一种特殊的递归神经网络，弥补了 RNN 无法处理"长依赖"这一缺点，能够学习序列预测问题中的顺序依赖性，适用于序列分析。LSTM 每个记忆细胞都能够学习序列之间简单的输入-输出关系，每个时刻有三个输入，包括当前时刻网络的输入值 x_t、

上一时刻的输出值 h_{t-1} 和上一时刻的单元状态 C_{t-1}。LSTM 通过"门"向神经元添加或删除信息，对信息进行选择性通过。"门"也就是一层全连接层，LSTM 具有三个门，分别为遗忘门、输入门和输出门。遗忘门的作用是确定当前要删除的信息，决定上一时刻的单元状态 C_{t-1} 有多少保留到当前时刻的状态 C_t。遗忘门由一个 sigmoid 层和向量点乘组成。由于 sigmoid 函数值在 0 到 1 之间，因此输出 0 代表完全丢弃上一个神经元信息，输出 1 代表全部保留。输入门 i_t 决定了单元状态下存储的信息，即当前输入中有多少保存到单元状态。输出门用来控制当前时刻单元状态 C_t 有多少输出到当前输出值。当训练网络时，细胞根据序列中的上下文信息学习存储、输出或忘记值。存储单元的结构不会受到输入数据指数级消失或爆炸的影响。

当前计算机视觉主要有几个方向：图像分类、目标检测和识别、图像分割等[36]。下面分别介绍不同方向较为经典的智能识别技术。

1. 图像分类

图像分类是对一个图像进行分类，如犬、苹果、人脸。更准确地说，它能够准确地预测给定图像属于某个类别。传统的图像分类通过人为给定图像属性（如猫有尾巴和胡须）来区分图像，而基于深度学习的图像分类通过从上传的数百万张图像中学习图像，从而给出判断。

（1）AlexNet

2012 年被誉为"深度学习教父"的 Hinton 及其学生 Krizhevsky[29]提出卷积神经网络 AlexNet，从此 CNN 被广泛研究。AlexNet 的网络结构由 8 层组成，包括 5 层卷积层和 3 层全连接层。激活函数用于帮助网络学习数据的复杂模式，常用的非线性激活函数如表 3-3-1 所示。AlexNet 中使用非饱和的 ReLU 激活函数代替了常用的 tanh 和 sigmoid 函数，获得了更好的训练性能。ReLU 是一个分段线性函数，可以避免因为神经网络层数过深或梯度过小而导致梯度消失的问题，同时不要求对输入归一化。另外 ReLU 会使部分神经元的输出为 0，使网络变得稀疏，从而缓解过拟合的问题。在卷积第 1、2 层后

表 3-3-1　常用的非线性激活函数

激活函数	表达式	函数曲线
sigmoid	$f(x)=\dfrac{1}{1+e^{-x}}$	
tanh	$f(x)=\dfrac{2}{1+e^{-2x}}-1$	

激活函数	表达式	函数曲线
ReLU	$f(x)=\begin{cases}0, & x\leqslant 0\\ x, & x>0\end{cases}$	
Leaky ReLU	$f(x)=\begin{cases}\alpha x, & x\leqslant 0\\ x, & x>0\end{cases}$	

使用局部响应归一化（local response normalization，LRN）进行处理。LRN 的思想来源于生物神经系统中被激活的神经元抑制相邻神经元的侧抑制（lateral inhibition）机制。LRN 为局部神经元的活动创建竞争机制，使得响应较大的值变得相对更大，从而抑制其他反馈较小的神经元，提高了模型的泛化能力。在局部响应归一化层后和第 5 层卷积层使用池化层，池化层采用的是最大池化和重叠池化（overlapping pooling）。最大池化和平均池化相比，更能保留重要的特征。重叠池化指相邻池化窗口之间有重叠部分，相比于不重叠的一般池化，重叠池化能重复检视特征，避免重要的特征被舍弃掉，从而提高精度，同时在一定程度上缓解过拟合的问题。

（2）VGGNet

AlexNet 表明模型的深度对于提高性能至关重要，之后提出了类似于 AlexNet 架构的网络。2014 年，牛津大学计算机视觉组的 Simonyan 和 Zisserman[37]提出了 VGGNet，该网络深度有 16~19 层，相当于 AlexNet 的网络深化版。VGG 的结构简单，以 VGG-16 为例，网络由 13 个卷积层和 3 个全连接层两部分组成。它通过用多个连续的 3×3 大小的卷积核代替 AlexNet 中的大卷积核（AlexNet 第 1 和第 2 个卷积层的卷积核大小分别为 11 和 5），在保证具有相同感受野的条件下提升了网络的深度，同时小卷积核相比大卷积核参数更少。堆积的卷积层能够保证网络学习更复杂的模型。VGG 中采用更小的池化核，用 2×2 的池化核代替了 AlexNet 中 3×3 的池化核，更小的池化核能捕捉更多细节信息。VGG 说明了通过不断加深网络结构可以提升性能，但同时 VGG 使用了更多的参数，导致占用更多内存。

（3）GoogLeNet 系列

为了进一步提高神经网络的性能，最直接的方法是增加网络的深度和广度，但这会导致参数增加引起的计算量增大以及训练集有限导致的梯度扩散或过度拟合的问题。谷歌公司在 2014 年提出了 GoogLeNet[38]，一种基于 Inception 模块的深度神经网络模型。Inception 模块将多个不同内核大小的卷积（3×3，5×5，1×1）和池化组装成一个网络模块，用来提取不同尺度的特征。但是这种结构会导致参数太多，特征图的厚度很大。因此在 3×3 和 5×5 卷积之前采用 1×1 的卷积核进行降维，如图 3-3-2 所示。GoogLeNet 架构解决了大型网络面临的大部分问题，它的层数有 22 层，但参数只有 500 万个，远小于 AlexNet（约 6000 万个参数），相当于 VGG 的 1/12。

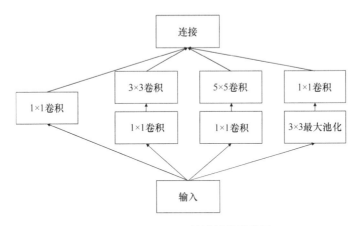

图 3-3-2　Inception 算法模块结构图

　　GoogLeNet 在随后几年的不断改进中，又形成了 GoogLeNet v2、GoogLeNet v3、GoogLeNet v4 等版本。GoogLeNet v2 修改了 Inception 的内部计算逻辑，提出可以用 2 个连续的 3×3 卷积层组成的小网络来代替单个的 5×5 卷积层，用两个 3×1 卷积核代替 3×3 核。这种方法在保持感受野范围的同时又减少了参数量，却不会降低准确度。另外，GoogLeNet v2 提出了批量归一化（batch normalization，BN）的方法，用于减少内部协变量偏移来稳定训练。内部协变量偏移指在神经网络的训练中，每层输入的分布在训练过程中随着前一层的参数发生变化而变化的现象，导致训练深度神经网络非常复杂。BN 将标准化作为模型架构的一部分，为每个训练小批量执行标准化，这种标准化操作可以对每一层输入进行，使得神经网络训练过程中的每次输入服从同一分布。使用 BN 后，梯度变得平缓，从而允许使用更高的学习率，且不需要谨慎选择初始化参数。只需要原先迭代次数的 1/14 就能达到相同的准确率，训练时间大大缩短。BN 还使模型具有正则化效果，在某些情况下消除了 Dropout 的需要，简化了网络结构。

　　GoogLeNet v3 引入了卷积分解的概念，将 7×7 卷积核分解为 7×1 和 1×7 卷积核，3×3 卷积核分解为 3×1 和 1×3 卷积核，加深了网络深度，减少了参数。传统的池化方法存在信息表征瓶颈（representational bottleneck）的问题，也就是导致特征信息变少。GoogLeNet v3 中尝试了新的池化层设计，采用卷积和池化并行执行再合并的方式，保持特征表示的同时降低计算量。除此之外，GoogLeNet v3 还采用标签平滑的方法，提高网络的泛化能力。传统独热（one-hot）标签编码方式认为目标类别的概率为 1，非目标类别的概率趋近于 0。当训练样本不足时，容易导致过拟合，网络泛化能力差。标签平滑假设标签可能存在错误，通过设置一个错误率调整目标类别和非目标类别的概率，相当于在输出中加入了噪声，避免了模型对于正确标签过于自信，从而降低过拟合。GoogLeNet v4 是基于 GoogLeNet v3 的，并借鉴了 ResNet 的思想，将 Inception 结构与残差连接相结合，加速了网络的训练。

（4）ResNet 系列

从提出 AlexNet 以来，网络结构不断加深，让研究者认识到了网络深度的重要性。然而，不能通过简单地将层堆叠在一起来实现网络深度的增加。由于梯度反向传播到较早的层，重复乘法可能会使梯度无限小从而产生梯度消失，导致网络的训练变得困难。归一化初始和各层输入归一化在很大程度上解决了梯度消失问题。然而，随着网络深度的增加，网络的性能变得饱和甚至开始迅速下降。

2015 年，微软亚洲研究院的何恺明等[39]提出的 ResNet 深度残差网络通过使用残差结构来解决这个问题。残差结构使用对层之间的跳跃连接，将前一层的输出添加到当前层，网络用残差代替原始数据层，如图 3-3-3a 所示。假设某一层网络的输入为 x 时，输出为 H(x)，而残差网络希望学习到残差 F(x)=H(x)–x，则原始输出可表示为 H(x)=F(x)+x。当残差为 0 时，相当于做了恒等映射（输出等于输入），此时网络性能不会降低，且比通过一堆非线性层来表示恒等映射更容易。结果表明这些残差网络更容易优化，并且可以显著增加网络深度。深度高达 152 层的 ResNet 比 VGG 网络深 8 倍，但仍然具有较低的复杂性。随着 ResNet 在研究界越来越受欢迎，它的架构得到了大量研究。2016 年提出的 ResNet v2[40]在 ResNet v1 的基础上，通过改变归一化层、池化层和卷积层的顺序，发现了一组性能更好的残差结构，如图 3-3-3b 所示。

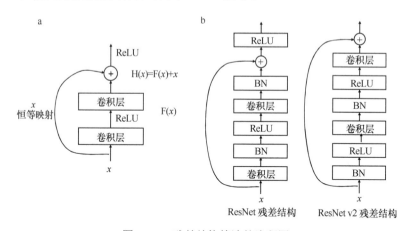

图 3-3-3　残差结构算法的流程图
（a）残差结构原理；（b）ResNet 残差结构（左）和 ResNet v2 残差结构（右）

2016 年提出的 ResNeXt[41]借鉴 GoogLeNet 的思想，将 ResNet 与 Inception 相结合，设计产生了一个简单的同构多分支的架构。Inception 存在人为设计针对性较强、可扩展能力差的问题，当适应新的数据集或任务时，需要修改许多超参数。ResNeXt 借鉴了 Inception 的分裂-变换-合并（split-transform-merge）策略，引入了一个简单而有效的超参数：基数（cardinality），代表独立路径的数量。通过调整该参数，可以调整模型容量。与 Inception 相比，ResNeXt 每个合并的拓扑结构都是相同的，这种新颖的架构更容易适应新的数据集/任务，因为它具有简单的范式，并且只有一个超参数需要调整，而 Inception

有许多超参数（如每个路径的卷积层）需要调整。结果表明，增加基数能够提高分类精度，甚至比增加深度和宽度更有效。

康奈尔大学计算机系的 Huang 等[42]提出了一种称为 DenseNet 的新型架构，脱离了类似于 GoogLeNet 一样的加宽网络结构或 ResNet 一样加深网络层数的思维定式。ResNet 只使用对层之间的跳跃连接，而 DenseNet 为了保证网络中层与层之间最大程度的信息传输，每一层的输入由所有先前层的特征图组成，其输出传递到每个后续层。DenseNet 减轻了梯度消失，加强了特征传播，鼓励特征重用，并大幅减少参数数量。DenseNet 已经被证明比 ResNet 表现得更好，同时需要学习的参数更少。

（5）SENet

SENet（Squeeze-and-Excitation Networks）是国内自动驾驶创业公司 Momenta 的高级研发工程师胡杰等[43]在 2017 年提出的。胡杰提出了一个新的架构单元，称为 "Squeeze-and-Excitation"（SE）块。SE 模块主要用于卷积层的权重分配，它通过对通道之间的相互依赖性进行建模，自动学习到不同通道的权值，从而自适应地重新校准通道特征响应，这种注意力机制让模型关注信息量较大的通道，抑制了对当前任务无用的特征。SE 模块不仅仅局限于某些特殊的网络结构，它还具有很强的泛化性，可以嵌入现有的网络架构中，如 ResNeXt、BN-Inception、Inception-ResNet-v2 等。

2. 目标检测和识别

目标检测的主要任务是对数字图像中单个或多个感兴趣目标的识别和定位，人们对包含目标的训练图像进行处理，提取稳定、唯一的特征或特定的抽象语义信息特征，然后对这些可识别的特征进行匹配或使用分类算法对每个类别给出置信度进行分类[44]，常用的目标检测算法如图 3-3-4 所示。

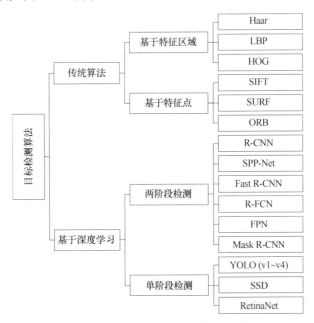

图 3-3-4　常用的目标检测算法流程图

20 世纪 90 年代，出现了许多有效的传统目标检测算法。它们主要利用特征提取算法提取图像特征，然后结合模板匹配算法或分类器进行目标识别。特征描述算法又被称为特征描述子，可分为两类：基于特征区域和基于特征点。基于特征区域的特征算法模型是通过选择合适的检测帧或特征模板得到的容易区分的特征向量，常用的包括 Haar 特征、局部二值模式（local binary pattern，LBP）、方向梯度直方图（histogram of oriented gradient，HOG）等。Haar 特征描述的是图像在局部范围内像素值明暗变换信息；LBP 描述的是图像的局部纹理特征；HOG 描述的是图像在局部范围内对应的形状边缘梯度信息。

另一类特征描述子基于特征点，包括点的位置和点的特征描述，也就是将点和相邻像素之间的关系用一组向量来描述。每个特征具有独特的模式，从而使它们能够有效识别以进行匹配[45]。常见的算法包括尺度不变特征变换（scale invariant feature transform，SIFT）[46]、加速稳健特征（speeded up robust feature，SURF）[47]、ORB（oriented FAST and rotated BRIEF）[48]等。SIFT 是最著名的特征检测描述算法，通过高斯差分算子搜索局部极值点，并识别具有尺度和旋转不变性的特征点。SURF 是对 SIFT 算法的改进，基于黑塞矩阵（Hessian 矩阵）利用积分图像来提高特征检测速度，计算成本比 SIFT 低。ORB 采用加速段测试的特征方法（feature from accelerated segment test，FAST）来检测提取特征，采用二进制稳健独立基本特征（binary robust independent elementary feature，BRIEF）方法计算特征描述子。由于 FAST 特征本身是不具有方向性的，因此在 ORB 特征中添加对特征方向的计算；另外，BRIEF 描述方法在旋转不变性方面表现不佳，因此对 BRIEF 进行了改进，根据特征点方向使得描述子具有旋转不变性。分类匹配方法有很多，可以分为相似度模型（如 KNN）、概率模型［如贝叶斯（Bayes）模型］、线性模型［如支持向量机（SVM）］、非线性模型（如决策树）、集成分类器（如 AdaBoost）等。

然而，传统的算法由于缺乏强大的语义信息和复杂的计算，在发展中遇到了瓶颈。深度学习网络的发展，开启了目标检测发展的新阶段。目前，基于深度学习的目标检测算法主要分为两阶段（two-stage）检测和单阶段（one-stage）检测。两阶段检测分为候选区域生成和对候选区域进行目标分类识别两个阶段，主要算法包括 R-CNN、SPP-Net、Fast R-CNN、Faster R-CNN 等。两阶段检测模型准确率和定位精度较高，但需要额外训练生成候选区域，增加了计算复杂度，速度相对较慢，模型难以实现实时检测。单阶段检测将目标边框检测问题转化为回归问题，图像只需要输入一个网络，输出的结果同时包含位置和类别信息，主要的算法包括 SSD、YOLO 等。单阶段模型大大提高了计算速度，并且可以实时检测，但检测精度相对较低。

（1）两阶段检测

目标检测任务包含图像识别和目标定位，也就是识别感兴趣的物体并标注其在图中的位置。此时，感兴趣的目标仅仅覆盖了输入图像中的一小块区域，即检测图像中的子区域。一种思路是使用不同大小的滑动窗口遍历整张图像并输入 CNN 中，依次判断所有可能的区域。然而，这种基于滑动窗口的遍历检测方法需要分析所有可能的滑动窗口，大量的计算导致网络耗时，因此采用候选框对感兴趣的区域进行初始定位，然后对每个候选区域进行检测，可以大大降低网络计算复杂度。选择性搜索算法是一种选定候选框的方法，首先通过颜色、纹理、形状或者大小等对图像进行过度分割，形成小的候选框。进一步对相似度最大的区域进行合并，并将新区域的边界添加到候选列表中，重复合并操作直到整个图像变为一个区域。最终候选列表中的候选框用于目标识别。选择性搜索算法的计算速度快且具有很高的召回率（recall）。

召回率是目标检测算法中常用的指标，它通过计算被正确识别为正样本的样例占所有正样本样例的比例（如被正确识别为猫的个数占样本集中所有真实猫的个数），即"找的全"的比例，反映模型找出所有真正边界框的能力。与召回率相对的是精准率（precision），是计算所有检测中正样本被预测正确的占比（如所有被识别为猫的图片中，真正是猫的图片所占的比例），即"找的对"的比例，反映了模型识别相关对象的能力。一个完美的目标检测器应该具有高召回率和高精准率。

2014 年，美国加利福尼亚大学伯克利分校的 Girshick 等[49]基于以上思路提出了一种基于卷积网络的目标检测模型 R-CNN，该模型是首个开创性地将深度神经网络应用到目标检测的算法，其精度和稳定性大大超过了传统的目标检测算法。R-CNN 模型算法可分为 4 个步骤：候选框生成、特征提取、分类判断、位置修正。首先使用选择性搜索算法对每张图像提取 1000~2000 个候选框，由于候选区域的尺寸大小不同，而后续特征提取阶段全连接层的输入维度必须固定，网络的输入也必须固定，因此需要对图片进行缩放，使其大小统一。对缩放后的候选框采用 CNN 进行特征提取，Girshick 采用了 AlexNet 网络用于特征提取。根据提取的特征使用 SVM 对候选框进行分类预测。最后一步使用回归方法对区域框进行修正。

R-CNN 存在一些问题：①步骤烦琐。R-CNN 的训练分成 4 个阶段，每个阶段都是相互独立训练的。②时间和空间需求大。候选区域生成阶段对每张图片提取了 1000~2000 个候选区域，并对每个区域都进行了 CNN 的特征提取操作，这种重复卷积计算大大增加了计算量。分类阶段和回归阶段的输入是通过 CNN 获得的特征，这些特征需要保存在磁盘上，再在训练时重新读入。这都需要耗费大量的时间和内存空间。③候选区域生成后需要对图片进行缩放以满足 CNN 输入要求，而人为的缩放过程会导致图像信息的丢失和变形，降低了图像的识别精度。

针对以上问题，研究人员在 R-CNN 的基础上做出了改进。2014 年，微软亚洲研究院的何恺明等[50]提出了 SPP-Net。他提出在最后一层卷积层后用一个空间金字塔池化层（spatial pyramid pooling，SPP）代替普通池化层，如图 3-3-5 所示。SPP 以不同大小的块（池化框）来提取特征，如将特征图分为 4×4、2×2、1×1 的块，对每块进行池化操作提取一个特征，则共能生成 21 组特征。利用这种方法，可以生成任意维数的特征向量，消除了对网络输入图片固定大小的要求。与 R-CNN 相同，SPP-Net 首先采用选择性搜索算法搜索出候选区域，然后对整幅图像运行一次卷积操作提取特征。通过使用共享的特征卷积层避免了对候选区域的重复卷积操作，减少了卷积次数，大大减少了计算量。进一步找到候选区域在特征图上的映射，并将此映射作为候选区域的特征，再输入 SPP 层。通过多尺度的池化，每个特征区域都生成相同大小的特征向量，最后利用分类器进行分类。在 Pascal VOC 2007 数据集上运行的结果表明，SPP-Net 计算卷积的速度比

R-CNN 快 30～170 倍。

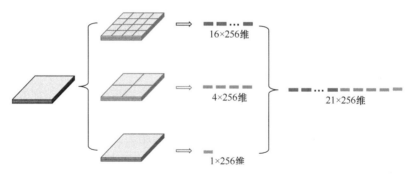

图 3-3-5　SPP 算法的结构图

2015 年，在微软亚洲研究院工作的 Girshick[51]在先前的基础上，提出了 Fast R-CNN。Fast R-CNN 使用 ROI 池化层（单层的 SPP 层）代替 SPP 层，将 SPP-Net 中的多尺度池化简化为单尺度。分类器采用 softmax 代替了 R-CNN 中的 SVM，并将原来 R-CNN 中串行的分类任务和边框回归任务合并为一个多任务模型，使得训练可以一次性完成。这种方式不需要额外的磁盘存储，大大节省了时间和空间，为网络后续的发展奠定了基础。Fast R-CNN 使用 VGG-16 处理图像的训练速度比 R-CNN 快 9 倍，比 SPP-Net 快 3 倍，测试速度比 R-CNN 快 213 倍，比 SPP-Net 快 10 倍。

Fast R-CNN 仍然使用选择性搜索算法获得候选区域，影响算法的运行时间。为了解决这个问题，2015 年，微软亚洲研究院的任少卿等[52]提出了 Faster R-CNN，该算法使用区域生成网络（region proposal network，RPN）代替选择性搜索算法用于获取候选区域，主干网络仍采用 Fast R-CNN，RPN 与 Fast R-CNN 共享卷积特征。RPN 是一种全卷积网络，它可以同时预测每个位置的目标边界和目标得分。首先在特征图上使用滑动窗口获取候选区域，滑动窗口使用不同比例和面积的边界框（称为锚框），包括 2∶1、1∶1、1∶2 三种不同比例和 128^2、256^2、512^2 三种面积共 9 种。进一步对锚框进行分类和回归，判断候选区域是前景或背景以及确定候选框的位置。使用 RPN 层来生成候选框，能极大地提升候选框的生成速度。最后将 RPN 生成的候选区域送入 Fast R-CNN 进行物体种类判断和边框回归。Faster R-CNN 训练网络是端到端网络，实现了大部分计算的共享，具有较高的检测精度和抗干扰能力。

在分类任务中，需要当目标在图片中位置移动时仍能很好地识别对应的目标物体类别，即平移不变性；而在定位任务中，需要当目标移动时也能准确检测目标所在位置，即平移可变性。为了解决图像分类中的平移不变性和目标检测中的平移可变性之间的矛盾，2016 年，微软亚洲研究院的代季峰[53]等提出 R-FCN 通过添加位置敏感得分图（position-sensitive score map）来解决这个问题。R-FCN 采用全卷积（ResNet）和 RPN 相结合的结构，几乎所有计算都在整个图像上共享，减少了计算量。首先输入图像，经过全卷积网络，在最后一个卷积层后添加位置敏感得分图。位置敏感得分图是一层卷积层，其通道个数为 k^2（C+1），其中 C+1 代表物体类别个数与 1 个背景类别，将每一张图分割为 $k×k$ 个子部位，由此可以得到 $k×k$ 个分数图，每个分数图上得分最高的子部位不同，也就是每一个分数图可以用来描述该部位出现在该位置的可能性。通过位置敏感 ROI 池化操作计算各个类别在每个得分图上各个子部位的得分，每一类所有子部位的得分相加后可以获得属于该类的得分，最终能获得 $C+1$ 个得分，用于确定该图像类别。同理，在回归任务中需要确定目标位置，也就是坐标值和长、宽共 4 个变量，因此需要构造一个用于回归的得分图，其通道个数为 $4k^2$，经过位置敏感池化操作得到 4 个值。

识别不同尺度的物体是计算机视觉的一个基本挑战。针对这个问题，有以下几种解决方案：①利用图像金字塔来构建特征金字塔，在每个不同尺度的图像上独立计算特征。这种方法的缺点是计算缓慢，需要大量内存。②只使用单一最后一层的特征来进行更快的检测，如 Faster R-CNN 等。这种方法的缺点是只关注高层的语义信息而忽略了其他层的特征。③类似于 SSD 模型采用的多尺度特征融合方法，同时考虑低层和高层特征，并在不同层进行预测。然而，SSD 放弃低层次的层，从网络较高的位置开始构建金字塔。因此，SSD 没有充分利用高分辨率特征图，而这些低层的特征对于检测小物体很重要。

针对以上几种方法的缺点，2016 年，Facebook AI 研究院的 Lin 等[54]提出了特征金字塔网络（feature pyramid network，FPN）。它是一种通过自上而下路径和横向连接将低分辨率、语义强的特征与高分辨率、语义弱的特征结合起来的架构。首先自下而上路径是网络的前向过程，在这个过程中获得特征图。自上而下路径将语义更强大的特征图进行上采样来产生具有更高分辨率的特征。每个横向连接合并来自自底向上路径和自顶向下路径的相同空间大小的特征图。FPN 构建了一个多尺度的特征表示图，其中所有尺度的特征图都具有高级语义，它可以作为一个通用的特征提取器与其他网络结合。结果表明，FPN 可以提升小目标的检测效果。

Facebook AI 研究院的何恺明等[55]在 2017 年提出了 Mask R-CNN，Mask R-CNN 是在 Faster R-CNN 基础上开发的。Mask R-CNN 在结构上与 Faster R-CNN 相似。它是一个灵活的多任务检测框架，很容易推广到其他任务，完成目标检测、目标实例分割和目标关键点检测。Mask R-CNN 在 Faster R-CNN 的基础上通过添加一个分支来与现有的边界框识别分支并行预测对象掩码。由于引入了掩码层，网络可以处理分割任务和关键点任务。

（2）单阶段检测

YOLO 是 You Only Look Once 的缩写，含义是神经网络只需要看一次图片，就能输出结果。2015 年，华盛顿大学的 Redmon 等[56]提出了 YOLO v1 算法，这是最早提出的单阶段检测方法，它舍弃了两阶段检测中候选区域生成步骤，直接使用一个单独的 CNN 网络，因此速度较快，可以实时检测。YOLO v1 以整幅图像为输入，将目标检测任务转化为回归任务，同时预测边界框和类别。YOLO 网络将图像划分为多个单元格，每个单元格有 B 个边界框，因此需要预测边界框（边界框的中心坐标 x、y，边界框的宽和高）、边界框的置信度。除此之外，还要预测 C 个类别概率值。因此，对于每个单元格，需要预测 $B\times5+C$ 个值，如图 3-3-6 所示。除此之外，它在训练和测试时对整个图像进行卷积操作，因此它的预测是根据图像中的全局上下文信息提供的，与 Fast R-CNN 相比，YOLO v1 对背景的预测误判率较低。YOLO v1 也存在一些问题，当单元格内存在多个小物体时无法检测出所有物体；网络的损失函数对于不同大小的边框损失权重相同，这导致了小边框引起的误差会影响最终物体检测的定位准确性。另外，由于采用网络输出层为全连接层，因此输入的图像尺寸需要固定。

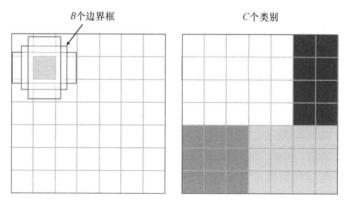

B个边界框   C个类别

图 3-3-6   YOLO v1 算法步骤示意图

YOLO v2 使用 Darknet-19 作为主干、批量归一化与使用高分辨率分类器以及使用锚框来预测边界框等，预测更准确、速度更快、识别对象类别更多，消除了对输入图片大小的限制。YOLO v2 引入转移层，也就是将最后一层池化层前的特征图处理后直接传递到池化层后，与池化后的特征图叠加作为输出，以此获得更多细粒度特征，提高小目标检测能力。YOLO v3 使用 Darknet-53 替代 Darknet-19，增加了类似于 ResNet 中的跳跃连接和 FPN 网络结构，加深了网络层数，且比 ResNet-101 或 ResNet-152 等主干网络更高效。YOLO v3 加入多尺度融合检测，不仅在 3 个尺度的每个特征图上分别独立做预测，同时也将小特征图上采样到与大的特征图相同大小，再与大的特征图拼接做进一步预测。除此之外，使用多标签方法允许类别更具体且对于单个边界框可以具有多个类别。曾经参与 YOLO 项目维护的 Alexey 等于 2020 年提出的 YOLO v4，在传统 YOLO 系列的框架上，从数据处理、骨干网络、网络训练、激活功能、损失功能等方面采用了近年来 CNN 领域的最佳优化策略，各个方面都得到了不同程度的优化。

北卡罗来纳大学教堂山分校的 Liu 等[57]在 2015 年提出了 SSD 网络模型，该模型结合了 YOLO 和 Faster R-CNN。针对 YOLO v1 目标检测帧定位不准确和小目标检测差的问题，SSD 提出了两种改进：①SSD 采用多尺度融合来提高检测精度。由于浅层的特征图包含了丰富的空间细节，适合预测小目标对象；而较深的特征图包含高度抽象语义信息，适合预测大目标对象。通过在不同尺度的特征图上进行预测，SSD 能够对不同尺寸的物体有更好的检测结果。②SSD 使用了与 Faster R-CNN 相似的锚点（不同长宽比和不同大小的候选框），在一定程度上解决了 YOLO v1 算法定位不准确和定位小目标困难的问题。与 Faster R-CNN 产生锚点以用于初步分类和回归，进一步使用 RPN 层生成候选框得到最终的物体种类判断结果和边框回归结果不同，SSD 在不同尺度的特征图上生成锚点，将这些锚点结合起来，使用非极大值抑制的技术得到最终的检测结果。

2018 年，由 Facebook AI 研究院的 Lin 等[58]提出了 RetinaNet 模型。单阶段目标检测在训练过程中会遇到前景和背景类别不平衡的问题，通常背景（负样本）比目标（正样本）多得多。这种类别的不平衡问题会导致最终计算出的训练损失占绝对多数的为包含少量信息的负样本，而提供的关键信息一些正样本不能发挥正常的作用。RetinaNet 提出采用焦点损失（focal loss）来解决这种类别不平衡问题，焦点损失在标准交叉熵损失的基础上进行修改，降低分配给容易分类示例的损失的权重，更多注意力放在难分、分类错误的示例上，从而提高目标检测精度。

3. 图像分割

图像分割是图像处理和计算机视觉领域的一个重要研究领域。图像分割将属于同一对象类的图像部分聚类在一起，它是一种像素级预测，对图像中每个像素根据类别进行分类。当前图像分割包括两类：语义分割和实例分割[59]。语义分割指对属于特定标签的每个像素进行分类的过程，它在同一对象的不同实例之间没有区别。例如，图像中有 2 只猫，则语义分割为两只猫的所有像素赋予相同的标签。实例分割进一步扩展了语义分割的范围，它与语义分割的不同之处在于它为图像中特定对象的每个实例提供了唯一的标签。与上面的例子相同，如果图像中有 2 只猫，则 2 只猫被分配了不同的颜色，即不同的标签。图像分割在场景理解、医学图像分析、机器人感知、视频监控等领域被广泛应用。

（1）基于全卷积网络的模型

2014 年，美国加利福尼亚大学伯克利分校的 Long 等[60]提出了全卷积网络（fully convolutional network，FCN），首次将深度学习方法用于图像语义分割。通常的 CNN 网络在卷积层之后会连接若干个全连接层，用于分类和回归任务。FCN 是一种特殊类型的 CNN，它将所有全连接层替换为全卷积层，这使它能够输入任意大小的图像。FCN 通过反卷积对最后一个卷积层的特征图进行上采样，使其恢复到与输入图像的尺寸相同，从而能够对每一个像素进行分类判别。上采样过程导致信息损失过多，结果不够精细。为了解决这一问题，FCN 使用了跳级连接的方式，结合了高层的高级抽象的语义信息以及低层的外观和位置信息，从而产生准确、精细的分割。FCN 实现了端到端、像素到像素的语义分割训练，被认为是图像分割的里程碑。然而，FCN 模型仍存在一定的局限性，如不能有效地考虑全局上下文信息。

（2）基于编码器-解码器架构的模型

2015 年，英国剑桥大学的 Badrinarayanan 等[61]提出了一种用于图像分割的卷积编码器-解码器架构 SegNet。与反卷积网络类似，SegNet 由一个编码器网络、一个相应的解码器网络以及一个像素级分类层组成。编码器网络的架构在拓扑上与 VGG-16 网络中的 13 个卷积层相同，卷积层的空间尺寸减小。解码器网络的作用是将低分辨率编码器的特征图映射到全输入分辨率特征图，以进行像素级分类。解码器将编码器的输出数据作为输入，并应用一组卷积层，将数据放大到与原始输入图像相同的大小。SegNet 的主要新颖之处在于解码器对其较低分辨率的输入特征图进行上采样；具体来说，解码器使用在相应编码器的最大池化步骤中计算的池化索引来执行非线性上采样，消除了学习上采样的需要。上采样的地图是稀疏的，然后与可训练的过滤器进行卷积以生成密集的特征地图。与其他架构相比，SegNet 在可训练参数的数量上更小。

德国弗赖堡大学的 Ronneberger 等[62]提出了 U-Net 用于生物显微镜图像分割。他们的网络和训练策略依赖于使用数据增强，从很少的注释图像有效地学习。U-Net 体系结构包括两部分：捕获上下文的压缩路径，以及实现精确定位的对称扩展路径。下采样或收缩部分有一个类似 FCN 的架构，用 3×3 卷积提取特征。向上采样或扩展部分使用上卷积（或反卷积），减少了特征图的数量，同时增加了它们的维度。将网络的下采样部分的特征映射复制到上采样部分，以避免模式信息丢失。最后，对特征图进行 1×1 卷积处理，生成对每个特征图进行分类的分割图。

V-Net 是另一种广为人知的基于全卷积的网络，由慕尼黑工业大学（TUM）的 Milletari 等[63]提出，用于 3D 医学图像分割。在模型训练中，他们引入了一种新的基于 Dice 系数的目标函数，使模型能够处理前景和背景中体素数量之间存在严重不平衡的情况。该网络被应用在前列腺 MRI 上进行端到端训练，并学习对整个体积的分割进行一次性预测。

（3）DeepLab 系列

DeepLab 系列（DeepLab v1[64]、DeepLab v2[65]、DeepLab v3[66]和 DeepLab v3+[67]）是谷歌公司的 Chen 等开发的图像分割方法，结合了深度卷积神经网络和概率图模型。标准的深度卷积神经网络的两个主要问题为：①重复使用最大池化和下采样导致分辨率降低；②网络用于分类决策需要空间不变性，导致空间定位的准确性降低。为了解决这两个问题，DeepLab v1 使用了空洞卷积（dilated/atrous convolution）和完全连接的条件随机场（conditional random field，CRF）。空洞卷积利用添加空洞在不增加参数数量的同时有效地扩大感受野，从而不需要下采样，空洞卷积原理如图 3-3-7 所示。它具有一个参数扩张率（dilation rate），指卷积核各点之前的间隔数量。CRF 经常用于像素级的标签预测，把像素的标签作为随机变量，像素与像素间的关系作为边，即构成了一个条件随机场。CRF 尝试找到图像像素之间的关系，增强了模型捕捉细节的能力。

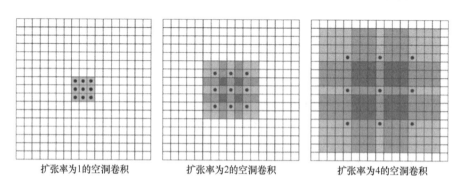

扩张率为1的空洞卷积　　扩张率为2的空洞卷积　　扩张率为4的空洞卷积

图 3-3-7　3×3 卷积核在不同扩张率的空洞卷积下的感受野

DeepLab v2 同样采用了空洞卷积和 CRF，不同的是，它使用空洞空间金字塔池化（atrous spatial pyramid pooling，ASPP）将 DeepLab v1 中的串行空洞卷积改为了并行。

ASPP 对输入的卷积特征层使用多个不同采样率的空洞卷积，从而在多个尺度上捕获对象和图像上下文。DeepLab v3 结合了空洞卷积的级联模块和并行模块，在 ASPP 模块中应用了 BN 层，并将其中的 3×3 卷积改为 1×1 卷积并增加了全局池化。最终所有分支的特征拼接在一起，再用 1×1 卷积将通道数降到输入特征相同的数量。DeepLab v3+对 DeepLab v3 进行了扩展，将 DeepLab v3 框架作为编码器并增加了解码器，使结构变成了编码器-解码器架构，从而获得更清晰的对象边界。

3.3.2　智能机器人视觉感知

机器人技术是一个快速发展的研究领域，广泛应用于智能生产系统、网络物理系统、智能家居等各个领域。机器人能够检查它们的环境，并对变化、差异和不可预见的情况做出独立的反应。机器人视觉对于机器人来说是必不可少的，与纯计算机视觉研究不同，机器人视觉属于多学科交叉领域，涉及神经生理学、仿生学、控制科学和计算机科学等，因此必须将机器人技术的各个方面纳入其技术和算法中，如运动学、参考系校准和机器人对环境产生物理影响的能力等。

机器人视觉涉及使用相机硬件和计算机算法的组合，使机器人能够处理来自世界的视觉数据。机器人视觉系统由一个或多个摄像头、专用照明、软件和一个或多个机器人组成。它的工作过程可以分为三个部分：图像捕捉、图像处理、连接和响应。通过固定在环境中或安装在机器人上的摄像机捕捉进入机器人工作区的物体。摄像机将从计算出的距离开始捕捉视觉数据。之后，机器将分析图像并对其进行增强以产生清晰的图片。图片经过进一步处理后，机器人根据设定的要求执行相应的动作。

1. 目标检测

目标检测是机器人的一项基本能力，它使机器人能够执行与现实世界中的对象实例交互的任务。当前机器人目标检测的应用场景主要包括自动驾驶和室内应用[68]。室内应用的场景通常是混乱的，许多对象之间相互遮挡。而自动驾驶场景需要面对困难天气条件，包括雨、雪、雾等。自动驾驶场景中物体之间也会相互遮挡，但是由于观察到的汽车、行人、交通灯等物体不会在纵向维度上相互叠加，因此可以通过场景的鸟瞰图投影等技术弥补互相遮挡的影响。3D 空间内的目标检测是利用传感器获取的输入，输出传感器视场内所有相关物体的三维边界框和相应的类标签。3D 边界框通常使用一组参数 (x, y, z, h, w, l, c) 来描述，其中 (x, y, z) 代表的是 3D 边界框中心的坐标，(h, w, l) 分别是边界框的高度、宽度和长度，c 代表类别。根据数据来源的不同表示方法，获取 3D 边界框的方法可分为基于 2D 图像特征的方法和基于点云的方法。第一种方法通常先检测 2D 候选对象，然后预测对象的 3D 边界框。随着相机的不断发展，3D 传感器如 RGB-D 相机、激光探测与测量（light detection and ranging，LiDAR，激光雷达）的可用性不断提高，机器人目标检测的训练数据范围从 RGB 图像发展到深度图像。三维几何数据通常采用点云或多边形网格的表示方式，相对于二维数据，其额外维度提供了丰富的空间信息能够用于直观地进行有用的分割。3D 点云是一种具有无组织空间结构的向量空间的点集,传达了环境点空间分布和物体表面特征信息。点云包括每个点在三维坐标系内的坐标、RGB 颜色强度等参数。

(1)基于 2D 图像特征

基于 2D 图像特征的方法可以采用计算机视觉一节中所描述的目标检测算法。早期的一些物体检测方法基于手动的 2D 描述符来训练分类器,描述符包括 SIFT、SURF 等,分类器如支持向量机、AdaBoost 等。然而由于手动描述符的局限性,这些分类器表现出的性能有限。近年来,深度学习开始主导图像相关的任务。这些深度学习方法可以分为两阶段方法和单阶段方法。两阶段方法的代表算法包括 R-CNN、Fast R-CNN 等。单阶段方法包括 YOLO、SSD 等。当前用于对象检测和分类的最先进的方法是两阶段检测,也就是使用 DNN 对生成候选区域进行分类,从而使系统能够检测数千种不同的对象类别。

然而,在机器人中应用 DNN 进行目标检测和表征的主要挑战之一是实时操作。一般情况下,基于 DNN 的通用目标检测和分类方法在大多数机器人平台上都不能实时运行。一种解决方法是通过使用任务相关的方法为有限数量的可能对象类别生成少量、快速和高质量的候选框来解决。这些方法基于使用其他信息源来分割对象(深度信息、运动、颜色等),或使用特定、非通用的弱探测器来生成所需的候选框。

深度信息可用于增强目标分割,一些研究者使用 RGB-D 相机来提取深度信息。德国波恩大学的 Schwarz 等[69]基于 RGB-D 图像进行目标识别,他们对深度卷积神经网络进行迁移学习,并在 CNN 中整合了深度信息。在 Washington RGB-D Objects 数据集上的评估结果表明,他们提出的方法有效提高了分类水平。美国加利福尼亚大学伯克利分校的 Gupta 等[70]提取深度图像的水平视差、每个像素的地面高度和重力角度作为特征,并采用卷积神经网络融合特征。结果表明,这种方法相对于使用卷积神经网络直接提取原始深度图像的特征,其目标识别准确率提高了 56%。

(2)基于点云的方法

基于点云的方法也可以包括手动特征提取方法和深度学习方法。手动特征提取方法主要是利用 3D 描述子作为特征来进行检测任务。常用的 3D 描述子可分为全局和局部两种。前者描述了整个表面,后者依靠局部关键点和区域特征描述来确定表面之间的点对点对应关系。常见的局部描述子包括点特征直方图(point feature histogram,PFH)[71]、快速点特征直方图(fast point feature histogram,FPFH)[72]、方向直方图签名(signature of histogram of orientation,SHOT)[73]等。PFH 计算特征点邻域内每一点对的多个特征,形成一个特征组。针对一个邻域,特征组内的每个特征都可以进行等分,从而形成一个直方图。进一步统计出现在各个子区间的频率。最终 PFH 的长度是基于沿着每个维度的直方图框的数量。PFH 存在计算复杂度高、大量重复计算的缺点。FPFH 是对 PFH 的简化,通过计算每个点与其相邻点之间的关系,获得三个特征元素值,为每个点生成一个简化点特征直方图(simplified point feature histogram,SPFH)。然后将特征点的 SPFH 与邻域内每个点的 SPFH 的加权和构造为 FPFH。SHOT 是一种基于局部直方图的特征描述子，它在特征点处构建局部参考系，进一步统计该特征点周围点的拓扑特征，如空间位置信息和几何特征，并将该特征保存在直方图中。

深度学习方法具有自动特征提取的能力，可以在不需要人工预先定义特定特征的情况下进行目标检测。近年来也提出了关于 3D 数据的各种基于深度学习的 3D 对象检测方法。美国佐治亚理工学院的 Schlosser 等[74]通过将点云上采样到密集深度图，然后提取代表 3D 场景不同方面的三个特征，并结合 RGB 图像。采用卷积神经网络对 KITTI 行人检测数据集进行识别。结果表明，结合特征值后的性能比仅使用 RGB 图像的性能更好。

德国伊尔梅瑙工业大学的 Simon 等[75]提出了一种仅在点云上进行的实时 3D 对象检测网络 Complex-YOLO。他们扩展了 YOLO v2 网络，并提出了欧拉区域提议网络（Euler-region-proposal network，E-RPN），通过向回归网络添加一个虚部和一个实部来估计对象的位姿（方向）。该网络接受 CNN 提取的特征图像，输出目标的 3D 位置、大小、类别概率和朝向。封闭的复数空间回归，避免了单角度估计时出现的奇异点。在 KITTI 数据集上的实验结果表明，该方法超过当时最优秀的 3D 目标检测算法。

Complex-YOLO 有两个缺点。第一，它将方向分成两个独立的部分，忽略了两个组件之间的相关性。第二，基于数据统计的启发式高度预测仅限于某些场景。为了解决这两个问题，法雷奥人工智能研究中心的 Ali 等[76]在他们提出的 YOLO 3D 检测器中，将物体方向、高度和 3D 中心视为直接回归任务。YOLO 是一种单阶段目标检测算法，正、负样本之间的严重不平衡阻碍了有效训练并导致模型退化。为了解决这个问题，在单阶段 2D 检测器 RetinaNet 中提出采用焦点损失（focal loss）来重塑标准交叉熵损失。多伦多大学的 Yang 提出了 PIXOR[77]，将 RetinaNet 扩展到 3D 对象检测，其中类 FPN 网络用于特征提取，而头部检测器用于像素级 3D 框预测。

在计算机视觉中，除目标检测外，二维图像分割是一个经典问题。然而，当从相应的 3D 世界形成二维图像时，会丢失很多关于物体的 3D 形状和几何布局的有价值的信息。三维数据中精确地确定物体的形状、大小等属性。然而，在三维点云中分割对象并不是一项简单的任务。点云数据通常是嘈杂的、稀疏的和无组织的。由于扫描器的线性和角速率的变化，采样点的密度也典型地不均匀。此外，采集到的表面形状可以任意、没有统计分布模式的数据。因此三维点云分割算法应该具有三个重要的属性。第一，算法应该能够利用几种性质不同的特征，如树与汽车具有不同的特征。当特征数量增加时，分割算法应该能够学会如何自动地进行特征交换。第二，分割算法应该能够根据稀疏采样区域中相邻点的信息来推断出这些点的标签。第三，分割算法应适应所使用的特定三维扫描仪，因为不同的激光扫描仪产生的点云数据在性质上是不同的，即使在相同的场景下，它们也可能具有不同的属性。

2017 年提出的 PointNet[78]是一项开创性的工作，它提出了一种以原始点云为输入的深度神经网络，网络提取点特征并输出对象类标签或每个点的分割标签，为分类和分割提供了统一的体系结构。PointNet 的网络体系结构基于全连接层，包括两个子网络：一个用于分类，另一个用于分割。分类子网络对每个点应用一组变换和多层感知器（MLP）生成特征，然后使用最大池化聚合这些特征，生成描述原始输入云的全局特征。分割子网络将全局特征与分类网络提取的每个点特征连接起来,以进行进一步的逐点语义分割标签预测。PointNet 显示出强大的独立捕获每个点的 3D 几何形状的能力,而学习到的特征在点云的变换下保持不变。无论点云格式如何,都可以检测 3D 对象。

PointNet++[79]是对 PointNet 的进一步改进,引入一个分层神经网络,在输入点集的嵌套分区上递归应用 PointNet,以集成更多点的局部相邻特征。具体来说,PointNet++首先选取中心点的相邻点进行分组,生成局部区域。然后,将每个区域的点集处理为一个 PointNet 的输入样本,以提取局部特征。扩大区域后再次输入 PointNet,以抽象出更高的特征。由于网络已经学习到强大的点特征,PointNet++在点云分类和分割测试中显示出不错的结果。

2. 移动机器人视觉导航

视觉导航是自主机器人一项重要的能力。机器人视觉导航包括了视觉功能和导航定位两个方面,前者用于获取和理解当前环境信息,后者用于执行更一般的任务,包括自主移动等。SLAM 是一种在未知环境中估计机器人运动和地图构建的技术,是自主导航的关键技术。SLAM 试图解决机器人在未知环境中,从一个未知位置开始移动,在移动过程中根据位置估计和地图进行自身定位,同时在自身定位的基础上构建增量式地图,实现机器人的自主定位和导航的问题。视觉 SLAM(visual SLAM,vSLAM)是一种仅使用相机观察的视觉信息进行同步定位与地图构建的技术。由于人类和动物中的导航主要依靠视觉,且相机传感器配置简单、价格便宜、小巧轻便,因此 vSLAM 技术吸引了研究者的广泛关注和研究,应用于自主地面车辆和无人机等的研发。与机器人技术中通常使用的 360°激光传感相比,相机从有限的视野中获取更少的视觉输入,因此 vSLAM 的技术难度高于基于其他传感器的 SLAM 技术。

vSLAM 算法的框架由 5 个模块组成:初始化、跟踪、建图、重定位和全局地图优化。

初始化:要启动 vSLAM,需要为未知环境下的相机位姿估计和 3D 重建定义一定的坐标系。因此,在初始化时,首先要定义全局坐标系,将一部分环境重构为全局坐标系中的初始地图。初始化后,执行跟踪和建图以不断估计相机姿态。

跟踪:在跟踪中,在图像中跟踪重建的地图以估计图像相对于地图的相机位姿。为此,首先从图像中的特征匹配或特征跟踪中获得图像和地图之间的 2D-3D 对应关系。然后求解 Perspective-n-Point(PnP)问题,也就是求解 3D 到 2D 点对的运动的方法:给出 n 个 3D 空间点时,如何求解相机的位姿。应该注意的是,大多数 vSLAM 算法都假设内在的相机参数是预先校准的。因此,相机位姿通常等同于相机在全局坐标系中平移和旋转的外部相机参数。

建图:在建图中,当摄像机观察到之前未进行映射的未知区域时,通过计算环境的 3D 结构来扩展地图。

重定位:当快速相机运动或一些干扰导致跟踪失败时,需要重新定位。在这种情况下,需要重新计算相机相对于地图的姿态,这个过程被称为"重定位"。

全局地图优化:最后一个模块是全局地图优化。该地图一般包括根据相机移动距离的累积估计误差。为了抑制误差,通常会进行全局地图优化。在这个过程中,考虑到整个地图信息的一致性来细化地图。当重新访问地图以便在一些相机移动后再次捕获起始区域时，可以计算从开始到现在的累积误差的参考信息。然后，来自参考信息的约束抑制全局优化中的错误。由于每个 vSLAM 算法对每个模块采用不同的方法，因此 vSLAM 算法的特征高度依赖于所采用的方法。

（1）基于特征点的方法

早期的 vSLAM 使用的是单目相机，主要采用基于特征点的方法。英国伦敦帝国理工学院的 Davison 等[80,81]提出了一种基于单目相机的 vSLAM 方法，称为 Mono SLAM。它是一种用于 3D 相机的平滑移动的通用运动模型，使用扩展卡尔曼滤波器同时估计未知环境的相机运动和 3D 空间结构。初始地图是通过观察定义了全局坐标系内的已知对象来创建的，根据相机的移动，新的特征点被添加到状态向量中。这种方法的问题是计算成本与环境的大小成比例增加。在大型环境中，由于特征点的数量很大，状态向量变大。在这种情况下，很难实现实时计算。

为了解决 Mono SLAM 中的计算成本问题，2007 年，Klein 和 Murray[82]提出了并行跟踪和建图方法（parallel tracking and mapping，PTAM），最早提出将跟踪和建图拆分为两个不同线程。跟踪部分需要实时响应图像数据，而建图部分不需要实时优化，只需要在后台处理。在跟踪阶段，根据地图点和输入图像之间的匹配特征点逐帧更新相机位置姿态。在建图阶段，PTAM 通过五点算法构建初始地图。PTAM 的重要贡献之一是引入了关键帧机制，不需要对每一张图精细处理。当测量到输入帧与关键帧之间存在较大差异时，将选择输入帧作为关键帧，新特征点的 3D 位置是在关键帧上使用三角测量计算的。由于建图不需要实时计算，因此可以使用非线性批量优化技术，如光束法平差（bundle adjustment，BA），它是一种用于通过优化地图和相机姿态来最小化地图的重投影误差的方法。PTAM 算法为关键帧选择、特征匹配、三角测量、每帧相机定位以及跟踪失败后的重新定位提供了简单而有效的方法。

PTAM 是为小场景设计的，在相机移动过程中尺度可能会发生变化，出现尺度漂移问题，并且每一帧坐标系的尺度可能不一致。阿拉贡工程研究所的 Mur-Artal 等[83]基于 PTAM 提出了 ORB-SLAM，ORB-SLAM 也是一种基于特征的单目 SLAM 系统，可在大大小小的室内和室外环境中实时运行。ORB-SLAM 使用 ORB 特征，相比于 PTAM 增加了回环检测（闭环）作为新的并行线程，如图 3-3-8 所示。跟踪过程负责在每一帧中定位相机并决定何时插入新的关键帧，最后得到优化位姿和关键帧。局部建图过程用于处理新的关键帧并执行局部 BA。闭环是一种获取参考信息的技术。在闭环中，首先通过将当前图像与先前获取的图像进行匹配来搜索闭环。如果检测到回环，则意味着相机捕获了先前观察到的视图之一。在这种情况下，可以估计相机移动过程中发生的累积误差。闭环过程中搜索每个新关键帧的回环，并计算回环中的累积漂移，用于纠正尺度漂移和全局优化。

基于特征点的 vSLAM 算法通常采用手动的特征检测器和描述符，可以在丰富的纹理环境中提供稳定的估计结果。然而，使用这种特征很难处理弯曲的边缘和其他复杂的线索。ORB-SLAM 在纹理良好的环境中取得了较好的性能，但在处理纹理不佳的环境或特征点由于运动模糊而暂时消失时，很容易失败。因此在纹理环境较差的环境，线特征已被用作图像特征。西班牙巴塞罗那机器人与工业信息研究所（UPC-CSIC）的 Pumarola 等[84]在 ORB-SLAM 的基础上，提出了同时利用点和线特征的 PL-SLAM，提高了在纹理不佳的环境中的性能。

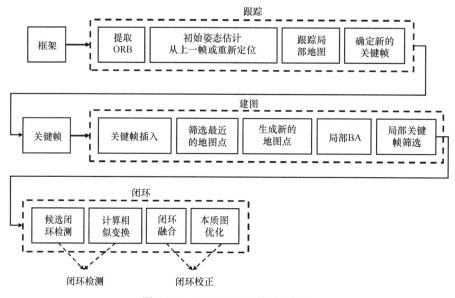

图 3-3-8　ORB-SLAM 算法的架构

（2）直接法

基于特征点的方法依赖于特征的提取和匹配，需要人为设计算法提取特征值，特征点的计算需要耗费大量的时间，且可能丢弃了大部分有用的信息。除此之外，在纹理较差的环境或运动模糊的情况下基于特征点的方法性能不好。为了应对无纹理或无特征的环境，提出了不检测特征点而直接使用整幅图像 vSLAM，这种方法称为直接法。直接法直接使用输入图像，通过两帧之间的像素灰度值构建光度误差来求解相机运动[85]，该方法在特征点少的环境中仍能达到高的定位精度和鲁棒性。直接法根据地图密度可以分为稠密法、半稠密法和稀疏法。稠密法生成稠密图，以便为每个关键帧中的每个像素估计深度值。这些方法对于使用 GPU 进行实时 3D 建模非常有用。与稠密法相比，半稠密法和稀疏法侧重于基于传感器姿态跟踪的应用。这些方法可以在 CPU 上实时运行。常用的算法如图 3-3-9 所示。

2011 年，英国伦敦帝国理工学院的 Newcombe 等[86]提出了一种称为 DTAM 的单目相机 SLAM 算法，是最早提出的基于直接法的 vSLAM 算法。DTAM 首先为每个像素取多个立体基线，直到获得第一个关键帧并使用立体测量创建初始深度图。进一步，通过将图像和地图的 3D 模型之间进行配准来跟踪帧之间的相机运动。对于每个连续的图像帧，估计每个像素的深度信息，并通过最小化总深度能量进行优化。最终获得稠密地图和相机位姿，稠密地图在无特征的环境中显得更加稳健，并且更适合处理不同的焦点和运动模糊的情况。DTAM 的一个很大缺点是高度依赖 GPU。

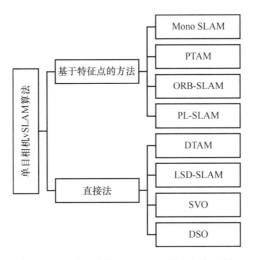

图 3-3-9　单目相机 vSLAM 算法的结构图

2014 年，TUM 机器视觉组的 Engel 等[87]将半稠密视觉里程计（semi-dense visual odometry）[88]扩展到 LSD-SLAM。视觉里程计（visual odometry，VO）是指基于相机的里程计，通过相机来估计相机位姿随时间的顺序变化，以获取相机的相对运动。与重建完整区域的 DTAM 相比，LSD-SLAM 的重建目标仅限于具有高强度梯度的区域，并能在 CPU 上实时运行。LSD-SLAM 使用随机化方法为每个像素设置初始的深度值，然后根据光度一致性对这些值进行优化。使用闭环检测和位姿图优化方法获得全局一致的地图。图优化方式是解决全局地图一致性的一个重要手段。图由节点和边构成，由于全局地图由一连串的关键帧组成，因此关键帧的位姿组成了姿态图的节点，而帧间的位姿关系作为约束条件，也就是姿态图的边，最终可以通过图优化框架来进行优化求解。

2014 年，苏黎世大学的 Forster 等[89]提出了一种半直接法视觉里程计（semi-direct monocular visual odometry，SVO），可以看作 DTAM 和 LSD-SLAM 的稀疏版本。由于 SVO 的跟踪部分通过匹配灰度值完成，类似于特征点法，而建图部分通过直接法完成，因此称为半直接法。与 ORB-SLAM 相比，由于 SVO 通过匹配灰度值进行位姿估计和优化，导致了系统对光照的鲁棒性不足。但 SVO 定位性较好，尤其在重复纹理的环境中。

上文提出 LSD-SLAM 的 Engel 等[90]在 2016 年提出直接稀疏里程计（direct sparse odometry，DSO）。与 SVO 相比，DSO 是一种完全直接的方法。为了抑制累积误差，DSO 从几何和光度角度尽可能去除误差因素。在 DSO 中，输入图像被分成若干块，然后选择高强度点作为重建候选。此外，为了实现高精度估计，DSO 使用几何和光度相机校准结果。然而，DSO 只考虑局部几何一致性。因此，DSO 被归类为 VO，而不是 vSLAM。

（3）RGB-D vSLAM

以上的算法均针对的是单目相机，单目相机便宜小巧，但无法获取深度信息，因此地图的尺度和预测轨迹是未知的。除此之外，单目 vSLAM 系统的地图初始化需要通过滤波技术或多个视角产生。单目 vSLAM 可能会造成尺度漂移，以及在探索的过程中执行纯旋转的时候可能会失败。RGB-D 相机是一种新型的相机，与单目相机相比，可以直接获得环境的 3D 结构及其纹理信息。

2011 年，英国剑桥微软亚洲研究院的 Newcombe 等[91]提出了基于 RGB-D 相机的 KinectFusion，首次实现了实时重建稠密的三维结构。KinectFusion 在 GPU 上实现将 2D 深度图像转换成 3D 点云并求得每一点的法向量，使用迭代最近点（iterative closest point，ICP）算法进行特征匹配求当前帧的相机位姿，根据相机位姿将点云数据融合到场景的三维模型中，采用光线投影算法求当前视角下能看到的场景表面。KinectFusion 存在一定缺陷，没有充分利用 RGB-D 相机的 RGB 信息，模型需要用到 GPU，增加了实现成本。

2016 年，提出过 ORB-SLAM 的 Mur-Artal 等[92]又进一步提出了 ORB-SLAM2。ORB-SLAM2 是一个完整的单目、立体、RGB-D 相机的 SLAM 系统，具有地图重用、回环检测和重新定位功能。该系统能在标准 CPU 上实时工作，适用于各种环境中如室内小型手持设备、工业环境中飞行的无人机以及城市内的汽车等。ORB-SLAM2 的后端基于单目和立体的 BA 方法，允许精确的轨迹估计。ORB-SLAM2 采用轻量级定位模式，该模式在允许零点漂移的条件下，利用 VO 来追踪未建图的区域并匹配特征点。

（4）仿生视觉导航

与传统视觉导航不同，智能仿生视觉导航需要视觉感知与生物智能信息处理相结合。通过模拟生物视觉，提取环境有效信息，然后模拟生物信息处理，完成地形模型重建、定位和路线规划。仿生视觉导航不仅模拟生物视觉功能，还模拟生物导航定位方法，使地图构建和定位计算同步进行。从工程的角度来看，要模拟生物识别方法，需要解决两个问题：一是生物导航信息访问模拟，即视觉功能模拟；二是生物导航信息处理模拟，即导航机制模拟。智能仿生视觉导航的本质是模拟动物的信息获取功能和信息处理方式。

澳大利亚昆士兰科技大学的 Milford 和 Wyeth[93]模拟大鼠的视觉信息，对小鼠脑导航细胞进行建模，构建了一种可以同时在线定位和合成的算法，命名为 RatSLAM。RatSLAM 是一种视觉导航算法，用于同时定位和映射。基于 RatSLAM 的系统在大规模户外导航实验中取得了良好的效果。

飞虫的体积很小，大脑结构简单，其神经元数量不到人类的 0.01%，但仍能实现高效而稳健的飞行控制、导航、着陆和避障。因此，可以通过研究飞行昆虫，并模拟昆虫视觉机制的原理，用于微型无人机、自动导航汽车的设计。研究者对飞虫进行了大量研究，并取得了一些进展。法国艾克斯-马赛大学的 Franceschini[94]受苍蝇视觉导航机制的启发，提出了一些基于视觉的导航算法，并将其应用于机器人的自动视觉引导。华中科技大学的 Huang 等[95]通过对蜜蜂视觉导航机制的研究，提出了一种将熵流与卡尔曼滤波器相结合的新型导航算法。蜜蜂等飞行昆虫可以感知由其运动引起的各种运动模式，这可以被认为是一种"视觉流"。为了测量这些"视觉流"，人们提出了熵图和熵流的概念。熵图像用于表征地形特征，熵流用于测量图像的变化。为了表征图像的纹理特征和空间分布，提出了对比度熵图像。结果表明相比于强度熵图像，对比度熵图像在导航中的性能更好、鲁棒性更强。

vSLAM 系统中的大部分摄像头都是静态安装在机器人上的,这意味着摄像头只能随机器人移动,而不能自主选择要看什么。但是 vSLAM 系统高度依赖图像中的地标。选择易于跟踪的有用地标在 vSLAM 系统中非常有帮助。因此,主动视觉和主动感知十分重要。中国科学院上海微系统与信息技术研究所的 Liu 等[96]提出了一种使用仿生眼的实时立体视觉主动 SLAM 系统。仿生眼以立体相机作为传感器,执行人眼的所有运动,包括扫视、平滑追踪、聚散、前庭眼反射和视动反射。仿生眼的自主搜索策略受人眼的周边和中心视觉启发而提出。周边视觉具有广阔的视野,可以用来寻找更丰富的特征区域,但成像模糊。中心视觉的视野狭窄而清晰,成像在双目视轴交点(即会聚)的小范围场景中。他们将系统在室内低纹理和大型室外环境中进行了测试。实验结果表明,与固定立体相机相比,所提出的仿生眼 SLAM 系统在面对低纹理环境时获得了更强的鲁棒性并避免了跟踪失败问题。

3.3.3　视觉假体的识别

视觉假体将来自相机的图像转换为由植入的神经刺激器对组织施加的电刺激模式。植入式电刺激装置可以恢复一定程度的视力。电刺激可在视觉区域产生光点感知,被称为光幻视[22]。当靠近视野中心时,光幻视为点状光点,而在偏离中心处则呈现出"混浊"的外观。它们通常被描述为星星、轮子、圆盘、斑点、条纹或线条等并携带颜色。

所有的视觉假体方法都产生了一个共同的观察结果——在患者的视野内引出亮点("幻视")。然而,现阶段和很长一段时间内假体的临床试验结果表明,这些设备提供的视力与正常视力明显不同。由于视觉假体图像是通过电极和神经之间有限数量的离散刺激产生的,因此假体提供的人工视觉是一种由离散光幻视组成的感知,其特点是分辨率低得多,视野有限,可表达亮度的动态范围小。由于视网膜的多层结构和视网膜上神经细胞的复杂分布,植入电子设备和潜在的神经生理学之间的相互作用导致了空间与时间上的重大感知扭曲,诱导的光幻视具有形状不规则、局部丢失、拓扑阵列扭曲等特点,严重限制了产生的视觉体验的质量。单个电极刺激下产生的光幻视在不同受试者之间、在受试者内的电极之间是高度可变的,受试者通常报告看到扭曲且拉长的几何形状,从"斑点"到"条纹"和"半月"各不相同。此外,用连续脉冲序列刺激单个电极产生的知觉随着时间的推移,通常在几秒内迅速消失。因此,假体植入用户看不到一个"可解释"的世界。研究和实施视觉假体中视觉处理单元的图像处理策略,从捕获的场景中提取和增强最显著的信息,进一步优化植入对象可以感知的信息变得很重要。

当前,全球约只有 500 人植入假体设备,这使得关于感知的研究难以进行。一种替代方法是使用模拟假体视觉(simulated prosthetic vision,SPV)对视力正常的受试者进行行为研究。模拟假体视觉通过降低图像的空间分辨率、对比度和视野,并让视力正常的观察者(即虚拟患者)在 SPV 下执行日常视觉任务,如阅读和面部识别等,由此评估开发的各种图像优化策略性能。在过去的 20 年中,提出了很多可行的图像处理方法用于优化视觉假体感知,为各种视觉任务提供更多有用的信息,并最终改善视障人士的功能性视力。在这些方法中,显著性检测和机器学习方法取得了最有效的进展。

1. 显著性检测

显著性检测是计算机视觉中的一个预处理步骤，通过计算图像特征（如颜色、亮度或梯度）的对比度，找到图像中的显著对象，从而提取人类感兴趣区（region of interest，ROI）或感兴趣对象（object of interest，OOI）。显著区域代表在整个图像中相对重要的部分，它能为图像解释传达更重要的信息。增强某些图像特征或集成特征在某种程度上意味着对接收者视觉特征的损失进行部分补偿。显著性检测基于自底向上的人类视觉注意机制：将颜色、纹理及其组合等特征进行整合，找到 ROI 或 OOI，最终得到显著图，引起注意力转移并强调 ROI 或 OOI。当前应用于视觉假体的显著性图像检测策略包括：基于特征的检测、基于区域的检测和基于对象的检测。基于特征的检测强调检测图像的低级特征；基于区域的检测以图像中的所有显著区域为检测目标；基于对象的检测侧重于检测显著对象。然而，大多数提出的显著性检测方法都应用于图像或静态对象识别任务。在导航等高动态视觉任务中，由于显著性计算的复杂性，这些方法仍然不能满足实时图像处理的要求，这限制了它们在不久的将来的使用。基于显著性检测的方法在预测 OOI 方面具有良好的性能，但在具有复杂背景或无关紧要的对象的图像中很少获得可接受的结果。

（1）基于特征的图像处理方法

传统视觉处理使用简单的图像处理技术将来自头戴式相机的视频图像转换为低分辨率的仿生视觉，从彩色图像转换为灰度图像，通过平均像素块进行下采样，然后利用自适应阈值方法转化为二进制图像，从而产生仿生视觉输出。由于视网膜假体只有有限的分辨率，因此相机获取的任何图像都必须降低图像的分辨率和比例，再重新转换为相应的电刺激模式。物体检测或识别是人类生活中最基本的视觉任务之一，其中视觉注意力起着非常重要的作用。人类的注意力通常指向具有显著特征的视觉刺激，如颜色、强度、对比度和方向，这可以帮助人们在复杂的环境中快速准确地定位物体。然而，在离散的低分辨率假体视觉下，这些视觉特征在很大程度上被削弱了。换句话说，假体佩戴者的选择性注意能力已经大大退化，很难检测和识别物体。影响日常物体和场景识别的因素很多，如物体形状和纹理的复杂程度、像素数量、熟悉度、处理策略、灰度、对比度、像素大小和形状、背景噪声、视角等。这可能会对使用模拟假体视觉的识别性能产生重大影响。

早期应用于人工视觉的处理方法侧重于图像低级特征的提取和组合，如边缘、颜色、纹理等。常见的图像处理方法如灰度和边缘检测，可以去除电极无法控制诱导的颜色，以及提取和增强对视觉任务有用的细节。上海交通大学的 Zhao 等[97]使用自适应阈值二值化和边缘提取这两种图像处理策略来研究像素形状和分辨率在常见物体或场景识别任务中的影响。结果表明，图像模式在识别阈值附近对识别精度有显著影响。

（2）基于区域的图像处理方法

基于特征的方法直接将检测结果作为 ROI 或根据图像中的位置组合离散图像区域。然而，人类视觉系统中的物体检测不仅使用低级特征，还进一步将特征融合为更高的形式，如区域或物体。基于视觉注意机制，研究人员提出了自下而上的计算模型来捕获图像中的 ROI。

英国牛津大学的 van Rheede 等[98]采用了三种技术（全视野表示、ROI 和鱼眼）来优化模拟假体图像的信息内容，以评估视力、物体识别和操纵以及环境中的导航。全视野表示是将整个捕获的图像转换为较低的分辨率。ROI 可以放大视觉场景中的某个感兴趣区域，提高视觉表示的空间分辨率。通过这种方式，假体佩戴者将具有更大的解析细节的能力。这种方法的一个缺点是它只捕捉视野的一个狭窄区域，导致周边信息的丢失（即隧道视觉）。鱼眼结合两者优点，它的视觉中心具有高精度而周边信息具有低分辨率，就像摄影中的鱼眼镜头。实验结果表明，全视野表示促进了视觉搜索和导航，而 ROI 提高了视力。鱼眼结合全视野表示和 ROI 的优点，其表现与 ROI 相似，受试者无法利用外圈数据。因此针对不同的任务要采取不同的图像表示方法。

美国南加利福尼亚大学的 Parikh 等[99]提出了一种基于显著性的提示算法，为模拟假体视觉下的移动和搜索任务提供便利。他们采用基于灵长类视觉的显著性算法用于检测图像中的 ROI，并且在模拟假体视觉上的叠加视觉线索提示用户注意这些 ROI。该算法使用图像帧的强度、颜色饱和度和边缘信息来计算显著特征，从而计算图像帧中可能的ROI。实验结果表明，当受试者使用提示算法时，搜索任务中的头部运动、完成任务的时间和错误数量都显著减少。该算法有利于视觉假体佩戴者在搜索任务和不熟悉的环境中导航，可以检测环境中的重要物体。

上海交通大学的 Wang 等[100]基于 ROI 提取和图像分割以及美国加州理工学院的 Itti 提出的视觉显著模型提出了两种图像处理策略。Itti 的显著模型从原始图像提取了不同尺度的方向、强度和颜色特征，这些特征线性组合生成显著性图，其中显著区域通过模糊聚类方法进行聚类，并获得 ROI。然后使用 GrabCut 算法从 ROI 标记的图像中生成一个原型对象。GrabCut 算法通过很少的用户交互分离图像中的前景和背景信息，它通过使用 k 分量高斯混合模型对颜色数据进行建模来处理图像。GrabCut 算法生成的图像与背景重新组合，并用 8-4 分离像素化和背景边缘提取两种方式增强。8-4 分离像素化指原始对象由 8 级灰度光幻视表示，而背景为 4 级灰度。背景边缘提取指原始对象由 8 级灰度光幻视表示，而背景仅保留边缘。他们将该方法与直接像素化方法进行比较。直接像素化指原始捕获的图像被下采样并合并为高斯点用来模拟假体视觉。结果表明，该策略提高了低分辨率假体视觉下的物体识别能力，验证了基于显著性的图像处理策略的应用有利于模拟假体视觉下日常场景中的物体识别。

（3）基于对象的图像处理方法

静态物体和场景识别已被广泛研究，而在危险避免和独立移动等情况下感知运动物体的能力是视觉的一个重要方面。一般来说，视觉假体的图像处理阶段通过将一组像素组合成一个输出像素来调整图像分辨率，用于刺激组织界面阵列。在呈现真实场景时，较小的电极数量会导致大量的信息丢失。因此，动态场景中的运动物体需要被自动检测并与周围信息精确分离，即必须首先从原始视频中生成一系列前景分割图像。一些研究人员从面向任务的角度将对象分割策略融入检测中，从而产生了基于对象的检测。通过增加移动物体（即前景）与场景中相对静止或缓慢移动的部分（即背景）之间的对比度，可以增强对主要信息的感知。

在计算机视觉中区分前景和背景的常用运动检测技术是背景减法（background subtraction，BS），BS 通过将当前图像与参考背景模型相减，从而在差分图像中提取运动目标。常用的几种技术如单高斯模型或时间中值滤波，这些模型简单，但对由照明或无关事件引起的动态场景的变化极为敏感。实时跟踪中的高斯混合模型及其增强版本提供了良好的模型准确性，代价是算法复杂性增加和计算时间延长。上海交通大学的 Wang 等[101]应用了称为视觉背景提取器（visual background extractor，ViBe）的算法进行前景提取，ViBe 是 2011 年提出来的一种 BS 算法，通过随机选择相邻像素将当前输入像素与背景模型进行比较。它在计算速度和分类准确性方面优于其他背景减法技术，但它不能解决如光照变化、动态背景和前景光圈等问题，导致 ViBe 分割图中的一些像素分类错误。错误的分割区域会影响最终的视觉呈现，导致对移动物体的感知混淆。

各种复杂的图像处理算法已被证明有利于接受者提高视觉感知，但由于算法的复杂性和平台处理能力的限制，大多数无法实现实时处理。这极大地限制了这些算法在视网膜植入系统上的实际应用。上海交通大学的 Li 等[102]提出了一种基于自底向上显著性检测算法的实时图像处理策略，用于在低对比度环境中快速检测和增强场景中的前景对象。采用并行注意力机制，计算并加权全局颜色对比度和强度差异对比度，最终生成全分辨率显著图。实验表明，与直接像素化和基于直方图的对比度像素化相比，该算法在准确性、效率和受试者头部运动范围方面有显著改进。因此，所提出的算法有助于未来的视网膜假体中的图像处理模块的设计。

在视觉假体应用显著性检测的研究中，大多数方法是使用显著模型提取区域或对象，通过多种图像处理策略增强检测到的部分，然后呈现增强图像以模拟假体视觉。有的还通过模拟不同的光幻视特性来实现图像增强。对于视觉呈现的选择，调查人员通常选择前景物体或显著物体的边缘信息，并将这些信息与背景边缘信息、深度信息以及全局或局部对比度结合起来。为了直观地评估算法的效果，研究人员设计了与功能性视觉相关的模拟实验，选择一组视力正常的人作为受试者。在物体识别实验中，最常用的评价指标是识别准确率。除此之外，一些实验中也记录任务的完成时间和头部运动的数据，以便对所提出的方法进行更全面的评估。就常用的实验评价方法而言，通过评分的方式计算被试物体识别（或其他实验任务）的成功率。此外，考虑到假体佩戴者的需求，一些研究人员也评估了他们的显著性检测方法的实时性。针对动态场景中的物体识别，一些研究人员尝试使用视频序列作为输入，取得了良好的效果。在这些工作中，许多研究人员也研究了输入图像分辨率对识别准确度的影响，为后续关于最低信息要求的研究提供了理论基础。

2. 机器学习方法

机器学习方法，特别是一系列深度学习方法在进行高级物体检测和识别上被广泛应用，对于构建人工智能系统和满足假体视觉优化的应用需求至关重要。机器学习方法在建立合适的模型后，可以在复杂场景中识别多个物体，因此这些方法在场景识别、人脸识别、导航、避障、目标寻找等领域得到了广泛的应用。尽管如此，在训练成本方面，一个好的机器学习模型需要大量的样本、较长的学习时间和一定的硬件支持。与显著性检测模型相比，机器学习的训练成本要高得多。许多研究人员已经探索了将机器学习方法特别是深度学习模型应用于视觉假体的可能性。

上海交通大学的 Ge 等[103]引入了用于障碍物识别的脉冲神经网络（spiking neuron network，SNN）模型，通过对时空（spatio-temporal，ST）视频数据进行建模和分类，来帮助佩戴假体视觉设备的盲人。他们采用了基于 NeuCube 的 SNN 架构作为视频数据建模的通用框架，用于辅助假体视觉中的避障功能。NeuCube 由脉冲神经网络储备池和动态进化脉冲神经网络分类器组成。脉冲神经网络储备池由大量的神经元构成，这些神经元形成一个立方体式的拓扑结构。动态进化脉冲神经网络分类器利用动态学习规则对网络权值进行修正。视觉假体捕获低分辨率输入数据后进行 ST 特征提取。然后将这些 ST 特征输入 NeuCube，NeuCube 将输入信号经过脉冲编码后输入神经元拓扑结构中，经过训练输出障碍物分析的分类结果。结果表明，所提出的基于 NeuCube 的避障方法为盲人提供了有用的指导，使得直接利用嵌入在视觉假体中的可用神经形态硬件芯片来显著增强其功能成为可能，使未来的假肢佩戴者受益。

目前，在视觉假体领域，一些机器学习的方法已经应用于物体检测、导航寻路、人脸识别等视觉任务的仿真研究。机器学习模型可以从大量样本中提取特征来实现“学习”。机器学习的结果主要由学习样本和学习方法决定。学习方法是指提出或改进的机器学习模型能否满足植入装置中处理部分的实时性要求，帮助植入用户更好地获取图像的有用信息，对于视觉假体具有重要意义。在数据集的选择上，适合视觉假体领域机器学习模型的数据集类型比较少。目前关于盲人的数据集并不多，所以很多研究人员选择建立自己的数据集，包括常见的室内物体和室内外障碍物。如何获取大量适合假体植入用户个人应用、满足日常生活需求的图像数据样本，是另一个需要进一步考虑的问题。

3.4　仿生视觉传感与智能感知技术的应用

3.4.1　仿生视觉传感与智能感知在医学中的应用

计算机视觉（CV）技术在图像的分类、定位和检测任务中的进展推动了其在医学影像、医学视频和真实临床环境中的广泛应用，包括疾病的筛查、诊断、检测条件、未来结果预测、从器官到细胞的病理分割、疾病监测和临床研究等[104]。

1. 医学图像

计算机视觉已被用于各种医学成像或医学图像，影像来源包括 X 射线摄影、超声、MRI、内窥镜检查等，如图 3-4-1 所示。通过 CV 方法对特定器官和组织图像进行分析，以帮助医疗专业人员对患者做出更准确的诊断。医学图像数据具有独特性，对基于深度学习的计算机视觉提出了许多挑战。一方面，医学图像很大，数字化组织病理学幻灯片会产生约 100 000×100 000 像素的千兆像素图像，而典型的 CNN 图像输入约为 200×200 像素。另一方面，不同的数字化设备或设置可能会生成不同的图像。除此之外，CT 和 MRI 等放射学图像形成了一组 2D 切片图像，这些图像在空间上相关。因此需要调整传统的深度学习算法使其能够处理一组 2D 切片图像或对图像进行 3D 重构以在 3D 空间对图像进行分析。在放射性图像领域，CV 的应用包括图像重建、多模态图像配准、图像分割、疾病检测[105]等。

图 3-4-1　医学图像的主要几种类别

　　医学图像重建是医学成像最基本和最重要的组成部分之一，其主要目标是以最低的成本和对患者最小的损伤获得用于临床的高质量医学图像。图像重建的效果对于图像质量和成像过程中的辐射剂量具有根本性影响。对于给定的辐射剂量，希望在不牺牲图像精度和空间分辨率的情况下以尽可能低的噪声重建图像。由于可以在较低剂量下重建相同质量的图像，改善图像质量的重建可以转化为成像过程中辐射剂量的减少，从而有利于减少患者暴露的辐射剂量。医学图像重建涉及计算机视觉中的图像恢复领域，通常使用数学模型对图像进行重建。早期用于医学图像重建中的数学模型大多是根据人类知识或对要重建图像的假设设计的，这些模型称为手工模型。后来，手工加数据驱动的建模开始出现，它仍然主要依赖于人为设计，但是模型的一部分是从观察到的数据中学习的。随着越来越多的数据和计算资源可用，基于深度学习的模型（或深度模型）将数据驱动的建模推向了极致，这种模型主要基于数据自主学习，人工设计的内容较少。

　　斯坦福大学的 Chen 等[106]开发了一种深度学习重建方法，通过使用变分网络（variational network，VN）提高高度欠采样下可变密度单次激发快速自旋回波成像的速度和质量，并对该方法的可行性进行临床评估。重建可变密度采样的 k 空间通常需要结合并行成像和压缩感知（parallel imaging and compressed sensing，PICS），但 PICS 重建可能需要几秒才能完成。因此，传统的 PICS 技术可能会导致重建滞后，这在临床环境中是无法接受的。此外，PICS 重建通常需要对参数进行经验调整，这会导致图像质量不均匀。变分网络在深度学习方法中嵌入了压缩感知的结构，它的输入包括 k 空间测量值和相应的线圈灵敏度图，每个 VN 模块包含数据一致性、正则化和直接输入三个支路，三个支路的结果加在一起作为 VN 块的输出。临床结果说明该算法与传统的 PICS 重建相比，加速了重建过程，并显著改善了整体的图像质量，使图像具有更高的信噪比。美国伦斯勒理工学院的 Shan 等[107]针对低剂量 CT 设计了一个模块化神经网络，在 Mayo LDCT 公开数据集和医院临床 CT 检查中做了测试，并与商业的 CT 迭代重建方法进行比较。该方法在噪声抑制和结构保真度方面表现良好，并且与商业算法的效果相当，但需要的计算时间更少。

图像配准，也称为图像融合、匹配或变形，可以定义为对齐两个或多个图像的过程，从图像采集到图像配准的过程如图 3-4-2 所示。图像配准方法的目标是找到最能对齐输入图像中感兴趣的结构的最佳变换。图像配准是图像分析的关键步骤，其中有价值的信息在多个图像中传达，即在不同时间从不同视点或由不同传感器获取的图像可以是互补的。因此，准确整合（或融合）来自两个或多个图像的有用信息非常重要。医学图像配准是医学图像分析提供空间对应关系的关键组成部分，可以将多种多样的信息准确地融合到同一图像中，使医生更方便更精确地从各个角度观察病灶和结构。同时，通过对不同时刻采集的动态图像的配准，可以定量分析病灶和器官的变化情况，使得医疗诊断、制定手术计划及放射治疗计划更准确可靠。美国加利福尼亚大学的 Kearney 等[108]提出了一种基于无监督卷积神经网络的可变形图像配准算法，将锥形束 CT 的可变形图像配准到 CT。美国北卡罗来纳大学教堂山分校的 Yang 等[109]提出一种快速预测图像配准算法，称为"Quicksilver"，通过大变形的逐块预测对脑核磁共振图像进行快速可变形图像配准。

图 3-4-2　信号从图像采集、图像重建到图像恢复和图像配准的流程

图像分割是对医学图像中感兴趣的对象进行分割的任务，将 2D 或 3D 自动或半自动图像划分为具有相似属性的多个区域，从而实现定位和量化的过程，是医学图像分析中最具挑战性的任务之一。医学图像分割对身体器官/组织进行边界检测、肿瘤检测/分割和质量检测，如脑肿瘤分割、纹状体分割、头颈部 CT 图像中危险器官的分割、多囊肾的全自动分割、前列腺的可变形分割、脊椎分割等。早期的系统建立在传统方法上，如边缘检测滤波器和数学方法。之后，机器学习方法结合手动提取的特征在很长一段时间内成为一种主导技术。随着深度学习方法在图像分割领域展现出强大能力，基于计算机视觉的医学图像分割受到了广泛的关注[110]。日本岐阜大学的 Zhou 等[111]提出了一种基于 FCN 方法用于 3D CT 图像中的多器官自动分割，结果表明他们提出的网络能够分割人体躯干中 19 个解剖结构，包括 17 个主要器官和两个特殊区域（内腔和胃内容物）。

CV 通过病理分析使用由健康和癌变组织组成的庞大图像数据库进行训练，可以帮助自动化识别过程并减少人为错误的机会，病理分析在癌症检测和治疗中发挥着关键作用，在诊断任务中可达到医生级别的准确性。例如，皮肤癌很难及时发现，因为其症状通常类似于常见的皮肤病，利用计算机视觉技术可以有效区分癌性皮肤病变和非癌性皮肤病变。厄瓜多尔阿苏伊大学的 Cueva 等[112]开发了一种系统用于获得黑色素瘤的不对称、边界、颜色和直径等参数，进一步使用神经网络进行分类。结果，该算法对 200 张图像进行分析，准确率达到 97.51%。

2. 手术中的计算机视觉

现代临床手术中大多使用了多种类型的手术摄像机，用于将手术部位可视化，提供丰富的视觉信息，帮助外科医生做出临床决策。因此 CV 技术也可以使用该信号，为手术过程中和术后实时识别器械、结构或活动提供支持，以分析和理解手术过程。计算机视觉在手术中图像的应用，可分为以下 3 个方面：手术过程理解、计算机辅助检测和计算机辅助导航[113]。

术中视频提供了有关工作流程和手术质量的丰富信息。一个外科手术过程可以被分解成多个连续的步骤，如解剖、缝合等。因此，通过对术中视频的分析，可以为手术工作流程建立标准化指南，用于培训目的和术后审查等。法国斯特拉斯堡大学的 Twinanda 等[114]提出了一种称为 EndoNet 的新型 CNN 架构，可以对腹腔镜视频进行多项识别任务，包括工具存在检测和相位识别。结果表明，EndoNet 以超过 80%的准确率识别手术的 7 个阶段。除此之外，利用计算机视觉手段，通过评估采集的图像及其医学内容相关的图像质量可以自动评估操作员的技能水平。英国伦敦大学的 Mazomenos 等[115]提出了一种有监督的深度学习框架，用于对经食管超声心动图的自动评估和图像质量分级。结果表明，开发的 CNN 模型与专家评估一致。

计算机辅助检测和诊断（computer-aided detection/diagnosis，CAD）系统通过自动突出显示可能会被遗漏的病变和异常，在诊断干预期间为医生提供帮助，减少医生解读医学图像时的观察疏忽导致漏诊造成的假阴性结果。CAD 目前已获得 FDA 和 CE 批准，可用于乳房 X 线检查和胸部 CT[116]。当前 CAD 研究有两个重要方面，分别是计算机辅助检测（computer-aided detection，CADe）和计算机辅助诊断（computer-aided diagnosis，CADx）。CADe 利用计算机输出来确定可疑病变的位置，CADx 提供确定病变特征的输出。手术中通常使用 CAD，其中结肠镜检查得到最多的关注，用于息肉检测的 CAD 系统报告准确性高达 97.8%[117]。

在内窥镜检查中，需要定位内窥镜在探查器官内的位置，同时推断它们的外观。然而，在内窥镜检查中的 SLAM 是一个具有挑战性的问题。由于器官的复杂拓扑和光度特性会产生显著的外观变化和复杂的镜面反射，内窥镜图像配准仍然是一个悬而未决的问题。基于深度学习的 SLAM 方法依赖于神经网络从单个图像中学习深度图的能力，从而满足了对图像配准的需求。美国北卡罗来纳大学教堂山分校的 Ma 等[118]通过 RNN 预测连续帧的尺度一致深度图和相机姿势并结合一种新型的密集 SLAM 算法，在结肠镜检查中重建结肠表面并显示缺失区域。

3.4.2　仿生视觉传感与智能感知在食品工业中的应用

食品工业的现代创新为新型食品生产和技术加工方法铺平了道路。为了满足市场需求并快速生产，食品工业使用现代化的种植和食品加工机械。随着仿生视觉传感技术引入食品行业和农业，农作物种植、生产和加工的方法发生了变化。计算机不仅能够显示食物的图像，还可以识别和揭示有关食物种类、形状、数量、颜色、新鲜度等信息。仿生视觉传感与深度学习相关技术已广泛应用于食品工业和农业领域的许多方面，如食品种类识别、食品新鲜度识别、农作物病害的早期检测与分类、农作物产量预测等。

1. 食品种类识别

仿生视觉传感技术在食品种类识别方面的应用，通常的做法是使用较大规模的包含不同种类的食品图像数据集，去训练深度卷积神经网络，或者使用迁移学习的方法，使用食品图像数据集对在大型数据集上训练好的神经网络最后几层进行微调。

澳大利亚昆士兰科技大学的 Sa 等[119]提出一种基于深度卷积神经网络的水果识别方法。研究人员使用 7 类水果数据对模型进行训练，并使用了两种类型的多光谱图像，一种是 RGB，另一种是近红外。研究表明，Faster R-CNN 模型最适合在多光谱图像上执行，因此它们也使用相同的模型进行研究。在训练之后，该模型在检测甜椒时的精度和召回率均在 0.807～0.838，取得了很好的检测效果。

阿根廷国立罗萨里奥大学的 Grinblat 等[120]进行了从叶脉模式识别作物的研究。该数据集包含三种植物的叶类：大豆、红豆、白豆，分别来自 INTA Argentina 数据库的 422 张、272 张、172 张图像。他们应用深度 CNN 模型进行自动特征提取，减少了手动特征提取的负担，节约了大量的时间与人力。

意大利乌迪内大学的 Martinel 等[121]使用 DNN 实现了多种不同种类的食物识别。该研究工作提出了一种新颖的卷积层，可以用于捕捉食物菜肴的垂直结构，然后将该卷积层提取到的特征与其他残差学习块相结合，可以获取不显示特定结构的食物菜肴的良好表征。通过增加每个卷积层的特征图数量，提高卷积层的特征提取能力。实验结果表明，该研究工作提出的食物菜肴识别模型能够在 food-101 数据集上取得 90.8%的最大准确率，具有良好的食物识别效果。

土耳其哈西德佩大学的 Kaya 等[122]提出了一种基于深度神经网络的植物识别模型，用于解决植物物种鉴定这一粮食安全领域的重要问题。在该项工作中，研究者采用来自多个数据集的几十种植物类别的图像，并使用迁移学习方法，用植物图像数据集对预训练的CNN进行微调。在实验结果中进行了与端到端CNN模型的识别准确率的对比，发现该项工作提出的基于迁移学习的深度神经网络模型具有更佳的识别效果。

2. 食品新鲜度识别

食品新鲜度是消费者购买食品时考察的重要因素，同时也一直受到研究者的关注，从 20 世纪末开始就有许多视觉技术在该方面的应用。密苏里大学哥伦比亚分校的 Unklesbay 等[123]使用视觉技术用于监测肋眼牛排烹饪过程中的颜色变化，发现红色、绿色和蓝色的平均值与标准偏差足以区分 10 类牛排熟度中的 8 类。美国北达科他州立大学的 Sun 等[124]分析了从新鲜瘦牛肉图像中获得的 21 种颜色特征，用于预测牛肉颜色分数来识别牛肉的新鲜度。使用多元线性回归（multivariable linear regression，MLR）的牛肉颜色评分正确率为 86.8%，而使用 SVM 获得了 94.7%的更好性能，表明计算机视觉可以有效地识别不同新鲜度的牛肉颜色。此外，还有关于猪肉[125]、鸡肉[126]、鱼肉[127]等肉类新鲜度识别的应用研究。

突尼斯斯法克斯大学的 Hamza 和 Chtourou[128]使用人工神经网络（ANN）分类方法根据颜色估计苹果的成熟度。采用随机学习方法的 ANN 模型在训练集上取得了 94.16%的准确率，在测试集上取得了 96.66%的准确率。东南大学的 Li 等[129]使用卷积神经网络与 SVM 分类器识别具有不同成熟度的草莓。卷积神经网络采用 CaffeNet 结构，该网络包括 8 层，前五层是卷积层，其余三层是全连接层。最后一个全连接层的输出被发送到 softmax 层，获得两个标签结果。实验结果表明，CaffeNet、SVM 达到的准确率分别为 95.0%和 84.0%，说明 CaffeNet 模型在识别成熟草莓时具有更好的识别效果。

近几年来，仿生视觉传感技术在食品工业方面的应用已经呈现出多传感器融合趋势。由于食品样本的复杂性，仅使用单一传感器数据，如电子眼、电子鼻或电子舌采集到的数据具有一定的局限性。不同传感器的响应数据代表着不同的特征，其中一类传感器没有检测到的特征可能会被另一类传感器检测到，这就增加了结果分类正确的可能性。因此，多传感器、多模态数据融合技术是改进食品工业各方面应用效果的重点方向[130]。马来西亚玻璃市大学的 Maamor 等[131]通过结合嗅觉、味觉和视觉的多传感技术，实现了对不同纯度蜂蜜的分类。该研究工作融合了电子鼻、电子舌和傅里叶变换红外光谱三种传感器采集到的数据，并使用线性判别分析（LDA）、概率神经网络（probabilistic neural network，PNN）、SVM 和 KNN 4 种方法来实现分类。江苏大学的 Huang 等[132]开发了一种无损检测技术来快速评估鱼肉的新鲜度，该技术将计算机视觉的检测数据和近红外光谱的检测数据相结合，以提高分类的准确率。研究人员使用计算机视觉技术获取鱼肉在储存过程中的感官变化图像信息，使用近红外光谱获取鱼肉的结构变化光谱信息。将两种视觉信息融合后，使用融合数据训练和测试 BP-ANN 模型，分别获得了 96.67%和 93.33%的最佳性能，比两者中任意一种视觉信息单独使用的效果更好。

3. 农作物病害的早期检测与分类

植物病害是农作物与粮食安全的主要威胁，植物/作物病害的早期检测可以解决这个问题。塞尔维亚诺维萨德大学的 Sladojevic 等[133]提出了一种用于叶病检测的仿生视觉技术，他们使用了包含 4483 张图像的主要数据集，扩充数据集后建立了 CNN 模型来对 13 种不同类型的植物病害进行分类。该模型的平均准确率可达到 96.3%，高于 SVM 分类器。突尼斯斯法克斯大学的 Amara 等[134]致力于解决具有不同挑战性条件（如复杂背景、不同图像分辨率和方向）的植物病害识别问题。他们使用了 PlantVillage 数据集的 3700 张香蕉叶图像。香蕉的症状从浅棕色开始变成小斑点，随着时间的推移变成黑色。采用 LeNetCNN 模型对香蕉叶病分类方面的准确率为 96.0%，取得了很好的效果。

印度艺术科技研究院的 Rangarajan 等[135]提出了一种作物疾病识别模型，用于实现对植物疾病的早期诊断来帮助提高作物的产量。他们同样使用了 PlantVillage 数据集进行实验。研究人员考虑了 7 类番茄，其中 6 类属于病番茄类，1 类属于健康番茄类，共计 13 262 张图像。他们使用了 VGG-16 和 AlexNet 模型及迁移学习技术。结果表明，AlexNet 模型比 VGG-16 运行速度更快且分类结果更好，达到了 97.5%的最高准确率。巴基斯坦 HITEC 大学的 Khan 等[136]提出了一种通过使用 3D 框过滤增强病斑的方法对苹果果实进行病斑检测和分类的技术。研究人员使用了 PlantVillage 数据集中的其中 4 类数据：苹果黑星病、黑腐病、苹果锈病和健康苹果。他们重点介绍了样本中的特征减少和特征选择，还在三项测试中对结果进行了评估，即 test1（无特征选择）、test2（基于 PCA 的特征减少）和 test3（提议的特征选择），准确率分别为 92.9%、94.3%和 97.2%。test3 使用的 Multiclass-SVM 技术给出了最大的精度。

4. 农作物产量预测

德国波恩大学的 Milioto 等[137]提出了一种基于无人机的仿生视觉技术，用于监测作物和预测生长情况。他们使用了两个数据集，数据集 A 包含植物的早期生长图像，数据集 B 包含 2 周后的植物生长图像。应用 CNN 模型对甜菜植物生长过程中的作物和杂草进行分类识别，网络能够在两个数据集上分别取得 99.7%和 96.3%的最佳结果。

日本东京大学的 Kuwata 等[138]提出了一种 CNN 模型来估计美国的玉米产量。他们使用了增强型植被指数（enhanced vegetation index，EVI）和硬阈值算法作为数据预处理方法，使用小波变换来检测作物的产量。法国蒙彼利埃大学的 Minh 等[139]使用 RNN 来预测冬季的作物产量，因为在冬季时作物会被云层覆盖，所以利用遥感图像来估算冬季作物的产量是一项具有挑战性的任务。研究使用 Sentinel-1 数据集，该数据集包含各种分辨率的 C 波段合成孔径雷达图像。采用深度循环神经网络模型进行训练和测试，并和其他经典机器学习技术进行了性能对比，发现 RNN 的表现最佳。

芬兰坦佩雷理工大学的 Nevavuori 等[140]使用遥感和无人机来估算作物产量与检测杂草。在该项工作中，主要考虑了两种作物，分别是小麦和大麦。研究者使用 2017 年 7～8 月的时间来捕获图像数据，并使用了基于归一化植被指数（normalized difference vegetation index，NDVI）、RGB 早期和晚期图像的 CNN 模型。NDVI 是一个标准化指数，通过测量近红外（植被强烈反射）和红光（植被吸收）之间的差异来量化植被。结果表明，CNN 在 RGB 图像上比 NDVI 图像能够产生更好的结果。

3.4.3　仿生视觉传感与智能感知在环境质量评价中的应用

环境质量评价是可持续发展策略的必要步骤，客观、准确地评估生态环境质量具有非常重要的作用。目前，已经出现了许多仿生视觉技术在环境质量评价方面的应用，主要有水质监测、烟雾检测、杂草检测等。

1. 水质监测

水资源是自然环境和人们生活环境中的基础资源，水质监测是评估环境质量的重点任务，是水资源管理和水污染防治的重要组成部分。目前常用的水质监测技术可分为物理化学分析方法和生物监测方法。物理化学分析方法是一种直接测量方式，主要是借助物理、化学反应，对水中的物质进行定性分析或定量检测，该方法对物质的定量分析计算准确，但是成本较高，实现在线监测较为困难。而生物监测方法是一种间接测量方式，主要是观测特定生物的行为活动来监测和评价环境水质，相比前者成本低，且更容易实现连续、全面的实时监测。仿生视觉传感技术在水质监测的生物方法中有所应用,主要用于捕获鱼类活动的图像、视频信息,并对鱼类的活动情况进行分析,从而判断水体的质量好坏。

希腊克里特大学的 Papadakis 等[141]开发了一种低成本的仿生视觉系统来定量检测鱼类特定的行为特征。该系统包括一种数字记录硬件配置和一种新颖的分析算法,允许远程研究鱼类行为活动并快速分析特定的行为问题。如果鱼类发生与需要分析的行为相关的活动,该系统能从录制的视频中提取特定帧以进行进一步的评估。北京航空航天大学的 Zheng 等[142] 提出了一种仿生视觉技术来实时测量水污染对日本青鳉呼吸节律的影响,进而使用呼吸节律指标来监测水质。通过图像分割算法获得鱼的鳃区,再根据鱼呼吸过程中的鳃面积来绘制一系列呼吸波,波峰和波谷分别对应最大和最小鳃面积,以此计算出鱼的呼吸频率。

为了提高仿生视觉系统检测水质的环境适应性和实时检测能力,厦门大学的 Yuan 等[143]提出了一种实时水质监测预警系统,该系统结合仿生视觉和水质监测,实现了鱼类行为的在线分析,以此来监测水质变化。他们使用基于显著性度量和条件随机场模型的显著性检测算法来检测鱼群的运动,并从前景目标中提取包括活动参数、位置参数和体色分量在内的多维特征参数,使用 LSTM 对这些特征进行训练、测试和实时分类。研究者使用斑马鱼在多种不同污染级别的水质中进行了实验,实验结果表明,相比于 RNN 等神经网络,LSTM 能够取得更好的水质分类效果。

2. 烟雾检测

烟雾是多种有毒有害气体产生或者火灾发生的主要标志,早期发现烟雾能够避免有毒有害气体或火灾对人类和环境造成的危害,尽可能减小损失,所以烟雾检测是环境质量评价中的重要一环。在各种烟雾检测方法中,基于仿生视觉技术的烟雾检测系统在研究界引起了广泛关注,这种系统采用的方法可以分为两大类:传统方法和基于深度学习的方法。

传统方法使用多种不同类别的特征,如颜色、形状、纹理等来识别烟雾区域,无需任何特征学习过程即可识别。北京理工大学的 Chen 等[144]和武汉大学的 Ye 等[145]使用形状及纹理特征来识别视觉数据中的烟雾模式。采用的运动特征是烟雾轮廓、近似中值和累积运动方向模型,而与纹理相关的运动特征是灰度共生矩阵、小波和局部二值模式。这些烟雾检测方法的主要缺点是高误报率,因此在存在小尺寸烟雾或烟雾在远处的情况下精度有限。为了解决这些问题,武汉大学的 Yuan 等[146]提出了一种烟雾检测技术,该技术使用具有双阈值和 Ada-boost 分类器的统计特征及类 Haar 特征,类 Haar 特征描述了图像中的边缘特征、线特征、对角线特征和中心-环绕特征;希腊塞萨洛尼基信息技术研究所的 Dimitropoulos 等[147]提出了一种高阶线性动力学系统用于识别视频中的烟雾,该研究工作使用粒子群优化算法对烟雾模式进行纹理分析,提高了分类准确率,但是增加了计算复杂度,使得每帧图像的识别速度变慢。

与传统方法不同,基于深度学习的方法使用学习到的特征来识别和分割烟雾区域,这些方法通常使用带有卷积、池化和全连接层的卷积神经网络作为特征提取器与分类器。中国科学技术大学的 Lin 等[148]提出了一种基于混合 R-CNN 和 3D-CNN 的烟雾检测技术，用于识别视频帧序列中的烟雾。这些方法的主要限制是它们在朦胧或非清晰环境下的识别准确率有限并有较高的误报率。为了解决该问题，韩国世宗大学的 Khan 等[149]实现了一种针对室外晴朗与朦胧环境的高效烟雾检测和语义分割方法 DeepSmoke。该研究工作采集了多种环境下的烟雾图像，完善了烟雾检测数据集。采用预训练的 EfficientNet 网络结构和迁移学习实现视频帧中的烟雾检测分类，然后使用 CNN 模型 DeepLab v3+ 解决视频帧中的烟雾区域分割，从而实现对不同环境下烟雾的高效检测与区域分割。EfficientNet 是 Google 于 2019 年提出的网络，网络主要包含一系列 MBConv 卷积模块（mobile inverted bottleneck convolution），该模块包含了深度可分离卷积和 SENet 中的 "Squeeze-and-Excitation"（SE）模块。EfficientNet 利用了 CNN 缩放的概念，能够对 CNN 模型的宽度、深度和分辨率进行共同调节。

3. 杂草检测

农作物田间的杂草会对农作物产量和质量产生不利影响，作物产量损失与杂草竞争之间存在很强的相关性。一直以来，研究人员和农耕人员在杂草控制方面付出了非常多的努力。除传统的手工除草、机械除草和化学除草方法外，近些年提出了一种特定地点杂草管理（site-specific weed management，SSWM）方法，其主要思想是仅对杂草斑块进行除草剂喷洒，或者根据杂草密度或杂草种类组成调整除草剂的施用量。在 SSWM 过程中，基于视觉信息的杂草检测起到了至关重要的作用，因为它需要为后续的决策和实施程序提供必要的信息。从农作物中精确地区分杂草有助于杂草管理，而错误地检测杂草信息会导致 SSWM 失败甚至农作物受损。精确杂草检测的关键过程是数字图像处理，通过它可以从获取的图像中分割和提取杂草。图像处理的性能主要受杂草密度、杂草分布特征、田间光照条件变化、作物与杂草叶片的遮挡或重叠、植物不同生长阶段等因素的影响，所有这些因素都给开发一种高效的杂草检测方法带来困难。在过去的十几年中，研究人员使用仿生视觉技术在杂草检测方面的应用越来越多，如图 3-4-3 所示，检测步骤可以概括为图像预处理、图像分割、特征提取、分类，仿生视觉技术的应用显著提高了杂草检测效率和稳定性。

图 3-4-3　仿生视觉技术用于杂草检测的步骤流程

图像预处理步骤通常是对来自相机的原始图像进行预处理，以便于后续的图像分割。主要的图像预处理包括色彩空间变换、归一化、大小调整、对比度增强和去噪等。RGB 是最常用的色彩空间，但由于 R、G 和 B 分量之间的高度相关性，其不适合图像分割和分析，因此需要进行色彩空间变换。爱尔兰国立大学的 Hamuda 等[150]的研究提出，HSV 色彩空间更符合人类的颜色认知，并且对光照变化具有鲁棒性，适合用于色彩空间变换。澳大利亚昆士兰科技大学的 Hall 等[151]利用 HSV、Luv 和 Lab 色彩空间，生成了一种颜色特征向量[H, S, u, v, a, b]。对于对比度不足的图像，需要进行对比度增强，如澳大利亚阿德莱德大学的 Liu 等[152]通过将灰度级调整到 0 到 255 范围之间来增强图像的对比度。图像大小调整通常是指降低图像的分辨率，从而最小化计算成本。强度归一化或标准化用于将数据缩放到合理的范围，并将图像数据转换为归一化的无量纲数据[153]。

图像分割步骤指将图像中的植物（农作物和杂草）与背景（土壤和残留物等）分开，高效的植被分割是杂草检测任务的关键。图像分割方法通常使用基于阈值的方法和基于机器学习算法，目前主要使用的是后者。基于阈值的方法的关键是确定合适的一个或多个阈值，将灰度图像中的每个像素值与这些阈值比较，然后根据比较结果将像素分组到相应的类别中。基于学习的植被分割主要是使用一些监督和无监督机器学习算法，学习图像中对象的共同特征，通过这些特征来将像素分为不同类别，如轻量级 CNN、决策树、随机森林、BP 神经网络、支持向量机、k 均值聚类法（k-means 聚类）等。对于基于监督机器学习的方法，需要一个训练过程来建立分类模型，并且需要提供带有注释的图像作为训练样本，因此分类模型的性能很大程度上取决于所选样本的质量。对于像 k-means 聚类这样的无监督方法，不需要对样本进行标注。与基于阈值的方法相比，基于学习的分割计算量更大，并且依赖于训练样本，但是通过适当的训练，它们可以提供效果更好的分类结果。

特征提取指从分割出来的农作物和杂草中提取多种视觉特征，如形态特征、光谱特征、视觉纹理特征和空间背景特征等，以便后续分类。形态特征，尤其是形状特征，在人类专家识别植物物种方面发挥着重要作用，因此也可用于杂草检测的图像分析。形状特征的测量通常包括周长、直径、短轴长度、长轴长度、面积、偏心率、圆度等，这些指标反映了植物形态的边界和轮廓信息，需要较为复杂的计算。光谱特征，通常指颜色指数，对于叶子颜色差别较大的不同植物，光谱特征对于区分它们是有效的，而对于颜色相近的植物，光谱特征的性能可能不尽如人意。例如，在美国微软公司的 Cheng 和 Matson[154]的研究中，仅使用光谱特征即可有效区分绿色的水稻和褐色的杂草，而对于颜色相似的农作物和杂草，通常需要结合形态特征才能成功将它们分离[155]。视觉纹理特征被定义为表示数字图像区域中像素灰度级的空间排列属性，纹理可以看作图像中相似性像素的分组，可以使用如平滑度、粗糙度和规律性等属性进行度量。在区别农作物和杂草时，视觉纹理特征指植物叶片的纹理特征。印度克里希纳工程技术学院的 Sujaritha 等[156]研究了旋转不变小波特征用于杂草检测，采用基于 Radon 变换的方法提取特征。Radon 是一种常用的积分变换方法，计算了真实空间对象的函数 $f(x,y)$ 在距原点的不同偏移量处的一系列线积分，描述了 $f(x,y)$ 与其投影（或线积分）之间的关系。结果发现，基于 Radon 变换的方法能够稳定获取纹理特征，大大减少了特征数量并快速识别了各种方向的图像。空间背景特征指农作物所处的空间背景和位置信息，因为对于大多数农作物，它们都按先验模式成行或成排播种，相邻的农作物之间没有明显的间距，通过识别农作物行的中心线或边缘，可以有效检测行间杂草。南非茨瓦内理工大学的 Tu 等[157]

采用灵活的四边形来检测农作物行，该方法移动、扩展或缩小一个灵活的四边形以定位捕获帧中的作物行。西北农林科技大学的 Tang 等[158]将垂直投影法和线性扫描法混合用于玉米农作物行的检测，首先使用垂直投影法得到玉米行数和范围，然后将图像底部和顶部像素作为一条线的两个端点，选择包含白色像素最多的线作为裁剪行的中心线，并结合水平线将农田图像划分为多个网格单元，以此进一步计算单元内的杂草覆盖面积和作物覆盖面积。

分类步骤是指提取到有价值的特征后，将不同类型的特征组合起来对植物是农作物还是杂草进行二分类判断，使用的主要是机器学习算法。澳大利亚埃迪斯科文大学的 Akbarzadeh 等[159]使用 SVM 实现了玉米田作物和杂草的识别；伊朗桂兰大学的 Bakhshipour 和 Jafari 使用 SVM 与 ANN 实现了对甜菜田中 4 个不同种类杂草的识别[160]，并比较了 SVM 和 ANN 的识别效果；丹麦奥尔胡斯大学的 Dyrmann 等[161]提出了一种基于 GoogLeNet 的 CNN 模型用于检测彩色图像中叶子遮挡严重时的杂草；德国伯恩大学的 Milioto 等[162]将现有的植被指数（vegetation index，VI）和 CNN 相结合，把植被指数作为网络的输入，实现了一个端到端的编码器-解码器结构的语义分割网络，能够实现杂草的在线检测。

参 考 文 献

[1] Huber M, Pauluhn A, Culhane J, et al. Observing Photons in Space: A Guide to Experimental Space Astronomy. New York: Springer, 2013: 423-442.

[2] Lichtsteiner P, Posch C, Delbruck T. A 128×128 120 db 15 μs latency asynchronous temporal contrast vision sensor. IEEE Journal of Solid-State Circuits, 2008, 43(2): 566-576.

[3] Posch C, Matolin D, Wohlgenannt R. An asynchronous time-based image sensor. IEEE International Symposium on Circuits & Systems, 2008: 2130-2133.

[4] Brandli C, Berner R, Yang M, et al. A 240×180 130 dB 3 μs latency global shutter spatiotemporal vision sensor. IEEE Journal of Solid-State Circuits, 2014, 49(10): 2333-2341.

[5] Gu L, Poddar S, Lin Y, et al. A biomimetic eye with a hemispherical perovskite nanowire array retina. Nature, 2020, 581(7808): 278-282.

[6] Tassicker G. Preliminary report on a retinal stimulator. The British Journal of Physiological Optics, 1956, 13(2): 102-105.

[7] Lakhanpal R R, Yanai D, Weiland J D, et al. Advances in the development of visual prostheses. Current Opinion in Ophthalmology, 2003, 14(3): 122-127.

[8] Tran N, Bai S, Yang J, et al. A complete 256-electrode retinal prosthesis chip. IEEE Journal of Solid-state Circuits, 2014, 49(3): 751-765.

[9] Humayun M S, Weiland J D, Fujii G Y, et al. Visual perception in a blind subject with a chronic microelectronic retinal prosthesis. Vision Research, 2003, 43(24): 2573-2581.

[10] Chow A Y, Peachey N. The subretinal microphotodiode array retinal prosthesis. Ophthalmic Research, 1998, 30(3): 195-196.

[11] Zrenner E, Stett A, Weiss S, et al. Can subretinal microphotodiodes successfully replace degenerated photoreceptors? Vision Research, 1999, 39(15): 2555-2567.

[12] Theogarajan L S. A low-power fully implantable 15-channel retinal stimulator chip. IEEE Journal of Solid-State Circuits, 2008, 43(10): 2322-2337.

[13] Dommel N B, Wong Y T, Lehmann T, et al. A CMOS retinal neurostimulator capable of focussed, simultaneous stimulation. Journal of Neural Engineering, 2009, 6(3): 035006.

[14] Tokuda T, Takeuchi Y, Sagawa Y, et al. Development and *in vivo* demonstration of CMOS-based multichip retinal stimulator with simultaneous multisite stimulation capability. IEEE Transactions on Biomedical Circuits and Systems, 2010, 4(6): 445-453.

[15] Veraart C, Wanet-Defalque M C, Gérard B, et al. Pattern recognition with the optic nerve visual prosthesis. Artificial Organs, 2003, 27(11): 996-1004.

[16] Delbeke J, Oozeer M, Veraart C. Position, size and luminosity of phosphenes generated by direct optic nerve stimulation. Vision Research, 2003, 43(9): 1091-1102.

[17] Duret F, Brelén M E, Lambert V, et al. Object localization, discrimination, and grasping with the optic nerve visual prosthesis. Restorative Neurology and Neuroscience, 2006, 24(1): 31-40.

[18] Chai X, Li L, Wu K, et al. C-sight visual prostheses for the blind. IEEE Engineering in Medicine and Biology Magazine, 2008, 27(5): 20-28.

[19] Ren Q, Chai X, Wu K, et al. Development of C-Sight visual prosthesis based on optical nerve stimulation with penetrating electrode array. Investigative Ophthalmology Visual Science, 2007, 48(13): 661.

[20] Normann R A, Greger B A, House P, et al. Toward the development of a cortically based visual neuroprosthesis. Journal of Neural Engineering, 2009, 6(3): 035001.

[21] Lewis P M, Ackland H M, Lowery A J, et al. Restoration of vision in blind individuals using bionic devices: A review with a focus on cortical visual prostheses. Brain Research, 2014, 1595: 51-73.

[22] Brindley G S, Lewin W S. The sensations produced by electrical stimulation of the visual cortex. The Journal of Physiology, 1968, 196(2): 479-493.

[23] Dobelle W H, Mladejovsky M G, Girvin J P. Artificial vision for the blind: electrical stimulation of visual cortex offers hope for a functional prosthesis. Science, 1974, 183(4123): 440-444.

[24] Beauchamp M S, Oswalt D, Sun P, et al. Dynamic stimulation of visual cortex produces form vision in sighted and blind humans. Cell, 2020, 181(4): 774-783.e5.

[25] Pezaris J S, Reid R C. Demonstration of artificial visual percepts generated through thalamic microstimulation. Proceedings of the National Academy of Sciences of the United States of America, 2007, 104(18): 7670-7675.

[26] Panetsos F, Sanchez-Jimenez A, Cerio E D, et al. Consistent phosphenes generated by electrical microstimulation of the visual thalamus. An experimental approach for thalamic visual neuroprostheses. Frontiers in Neuroscience, 2011, 5: 84.

[27] Deisseroth K, Feng G, Majewska A K, et al. Next-generation optical technologies for illuminating genetically targeted brain circuits. Journal of Neuroscience, 2006, 26(41): 10380-10386.

[28] Berry M H, Holt A, Salari A, et al. Restoration of high-sensitivity and adapting vision with a cone opsin. Nature Communications, 2019, 10(1): 1221.

[29] Krizhevsky A, Sutskever I, Hinton G E. ImageNet classification with deep convolutional neural networks. Advances in Neural Information Processing Systems, 2012, 25: 1097-1105.

[30] Hubel D H, Wiesel T N. Receptive fields of single neurones in the cat's striate cortex. The Journal of Physiology, 1959, 148(3): 574-591.

[31] Hubel D H, Wiesel T N. Receptive fields, binocular interaction and functional architecture in the cat's visual cortex. The Journal of Physiology, 1962, 160(1): 106-154.2.

[32] Fukushima K. Neocognitron: A self-organizing neural network model for a mechanism of pattern recognition unaffected by shift in position. Biological Cybernetics, 1980, 36(4): 193-202.

[33] LeCun Y, Bottou L, Bengio Y, et al. Gradient-based learning applied to document recognition. Proceedings of the IEEE, 1998, 86(11): 2278-2324.

[34] Elman J L. Finding Structure in Time. Cognitive Science, 1990, 14(2): 179-211.

[35] Hochreiter S, Schmidhuber J. Long short-term memory. Neural Computation, 1997, 9(8): 1735-1780.

[36] Ruiz-del-Solar J, Loncomilla P, Soto C N. A survey on deep learning methods for robot vision. arXiv e-prints, 2018: arXiv: 1803.10862.

[37] Simonyan K, Zisserman A. Very deep convolutional networks for large-scale image recognition. arXiv e-prints, 2014: arXiv: 1409.556.

[38] Szegedy C, Liu W, Jia Y, et al. Going deeper with convolutions. arXiv e-prints, 2014: arXiv: 1409. 4842.

[39] He K, Zhang X, Ren S, et al. Deep residual learning for image recognition. arXiv e-prints, 2015: arXiv: 1512.03385.

[40] He K, Zhang X, Ren S, et al. Identity mappings in deep residual networks. arXiv e-prints, 2016: arXiv: 1603.05027.

[41] Xie S, Girshick R, Dollár P, et al. Aggregated residual transformations for deep neural networks. arXiv e-prints, 2016: arXiv: 1611.05431.

[42] Huang G, Liu Z, Van Der Maaten L, et al. Densely connected convolutional networks. arXiv e-prints, 2016: arXiv: 1608.06993.

[43] Hu J, Shen L, Albanie S, et al. Squeeze-and-excitation networks. arXiv e-prints, 2017: arXiv: 1709.01507.

[44] Li W, Feng X S, Zha K, et al. Summary of target detection algorithms. Journal of Physics: Conference Series, 2021, 1757(1): 012003.

[45] Tareen S A K, Saleem Z. A comparative analysis of SIFT, SURF, KAZE, AKAZE, ORB, and BRISK. 2018 International Conference on Computing, Mathematics and Engineering Technologies (iCoMET), 2018: 1-10.

[46] Lowe D G. Distinctive image features from scale-invariant keypoints. International Journal of Computer Vision, 2004, 60(2): 91-110.

[47] Bay H, Ess A, Tuytelaars T, et al. Speeded-up robust features (SURF). Computer Vision and Image Understanding, 2008, 110(3): 346-359.

[48] Rublee E, Rabaud V, Konolige K, et al. ORB: an efficient alternative to SIFT or SURF. IEEE International Conference on Computer Vision, 2011: 2564-2571.

[49] Girshick R, Donahue J, Darrell T, et al. Rich feature hierarchies for accurate object detection and semantic segmentation. Proceedings of the IEEE Conference on Computer Vision and Pattern Recognition, 2014: 580-587.

[50] He K, Zhang X, Ren S, et al. Spatial pyramid pooling in deep convolutional networks for visual recognition. IEEE Transactions on Pattern Analysis and Machine Intelligence, 2015, 37(9): 1904-1916.

[51] Girshick R. Fast R-CNN. arXiv e-prints, 2015: arXiv: 1504.08083.

[52] Ren S, He K, Girshick R, et al. Faster R-CNN: Towards real-time object detection with region proposal networks. Advances in Neural Information Processing Systems, 2015, 28: 91-99.

[53] Dai J, Li Y, He K, et al. R-FCN: Object detection via region-based fully convolutional networks. arXiv e-prints, 2016: arXiv: 1605.06409.

[54] Lin T Y, Dollár P, Girshick R, et al. Feature pyramid networks for object detection. arXiv e-prints, 2016: arXiv: 1612.03144.

[55] He K, Gkioxari G, Dollár P, et al. Mask R-CNN. IEEE Transactions on Pattern Analysis & Machine Intelligence, 2017: 2961-2969.

[56] Redmon J, Divvala S, Girshick R, et al. You only look once: Unified, real-time object detection. arXiv e-prints, 2015: arXiv: 1506.02640.

[57] Liu W, Anguelov D, Erhan D, et al. SSD: Single shot multibox detector. In: Leibe B, Matas J, Sebe N, et al. European Conference on Computer Vision. Cham: Springer, 2016: 21-37.

[58] Lin T Y, Goyal P, Girshick R, et al. Focal loss for dense object detection. Proceedings of the IEEE International Conference on Computer Vision, 2017: 2980-2988.

[59] Minaee S, Boykov Y, Porikli F, et al. Image segmentation using deep learning: A survey. arXiv e-prints, 2020: arXiv: 2001.05566.

[60] Long J, Shelhamer E, Darrell T. Fully convolutional networks for semantic segmentation. arXiv e-prints, 2014: arXiv: 1411.4038.

[61] Badrinarayanan V, Kendall A, Cipolla R. SegNet: A deep convolutional encoder-decoder architecture for image segmentation. arXiv e-prints, 2015: arXiv: 1511.00561.

[62] Ronneberger O, Fischer P, Brox T. U-net: Convolutional networks for biomedical image segmentation. arXiv e-prints, 2015: arXiv: 1505.04597.

[63] Milletari F, Navab N, Ahmadi S A. V-net: Fully convolutional neural networks for volumetric medical

image segmentation. 2016 Fourth International Conference on 3D Vision (3DV), 2016: 565-571.

[64] Chen L C, Papandreou G, Kokkinos I, et al. Semantic image segmentation with deep convolutional nets and fully connected CRFs. arXiv e-prints, 2014: arXiv: 1412.7062.

[65] Chen L C, Papandreou G, Kokkinos I, et al. DeepLab: Semantic image segmentation with deep convolutional nets, atrous convolution, and fully connected CRFs. arXiv e-prints, 2016: arXiv: 1606.00915.

[66] Chen L C, Papandreou G, Schroff F, et al. Rethinking atrous convolution for semantic image segmentation. arXiv e-prints, 2017: arXiv: 1706.05587.

[67] Chen L C, Zhu Y, Papandreou G, et al. Encoder-decoder with atrous separable convolution for semantic image segmentation. arXiv e-prints, 2018: arXiv: 1802.02611.

[68] Friederich J, Zschech P. Review and systematization of solutions for 3D object detection. Proceedings of the Wirtschaftsinformatik, 2020: 1699-1711.

[69] Schwarz M, Schulz H, Behnke S. RGB-D object recognition and pose estimation based on pre-trained convolutional neural network features. 2015 IEEE International Conference on Robotics and Automation (ICRA), 2015: 1329-1335.

[70] Gupta S, Girshick R, Arbeláez P, et al. Learning rich features from RGB-D images for object detection and segmentation. *In*: Fleet D, Pajdla T, Schiele B, et al. European Conference on Computer Vision. Cham: Springer, 2014: 345-360.

[71] Rusu R B, Blodow N, Marton Z C, et al. Aligning point cloud views using persistent feature histograms. 2008 IEEE/RSJ International Conference on Intelligent Robots and Systems, 2008: 3384-3391.

[72] Rusu R B, Blodow N, Beetz M. Fast point feature histograms (FPFH) for 3D registration. 2009 IEEE International Conference on Robotics and Automation, 2009: 3212-3217.

[73] Salti S, Tombari F, Di Stefano L. SHOT: Unique signatures of histograms for surface and texture description. Computer Vision and Image Understanding, 2014, 125: 251-264.

[74] Schlosser J, Chow C K, Kira Z. Fusing lidar and images for pedestrian detection using convolutional neural networks. 2016 IEEE International Conference on Robotics and Automation (ICRA), 2016: 2198-2205.

[75] Simon M, Milz S, Amende K, et al. Complexer-YOLO: Real-time 3D object detection and tracking on semantic point clouds. 2019 IEEE/CVF Conference on Computer Vision and Pattern Recognition Workshops (CVPRW), 2019: 1190-1199.

[76] Ali W, Abdelkarim S, Zidan M, et al. YOLO3D: End-to-end real-time 3D oriented object bounding box detection from lidar point cloud. Proceedings of the European Conference on Computer Vision (ECCV) Workshops, 2018: 716-728.

[77] Yang B, Luo W, Urtasun R. PIXOR: Real-time 3D object detection from point clouds. Proceedings of the IEEE conference on Computer Vision and Pattern Recognition, 2018: 7652-7660.

[78] Qi C R, Su H, Mo K, et al. PointNet: Deep learning on point sets for 3D classification and segmentation. Proceedings of the IEEE Conference on Computer Vision and Pattern Recognition, 2017: 652-660.

[79] Qi C R, Yi L, Su H, et al. PointNet++: Deep hierarchical feature learning on point sets in a metric space. *In*: Guyon I, Luxburg U V, Bengio S, et al. Advances in Neural Information Processing Systems 30. La Jolla: Curran Associates, Inc., 2017.

[80] Davison A J, Reid I D, Molton N D, et al. MonoSLAM: Real-time single camera SLAM. IEEE Transactions on Pattern Analysis and Machine Intelligence, 2007, 29(6): 1052-1067.

[81] Davison A J. Real-time simultaneous localisation and mapping with a single camera. Proceedings Ninth IEEE International Conference on Computer Vision, 2003, 2: 1403-1410.

[82] Klein G, Murray D. Parallel tracking and mapping for small AR workspaces. 2007 6th IEEE and ACM International Symposium on Mixed and Augmented Reality, 2007: 225-234.

[83] Mur-Artal R, Montiel J M M, Tardos J D. ORB-SLAM: a versatile and accurate monocular SLAM system. IEEE Transactions on Robotics, 2015, 31(5): 1147-1163.

[84] Pumarola A, Vakhitov A, Agudo A, et al. PL-SLAM: Real-time monocular visual SLAM with points and lines. 2017 IEEE International Conference on Robotics and Automation (ICRA), 2017: 4503-4508.

[85] 邹雄, 肖长诗, 文元桥, 等. 基于特征点法和直接法 vSLAM 的研究. 计算机应用研究, 2020, 37(5): 1281-1291.

[86] Newcombe R A, Lovegrove S J, Davison A J. DTAM: Dense tracking and mapping in real-time. 2011 International Conference on Computer Vision, 2011: 2320-2327.

[87] Engel J, Schops T, Cremers D. LSD-SLAM: Large-scale direct monocular SLAM. *In*: Fleet D, Pajdla T, Schiele B, et al. Computer Vision–European Conference on Computer Vision 2014, Lecture Notes in Computer Science, 8690. Cham: Springer, 2014: 834-849.

[88] Engel J, Sturm J, Cremers D. Semi-dense visual odometry for a monocular camera. 2013 IEEE International Conference on Computer Vision (ICCV), 2013: 1449-1456.

[89] Forster C, Pizzoli M, Scaramuzza D. VO: Fast semi-direct monocular visual odometry. 2014 IEEE International Conference on Robotics and Automation (ICRA), 2014: 15-22.

[90] Engel J, Koltun V, Cremers D. Direct sparse odometry. arXiv e-prints, 2016: arXiv: 1607.02565.

[91] Newcombe R A, Izadi S, Hilliges O, et al. KinectFusion: Real-time dense surface mapping and tracking. 2011 10th IEEE International Symposium on Mixed and Augmented Reality, 2011: 127-136.

[92] Mur-Artal R, Tardos J D. ORB-SLAM2: An open-source slam system for monocular, stereo, and RGB-D cameras. IEEE Transactions on Robotics, 2017, 33(5): 1255-1262.

[93] Milford M J, Wyeth G F. Mapping a suburb with a single camera using a biologically inspired SLAM system. IEEE Transactions on Robotics, 2008, 24(5): 1038-1053.

[94] Franceschini N. Towards automatic visual guidance of aerospace vehicles: from insects to robots. Acta Futura, 2008, 3: 12-28.

[95] Huang Y F, Liu Y, Liu J G. New bionic navigation algorithm based on the visual navigation mechanism of bees. Selected Papers from Conferences of the Photoelectronic Technology Committee of the Chinese Society of Astronautics 2014, Part Ⅱ. SPIE, 2015, 9522: 265-270.

[96] Liu Y, Zhu D, Peng J, et al. Real-time robust stereo visual SLAM system based on bionic eyes. IEEE Transactions on Medical Robotics and Bionics, 2020, 2(3): 391-398.

[97] Zhao Y, Lu Y Y, Tian Y K, et al. Image processing based recognition of images with a limited number of pixels using simulated prosthetic vision. Information Sciences, 2010, 180(16): 2915-2924.

[98] van Rheede J J, Kennard C, Hicks S L. Simulating prosthetic vision: Optimizing the information content of a limited visual display. Journal of Vision, 2010, 10(14): 32.

[99] Parikh N, Itti L, Humayun M, et al. Performance of visually guided tasks using simulated prosthetic vision and saliency-based cues. Journal of Neural Engineering, 2013, 10(2): 026017.

[100] Wang J, Li H, Fu W Z, et al. Image processing strategies based on a visual saliency model for object recognition under simulated prosthetic vision. Artificial Organs, 2016, 40(1): 94-100.

[101] Wang J, Lu Y Y, Gu L J, et al. Moving object recognition under simulated prosthetic vision using background-subtraction-based image processing strategies. Information Sciences, 2014, 277: 512-524.

[102] Li H, Su X, Wang J, et al. Image processing strategies based on saliency segmentation for object recognition under simulated prosthetic vision. Artificial Intelligence in Medicine, 2018, 84: 64-78.

[103] Ge C J, Kasabov N, Liu Z, et al. A spiking neural network model for obstacle avoidance in simulated prosthetic vision. Information Sciences, 2017, 399: 30-42.

[104] Esteva A, Chou K, Yeung S, et al. Deep learning-enabled medical computer vision. NPJ Digital Medicine, 2021, 4(1): 1-9.

[105] Lundervold A S, Lundervold A. An overview of deep learning in medical imaging focusing on MRI. Zeitschrift für Medizinische Physik, 2019, 29(2): 102-127.

[106] Chen F, Taviani V, Malkiel I, et al. Variable-density single-shot fast spin-echo MRI with deep learning reconstruction by using variational networks. Radiology, 2018, 289(2): 366-373.

[107] Shan H M, Padole A, Homayounieh F, et al. Competitive performance of a modularized deep neural network compared to commercial algorithms for low-dose CT image reconstruction. Nature Machine Intelligence, 2019, 1(6): 269-276.

[108] Kearney V, Haaf S, Sudhyadhom A, et al. An unsupervised convolutional neural network-based

algorithm for deformable image registration. Physics in Medicine & Biology, 2018, 63(18): 185017.

[109] Yang X, Kwitt R, Styner M, et al. Quicksilver: fast predictive image registration—A deep learning approach. NeuroImage, 2017, 158: 378-396.

[110] Hesamian M H, Jia W, He X J, et al. Deep learning techniques for medical image segmentation: achievements and challenges. Journal of Digital Imaging, 2019, 32(4): 582-596.

[111] Zhou X R, Takayama R, Wang S, et al. Deep learning of the sectional appearances of 3D CT images for anatomical structure segmentation based on an FCN voting method. Medical Physics, 2017, 44(10): 5221-5233.

[112] Cueva W F, Muñoz F, Vásquez G, et al. Detection of skin cancer "Melanoma" through computer vision. 2017 IEEE XXIV International Conference on Electronics, Electrical Engineering and Computing (INTERCON), 2017: 1-4.

[113] Chadebecq F, Vasconcelos F, Mazomenos E, et al. Computer vision in the surgical operating room. Visceral Medicine, 2020, 36(6): 456-462.

[114] Twinanda A P, Shehata S, Mutter D, et al. EndoNet: a deep architecture for recognition tasks on laparoscopic videos. IEEE Transactions on Medical Imaging, 2016, 36(1): 86-97.

[115] Mazomenos E B, Bansal K, Martin B, et al. Automated performance assessment in transoesophageal echocardiography with convolutional neural networks. In: Frangi A, Schnabel J, Davatzikos C, et al. Medical Image Computing and Computer Assisted Intervention—MICCAI 2018. Lecture Notes in Computer Science, 11073. Cham: Springer, 2018: 256-264.

[116] Castellino R A. Computer aided detection (CAD): an overview. Cancer Imaging, 2005, 5(1): 17-19.

[117] Ahmad O F, Soares A S, Mazomenos E, et al. Artificial intelligence and computer-aided diagnosis in colonoscopy: current evidence and future directions. Lancet Gastroenterol, 2019, 4(1): 71-80.

[118] Ma R B, Wang R, Pizer S, et al. Real-Time 3D reconstruction of colonoscopic surfaces for determining missing regions. In: Guyon I, Luxburg U V, Bengio S, et al. Medical Image Computing and Computer Assisted Intervention–MICCAI 2019. Lecture Notes in Computer Science, vol 11768. Cham: Springer, 2019: 573-582.

[119] Sa I, Ge Z, Dayoub F, et al. DeepFruits: A fruit detection system using deep neural networks. Sensors, 2016, 16(8): 1222.

[120] Grinblat G L, Uzal L C, Larese M G, et al. Deep learning for plant identification using vein morphological patterns. Computers and Electronics in Agriculture, 2016, 127: 418-424.

[121] Martinel N, Foresti G L, Micheloni C. Wide-slice residual networks for food recognition. 2018 IEEE Winter Conference on Applications of Computer Vision (WACV), 2018: 567-576.

[122] Kaya A, Keceli A S, Catal C, et al. Analysis of transfer learning for deep neural network based plant classification models. Computers and Electronics in Agriculture, 2019, 158: 20-29.

[123] Unklesbay K, Unklesbay N, Keller J. Determination of internal color of beef ribeye steaks using digital image analysis. Food Structure, 1986, 5(2): 6.

[124] Sun X, Chen K, Berg E P, et al. Predicting fresh beef color grade using machine vision imaging and support vector machine (SVM) analysis. Journal of Animal and Veterinary Advances, 2011, 10(12): 1504-1511.

[125] Chmiel M, Słowiński M, Dasiewicz K. Lightness of the color measured by computer image analysis as a factor for assessing the quality of pork meat. Meat Science, 2011, 88(3): 566-570.

[126] Lee K, Park H, Baek S, et al. Colorimetric array freshness indicator and digital color processing for monitoring the freshness of packaged chicken breast. Food Packaging and Shelf Life, 2019, 22: 100408.

[127] Dutta M K, Issac A, Minhas N, et al. Image processing based method to assess fish quality and freshness. Journal of Food Engineering, 2016, 177: 50-58.

[128] Hamza R, Chtourou M. Apple ripeness estimation using artificial neural network. 2018 International Conference on High Performance Computing & Simulation (HPCS), 2018: 229-234.

[129] Li X, Li J, Tang J. A deep learning method for recognizing elevated mature strawberries. 2018 33rd Youth Academic Annual Conference of Chinese Association of Automation (YAC), 2018: 1072-1077.

[130] Borràs E, Ferré J, Boqué R, et al. Data fusion methodologies for food and beverage authentication and quality assessment—A review. Analytica Chimica Acta, 2015, 891: 1-14.

[131] Maamor H N, Rashid F N, Zakaria N Z, et al. Bio-inspired taste assessment of pure and adulterated honey using multi-sensing technique. 2014 2nd International Conference on Electronic Design (ICED), 2014: 270-274.

[132] Huang X, Xu H, Wu L, et al. A data fusion detection method for fish freshness based on computer vision and near-infrared spectroscopy. Analytical Methods, 2016, 8(14): 2929-2935.

[133] Sladojevic S, Arsenovic M, Anderla A, et al. Deep neural networks based recognition of plant diseases by leaf image classification. Computational Intelligence and Neuroscience, 2016, 2016: 11.

[134] Amara J, Bouaziz B, Algergawy A. A deep learning-based approach for banana leaf diseases classification. Datenbanksysteme für Business, Technologie und Web (BTW 2017)-Workshopband, 2017: 79-88.

[135] Rangarajan A K, Purushothaman R, Ramesh A. Tomato crop disease classification using pre-trained deep learning algorithm. Procedia Computer Science, 2018, 133: 1040-1047.

[136] Khan M A, Lali M I U, Sharif M, et al. An optimized method for segmentation and classification of apple diseases based on strong correlation and genetic algorithm based feature selection. IEEE Access, 2019, 7: 46261-46277.

[137] Milioto A, Lottes P, Stachniss C. Real-time blob-wise sugar beets vs weeds classification for monitoring fields using convolutional neural networks. ISPRS Annals of Photogrammetry, Remote Sensing and Spatial Information Sciences, 2017, 42: 41-48.

[138] Kuwata K, Shibasaki R. Estimating crop yields with deep learning and remotely sensed data. 2015 IEEE International Geoscience and Remote Sensing Symposium (IGARSS), 2015: 858-861.

[139] Minh D H T, Ienco D, Gaetano R, et al. Deep recurrent neural networks for winter vegetation quality mapping via multitemporal SAR Sentinel-1. IEEE Geoscience and Remote Sensing Letters, 2018, 15(3): 464-468.

[140] Nevavuori P, Narra N, Lipping T. Crop yield prediction with deep convolutional neural networks. Computers and Electronics in Agriculture, 2019, 163: 104859.

[141] Papadakis V M, Papadakis I E, Lamprianidou F, et al. A computer-vision system and methodology for the analysis of fish behavior. Aquacultural Engineering, 2012, 46(1): 53-59.

[142] Zheng H, Liu R, Zhang R, et al. A method for real-time measurement of respiratory rhythms in medaka (*Oryzias latipes*) using computer vision for water quality monitoring. Ecotoxicology and Environmental Safety, 2014, 100(1): 76-86.

[143] Yuan F, Huang Y, Chen X, et al. A biological sensor system using computer vision for water quality monitoring. IEEE Access, 2018, 6: 61535-61546.

[144] Chen J, Wang Y, Tian Y, et al. Wavelet based smoke detection method with RGB contrast-image and shape constrain. 2013 Visual Communications and Image Processing (VCIP), 2013: 1-6.

[145] Ye W, Zhao J, Wang S, et al. Dynamic texture based smoke detection using Surfacelet transform and HMT model. Fire Safety Journal, 2015, 73: 91-101.

[146] Yuan F, Fang Z, Wu S, et al. Real-time image smoke detection using staircase searching-based dual threshold AdaBoost and dynamic analysis. The Institution of Engineering and Technology Image Processing, 2015, 9(10): 849-856.

[147] Dimitropoulos K, Barmpoutis P, Grammalidis N. Higher order linear dynamical systems for smoke detection in video surveillance applications. IEEE Transactions on Circuits and Systems for Video Technology, 2017, 27(5): 1143-1154.

[148] Lin G, Zhang Y, Xu G, et al. Smoke detection on video sequences using 3D convolutional neural networks. Fire Technology, 2019, 55(5): 1827-1847.

[149] Khan S, Muhammad K, Hussain T, et al. DeepSmoke: Deep learning model for smoke detection and segmentation in outdoor environments. Expert Systems with Applications, 2021, 182: 115125.

[150] Hamuda E, Mc Ginley B, Glavin M, et al. Automatic crop detection under field conditions using the HSV colour space and morphological operations. Computers and Electronics in Agriculture, 2017,

133: 97-107.

[151] Hall D, Dayoub F, Kulk J, et al. Towards unsupervised weed scouting for agricultural robotics. 2017 IEEE International Conference on Robotics and Automation (ICRA), 2017: 5223-5230.

[152] Liu H, Lee S H, Saunders C. Development of a machine vision system for weed detection during both of off-season and in-season in broadacre no-tillage cropping lands. American Journal of Agricultural and Biological Sciences, 2014, 9(2): 174-193.

[153] Tang J, Zhang Z, Wang D, et al. Research on weeds identification based on k-means feature learning. Soft Computing, 2018, 22(22): 7649-7658.

[154] Cheng B, Matson E T. A feature-based machine learning agent for automatic rice and weed discrimination. *In*: Rutkowski L, Korytkowski M, Scherer R, et al. Artificial Intelligence and Soft Computing. ICAISC 2015. Lecture Notes in Computer Science, vol 9119. Cham: Springer, 2015: 517-527.

[155] Ahmed F, Al Mamun H A, Bari A S M H, et al. Classification of crops and weeds from digital images: a support vector machine approach. Crop Protection, 2012, 40: 98-104.

[156] Sujaritha M, Annadurai S, Satheeshkumar J, et al. Weed detecting robot in sugarcane fields using fuzzy real time classifier. Computers and Electronics in Agriculture, 2017, 134: 160-171.

[157] Tu C, Van Wyk B J, Djouani K, et al. An efficient crop row detection method for agriculture robots. 2014 7th International Congress on Image and Signal Processing, 2014: 655-659.

[158] Tang J L, Chen X Q, Miao R H, et al. Weed detection using image processing under different illumination for site-specific areas spraying. Computers and Electronics in Agriculture, 2016, 122: 103-111.

[159] Akbarzadeh S, Paap A, Ahderom S, et al. Plant discrimination by support vector machine classifier based on spectral reflectance. Computers and Electronics in Agriculture, 2018, 148: 250-258.

[160] Bakhshipour A, Jafari A. Evaluation of support vector machine and artificial neural networks in weed detection using shape features. Computers and Electronics in Agriculture, 2018, 145: 153-160.

[161] Dyrmann M, Jørgensen R N, Midtiby H S. RoboWeedSupport—Detection of weed locations in leaf occluded cereal crops using a fully convolutional neural network. Advances in Animal Biosciences, 2017, 8(2): 842-847.

[162] Milioto A, Lottes P, Stachniss C. Real-time semantic segmentation of crop and weed for precision agriculture robots leveraging background knowledge in CNNs. 2018 IEEE international conference on robotics and automation (ICRA) 2018: 2229-2235.

第 4 章　仿生听觉传感与智能感知技术

4.1　概　　述

　　人的听觉是大脑对作用于听觉器官中客观事物属性的反映，是听觉器官、神经传导通路和脑整合活动的结果。听觉器官又统称为耳，是一个精密的机械振动系统，在声音的接收、传导和分析整合过程中起着至关重要的作用，具有感受声音振动并转化为生物电活动的功能。人的听觉系统具有感受、传输、分析和处理声音信息的功能，它能够感受到极其丰富的声音，参数跨度范围十分广泛。从频率角度，人耳可识别声音的频域范围为 20 Hz 到 20 kHz，上下限的频率差约可以达到 1000 倍；从强度角度，声压差约可以达到 100 万倍；从能量角度，能量差约可以相差 10 000 亿倍。人的听觉系统对声音识别具有很高的灵敏度和分辨率，并能检测出它们在时域上的快速变化。人的听觉系统在听音辨物方面具有独特的优越性，它能够准确地提取目标声音特征并精确地识别声音的方向、类别和内容，因此，仿生听觉传感与智能感知技术的研究越来越受到广泛关注。

4.2　仿生听觉传感技术的研究

4.2.1　听觉传感器

　　20 Hz 至 20 kHz 的机械振动称为声波，传播到我们的耳朵，可以引起声音的感觉；一般频率低于 20 Hz 的机械振动波称为次声波，在水中也称为水声波；频率超过 20 kHz 的机械波称为超声波。无论是一般的声传感器还是次声和超声传感器，其作用机制都是相同的，将气体、液体或固体中传播的机械振动转换成电信号。表 4-2-1 列出了不同机电转换模式的各类声传感器。根据换能模式可以分为电磁变换、电荷变换、电阻变换、光电变换[1]。随着组织工程和细胞工程的发展，出现了以生物细胞或组织为敏感元件的新型仿生听觉传感器。

表 4-2-1　声传感器分类[1]

转换模式	型式	传感器	材料
电磁变换	动电型	动圈式传声器 扁形麦克风	线圈和磁铁
	电磁型	电磁型传声器 电磁拾音器	线圈和磁铁或高导磁率合金 铁氧体和线圈
	磁致伸缩型	声呐 特殊传感器	镍和线圈 铁氧体和线圈
电荷变换	电容型	电容式、静电式传声器 驻极体传声器	电容器和电源 驻极体

续表

转换模式	型式	传感器	材料
电荷变换	压电型	传、送话器 石英水声换能器	压电陶瓷、晶体，高分子压电体 石英晶体
	电致伸缩型	传声器、拾音器 水声换能器	压电陶瓷
电阻变换	接触阻抗型	碳粒电话传、送话器	碳粉和电源
	阻抗变换型	电阻丝应变传声器 半导体应变传声器	电阻丝应变计和电源 半导体应变计和电源
光电变换	相位变化型	干涉式传感器	激光器、光纤和光电探头 激光光源和光检测器
	光量变化型	光亮变化声传感器	光源、光敏元件和光检测器
生物变换	生物机电转导型	仿生听觉传感器	细胞、组织

1. 电磁变换型声音传感器

（1）动电型声音传感器

最经典的动电型声音传感器是动圈式传声器[2]，由材料线圈和磁铁构成，从宏观角度可分为两部分：换能单元和升压单元。其中换能单元结构比较复杂，而升压单元结构基本上由一个升压变压器组成。图 4-2-1 为动圈式传声器换能单元模型，换能单元主要由三个基本元件组成，分别为振膜、线圈和磁体。

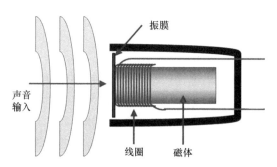

图 4-2-1　动圈式传声器换能单元模型

动圈式传声器换能单元基于电磁感应原理，可以将声信号转换为电信号。首先，磁体能在周围产生磁场，而线圈位于磁场中，且与振膜粘连在一起，当声波作用在振膜上使振膜发生振动时，振膜带着线圈一起在磁场中振动。根据电磁感应定律，线圈在磁场中切割磁感线会产生一个感应电动势，但这个感应电动势并不是最终的输出音频信号，有一部分电能要损耗在线圈阻抗上，其余的才是输出电信号。输出的电信号用于后端的升压变压器进行升压和阻抗变换，以便于与后级放大设备或调音台等音频设备匹配，保证传输的质量及稳定性。

（2）电磁型声音传感器

电磁型声音传感器大多由线圈和磁铁或高导磁率合金等物质构成，以动磁型拾音器为主。随着纳米技术的发展与听觉受体细胞毛细胞的发现，韩国延世大学的 Lee 等[3]提出了一种通过磁性纳米粒子直接调控内耳毛细胞的方法。如图 4-2-2 所示，引入立方磁性纳米粒子作为精确、快速控制机械敏感细胞的有效工具。

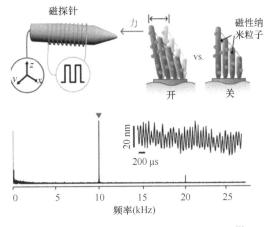

图 4-2-2　磁性纳米粒子调控内耳毛细胞[3]

为了实现这一听觉系统，他们用磁包覆纳米粒子（$Zn_{0.4}Fe_{2.6}O_4$）偶联在毛细胞的纤毛中，实现磁场对毛细胞的控制。当电磁探针产生 10 kHz 的振荡磁场时，带有磁性纳米粒子的毛细胞以约 50 nm 的振幅相应地振动，即当磁性探针处于打开状态时，受磁场影响毛细胞偏转约 50 nm，停止自发振动并保持静止状态，当磁性探针切换到关闭状态时，毛细胞束会恢复自发振动。通过傅里叶变换，得到毛细胞束偏转频率成分与刺激频率一致。这种技术表明在听觉系统中应用磁遗传学的潜力，立方体形状的磁性纳米粒子与细胞膜结合，通过电磁铁控制，对细胞施加微牛顿的机械力，证明了机械刺激引起离子流入毛细胞，可以解决研究生物系统中机械传导的关键难题。此外，磁开关可以产生超快的时间分辨率，并具有远程操纵和验证生物特异性的能力，可以用于研究机械转导过程及其他感觉系统。

（3）磁致伸缩型声音传感器

磁致伸缩型声音传感器，运用了磁致伸缩效应，即铁磁物质在交变的磁场中沿着磁场方向产生伸缩的现象，磁致伸缩材料可以将磁能转化为动能，也可以反过来，如果铁磁物质的长度发生变化，这种材料会感应出磁场，如图 4-2-3 所示。

不同的铁磁物质具有不同的磁致伸缩效应，镍的磁致伸缩效应最大，且在磁场中都是缩短的，因此常被作为超声换能器敏感材料，它由几个厚度为 0.1～0.4 mm 的镍片叠加而成。为了减少片间的涡流损失，中间会做绝缘处理。将铁磁材料置于交变的磁场中，使之产生机械振动，从而产生超声波。如图 4-2-4 所示，其原理是利用磁致伸缩效应把电脉冲变为机械脉冲，或使用振荡电路激发镍棒的机械共振。当电频率与机械振动的固有频率相同时，产生机械共振，从而产生超声波。

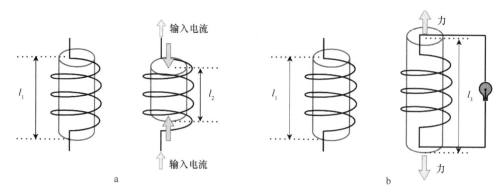

图 4-2-3　声音传感器的磁致伸缩效应

（a）铁磁物质在磁场中形变；（b）铁磁物质的形变产生磁场

l_1 表示磁致伸缩材料原本的长度；l_2 表示材料在磁场中被压缩后的长度；l_3 表示材料在力学作用下伸长后的长度

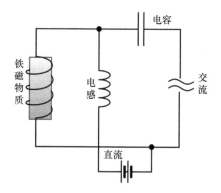

图 4-2-4　磁致伸缩产生超声波电路

2. 电荷变换型声音传感器

（1）电容型声音传感器

电荷变换型声音传感器是目前麦克风的主要构成部件，其又可根据敏感材料与传感原理分为真电容及驻极体。真电容主要有电容音头、音头固定座、电路板组成，电容式麦克风（电容式传声器）是通过声音引起电容极板上的振动膜振动，导致电容极板间的距离变化，板间的距离变化会导致电容量的变换，从而产生了感应电流。图 4-2-5 为真电容原理图，从声音信号到电信号的转换主要由电容音头实现。

当给电容音头供电后，电容音头处于工作状态。当外界声波使电容音头的振膜发生振动，电容音头里的振膜与固定电极的距离发生改变，电容量就会发生变化。距离减小，电容量增加，距离增大，电容量减小，此时电容音头上的电压也随之改变，同时电阻 R 上的电压也会跟随电容音头的电压发生改变，一般取电阻 R 上的电压作为输出电信号，即将声音信号转换成了电信号。由于这个电信号比较小，需要经过放大器再输出给扬声器播出。

驻极体是指在经过高温高压处理后，能够在两表面分别存储正、负电荷的电介质，目前主要的驻极体材料如石英和其他形式的二氧化硅是自然存在的驻极体。大多数驻极体

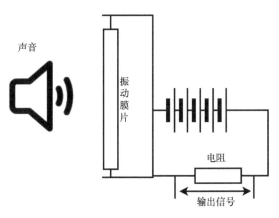

图 4-2-5　电容式麦克风（真电容）原理

是由合成聚合物制成的，如含氟聚合物、聚丙烯、聚对苯二甲酸乙二醇酯、聚全氟乙丙烯等。聚丙烯有较高的电荷密度，但是耐潮性能较差，而聚全氟乙丙烯具有较高的电荷密度且稳定性好，能耐高温，因此被广泛运用。

　　驻极体和电容器使用相似的介质层，不同之处在于电容器中的介质产生的诱导极化仅是瞬态的，这取决于施加在介质上的电势，而具有驻极体特性的介质则表现出准永久电荷存储或偶极子极化。一些材料也表现出铁电性，即它们对外场产生极化滞后反应。铁电材料由于处于热力学平衡状态，可以永久保持极化，因此被用于铁电电容器中。虽然驻极体处于亚稳态，但由极低漏电材料制成的驻极体可以多年保持过量电荷或极化状态。驻极体通过使用永久带电的材料，消除了对电源极化电压的需要。

　　驻极体的原理与真电容的原理基本相似，只是驻极体音头本身已经存储了一定的电荷，不需要电源给音头供电，直接通过振膜极板的振动使两极板间的距离改变，使电容量发生变化，驻极体的电压也会随之变化。其基本结构由一片单面涂有金属的驻极体薄膜与下面的金属电极（称为背电极）构成。驻极体与背电极相对，中间有一个极小的空气间隙，形成一个以空气间隙和驻极体作为绝缘介质，以背电极和驻极体作为两个电极构成的平板电容器。驻极体传声器（麦克风）的内部结构如图 4-2-6 所示。

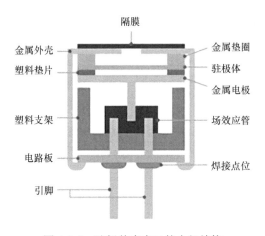

图 4-2-6　驻极体麦克风的内部结构

由于驻极体薄膜上分布了自由电荷,当声波引起驻极体薄膜振动而产生位移时,电容两极板之间的距离发生改变,从而引起电容的容量发生变化。由于驻极体上的电荷数始终保持恒定,根据公式:$Q=CU$,当电容 C 变化时必然引起电容器两端电压 U 的变化,从而输出电信号,实现声音到电信号的变换。

(2)压电型声音传感器

压电型声音传感器是目前运用最广泛的声音传感器,根据压电效应的原理,对压电材料施加压力,便会产生电位差,称为正压电效应,反之施加电压,则产生机械应力,称为逆压电效应。压电材料可以因机械变形产生电场,也可以因电场作用产生机械变形,这种固有的机-电耦合效应使得压电材料在声音传感器中得到了广泛的应用。

常见的压电型声音传感器的敏感材料有压电陶瓷、晶体,以及高分子压电体等。压电陶瓷是一种具有压电特性的陶瓷材料。压电陶瓷与没有铁电成分的压电石英晶体的主要区别在于压电陶瓷的主要成分是铁电晶粒。因为陶瓷是具有随机取向晶粒的多晶集合体,所以铁电晶粒的自发极化矢量也是随机取向的。为了表现出宏观的压电性能,就必须在压电陶瓷烧成并于端面被复电极之后,将其置于强直流电场下极化,使得原始随机取向的极化矢量优先沿电场方向取向。电场消除后,极化后的压电陶瓷会保留一定强度的宏观残余极化,从而使陶瓷具有一定的压电性能。常见的以压电陶瓷为敏感材料的声音传感器有:①压电陶瓷扬声器,是一种结构简单轻巧的电声器件,由于具有灵敏度高、无磁场散播外溢、成本低、耗能低、便于大量生产等优点,因此发展较快、种类较多。②压电陶瓷送话器,一般采用铌镁酸铅等材料,具有耐潮性好、成本低等特点。③压电陶瓷受话器,受话器即电话听筒,通常采用电磁型或动电型,近年来由于压电陶瓷受话器具有质量轻、不怕电磁干扰等特点而受到重视。④次声(水声)传感器,电磁波在水中传播时衰减很大,雷达和无线电设备不能被用来有效地完成水下观察、通信和探测任务,因此利用声波能在水中传播的特性,借助于水声设备来达到这些目的。⑤压电陶瓷超声传感器,应用最广泛的传感器之一,是一种将高频电能转换为机械能的能量转换器件。超声换能器主要包括外壳、喇叭形谐振器、压电陶瓷换能器、弹性体、引线端子等部分构成,如图 4-2-7 所示。其中,压电陶瓷换能器起到的作用和一般的换能器相同,主要用于发射并接收超声波,位于压电陶瓷换能器上方的喇叭形谐振器是圆锥形的,可以有效地传播由振动产生的超声波,同时也能有效地将超声波集中在振子的中心部分。

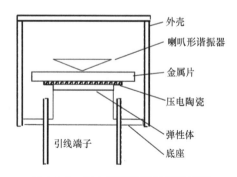

图 4-2-7 压电陶瓷超声换能器原理

随着高分子材料的快速发展，一些性能更优、更仿生的高分子压电材料不断涌现。重庆大学物理学院的胡陈果教授团队[4]研制出了一种自供电的摩擦电听觉传感器。

自供电的摩擦电听觉传感器采用摩擦电纳米发电机（triboelectric nanogenerator，TENG）技术来构建，提出了一种用于智能听觉系统的摩擦电耳蜗装置，装置集成在假耳内部。该装置主要由氟化乙丙（fluorinated ethylene propylene，FEP）橡胶包覆的上电极（有多个孔道）、一定的间隙隔板（厚度约 100 mm）和与下电极相连的聚酰亚胺组成，聚酰亚胺薄膜的外缘用环状亚克力片材固定。为了提高表面电荷密度以获得更高的灵敏度，在氟化乙丙橡胶表面构建了纳米结构。由于摩擦电纳米发电技术的简单结构和所选材料的特性，该器件可以很小、很薄，甚至外观透明。在一定的声频、压强和间隙下，聚酰亚胺薄膜的变形使氟化乙丙橡胶与底电极接触摩擦带电，从而使氟化乙丙橡胶表面由于电子亲和力的不同而形成负键电荷。当声压变化时，带电的氟化乙丙橡胶和下电极之间的机械运动诱导分离，导致电子在静电感应的驱动下从上电极流向下电极。聚酰亚胺薄膜在不同频率下的振动模式不同。氟化乙丙橡胶与底电极之间的返回接触产生回流电信号输出。

基于新开发的摩擦电纳米发电机技术，自供电的摩擦电听觉传感器具有超高的灵敏度（110 mV/dB）。通过系统优化设计环形或扇形的内边界结构，实现了 100～5000 Hz 的宽带响应。结合智能机器人设备，展现了高品质的音乐录制和准确的语音识别能力，实现了智能人机交互。此外，通过调整内边界结构的几何设计，可用于自然放大特定的声波。用摩擦电纳米发电机技术研制的圆形自驱动单通道声音传感器，通过器件内部结构设计，实现了高灵敏度的宽带响应和选频特性，展示了其在社交机器人听觉系统和外部助听器中的潜在应用价值。与传统的压电声音传感器相比，摩擦电技术具有低频、宽频响应的特点，基本覆盖了人们日常交流的声音频段。摩擦电技术具有信号输出强度高、通道单一、制备简单廉价等特点，在解决下一代智能机器人挑战方面具有巨大应用前景。

3. 电阻变换型声音传感器

（1）接触阻抗型声音传感器

接触阻抗型声音传感器采用的敏感材料一般是碳粉等可随机械力产生电阻变化的材料，其中一个经典实例是碳粒式麦克风，如图 4-2-8 所示。接触阻抗型麦克风由碳粒、

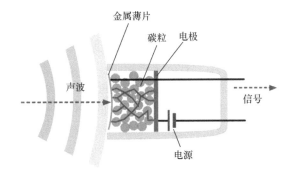

图 4-2-8　接触阻抗型麦克风（碳粒式麦克风）原理图

金属薄片、电源及电极等组成，碳粒夹在可动的金属薄片与固定电极之间可形成一个碳粒式麦克风。其工作时，需由电源供电。加了电压后碳粒的电阻就与电源构成了电流回路。没有声音时，碳粒电阻、闭合电路电流都为定值。当对麦克风讲话时，声波作用使金属薄片随着振动，碳粒电阻值就随声压变化，回路电流大小也随声压变化。压力大时，碳粒聚集，电阻变小，电流增大；压力小时，碳粒疏散，电阻增大，电流减小。这样，电路中便产生了音频电流，碳粒式麦克风就将声音信号变成音频信号。音频电流在变压器初级线圈流动时，互感使次级产生音频电动势输出，从而完成声电的转换。

（2）阻抗变换型声音传感器

阻抗变换型声音传感器最基本的结构组成是由电阻丝应变片或半导体应变片粘贴在感应声压作用的膜片上。当声压作用在膜片上时，膜片产生形变使应变片的阻抗发生变化，检测电路会输出电压信号从而完成声电的转换。

澳大利亚麦考瑞大学的 Ahmadi 等[5]提出了一种基于压阻性水凝胶纳米复合材料的超灵敏仿生听觉毛细胞声音传感器，如图 4-2-9 所示，这种仿生的压阻性人工毛细胞传感器由高柔性、高导电性的聚乙烯醇（polyvinyl alcohol，PVA）纳米复合材料和垂直石墨烯纳米片（vertical graphene nanosheet，VGN）组成，模拟了人耳的毛细胞的功能，在不同频段的声音刺激下，材料会左右摆动，振动使 PVA 水凝胶传感器弯曲，导致应力从 PVA 传递到 VGN 层，随后石墨烯的导电结构发生变形，传感器的 VGN 电阻发生变化，从而完成声电的转换。

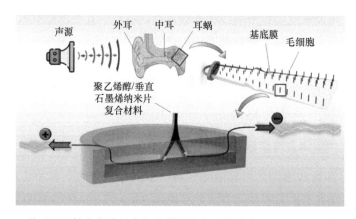

图 4-2-9　基于压阻性水凝胶纳米复合材料的超灵敏仿生听觉毛细胞声音传感器[5]

这项工作提出了一种基于模仿听觉毛细胞感知原理的新概念，首次利用 PVA 水凝胶和 VGN 的双层结构设计开发了一种人工毛细胞传感器，以检测广泛的声音频率范围。该传感器具有可靠的中频输出和高频灵敏度。这与哺乳动物耳蜗的频率调谐曲线大体相似。同时，利用有限元分析对传感器附近压力分布的变化进行了预测，在与实验相同的声频和振幅范围内，传感器尖端监测到的绝对压力变化趋势与实验数据吻合较好。这种创新的仿生传感设计可以激励研究人员开发一种与生物听觉毛细胞非常相似的新型兼容 MEMS 传感器。

4. 光电变换型声音传感器

（1）相位变化型声音传感器

相位变化型声音传感器，其敏感材料主要是光纤与激光器，典型实例是光纤水听器，光纤水听器是一种建立在光纤、光电子技术基础上的水下声信号传感器。它通过高灵敏度的光学相干检测，将水声振动转换成光信号，通过光纤传至信号处理系统提取声音信号。

最经典的是基于马赫-曾德尔干涉仪（Mach-Zehnder interferometer）[6]的光纤水听器，如图 4-2-10 所示，由激光经光纤耦合器分为两路：一路构成光纤干涉仪的传感臂，即信号臂，接受声波的调制；另一路构成参考臂，提供参考相位。两束波经耦合器合束发生干涉，干涉光经光电探头转换为电信号，解调处理信号就可以分析声波信息。光纤水听器阵列测量空间信号，通过对各个固定位置测得的声信号进行信号处理，可以确定声源位置，实现水下探测、水下目标辐射噪声测量，可应用于水下安全、地震预报、海上油气勘探等领域。与传统水听器相比，光纤水听器灵敏度高，能够检测微弱信号，且抗电磁干扰和信号串扰能力强，可远距离传输；体积小，易于部署和实施，易于收回，可靠性高，可大规模联网。光纤水听器技术也将掀开传感器发展的新篇章，给传统测量方法带来新的方向。

图 4-2-10　光纤水听器

（2）光量变化型声音传感器

光量变化型声音传感器，其结构主要是光源和光敏元件，典型实例是心音导管尖端式声音传感器，结构如图 4-2-11 所示，主要由振动片、光导纤维束组成，压力元件振动片置于光纤导管端部。其检测原理是心音声波使振动片产生位移，光导传输的光由振动片反射回来，其光量反映振动位移，再由光敏元件检测光量的变化以读出声压值。

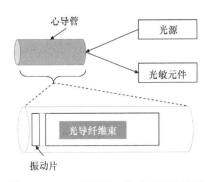

图 4-2-11　心音导管尖端式声音传感器

5. 生物变换型听觉传感器

随着生物技术和仿生传感技术的发展，出现了一些以生物细胞为主要敏感材料的听觉传感器，耳朵以其独特的结构赋予了生物感知声音信号的能力，一些研究团队采用 3D 打印技术实现了一种仿生听觉传感器，更有研究人员将听觉细胞作为敏感元件来构建离体的仿生听觉传感器。

（1）基于 3D 打印技术的仿生听觉传感器

美国普林斯顿大学的 Mannoor 等[7]使用 3D 打印技术实现了一种可行的复制听力系统的新方法。他们用含有活细胞的水凝胶打印成人耳形状，如图 4-2-12a 所示，这种仿生耳看起来和摸起来都与人耳相似。但这种仿生耳不是模仿内耳的复杂结构和机械感受器的复杂传导方法，而是通过线圈天线接收电磁信号来检测声音。基于金属纳米颗粒的印刷电子元件形成了收听天线，体外印刷在线圈周围的耳形软骨组织显示出良好的结构完整性和形状保持性，如 4-2-12b 所示。左、右声道分别经由声源发送，仿生耳接收到的信号从双耳蜗形电极的信号输出端采集，输入数字示波器，由扬声器回放，进行听觉监测，如 4-2-12c 所示。图 4-2-12d 显示了左右仿生耳持续时间为 1 ms 的发送和接收信号对比，发现 3D 打印的仿生耳表现出出色的音频信号再现。

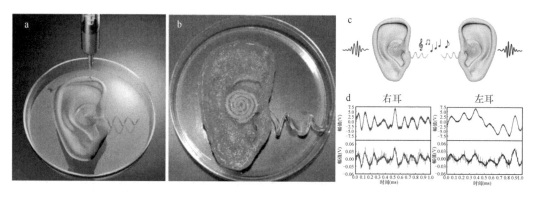

图 4-2-12　3D 打印的仿生耳（彩图请扫封底二维码）
（a）3D 打印耳的概念图；（b）3D 打印耳的实物图；（c）双侧 3D 打印接收声音刺激示意图；（d）右耳和左耳接收声音刺激的结果图，顶部是真实刺激波形，底部是传感器检测刺激波形[7]

这种仿生耳能够接收赫兹到千兆赫兹的广泛频率范围内的声音信号，并且，在组织工程表征和电学表征方面均具有较好的结果，在形式和功能上都与真正的器官类似。这种混合系统不同于工程组织或平面/柔性电子设备，提供了一种独特的方式来实现电子设备与组织紧密耦合，用以构建人工器官，体现了将增材制造技术的多功能性与纳米颗粒组装和组织工程概念融合的概念。这项工作展示了利用 3D 打印的人工器官以移植替代疾病器官，以及使用 3D 打印技术将 3D 电子元件与生物组织结合起来的可行性。

（2）基于听觉神经元细胞的听觉传感器

瑞士伯尔尼大学的 Hahnewald 等[8]通过将螺旋神经节神经元离体培养在多电极阵列

芯片上，研究设计了一种新的人工耳蜗设备和刺激方案，如图 4-2-13 所示。通过多电极阵列记录螺旋神经节对细胞外刺激的响应，来表征与电极阵列密切接触的螺旋神经节的响应曲线，从而优化体外电刺激策略，减少了在体实验存在的许多限制性因素。具体流程为，首先对乳鼠的耳蜗进行提取，将科蒂器与螺旋神经节进行分离，螺旋神经节在多电极阵列上培养 18 天后进行信号采集分析。为了降低刺激阈值和引起反应所需的能量，对不同的刺激方案进行了比较，分析在不同电压、电流等刺激条件下神经元的响应。结果表明，在最好的情况下，通过将双向刺激从 40 μs 延长到 160 μs，能量降低了 4 倍。该研究首次证明了能够使用多电极阵列刺激和记录到螺旋神经节外植体的听神经元发放，描述了自发和电诱导活动的特征，通过设计不同幅值、不同脉宽的电刺激，研究了不通过刺激条件下神经元的不同反应。最后，能够定量地评估电极刺激对螺旋神经节的影响，从而创建了一个可以在体外研究刺激电极与神经细胞之间距离的平台。

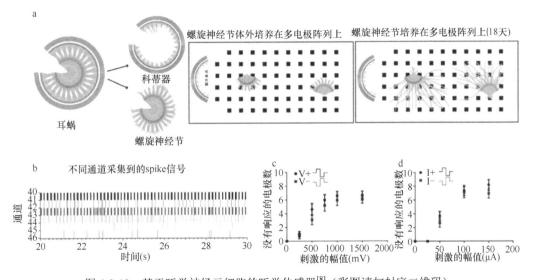

图 4-2-13 基于听觉神经元细胞的听觉传感器[8]（彩图请扫封底二维码）
（a）螺旋神经节离体培养在多电极阵列上；（b）不同通道采集到的神经元尖峰（spike）信号；（c）在不同电压刺激下神经元的响应情况；（d）在不同电流刺激下神经元的响应情况

4.2.2 人工耳蜗

1. 人工耳蜗概述

人工耳蜗（cochlear implant，CI）是一种模拟耳蜗功能的电子装置，由体外语言处理器将声音转换为一定编码形式的电信号，通过植入体内的电极系统直接刺激听神经来恢复或重建聋人的听觉功能。近年来，随着电子技术、计算机技术、语音学、电生理学、材料学、耳显微外科学的发展，人工耳蜗已经从实验研究进入临床应用。现在全世界已把人工耳蜗作为治疗重度耳聋甚至全聋的常规方法。

听力丧失的主要原因是感觉毛细胞受损或完全破坏。毛细胞非常脆弱，会受到各种各样的损伤，包括但不限于遗传缺陷、传染病（如风疹和脑膜炎）、过度暴露在嘈杂的声音中、药物（如卡那霉素、链霉素）以及衰老。在耳聋患者耳蜗中，毛细胞在很大程度上损伤或完全缺失，切断了外周和中枢听觉系统之间的联系。人工耳蜗的功能是通过直接刺激听神经中幸存的神经元来绕过缺失的毛细胞。人工耳蜗设计者所面临的解剖学状况如图 4-2-14b 所示，图中显示完全没有毛细胞。一般情况下，一些患者可能会保留少量细胞，通常在耳蜗的顶端部分。如果没有毛细胞提供的正常输入刺激，位于螺旋神经节的细胞体和科蒂器内的终末之间会发生退行性退化，最终死亡。然而，即使是长时间耳聋或脑膜炎等致命性病因[9,10]，一些神经元也会存活下来。这些细胞，位于远端或近端的郎飞结，是人工耳蜗植入物的兴奋部位。

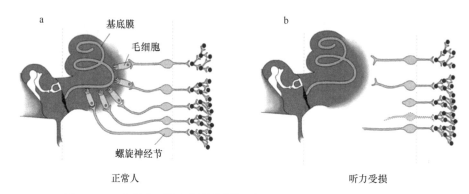

图 4-2-14　人的内耳的解剖结构[11]（来自 *American Scientist* 修改图）
（a）正常人的结构；（b）听力受损人的结构

图 4-2-14a 显示了正常人毛细胞的完整结构，以及螺旋神经节正常的存在状态。然而，在全聋的情况下，毛细胞的数量几乎为零，见图 4-2-14b。此外，如前所述，神经节细胞周围的神经突起在耳聋的耳蜗中会退化，但存活的数量并不均匀，会造成耳蜗某些区域的毛细胞数量不平衡，因此植入人工耳蜗的靶点位置在每个患者之间可能会有很大的不同。

对神经的直接刺激是通过置于鼓阶电极的电流产生的，鼓阶电极是沿耳蜗的三个充满液体的腔室。植入耳蜗的剖面结构显示了一个电极阵列部分植入耳蜗，人工耳蜗的电极通过外科医生钻孔的开口植入，开口位于耳蜗上方，靠近耳蜗底部，称为耳蜗造口术。

耳蜗螺旋曲线的弯曲，以及特别是顶端区域的不均匀和不光滑的腔，限制了耳蜗的植入深度，很少有植入距离超过 30 mm，一般植入距离为 18～26 mm。在某些情况下，如腔内的骨性障碍阻碍了进一步的植入，只能植入较浅的距离。植入阵列中的不同电极可以刺激不同的神经元亚群。如上所述，在正常听力中，位于耳蜗不同位置的神经元对不同频率的声波刺激产生反应。人工耳蜗的植入电极试图模仿或复制这种群体编码，刺激底部位置来获取高频声音信号，刺激位于更顶端位置来获取低频声音信号。紧密间隔的刺激电极可以对在科蒂器上的基底膜直接进行电刺激，这种装置被称为"单极耦合结构"，目前广泛应用于多种植入系统中。

电极刺激的空间特异性取决于多种因素，包括电极的方位和几何排列，电极与靶神经结构的相似程度，以及植入耳蜗的神经元情况等。电极设计的一个重要目标是最大限度地增加刺激不同神经元群体的数量。然而，目前研究表明，使用当前的设计方案，即使电极阵列多达 22 个，有效的刺激电极数量不会超过 4～8 个[12]。因为在鼓阶内放置电极是不可避免的，而且电极位于外淋巴的高传导性液体中，同时离螺旋神经节中的靶神经组织相对较远，所以单个电极可能会受到来自相邻和更远电极的电场干扰。电极靠近鼓阶内壁的位置越近，它们就越接近靶细胞，在某些情况下，这样的位置可以改善刺激的空间特异性[13]。然而，提高有效的刺激电极数量很可能需要研究新型的电极或者探索不同的电极植入位置。

2. 人工耳蜗植入系统的组成

人工耳蜗的基本部件包括：①麦克风，用于感知环境中的声音；②语音处理器，用于将麦克风输入转换为一组用于植入电极阵列的刺激；③电极阵列，用于植入耳蜗的鼓阶进行电刺激；④植入接收器/刺激器，用于解码从外部线圈产生的射频信号接收的信息，然后使用从解码的信息获得的指令产生刺激；⑤经皮链路，只有所有组件协同工作才能实现人工耳蜗的功能，任何一个组件出现问题都会影响其性能。例如，经皮链路中数据带宽的限制可能会限制外部语音处理器指定的刺激类型和速率，而这反过来又会限制人工耳蜗的性能。

所有现代人工耳蜗植入系统都有相同的结构和功能模块（图 4-2-15）。外部单元，也被称为语音处理器，由数字信号处理（digital signal process，DSP）器、功率放大器和射频发射器组成。数字信号处理器是人工耳蜗植入系统的大脑，它接收声音，提取声音中的特征，并将这些特征转换成可以通过射频链路传输的比特流。数字信号处理器还包含存储单元或存储患者特定信息的配置，该配置和其他语音处理参数可以通过电脑适配程序进行设置或修改。一个内部单元由一个密封的刺激器组成。由于内部单元没有电池，刺激器必须首先从射频信号获得能量。充电后的刺激器将解码射频比特流，并将其转换为电流，传送到适当的电极。所有的现代系统还包含一个反馈器，可以监测植入物中的关键点和神经活动，并将这些活动传回外部单元。

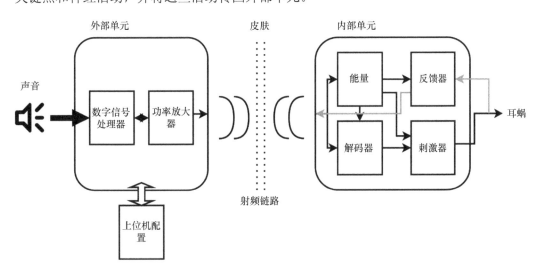

图 4-2-15　人工耳蜗整体结构

（1）语音处理器

除 1980 年初期从单电极设备到多电极设备的范式转变外，信号处理也获得了很大的进步。人工耳蜗信号处理的理论基础可以追溯到语音生成中的源滤波器模型[14]和电话通信中声码器的早期研究[15]。一般来说，源变化很快，而滤波器变化较慢。最近的一个通用模型表明，其中快速变化的精细结构主要有助于听觉对象的形成，而缓慢变化的包络有助于提高语音清晰度[16]。

现代人工耳蜗中使用的信号处理方法大多数会丢弃声音的精细结构，仅对粗略特征进行编码。第一代多电极设备提取了基频（F0），它是反映音高的源信息，以及频谱包络中的第二共振频率（也称为第二共振峰，或 F2）。在语音处理器的后期版本中，添加了第一个共振峰，然后在 2000 Hz 至 8000 Hz 之间增加了三个频谱峰[17]。随着更多频谱细节的添加，语音识别技术不断改进。

目前，信号处理的重点是如何对人工耳蜗中的频谱和时间精细结构线索进行编码。为了对频谱精细结构进行编码，需要更多独立的电极。鉴于目前的电极制造技术以及这些电极在耳蜗中的植入难度，很难增加物理电极的数量。与此相反，出现了几种创新的信号处理技术，以使用聚焦刺激和使用虚拟通道的功能通道数量来提高频谱分辨率[18]。最近，时间精细结构线索的编码受到了很多关注。编码精细结构的第一种方法是增加电刺激的速率，以便可以在波形域中表示时间精细结构线索。第二种方法是从时间精细结构中提取频率调制，然后用它对载波速率进行频率调制。第三种方法是使用多个载波对精细频率结构进行编码。

（2）电极阵列

电极阵列是语音处理器的电输出和听觉神经组织之间的直接接口。在过去的 30 年里，这些电极阵列已经从单通道演变为具有 12～22 个活动触点的多通道，从靠近鼓室侧壁的位置到更靠近耳蜗轴的位置，以及更大的模制硅胶载体到更小的结构形态。这些发展趋势反映了研究人员对耳蜗解剖结构和电生理学及其与人工耳蜗性能关系的深入了解。

耳蜗内电极的三个设计目标指导了当代人工耳蜗电极的发展。第一个目标是将电极阵列更深地植入鼓阶，以更好地匹配指定的电刺激频带与耳蜗和听觉神经的现有音调组织。第二个目标是提高电极和神经之间的整体耦合效率。第三个目标是降低与植入相关的创伤和潜在感染的发生率及严重程度。

植入深度：最近的解剖和高分辨率成像研究可以准确预测螺旋神经节的响应频率与单个受试者中电极放置位置之间的关系。要访问语音频谱的较低频率分量（200～1200 Hz）[19,20]，必须将电极阵列植入大约从圆窗测量的 540° 深度处。最近的研究表明，在大多数情况下，当前一代的电极可以植入小于 400° 的深度，但是更深的植入会导致更高的耳蜗内损伤和电极错位率。因此，需要在电极设计方面取得重大进展，才能以最小的创伤可靠地实现最佳植入深度。

耦合效率：减少电极到神经的距离可以降低功耗，并有利于电极与神经之间的交互。早期的尝试是通过设计与鼓阶模型类似的电极精确匹配鼓阶的体积来减小这个距离。由于个体解剖结构和尺寸差异，这种策略并不成功。此后不久，电极被设计和制造成螺旋形状，以将阵列固定在更靠近耳轴的位置。这些电极首先由 Advanced Bionics（Clarion™）应用于大型临床试验，后来与单独的弹性体定位器结合使用，以进一步减小从阵列到螺旋神经节的距离。

植入创伤：当电极上任何一点的植入力超过组织抵抗该力的强度时，就会发生耳蜗内创伤。在许多情况下，这种损伤会导致耦合效率降低和通道间性能不一致。电极接触组织的角度和力度是造成损伤的两种主要原因[21,22]。首先，最常发生的损伤是电极从植入电极的圆窗或耳蜗造口处螺旋离开时，直电极或管芯上的弯曲电极接触到鼓阶外壁。其次，当电极植入的深度超过其完全占据的鼓阶体积时，就会发生植入创伤。之后应该优化植入技术，减少创伤发生率和严重程度。

（3）植入接收器/刺激器

内部单元由接收器和刺激器组成，有时被称为人工耳蜗的"引擎"。图 4-2-16 显示了典型植入式接收器和刺激器的架构，核心是专用集成电路（application specific integrated circuit，ASIC）芯片，它是电刺激的关键功能[23]。在 ASIC 芯片内部，有前向通路、反向通路和控制单元。前向通路的功能通常包括从射频（radio frequency，RF）信号中恢复数字信息的数据解码器、确保数据完整和安全的模块、将解码的电刺激参数发送到正确位置的数据分配器。反向通路通常包括一个反向检测电压采样器，它读取记录电极上一段时间内的电压。然后电压被可编程增益放大器（programmable-gain amplifier，PGA）放大，由模数转换器（analog to digital converter，ADC）转换为数字形式，并存储在内存中，之后反向发送到外部单元。ASIC 芯片还包括许多控制单元，从射频信号产生的时钟发生器到命令解码器。此外，ASIC 芯片还与外部设备或电路连接，包括稳压器、电源、线圈和射频调谐器，以及反馈检测器。

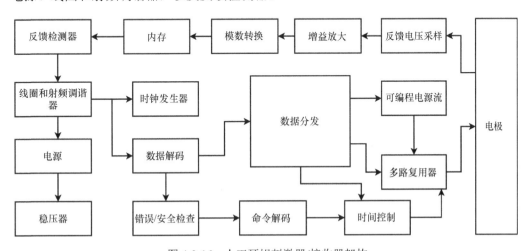

图 4-2-16　人工耳蜗刺激器/接收器架构

（4）经皮链路

为确保安全并提高便利性，所有现代设备的内部单元都通过经皮射频链路连接到外部单元。RF 使用一对电感耦合线圈来传输能量和数据。RF 传输必须解决许多具有挑战性的技术问题[24]，例如，外部单元不仅需要提供可靠的通信协议，包括信号调制方法、位编码、帧编码、同步，还需要提供高效的射频功率放大器和抗电磁干扰。另外，内部单元需要高效率地收集能量并高精度地检索数据。此外，发射和接收线圈的尺寸需要最小化。表 4-2-2 列出了三家主要人工耳蜗制造商的射频特性。

表 4-2-2　三家主要人工耳蜗制造商的射频特性

厂家	位编码	调制	载波频率（MHz）	传输速率	是否需要额外的时间帧作为解码
Nucleus Freedom	ON-OFF 编码	ASK	5	500 kbit/s	需要
Clarion HIRes90k	脉宽编码	ASK	49	1.09 mbit/s	不需要
Med EL Sonata	曼彻斯特编码	ASK	12	600 kbit/s	不需要

4.3　仿生听觉的智能感知技术研究

4.3.1　仿生听觉感知模型

针对人耳听觉系统的数学模型大都集中于对听觉外周系统的建模，这些模型大致可分为以下两类：①基于听觉系统生理过程的功能模型。这种模型按照听觉外周的结构及生理功能，将听觉外周分解成一些组成单元，并对这些组成单元列出数学方程，从而得到听觉外周的数学模型。②基于听觉系统的现象学模型。这种模型的结构不必与人耳的听觉系统生理结构一一对应，也不必考虑人耳对声音的处理过程，而仅根据输入输出的主要特征列出方程即可。

1. 基底膜数学模型

耳蜗基底膜的主要功能是滤波和频率分解声音信号。根据生理实验，声音的压力波首先引起外耳的鼓膜振动，然后通过中耳传递到内耳的液体中，并通过液体沿基底膜传播。在基底膜上传播的过程中，不同频率的压力波在基底膜不同位置有不同响应，不同频率的压力波的振幅也在不同位置的基底膜引起不同的振动振幅，从而可以自动分离声音中不同的频率成分及其对应的振幅，使耳蜗完成对声音频率和强度的编码。

德国 Infineon 科技公司的 Holmberg 和 Hemmert[25]构建了基底膜位移与不同声音频率之间的模型，在两次不同纯音刺激下耳蜗基底膜位移沿着耳蜗底部到顶部的变化情况。输入信号由两个纯音组成（频率：1 kHz 和 5 kHz，50 dB 声压级）。通过绘制信号发生后 9.2 ms 和 0.1 ms 后的基底膜运动图可以看出，基底膜的运动从耳蜗底部一直延伸到顶端。对于 5 kHz 的音调，0.1 ms 相当于 180°的相移，而对于 1 kHz 的音调，则没有这么大的相位差。对于高频音，行波的表观传播距离要大得多，行波在耳蜗基底部的传播速度较快，而在耳蜗顶部的传播速度要慢得多。当行波基本达到其最大值时，由图中的虚线包络表示，它会迅速衰减，因此通过模型可以将声音的频率进行分解，类似一系列的带通滤波器组。

2. 毛细胞数学模型

毛细胞位于耳蜗覆膜和基底膜之间，当基底膜向上振动时，引起基底膜与耳蜗覆膜间相对的剪切运动，使毛细胞上的纤毛向激活的方向弯曲，形成毛细胞的去极化，这增加了突触递质的释放，从而增加传入神经的发放；而当基底膜向下振动时，纤毛向反方向弯曲，形成毛细胞的超极化，即增加了细胞膜的电位，突触递质释放减少，从而导致毛细胞底部传入纤维的发放率减少，产生抑制效应。从能量转换的角度来说，纤毛的不同运动引起了一系列的电活动，导致毛细胞基底部神经递质的释放和听神经的产生，整个过程实现了机械能与电化学能之间的能量转换。

西班牙萨拉曼卡大学的 Lopez-Poveda 和 Eustaquio-Martin[26]提出一种模型，假设毛细胞受体电位主要由细胞两个基侧 K^+ 通道相互作用控制，该电流是由立体纤毛偏转引起的，它们忽略了毛细胞内其余的 K^+ 通道。换言之，该模型将毛细胞细胞膜的电导变化仅归因于 K^+，省略了其他离子（如 Na^+ 或 Cl^-）对毛细胞总电导的贡献。它描述了毛细胞细胞膜的顶端和基底部分及其周围液体的离子交换。g_A 表示尖端电导，$g_{k,f}$、$g_{k,s}$ 分别表示 Kros 和 Crawford 所描述的基侧 K^+ 电导电压门控的快分量和慢分量，$E_{k,f}$、$E_{k,s}$ 是它们各自相关电流的反转电位，E_t 表示耳蜗内电位，R_t、R_p 表示上皮电阻，C_A、C_B 表示毛细胞细胞膜顶端和基底部的电容。该模型假设毛细胞内空间是等电位的，因此膜电位被认为是细胞内电位减去细胞外电位，即 $V_M = V - V_{OC}$。尖端电导 g_A 表示机械转换电导 g_M 和漏电电导 g_L 两个电导之和。假设机械电导取决于毛细胞立体纤毛位移（u）。关于新生小鼠的研究表明，信号转导的门控过程可以描述为三态玻尔兹曼（Boltzmann）函数：

$$g_m(u) = \frac{G_M}{1 + \exp\left(\dfrac{u_0 - u}{s_0}\right)\left[1 + \exp\left(\dfrac{u_1 - u}{s_1}\right)\right]} \tag{4-3-1}$$

式中，G_M 为最大机械电导，即所有传感器通道全开时的电导；s_0 和 s_1 为位移灵敏度参数；u_0 和 u_1 为位移偏移量参数；漏电电导 g_L 为常数；$g_m(u)$ 为电导。

快通道和慢通道的动力学过程：当向毛细胞细胞膜施加电压阶跃时，快 K^+ 电流和慢 K^+ 电流的时间历程都可以合理地拟合，其形式如下：

$$i(t, V_M) = I_\infty - \frac{I_\infty - I_0}{\tau_1 - \tau_2}\left(\tau_1 e^{-t/\tau_1} - \tau_2 e^{-t/\tau_2}\right) \tag{4-3-2}$$

式中，I_0 为施加电压阶跃之前的电流值；I_∞ 为施加电压阶跃之后时间无穷远的电流值；$i(t, V_M)$ 为 K^+ 的电流；τ_1 和 τ_2 为两个电压相关的时间常数；t 为时间。一方面，方程提供了膜电位的特定时间过程（即电压阶跃）的解析解，并且通道激活是一个非线性过程。因此，方程对于膜电位的任意时间进程，不能像通用模型所要求的那样，用来估计快电流分量和慢电流分量的时间进程。另一方面，方程描述了具有两个闭合状态和一个开放状态的行为。因此采用下面的二阶微分方程描述了宏观电流流过这样一个系统的时间过程：

$$\tau_1\tau_2 \frac{d^2 i}{dt^2} + (\tau_1 + \tau_2)\frac{di}{dt} + i - I_\infty = 0 \tag{4-3-3}$$

通过公式 $i=g(V_M-E_K)$，可以推导出通道电导的相应表达式，其中 E_K 是反转电位。时间常数 τ_1 和 τ_2 都依赖于温度与电压。在模型中，假设所有评估的温度都是相同的，并使用以下函数来解释时间常数的电压依赖关系：

$$\tau_1(V_M) = \tau_{1min} + (\tau_{1max} - \tau_{1min})\left[1 + e^{(A_1+V_M)/B_1}\right]^{-1}$$
$$\tau_2(V_M) = \tau_{2min} + (\tau_{2max} - \tau_{2min})\left[1 + e^{(A_2+V_M)/B_2}\right]^{-1}$$

（4-3-4）

式中，A_1、A_2、B_1、B_2 以及两个时间常数中的每一个最小值和最大值都是模型参数，并且假设它们的值对于任何给定的温度都是固定的。式（4-3-3）和式（4-3-4）以及相应的参数被用来模拟 $g_{k,f}$、$g_{k,s}$ 的时间过程。

$g_{k,f}$、$g_{k,s}$ 的稳态激活也依赖于膜电位。$g_{k,s}$ 的活化曲线可以用一阶 Boltzmann 函数来描述，而 $g_{k,f}$ 的活化曲线可以用更高阶的 Boltzmann 函数来描述。假设快电导和慢电导的激活时间进程都近似于三态系统的时间进程，用二阶 Boltzmann 函数来描述两个通道激活的电压依赖性似乎更合理。因此，使用下面的表达式来实现快速电导的稳态电压相关激活：

$$g_{k,f}(V_M) = \frac{G_F}{1 + \exp\left(\dfrac{V_{1,f} - V_M}{S_{1,f}}\right)\left[1 + \exp\left(\dfrac{V_{2,f} - V_M}{S_{2,f}}\right)\right]}$$

（4-3-5）

式中，V_M 表示膜电位；G_F 表示最大快电导（假设所有快 K$^+$ 通道都完全打开），其余参数均为模型参数，用来构建解释 $g_{k,f}$、$g_{k,s}$ 的电压依赖性激活。

仿真结果说明了模型能够较好地拟合实验数据，其中对比来自英国萨塞克斯大学的 Palmer 和 Russell[27]采集到的真实数据，每对水平波形是不同频率刺激下的响应，实验波形和模型波形分别针对持续时间为 50 ms 和 60 ms 的音调脉冲串。在这两种情况下，脉冲串都有持续时间为 5 ms 的上升/下降斜坡。实验数据是 80 dB 的声压级，因此模型响应对应于 40 nm 的等效立体纤毛位移（假设上述将压力转换为立体纤毛位移的比例因子）。模型和实验波形只有轻微的不同，模型对低频音调的响应是准正弦的，并且相对于静息电位是不对称的。随着刺激频率的逐渐增加，模型响应在去极化方向上变得更加不对称。这种低通滤波效应使得模型和实验结果之间存在差异，但它们都反映了单个细胞反应的不同，说明模型具有较好地拟合真实细胞响应的能力。

3. 基于幂律动力的现象学模型

内毛细胞感受机械力将声音信号转化为电信号并传递到听神经纤维上的过程能够反映细胞对持续声音刺激的适应性。内毛细胞与听神经突触复合体被认为是这种适应的主要原因。虽然引起突触适应的机制还不完全清楚，但它可能是由突触前释放的神经递质减少引起的[28]，或者突触后受体的脱敏导致的[29]。越来越多的证据表明，生物系统的动力学在短时程内看起来是指数的，但从长时程来看，用幂律动力学来描述更好。美国罗切斯特（Rochester）大学的 Zilany 等[30]提出了内毛细胞与听神经纤维突触的速率适应模型，如图 4-3-1 所示。该模型同时包含指数动力学和幂律动力学。其中，在内毛细胞与听神经之间的突触模型中，具有快速和短期时间常数的指数自适应分量主要负责形成起始响应，紧随其后的是两条具有幂律自适应的并行路径，它们提供缓慢和快速的自适应响应。缓慢适应的幂律分量显著改善了对刺激抵消后听神经响应恢复的预测。更快的幂律自适应是必要的，以解释速率对幅度递增的刺激响应的"可加性"。所提出的模型能够准确地预测几组听神经数据，包括调幅传递函数、长期自适应、前向掩蔽以及对持续刺激幅度的增减的自适应。

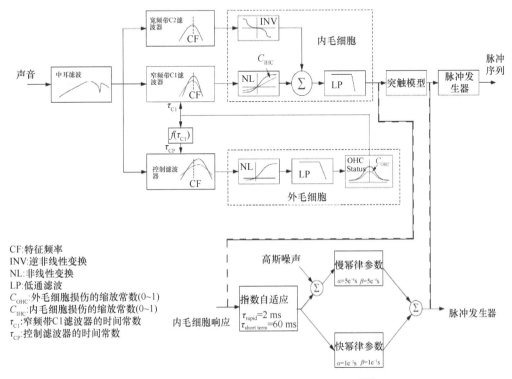

图 4-3-1 基于幂律自适应动力学的结构[30]

模型的整体结构如图 4-3-1 所示。该模型的输入是声压（以帕斯卡为单位），输出是一系列脉冲发放。该模型包括中耳滤波器、控制滤波器、窄频带 C1 滤波器和宽频带 C2 滤波器、内毛细胞段、外毛细胞段和突触模型以及脉冲发生器。其中窄频带 C1 滤波器类似一组不对称的带通滤波器组，对于不同频段的信号具有敏感性，其类似于内毛细胞中的高静纤毛，而宽频带 C2 滤波器则相当于内毛细胞中的短静纤毛，对较宽的频率均有响应。外毛细胞在生理上不作为主要的听觉感受细胞，但它能放大基底膜的振动信号，起到信号放大的作用，因此，引入控制滤波器提取外毛细胞的信号，作为内毛细胞滤波器的增益，更加符合生理结构。图右下方显示的是内毛细胞和听神经模型，包括一个指数适应模型，以及两个并行幂律自适应模型，分别是慢幂律自适应模型和快幂律自适应模型。在慢幂律自适应模型的输入端添加高斯噪声会得到所需的自发速率分布。其中模型采用的幂律自适应在描述离子通道动力学和生物系统动力学方面得到了广泛的研究。幂律自适应的特征是放电率的适应遵循时间或频率的分数幂，而不是指数衰减。事实上，幂律动力学可以通过大量具有一定时间常数范围的指数过程的组合来拟合。在短时间尺度上，非线性指数模型可以模拟一定的放电率变化，如离子通道动力学。然而，适应通常在更长的时间尺度上表现出幂律动力学。事实上，在单个神经元存在的通道动力学的多样性中存在多个时间尺度。

为了说明幂律自适应的一般模型，假设刺激 $s(t)$ 产生了一个相应 $r(t)$ 反馈到积分器 $I(t)$，使得适应的响应 $r(t)=\max[0, s(t)-I(t)]$，其中

$$I(t) = \alpha \int_0^t \frac{r(t')}{t-t'+\beta} \, dt' = \alpha r(t) * f(t) \quad f(t) = 1/(t+\beta) \tag{4-3-6}$$

式中，α 为无量纲常数；β 为以时间为单位的参数；t、t' 分别为时间和时间的导数；反应 $I(t)$ 的抑制效应是通过幂律记忆积累起来的，幂律记忆介于永远不会被忘记的过程和指数快速变化过程中。$I(t)$ 可以被描述为幂律核 $f(t)$ 与其先验响应 $r(t)$ 的卷积。为了比较幂律和单指数过程之间的适应动态，图 4-3-2 反映了在 4 个不同时间尺度上响应单位阶跃函数 $[s(t)=1, t>0]$ 的幂律实线和指数虚线自适应。对于指数自适应，

$$I(t) = 1/\tau_a \int_0^t r(t') \exp\big((t'-t)/\tau_{ex}\big) \, dt' \tag{4-3-7}$$

瞬态响应指数衰减到具有固定时间常数的稳态值，与刺激时间尺度无关。因为最初的瞬变反应和后来的持续反应之间的转变发生在固定的时间，当观察到较长的时间尺度时，指数适应似乎有越来越尖锐的转变。然而，4 种不同时间尺度（0～0.1s、0～1s、0～10s 和 0～100s）下的指数模型（虚线表示）和幂律模型（实线表示），反映了模型响应单位阶跃函数的动态适应性。指数自适应参数 $\tau_a=0.2s$，$\tau_{ex}=0.1s$。幂律自适应参数 $\alpha=5\times10^{-5}s$ 和 $\beta=5\times10^{-3}s$。在不同时间尺度上保持相似形状的固体曲线显示了幂律自适应的尺度不变性。在任何特定的时间段内，这些响应在性质上看起来类似于指数适应，因此没有明确定义的瞬时或持续响应。然而，如果根据幂律适应的响应来评估常规时间常数，其值则取决于响应符合的持续时间。图 4-3-2 中的幂律自适应示例说明了这一点，

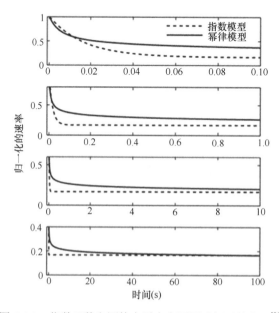

图 4-3-2　指数函数和幂律自适应在不同时间下的表现[30]

其中对 4 个不同刺激持续时间的响应具有不同持续时间的瞬态响应,即使它们来自相同的幂律自适应。

在模型中,指数过程中的输出驱动两条并行的幂律自适应路径,即慢速和快速幂律自适应。在模型中加入两个幂律函数的原因是,一个幂律适应分量不能解释响应的可加性,同时保持由指数过程设置的起始适应动态。这两个幂律函数的参数选择由于幂律自适应没有明确定义的瞬态或持续响应的事实而变得复杂,因此,参数不是仅仅为了拟合数据集计算出来的。

慢幂律分量的参数紧跟起始响应的指数自适应模型的输出,即慢幂律自适应进一步适配信号,但具有与其输入相似的时间进程由于幂律比指数函数具有更长的记忆力,在慢幂律分量的输出中,偏移量和其他长期响应特性得到显著改善。

为了捕捉可加性现象,在模型中引入了第二个自适应更快的幂律函数,该函数适应速度快,对持续刺激幅度的增加非常敏感。响应于增量的放电率的变化几乎保持不变,而不考虑刺激开始和增量呈现之间的延迟。然而,作为对减量的响应,两个幂律分量都会瞬间关闭,并且恢复非常缓慢。由于快速幂律分量对刺激的增量非常敏感,因此它对调幅信号的包络和低频下的纯音都有高度同步的响应,这种同步受内毛细胞低通滤波器的限制。

如前所述,对幂律函数的参数进行了调整,以定性地解决听神经的广泛响应特性问题。为了确定慢幂律函数的参数,使用了两个特定的数据集,这两个数据集需要较长的记忆自适应,因此与幂律动力学相关。一个是对几个声级的纯音刺激的抵消反应,另一个是对前向掩蔽刺激范式中的探针的反应。设置了慢幂律分量的参数之后,通过将模型响应与递增/递减范式的生理数据进行定性匹配来选择快速幂律函数的参数,最后对模型进行测试。

图 4-3-3a 左侧显示了 CF=1.82 kHz 高自发放率听神经的刺激后时间直方图(post-stimulus time histogram,PSTH),右侧显示了 CF=10.34 kHz 低自发放率听神经的刺激后时间直方图。刺激是重复 120 次 500 ms 的音调,然后是 500 ms 的静默期。图 4-3-3b 显示了在突触模型中仅具有指数适应性的听神经模型的响应。与生理数据相比,这一模型的响应在刺激抵消后反应没有停顿,并且非常快地恢复到自发活动。图 4-3-3c 显示了基于幂律函数的模型的响应。总体而言,基于幂律函数模型的响应与生理数据非常相似。尤其在刺激结束后,使用幂律实现计算的模型响应与实际数据相类似,逐渐恢复到自发放状态,具有更加仿生的结构。

4. 基于神经网络的仿生听觉模型

听觉模型通常用作自动语音识别系统的特征提取器,或机器人、机器听力和助听器应用的前端。虽然听觉模型可以非常详细地模拟人类听觉的生物物理和非线性特性,但这些生物物理模型的计算量很大,不能用于实时应用。比利时根特大学的 Baby 等[31]提出了一种混合方法,将卷积神经网络与计算神经科学相结合,以产生包括水平相关滤波器调谐在内的人类耳蜗力学的实时端到端模型 CoNNear,即使用一个模型、一个目标函数模拟耳蜗的功能。

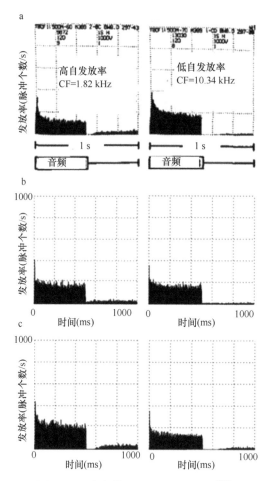

图 4-3-3　声音模型的对比仿真结果[30]

（a）在体采集的生理数据；（b）指数模型；（c）幂律动力学模型

　　人类耳蜗是一个主动的非线性系统，它将中耳骨的声致振动转化为基底膜（basement membrane，BM）运动的耳蜗行波。耳蜗力学和行波是哺乳动物听力的显著特征，包括水平相关的频率选择性，这是因为人类耳蜗从顶端到底部的中心频率在 20 Hz 到 20 kHz 之间，可以把耳蜗类比一系列带通滤波器。一种仿生算法将耳蜗表示为传输线（transmission line，TL）模型，该方法是将连续的基底膜离散成几个部分，并使用近似局部生物过程的常微分方程系统描述每个部分。由于不同部分不能并行计算，这种体系结构使得它们的计算成本很高。当包含非线性或反馈路径近似耳蜗机制时，计算复杂性更大。

　　CoNNear 模型具有编码器-解码器 CNN 架构，并使用几个 CNN 层和维度变化将 20 kHz 声波波形（以 Pa 为单位）转换为 N_{CF} 个耳蜗基底膜位移波形（以 μm 为单位）。前 4 层是编码层，在每一层 CNN 之后使用跨步卷积将时间维度减半。后 4 层作为解码器使用去卷积操作将压缩表示映射到 $L \times N_{CF}$ 输出。L 对应于音频输入的初始大小，N_{CF} 对应于中心频率在 0.1 Hz 到 12 kHz 之间的 201 个耳蜗滤波器。中心频率是根据 Greenwood 耳蜗位置-频率函数进行计算的，并且跨越了人类听觉最灵敏的频率范围。重要的是要保持整个体系结构中输入的时间对齐，因为该信息对于语音感知是必不可少的。为此，使用了 U 型结构。先前在图像到图像转换和语音增强应用中已经采用跳跃连接，它们将时间信息直接从编码器层传递到解码层。除了保留相位信息，跳跃连接还可以提高模型学习能力，模型可以最好地组合几个 CNN 层的非线性特性来模拟人类耳蜗处理的水平相关特性。

每个 CNN 层包括一层卷积操作，随后进行非线性运算，并且使用来自 N_{CF} 耳蜗信道的 TL 模拟的基底膜位移来训练 CNN 滤波器权重。当使用以 70 dB 声压级呈现的语音语料库进行训练时，模型评估基于使用在训练期间未训练的基本声刺激（如咔嗒声和纯音）再现关键耳蜗机械特性的能力。在训练和评估期间，音频输入被分割成 2048 个样本窗口（≈100 ms），之后模拟相应的 BM 位移并随时间串联。由于 CoNNear 单独处理每个输入，并在每次模拟开始时重置其自适应属性，因此此串联过程可能会导致窗口边界附近的不连续。为了解决这个问题，模型还设计了一个上下文体系结构，该体系结构具有前面和后面的 256 个输入样本作为上下文。与无上下文架构不同，新架构添加了最终裁剪层以去除模拟上下文并产生最终 L 大小的 BM 位移波形。最后，由于其卷积体系结构，使用固定持续时间的音频输入来训练 CoNNear 并不妨碍它在训练后处理其他持续时间的输入。与基于矩阵乘法的神经网络体系结构相比，这种灵活性是一个明显的优势，后者只能对固定持续时间的输入进行操作。

CoNNear 模型是一种独特的结合计算听神经科学和基于机器学习的音频处理领域专家知识的混合方法来开发的一个人类耳蜗处理的模型。CoNNear 提供了一种带有可微分方程的架构，并以比最先进的生物物理现实模型快 2000 倍的速度实时运行（<7.5 ms 延迟），它将促进新一代模拟人类的机器听力、增强听力和自动语音识别系统的发展。

4.3.2　智能机器人的听觉感知技术

1. 声源定位

声源定位（sound source localization，SSL）是机器人听觉整体方案的关键技术，它允许机器人仅通过声音来定位声源，对机器人听觉感知及人机交互具有重要的意义。SSL 的目标是自动估计声源的位置。在机器人技术中，这种功能在许多情况下都很有用，例如，在服务员类型的任务中定位人类说话者，在没有视觉接触的救援场景中，或者在未知的声学环境中绘制地图。它在声源分离、声源分类和语音自动识别等后续处理过程中经常使用。声源位置由两部分组成：到达方向估计（一维或二维）和距离估计。

实际场景中的 SSL 需要考虑环境中可能有多个声源处于活动状态。因此，还需要估计多个同时声源的位置。此外，机器人和声源都是移动的，因此需要对声源的位置进行动态定位。通过改进传统的技术，如单方向到达（direction of arrival，DOA）估计、基于学习的方法（如神经网络和流形学习）、基于波束形成的方法、子空间方法、通过时间的源聚类和跟踪技术（如卡尔曼滤波器和粒子滤波），SSL 得到了很大的发展。在机器人平台上实施这些技术时，需要考虑与 SSL 相关的几个方面，包括所使用的麦克风的数量和类型、声源的数量和移动性、对噪声和混响的鲁棒性、采用的阵列几何类型、构建的机器人平台的类型等。

（1）声源定位的发展

SSL 在机器人领域的兴起是相对较新的，1989 年的美国麻省理工学院研制的 Squirt[32]机器人，它是第一个拥有 SSL 模块的机器人。美国麻省理工学院的布鲁克研究团队后来探索了将 SSL 作为一种行为来驱动机器人互动的想法，并最终为 COG 人形机器人开发了 SSL 系统。与此同时，日本研究人员也开始研究 SSL 在机器人中的应用潜力。紧随其后的是该领域的显著进展：Chiye[33]机器人、基于 RWIB12[34]的机器人和 Hadalay[35]。第一代机器人解决了一些困难的场景应用难题，如人机交互、集成完整的听觉系统声源分离、语音识别、主动定位、处理移动信号源和捕获系统，以及探索实现 SSL 的不同方法。

20 世纪末，机器人听觉的双耳定位领域开始成为一个重要的研究领域。虽然第一代机器人在技术上是双耳的，但随着 SIG[36]机器人的问世，双耳听觉机器人领域才开始引起人们的兴趣，并作为 RoboCup 类人挑战赛 2000 的实验平台，这使得 SIG 成为研究机器人感知的热门工具。为了提高声源定位的性能，听觉系统中使用了更多麦克风。这为使用大量传感器（如 MUSIC 算法和波束形成器）在机器人中执行 SSL 的声源定位技术打开了大门。

使用 SSL 系统的机器人的中心目标一直是增强与人类的交互功能。第一个进行基于注意力的互动的机器人是 Chiye[33]机器人，它已经被用于最近的产品，如 Paro[37]机器人。此外，SSL 还被用于更复杂的设置中，如玩马球游戏、充当服务员、在与看护人互动时记录和检测某些声音的来源、玩一个缩小版的捉迷藏等[38]。考虑到 SSL 在机器人中的发展，场景的复杂性将继续增加。

（2）声源定位原理

SSL 解决了仅通过音频数据估计声源位置的问题。这通常涉及数据处理的几个阶段，其流程如图 4-3-4 所示。由于该流程直接从麦克风接收数据并提供 SSL 估计，因此使用一种端到端执行此操作的方法，首先从输入信号中提取特征，然后进行特征到位置的映射，这通常依赖于声音传播模型来确定最后的位置信息。

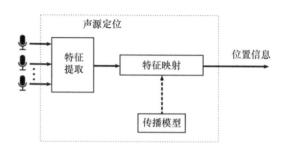

图 4-3-4　声源定位的流程图

（3）传播模型

声音传播模型的提出取决于：①麦克风的位置，因为它们之间可能有物体；②机器人应用，因为用户可能离麦克风阵列非常近或很远；③房间特性，因为它们定义了声音如何从环境中反射。最常用的传播模型是自由场/远场模型，该模型假定以下条件。

自由场：来自每个源的声音通过单一、直接的路径到达每个麦克风。这意味着在信号源和麦克风之间没有物体，在麦克风之间也没有物体。此外，没有来自环境的反射，即没有混响。

远场：远场模型则将声波看成平面波，它忽略各阵元接收信号间的幅度差，近似认为各接收信号之间是简单的时延关系。显然远场模型是对实际模型的简化，极大地简化了处理难度。一般语音增强方法就是基于远场模型。

另一个假设极大地简化了特征和位置之间的映射过程。还有其他类型的传播模型与机器人中的 SSL 相关。近场模型假设用户可以在麦克风阵列附近，这需要将声波视为圆形。有一些机器人应用程序使用近场模型，并且在近场环境中成功地使用了改进的远场模型，或者修改了方法学设计以考虑近场情况。然而，直接用于近场环境的远场模型会显著降低 SSL 的性能。

（4）特征提取

如前所述，声源的位置通常被认为由两部分组成：声源的到达方向和声源到麦克风阵列的距离。大多数所使用的参照系如图 4-3-5 所示，显示了一个安装了 3 个麦克风阵列的机器人，麦克风阵列的中心通常被认为是原点。方位平面平行于物理世界的地平线，与真实世界的海拔平面正交。下面介绍提取声源到达方向特征的算法。

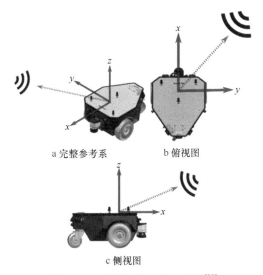

a 完整参考系　　　　b 俯视图

c 侧视图

图 4-3-5　声源定位一般参考系[39]

到达时差（time difference of arrival，TDOA）：两个捕获信号之间的时差。在使用外耳廓的双麦克风阵列（双耳阵列）中，此特征有时也称为耳间时间差（inter-aural time difference，ITD）。TDOA 有不同的计算方法，如测量信号的过零电平时刻之间的时间差，或者从每个信号计算出的起始时间之间的时间差。另一种计算 TDOA 的方法是假设声源信号是窄带的。将频率为 f 的两个信号的相位差表示为 $\Delta\varphi f$。如果 f_m 是能量最高的频率，则窄带信号的时差（相当于麦克风间的相位差）可以由 $\dfrac{\Delta\varphi f}{2\pi f_{\mathrm{m}}}$ 得到。

麦克风间强度差（inter-microphone intensity difference，IID）：给定时间两个信号之间的能量差。当从时域信号中提取该特征时，该特征可用于确定信号源是在双麦克风阵列的右侧、左侧还是前方。为了提供更高的分辨率，需要多麦克风阵列。IID 的频域版本是麦克风间电平差（inter-microphone level difference，ILD），其被定义为两个经过短时频变换的捕获信号之间的差谱。此功能还经常与基于学习的映射过程结合使用。与 ILD 类似的特征是在频域对数间隔的一组滤波器（称为滤波器组）输出的差值。这些特征集比 IID 表现出更强的抗噪能力，同时采用了比 ILD 更小的特征向量。在泛音域中计算 ILD，当声音频率 $f_0 = rf$ 时，频率 f_0 是另一个 f 的泛音（给定 $r \in [2, 3, 4\cdots]$）。它们的大小随着时间的推移高度相关。由于频率之间的相关性意味着它们属于同一信号源，因此这种方法具有更强的抗干扰性的潜力。

频谱差异：当使用麦克风阵列检测声音的时候，麦克风信号之间有轻微的不对称。因此，它们相减的结果表现为某些频率的减小或放大，这取决于声源的方向。这些频谱的差异可以通过实验相对于声源的方向进行映射。

双耳/频谱信号：由麦克风间相位差（inter-microphone phase difference，IPD）和 ILD 共同组成的特征集。该特征集通常用于基于学习的映射。它们通常在开始时提取，以减少混响的影响。实践表明，对该特征集进行时间平滑后，得到的映射对中等混响具有更强的鲁棒性。

（5）特征映射

SSL 的映射过程期望将给定提取的特征映射到实际位置。实现这一目标的典型方式是直接应用传播模型，如自由场/远场模型或 Woodworth-Schlosberg 球头模型。但是，有些类型的特性（特别是那些用于多源位置估计的特性）需要探索或优化 SSL。一种常见的方法是执行网格搜索，即在整个 SSL 空间中应用映射函数，并为每个测试的声源位置记录函数输出。这产生了一个解决方案谱，其中峰值（或局部最大值）被视为声源位置。这是用于多源位置估计的最常用的映射程序类型。除了网格搜索，还有其他类型的映射策略，其主要关注点是根据已知位置的声源记录数据来训练映射功能。这些方法基于不同的训练方法，如神经网络、局部线性回归、流形学习等。

（6）距离估计

知道到达方向之后，距离是声源位置的剩余分量。如果使用多对麦克风，则可以通过计算阵列中每对麦克风的双曲线交点来定位声源。这种方法是在基于天线的系统中通常用于信号源定位的三角测量法的变体，不同之处在于将信号源定位在外部，而不是将信号源放在传感器阵列内。然而，已有研究表明，距离变化引起的 TDOA 的动态范围在远距离很小，在近距离是非线性的。这意味着，如果信号源距离很远，其到麦克风阵列的距离的任何变化都不会通过 TDOA 的变化来反映，因此也不会通过双曲线的交点来反映。这可能会产生大量的距离估计误差。此外，音色、响度和反射等因素对距离估计的影响比声波到达方向估计要严重得多。因此，使用类似于基于学习的二维 DOA 估计器的替代方法，可以从不同距离处声源的捕获信号中提取特征，并且将其用作距离估计的训练数据。

另一种估算声源距离的方法是利用机器人的机动性，执行典型的三角测量法。声源的 DOA 是在环境中不同的已知位置估计的，用简单的三角测量法就可以估计出它的距离。然而，在实际中，距离估计相差很大（标准差为 1 m）。如果阵列足够大，则可以将其分成几个空间上分离的子阵列，每个子阵列估计一个 DOA，并且可以使用三角测量来估计距离。但是，要获得良好的性能，声音分离是必须要做的。一种常用的方法是，当机器人处于不同位置时，基于声源的 DOA 建立环境的位置网格。

相对麦克风间强度差（relative inter-microphone intensity difference，RIID）可以用作无参数自组织映射（parameter-less self-organizing map，PL-SOM）的输入，使得其输出之一映射为距离值。但是，当声源位于阵列前面时，性能会显著降低，因为 RIID 被降为基本 IID。如前所述，IID 对距离变化不敏感。

声源信号在环境中传播时的反射情况可以应用于距离估计。当声源的距离改变时，假设来自反射的能量，即混响扩散声场保持恒定，而来自直接路径的能量变化。这两种能量之间的比率称为直接混响比（direct-to-reverberant ratio，DRR），它与声源的距离有关。但是，大多数估算 DRR 的方法都需要事先测量房间的响应。一种 DRR 估计技术依赖于均衡-抵消方法，该均衡-抵消方法又依赖于 DOA 定位来适当地选择用来估计直接路径能量的信号样本。混响能量为信号能量与估计的直接路径能量之间的差值。在实践中，当距离变化时，混响能量并不是恒定的。为了克服这一点，可以使用高斯混合模型（Gaussian mixture model，GMM）来映射 DRR 和声源距离之间的关系。值得一提的是，与 DRR 类似的概念被用来提高机器人平台中 DOA 估计器对混响的鲁棒性。它依赖于混响环境中脉冲响应的一般模式来计算。提取这些特征主要是为了提高 DOA 估计的混响鲁棒性，而不是为了进行距离估计。

2. 语音识别

让机器人听懂人的语言，并且按照人给予的指令运行，是人机交互与机器人学迫切要解决的问题。语音识别技术最早可以追溯到 20 世纪 50 年代，是试图使机器能"听懂"人类语音的技术。按照目前主流的研究方法，连续语音识别和孤立词语音识别采用的声学模型一般不同。孤立词语音识别一般采用动态时间规整（dynamic time warping，DTW）算法。连续语音识别一般采用隐马尔可夫模型（hidden Markov model，HMM）或者 HMM 与人工神经网络（artificial neural network，ANN）相结合。

传统的语音识别系统是基于 HMM 的高斯混合模型（GMM）来表示语音信号。这是由于语音信号可以被认为是分段平稳信号或者短时间平稳信号。在这个短时间尺度内，语音信号可以近似为一个平稳过程，因此可以认为它是许多随机过程的马尔可夫模型。每个 HMM 使用高斯混合模型来模拟声波的频谱成分。这种类型的系统被认为设计简单、实用。然而，GMM 没有利用帧的上下文信息，GMM 不能学习深层非线性特征。而神经网络可以高效的方式进行训练，通过线性和非线性的变换学到很多特征。然而，它更适用于识别短时间信号，如孤立的单词，但不适用于识别连续的语音信号，一种解决方案是使用神经网络进行预处理，如特征转换，降维为 HMM 的可识别信号。许多研究表明，使用深度神经网络可以得到比经典模型更好的结果。

2012 年，美国微软公司发布了最新版本的基于深度学习的语音系统微软音频视频索引服务（microsoft audio video indexing service，MAVIS），测试结果表明，与基于高斯混合的模型相比，单词错误率（word error rate，WER）在 4 个主要基准上降低了 30%。梅尔倒频谱系数（Mel-frequency cepstral coefficient，MFCC）是最广泛采用的语音信号特征提取方法，有实验表明，采用深度神经网络的 MFCC 的语音谱特征比传统的 GMM-HMM 的语音谱特征识别准确率更高，证明了机器学习在语音识别上有着极大的潜力。

机器学习的出现给机器人语音识别技术的发展带来了新的突破，机器学习为计算机提供了从输入数据中学习的能力。这个学习过程让计算机识别重复的模式，并应用于新数据的识别和分类。在学习过程中使用不同类型的数据可以增加模型的泛化能力，所获得的知识将有助于产生可靠和重复的结果。因此，机器学习是一种从过去的经验中学习并将获得的知识应用于新的数据的方法。传统的机器学习需要人工来提取特征，而深度学习能够从原始数据中学习到特征，为语音识别提供了新的方法。

（1）监督学习

监督学习是使用基于标记的数据来训练学习算法，数据是由成对、可以用矢量表示的输入和相应的可描述为标签信号的期望输出组成。由于正确的输出是已知的，因此该学习机制是有监督的，学习算法可以通过多次迭代计算预测输出值，并逐步修正参数以减少其预测和实际输出之间的差异。回归算法（连续输出）和分类算法（离散输出）被认为是监督学习的主要类别。回归算法试图发现最适合训练数据集中输入到输出的映射函数。回归算法主要有以下几种：线性回归、多元线性回归和多项式回归。另外，分类算法的目标是将每个输入分配给其正确的类。在这种情况下，预测函数的输出是离散形式的，其值属于不同类中的其中一个。

阿尔及利亚 Houari Boumediene 科技大学的 Amrouche 和 Rouvaen[38]提出了一种有效的基于神经网络的独立说话人语音识别系统。该体系结构包括两个阶段：①预处理阶段，包括分段归一化和特征提取；②分类阶段，使用基于非参数密度估计的神经网络，即广义回归神经网络（generalized regression neural network，GRNN）。将该模型与基于多层感知器（multilayer perceptron，MLP）、递归神经网络（recurrent neural network，RNN）和著名的离散隐马尔可夫模型（hidden Markov model，HMM）的同类识别系统的性能进行了比较。GRNN 具有很强的非线性映射能力和学习速度，比径向基函数（radial basis function，RBF）具有更强的优势，网络最后收敛于样本量集聚较多的优化回归，样本数据少时，预测效果很好，还可以处理不稳定数据。实验结果表明，采用适当的平滑因子进行非参数密度估计，提高了神经网络的泛化能力。与标准方法 HMM 相比，WER 显著降低。GRNN 计算是替代其他神经网络和离散隐马尔可夫模型（discrete hidden Markov model，DHMM）的一种成功的方法。

（2）无监督学习

与监督学习不同的是，无监督学习使用没有任何标记输出的输入数据集来训练学习算法。每个输入对象没有正确或错误的输出，也没有像监督学习那样的人工干预来纠正或调整。无监督学习的主要目标是通过识别数据本身的基本结构或分布模式来查找数据特征，根据从每个输入对象中提取的特征，不同的输入被聚集到不同的组中[40]。

美国 AT&T 贝尔实验室的 Riccardi 和 Hakkani-TüR[41]提出了一种结合主动学习和无监督学习的自动语音识别方法。其目标是在训练声学和语言模型时最大限度地减少人类的监督，并在已知转录和未转录数据的情况下最大限度地提高性能。主动学习的目的是通过自动处理未标记的训练示例来减少要标记的训练示例的数量，然后根据给定的代价函数选择信息量最大的训练示例。对于无监督学习，我们利用剩余的未转录数据，通过使用它们的自动语音识别（automatic speech recognition，ASR）输出和单词置信度得分。实验表明，结合主动学习和无监督学习可以减少 75%的标注数据量，以保证给定的单词准确性。

（3）半监督学习

半监督学习介于监督学习方法和无监督学习方法之间，在这种方法中，有大量的输入数据，其中一些已经标记，其余的没有标记。许多现实生活中的学习问题都属于机器学习的这一领域。半监督学习算法需要较少的人工干预，因为它利用了非常少量的标记数据和大量的未标记数据。使用标签较少的数据集比有标记的数据集更有吸引力，因为有标记的数据集很难收集或收集成本很高。另外，未标记的数据集更容易收集，也更容易访问。在半监督学习中，可以利用监督学习和无监督学习技术来训练学习算法。无监督学习技术可用于揭示输入数据集中的隐藏结构和模式。而监督学习技术可以用来对未标记的数据进行预测，将数据作为训练数据反馈给学习算法，并使用获得的知识来对新的数据集进行预测。

美国三菱电机研究实验室的 Moritz 等[42]提出了一种广义的连接式时态分类（connectionist temporal classification，CTC）目标，它接受训练标签的图形表示。新提出的基于图的时间分类（graph-based temporal classification，GTC）目标被应用于基于加权有限状态转换器（weighted finite state converter）监督下的自我训练，该监督是由伪标签的列表生成的。在此设置中，GTC 不仅用于学习时间比对（类似于 CTC），还用于学习标签比对，从加权图中获得最佳伪标签序列。结果表明，该方法可以有效地利用人工神经网络最佳的伪标签列表和相关分数，大大优于标准的伪标签，自动语音识别的结果接近于人工标签的识别结果。

（4）强化学习

强化学习是通过与环境的相互作用进行学习。强化学习从自己的行动中学习，而不是专门被教导要做什么，它根据过去的经验和新的选择来决策当前的行动，因此，它可以被描述为一个试错的学习过程。强化学习以数字奖励值的形式确定动作的奖励，目标是学习选择使数字奖励的价值最大化的动作，行动可能不仅影响当前的情况和当前的奖励价值，还会影响后续的情况和奖励价值。通常有设定的目标，在某种程度上，它可以感知到它所处的环境状态，从而采取影响状态的行动，使其更接近设定的目标。强化学习不同于基于每种方法获取知识的方式的监督学习，强化学习使用与问题环境的直接交互来获得知识。

传统的基于深度神经网络(deep neural network,DNN)的语音增强(speech enhancement,SE)方法旨在使增强语音与参考之间的均方误差(mean-square error,MSE)最小。MSE优化的模型不能直接提高自动语音识别系统的性能。以最小化识别误差为目标,利用识别结果设计优化 SE 模型的目标函数。然而,自动语音识别系统由多个单元(如声学和语言模型)组成,其结构通常是复杂且不可微分的。台湾交通大学的 Shen 等[43]提出基于识别结果采用强化学习(reinforcement learning,RL)算法对 SE 模型进行优化。在普通话广播新闻语料库上对所提出的基于 RL 的 SE 系统进行了评估。实验结果表明,在 0 dB和 5 dB 条件下,该系统可以有效地提高自动语音识别性能,信噪比分别降低了 12.40%和 19.23%。

(5)深度学习

自 2006 年以来,深度学习开始被应用到信息处理、人工智能等各个领域。深度学习是机器学习的子领域,是基于从多个层次学习的算法,提供表示数据之间复杂关系的模型。深度学习存在特征层次结构,是神经网络,图形建模、优化,人工智能,模式识别,以及信号处理等多个领域共同进步的结果。深度学习依托于高速的计算机芯片处理能力,整合大量的训练数据,实现各类复杂信息的处理与模式识别。

中国科学院大学的徐波教授团队[44]提出了基于深度学习的语音转换器,它是一种完全依靠注意力机制学习位置依赖关系的非递归序列到序列模型,可以更快、更有效地训练位置依赖关系,还提出了一种 2D 注意机制,它可以共同关注二维语音输入的时间和频率轴,从而为语音转换器提供更具表现力的表征。在《华尔街日报》的语音识别数据集上进行评估,最佳模型达到了 10.9%的 WER,而整个训练过程在 1 个 GPU 上只需要1.2 天,明显快于递归序列到序列模型的公布结果。

语音识别领域,序列到序列(seq2seq)模型最近取得了长足的进步。该模型消除了HMM 和连接式时态分类 CTC 模型所做的不合理的框架独立假设,能够学习隐式语言模型,并更直接地优化 WER。近年来,seq2seq 模型由于建立了更深的编码器、有效的标签平滑方案和潜在序列分解方法,显著降低了 WER。此外,还探索和发展了一些单调注意模型。这些努力共同推动 seq2seq 模型更接近实际应用。虽然 seq2seq 模型已经在语音识别任务中取得了一定的成功,但它们仍然存在训练速度慢的缺陷。在大多数已提出的seq2seq 模型中,RNN 在生成序列隐藏表征(编码)和根据不同时间的软对齐发射字符(解码)时起着至关重要的作用。遗憾的是,RNN 的顺序性限制了训练的计算并行化。由于语音序列通常很长,并且在处理递归时相当耗时,因此对于语音识别任务来说,这一问题显得尤为严重。

徐波教授团队成功地将 Transformer 引入 ASR 任务中,并将模型命名为 Speech-Transformer,这是一种将语音特征序列转换成相应的字符序列的新的 seq2seq 模型。此外,提出的 2D-注意机制受到长短时记忆(long short-term memory,LSTM)神经网络的启发,但用注意力捕获的时间相关性和频谱相关性来代替时频重现机制。通过部署 WSJ语音识别数据集,发现 2D-注意机制比传统的卷积网络获得了更好的性能,从而为语音转换器提供了更具区分性的表征。此外,最优模型在 NVIDIA Tesla K80 上训练 1.2 天后获得了 10.92%的 WER，与大多数循环的 seq2seq 模型相比，在性能相当的同时降低了训练成本。

模型的整体架构借鉴 Transformer 结构[45]，区别是编码器的嵌入层（embedding）在时间维度和频率维度上叠加两个 3×3 CNN 层，步长（stride）=2，以防止 GPU 内存溢出，并用字符长度产生近似的隐藏表示长度。同时还将语音特征序列转化为具有时间轴和频率轴的二维频谱。人类依靠不同频率之间随时间变化的相关性来预测其发音。因此，同时关注时间轴和频率轴可能有利于在谱图中构建时间和频谱动力学的关系。基于上述分析，提出了一个 2D-注意（2D-Attention）模块，在二维谱图上进行三个卷积网络，最后，2D-Attention 的输出被连接并送入另一个卷积网络，获得最终通道输出。

另外，还有基于深度学习的视觉语音识别。人可以听到的频率范围是 20 Hz 到 20 kHz，此外，许多人仅使用唇读等视觉信息就可以理解部分单词。通常，存在使用唇读的视觉信息来推断语音的方法，或者基于图像分析检测嘴唇运动的方法。然而，这些方法通常对光照变化很敏感，而传统的唇读方法只有有限的词汇量，因为仅仅读唇无法预测说话者所说的所有声音，如那些唇部动作非常相似的声音。但最近，旨在识别图像和分析没有音频的语音的视觉语音识别研究正在增加，以克服使用深度学习（如 RNN、CNN）的唇读局限性。最初的系统只处理简单的识别任务，如字母或数字识别，导致系统逐渐实现更复杂和连续的唇读，如识别单词或句子。而现在希望通过考虑一个人的面部表情或通过使用对话的上下文破译语音信息来获取与语音信息相关的信息。

LipNet[46]是由 Google 公司、DeepMind 团队（英国伦敦）和英国牛津大学的研究人员共同开发的唇读系统。LipNet 是一个端到端的句子级唇读模型，它可以预测当人们看到阅读完整句子的嘴唇动作，并以文本形式通知结果。LipNet 算法模型如图 4-3-6 所示，它是第一个同时学习空间视觉特征和序列模型的模型。当通过时空卷积神经网络（spatio-temporal convolutional neural network，STCNN）提取特征时，将视频帧的序列作为输入，使用双向门控循环单元（bi-gate recurrent unit，Bi-GRU）处理结果以进行有效的时间聚合。然后，在对每个输出应用线性变换后，使用 CTC 在输入数据和标签之间没有对齐信息的情况下进行训练，结果视频帧的可变长度序列被转换为文本序列。

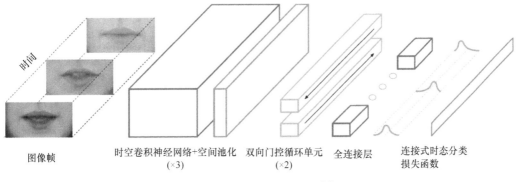

图 4-3-6　LipNet 算法模型[46]

4.3.3 人体康复的听觉感知

1. 基于生物信号的语音识别

语音是进行交流和社交的基本方式。有声音障碍的人在日常生活中会面临严重的问题，可能导致情绪不稳定和与社会隔绝等。尽管有多种声音障碍辅助方法，如使用从嘴唇和舌头捕获发音数据或使用脉冲无线电超宽带（impulse-radio ultra-wideband，IR-UWB）雷达的非接触式静音语音识别系统，对于因喉癌或外伤而进行手术切除喉部的患者而言，发音能力是有限的。为了克服这个问题，一种称为电喉的外部设备已被应用于人工喉通信，通过产生电子振动产生声音。然而，使用较为复杂且不自然的声音使该设备的使用受到了限制。因此，必须为语音识别开发一个范式，其中包括脑机接口（brain-computer interface，BCI）和无声语音接口（silent-speech interface，SSI）。SSI 是一种通过脑机接口从发音器官、神经通路，或大脑捕获生物信号并产生自然发声语音的可行方法。最近，在开发无声语音通信系统方面，已经研究了通过超声、光学图像、脑电图（electroencephalogram，EEG）和表面肌电图（surface electromyography，sEMG）等技术捕获各种生物信号的方法。

生物信号提供属于生物体的电学、化学和生物过程的信息。在基于生物信号的语音识别领域，来自大脑、肌肉和运动的信号被认为是可以通过不同技术测量的潜在有用的生物信号。传统的声学传感器捕获声压波，从而产生声学生物信号。在没有声音输出的情况下，可以获取和处理其他与语音相关的生物信号，称为无声语音识别。下文给出了一些用于获取语音产生过程中发生的语音相关生物信号的方法，这些信号可用于将语音转换为文本的自动语音识别系统。

（1）基于肌电图的语音识别

肌电图（electromyography，EMG）是通过连接到皮肤或植入肌肉的电极记录到的肌肉电活动。由于表面电极提供了一种非侵入性的记录方式，因此 sEMG 通常优于带针电极的 EMG。sEMG 通过采集面部和颈部周围语言肌肉组织发出的电活动来评估肌肉的功能。这些信号可以在自动语音识别系统中使用，通过不同肌群的表面肌肉电信号的识别能够识别语音，这种方式可以克服环境噪声的干扰，为语言障碍患者提供一个新的语音接口。

基于 EMG 语音识别的研究可以追溯到 1985 年，用于实时显示 5 个日语元音。在这项早期研究中，单词识别的准确率只有 60%。随着研究的不断深入，2011 年，德国卡尔斯鲁厄理工学院的舒尔茨等识别出输入语音中的爆破音和摩擦音，然后提出了基于这些噪声的协同发音模型，通过一个分类器来进行单词识别。2014 年，泰国坦亚武里皇家理工大学的 Srisuwan[47] 使用移动平均滤波器和堆叠滤波器作为词识别方法，将 11 个词的准确率提高到 78%。目前，采用肌电图进行各种语言，如泰语、中文和英语单词识别的研究也不断开展[48]。

美国麻省理工学院的 Kapur 等[49]设计了一款名为 AlterEgo 的可穿戴静音语音接口，如图 4-3-7 所示，它允许与计算设备进行双向通信，无须任何用户明确的肌肉运动或语音输入。AlterEgo 不需要用户移动任何面部和颈部肌肉，而是允许人工智能（AI）找到响应信号的单词，并通过用户低声说出某个单词时进行交流。使用非侵入性方法通过 sEMG 从面部和颈部皮肤表面捕获用户的神经肌肉信号，该表面肌电图可以附着在皮肤的 7 个区域。这种信号输入是一种内部发声，它被描述为一种特征性的内部声音，可以在对自己说话时自动触发，因此可以获得无声语音信号。该信号经过 MFCC 的变换，然后将处理后的信号通过 CNN 分类为词标签，如数字 0～9。当内部表达被识别和处理时，通过蓝牙无线连接的外部计算设备根据识别结果计算出的输出被转换为文字转语音，然后通过骨传导耳机发送给用户。

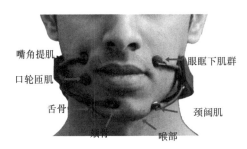

图 4-3-7　可穿戴静音语音接口 AlterEgo 在脸上的位置[49]

此外，还有研究通过使用新型贴片电极来提高数据收集的可靠性。为了识别孤立词和词的声调，通过提取时域和频域中与语音相关的特征，使用分类器识别词和声调。在这个过程中，算法是通过进化语音识别模型开发的：使用语法模型识别单词序列，最后使用基于音素的模型识别以前未经训练单词的词汇表。

（2）基于脑电图的语音识别

脑电图（electroencephalogram，EEG）是一种记录大脑电活动的技术，是大脑在活动时大量神经元同步发生的突触后电位经总和后形成的。它记录大脑活动时的电信号变化，是脑神经细胞的电生理活动在大脑皮层或头皮表面的总体反映。当人感受到外界的声音、光、气味等刺激的时候，响应的脑区会有不同的脑电信号。因此，脑电信号的研究可以被用于机器人、医学工程和图像处理等各个领域。颞叶皮层接收听觉皮层的输入，在受到听觉刺激时，产生响应，通过颞叶区的电信号频率变化可实现声音识别。因此，在语音产生时，通过 EEG 信号测量可表征语音频率的变化。

在人机界面领域，情感识别受到研究人员的广泛关注，希望通过语音和图像数据作为情感的输入。最近，研究的热点集中在结合语音数据使用语音的音调或口音变化上。因此，引入 EEG 信号和语音数据，研究基于情感分类的语音音调，用于自然语音再现。因为 EEG 信号是通过头皮测量的，所以无法记录大脑中神经元的动作电位。虽然 EEG 可以识别大范围的频率，但仍然难以识别单词及嘴巴动作、声音动作等具体细节，因此 EEG 在语音识别方面还存在巨大的挑战。

（3）基于超声成像的语音识别

日本东京大学的 Kimura 等[50]提出一种称 SottoVoce 的静音语音交互系统，如图 4-3-8

所示，用户通过连接在下巴上的超声波探头说话时可以读取内部口腔信息，而无须发出声音。目标是在没有输入语音的情况下通过将超声图像转换为语音来更准确地再现声音，因此它使用 CNN 来识别外部无法观察到的舌头运动。SottoVoce 使用了两个神经网络：第一个神经网络基于 CNN 的神经网络使用一系列超声波图像并生成 n 维声音表示向量，第二个神经网络生成具有相同长度的声音表示向量序列以提高音质。由于这两个网络依赖于说话者，因此训练需要在用户说出各种命令时捕获一系列超声图像。

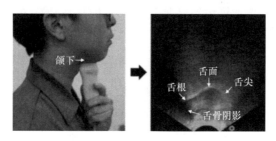

图 4-3-8　静音语音交互系统 SottoVoce 超声识别语音[50]

2. 人工耳蜗编码

人工耳蜗植入是一种改变重度听力障碍人士生活的干预措施，对于大多数人工耳蜗用户来说，在安静的环境中语音清晰度是令人满意的。尽管现在人工耳蜗提供多达 22 个刺激通道，但对于许多类型声音的精细频谱时间细节的感知，信息传递仍然有限。这些细节有助于在日常情况下感知音乐和语音，如存在背景噪声的地方。在过去的几十年里，已经开发了许多不同的声音处理策略来向人工耳蜗用户提供有关声学信号的更多细节，包括连续交错采样（continuous interleaved sampling，CIS）、高级组合编码器（advanced combination encoder，ACE）、精细结构处理（fine structure processing，FSP）、MP3000、HiRes120 等编码策略。

（1）连续交错采样（CIS）编码策略

人工耳蜗的编码策略中最经典的刺激策略可以归类为特征提取策略。在此类策略中，实时计算语音信号的最低语音共振峰（F1、F2）和基频（F0）。共振峰是对应于声道共振的频谱包络中的峰值。听觉系统使用共振峰来识别元音等声音。共振峰信息主要用于刺激对应于 F1、F2 的通道，F0 用于控制脉冲频率。

在人工耳蜗信号处理中广泛使用的一种简单策略是连续交错采样（图 4-3-9），CIS 算法是基于由一组带通滤波器或快速傅里叶变换执行的预处理数字输入声音信号的运行频谱分析方法。滤波器组的总带宽为 100~8000 Hz，滤波器的数量通常等于电极阵列-神经元接口处的刺激通道数量。滤波器具有部分重叠的频率响应和带宽，通常随着频率的增加而变得更宽。根据耳蜗的频率位置刺激组织，每个过滤器至少被分配给一个耳蜗内电极。尽管信号频率和滤波器组输出与电极植入深度的对应遵循音调，信号不一定传递到正常的解剖学或神经生理学位置，因为通常电极阵列不允许植入超出对应于低于 500~1000 Hz 声频的解剖位置。然而，研究表明，随着 CI 的使用时间，皮质可塑性可以部分补偿这种不匹配。此外,制造商最近推出了带有电极阵列的 CI 系统,允许更深的植入深度以促进更多的根尖刺激。

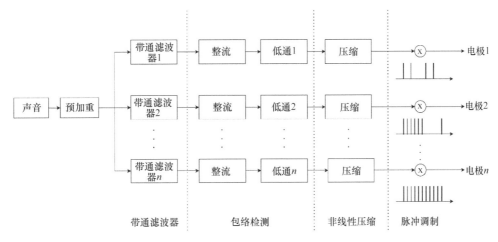

图 4-3-9 连续交错采样(CIS)编码策略示意图

出于实际原因,许多 CI 只有一个电流源,而且为了限制跨通道交互,在交错刺激方案中使用脉冲刺激,任何时间仅传递一个脉冲。此外,所有通道都以时间上不重叠的顺序被激活,并使用固定的刺激载波速率,通常为每秒 500~2000 个脉冲,总脉冲速率等于活动通道数乘以通道速率。后者与听觉神经生理学无关,因为神经纤维不会以固定速率发射,刺激速率通常远高于神经尖峰速率。然而,从信号处理的角度来看,它很简单,并且为大多数 CI 用户提供了足够的声音感知。

(2)具有基于频谱特征的通道选择的高级组合编码器(ACE)编码策略

ACE 是目前大多数人工耳蜗系统用户使用的声音处理方案[51]。它在功能上与频谱极大值声音处理器非常相似。如前所述,大多数方案为 CI 用户提供了关于两个最低语音共振峰(F1、F2)和基频(F0)的信息。虽然这些方案使许多接收者能够在良好的聆听条件下充分理解语音,但即使是中等水平的背景噪声也会降低性能。这主要是因为在信噪比较差的情况下,实时估计所选语音特征对应的参数存在技术难度。ACE 与 CIS 等其他方案的主要区别在于,在每个刺激周期中,仅选择可用电极的一个子集。在 CI 系统中,尽管可以改变刺激参数值以优化个体用户的需求,但通常会从可用的 22 个电极组中选择 8 个电极进行刺激。

(3)基于时间特征增强的精细结构处理(FSP)编码策略

尽管大多数 CI 用户通过 ACE、CIS 等声音处理方案获得了良好的性能,但是,在噪声中语音的识别通常不能令人满意,并且音乐声音的基本组成部分(尤其是音高)的感知能力很差。

在寻求改进 CI 声音处理的过程中,一种被称为精细听觉编码技术(FineHearing Technology)的方案被提出。FineHearing Technology 的目标是通过在一个或几个相应的

CI 电极上传递刺激脉冲串来表示输入声音信号的最低频率中存在的信息。这些脉冲串可以由一个或多个刺激脉冲组成，并且是从频带受限的声学信号中间接导出的。每个脉冲串由带通滤波波形中的过零触发，而脉冲串内的刺激脉冲以恒定的高速率传递，取决于用户特定的设置。每个脉冲串的持续时间和幅度包络调制是预先确定的，以在半波整流后近似滤波后的声波波形。本质上，FineHearing Technology 使用可变速率编码来提供附加信息。Med-EL 已发布 FSP、FS4 和 FS4-p 编码策略。在 FSP 中，时域精细结构（temporal fine structure，TFS）表示频率高达 350～500 Hz；在 FS4 和 FS4-p 中，TFS 适用于高达 750～950 Hz 的频率。其中 TFS 脉冲模式由两个最顶端的电极传送，而其余电极传送类 CIS 脉冲序列。

（4）MP3000 编码策略

MP3000 策略基于 ACE 方案，但使用心理声学掩蔽模型，即一个声音的听力阈值受到另一个同时发生声音的影响。在刺激过程中会选取某种具有基于频谱掩蔽的通道选择和刺激，目的是基于与感知更加相关的频道选择来改善 CI 用户的声音感知。掩蔽模型试图在任何给定输入音频信号的编码中选择感知上最重要的频谱分量。这种编码策略的基本原理是没有必要在被屏蔽的频谱部分对声音进行编码。这种方法减少了激发的传播，并且可以更精确地表示频谱，这反过来又可以提高语音清晰度。基于听觉掩蔽的处理技术广泛用于常见的音频和音乐数据压缩算法。这些技术还通过一次仅选择频带的子集来压缩音频信号。一个众所周知的例子是 MP3 压缩算法。

在 MP3000 中，在包络估计和信道选择模块之间引入了一个额外的处理阶段。所使用的心理声学掩蔽模型源自人类听觉感知中心理声学测量的大量数据，如对听力和同时掩蔽的绝对阈值的研究。对于每个声音，滤波器组每个通道的包络是心理声学掩蔽模型的输入，并计算具有三个参数（峰值幅度或衰减、高频斜率和低频斜率）的掩蔽扩展函数，为每个选定的通道计算掩蔽阈值。来自所有通道的整体屏蔽阈值与单独屏蔽阈值的非线性叠加近似。随后，在每个刺激周期中选择相对于掩蔽传播的估计具有最高水平的 n 个通道，这种刺激通道的选择可能与 ACE 标准方案有很大不同，其中只有 n 个通道（通常 $n=8$）的包络幅度最高。

（5）HiRes120 编码策略

HiRes120 具有时间特征增强和电流控制功能，可提高刺激传递的空间精度，它识别每个带通滤波器内的主要频谱峰值，这些带通滤波器对传入的声音进行频谱分析[52]。每个频谱峰值的频率用于控制合成调制器，以便调制从每个频带导出的时间信息，这些信息不存在于带限信号的幅度包络中。这些调制与相应的包络电平相结合，然后与传送到电极的脉冲同步采样。同时，每个分析滤波器内的估计峰值频率用于控制两个相邻电极上的相对电流。通过改变电极对上的相对电流，创建了所谓的虚拟通道，并且可以达到比一次激活一个电极时更精细的空间分辨率来控制电极刺激的位置。使用 HiRes120，实现了 8 种不同的电流比率，导致每对相邻的物理电极有 8 个虚拟通道。据称 HiRes120 在刺激模式的时间和空间分辨率方面对声音处理方案（如 CIS）进行了改进。

HiRes120 是一种没有电流控制的类 CIS 策略，在多项研究中，通过比较两种编码策略对安静和嘈杂环境中的语音与音乐感知效果，发现 CIS 策略对任何语音与音乐感知能力以及时间调制检测能力都不及 HiRes120。

4.4　仿生听觉传感与智能感知的应用

4.4.1　仿生听觉传感与智能感知在语音助手中的应用

智能语音助手是人工智能领域的重要分支，在仿生听觉传感与智能感知的研究基础上，智能语音的核心技术可以分解为语音识别、自然语言处理（natural language processing，NLP）以及语音合成，如图 4-4-1 所示。语音助手通过智能语音技术能够让用户使用自然语言进行交流互动。智能语音技术以语音为研究对象，对语音语义进行识别、理解以及生成，使机器具备自然语言处理能力，并且利用其核心技术赋予机器听觉、理解能力以及语言能力。当前，人工智能的关键技术均以实现感知智能和认知智能为目标。语音识别、图像识别和机器人视觉、生物识别等目前最火热的领域，主要解决的是感知智能的需求，就是使人工智能能够感知周围的世界，能够"听见"或者"看到"。自然语言理解、智能会话、智能决策、人机交互等技术更加侧重的是认知智能领域，解决"听懂""看懂"的问题，并且根据学习到的知识对人类的要求或者周围的环境做出反应的能力。在关键技术层中，语音识别、自然语言处理、机器学习领域的关键技术在人工智能技术当中居于重要地位，是人机交互技术的基础。伴随着智能语音技术的发展，智能语音的应用覆盖多个场景，如智能家居、智能车载、智能医疗、智能客服、智能教育等。

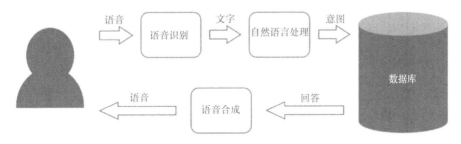

图 4-4-1　语音交互流程图

语音是人类天然的信息传达方式，机器通过识别语音理解其中的表达，能够更加快捷地满足用户需求，本质上就是让人与智能设备之间的信息交流更加高效，尤其是对于驾车、家居等场景，语音技术能大幅提升人机交互体验。

1. 语音识别

语音识别是以语音为研究对象，通过语音信号处理和模式识别让机器自动识别和理解人类口述的语言，语音识别技术就是让机器通过识别和理解过程，把语音信号转变为相应的文本或命令的高级技术。语音识别系统本质上是一种模式识别系统，包括特征提取、模式匹配、模型库等三个基本单元，它的基本结构如图 4-4-2 所示。

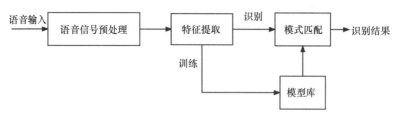

图 4-4-2　语音识别流程

语音识别技术是一种将人类语音中的词汇内容转换为可由计算机处理的输入内容的技术。语音识别技术提取用户输入命令的特征，形成特征数据流，然后将其与系统中现有的语音模型进行比较，找出系统中最相似的语音内容。语音识别的实现过程主要分为 4 个步骤：①选择识别单元，即确定识别对象的选择，然后根据识别对象的语音特征、词汇量等条件确定识别对象为单词、音节或音素；②语音是从波形中提取的反映语音信息的重要特征；③建立用于训练和识别的声学模型与语言模型；④后处理包括语音转换、词法、句法和语法处理。

语音识别系统的整体构建过程包括训练和识别两个部分。训练通常在线下完成。对预先采集的海量语音和语言数据库进行信号处理及知识挖掘，获得语音识别系统所需的声学模型和语言模型；识别过程通常在线完成，可以自动识别用户的实时语音。一般来说，识别过程可以分为两个模块：前端模块和后端模块，前端模块的主要功能是检测端点，去除冗余的静音和非语音声音，降噪，以及特征提取等；后端模块的功能是利用训练好的声学模型和语言模型对用户语音的特征向量进行统计模式识别，获取其中包含的文本信息。此外，后端模块还有一个自适应反馈模块，可以对用户的语音进行自学习，从而对声学模型和语音模型进行必要的修正，进一步提高识别的准确性。

2. 自然语言处理

自然语言处理是利用语言处理技术，使计算机理解人类语言的含义，并通过对话回答用户提出的问题，NLP 的主要功能见图 4-4-3。自然语言理解技术是指将一种表达语音的方式映射成一种可以被计算机理解的表达方式。它的应用原则是根据语境识别特定句子中一个多义词的确切含义，并根据句子的结构和意义推断出该句子的含义。未来，

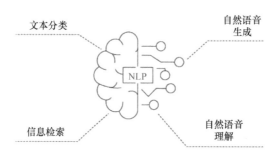

图 4-4-3　自然语言处理（NLP）的主要功能

自然语言理解技术将引入一些规则机制,通过结合规则和统计来弥补计算机对系统语言理解的不足。同时,自然语言理解技术将开放学习机制,修改统计数据,弥补语料库统计的局限性。

语义识别是人工智能的重要方向之一。如果说语音技术相当于负责表达和获取的人类嘴巴与耳朵,那么语义技术相当于负责思考和信息处理的人类大脑,解决了"理解"问题。语义识别的最大功能是改变人机交互模式,将人机交互从最原始的鼠标和键盘交互转变为语音对话。语义识别主要基于大数据和算法模型。它是自然语言处理(NLP)技术的重要组成部分。NLP 技术主要包括词法分析技术、句法分析技术、语义分析技术、语用分析技术和句子分析技术。自然语言处理在实际应用中最大的困难是语义的复杂性。随着大数据、芯片和算法模型的加速发展,NLP 将取得巨大进步。

3. 语音合成

文本-语音转换(text to speech,TTS)技术是通过计算机将外部输入的文本信息转换成自然流畅的语言,赋予机器"说话"的能力。语音合成技术涉及声学、语言学、数字信号处理、计算机科学等多个学科。语音合成技术的实现过程主要分为两个步骤:文本分析和语音合成。文本分析基于语言学原理,对文本进行标准化,将原始文本中的数字和缩略语转换成相应的标准词,然后进行语言处理。在文本分析过程中,系统会给每个单词一个单独的语音脚本,根据规则对文本进行分割和标记,并将文本序列转换为语音序列。语音合成技术使用不同的算法从语音序列生成语音波形,合成高质量的语音流输出。

语音合成处理分为两个步骤:文本处理和语音合成。作为预处理步骤,文本处理负责将文本转换为音素序列,并标记每个音素的起止时间和频率变化。语音合成根据预处理的标记音素序列生成语音。从音素序列到语音主要有三种方法:①拼接法,即从已有的语音素材库中选择需要的单元。这些单元可以是音节或音素。为了保证最终合成语音的一致性,使用双音子(从一个音素中央到下一个音素中央)作为单元。拼接法合成的语音质量较高,但需要大量的语音素材库来保证覆盖率。②参数法,通过数学统计模型生成语音参数对应的波形。参数化方法也需要在训练前记录语音库,但不需要完全覆盖。③声道模拟法,参数法利用语音信号的参数提取语音特征,不关注语音的产生过程。而声道模拟法则是在建立声道的物理模型基础上产生声波,这种方法理论完备,实现较为复杂,目前还在初步研发应用阶段。

4.4.2　仿生听觉传感与智能感知在机器人中的应用

1. 机器人听觉感知

机器人听觉(robot audition)是一个起源于日本的研究领域,旨在构建机器人的听觉功能。在 2005 年的爱知世界博览会(爱知世博会),日本的企业、研究所、大学陆续公布了许多机器人。这些机器人中的大多数是为了执行特定任务,如清洁而开发的。一些能够进行人机语言交流的机器人在当时已经出现;由于噪声问题,机器人无法用自己的耳朵聆听声音，因此用户必须使用靠近嘴巴的耳机麦克风。为了解决这个极其不自然的问题，提出了机器人听觉，其中的关键要求有：①理解一般声音，即假设输入声音始终是来自计算机听觉场景分析（computational auditory scene analysis，CASA）的声源的混合；②主动听觉，即利用主动运动抑制运动产生的噪声来改善听觉功能；③多模态整合，整合多模态感官信息，对缺失或模糊的感官信息进行相互抵消；④实时在线处理，考虑人机交互场景的实时在线处理。

为了达到第一个要求，需要处理目标声源和多声源的噪声污染。标准方法是使用多个麦克风之间的幅度和相位差异来抑制噪声与分离声源，因为这些差异会根据声源的方向和位置而变化。利用这一原理，在机器人听觉中已经报道了许多关于声源定位、声源分离和自动语音识别的研究，主要有两种方法，一种称为双耳处理，其定义为使用两个麦克风，这是一种受生物启发的方法；另一种是麦克风阵列处理，基于声学信号处理使用多个麦克风。尽管这些方法在声学信号处理中得到了很好的研究，但大多数集中在探索人类和动物的听觉机制或使用数值模拟的数学公式方面。其他三个要求尚未考虑，因此现有的声学信号处理技术无法直接应用于机器人。在机器人技术和上述提到的要求中，一直追求在线和实时处理效果。尽管已经报道了一些与多模态集成相关的研究，但音频被认为是视觉的补充。在机器人听觉提出之前，机器人学中不存在理解一般声音和主动听觉的概念，因此，机器人必须遵循一种称为停止-感知-动作的策略，以避免在聆听时产生运动噪声。因此，考虑到上述所有4个关键要求，可以明确区分机器人听觉和其他相关领域，如声学信号处理和语音处理。随着机器人听觉的开源软件的发布，机器人听觉在各个领域得到了积极的发展。最近，通过与深度学习技术的集成，机器人听觉开始扩展到考虑更高层次认知的场景分析和理解方面。

2. 机器人听觉历史

从 2000 年提出机器人听觉后，机器人听觉的历史主要分为三个时期：计算机听觉场景分析、双耳机器人听觉、基于麦克风阵列的机器人听觉。

（1）计算机听觉场景分析

机器人听觉的源头可以追溯到1990年由布雷格曼撰写的《听觉场景分析》（*Auditory Scene Analysis*，ASA）。ASA旨在基于人类将每个声音视为声音流的想法，从心理物理学上阐明人类的听觉功能。在有多个声源的一般环境中，ASA声称可以通过基于各种线索的"流隔离"将声源的混合感知为多个流。这种当多个声源同时存在时人类感知的概念引起了人们的注意，因为之前主要考虑的是单个声源。受 ASA 的启发，CASA 在20 世纪 90 年代被提出作为一种建构主义方法来阐明人类听觉功能。CASA 的大多数研究一开始都是通过数值模拟进行的，但它逐渐解决了更接近现实世界的问题，特别是积极推进音乐信息处理。

（2）双耳机器人听觉

为了理解更普遍的声音环境，而不仅仅局限于音乐等特定领域，日本教授中台和奥野在2000年提出了机器人听觉，作为连接人工智能、机器人和信号处理的新研究领域。

2000 年初期，模仿人类和动物听觉处理的双耳方法占主导地位。由于人类和动物有两只耳朵，这种方法背后的想法是可以通过两个麦克风实现听觉功能。中台和奥野还提出了"主动听觉"作为机器人听觉独有的挑战，即利用主动的运动来抑制运动噪声，继而改善听觉功能上的声源定位。许多研究已经报道了诸如杰夫里斯模型的应用，该模型利用了耳间相位差、耳间强度差和神经网络。

（3）基于麦克风阵列的机器人听觉

20 世纪 20 年代中期，使用由多个麦克风组成的麦克风阵列的声学信号处理已应用于机器人的 SSL 和声源分离。这是因为双耳方法在处理声源定位和分离的现实世界问题方面的性能很差。从事机器人听觉研究的相关人员认为，与使用两个麦克风的双耳方法相比，使用大量麦克风可以提供更好的性能。在此期间，即将到来的 2005 年爱知世博会激发了日本的机器人研究热潮，推动了在存在多个声源的现实世界中制造具有人机通信能力的机器人的研究。使用波束成形和独立分量分析的麦克风阵列处理已得到广泛研究。日本东京大学的 Saruwatari 等[53]提出了一种与自动语音识别相结合的声源定位和分离技术，并研发了一种可以收听 11 个人点餐的机器人。为了促进计算机听觉的快速发展，该团队还发布了机器人试听的开源软件 HARK。HARK 在机器人听觉技术的协作和部署中起着至关重要的作用。

3. 机器人听觉的开源软件

2008 年，名为 HARK（Honda Research Institute Japan audition for robots with Kyoto University）的开源软件收集了各种为机器人听觉开发而提出的方法，这款软件在机器人听觉领域的地位类似于 OpenCV 在视觉领域的地位。HARK 包括机器人听觉的主要功能，即声源定位、声源分离、自动语音识别，以及其他构建机器人听觉系统的必要功能，如声源跟踪、特征提取、频率分析等，HARK 几乎每年都会更新。

HARK 有两个设计指南：用户友好性和实时处理。对于用户友好性，引入了图形用户界面编程环境，可以在网络浏览器上运行，操作系统平台之间的差异很小。编程时，用户只需从模块列表中选择功能模块放到面板上，模块之间进行连接即可。对于实时处理，所有功能模块都设计为在线实时工作。该软件还准备了一个标准的 8 通道圆形麦克风阵列，称为 TAMAGO，可以通过通用串行总线接口连接到个人计算机。由于标准麦克风阵列和目标声源之间的一组传递函数可以从 HARK 网站下载，而用户在使用时需要测量或计算传递函数，因此以最低成本制作实时机器人试听系统很有帮助。此外，还提供有用的外设封装。HARK-ROS 提供与 ROS 的无缝集成，ROS 是机器人技术中事实上的标准中间件。它使与用户现有系统的集成更容易。HARK-OpenCV 为 OpenCV 提供了一个包装器，OpenCV 是一个著名的计算机视觉库，它使我们能够使用 HARK 制作视听集成系统。

4. 机器人听觉研究现状

基于 HARK 共享知识类的工具，2010 年开始了机器人听觉应用扩展的研究。扩展活动扩大了机器人听觉的研究领域。人机互动是机器人听觉的原始目标应用程序，它覆盖信息通信技术（information and communication technology，ICT）应用、汽车应用、搜寻和营救的应用程序以及生态学和行为学的应用程序，如图 4-4-4 所示。

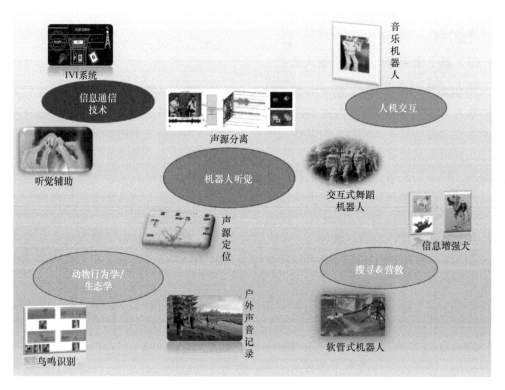

图 4-4-4　机器人听觉研究领域

日本东京大学信息科学与技术研究院团队使用带有 8 声道麦克风阵列的平板电脑设备，通过展示基于增强现实（augmented reality，AR）的声源定位、支持助听器通信以及支持多语言通信验证了机器人听觉技术的有效性。关于汽车应用，该团队还展示了一个基于 HARK 的终端监听车载信息（in-vehicle information，IVI）系统。对于传统的 IVI 系统，驾驶员必须按下通话按钮并等待系统准备就绪后才能通话。即使是最近的 IVI 系统，每次驾驶员想要与系统通话时，也都会由唤醒语音命令触发。新开发的系统实现了始终聆听功能，该功能接受坐在驾驶员和乘客座位上的多个用户的命令。对于搜寻和营救应用，该团队为无人机安装了麦克风阵列。得益于 HARK 的高度抗噪功能，演示结果表明开发的无人机能够从三维空间中检测和定位室外的人类话语。另一项搜救活动是软管式机器人在废墟中搜索幸存者，基于一定的间隔将多个麦克风和扬声器连接到机器人上。麦克风和扬声器有利于支持两种功能：基于声音的机器人振动噪声姿态估计与降噪。基于声音的姿态估计显著减少了惯性测量单元等积分型传感器不可避免的漂移误差，并且噪声降低使机器人操作员和幸存者之间的通信成为可能。对于行为学和生态学应用，该团队正致力于自动提取有关鸟鸣的时间、地点和内容。这些信息是由专家人工提取的，由于人类听力能力的限制，在可重复性、质量和区域覆盖方面存在困难。使用多个麦克风阵列，该团队开发了 3D 声源定位，可以在 100 m 的大范围内检测鸟鸣。机器人听觉技术在动物行为学和生态学领域逐渐普及。

　　机器人听觉技术已经取得了很大的进步，其中在两个应用领域取得了显著的应用效果。第一个是基于无人机的搜寻和营救应用程序，称为无人机听觉。第二个是基于多模态集成的视听场景重建应用。

（1）无人机听觉

　　当灾难发生时，必须在三天内找到幸存者，否则他们的生存机会将会大大减少。因此日夜搜寻这些幸存者是关键。然而在灾区所有道路都被封锁，应急车辆几乎没有用。利用无人机和机器人听觉技术结合，可以在这种情况下昼夜不停地提供更快、更广泛的探索，基于这种想法，2011 年日本大地震后第一次利用无人机听觉进行搜救。现在在户外部署机器人听觉也是一个具有挑战性的研究课题。2014 年，日本内阁和日本科学技术机构（Japan Science and Technology Agency，JST）发起了一项为期 5 年的通过颠覆性技术项目发起冲击范式挑战的艰难机器人技术挑战（tough robotics challenge，TRC）项目。无人机听觉得到了 TRC 的大力支持，在存在无人机噪声和其他环境声音的高噪声室外情况下，Nakadai 和 Okuno[54]安装在无人机上的麦克风阵列可以实时地实现声源定位和提取，如图 4-4-5 所示。目前的技术发展解决了两个问题：一个是噪声问题，因为配备麦克风阵列的无人机本身就是一个很大的噪声源。针对这个问题，日本东京大学信息科学与技术研究院团队提出了一种对动态变化的无人机和风噪声具有鲁棒性的声源定位方法。另一个问题是声源定位通常会估计目标声源的到达方向，它不提供到源的距离。该团队通过假设目标声源在三维地图中的地面，实现了三维空间声源定位。

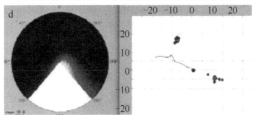

图 4-4-5　无人机通过听觉搜救目标（左上和左下的人是目标声源，彩图请扫封底二维码）
（a）操作员控制一架无人机飞行；（b）声音定位结果与点云图上的两个目标对应；（c）即使盖子关闭，
管道中的对象也能成功被检测到；（d）无人机坐标中的雷达视图（示意图）[54]

（2）视听场景重建

三维场景重建在计算机视觉领域作为运动恢复结构（structure from motion，SfM）被广泛研究。SfM 使用从不同视点拍摄的多张照片来重建场景，SfM 假设所有拍摄的照片都是静止的场景，因此存在无法处理某些物体在运动的动态场景的问题。另一个问题是因为它无法提取透明物体的特征，因为它仅依赖于相机拍摄的照片，这导致无法判断一个透明物体是空心的还是实心的。Nakadai 和 Okuno[54]通过视听集成来解决这些问题。这里以一个旋转风扇的重建为例，如图 4-4-6a 所示，它的三维场景用 SfM 正确重建。然而，一旦风扇开始旋转，如图 4-4-6b 所示，风扇旋转的部分将无法重建。为了解决这个问题，该团队假设运动通常会产生声音，提出了一种视听重建方法。他们使用一个具有麦克风阵列和摄像头的设备，同时捕获了音频信号和视觉图像。使用捕获的音频信号的声源定位估计相应图像中的声源区域，并对声源区域执行纹理映射。图 4-4-6c 是使用视听集成最终获得的重建结果。此外，通过借鉴 Wilson 和 Lin[55]重建目标运动的方法，为四维场景重建提供了有效的技术手段。

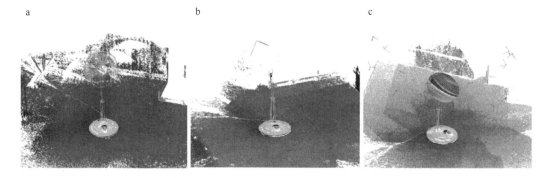

图 4-4-6　旋转风扇的 3D 视觉重建[54]（彩图请扫封底二维码）
（a）固定风扇的视觉重建；（b）旋转风扇的视觉重建；（c）旋转风扇的视觉重建

在重建运动的扩展方法中，每幅图像被分为静止部分和动态部分。这两部分分别进行重构，最终将两种三维重构场景融合为一个四维场景。图 4-4-7 显示了使用扩展视听重建方法的四维场景重建，麦克风阵列位于每个图像的中心，火车在圆形玩具轨道上运行。使用相机从不同角度拍摄照片以覆盖图 4-4-7 中上部面板所示的整个场景。使用麦克风阵列，提取每个图像中的声音区域。来自图 4-4-7 下部面板中麦克风阵列的线条显示声源定位结果以提取声音区域。考虑到提取的区域是针对动态对象的，也即对所有提取的区域进行 SfM 的三维重建训练，对于静止背景场景考虑残差图像，对所有这些图像使用 SfM 执行另一个三维重建。另外，通过考虑图 4-4-7 下部面板中所示动态对象的位置，将两个重建的场景集成为四维场景。扩展方法仍然受到目标声源始终存在于轨道上的限制，目前正在进一步扩展以解决现存的问题。

对于透明物体的重构，因为透明物体的视觉特征很难通过相机得到的图像进行提取，尤其是均匀透明的部分。例如，图 4-4-8a 中虚线矩形内有一块亚克力板，很难被相机捕捉到。在这种情况下，相机通过改变图 4-4-8b 所示的视点拍摄了 16 张图像，并使用

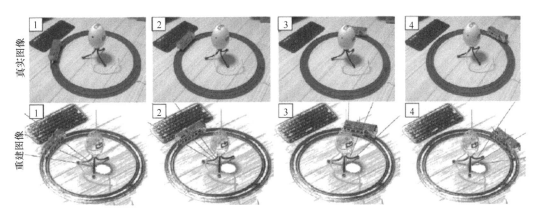

图 4-4-7 正在运行的火车的 3D 重建（彩图请扫封底二维码）

第一行图 1～4 由位于固定位置的相机拍摄；第二行图 1～4 是通过视听集成重建的图像[54]

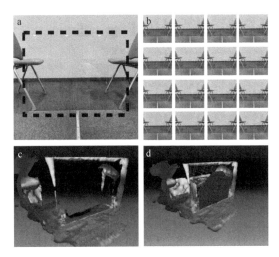

图 4-4-8 透明平面物体的 3D 重建[54]（彩图请扫封底二维码）

（a）具有透明平面的图像；（b）SfM 的 16 张图像；（c）仅使用 SfM 重建；（d）用音频信息重建

这 16 张图像进行了 SfM，结果只能重建透明物体的边缘，如图 4-4-8c 所示。为了解决这个问题，日本东京大学信息科学与技术研究院团队使用带有可听声音的距离估计。事实上超声波传感器通常用于距离估计，然而超声波常常会产生噪声。此外，还必须将超声波暴露的风险降至最低，因为高功率超声波对人类来说是感觉不到的，无论是否误发射都会对人类的听力产生不利影响。使用可听声音的距离估计在可能存在许多人的日常环境中使用时更有利。图 4-4-8d 显示了一个视听重建结果。通过结合可听声音的距离估计和基于峰值的检测，将检测到的透明平面与图 4-4-8c 集成得到了图 4-4-8d 所示图像。红色部分是重建的透明平面，覆盖率在 50%左右。这虽然是一个初步的结果，但它显示了视听整合的有效性。

5. 智能机器人听觉感知的研究进展

智能机器人是机器人技术和人工智能技术交叉融合的产物，与普通的机器人不同，智能机器人一般具备多种内部信息传感器和外部信息传感器，如视觉、听觉、嗅觉、味觉等，可以识别周围的环境状态。智能机器人一般能够理解人类语言，利用人类语言同人类进行交流，并能够根据交流反馈对外界做出正确的反应动作。随着工业化的推进和信息时代的出现，智能机器人在智能生产、智能交通系统、医疗健康以及智能机构互联网方面发挥着日益重要的作用。下面简要介绍智能机器人在听觉方面的研究进展。

1999 年，日本筑波电工实验室研发了一种称 jijo-2 的办公机器人，能够在现实环境中进行自动学习。jijo-2 机器人的功能之一是在日常办公环境中与人类对话。为了在嘈杂的办公环境中进行有效对话，该团队开发了一个声音定位模块和一个降噪模块，使用数字信号处理（digital signal processing，DSP）和麦克风阵列作为自动语音识别的预处理器。该系统利用传统的延迟和波束形成技术控制声音焦点，可以识别单个声源的方向，并强调来自该声源的声音。2000 年，Nakadai 等[56]研发了一款人形机器人 SIG。SIG 由 4 个直流电机驱动，在身体上有 4 个方向的自由度，装有一对索尼 EVI-G20 的 CCD 相机和索尼驻极体电容麦克风 ECM-77S 的全向麦克风。如图 4-4-9 所示，SIG 外形上有一对耳廓，内置的麦克风组成了听觉系统，通过主动听觉分析和计算机场景分析可以实现实时的声源定位。

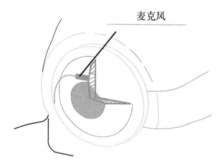

图 4-4-9 SIG 耳廓内的麦克风

之后 Kim 和 Okuno[57]推出第二代 SIG，提出了一种基于相位变换加权的广义互相关（generalized cross-correlation，GCC）的多源声音定位算法，如图 4-4-10 所示，以及一种基于语音活动检测和 k 均值聚类（k-means clustering）的双耳机器人听觉多源语音跟踪算法，SIG-2 可以实时跟踪多个说话人，跟踪误差低于 4.35°。

2014 年，Shimoyama 和 Fukuda[58]开发出婴儿型机器人 M3-neony（图 4-4-11），该机器人全身配有 22 个马达和 90 个触觉传感器，眼睛和耳朵处各安装着 2 个摄像头和麦克风以用于识别对方的面部与声音。人类只能通过双耳听觉来识别大致的房间大小。然而，在大多数环境中混响是不可忽略的。混响引起声压的短期间音相差（interaural phase difference，IPD）的时间波动。M3-neony 能够基于短期声压对房间容积进行估计。M3-neony 将头转向声源，识别声源，然后通过立体视觉估计声源距离。在准备好的数据库中，通过插值得到不同房间实验的房间容积、平均标准差和自我中心距离之间的关系，根据短期 IPD 在估计距离上的平均标准偏差，通过双耳听觉来估计房间容积。

2019 年，受人类在嘈杂环境中说话行为的启发，德国汉堡大学的乔治等提出了一种嵌入式认知方法，使用双耳声源定位（SSL）来改善机器人在具有挑战性的环境（如自我噪声）下的自动语音识别（ASR）系统。在进行语音识别之前，机器人会将自己定位在一个麦克风语音信噪比（SNR）最大化的角度，引入中脑听觉系统的脉冲神经网络来计算声音信号，然后使用前馈神经网络处理高水平的自我噪声和混响信号，最后将声音信号送入 ASR 系统。在 iCub 开源机器人测试平台（图 4-4-12）上，当人形头部和声源之间的角度允许声波从耳廓反射到耳麦而不是声波垂直到达耳膜时，ASR 的性能要好两倍多。

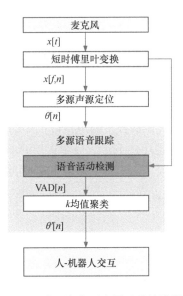

图 4-4-10　多源定位示意图及算法流程图

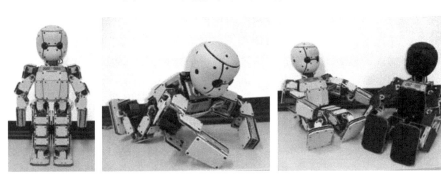

图 4-4-11　婴儿型机器人（M3-neony）的外形图

图 4-4-12　视听虚拟现实装置中的机器人测试平台（iCub）

4.4.3 仿生听觉技术在人体康复中的应用

听觉在日常生活中无处不在,我们通过听觉获取外界的声音信息,与外界进行沟通。没有听觉,将对人的正常生活造成很大影响。在仿生听觉技术的发展基础上,发展了助听器、人工耳蜗(cochlear implant,CI)等听觉辅助产品,一些先天性耳聋患者或者后天听力残疾人士能够借此恢复听力。人工耳蜗已经改变了耳科领域。50 年前还没有针对耳聋和严重听力损失的有效治疗方法。CI 的发展改变了这一点,如今大多数植入人工耳蜗的康复者可以使用手机轻松交谈。

在大多数情况下,耳聋和严重的听力损失是由耳蜗中的感觉毛细胞受损或破坏造成的。CI 的功能是通过直接用电刺激刺激听觉神经中的神经元来绕过那些损坏或缺失的结构。现代 CI 使用在手术时植入耳蜗鼓室的电极阵列中的不同电极选择性地激发神经元亚群。本节将从人工耳蜗的发展历史开始,介绍人工耳蜗的发展以及目前的主流技术,最后介绍人工耳蜗的研究现状及人工耳蜗性能面临的挑战。

1. 人工耳蜗的发展历史

(1) 电刺激听觉

发明电池的 Volta[59]首次描述了听觉系统的电刺激。19 世纪初,他将电池的每一极连接到一个金属探针,并将一个探针植入他的一个耳道,另一个探针植入另一个耳道,其中一个探头有一个开关来中断或允许电流流动。他将关闭开关后的经历描述为"头部震动",接着是类似于一种噼啪声、抽搐或冒泡的声音,好像某些面团或厚材料在沸腾。

1855 年,法国迪谢纳博士用交流电而非直流电刺激耳蜗,他经历了类似的嗡嗡声、嘶嘶声和振铃感觉。刺激还引发了多种其他非听觉感觉,如金属味。1930 年,Wever 和 Bray[60]在耳蜗中记录了与声音刺激波形密切相关的电势。1957 年,Djourno 和 Eyries[61]首次对人类听觉系统进行了直接电刺激。在先前的耳部手术后,该患者仅保留了两侧的听觉神经残端。Eyries 再次对患者进行了手术,以解决反复出现的问题,并在手术期间将电生理学家 Djourno 设计的电极放入一侧听神经的残端。此外,将带有返回电极的感应线圈放入颞肌中。术后测试显示成功检测到麦克风产生的电刺激。患者可以辨别不同的强度,但对不同频率的辨别力很差,对于高于 1000 Hz 的频率没有辨别能力。虽然可以识别一些小的封闭集合中的词,但可能是基于节奏线索,患者无法理解任何自然说话的语言,也无法区分说话者。而且,该设备在植入后仅几周就无法正常工作,使项目的进展停滞。

(2) 初步研发安全有效的人工耳蜗

1961 年,耳科医生豪斯博士与神经外科医生约翰·多伊尔博士合作,在洛杉矶植入了第一批患者。这些植入物由末端带有火焰球触点的单根导线以相同方式制成的 5 个电极阵列组成。植入过程采用手术方法,允许通过圆窗膜上的切口将电极植入鼓阶。这些植入物取得了一些初步的结果:患者有一些基本的频率辨别能力,可以识别小封闭集合中的单词。然而，电极的生物相容性不足导致出现并发症，限制了电极的长期测试。

1966 年，美国斯坦福大学的西蒙斯将单线电极植入聋盲志愿者耳轮的听神经中，这种方法不同于鼓室植入物的方法，西蒙斯带团队在这种植入方法下对这名患者进行了许多基础研究。结果表明，感知音调随刺激电极的变化或特定电极刺激频率的相对较大变化，最高可达约 300 Hz。当宽带语音信号被提供给其中一个电极时，或者当过滤成不同频带的语音信号分别被引导到不同的电极时，患者报告了类似语音的感知。从 20 世纪 70 年代初开始，加利福尼亚大学旧金山分校（UCSF）的耳科医生罗宾·米歇尔松和神经生理学家米哈伊洛·默策尼希团队也研究了单电极植入物的可行性及可能的功效。一些患者被植入，结果与豪斯之前报道的结果相似，例如，应用的设备和研究的患者无法识别语音。Merzenich 等[62]还进行了一系列动物实验，结果表明，在耳蜗中的单个电极上进行不同频率的刺激可以在仅高达约 600 Hz 的听觉通路中引起时间锁定的神经反应。后来，团队继续开发 CI 系统，该系统可以沿耳蜗长度提供多个刺激部位，从而用前面提到的位置代码表示 600 Hz 以上的频率。

（3）商用设备的发展

20 世纪 80 年代初期，澳大利亚格雷姆·克拉克等开始研究多电极装置，为早期人工耳蜗设备的研制奠定了基础。从语音感知到音乐欣赏，再到嘈杂环境中的辨别语音，CI 研究不断给研究人员、临床医生和患者带来惊喜。1990 年研制的人工耳蜗设备取得了重要进步，包括电极沿耳蜗长度的空间分离和非同时刺激，从而促进了对语音的理解。这种技术称为连续交错采样（continuous interleaved sampling，CIS），并被纳入主要的植入系统，成为随后开发的许多处理策略的基础，使植体性能显著提升。在工业领域，美国领先仿生有限公司、科利耳公司和奥地利听力植入公司（MED-EL）等在 20 世纪 90 年代出现并成长为主要的人工耳蜗行业。

2. 人工耳蜗结构与功能

正常人的听觉产生过程可概括如下：外界声音的机械振动经过外耳后到达鼓膜，鼓膜把相应的机械振动传至中耳的听小骨系统。靠近听小骨内侧的镫骨和内耳的卵圆窗相连，振动通过该连接传导至耳蜗，声波在充满淋巴液的耳蜗内以液体介质周期性压力变化的方式移动，液体的振动引起了基底膜上下行波式的运动，根据声音频率的高低，行波在基底膜的不同部位达到最大振幅，高频的最大振幅出现在蜗底，低频的最大振幅出现在蜗顶。换句话说，蜗底对高频声音进行编码，蜗顶对低频声音进行编码，不同的声音频率沿着基底膜在不同的位置引起神经兴奋，因此耳蜗可以被认为由一组空间分布的带通滤波器构成，而且滤波器的品质因数 Q，也就是中心频率与带宽之比近似恒定，最终附着在基底膜上的声音感受器会有相应的运动。在惯性的作用下，因为声音感受器内不同组织结构有不同的方向和速度，因此会产生一种力，使得纤毛弯曲，弯曲的结构携带了声音的时间和空间信息，信息按照顺序传至各级听觉中枢，经处理和分析后产生听觉。人工耳蜗可以绕过纤毛细胞这一环节，直接对听神经进行电刺激，从而恢复患者的听觉，图 4-4-13 为人工耳蜗的结构图。

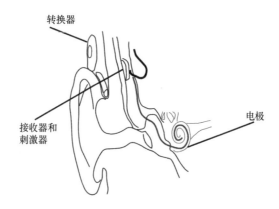

转换器

接收器和
刺激器

电极

图 4-4-13　人工耳蜗的结构图

　　人类感知声音是一个复杂的生理和心理过程，耳蜗作为听觉系统外周感受器，具有频率选择特性，即低频声引起耳蜗顶部基底膜的最大位移，高频声引起耳蜗底部基底膜的最大位移。这种沿耳蜗基底膜纵向存在的"频率－部位"映射关系，是为高级中枢进行语言加工，提供原始信号频率、强度、相位、时间等信息的生理基础，也是听觉生理学中"部位学说"的中心思想，亦是人工耳蜗系统实现模拟耳蜗功能的理论基础。人工耳蜗语言处理方案是将声波转换成电脉冲信号的编码规则。它是决定如何分析原始声音信号、提取原始信号中何种成分并如何刺激电极的操作程序，是整个人工耳蜗植入系统的核心部分。人工耳蜗系统在语言处理方案的控制下，力求最大程度地模拟耳蜗的初级频率分析功能、实现基底膜的"频率－部位"映射关系，从而使听力损失者重获听觉。因此，选取适合人工耳蜗使用者的语言处理方案，对提高其语言识别能力起着决定性的作用。

3. 听力康复研究现状

（1）听觉神经元的光刺激调控

　　近年来，已经探索了操纵可激活细胞的光学方法，该方法已成为研究神经系统的重要工具。这些技术要求目标组织被光敏化。这可以通过多种方式实现，如将光敏离子通道的基因引入并表达到细胞中，将诸如笼状神经递质之类的化学物质直接引入细胞，或通过利用细胞的内源敏感性。脉冲红外辐射（infrared radiation，IR）无须任何预处理即可激发组织。应用长波长 IR 的短脉冲会导致刺激细胞的瞬时温度变化。红外神经刺激具有巨大的基础科学研究潜力，可以作为人工耳蜗等治疗干预的新方法。IR 通过与二极管激光器耦合的光纤传输。刺激不需要光纤与目标组织直接接触，即可刺激光路中的可兴奋细胞。红外神经刺激最吸引人的特点是提高了刺激的空间选择性。与传统电流相比，光辐射不会在组织中显著扩散，并且可以使用光学透镜进一步聚焦。这种将红外线刺激限制在神经元的较小区域的能力可以带来空间分辨率更高的神经刺激。

　　虽然人工耳蜗仍然是神经假体中的成功案例，但人工耳蜗用户在嘈杂的聆听环境中的表现、声调语言的表现、音乐的欣赏等性能仍需要显著提升。对选择的一部分螺旋神经节群体进行红外线神经刺激非常有益，可以提高用户在嘈杂聆听环境中的辨别能力，并通过提供更多独立通道来编码声学信息进而来提供更好的音乐欣赏。红外线刺激沙鼠、豚鼠和猫的耳蜗神经元的功效已得到证实。关于慢性光学人工耳蜗在猫模型中的安全性和有效性的研究正在进行。图 4-4-14 为一种可长期植入的多通道光传输系统，用于长时间刺激动物。实验数据表明，较小的激发传播可以导致独立通道的分离以刺激耳蜗。实验还将为慢性刺激提供安全的重复率和能量水平。由光刺激引起的神经反应是否与有意义的声音感知相关还有待观察。使用单通道植入物获得的初步结果表明长期刺激不会造成任何损害。植入物只放置了很短的时间，并且这次被反复用于刺激耳蜗。应该强调的是，目前提出的光传输系统的设计并不是基于红外神经刺激的人类人工耳蜗的原型。相反，当前的设计用于确定激光刺激的基本参数，这些参数可以作为可植入人体原型的未来参数空间的基础。耳蜗神经结构的红外辐射可能会利用耳蜗的音调组织，并将刺激沿耳蜗的选定神经元群传递频率信息。

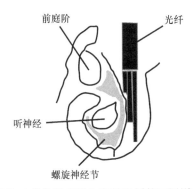

图 4-4-14　通过耳蜗造口术将带有侧向发射光纤的三通道光传输系统植入耳蜗

人工耳蜗虽然能为先天性聋人和那些有严重感音神经性听力损失的人提供很大的帮助，但随着时间的推移，听觉神经元的逐渐退化可能会损害 CI 的功能。此外，未来 CI 技术的进步，如空间限制刺激和螺旋神经节神经元的红外线刺激、神经内电极阵列的放置以及高级刺激策略的发展，可以从替换退化的螺旋神经节神经元中得到启发。Parker[63]研究了将这些干细胞注射到动物受损的耳蜗后干细胞替换受损毛细胞的能力。结果表明，移植到耳蜗中的干细胞可以存活。诸如神经干细胞之类的细胞可有效替代丢失的毛细胞或神经元。

另外，很多研究已经确定了耳蜗螺旋神经节神经元退行性变化背后的细胞和分子机制，可能使研究人员在毛细胞丢失后能够防止这些神经元的退化。其他方法包括将胚胎和成体神经干细胞分化为将轴突延伸至毛细胞的神经细胞类型。然而，需要更多的研究来确定引导干细胞发育和分化为存在于耳蜗中的特殊神经元的最佳方法，以及确定它们的轴突是否可以与毛细胞形成突触，从而形成中枢听觉中的信号传导路径。虽然大部分工作仅限于动物模型，但许多针对细胞发育和再生的干细胞疗法研究小组的持续努力可能有望为听力损失提供一种新的解决方案。

通过基因治疗技术在耳蜗内受损的位置培养未受损的内源性细胞，有望发育成毛细胞样细胞。该方法依赖于基本的螺旋-环-螺旋转录因子 Atoh1 基因的表达，促进支持细胞转分化和毛细胞恢复。Staecker 等[64]使用腺病毒载体在动物模型中传递 Atoh1 基因，并证明至少在低频区域耳蜗功能和毛细胞恢复有所改善。将干细胞或各种神经保护药物直接输送到内耳中仍然存在挑战。目前正在进行的研究包括通过水凝胶或纳米颗粒输送药物。其他方法包括使用渗透泵或往复灌注系统的直接药物输送，以及对当前植入电极阵列的修改。虽然这些药物输送技术目前处于早期阶段，但这些技术仍有望减轻各种听力和平衡障碍。

（2）双边人工耳蜗植入

在大多数情况下，人工耳蜗是单边植入的。许多用户在单边人工耳蜗植入后表现出高水平的语音理解。然而，单边植入会导致双耳听力丧失，这可能会导致语音理解和定位声音的能力下降。正常情况下，用两只耳朵聆听有利于在背景噪声或混响环境中更好地理解语音。Mackeith 和 Coles[65]提出总体增益归因于三个效果：①头部阴影效果，头部作为其中一只耳朵和噪声源之间的声屏障；②静噪效果，语音之间的空间分离带来的好处和噪声源；③双耳求和效果，为两只耳朵提供相同声学输入的优势。然而，双耳听力有更多优势。双耳听觉也是空间听觉和声音定位的基本要求。一般而言，人类听觉系统的大多数降噪和声学定向能力主要取决于受试者是否能够获得两只耳朵感知的声音信号之间的时间、电平和频谱差异。

在听力受损的听众中，Byrne[66]的研究表明，对于大多数用户而言，2 个助听器（hearing aid，HA）比仅使用 1 个 HA 能提供更好的性能。Ricketts[67]一项研究再次证明了双边 HA 在各种条件下的优势。Byrne 等[68]的研究证明在中度至重度受损的听众中双耳 HA 拟合可以恢复声音定位。

一般而言，双边人工耳蜗植入的益处现已得到充分证明，尽管有时益处因人而异。就语音接收而言，结果表明双边 CI 用户均受益于正常听力听众中已知的所有双耳效应。一项调查儿童双边人工耳蜗植入的研究表明，通过双边 CI，儿童的交流行为得到改善，尤其是在复杂的听力条件下。Kühn-Inacker 等[69]的研究表明，使用这两种植入物时，孩子们在噪声中表现出明显更好的语音接收能力。此外，观察到第二个植入物的整合和双耳信息的使用对于植入间隔时间较短的儿童来说更快、更容易。相比之下，在成人中，Nopp 等[70]没有发现声音定位与单边植入物使用的持续时间之间存在显著相关性，表明植入带来的时间滞后在该组中并不重要。

双边 CI 在语音感知和声音定位方面的主要好处已得到充分证明。双边用户受益于正常听力听众中已知的所有双耳效应，并且基本上恢复了在额平面上定位声音的能力。双边 CI 用户似乎对精细结构的耳间时间差很敏感，因此精细结构编码可能会导致双边 CI 的进一步改进。

（3）单耳电声刺激

近年来，开发了一种新型电声刺激（electric-acoustic stimulation，EAS）疗法，其目的是治疗滑雪坡型听力损失，即低中度至中度听力损失。在频率 1 kHz 下有严重的听力损失。通过增加 HA 的数量并不能获得有效的帮助。EAS 背后的想法是将 CI 和 HA 结合在同一只耳朵中。在 EAS 中，用户植入 CI，可刺激中高频范围。低频通过 HA 放大，或者在轻度低频听力损失的情况下，使用原始听力。

通过仔细的手术技术和详细的电极设计，可以在人工耳蜗植入后保留低频听力。Kiefer 等[71]开发了一种外科手术，旨在实现保护低频听力的无创伤人工耳蜗植入。此后，其他具有相同目的的手术方法也被引入。Skarzyński 等[72]建议通过圆窗膜植入 CI 电极而不是使用耳蜗造口术，Roland 等[73]建议在圆窗附近进行耳蜗造口术。所有这些手术技术旨在通过最大限度地减少对内耳结构的创伤和避免炎症及过度纤维化反应来保持剩余的听力能力。

听力保护的一个重要方面是 CI 电极植入的深度。虽然深入耳蜗功能性低频区域对脆弱的内耳结构造成更高的损害风险，但植入太浅会导致 CI 功能降低。因此，Gstoettner 等[74]推荐 360°植入，植入深度为 18～20 mm，用于保留听力的 CI 植入。

为了在 EAS 的 CI 手术中促进听力保留，MED-EL 开发了 FLEX eas 电极。FLEX eas 电极是一种中等长度的电极（20.9 mm 接触范围），具有高度灵活的尖端，适用于耳蜗造口术和圆窗植入。Adunka 等[75]的测量表明，与标准电极阵列相比，通过这种电极的设计，可以将植入所需的力显著降低 40%以上。人类颞骨的组织学研究表明，对耳蜗结构没有实质性的创伤。

预计随着听力保留手术技术经验的增加，电极设计的进步，对耳蜗创伤机制的认识不断增加，以及内耳药物治疗的进步，听力保留的百分比将进一步增加。与此同时，电刺激和声刺激之间的叠加或协同效应已在更大的人群中得到证实。Kiefer 等[76]提供了 13 名受试者的研究数据，证明了 EAS 的巨大协同效应，尤其是在有干扰背景噪声的条件下。在所有患者中，单独使用 CI 的表现已经明显好于术前使用助听器获得的结果。仅使用 CI 条件下的结果与使用类似设备的标准 CI 用户的结果相当。在安静句子测试中，EAS 条件下的平均分数比仅使用 CI 条件下的平均分数高 8%（$P<0.05$）。在噪声句子测试中，使用 10 dB 的信噪比，EAS 条件下的结果平均比仅使用 CI 条件下高出 23%（$P<0.01$）。

虽然在实验室中观察到了显著的好处，并且 EAS 用户对声音质量给出了积极的报告，但在更实际的层面上出现了另一个挑战，为了获得联合刺激，EAS 患者配备了 BTE CI 语音处理器和耳内 HA。提供此组合后，部分 EAS 用户选择不佩戴 HA。作为放弃 HA 的一个原因，他们报告说处理 2 个设备太麻烦。此外，这些设备需要不同数量、不同类型、不同电池寿命的助听器电池。在一些具有相对较高纯音阈值的 EAS 对象中，耳内 HA 在低频范围内没有提供足够的放大倍数。

2005 年 11 月，MED-EL 经过 4 年的研发，推出了第一款 EAS 组合设备——DUET EAS 听力系统（图 4-4-15）。它结合了 MED-EL TEMPO+语音处理器的技术和 2 通道数字助听器电路。DUET 具有通用麦克风和独立压缩电路，可满足电刺激和声刺激的不同压缩要求。分频频率可调，适用于不同程度的低频听力损失人群。

Garnham 等[77]对 10 名 EAS 受试者进行了研究，其中 7 名因上述原因拒绝了 HA 并仅佩戴 CI。其余 3 名受试者使用 EAS。在安装 DUET 前后以及使用 DUET 2 个月后测量受试者的表现，受试者的平均分数显示，在 10 dB、5 dB 和 0 dB 信噪比下，安静的单音节单词测试分数和噪声的句子测试分数显著增加。同时佩戴 CI 和 HA 的受试者亚组显示出与 DUET 和 CI 加 HA 相同的语音识别。这些用户报告表明，DUET 允许更轻松的

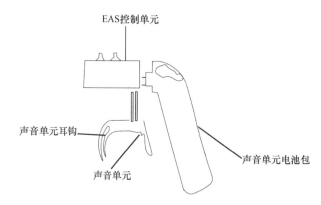

图 4-4-15　DUET EAS 听力系统结构图

操作、更好的电话使用、更自然的音质和更高的佩戴舒适度。最重要的是，DUET 被那些以前没有使用过 HA 的用户所接受。

参 考 文 献

[1] 张洪润. 传感技术与应用教程. 北京: 清华大学出版社, 2005: 227-228.

[2] Jones W, Giles L. A moving coil microphone for high quality sound reproduction. Journal of the Society of Motion Picture Engineers, 1931, 17(6): 977-993.

[3] Lee J H, Kim J W, Levy M, et al. Magnetic nanoparticles for ultrafast mechanical control of inner ear hair cells. ACS Nano, 2014, 8(7): 6590-6598.

[4] Guo H Y, Pu X J, Chen J, et al. A highly sensitive, self-powered triboelectric auditory sensor for social robotics and hearing aids. Science Robotics, 2018, 3(20): eaat2516.

[5] Ahmadi H, Moradi H, Pastras C J, et al. Development of ultrasensitive biomimetic auditory hair cells based on piezoresistive hydrogel nanocomposites. ACS Applied Materials & Interfaces, 2021, 13(37): 44904-44915.

[6] Ji Y, Chung Y C, Sprinzak D, et al. An electronic Mach-Zehnder interferometer. Nature, 2003, 422(6930): 415-418.

[7] Mannoor M S, Jiang Z, James T, et al. 3D printed bionic ears. Nano Letters, 2013, 13(6): 2634-2639.

[8] Hahnewald S, Roccio M, Tscherter A, et al. Spiral ganglion neuron explant vulture and electrophysiology on multi electrode arrays. Jove-Journal of Visualized Experiments, 2016, (116): e54538.

[9] Miura M, Sando I, Hirsch B E, et al. Analysis of spiral ganglion cell populations in children with normal and pathological ears. Annals of Otology Rhinology and Laryngology, 2002, 111(12): 1059-1065.

[10] Leake P A, Rebscher S J. Anatomical Considerations and Long-Term Effects of Electrical Stimulation. Cochlear Implants: Auditory Prostheses and Electric Hearing. New York: Springer, 2004: 101-148.

[11] Dorman M E, Wilson B S. The design and function of cochlear implants. American Scientist, 2004, 92(5): 436-445.

[12] Garnham C, O'driscoll M, Ramsden R, et al. Speech understanding in noise with a Med-EL COMBI 40+ cochlear implant using reduced channel sets. Ear and Hearing, 2002, 23(6): 540-552.

[13] Cohen L T, Saunders E, Knight M R, et al. Psychophysical measures in patients fitted with Contour™ and straight Nucleus electrode arrays. Hearing Research, 2006, 212(1-2): 160-715.

[14] Fant G. Acoustic Theory of Speech Production. Berlin: Walter de Gruyter, 1970.

[15] Flanagan J L, Golden R M. Phase vocoder. Bell System Technical Journal, 1966, 45(9): 1493-1509.

[16] Moore B C J. The role of temporal fine structure processing in pitch perception, masking, and speech perception for normal-hearing and hearing-impaired people. Journal of the Association for Research in Otolaryngology, 2008, 9(4): 399-406.

[17] Blamey P J, Dowell R C, Clark G M, et al. Acoustic parameters measured by a formant-estimating speech processor for a multiple-channel cochlear implant. Journal of the Acoustical Society of America, 1987, 82(1): 38-47.

[18] Litvak L, Saoji A, Spahr A, et al. Use of simultaneous stimulation to represent fine structure in cochlear implant processors. The Journal of the Acoustical Society of America, 2008, 123(5): 3055.

[19] Stakhovskaya O, Sridhar D, Bonham B H, et al. Frequency map for the human cochlear spiral ganglion: Implications for cochlear implants. Journal of the Association for Research in Otolaryngology, 2007, 8(2): 220-233.

[20] Boex C, Baud L, Cosendai G, et al. Acoustic to electric pitch comparisons in cochlear implant subjects with residual hearing. Journal of the Association for Research in Otolaryngology, 2006, 7(2): 110-124.

[21] Kha H N, Chen B K, Clark G M, et al. Stiffness properties for nucleus standard straight and contour electrode arrays. Medical Engineering & Physics, 2004, 26(8): 677-685.

[22] Roland J T. A model for cochlear implant electrode insertion and force evaluation: Results with a new electrode design and insertion technique. Laryngoscope, 2005, 115(8): 1325-1339.

[23] Zierhofer C M. Multichannel cochlear implant with neural response telemetry: US6600955B1US, 2003.

[24] Zierhofer C M, Hochmair E S. Geometric approach for coupling enhancement of magnetically coupled coils. IEEE Transactions on Biomedical Engineering, 1996, 43(7): 708-714.

[25] Holmberg M, Hemmert W. An auditory model for coding speech into nerve-action potentials. Proceedings of the Proc Joint Congress CFA/DAGA'04, 2004: 773-774.

[26] Lopez-Poveda E A, Eustaquio-Martin A. A biophysical model of the inner hair cell: The contribution of potassium currents to peripheral auditory compression. Journal of the Association for Research in Otolaryngology, 2006, 7(3): 218-235.

[27] Palmer A R, Russell I J. Phase-locking in the cochlear nerve of the guinea-pig and its relation to the receptor potential of inner hair-cells. Hearing Research, 1986, 24(1): 1-15.

[28] Goutman J D, Glowatzki E. Time course and calcium dependence of transmitter release at a single ribbon synapse. Proceedings of the National Academy of Sciences of the United States of America, 2007, 104(41): 16341-16346.

[29] Raman I M, Zhang S, Trussell L O. Pathway-specific variants of AMPA receptors and their contribution to neuronal signaling. Journal of Neuroscience, 1994, 14(8): 4998-5010.

[30] Zilany M S A, Bruce I C, Nelson P C, et al. A phenomenological model of the synapse between the inner hair cell and auditory nerve: Long-term adaptation with power-law dynamics. Journal of the Acoustical Society of America, 2009, 126(5): 2390-2412.

[31] Baby D, Van Den Broucke A, Verhulst S. A convolutional neural-network model of human cochlear mechanics and filter tuning for real-time applications. Nature Machine Intelligence, 2021, 3(2): 134-143.

[32] Flynn A M, Brooks R A, Wells III W M, et al. Squirt: The prototypical mobile robot for autonomous graduate students. Massachusetts Inst of Tech Cambridge Artificial Intelligence Lab, 1989.

[33] Nagashima K, Yoshiike T, Konno A, et al. Attention-based interaction between human and the robot chiye. Proceedings of the Proceedings 6th IEEE International Workshop on Robot and Human Communication RO-MAN'97 SENDAI, 1997: 100-105.

[34] Huang J, Supaongprapa T, Terakura I, et al. A model-based sound localization system and its application to robot navigation. Robotics and Autonomous Systems, 1999, 27(4): 199-209.

[35] Hashimoto S, Narita S, Kasahara H, et al. Humanoid robot-development of an information assistant robot Hadaly. Proceedings of the Proceedings 6th IEEE International Workshop on Robot and Human Communication RO-MAN'97 SENDAI, 1997: 106-111.

[36] Nakadai K, Lourens T, Okuno H G, et al. Active audition for humanoid. Seventeenth National Conference on Artificial Intelligence (AAAI-2001)/Twelfth Innovative Applications of Artificial Intelligence Conference (IAAI-2000), 2000: 832-839.

[37] Wada K, Shibata T, Saito T, et al. Psychological and social effects of one year robot assisted activity on elderly people at a health service facility for the aged. 2005 IEEE International Conference on Robotics

and Automation (ICRA), Vols. 1-4, 2005: 2785-2790.

[38] Amrouche A, Rouvaen J M. Efficient system for speech recognition using general regression neural network. International Journal of Computer Systems Science and Engineering, 2006, 1(2): 183-189.

[39] Rascon C, Meza I. Localization of sound sources in robotics: A review. Robotics and Autonomous Systems, 2017, 96: 184-210.

[40] Caza-Szoka M, Massicotte D, Nougarou F. Naive Bayesian learning for small training samples: Application on chronic Low Back Pain diagnostic with sEMG sensors. Proceedings of the 2015 IEEE International Instrumentation and Measurement Technology Conference (I2MTC) Proceedings, 2015: 470-475.

[41] Riccardi G, Hakkani-TüR D. Active and unsupervised learning for automatic speech recognition. Proceedings of the Interspeech, 2003.

[42] Moritz N, Hori T, Le roux J. Semi-supervised speech recognition via graph-based temporal classification. Proceedings of the ICASSP 2021-2021 IEEE International Conference on Acoustics, Speech and Signal Processing (ICASSP), 2021: 6548-6552.

[43] Shen Y L, Huang C Y, Wang S S, et al. Reinforcement learning based speech enhancement for robust speech recognition. 2019 IEEE International Conference on Acoustics, Speech and Signal Processing (ICASSP), 2019: 6750-6754.

[44] Dong L H, Xu S, Xu B. Speech-transformer: a no-recurrence sequence-to-sequence model for speech recognition. 2018 IEEE International Conference on Acoustics, Speech and Signal Processing (ICASSP), 2018: 5884-5888.

[45] Vaswani A, Shazeer N, Parmar N, et al. Attention is all you need. Advances in Neural Information Processing Systems 30, 2017.

[46] Assael Y M, Shillingford B, Whiteson S, et al. LipNet: Sentence-level lipreading. arXiv preprint arXiv, 2016, 2(4): 161101599.

[47] Srisuwan N, Wand M, Janke M, et al. Enhancement of EMG-based thai number words classification using frame-based time domain features with stacking filter.Signal and Information Processing Association Annual Summit and Conference (APSIPA), 2014: 1-6.

[48] Fiedler L, Wostmann M, Graversen C, et al. Single-channel in-ear-EEG detects the focus of auditory attention to concurrent tone streams and mixed speech. Journal of Neural Engineering, 2017, 14(3): 036020.

[49] Kapur A, Kapur S, Maes P. AlterEgo: A personalized wearable silent speech interface. Proceedings of the 23rd International Conference on Intelligent User Interfaces, 2018: 43-53.

[50] Kimura N, Kono M, Rekimoto J. SottoVoce: An ultrasound imaging-based silent speech interaction using deep neural networks. Proceedings of the 2019 Chi Conference on Human Factors in Computing Systems, 2019: 1-11.

[51] Wouters J, Mcdermott H J, Francart T. Sound coding in cochlear implants: From electric pulses to hearing. IEEE Signal Processing Magazine, 2015, 32(2): 67-80.

[52] Nogueira W, Litvak L, Edler B, et al. Signal processing strategies for cochlear implants using current steering. EURASIP Journal on Advances in Signal Processing, 2009: 1-20.

[53] Saruwatari H, Kawamura T, Nishikawa T, et al. Blind source separation based on a fast-convergence algorithm combining ICA and beamforming. IEEE Transactions on Audio, Speech, and Language Processing, 2006, 14(2): 666-678.

[54] Nakadai K, Okuno H G. Robot audition and computational auditory scene analysis. Advanced Intelligent Systems, 2020, 2(9): 2000050.

[55] Wilson J, Lin M C. 3D-MOV: Audio-Visual LSTM autoencoder for 3D reconstruction of multiple objects from video. arXiv e-prints, 2021: 2110.02404.

[56] Nakadai K, Hidai K, Okuno H G, et al. Real-time multiple speaker tracking by multi-modal integration for mobile robots. Proceedings of European Conference on Speech Communication and Technology, Eurospeech, 2001: 1193-1196.

[57] Kim U H, Okuno H G. Robust localization and tracking of multiple speakers in real environments for binaural robot audition. Proceedings of the 2013 14th International Workshop on Image Analysis for

Multimedia Interactive Services (WIAMIS), 2013: 1-4.

[58] Shimoyama R, Fukuda R. Room volume estimation based on statistical properties of binaural signals using humanoid robot. Proceedings of the 2014 23rd International Conference on Robotics in Alpe-Adria-Danube Region (RAAD), Smolenice, Slovakia, 2014: 1-6.

[59] Volta A. Historical Records Documenting the First Galvanic Battery, "The Volta Column". Circa 1800. Asimov's Biographical Encyclopedia of Science and Technology. New York: Doubleday & Company, 1982.

[60] Wever E G, Bray C W. The nature of acoustic response: The relation between sound frequency and frequency of impulses in the auditory nerve. Journal of Experimental Psychology, 1930, 13(5): 373.

[61] Djourno A, Eyries C. Auditory prosthesis by means of a distant electrical stimulation of the sensory nerve with the use of an indwelt coiling. La Presse Médicale, 1957, 65(63): 1417.

[62] Merzenich M, Kessler D, Rebscher S, et al. Progress in development and application of the University of California at San Francisco/Storz multichannel cochlear implant. Annals of Otology, Rhinology & Laryngology, 1987, 96: 122-125.

[63] Parker M A. Biotechnology in the treatment of sensorineural hearing loss: foundations and future of hair cell regeneration. J Speech Lang Hear Res, 2011, 54(6): 1709-1731.

[64] Staecker H, Praetorius M, Brough D E. Development of gene therapy for inner ear disease: Using bilateral vestibular hypofunction as a vehicle for translational research. Hearing Research, 2011, 276(1-2): 44-51.

[65] Mackeith N, Coles R. Binaural advantages in hearing of speech. The Journal of Laryngology & Otology, 1971, 85(3): 213-232.

[66] Byrne D. Clinical issues and options in binaural hearing aid fitting. Ear and Hearing, 1981, 2(5): 187-193.

[67] Ricketts T, Lindley G, Henry P. Impact of compression and hearing aid style on directional hearing aid benefit and performance. Ear and Hearing, 2001, 22(4): 348-361.

[68] Byrne D, Noble W, Lepage B. Effects of long-term bilateral and unilateral fitting of different hearing aid types on the ability to locate sounds. Journal of the American Academy of Audiology, 1992, 3(6): 369-382.

[69] Kühn-Inacker H, Shehata-Dieler W, Müller J, et al. Bilateral cochlear implants: a way to optimize auditory perception abilities in deaf children? International Journal of Pediatric Otorhinolaryngology, 2004, 68(10): 1257-1266.

[70] Nopp P, Schleich P, D'Haese P. Sound localization in bilateral users of MED-EL COMBI 40/40+ cochlear implants. Ear and Hearing, 2004, 25(3): 205-214.

[71] Kiefer J, Gstoettner W, Baumgartner W, et al. Conservation of low-frequency hearing in cochlear implantation. Acta Oto-Laryngologica, 2004, 124(3): 272-280.

[72] Skarzyński H, Lorens A, Piotrowska A. A new method of partial deafness treatment. Medical Science Monitor, 2003, 9(4): 20-24.

[73] Roland P S, Gstöttner W, Adunka O. Method for hearing preservation in cochlear implant surgery. Operative Techniques in Otolaryngology-Head and Neck Surgery, 2005, 16(2): 93-100.

[74] Gstoettner W, Kiefer J, Baumgartner W D, et al. Hearing preservation in cochlear implantation for electric acoustic stimulation. Acta Oto-Laryngologica, 2004, 124(4): 348-352.

[75] Adunka O, Kiefer J, Unkelbach M H, et al. Development and evaluation of an improved cochlear implant electrode design for electric acoustic stimulation. The Laryngoscope, 2004, 114(7): 1237-1241.

[76] Kiefer J, Pok M, Adunka O, et al. Combined electric and acoustic stimulation of the auditory system: results of a clinical study. Audiology and Neuro-Otology, 2005, 10(3): 134-144.

[77] Garnham C, Reetz G, Jolly C, et al. Drug delivery to the cochlea after implantation: consideration of the risk factors. Cochlear Implants International, 2005, 6(sup1): 12-14.

第5章　仿生触觉传感与智能感知技术

5.1　概　　述

触觉是生物与外界环境接触时的重要感觉功能，是接触、冲击、压迫等机械刺激感觉的综合。触觉主要是通过与皮肤接触产生的，皮肤是很大的感觉器官，具有多种感觉，包括温（冷、热）觉、接触觉、压觉、触摸觉及痛觉等，通常我们将这些由皮肤接触产生的多种感觉统称为触觉。触觉是人们进行社会交往的重要方式之一，人们通过握手、拥抱及亲吻等接触方式表达友好、爱意等情绪。它在人的成长过程中，尤其对其他感知尚未发育成熟的婴幼儿的身心发展具有特殊的重要性。

2021年，诺贝尔生理学或医学奖授予美国的生理学家戴维·朱利叶斯（David Julius）和分子生物学家阿尔代姆·帕塔普蒂安（Ardem Patapoutian）。戴维团队分别利用辣椒素（capsaicin）和化合物薄荷醇（menthol）发现了触觉温觉中有关热觉的 TRPV1 热敏感受体和有关冷觉的 TRPM8 冷敏感受体，由此解答了温度刺激是如何在神经系统中被转化为电脉冲信号的这一困扰神经科学领域良久的基本问题。阿尔代姆团队通过筛选能编码受机械力激活的离子通道受体的基因，发现了一种新的机械力敏感的离子通道，沉默编码该受体的基因之后细胞不再对机械力敏感，阿尔代姆团队将其命名为 Piezo1，由此解释了触觉中压觉的产生机理。

通过对生物触觉机理的探究与模拟，仿生触觉技术正在快速发展，目前在机器人、生物医学领域和人体康复工程等方面得到了广泛的应用。由于传统的仿生触觉传感器的材料为刚性，其应用于不规则的物体上时贴合性不佳，极大地限制了仿生触觉传感器在可穿戴式设备上的应用。因此，研制基于柔性基底材料的仿生触觉传感器成为该领域研究的重点方向。近十年来，众多基于柔性基底的仿生触觉传感器及电子皮肤被研制出来，使得仿生触觉传感器在可穿戴电子设备、健康监护、运动检测和柔性机器人等应用领域向前迈进了一大步，具有非常广阔的应用前景。

5.2　仿生触觉传感技术的研究

人体皮肤具有可拉伸、可自我修复的特点，可以迅速感受细微的环境改变，这就使得研发机构对设计和生产类似皮肤的感应器和仿生皮肤，进而模拟人体皮肤触觉投入了大量的研究。这类仿生触觉传感器可以将外部压力和应变差等转换成可测量的电信号[1]。目前在仿生触觉的研究中，虽然也有部分研究围绕人体表面的汗毛[2]、海豹的胡须[3]、蜘蛛的足底等仿生方向，但大多数研究人员专注于研究电子皮肤的柔性化方法，从而模拟人类皮肤的功能并应用于仿生机器人领域。

由于机器人需要与非常复杂、动态、不可控且难以准确感知的周围环境进行交互，触觉传感器成为解决这些复杂交互问题的有效手段。当前的研究主要集中在利用材料、微机电系统（MEMS）和半导体等技术研制新型触觉传感器。根据不同的传感原理，触觉传感器可分为电容传感器、压电传感器、电感传感器、光电传感器和压阻传感器等。而在传感器的制备过程中，敏感材料的选择同样也决定了传感器的原理构造和应用场景，从而影响传感器的功能以及使用。本节将对触觉传感器常用的几种敏感材料进行介绍，同时根据传感器的不同功能进行分类并介绍其传感机制，最后介绍常见的柔性化制作方法及工艺。

5.2.1　触觉传感器的敏感材料

触觉传感器主要依赖的是能直接或者间接对压力、剪切力等机械力变化响应的敏感材料，敏感材料的基本特性很大程度上决定了触觉传感机制和应用场景。它同时也能够决定敏感元件的特性，而敏感元件是传感器的核心器件，它能够将待测量参量转换成相应的电信号。在之前的大多数研究中，刚性系统更简单，并且只需要更少的变量来控制或设计，大多数触觉传感器在构造上采用刚性的固体材料。然而，由于人工智能与智能机器人技术的发展，现在对可以嵌入机器人手指的柔性皮肤材料并用于多点检测的大面积柔性传感器提出了巨大的需求。从生物触觉研究的结果以及皮肤和组织的物理性质来看，柔性材料更能符合这些需求。因此研究人员正在探索不同的材料，如橡胶、流体和粉末等，并应用于构建各类柔性触觉传感器。一些商业触觉传感器已经使用了一些柔性材料[4]，如采用压敏墨水研制新型的触觉传感器。这些软体材料具有非常好的柔软性。目前已经找到了一系列具有不同柔软度的材料，用于冲击和应变能量消散对表面的适应性与滞后效应，并且发现软表面比硬材料具有更好的接触表面特性。根据上述不同材料的类型，用于制造触觉传感器的敏感材料主要有压阻敏感材料、压电敏感材料、导电橡胶、导电纤维、光电敏感材料（光敏材料）等。

1. 压阻敏感材料

压阻式压力传感器的敏感材料通常分为两类，一类是基于压阻效应的压力传感器，另一类是基于应变效应的压力传感器。前者输出信号主要取决于材料的电阻率变化，后者则依赖于材料几何尺寸的变化。

压阻效应采用的压阻材料是应用最广泛的材料之一，具有结构简单、制备成本低、高柔韧性和表面适应性、低功耗以及使用简单等优点。一般来说，压阻材料包括硅或其他半导体材料，如锗等。当应力施加于压阻材料上时，应力就影响了材料内部能带隙的宽度，也因此改变了电荷载流子（电子和空穴）的迁移率。随着电荷载流子的迁移，电阻率出现了明显改变，因此电阻率的改变也和应力变化之间存在很好的关联性。

金属是一种典型的电阻材料，通常金属主要用于应变计的制造。基于金属的电阻应变效应，应变计的电阻阻值随它受到的机械形变发生变化。然而，基于金属的应变传感器，也被称为金属箔压力表，主要依赖于通常以蛇形结构导电细线的尺寸变化引起的电阻变化，因此，压力表系数通常限于个位数。对于部分金属，如镍和铂合金，相对于由几何变化引起的电阻变化，可以呈现出更高的电阻率变化。因此，许多触觉传感器利用具有压阻效应和应变效应的金属压阻器作为敏感元件，将电阻率变化和尺寸变化结合起来使用。

半导体是最有代表性的压阻敏感材料，半导体晶体材料在受力产生变形时，其材料的电阻率能够发生变化。半导体应变计利用半导体（如单晶硅）的压阻效应制备而成，具有优良的机械和物理性质，如内耗低、功耗小、机械稳定性高、材质轻、强度高等。缺点是电阻的温度系数大、非线性大和分散性大等。同时由于半导体单晶硅存在各向异性，其性能与晶向有着很大的关系，应变灵敏度以及弹性模量等参数会随着晶向的不同而发生明显变化，因此在制备时需要选用合理的晶向。

2. 压电敏感材料

压电材料是另一种被广泛研究的触觉敏感材料，基本原理如图 5-2-1 所示，是利用金属晶体的压力电效应，在对晶体施加压力时，在特定区域内施加的电压和晶体所产生的电压大小成正比。同时这种物质还能够产生逆压电效应，即当有电流施加到压电材料上时，就能够使它转化为振动信号。压电材料是机械变形或应变时产生电荷的材料。电荷通过两种方式产生：一种是材料的特定晶体结构变形导致阳离子和阴离子非对称地移动，从而导致极化；另一种是通过对准形成晶体分子的永久偶极矩。由晶体结构产生的压电效应通常发生在无机材料中，而对于具有固有永久偶极矩的大分子，如聚偏氟乙烯（PVDF）和尼龙，也可以观察到分子效应。

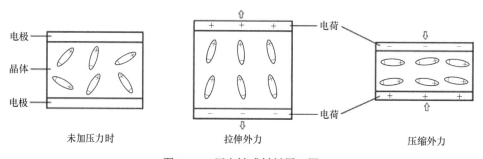

图 5-2-1　压电敏感材料原理图

目前已有多种材料如压电陶瓷（PZT）、氧化锌（ZnO）和聚偏氟乙烯（PVDF）被用于制造触觉传感器。由于材料不是完全取向的，它们通常在垂直于膜平面的方向上被"极化"，以实现最大极化。通过这种方式，压电常数的值可以增加到实际上可行的最大值。通常通过施加强电场（有时与拉伸等机械工艺组合）对敏感材料进行极化，通过电场的方向设置极化的方向。由于敏感材料要求具有高灵敏度、易于制造和机械性能良好等特性，触觉传感技术的首选压电材料是压电陶瓷和聚偏氟乙烯。

压电陶瓷具有比单晶材料如石英和氧化锌更高的压电常数，并且可以根据使用目的的不同，制作出具有不同性能的压电材料。设计及生产上往往采用添加其他物质的方法来改变材料的电学及机械性能。例如，对于以重金属铅为材料的压电陶瓷，可以采用与铅离子半径相近、化学价也相同的元素，加入固溶体中取代一部分铅离子，占据晶体中铅离子的原位置，形成取代式固溶体。或者在压电陶瓷中加入与原晶离子化学价不同的元素离子，从而调节性能，达到改性的目的[5]。此外，在加工过程中施加中等强度的交变电场可以诱导材料的各向异性。在适当的条件下，随机分散在液态聚合物或预聚合物中的陶瓷填充材料颗粒可以极化，然后它们对电场中的局部梯度表现出集体响应。通常情况下，这些粒子会受到相互吸引的力量，从而形成跨越电极间隙的"珍珠链"或柱状结构。如果流体是固化的，如通过固化聚合物树脂，则可以将新形成的结构固定在适当的位置，从而生产出具有特定电学和机械性能的复合材料[6]。压电陶瓷还在朝着纳米化、无铅化等方向发展，从而使得压电陶瓷能够更广泛地应用于各领域，也更适合应用于触觉传感器的制作当中。

聚偏氟乙烯具有较高的压电常数，使其成为制造触觉器件的理想材料。此外，聚偏氟乙烯具有一些优异的特征，如机械柔性、可加工性和化学稳定性。聚偏氟乙烯在进行聚合物改性时的成本较低，同时具有较大的灵活性，这也是其作为广泛应用于压电敏感材料的原因。目前聚偏氟乙烯或其共聚物已经大量用于触觉检测研究中。

3. 导电橡胶

导电橡胶是一类由绝缘基体和导电填料组成的功能材料[7]，这种导电性聚合物与聚合物基体结合，形成共混、复合或互穿的聚合物网络的方法，已被广泛用于将聚合物的电子导电性与理想的机械强度相结合[8]。导电橡胶具有优异的弹性、耐热性、机械性能以及非常好的环境稳定性，同时其压力传感性能可随组成和材料的变化进行调节，因而受到广泛关注[9]。其原理是，外部施加的压力使得导电橡胶内部的粒子发生运动，从而导致载流子传导路径的重排，改变了导电橡胶的电阻率。

导电橡胶的内部填料通常为导电粒子，所以复合材料内部的载流子传导机制一般包括宏观渗滤或微观量子隧道。渗滤现象是指将导电填充物掺入橡胶等绝缘介质内时，部分导电填料开始发生接触，逐渐形成一条完整的导电网络，复合材料的导电率会逐渐下降，在某一个极小的区域内下降几个数量级，并在之后逐渐变缓，导电填料的临界用量被称为渗滤值，这种现象被称为渗滤现象。导电填料的增多改变了橡胶的导电性质，这是由于相邻导电粒子间的最短平均距离发生了改变[10]。隧道效应则是当导电填料用量较小时，橡胶基体内部导电粒子间距较大，复合材料微观结构中尚未形成导电通路网络，此时仍可能存在导电现象。这种导电现象是由热振动电子在导电粒子之间的迁移所致，导电电流是导电粒子间隙宽度的指数函数。隧道效应发生在距离相近的导电粒子之间，间隙过大的导电粒子之间没有电流传导。

生物力学研究表明，导电橡胶不仅成本低廉，还在目前的体外研究中具有较高的准确性和可靠性。此外，作为一种仿生柔性传感器材料，这类传感器材料可以用来检测弯曲的曲面压力，这也是导电橡胶的一大优势。基于这一特性，即使在膝关节内复杂的几何表面上，也能获得较好的压力分布精度。

4. 导电纤维

近年来，随着柔性和可穿戴设备的发展，由新一代纤维加工而成的织物和智能纺织品引起了研究人员的广泛关注[11]。尤其是基于纺织品的压力传感器，由于导电纤维可集成到衣服等纤维材料，已经被广泛应用于各种应用，如健康诊断、健康监测、人体运动检测以及对患者实时照顾等。图 5-2-2 所示为一种基于导电纤维制备的压力传感器制备流程。

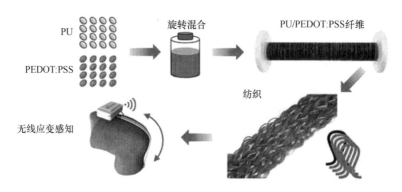

图 5-2-2　一种基于导电纤维制备的压力传感器制备流程[12]

PU. 聚氨酯；PEDOT:PSS. 一种高分子聚合物的水溶液；PEDOT. EDOT（3,4-乙撑二氧噻吩单体）的聚合物；
PSS. 聚苯乙烯磺酸盐

导电纤维一般是指电阻率小于 $10^7\ \Omega\cdot cm$ 的纤维。导电纤维中填充的导电成分包含金属、金属化合物、碳黑等导电体。其导电性能主要是基于自由电子的移动，而不是依靠吸湿和离子的转移，所以导电纤维不依赖于环境的相对湿度，它在 30%或更低的相对湿度下仍具有优良的导电或抗静电性能。

导电纤维的制作方法一般有以下几种[13]：①掺和法，在纤维等聚合体中掺入碳黑、金属粉末等导电材料。利用一些金属化合物良好的导电性也能制备导电纤维，如铜、银、镍、镉的硫化物和碘化物。一价铜离子易与腈基络合形成配位的络合离子，且极为稳定。用此原理开发的聚丙烯腈-硫化亚铜复合的有机导电纤维导电性好，且能保持原腈纶的优良特性，能很好地和其他合成纤维混合制成各种抗静电织物。②涂层法，即将导电性微粒或导电性树脂涂覆于纤维表面，在纤维表面涂覆导电材料层的方法有湿法金属镀、金属真空镀、金属粒子涂布、金属或金属盐的吸附或沉积、金属喷涂、离子电镀等。③络合法，即使聚合物或纤维与金属或金属化合物络合的方法。④合成法，通过合成使聚合物结构中产生比较容易移动的电子，从而具有导电性。最常用的导电纤维制备方法是涂层法和合成法。

使用基于织物的传感器来监测人体运动、呼吸姿势的智能纺织品已经有大量的研究。最基本方法是使用导电纤维作为传输线连接传感器和其他附加到纺织品的技术组件如刺绣，纺织品传输线由集成到柔性纺织品基底中的导电纱线组成，导电纱线是纯金属纱线或由可提高机械性能的金属和非导电纺织材料组成的复合材料。

涂覆有敏感材料（如压阻材料）的导电纤维也用作传感器。根据不同的应用，几种导电纤维可以嵌入纺织品中，利用传感器测量应变的分布情况。导电和半导电纱线还可以用于构建具有良好电特性的晶体管来进一步制备基于智能纺织品的传感器系统。新材料、纺织技术和小型化电子技术的快速进步使得可穿戴式系统取得了显著的发展。

5. 光敏材料

光敏材料是指特征参数随外界光辐射的变化而明显改变的敏感材料，可分为光敏高分子和光敏半导体两类。光敏材料最重要的特性就是光电效应。光电效应是指光照变化引起光敏材料电导变化的现象。当光照射到材料时，材料吸收光子的能量，使载流子发生跃迁，激发出电子-空穴对，使得载流子浓度增大，因而导致材料电导率增大。近年来，由于光电效应快速响应的优势，光电聚合物（如发色团）和半导体纳米晶体（如 CdS、CdSe）已经用于制造各种光学和传感装置。由于表面和量子尺寸效应，半导体纳米晶体的光电响应要高于光电聚合物的响应。半导体具有在光谱可见光区域形成带隙的特性，能够发射可见光。同时它们的光致发光（或电致发光）对于人眼是可见的，因此可以使用 CCD 成像[14]。硫化镉（CdS）、硒化镉（CdSe）和硫化锌（ZnS）的 II～VI 族半导体是在这方面广泛使用的材料。

加拿大滑铁卢大学的 Maheshwari 和 Saraf[15]提出的使用半导体纳米颗粒制备的高灵敏度光电传感器如图 5-2-3 所示。该传感器包括由介质层分隔的 5 个纳米颗粒单层结构，并且其通过使用逐层自组装技术在透明 ITO 电极上构建。5～6 nm 厚的有机介质层由聚烯丙基胺盐酸盐（PAH）和聚苯乙烯磺酸盐（PSS）的 4 个交替单层制成。整个传感器基于电子隧道效应原理工作。在塑料薄膜上施加偏压时，电流流过膜，CdS 纳米颗粒在光波长 580 nm 处发射可见光。当负载施加到顶部 Au/塑料电极时，介质层被压缩，内部粒子间距缩小，促进电子隧道效应，导致局部电流密度改变和电致发光。因此，器件直接将应力转换为电致发光并且可以调制局部电流密度，这两者都与局部应力成线性比例。该变化可以记录在数码相机 CCD 上，可以获得负载的高分辨率图像。利用上述方法可以获得比人的指尖（～40 μm）更好的空间分辨率。

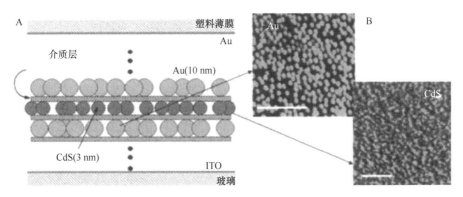

图 5-2-3　使用半导体纳米颗粒制备的高灵敏度光电传感器[15]（彩图请扫封底二维码）

5.2.2　触觉传感器分类及传感机制

人体皮肤可以通过皮肤上的感受器来感受接触、压力、滑动、温度等一系列直接接触产生的感觉，触觉传感器的功能则更为丰富，主要功能包括：①检测与接触对象之间的状态，判断是否与接触对象有接触以及接触力的大小。②通过滑动判断接触物表面的粗糙度从而识别接触物类别，或者对接触物的性质如光滑性、硬度、纹理性进行识别。③可以在未与接触对象进行接触前，探测在一定距离范围内是否有物体接近。④用于抓取稳定性估计、接触点估计、表面法向和曲率测量、实现稳定抓取的切向和法向力测量等多维力测量。

基于传感器不同的转换原理，触觉传感器主要包括以下几种类型：压阻式传感器、压电式传感器、电容式传感器、电磁式传感器、微纳光纤式传感器（光纤式传感器）、谐振式压力传感器等。

1. 压阻式传感器

压阻式传感器是利用单晶硅等材料的压阻效应和集成电路技术制成的传感器。这种传感原理灵敏度高、体积小、制作简单、成本低，是目前最常用和成熟的传感原理。压阻式传感器可用于测量绝对压力，因此通常应用于压力或压强的测量应用中。一般通过接入惠斯通电桥中，当外界没有压力作用时，电桥处于零位状态。当外界施加压力时，传感器内部的载流子间距变小，电阻率发生改变进而引起电阻的变化。当感应材料的电阻发生变化时，电桥平衡将被打破，从而输出与压力相关的电信号，通过对电信号的采集与分析实现力学信号的检测。

硅是压阻式传感器最常用的材料，单晶硅材料在受到力的作用后，电阻率发生变化，通过测量电路就可得到正比于力变化的电信号输出。压阻式传感器可用于压力、拉力、压力差和可以转变为力变化的物理量（如液位、加速度、重量、应变、流量、真空度）的测量。当力作用于硅晶体时，晶体的晶格产生变形，使载流子从一个能谷向另一个能谷散射，引起载流子的迁移率发生变化，扰动了载流子纵向和横向的平均量，从而使硅的电阻率发生变化。这种变化因晶体的取向不同而异，因此硅的压阻效应与晶体的取向有关。硅的压阻效应不同于金属应变计，前者电阻随压力的变化主要取决于电阻率的变化，后者电阻的变化则主要取决于几何尺寸的变化（应变），而且前者的灵敏度比后者高 50～100 倍。压阻式传感器的优点是动态范围宽，有良好的负载能力，与集成电路相容；缺点是空间分布率有限，需要大量布线，产生非线性的单调响应。

2. 压电式传感器

压电式传感器大多是采用正的压电效应，当受到外部压力作用时，压力薄膜产生形变，薄膜和极板间发生极化现象，两个表面产生相反的电荷，从而产生电信号。当外力撤去时，薄膜形变恢复到原来的状态，极化现象消失，从而表面电荷消失，整个系统恢复到最初不带电的状态。整个过程中，晶体受力产生的电信号与压力信号呈正相关。

压电式传感器敏感元件的常见结构类型如图 5-2-4 所示，组成结构为晶体盘叠加、三角形结构、单一晶片、多晶片并联等。第一种结构是利用敏感元件的纵向效应，测试灵敏度和晶体盘的数量成正比，晶体表面不需要镀金属层，电极从负载表面引出。后三种结构利用敏感元件的横向效应：三角形结构晶体组产生的电荷为晶体盘的 5～15 倍，这类元件结构具有较高的灵敏度，多用在中小型压力传感器中；单一晶片元件尺寸极小（十分之几毫米），产生的电荷为晶体盘的 4～6 倍；多晶片并联结构的灵敏度是晶体盘的 7～10 倍，这类结构可以增强承载能力，适用于非常小的传感器。

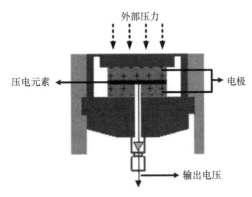

图 5-2-4　压电式传感器敏感元件的常见结构类型示意图[16]

近年来，柔性可穿戴电子产品以其微型化、便携性以及在人机界面（HMI）和物联网方面的潜在应用性等引起了人们的极大兴趣。压电触觉传感器研究也逐渐倾向于以柔性材料为基础。中国科学院北京纳米能源与系统研究所的 Zhao 等[17]制作了一种可以独立和同时检测压力与曲率的多功能柔性传感器。碳化聚丙烯腈/BaTiO$_3$（PAN-C/BTO）纳米纤维传感器通过简单的静电纺丝、碳化和封装工艺制备，可独立检测基于电阻模式的曲率和基于单电极 TENG（SE-TENG）机制的压力。PAN-C/BTO 纳米纤维传感器是首个创新性地将曲率测量与压力传感结合起来的柔性双功能传感器，应用于人体手势捕捉、物理检测和动作感知。在智能传感系统和人机交互技术中具有潜在的应用前景。

3. 电容式传感器

电容式传感器是基于平板电容原理研制的，基本结构如图 5-2-5 所示，当有外界压力施加时，导致电容的某些参数发生改变，从而导致感应材料的电容量发生变化，将压力信号转化为电信号。电容式传感器从结构上来看又可以分为三种结构类型的电容式传感器：①通过改变极板间距的变极距电容式传感器；②通过改变极板面积的变面积型电容式传感器；③通过改变极板间介电常数的变介电常数型电容式传感器。在许多应用中，电容测量方法已经长时间用于测量物理值，如距离、压力、液位、加速度、湿度。广泛使用电容触摸技术的应用包括人机界面应用，如笔记本电脑轨迹板、计算机显示器、移动电话和其他便携式设备。电容测量方法也广泛用于许多基于 MEMS 的触摸感测阵列中，如用于指纹的高分辨率触觉成像。这些技术也已经广泛用于触觉传感来检测大面积上的接触滑动。

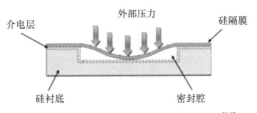

图 5-2-5　电容式传感器基本结构示意图[16]

电容式传感器的原理是，当力施加在电容式传感器上时，力改变了电容板之间的距离或有效面积导致电容的改变。垂直方向的力改变板之间的距离，同时切向力改变板之间的有效面积。因此，电容式传感器能够通过感测施加的法向力或切向力来检测触摸量[18]。

然而，这些不足以有效区分这两种类型的力。因此基于电容式传感器制备三维力结构的传感器时，需要考虑不同方向力对电容变化的协同效应。图 5-2-6 是一种三维力触觉传感器的设计结构，单个触觉传感器分为 4 个传感单元，当受到来自 z 轴方向的力时，4 个单元的电容量同时增加，而当受到来自 x 轴方向的力时，C_1 和 C_3 单元电容量减小，C_2 和 C_4 单元电容量增大，y 轴同理。通过不同传感单元之间的协同效应，来判断所受力来自哪个方向，从而获得传感数据。电容的变化最终通过使用适当的电路转换成电压的变化，实现力的测量。因此，电容式传感器通过两个步骤将输入信号转换为输出信号：首先将物理量转换为电容的变化，然后通过测量将电容信号转换为电输出信号[19]。

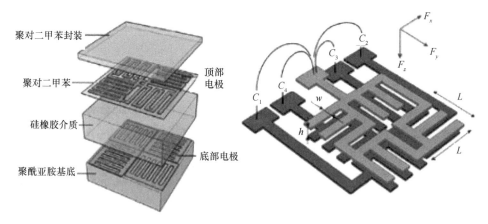

图 5-2-6　三维力触觉传感器设计结构示意图[20]
F_x、F_y、F_z 分别代表三个方向的作用力；w、h、L 分别代表宽度、高度、长度

4. 电磁式传感器

电磁式传感器是所有利用电磁原理制成的传感器的统称，主要有电感压力传感器、霍尔压力传感器、电涡流压力传感器等。电感压力传感器主要通过改变磁性材料的磁导率来改变电感线圈，输出相对应的信号。霍尔压力传感器利用了半导体材料的霍尔效应，当有电流流过时，电荷在磁场中受到洛伦兹力而发生转向。根据压力不同，产生的磁场大小也不同，电荷产生偏移得到的电信号也就不同。电涡流压力传感器是利用了电涡流效应，它通过电磁感应产生了一个在导体内循环的电流，从而获得电信号。

加拿大滑铁卢大学的 Askari 等[21]制作了一种用于振动/挠度监测的新型混合柔性电磁摩擦发电机，它可在悬臂或夹紧结构中实现。他们基于电磁学和摩擦学的概念提出了一种自供电传感器。该装置以柔性管为主体，由一堆磁铁和线圈以及具有高度灵活性、机械性、热耐用性以及成本效益的聚合物材料组成。该装置根据所述磁体的磁化方向优化所述电磁组件的配置。可以通过施加外力的杂交系统有效地将剪切力和弯矩转换为电压。实验分析表明，他们所提出的自供电系统具有应用于膝关节康复的潜力。

5. 光纤式传感器

光纤式传感器是 20 世纪 70 年代发展起来的新型传感器，主要是基于光导纤维，因而具备光纤的很多优点，如电绝缘性好、抗电磁干扰强、分辨率高等。最近几十年来，随着大量的光纤传感理论的提出，光纤式传感器也有着长足的发展。其基本原理是光源发出的光通过耦合进入光纤中传输到调制区，在调制区内，外界被测参数经过压力等外界因素改变后，影响了通过调制区的光信号，令其光学性质等发生变化成为被调制的信号光，再经过光纤送入光探测器而获得被测参数。然而，光学传感器的制造比较困难，因为它通常涉及多种材料。由于材料各自的热膨胀系数值不匹配，材料之间会产生严重的应力。其他困难还包括光学校准和传感器校准。许多研究人员已经报道了包含膜片的光学传感器，以测量线性变化的压力引起的偏转。其最常用的方法是光纤布拉格光栅法（FBG）。FBG 反射接近其共振波长的特定波长的光，允许其余的光谱通过。

6. 谐振式压力传感器

谐振式压力传感器也是一种常用的压觉传感器[22]。谐振式压力传感器是利用外界压力变化导致谐振子谐振频率变化的原理，通过测量频率来间接测量压力。物体在做自由振动时，振动频率只与物体的一些固有属性相关，如形状、质量、材料属性等，与振动的初始状态没有关系，这个自由振动的频率就被称为固有频率。当物体处于受迫振动时，若施加的激励频率达到了物体的固有频率，就会发生共振现象，此时振幅最大。在电路中，这一现象则被称为谐振现象，谐振式压力传感器中用于感受激励且发生谐振的部分被称为谐振子。当外界压力变化时，谐振子发生形变或者受到应力发生变化，其固有频率也就因此改变，所以测量谐振频率的变化就可以得到被测压力。

谐振式压力传感器输出的信号为频率信号，易于与数字电路连接，同电阻、电容等模拟信号相比，频率信号的抗干扰性要更好。谐振式压力传感器工作在闭环状态中，传感器的性能基本上由敏感结构的机械性能决定，受电路参数的影响很小，不易受外界噪声的干扰。相比压阻式传感器和电容式传感器，谐振式压力传感器在分辨率、精度、稳定性甚至灵敏度等方面都有着先天的优势。谐振式压力传感器的缺点是加工难度大，要保证传感器的性能，谐振子等敏感结构必须有很高的品质因数，因此对传感器的加工和封装提出了很高的要求。另外，谐振式压力传感器的闭环工作模式也给后端检测电路的设计增加了难度。因此，谐振式压力传感器常被用在航空航天、工业过程控制等需要精密测量压力的领域，属于高端压力传感器。

5.2.3　柔性仿生触觉传感器

与传统触觉传感器不同，柔性仿生触觉传感器主要的特点是将传统的触觉传感结构单元制作到柔性基底上。传统触觉传感器因为受到硬脆材质基底的约束，无法很好地与被测目标进行贴合，并且重量较大，在使用场景上受到一定的限制。而柔性基底的触觉传感器具有超轻、超薄、超韧的特点，使用时可以进行弯曲、折叠、压缩及拉伸等操作，大大增加了触觉传感的应用场景。柔性仿生触觉传感器在传统触觉传感器难以应用的柔性触摸屏、电子皮肤及可穿戴式医疗设备等领域都具有极其重要的意义[23]。

1. 柔性仿生触觉传感的基底材料

柔性仿生触觉传感器与传统触觉传感器的区别首先在于传感器的基底材料，不同基底材料的物理特性不同，导致了柔性传感器的检测原理及灵敏度、应用场景的不同。柔性基底材料要求具有尺寸稳定性、热稳定性、较低膨胀系数、良好的耐腐蚀性及防潮性，在穿戴式及生物相关的应用上还要求具有较好的透气性、生物相容性和较低的生物毒性。在柔性基底材料性质中，杨氏模量是首要的考虑因素。杨氏模量是描述固体材料抗形变能力、表征材料刚性性质的重要评价指标，杨氏模量与材料的刚性呈现正相关关系，即杨氏模量越大，材料越难发生形变。常用的柔性传感基底材料有聚对苯二甲酸乙二醇酯（PET）、聚萘二甲酸乙二醇酯（PEN）、聚碳酸酯（PC）、聚酰亚胺（PI）及聚二甲基硅氧烷（PDMS）。表 5-2-1 总结了 4 种常用柔性传感基底材料的特性。

表 5-2-1　4 种常用柔性传感基底材料的性质差异[24]

特性	PET	PEN	PC	PI
杨氏模量（GPa）	2～2.7	0.1～0.5	2.6	2.5
耐热性	差	优秀	优秀	优秀
透光度	优秀	良好	优秀	差
吸水率（%）	0.6	0.1～0.5	2.6	2～3
耐腐蚀性	优秀	优秀	差	优秀

PET 是一种热塑性聚合物树脂，根据制作工艺的不同，PET 的杨氏模量为 2～2.7 GPa，属于柔性基底中偏硬脆的基底材料，具有优秀的透光度及耐腐蚀性，质地较轻且价格实惠。但缺点是不耐高温，在约 70℃时会发生物理性质改变。PET 在拉伸、弯曲等操作上需求较少，对透光性要求较高的柔性传感等场景应用较多，如柔性显示领域。

PEN 与 PET 类似，是一种热塑性聚合物树脂。PEN 的杨氏模量比 PET 要低，为 0.1～0.5 GPa，属于拉伸特性较优的柔性基底材料。相较 PET，PEN 有更优良的耐热性，最高可在约 120℃保持物理特性，最高加工温度高达 268℃。PEN 有着良好的透光度及优秀的耐腐蚀性、较低的吸水率，以及优异的阻氧性及水解稳定性，是制作柔性印刷电极较合适的基底材料。PEN 的综合性能优于 PET 但价格较 PET 更昂贵，在一些对基底材料性能要求较高的柔性传感领域应用较多。

PC 是一种非晶态的工程热塑性塑料，其杨氏模量与 PET 相近，通常在 2.6 GPa 左右，是一种偏硬脆的柔性基底材料。PC 具有优秀的耐热性、优秀的透光度及较低的吸水率，但相较于 PEN 及 PET，PC 的耐腐蚀性一般，且由于 PC 热膨胀系数较高，其尺寸稳定性一般，耐刮擦能力不及 PEN、PET。PC 优异的透光度及印刷性能和其易于加工的特点使其成为高质量薄膜产品的合适选择，PC 在柔性薄膜身份证和安全卡及高质量无菌医疗包装等领域有着广泛应用。

PI 是一种聚酰亚胺单体聚合物塑料。PI 的杨氏模量约为 2.5 GPa，与 PC 近似，在柔性基底中属于偏硬脆的基底材料。PI 的耐腐蚀性较好且耐热性优秀，价格较实惠，虽然其透光性能不佳，但由于其性价比较高，在对透光度及拉伸性能要求不高的柔性传感领域有着广泛的应用。

PDMS 是一种应用广泛的硅基有机聚合物，通常由主体部分与固化剂部分按照一定的比例混合后固化制成，因此不同的固化剂含量会导致 PDMS 的杨氏模量不同，固化剂含量越高，杨氏模量越大，在特殊的固化剂比例及厚度下 PDMS 可以制成超弹性基底。PDMS 具有光学透明特性，且具有惰性、无毒、不可燃的性质，值得注意的是 PDMS 还具有良好的生物相容性及透气性，因此 PDMS 在隐形眼镜、贴肤柔性传感及创口检测传感领域有着大量的应用。

2. 柔性仿生触觉传感的导电材料

与传统刚性触觉传感不同，柔性仿生触觉传感对于导电材料的综合性能要求更为严格。有源导电层是柔性触觉传感器的重要组成部分，为了满足兼顾可拉伸及高性能传感的要求，需要具有优异的力学性能和电学性能的导电材料[25]。到目前为止，碳纳米管（CNT）、石墨烯、导电聚合物、金属等已被用作柔性触觉传感器的导电材料。

碳纳米管作为一种碳同素异形体，是一维圆柱形纳米结构，具有显著的载流子迁移率和稳定的机械性能，以及非常强的化学稳定性。通常情况下，具有适当手性角的碳纳米管在机械变形时由于能带结构的变化而表现出对于形变的高灵敏度。此外，碳纳米管还表现出优异的机械强度和可拉伸性。目前，碳纳米管的制备方法很多，可以实现大规模、连续的制备。在高通量合成的基础上，有真空抽吸过滤、旋涂、喷雾和喷墨打印等制备方法。基于 CNT 的柔性触觉传感器已经有了一些研究成果。美国斯坦福大学化学工程系的 Lipomi 等[26]报道了一种基于喷射沉积的单壁碳纳米管透明导电薄膜的压力传感器。通过对沉积了 CNT 的 PDMS 基底施加多向应变后释放，将使 CNT 产生弹簧状纳米管，由此构建对机械应变敏感的导电薄膜。该薄膜可容纳高达 150%的应变，在拉伸状态下表现出 2200 S/cm^2 的高电导率，并被用作可伸缩压电式应变传感器阵列的电极。日本国立先进工业科学技术研究所纳米管研究中心的 Yamada 等[27]开发了一种用于人体运动检测的新型可伸缩碳纳米管应变传感器。该传感器采用垂直排列的单壁碳纳米管薄膜作为导电层，将导电层转移到可拉伸 PDMS 基底上制成柔性触觉传感器。在拉伸时，纳米管薄膜破裂成缝隙和岛块，形成"网-岛"状可拉伸导电结构，该传感器表现出很大的可伸缩性（应变高达 280%，是传统金属应变计的 50 倍）、快速响应速度（恢复时间低至 14 ms）和良好的耐用性（在 150%应变下循环 1000 次）。这些特征使得这种柔性触觉传感器能够作为可靠的可穿戴电子设备应用于检测人体运动。

自 2004 年石墨烯被首次分离以来，其优异的性能引起了各界极大的关注。它具有良好的机械灵活性和稳定性、较高的本征载流子迁移率 [200 000 cm^2/(V·s)]，并有可能用于低成本的大规模制造[28]。人们对石墨烯的兴趣与日俱增，不仅是因为它具有不同寻常的物理性质，还因为其具有开发各种传感器的潜力。拉伸时，靠近石墨烯薄膜边缘的六方蜂窝结构被部分破坏，使薄膜的电子能带结构和电阻发生显著变化[29]。南昌大学物理与纳米科学系及江西省纳米技术研究院的 Wang 等[30]用铜网代替铜箔作为催化剂，用化学气相沉积方法合成了石墨烯编织纤维（GWF）。将 GWF 薄膜转移到可拉伸的 PDMS 衬底上组装成柔性压阻式应变传感器，该传感器具有超轻、良好的灵敏度、较强的可逆性和卓越的物理稳定性等特性。利用这些特性，该传感器可用于检测人体运动，如握手、发声、表情变化、眨眼、呼吸和脉搏等。此外，南洋理工大学材料科学与工程学院的 Yan 等[31]制作了一种基于皱缩的石墨烯和纳米纤维素的柔性触觉传感器。这种柔性触觉传感器与传统的基于金属和半导体的触觉传感器相比，可进行对于人体运动的全方位传感。清华大学微电子学研究所的 Tian 等[32]报道了一种具有泡沫状石墨烯夹层结构的柔性压阻式触觉传感器，这种具有泡沫状结构的触觉传感器可以测量较宽的压力范围。

导电聚合物由于具有优异的力学性能并在应变状态下仍能保持其导电性而引起了人们的广泛关注。常用的导电聚合物，如本征导电聚合物、导电聚合物复合材料和离子导体，已经被开发出来用于生产柔性和可伸缩的触觉传感器。采用大面积溶液法可以合成导电聚合物，例如，南京大学电子科学与工程学院的 Pan 等[33]将具有中空微球形态的聚吡咯（PPy）水凝胶用作柔性压阻式触觉传感器的敏感元件。由于聚吡咯微球的低弹性模数和接触传感机制，该传感器具有 133 kPa^{-1} 的高灵敏度和小于 1 Pa 的最低检出限（limit of detection，LOD），并且具有极快的响应速度。此外，导电聚合物复合材料由于其高导电性和高各向异性[34]，是生产压阻式应变传感器的常用活性材料。中国科学技术大学纳米材料与化学系的 Yao 等[35]在柔性压阻式触觉传感器中使用填充了石墨烯的聚氨酯海绵作为柔性载体，采用这种结构的触觉传感器表现出很高的灵敏度和循环稳定性。

3. 柔性仿生触觉传感器的原理

传统的传感方法如压阻、电容和压电被广泛应用于不同类型的触觉传感器，在柔性触觉传感领域同样有着多样的应用，而其他传感方法如光学、无线天线和摩擦电学正在快速发展，将进一步扩大电子皮肤在机器人、假肢和人机交互方面的应用。良好的柔韧性和可拉伸性对于柔性仿生传感器在复杂的机械变形下保持其压力传感能力具有重要意义，这促进了柔性触觉传感器的发展。对于柔性基底，使用更薄且杨氏模量更低的材料可获得较高柔韧性，实现基底上传感结构单元的可拉伸性则需要更复杂的技术，如将传感结构单元或电阻应变片设计成岛状或桥状结构。因此，柔性触觉传感器的设计相较于传统刚性传感器更加偏重兼顾可拉伸与传感性能、分辨率、灵敏度及响应速率[4,36]。

（1）柔性触觉传感器的可拉伸性方法

目前，提高柔性仿生触觉传感器的可拉伸性主要有两种方法。第一种常用的方法是将弹性较强的薄导电材料通过粘贴或印刷等方式与弹性基底相结合，如聚二甲基硅氧烷（PDMS），并同时结合类似图 5-2-7 中几何图形的设计，利用蜂窝网格状结构来进一步提高柔性传感器的伸展性和适应性。美国西北大学的约翰·罗杰斯团队开创了许多将具有优异导电性能的材料黏附到弹性基底上构建柔性传感器的制备策略。无机半导体，包括电子元件和互连连接器，采用中性机械平面布局组装成可拉伸装置，采用复杂的波状结构吸收软基底应力释放过程中形成的主要拉伸应变，以确保高模量材料的应变尽量减小到可以忽略。岛桥式设计可以大幅提高柔性电子器件的伸展性，在这种设计中，具有高效刚度的有源元件充当了浮动岛，而具有较低整体刚度的互连连接件充当了拉伸桥，这种设计可以让元件能够承受复杂的变形，如旋转和扭转。利用有自相似性的分形布局设计，如类似皮亚诺（Peano）曲线和维切克（Vicsek）曲线形状的传感单元设计也可以使柔性设备进一步适应各种变形。

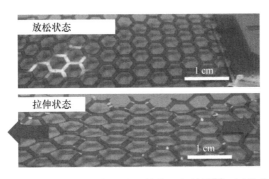

图 5-2-7　利用几何结构设计提高柔性器件的可拉伸性[4]：网状传感单元设计

第二种进一步提高电子器件可拉伸性的方法是使用本质上具有可拉伸性质的导体材料来制作传感单元及连接导线，这种本征可拉伸导体通常是将导电材料与具有弹性的基体材料混合构成导电复合材料以兼顾可拉伸性及导电性。日本东京大学工程学院的 Sekitani 等[37]设计了一种 3D 有源矩阵晶体管，该晶体管由一种高弹性的复合薄膜组成，该复合薄膜由均匀分布的碳纳米管在氟化共聚物中充分混合构成，在 70%的双轴拉伸应变下，可伸缩电子电路的电气性能保持不变。由多壁碳纳米管和银组成的导电可打印聚合物复合材料，也可以兼顾导电性和可拉伸性，这种导电聚合物复合材料在拉伸到 140%时，其导电率可保持在 20 S/cm。利用静电纺丝技术将纳米银覆盖在橡胶纤维上也可以形成具有较高拉伸性的导电复合材料，这种复合导电材料在拉伸达到 100%时导电率保持在 2200 S/cm，可进行大规模生产。具有微机械结构的导电材料也能兼顾可拉伸性及导电性，利用微裂纹的应力适应性的可伸缩晶体管可以在高达 250%的应变下保持晶体管特性。相较于传统刚性触觉传感器，制作柔性触觉传感器的技术挑战在于实现电导率和机械弹性之间的最佳权衡，因为提高电导率通常需要付出代价，如当弹性复合材料中导电成分的比例增加时，弹性会降低。

（2）柔性压力传感图像

大规模压力传感器阵列对于未来电子皮肤的应用具有重要意义。然而，基于电阻或电容传导机制的触觉传感器的信号串扰往往导致测量不准确，这是柔性触觉传感在电子皮肤领域发展面临的最大挑战之一。晶体管作为一种理想的电子元件，具有良好的信号转导和放大功能，可以通过快速寻址和低功耗减少传感阵列之间的串扰。因此，人们对柔性基底上的晶体管阵列进行了大量研究，以获得用于智能人工电子皮肤和可穿戴设备的大规模柔性压力传感器阵列。一系列针对大规模传感阵列的柔性触觉传感制造技术已经被开发出来，包括光刻和导电墨水转印，对于用于导电墨水的材料也有大量的研究，其中包括无机半导体、有机物、石墨烯、纳米线和碳纳米管等，每一种材料对提高晶体管参数都具有明显的优势，如载流子迁移率、工作电压和开/关电流比。例如，与无机半导体相比，有机场效应晶体管（OFET）具有更高的灵活性和更低的制备成本，但具有更低的载流子迁移率和更高的工作电压。此外，为了使晶体管更具延展性和灵活性，前面提到的几种策略，如岛桥布局和网络结构，也适用于制造有源晶体管阵列。

晶体管出色的电子开关作用首先引起了人们对将压力敏感传感器应用于智能电子皮肤的广泛兴趣。来自日本东京大学工程学院量子相位电子学中心的 Someya 等[38]使用 OFET 有源传感矩阵与压力敏感橡胶（PSR）层叠层作为高性能压力传感器阵列。采用晶体管进行低功耗快速寻址，栅极和漏极分别连接字线和位线，源极通过 PSR 与地连接。PSR 层的电阻作为压力传感参数，会随着不同的压力水平而变化，使晶体管的栅极电压变化，从而导致漏极电流的变化。因此，通过使用分辨率为 10 dpi 的 16×16 像素晶体管阵列获得了大规模的压力图像。这种压敏元件和开关矩阵的器件设计，使得柔性有机晶体管在人工智能电子皮肤中具有广阔的应用前景。此外，使用基于表面导电率变化的电阻式触觉传感器，进一步提高了分辨率，并减少了像素间的信号串扰，这也使得器件变得更薄（总厚度为 2 μm 左右）和更轻（3 g/m²），具有超柔性的机械性能和显著的电气性能。此外，考虑到无机半导体具有高载流子迁移率的优势，美国加利福尼亚大学伯克利分校电子工程与计算机科学系的 Javey 等[39]制作了一种低功率晶体管有源矩阵，该矩阵使用平行的 Ge/Si 纳米线阵列，可以在较低电压下工作。为了实现视觉压力显示，还开发了一种基于柔性压力传感器的用户交互电子皮肤。将有机发光二极管叠层在晶体管有源矩阵和 PSR 层之间，通过施加压力降低橡胶电阻以激发光亮。这种压力触觉敏感电子皮肤的像素发光强度取决于压力大小，因此像素发光强度可以直接转化为压力特征图像。该器件还可以监测晶体管的漏极电流，在人机交互系统、智能壁纸、智能电子皮肤和健康监测等方面有广阔的应用前景。

（3）基于压电或压电光电子效应的高分辨率柔性触觉传感

制造高分辨率的柔性触觉传感器阵列，通常需要尽可能地微型化每个像素化的传感器单元以提高分辨率。压电式传感器相较于压阻式或电容式传感器在微型化过程中有天然优势，压阻式或电容式传感器的输出信号质量会随着器件尺寸的减小而显著降低，而压电式传感器对压电式信号的尺寸依赖性较小，微型化带来的信号失真更少，所以压电式传感器更适合构建高分辨率的柔性触觉传感阵列。中国科学院北京纳米能源与系统研究所王中林团队已经成功利用纳米线或纳米带的压电效应构建了多种超小型高分辨率压电传感器。目前，微米/纳米尺度的柔性应变/力传感器、应变开关逻辑器件等柔性电子器件已经可以成功地利用晶体内压电势来调节一些压电半导体纳米线或纳米带（ZnO、GaN、CdS 和 CdSe 等）中的载流子传输特性。此外，通过将光激发/发射引入压电学，提出了压电光电子学，其可以通过压电效应的电光过程来进行调节和控制，提供了通过将机械刺激转换成光学信号来获得额外的高分辨率压力映射的可能性。最近，压电式和压电光电子式压力传感器已经可以利用微米/纳米制造技术集成到高分辨率传感阵列中，极大地提高了柔性触觉传感器压力映射图像的分辨率。

为了实现高分辨率触觉映射，美国亚特兰大佐治亚理工学院的吴文卓等构建了一种高度集成的 3D 应变门控垂直压电晶体管矩阵，该矩阵由柔性衬底上 1 cm² 区域内的 92×92 触觉像素阵列组成。每个像素包含一个或多个垂直生长的氧化锌纳米线，通过电气连接到底部和顶部电极，从而形成两个肖特基接触。氧化锌纳米线压电势会随着外部压力作用变化而变化，由此控制门电压以操控肖特基势垒高度，从而控制传输特性，使应变栅双端晶体管能够检测压力。通过绘制施加压力前后每个像素的电流变化，获得压力图，由此不仅可以确定坐标，还可以确定施加压力的值。此外还进行了形状自适应压力传感测试，以测试压电矩阵作为电子皮肤模拟人类触觉的应用，但压电晶体管的响应时间约为 0.15 s，这限制了这种柔性高分辨率触觉传感提供触觉刺激的即时感知。

为了提高触觉映射的响应速度，中国科学院北京纳米能源与系统研究所的 Pan 等[40]提出了一种基于纳米线发光二极管阵列的压电光电效应的高分辨率响应快速的柔性触觉器件，这种新型器件的响应时间约为 90 ms，其主要受压力加载速率的限制。在该器件中，p-GaN 薄膜和高度有序的 n-ZnO 纳米线阵列形成 PN 结，其中每个纳米线在适当的正向偏置电压下成为单独的光发射器。通过压缩压力引入 ZnO 纳米线的压电极化电荷，导致结区能带的局部下降。扭曲的能带倾向于在附近捕获空穴，这些结提高了载流子注入和复合速率，因此增加了压电光电效应的发射强度。来自所有像素的输出光信号都是由数码相机同步读取的，这种方法展现出未来几代基于光通信的电子皮肤和其他智能人机交互中的广泛应用前景。基于这项研究，该团队进一步开发了一种柔性发光二极管压力映射矩阵，该矩阵由有机 p-PEDOT:PSS[聚(3,4-乙烯二氧噻吩)-聚苯乙烯磺酸]薄膜和可流动基底上的图案化 n-氧化锌纳米线组成。该装置在长时间弯曲和释放后仍能正常工作，揭示了压电光电矩阵在实际电子皮肤中的潜在应用。

5.3　仿生触觉的智能感知技术研究

在触觉感知过程中，除研究设计将待测信息转化为可检测信号的传感器之外，如何对获得的信号进行处理也是一个重要的研究方向。而与其他感官最大的不同是，触觉是一种大面积的感觉传感，因而传感器的设计都是阵列化的。一般对于阵列化的触觉传感器，信号采集方法都是采用动态扫描方法，通过逐次扫描传感器阵列的单个传感单元，获得传感数据。由于触觉传感器的各种传感机制和传感功能存在很大的差异，不同机制传感器在数据处理的算法上也存在很大区别。本节主要介绍滑觉传感器的纹理识别算法、三维力触觉传感器的解耦算法、压力传感器的深度学习算法以及多传感信息融合技术的算法在触觉传感器智能感知中的使用。

5.3.1　纹理识别算法

近 10 年来，触觉传感器的发展大大增强了机器人的触觉感知能力，如测量温度、湿度、接触力或压力的触觉传感器。在这些传感器中，由于物体的形状、尺寸、质地、硬度和抓握的滑动通常是基于力数据的分析来判断的，因此在触觉传感器收集的原始数据基础上，需要提出有效的算法来对材料属性进行分类，如表面纹理[41]。为了使传感器可以模拟人体的部分感知并具有较高的检测精度和稳定性，当前绝大多数滑觉传感器的纹理识别通常采用贝叶斯推理、卷积神经网络、机器学习等深度学习算法。

贝叶斯推理纹理识别算法：传统分类问题典型方法的一个基本缺陷是必须根据当前可用的信息做出决策。为了弥补这一不足，在进行分类之前，通常会收集尽可能多的信息，极大地降低了该方法的效率。因此在获得任何触觉信息之前，首先需要做出决定，以确定要进行哪些探索性动作。采用迭代决策的方法，对先前运动的观察将用于确定最有可能的运动方式，以选择最有可能的下一个运动。

贝叶斯推理是一种广泛应用的统计分类方法，用于在观察发生后估计可能的原因。考虑到一组纹理（T）和它们在执行探索运动（M）时产生的可观测测量值（X），我们可以使用贝叶斯规则估计给定纹理导致这些观测值的可能性：

$$P\left(T_i|X,M_m\right)=\frac{P\left(X|T_i,M_m\right)P\left(T_i\right)}{P\left(X,M_m\right)} \tag{5-3-1}$$

对于一组纹理，X 是一组可观察的属性，是产生这些感测属性的特定探索运动；P 表示纹理的先验概率；i、m 分别表示第 i 个纹理、第 m 个运动。在观测运动时，给定集合 T 中的所有已知原因，观察 X 发生的概率，可通过全概率定律找到：

$$P\left(X|M_m\right)=\sum_j P\left(X|T_j,M_m\right)P\left(T_j\right) \tag{5-3-2}$$

联立二式得到：

$$P\left(T_i|X,M_m\right)=\frac{P\left(X|T_i,M_m\right)P\left(T_i\right)}{\sum_j P\left(X|T_j,M_m\right)P\left(T_j\right)} \tag{5-3-3}$$

在识别纹理时使用的描述性词汇用于定义纹理的可量化属性，接着是确定最有用的探索运动的方法，以估计这些属性。而通过贝叶斯分类器训练，在识别成对模拟纹理时，将分类器性能与人类行为进行比较，从而从 117 种纹理中进行绝对纹理识别。

为了促进探索运动的多样性并收集更丰富的信息数据库，我们需要减少在预实验中产生的辨别性能较差的重复运动。因为不确定性是一个范围从 0 到 1 的值，所以更大的 n 值会降低重复运动的好处。通过计算所有可能的探索运动的收益，可以确定产生最大收益的运动。美国南加利福尼亚大学的 Fishel 和 Loeb[42]基于上述原理提出了一种贝叶斯探索的纹理识别方法，该方法使用牵引力、粗糙度和粗细度三个描述性指标。通过多次精心选择的探索运动的数据结果，可以成功实现对纹理的识别，其识别成功率达到95.4%。

支持向量机：机器学习算法中的二分类算法，基本划分原理如图 5-3-1 所示，给定一组训练样本集，对于一组分散在平面上的二维样本数据，需要找到一条直线将数据集分割开。可以分开的直线有很多，我们要找到其中泛化能力最好、鲁棒性最强的直线。如果是在三维空间中，则需要找到一个平面；如果是三维以上的维数，则需要找到一个超平面。为了使这个超平面更具鲁棒性，需要去找到最佳超平面，以最大间隔把两类样本分开的超平面，也称为最大间隔超平面。

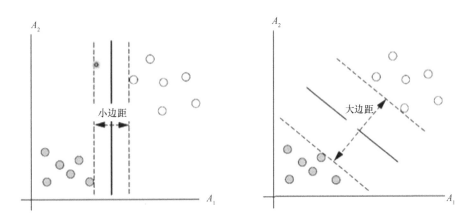

图 5-3-1　支持向量机基本划分原理示意图（A_1、A_2 为二维样本的两个参数）

东南大学的胡海华等[43]通过模仿人体滑动触觉，提出了一种基于压电聚偏氟乙烯（PVDF）薄膜的新型手指型触觉传感器，用于表面纹理测量。采用一种平行四边形结构，保证传感器施加垂直于物体表面的恒定接触力，利用二维可动机械结构，在传感器与物体表面之间以一定速度产生相对运动。通过控制手指型传感器沿物体表面的二维运动，表面纹理的微小高度/深度变化会改变 PVDF 薄膜的输出电荷，从而测量表面纹理。他们采用手指型触觉传感器对 5 种不同的布草进行了评价和分类。利用快速傅里叶变换（FFT）在频域获取地表原始属性数据，利用主成分分析（PCA）对属性数据进行压缩并提取特征信息。最后，利用支持向量机对低维特征进行分类。实验结果表明，该手指型触觉传感器能够有效地识别出 5 种纹理。

随机森林：利用多棵决策树对样本进行训练并预测的一种分类器，可回归可分类；随机森林是基于多棵决策树的集成算法，常见决策树算法主要分为：利用信息增益进行特征选择（ID3）、利用信息增益比进行特征选择（C4.5）、利用基尼系数进行特征选择（CART）。一般来说，特征的信息增益越大，表示特征对于样本的熵的减少能力更强，这个特征使数据从不确定性到确定性能力越强。

k 最近邻（k-nearest neighbor，KNN）算法：是理论上比较成熟的方法，也是最简单的机器学习算法之一。该方法的思路是：在特征空间中，如果一个样本附近的 k 个最近（即特征空间中最邻近）样本的大多数属于某一个类别，则该样本也属于这个类别。工作原理是存在一个样本数据集合，也称为训练样本集，并且样本集中每个数据都存在标签，即我们知道样本集中每一数据与所属分类对应的关系。输入没有标签的数据后，将新数据中的每个特征与样本集中数据对应的特征进行比较，提取出样本集中特征最相似数据（最近邻）的分类标签。一般来说，我们只选择样本数据集中前 k 个最相似的数据，这就是 k 最近邻算法中 k 的出处，通常 k 是不大于 20 的整数。最后选择 k 个最相似数据中出现次数最多的分类作为新数据的分类。

华中科技大学的 Huang 和 Wu[44]提取振动数据的频域特征，并使用支持向量机、随机森林和 k 最近邻三种机器学习模型分析频域特征，建立了 7 层卷积神经网络模型，并利用自建数据集对网络模型进行训练。纹理识别的一般流程如图 5-3-2 所示。

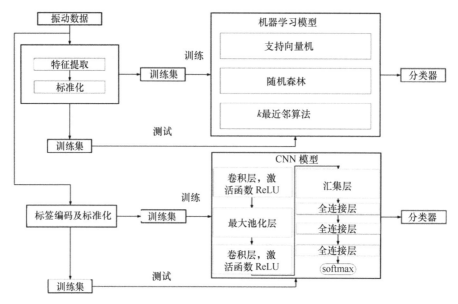

图 5-3-2 纹理识别的一般流程图

softmax 表示归一化指数函数

触觉数据采集实验装置主要由直线电机、升降平台、BioTac SP 多模态触觉传感器和待测材料组成。传感器固定在直线电机的末端。通过改变升降台的高度来控制传感器和被测材料之间的压力。直线电机驱动传感器匀速运动，并将运动过程中采集的触觉传感器数据传输至主机进行处理。

将不同材料振动数据的特征输入支持向量机、随机森林、k 最近邻和卷积神经网络的模型中。支持向量机用于基于振动数据识别不同的纹理。实验中采集的振动数据是非线性的，并且提取了一些特征。因此，他们选择了径向基核函数作为非线性核函数。模型中有两个超参数，即支持向量机的惩罚系数 C 和径向基核参数 γ。这两个超参数与泛化能力和时间复杂度有关。通过优化惩罚系数以调整模型对误差的容限，而调整径向基核参数可以优化支持向量的数量。使用随机森林识别不同材料时，需要建立多棵决策树，最终结果由决策树的识别结果投票。在随机森林模型中，需要确定决策树的数目 n 估计量和最大树深（max_depth）。当增加 n 估计量和最大深度时，模型可能有更好的性能，但也会增加算法的时间复杂度。因此，这两个超参数需要适当调整。当样本特征受限时，不需要限制 max_depth 的值。网格搜索算法用于搜索这两个超参数。

k 最近邻是一种有监督的算法，可以解决分类和回归问题。使用 k 最近邻算法识别不同材料时，需要确定称为 k 值的近邻样本数，当前样本标签由近邻样本标签投票。k 值影响算法模型的精度和时间复杂度，因此将 k 调整到合适的值对整个算法来说非常重要。使用十倍交叉验证算法来测试模型的准确性。

卷积神经网络是一种典型的深度神经网络，广泛应用于目标检测和目标识别领域。原始数据在被输入卷积层之前被重构，使得原始数据中的每个样本是 3300×1 向量。卷积神经网络模型结构如表 5-3-1 所示。

表 5-3-1　卷积神经网络模型结构

层连接	输入大小	操作方法	内核大小	输出大小
0～1	3300×1	卷积	25×1×8	3300×8
1～2	3300×8	最大池化	15×1	220×8
2～3	220×8	卷积	25×1×16	220×16
3～4	220×16	最大池化	25×1	14×16
4～5	14×16	全连接层	224	224
5～6	224	全连接层	128	128
6～7	128	全连接层	10	10

卷积神经网络的第一层是卷积层，它有 8 个大小为 25 的卷积块，激活函数是 ReLU 函数。在第一层卷积层之后，输出数据大小为 3300×8。第二层是最大池化层，使用最大池化的方法，内核大小为 15，输出数据大小为 220×8。第三层是卷积层，有 16 个大小为 25 的卷积核，激活函数是 ReLU 函数，最后输出数据大小为 220×16。第四层是最大池化层，使用最大池化的方法，内核大小为 25，输出数据大小为 14×16。输出数据被扩展和平坦化，并且获得包含 224 个神经元的层。两层完全连接后，输出 10 个神经元，代表 10 种不同的材料。根据 10 个神经元的输出，可以对材料的类型进行分类。模型训练中超参数的选择对最终的训练结果至关重要。在训练过程中使用 RMSProp 优化算法。批量设置为 6，迭代次数设置为 50，模型的损失函数为交叉熵损失函数。

上述 4 种模型都可用于传感器纹理识别算法，在前三种机器学习算法中，支持向量机模型的识别准确率最高。k 最近邻算法的训练时间最短。这是因为该算法的结果只是通过邻域样本的标签进行竞价投票，没有对特征向量进行复杂的数学运算。随机森林模型的训练时间最长。这是因为随机森林模型中每棵树的样本选择和节点特征选择都是随机的，有两个超参数，即树的数量和最大树深。每次训练都需要探索树的数量和每棵树的深度，以优化测试精度。

相对于其他三种算法，卷积神经网络具有非常明显的优势。在建立模型的过程中，卷积神经网络可以根据模型的设置自动提取特征，无须手动定义特征的类型，使得整个模型的建立变得简单高效。在卷积神经网络中，还引入了卷积核的概念，使得卷积层具有参数共享的特性。最大池化层减少了神经元的数量，并大大减少了训练卷积神经网络所需的参数数量。因此，网络训练所需的复杂性和时间大大减少。卷积神经网络比机器学习方法具有更高的精度。

香港城市大学的闫友璨等基于长短时记忆神经网络（long short term memory neural network，LSTM）提出了一种新的纹理识别方法，通过深度学习增强触觉感知。触觉传感器的输出直接关系到材料的软性、摩擦力和粗糙度等表面特性，从而为 LSTM 模型区分不同纹理提供了丰富的触觉信息。通过盲文字符识别和织物识别两个任务验证了该方法的有效性，识别准确率分别达到 97% 和 99%。

5.3.2　多维力触觉传感器解耦技术

具有三维力以及多维度力传感的触觉传感器，在发生形变等因素的影响时，会同时受到多个方向的压力影响。三维力传感器在受到 z 轴方向的力时，4 个传感单元的电容量都会增大，在受到 x 轴或者 y 轴方向的力时，其中两个传感单元的面积减小导致电容量减小，而另外两个传感单元电容量不变。此外，浙江大学汪小知团队研制的三维力触觉传感器如图 5-3-3 所示。

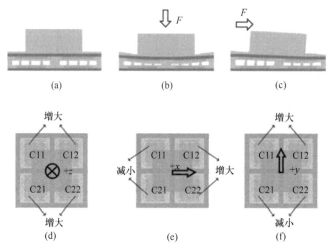

图 5-3-3　三维力触觉传感器示意图

（a）未加载力（F）时的器件剖视图；（b）加载法向力时的器件剖视图；（c）加载切向力时的器件剖视图；（d）受到法向力电容传感单元（C11、C12、C21、C22）变化；（e）受到 x 轴方向力电容传感单元变化；（f）受到 y 轴方向力电容传感单元变化

该传感器同样由 4 个传感单元组成，但与前面所提到的三维力触觉传感器不一样的点在于，对该传感器施加切向力时，表面凸起层受到相应的力导致一侧传感单元的电极间距增大，另一侧电极间距减小从而引起不同传感器单元的电容量发生变化。这时，就需要根据 4 个传感单元之间变化的协同效应来判断外部应力的方向。此外，其他多维力触觉传感器由于机械结构、制造工艺等方面的原因，一路信号的输入会对各路输出通道发生作用，产生传感器维间耦合。维间耦合的存在是制约多维力触觉传感器测量精度的一个重要因素，为了处理这个协同效应，解决影响多维力触觉传感器测量精度的维间耦合问题，就需要采用本节提到的解耦算法。在数学中，解耦是指含有多个变量的数学方程式能够变成仅含有单个变量的数学方程组，而在这里，解耦是解除多者之间的彼此影响，增强各自的独立存在能力。

近年来，国内外众多学者针对六维力触觉传感器提出了多种解耦算法，对传感器的多维力信息进行了大量相关的解耦研究[45]。一般来说，对不同结构的传感器会有各不相同的解耦算法，而各种算法具有一定的适用性和针对性。为此需要根据具体的传感器的结构和机制给出相应的解耦算法。但就算法的种类来说，解耦算法可以划分为静态解耦及动态解耦两类[46]。这是因为传感器的输出信号中存在静态和动态的耦合。其中，静态解耦算法包含最小二乘求解矩阵广义逆算法、基于耦合误差建模的静态解耦算法、基于径向基函数神经网络的解耦算法等。传感器动态解耦方法则包括不变性解耦方法、迭代动态解耦方法、对角优势化补偿解耦方法。

1. 最小二乘求解矩阵广义逆的静态解耦算法

理想的三维腕力传感器，每一方向输出通道的输出电压值仅取决于该方向作用力的大小，与其余两方向作用力大小无关。但由于机械制造水平、贴片工艺、应变片横向效应与检测方式等方面的原因，几乎每一维作用到传感器的力分量都会对传感器各路输出信号产生影响，这就是维间耦合。基于大量传感器的静态标定试验数据，可以假设传感器输入与输出构成线性定常系统，从维间耦合的本质出发，建立传感器的维间耦合模型，见图 5-3-4。

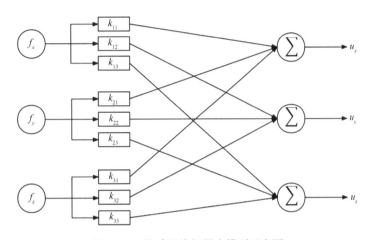

图 5-3-4　传感器维间耦合模型示意图

由图 5-3-4 可知，每路输出通道的输出电压由 x、y、z 这 3 个方向的力共同作用叠加所得。试验结果表明，对每路输出值，耦合所引起的输出占总输出的 5% 以下，该部分称为耦合误差，产生耦合误差的力称为该路输出值的耦合干扰力。耦合的存在严重地影响着传感器的测量精度。由于硬件解耦涉及众多难以解决的技术工艺问题，同时又会增加传感器的制造成本，相比较而言，软件解耦具有可行性强、精确度高、价格低廉等优点。软件解耦就是使用解耦算法，通过相应的公式计算，在最大程度上减小耦合所带来的负面影响，提高传感器的精度。

为了寻找各路的输出电信号与作用于传感器的三维力向量的大小和方向之间的关系，进而提高传感器的静态特性，需要进行静态标定试验。标定试验的准确性与解耦算法的合理性都对传感器解耦效果有着重大影响。这里采用了砝码重锤式加载力的方法，重复三遍获得标定试验数据。

假设在载荷范围内传感器各维力的输入与各维电信号输出构成线性定常系统，则输入力（F）与输出电压（U）之间存在关系：

$$U=HF \tag{5-3-4}$$

式中，F 中每一行代表每次标定试验中对传感器所施加的各维力向量，单位为 N；U 中每一行代表传感器对各路输出的电信号向量，单位为 V；H 为所求常数矩阵。用矩阵元素法可表示为：

$$\begin{bmatrix} u_{x1} & u_{y1} & u_{z1} \\ \vdots & \vdots & \vdots \\ u_{xn} & u_{yn} & u_{zn} \end{bmatrix}_{n\times n}^{T} = \begin{bmatrix} y_{11} & y_{12} & y_{13} \\ y_{21} & y_{22} & y_{23} \\ y_{31} & y_{32} & y_{33} \end{bmatrix} \cdot \begin{bmatrix} f_{x1} & f_{y1} & f_{z1} \\ \vdots & \vdots & \vdots \\ f_{xn} & f_{yn} & f_{zn} \end{bmatrix}_{n\times n}^{T} \tag{5-3-5}$$

式中，n 为标定试验次数；各路通道输出电压分别为 u_x、u_y、u_z；三维力分别为 f_x、f_y、f_z。

传感器解耦时，自变量为各路通道的输出电压，三个方向输入的力向量为未知量，其关系式为：

$$F = CU \tag{5-3-6}$$

结合式（5-3-4）最终求解出标定矩阵（C）：

$$C = (H^{T}H)^{-1}H^{T} \tag{5-3-7}$$

式中，C 为标定矩阵，由于其反映了各维力输入与输出之间的耦合关系，也称为解耦矩阵。将静态标定数据代入式（5-3-4）求解出 H 之后，通过式（5-3-7）即获得标定矩阵。

求解 C 矩阵的过程，实际上就是多元函数最小二乘拟合的过程。为获得较准确的标定矩阵，要求标定的试验次数远大于多维力传感器的维数。

将式（5-3-7）代入式（5-3-6）得：

$$F = (H^{T}H)^{-1}H^{T}U \tag{5-3-8}$$

由式（5-3-8）可求出传感器感知三维力过程中的力。

在单次试验中，通过已知的各路通道输出电压 u_x、u_y、u_z，就可以使用所求出的解耦矩阵，进行解耦计算出三维力 f_x、f_y、f_z，见式（5-3-9）：

$$\begin{bmatrix} f_x \\ f_y \\ f_z \end{bmatrix} = \begin{bmatrix} c_{11} & c_{12} & c_{13} \\ c_{21} & c_{22} & c_{23} \\ c_{31} & c_{32} & c_{33} \end{bmatrix} \cdot \begin{bmatrix} u_x \\ u_y \\ u_z \end{bmatrix} \tag{5-3-9}$$

式中，$C = \begin{bmatrix} c_{11} & c_{12} & c_{13} \\ c_{21} & c_{22} & c_{23} \\ c_{31} & c_{32} & c_{33} \end{bmatrix}$ 为解耦矩阵。

如果实验数据中存在粗大误差，或者传感器电桥输出值域空间维数大于力线性空间维数时，H 可能会接近共线性。H 的共线性必然导致 $H^{T}H$ 共线性，$\det = (H^{T}H) \approx 0$。当 $\det = (H^{T}H)$ 为接近于零的小值时，式（5-3-9）中对 $H^{T}H$ 求逆时必须用该小值为除数，否则造成 $(H^{T}H)^{-1}$ 中元素取值的极度"膨胀"产生病态矩阵。病态矩阵的产生将影响最终获得的 C 矩阵的精确性甚至得到错误的 C 矩阵。最终实验数据的一个微小扰动如实验误差或有效位数取值的变化，都会使得解耦精度发生很大的变化。而病态矩阵的诊断与改进涉及众多矩阵运算，算法复杂，运算量大。

东南大学的马俊青等[47]以东南大学江苏省远程测控技术重点实验室研制的十字梁型三维腕力传感器为基础，对传感器进行标定测量，并提出了两种静态解耦算法：基于最小二乘求解矩阵广义逆的静态解耦算法以及基于耦合误差建模的静态解耦算法。

2. 基于耦合误差建模的静态解耦算法

由静态耦合的基本原理得知，若传感器视为理想，即不存在维间耦合误差，则不需要解耦，各维力可以直接由式（5-3-10）求得：

$$\begin{cases} f_x = k'_{11}u_x \\ f_y = k'_{22}u_y \\ f_z = k'_{33}u_z \end{cases} \qquad (5\text{-}3\text{-}10)$$

式中，$k'_{ii} = 1/k_{ii}$，k_{ii} 表示统计模型各个参数。

现实中的三维腕力传感器存在较强的耦合干扰。考虑维间耦合因素，式（5-3-5）中每一路输出的电压值由 x、y、z 这 3 个方向的力共同作用叠加所得。将每路的输出电压先减去干扰力维间耦合引入的那一部分压值，即消除耦合误差，再代入式（5-3-10）求力，则完成了各维力之间的解耦计算。

$$\begin{cases} f_x = k'_{11}\left(u_x - k_{21}f_y - k_{31}f_z\right) \\ f_y = k'_{22}\left(u_y - k_{12}f_x - k_{32}f_z\right) \\ f_z = k'_{33}\left(u_z - k_{13}f_x - k_{23}f_y\right) \end{cases} \qquad (5\text{-}3\text{-}11)$$

式（5-3-11）解耦需要已知耦合干扰力向量，而实际解耦过程中，已知量为各路输出的电信号，各维力输入的大小均为未知量，必须用输出电压值代替耦合干扰力。解耦公式为：

$$\begin{cases} f_x = k'_{11}\left(u_x - k'_{21}u_y - k'_{31}u_z\right) \\ f_y = k'_{22}\left(u_y - k'_{12}u_x - k'_{32}u_z\right) \\ f_z = k'_{33}\left(u_z - k'_{13}u_x - k'_{23}u_y\right) \end{cases} \qquad (5\text{-}3\text{-}12)$$

虽然各路输出电压本身就含有耦合误差，直接替代耦合干扰力会引起耦合之耦合，即二次耦合。试验结果表明，对每路输出电压，耦合所引起的输出小于总输出的 5%，二次耦合小于 0.25%，可以忽略。

式（5-3-13）～式（5-3-15）为求解式（5-3-12）中的系数所用公式，其中为对腕力传感器校零以后的残余零点漂移，其数值较小，可以忽略。在标定试验中，对传感器分别进行 x、y、z 这 3 个方向的单向力加载标定试验，记录下每次加载单向力向量和各通道的输出电压值。将 x、y、z 方向单向力加载试验的试验结果用最小二乘法分别对三个式子进行一元线性回归方程的拟合，得出统计模型各个参数即 k_{ij} 最佳估计：

$$\begin{cases} f_x = k'_{11}u_x \\ u_y = k'_{12}u_x + b_{12} \\ u_z = k'_{13}u_x + b_{13} \end{cases} \qquad (5\text{-}3\text{-}13)$$

$$\begin{cases} f_y = k'_{22}u_y \\ u_x = k'_{21}u_y + b_{21} \\ u_z = k'_{23}u_y + b_{23} \end{cases} \qquad (5\text{-}3\text{-}14)$$

$$\begin{cases} f_z = k'_{33}u_z \\ u_x = k'_{31}u_z + b_{31} \\ u_y = k'_{32}u_z + b_{32} \end{cases} \qquad (5\text{-}3\text{-}15)$$

式中，b 表示对腕力传感器校零以后的残余零点漂移。

由以上推导可知，基于耦合误差建模的静态解耦算法根据式（5-3-5）所示耦合模型，将每路的输出信号减去耦合误差进行解耦。基于耦合误差建模的静态解耦算法同样采用最小二乘法，与基于求解矩阵广义逆的静态解耦算法相似。而基于耦合误差建模的方法通过用最小二乘法拟合一元函数进行耦合误差建模，然后将相关参数的最佳估计代入相关公式求解，无须复杂的矩阵运算，不会产生病态矩阵，算法简单可靠，且计算过程更能够从传感器维间耦合的本质出发，反映各维力之间的耦合关系。

3. 基于径向基函数神经网络的解耦算法

六维力/力矩传感器产生耦合误差的因素主要有两种：结构性耦合和误差性耦合。主要采取的解耦算法是对传感器的输出进行补偿解耦。对传感器进行解耦，就是对传感器的误差性耦合采取补偿计算的方式降低维间耦合。

通过各维的测力性能曲线，能够反映出传感器在解耦前各维施加载荷值与输出力值之间的对应关系，从测试图中能看到，当施加各维力载荷时，其输出力值与实际期望值相差较大，并且当施加某一单维力载荷时，其余各维力均有大小不等的力值输出，耦合影响严重，因此需要对传感器进行解耦。

由于传感器在实际输出过程中并不是纯线性的，因此虽然采用线性解耦能够减少传感器的干扰误差，提高测量精度，但是解耦效果并不理想。因此，需要对传感器进行非线性解耦，而采用非线性模型能够逼真地反映出多维力/力矩传感器的实际输出，理论上能够完全解决传感器的静态耦合问题。

径向基函数（RBF）一般采用输入层、隐藏层和输出层的三层神经网络非线性解耦算法模型。RBF 网络拓扑结构如图 5-3-5 所示。

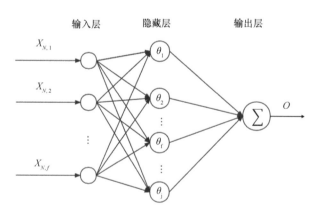

图 5-3-5　RBF 网络拓扑结构图

$X_{N,1}$、$X_{N,2}$、$X_{N,f}$表示输入矢量；θ 表示激活函数；O 表示输出

RBF 网络的基本思想是：用 RBF 作为隐单元的"基"构成隐藏层空间，这样就可以将输入矢量直接映射到隐藏层空间。当 RBF 的中心点确定以后，这种映射关系也就确定了。而隐藏层空间到输出空间的映射是线性的，即网络的输出是隐单元输出的线性加权和。此处的加权和即为网络可调参数。由此可见，从总体上来看，网络由输入到输

出的映射是非线性的，而网络输出对可调参数而言却又是线性的。这样网络的加权和就可由线性方程直接解出，从而大大加快学习速度并避免局部极小问题。

将六维力的 6 个输出力值信号 U 作为神经网络的输入层数据，输入层神经元个数为 6，将传感器的加载力向量 F 作为输出层数据，输出层神经元个数为 6。采用基于 MATLAB 的 RBF 神经网络工具箱并采用高斯径向基函数（radbas 型）表示隐藏层神经元的激活函数，用 S 表示隐藏层神经元个数，线性函数（purelin 型）表示输出层神经元的激活函数，R_1 表示隐藏层的权值向量，R_2 表示输出层的权值向量，B_1 表示隐藏层的阈值向量，B_2 表示输出层的阈值向量，A_1 表示隐藏层的输出向量，建立的 RBF 神经网络模型如图 5-3-6 所示。

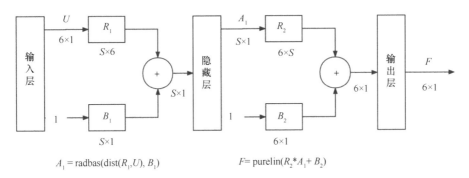

$$A_1 = radbas(dist(R_1, U), B_1)$$
$$F = purelin(R_2 * A_1 + B_2)$$

图 5-3-6 RBF 神经网络模型图

济南大学的李映君等根据径向基函数神经网络的解耦原理，提出了基于 RBF 神经网络的解耦算法[48]，并将其应用于其课题组研制的四点支撑结构的压电式六维力/力矩传感器的解耦研究。他们所制作的六维力传感器选用的压电材料为石英晶组，通过多组石英晶组的合理布置检测广义的六维力。他们的三维正交（F_x、F_y、F_z）的测量是通过传感的 4 个支撑点测出后同向代数相加得到的。三维正交力矩（M_x、M_y、M_z）的测量是通过各维分力和测力点的位置关系确定的。接着对神经网络进行训练，通过多次仿真试验，设置网络训练的扩展速度为 1，隐藏层神经元最大数目为 30 个。另外，设定目标误差为，当隐藏层神经元调整为 23 个并经过 23 次训练后，样本训练误差可达到指标要求。之后利用训练获得的 RBF 神经网络算法，得到解耦后输出力值的部分数据。根据施加载荷值与输出 U 的部分数据，获得解耦后六维力测力性能关系曲线。

4. 多维力传感器动态解耦方法

在对传感器实时动态检测要求不高的应用场合，对传感器输出进行静态解耦就能够满足使用要求。但是在实际应用中，很多情况都要求传感器能够准确且无延迟地反映被测数据实时变化情况，这时就需要对传感器进行动态解耦。

（1）不变性解耦方法

不变性解耦方法在设计解耦网络时，使传递函数和解耦网络构成一个新的系统，解耦网络将输入信号分离，使每个输出通道只含有一个方向的输入信号，其解耦原理如

图 5-3-7 所示。

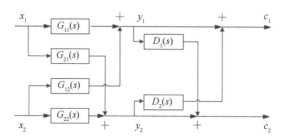

图 5-3-7　不变性解耦原理框图

$G_{11}(s)$、$G_{22}(s)$ 为传感器正向通道的传递函数；$G_{12}(s)$、$G_{21}(s)$ 为传感器非正向（干扰）通道的传递函数；$D_1(s)$、$D_2(s)$ 为解耦环节的传递函数；x_1、x_2 为传感器的输入；y_1、y_2 为传感器未经过解耦环节的输出；c_1、c_2 为传感器解耦后的输出

根据图 5-3-7 可以得到：

$$\begin{cases} c_1 = y_1 + y_2 D_2(s) \\ c_2 = y_2 + y_1 D_1(s) \end{cases} \tag{5-3-16}$$

若令 $C = \begin{bmatrix} c_1 \\ c_2 \end{bmatrix}$，$Y = \begin{bmatrix} y_1 \\ y_2 \end{bmatrix}$，$D = \begin{bmatrix} 1 & D_2(s) \\ D_1(s) & 1 \end{bmatrix}$，则式（5-3-16）变为

$$C = DY \tag{5-3-17}$$

则能够得到：

$$C = DGX = \begin{bmatrix} G_{11}(s) + D_2(s)G_{21}(s) & G_{12}(s) + D_2(s)G_{22}(s) \\ D_1(s)G_{11}(s) + G_{21}(s) & D_1(s)G_{12}(s) + G_{22}(s) \end{bmatrix} * X \tag{5-3-18}$$

为实现解耦，令式（5-3-18）对角线元素为 0，即：

$$\begin{cases} G_{12}(s) + D_2(s)G_{22}(s) = 0 \\ D_1(s)G_{11}(s) + G_{21}(s) = 0 \end{cases} \tag{5-3-19}$$

即得到：

$$\begin{cases} D_1(s) = -\dfrac{G_{21}(s)}{G_{11}(s)} \\[4mm] D_2(s) = -\dfrac{G_{12}(s)}{G_{22}(s)} \end{cases} \tag{5-3-20}$$

经解耦后的传感器输出为：

$$C = DGX = \begin{bmatrix} G_{11}(s) - \dfrac{G_{12}(s)G_{21}(s)}{G_{22}(s)} & 0 \\[4mm] 0 & G_{22}(s) - \dfrac{G_{21}(s)G_{12}(s)}{G_{11}(s)} \end{bmatrix} \tag{5-3-21}$$

由上推导过程可知，不变性动态解耦方法能够完成传感器的解耦工作，且不变性解耦方法的解耦网络容易构建。但为了消除维间耦合，传感器主通道增益受到补偿环节的影响，其增益会有所减小，这种主通道特性变化会降低传感器测量结果的可靠性。

（2）迭代动态解耦方法

在使用不变性解耦方法进行动态解耦时，传感器的主通道特性会发生改变。在弱耦合的情况下，耦合项可以忽略不计。但是在维间耦合较强的条件下，主通道传递函数需要减掉 $\dfrac{G_{12}(s)G_{21}(s)}{G_{22}(s)}$ 和 $\dfrac{G_{21}(s)G_{12}(s)}{G_{11}(s)}$，使解耦后的输出信号与理想信号之间存在较大的误差，主通道的增益明显减小。针对这种强耦情况，可以选择迭代动态解耦方法。

迭代解耦的原理如图 5-3-8 所示。不变性解耦的结果能够体现传感器的输出信号特性，如果利用不变性解耦的输出去估计另外一个通道上的传感器耦合信号，将得到更加精确的传感器输出信号，多次重复这个步骤，迭代解耦的输出结果会逐渐逼近理想输出信号。

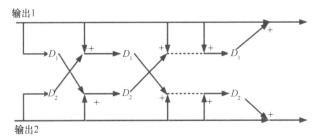

图 5-3-8　迭代解耦原理框图

图 5-3-8 中，$D_1 = -G_{21}/G_{11}$，$D_2 = -G_{12}/G_{22}$，这里迭代解耦补偿环节的建模方法与不变性解耦不同。不变性解耦是分别对传递函数 G_{11}、G_{12}、G_{21}、G_{22} 建模，然后再求解 D。

（3）对角优势化补偿解耦

实际上对高阶复杂的传感器系统而言，构建不变性解耦和迭代解耦的解耦网络非常困难，并且实际系统难以实现完全解耦，因此需要对系统进行简化。可以利用矩阵对角优势化特性设计动态补偿环节，使补偿后传感器系统的传递函数为一对角优势阵，消除系统维间耦合对其他通道输出的影响，实现系统近似解耦。

假设传感器系统的传递函数为 $G(s)$，在传递函数后添加一个解耦补偿环节 K_p，此时系统的传递函数变化为 $Q(s)=K_pG(s)$，对角优势补偿是指使得矩阵 $Q(s)$ 的对角线元素的模的平方和尽量大，非对角线元素的模的平方和尽量小，从而实现矩阵的对角优势化。

给定频率 ω，则 $G(j\omega)$ 为复数矩阵，记为：

$$G(j\omega) = \left[g_1(j\omega), g_2(j\omega), \cdots, g_n(j\omega)\right] \tag{5-3-22}$$

式中，$g_i(j\omega)$ 为 $G(j\omega)$ 的第 i 列，同时设定 K_p 为：

$$K_p = \begin{bmatrix} k_1^{\mathrm{T}} \\ k_2^{\mathrm{T}} \\ \vdots \\ k_n^{\mathrm{T}} \end{bmatrix} \tag{5-3-23}$$

式中，k_i^T 为 K_p 的第 i 行向量，则：

$$Q(j\omega) = \begin{bmatrix} k_1^T g_1(j\omega) & \cdots & k_1^T g_n(j\omega) \\ \vdots & \ddots & \vdots \\ k_n^T g_1(j\omega) & \cdots & k_n^T g_n(j\omega) \end{bmatrix} \qquad (5\text{-}3\text{-}24)$$

为了满足矩阵 $Q(j\omega)$ 的第 i 行具有对角优势，要求式（5-3-25）成立

$$\left| k_i^T g_i(j\omega) \right| > \sum_{\substack{l=1 \\ l \neq i}}^{n} \left| k_i^T g_i(j\omega) \right|^2 \qquad (5\text{-}3\text{-}25)$$

5.3.3　触觉深度学习的识别技术

近年来，关于深度学习的研究发展十分迅速，而触觉识别领域数据量十分复杂，适合采用深度学习的方法来进行触觉识别。过去几年中，深度学习在计算机视觉领域取得了巨大成功；其中，在物体识别和检测、场景分类、根据图像生成文字描述等领域表现尤为突出。虽然深度学习在机器人根据视觉引导进行抓取和控制方面得到了很好的应用，但目前还没有在机器人领域成为主流，深度学习在机器人领域的表现仍然不是十分完美，因为对于机器人来说仅靠视觉无法完成对复杂环境的应对，还需要触觉和其他感觉器官的帮助。

深度学习所得到的深度网络结构包含大量的单一元素（神经元），每个神经元与大量其他神经元相连接，神经元间的连接强度（权值）在学习过程中修改并决定网络的功能。通过深度学习得到的深度网络结构符合神经网络的特征，因此深度网络就是深层次的神经网络，即深度神经网络（deep neural network，DNN）。

深度神经网络主要可以分为前馈深度神经网络（feed-forward deep network，FFDN）、反馈深度神经网络（feed-back deep network，FBDN）和双向深度神经网络（bi-directional deep network，BDDN）[49]。深度神经网络结构如图 5-3-9 所示。

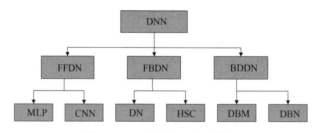

图 5-3-9　深度神经网络结构图

1）前馈深度神经网络：这是最初的人工神经网络模型之一，在这种网络中，信息只沿一个方向流动，从输入单元通过一个或多个隐藏层到达输出单元，在网络中没有封闭环路。典型的前馈深度神经网络有多层感知器（MLP）和卷积神经网络（CNN）等。Rosenblatt 提出的感知机是最简单的单层前向人工神经网络，但是随后 Minsky 等证明单层感知机无法解决线性不可分问题（如异或操作），这一结论将人工神经网络研究领域

引入一个低潮期，直到研究人员认识到多层感知器可解决线性不可分问题，以及反向传播算法与神经网络结合的研究使得神经网络的研究重新开始成为热点。但是由于传统的反向传播算法具有收敛速度慢、需要大量带标签的训练数据、容易陷入局部最优等缺点，多层感知器的效果并不是十分理想。卷积神经网络是神经认知机的推广形式。卷积神经网络是由多个单层卷积神经网络组成的可训练的多层网络结构，经典卷积神经网络结构如图 5-3-10 所示。每个单层卷积神经网络包括卷积、非线性变换和下采样 3 个阶段，其中下采样阶段不是每层都必需的[50]。每层的输入和输出为一组向量构成的特征图（feature map）（第一层的原始输入信号可以看作一个具有高稀疏度的高维特征图）。

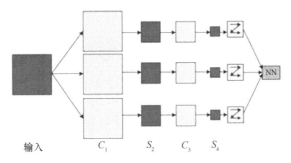

图 5-3-10　经典卷积神经网络结构图

NN 表示输出结果

图 5-3-10 中，C_1 和 C_3 是卷积层，S_2 和 S_4 是下采样层。卷积网络的特点在于，采用原始信号（一般为图像）直接作为网络的输入，避免了传统识别算法中复杂的特征提取和图像重建过程；局部感受野方法获取的观测特征与平移、缩放和旋转无关。卷积阶段利用权值共享结构减少了权值的数量进而降低了网络模型的复杂度，这一点在输入特征图是高分辨率图像时表现得更为明显。同时，下采样阶段利用图像局部相关性的原理对特征图进行了抽样，在保留有用结构信息的同时有效地减少了数据处理量。

2）反馈深度神经网络：与前馈深度神经网络不同，反馈深度神经网络并不是对输入信号进行编码，而是通过解反卷积或学习数据集的基，对输入信号进行反解。前馈深度神经网络是对输入信号进行编码的过程，而反馈深度神经网络则是对输入信号解码的过程。典型的反馈深度神经网络有反卷积网络（DN）、层次稀疏编码网络（HSC）等。以反卷积网络为例，Zeiler 等提出的反卷积网络模型和 Cun 等提出的卷积神经网络思想类似，但在实际的结构构件和实现方法上有所不同。卷积神经网络是一种自底向上的方法，该方法的每层输入信号经过卷积、非线性变换和下采样 3 个阶段处理，进而得到多层信息。相比之下，反卷积网络模型的每层信息是自顶向下的，通过滤波器组学习得到的卷积特征来重构输入信号。层次稀疏编码网络和反卷积网络非常相似，只是在反卷积网络中对图像的分解采用矩阵卷积的形式，而在层次稀疏编码网络中采用矩阵乘积的方式。

稀疏编码（sparse coding）是一种模拟哺乳动物视觉系统主视皮层 V1 区简单细胞感受野的人工神经网络方法，该方法具有空间的局部性、方向性和频域的带通性，是一种自适应的图像统计方法，图 5-3-11 为稀疏编码光谱图。稀疏编码的概念来自神经生物学，生物学家提出，哺乳动物在长期的进化中，形成了能够快速、准确、低代价地表示自然图像的视觉神经方面的能力。我们可以直观地想象，我们的眼睛每看到的一幅画面都是上亿像素的，而每一幅图像我们都只用很少的代价重建与存储，我们把它称为稀疏编码。稀疏编码算法是一种无监督学习方法，它用来寻找一组"超完备"基向量来更高效地表示样本数据。稀疏编码算法的目的就是找到一组基向量 Φ_i，使得我们能将输入向量 x 表示为这些基向量的线性组合（X）：

$$X = \sum_{i=1}^{k} a_i \Phi_i \qquad (5\text{-}3\text{-}26)$$

式中，a_i 为系数或稀疏加权向量。

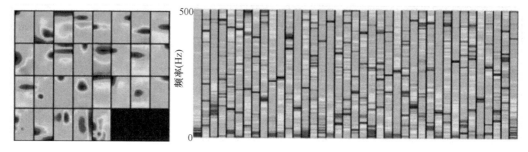

图 5-3-11　稀疏编码光谱图（彩图请扫封底二维码）

　　虽然主成分分析（PCA）技术能使我们方便地找到一组"完备"基向量，但是这里我们想要做的是找到一组"超完备"基向量来表示输入向量（也就是说，$k>n$）。超完备基向量的好处是它们能更有效地找出隐含在输入数据内部的结构与模式。然而，对于超完备基向量来说，系数不再由输入向量 x 唯一确定。因此在稀疏编码算法中，我们另加了一个评判标准"稀疏性"来解决因超完备而导致的退化问题。这里，我们把"稀疏性"定义为：只有很少的几个非零元素或只有很少的几个远大于零的元素。要求系数是稀疏的意思就是说：对于一组输入向量，我们只想有尽可能少的几个系数远大于零。选择使用具有稀疏性的分量来表示我们的输入数据是有原因的，因为绝大多数的感官数据，如自然图像，可以被表示成少量基本元素的叠加，在图像中这些基本元素可以是面或线。

　　在抓物的时候，人类可以迅速察觉物体的滑动，因为手指上有一个高适应性的机械性刺激感受器，它是位于皮肤上的可以感受压力和振动的快速变化的感应器。由于物体的滑动会引起的手部表面振动，因此科学家把这些振动的图像（光谱图）放进稀疏编码学习算法中。法国波尔多综合理工学院 CoRo 实验室的 Roberge 等利用稀疏编码将机器人识别物体滑动的精确度提高到92%。

　　3）双向深度神经网络：双向深度神经网络由多个编码器层和解码器层叠加形成，每层可能是单独的编码过程或解码过程，也可能同时包含编码过程和解码过程。双向网络的结构结合了编码器和解码器2类单层网络结构，双向网络的学习则结合了前馈网络和反馈网络的训练方法，通常包括单层网络的预训练和逐层反向迭代误差两部分，单层网络的预训练多采用贪心算法：每层使用输入信号 IL 与权值 w 计算生成信号 IL+1 传递到下一层，信号 IL+1 再与相同的权值 w 计算生成重构信号 I′L 映射回输入层，通过不断缩小 IL 与 I'L 间的误差, 训练每层网络; 网络结构中各层网络结构都经过预训练之后, 再通过反向迭代误差对整个网络结构进行权值微调。其中单层网络的预训练是对输入信号编码和解码的重建过程, 这与反馈网络训练方法类似; 而基于反向迭代误差的权值微调与前馈网络训练方法类似。典型的双向深度神经网络有深度玻尔兹曼机（deep Boltzmann machine, DBM）、深度信念网络、栈式自编码器等。

玻尔兹曼机（Boltzmann machine, BM）是一种随机的递归神经网络, 由 Hinton 等提出, 是能通过学习数据固有内在的表示从而解决复杂学习问题的最早的人工神经网络之一。玻尔兹曼机由二值神经元构成, 每个神经元只取 0 或 1 两种状态, 状态 1 代表该神经元处于激活状态, 0 表示该神经元处于抑制状态。然而, 即使使用模拟退火算法, 这个网络的学习过程也十分慢。加拿大多伦多大学的 Salakhutdinov 和 Hinton[51] 提出的受限玻尔兹曼机理论去掉了玻尔兹曼机同层之间的连接, 从而大大提高了学习效率。受限玻尔兹曼机分为可见层（v）以及隐藏层（h）, 可见层和隐藏层的节点通过权值 w 相连接, 2 层节点之间是全连接, 同层节点间互不相连。受限玻尔兹曼机一种典型的训练方法是, 首先随机初始化可见层, 然后在可见层与隐藏层之间交替进行吉布斯采样：用条件分布概率 $P(h|v)$ 计算隐藏层, 再根据隐藏层节点, 同样用条件分布概率 $P(v|h)$ 来计算可见层; 重复这一采样过程直到可见层和隐藏层达到平稳分布。

将多个受限玻尔兹曼机堆叠, 前一层的输出作为后一层的输入, 便构成了深度玻尔兹曼机。深度玻尔兹曼机训练分为 2 个阶段：预训练阶段和微调阶段。在预训练阶段, 采用无监督的逐层贪心训练方法来训练网络每层的参数, 即先训练网络的第 1 个隐藏层, 然后接着训练第 2、3、…、n 个隐藏层, 最后用这些训练好的网络参数值作为整体网络参数的初始值。预训练之后, 将训练好的每层受限玻尔兹曼机叠加形成深度玻尔兹曼机, 利用有监督的学习对网络进行训练（一般采用反向传播算法）。由于深度玻尔兹曼机随机初始化权值以及微调阶段采用有监督的学习方法, 这些都容易使网络陷入局部最小值。而采用无监督预训练的方法, 有利于避免陷入局部最小值问题。

伊琳·巴尔迪奥帕迪亚（Irin Balldyopadhyaya）等设计了一个机械夹持器, 并通过深度学习的方法实现被抓物体的软硬属性区分。机器手系统框图见图 5-3-12, 其中两个基于压敏电阻的触觉传感器被安装在两指机器手上, PIC 32 作为处理器控制机器手张合并获取压力信号, 深度学习算法被用来处理抓握物体时获取的连续触觉信息、特征向量, 并对物体软硬属性进行智能分类。

加拿大渥太华大学的加扎尔·鲁哈夫扎伊（Ghazal Rouhafzay）等从人类对物体的触觉探索中获得灵感, 提出了一种新颖的机器人触觉物体识别框架, 该框架采用一组视觉有趣点形式的视觉信息来指导触觉数据的采集过程。神经科学研究证实了皮肤数据的整合, 作为对人类感知的表面变化的反应, 从关节、肌肉和骨骼（动觉线索）的数据来识别物体, 并采用一种虚拟力传感电阻阵列（FSR）来捕捉皮肤线索。然后使用卷积神经网络（CNN）和传统的分类器实现了两种不同的顺序数据分类方法。以 CNN 为例, 对皮肤和动觉数据训练两个网络, 并提出一种新的混合决策策略用于物体识别。经过训练的分类器在 4560 个新的连续的触觉数据上进行测试, CNN 在视觉注意模型选择的物体轮廓的触觉数据上进行训练, 获得了 98.97% 的准确率。

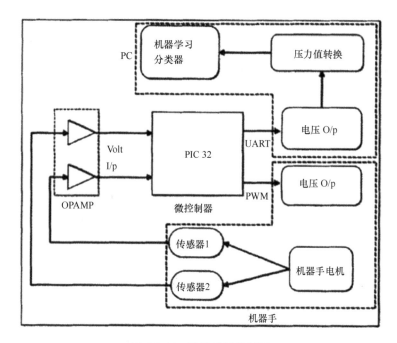

图 5-3-12　机器手系统框图

PC. 私人计算机；OPAMP. 放大器；Volt. 供电；O/p. 输出电压；I/p. 输入电压；
UART. 一种通信协议；PWM. 一般指脉冲宽度调制

5.3.4　多传感器信息融合技术

多传感器信息融合是一种新兴技术，在诸如目标跟踪和战场监视等军事应用领域，以及工业控制、医学诊断等非军事应用领域，通过对来自多个传感器的信息融合做出决策，能够提高这些应用中的数据精度。近几十年来，计算机、网络通信、信号处理和人工智能等技术的不断发展以及现代战争的复杂性日益提高，各种面向复杂应用背景的多传感器融合技术大量出现，促进了人们对多种传感器和不同信息源进行更有效的集成，进一步提高了信息处理的自动化程度。信息融合是一种多层次、多方面的处理过程，主要完成对来自多个信息源的数据或信息的自动检测、关联、估计和组合等处理。一般意义上的信息融合技术是对多源不确定信息进行综合处理及利用的信息处理技术。它利用计算机技术，对由多种信息源获取或多个传感器观测到的信息进行多级别、多方面、多层次的处理，以获得单个或单类信息源所无法获得的有价值的综合信息，并最终完成其决策估计和决策任务。

目前，触觉传感技术中的多传感器组合，大致可以分成三类，即同种传感器的组合、异种传感器的组合、同种传感器与异种传感器的混合式组合。同种传感器的组合是用来获取相同的目标信息，其数据信息完全一致，加强了同一信息的认知，提高了融合效果，此类多传感数据融合方法相对比较简单；异种传感器的组合则是利用不同传感器获取同一目标不同方面的信息，即应用在需要获取目标的多面性信息的场合，这样不同的传感器可以互补，更加全面地反映目标信息，因而此类多传感器的融合结果会更加精准、更加稳定和可靠，但是在信息的处理上提高了一定难度；而混合式组合则是将上述两者同时应用，同时发挥作用来使得多传感器融合决策更具有信服度[52]。

（1）信息处理层次

人类和动物本身就是一个高级的复杂的多传感信息融合系统。大脑就是这个融合的中心，协同眼睛（视觉）、耳朵（听觉）、鼻子（嗅觉）、口（味觉）、手（触觉）等多类"传感器"去感知外部环境的各个方面，并根据人的经验与知识进行相关分析、学习，综合判断，更好更全面地去理解事物。多传感器融合有多种分类方法。按融合技术分类，可以分为假设检验型、滤波跟踪型、模式识别型和人工智能型等信息融合技术；按融合判决方式分类，可以分为硬判决方式和软判决方式；按信息融合结构模型分类，可分为集中式和分布式融合结构；按信息融合目的分类，大体可以分为检测、状态评估和属性识别；按信息融合处理层次分类，可以分为数据级融合、特征级融合和决策级融合。图 5-3-13 为多传感器信息融合技术示意图。

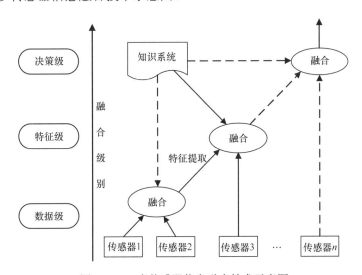

图 5-3-13 多传感器信息融合技术示意图

1）数据级融合：如图 5-3-14 所示，数据级融合是融合层次中最低一级，主要进行单模（同质）多传感器的数据处理，用以消除传感器信号的干扰和不确定性，得到更可靠准确的测量结果，主要方法有：小波变换、最小二乘法、卡尔曼滤波、高斯滤波、加权平均等。

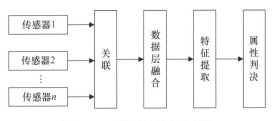

图 5-3-14 数据级融合示意图

数据级融合的优点是保留了尽可能多的信息，基本不发生信息丢失或遗漏（信息损失量最少），因此融合性能最好。缺点是：处理信息量大，所需要的处理时间较长，实时性差；另外，其抗干扰性能差、容错性差、算法难度高。

2）特征级融合：如图 5-3-15 所示，特征级融合提取来自传感器的原始数据特征，特征可以是传感器数据的增长方向、速度、边缘等，然后再对获得的特征量进行综合处理和分析。通过特征级融合，可以完成对多传感器数据的筛选、分类和整理，特征级融合针对的传感器一般不止一种，而是多模（异质）传感系统的融合。特征级融合方法有：聚类分析、人工神经网络、最大熵方法、参量模板法、KNN、支持向量机（SVM）等。

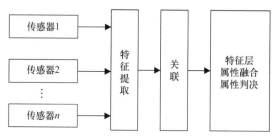

图 5-3-15　特征级融合示意图

特征级融合往往会丢失一部分的信息，但是同时能够保留大部分重要的信息，另外这些数据又经过了整理和压缩，很大程度上减少了数据计算量，为数据分析处理节省了很多时间，提高了效率。诸如在模式识别等技术领域，很多智能方法都是以提取信息特征为基本处理手段的，并且许多研究人员已经在这个方面开展了大量的研究工作，而很多在多传感器融合决策方面的应用从特征级上进行融合也较为快捷。

3）决策级融合：如图 5-3-16 所示，决策级融合处于融合结构的最高层次，在每个局部传感器完成了特征提取和独立决策后，再按一定准则对这些信息进行协调、综合，最后做出全局最优决策。决策级融合常用的方法主要有：D-S 证据理论、贝叶斯估计、模糊集理论、专家系统、产生式规则等。决策级融合的优点是处理的信息量最少，最简单、实用、容错性强，融合中心处理代价低；缺点是信息损失量大，性能相对较差。

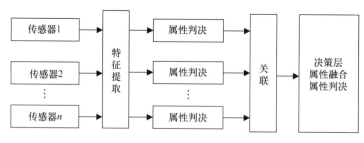

图 5-3-16　决策级融合示意图

上述多传感器信息融合处理三个层次的特点总结见表 5-3-2。根据表内信息总结，结合实际情况和具体要求来决定多传感器的融合决策中采用哪个层次的决策方法。当然，系统可以只使用一种层次的决策方法，也能够结合多个层次的特点采用多个层次的融合决策方法。

表 5-3-2　多传感器信息融合处理三个层次的特点

	数据级融合	特征级融合	决策级融合
传感器类型	同类	同类/异类	异类
信息处理量	最大	中等	最小
信息量损失	最小	中等	最大
抗干扰性能	最差	中等	最好
容错性能	最差	中等	最好
算法难度	最难	中等	最易
融合性能	最好	中等	最差

（2）模糊逻辑信息融合技术

美国控制论专家 Zadeh 教授在提出 D-S 证据理论的同时间段创建了模糊逻辑理论。模糊逻辑理论是对一般集合理论的一种推广，在不确定信息的逻辑推理模型设计中凸显优势，在多传感器的融合决策方法中也得到越来越多的重视。随着广大研究人员对模糊逻辑的不断深入研究，模糊逻辑理论已经在众多领域得到了广泛的运用，如工业控制、生物医学以及人工智能领域等。

设论域 U 中存在模糊逻辑子集 A。模糊逻辑用隶属度来判定目标的归属，定义隶属函数为 μ_A，则有 $\mu_A: U \to (0, 1)$。设论域 U 中有 m 个模糊子集 $A_1, A_2, \cdots, A_m$，对应每一个子集均有一个隶属函数 $\mu_{A_1}, \mu_{A_2}, \cdots \mu_{A_m}$，对于待测目标 x 有：

$$\mu_{A_i}(x) = \max\left[\mu_{A_1}(x), \mu_{A_2}(x), \cdots, \mu_{A_m}(x)\right] \tag{5-3-27}$$

则判定待测目标 x 属于模糊子集 A_i 的。模糊逻辑可以用极其简单的方式表达不确定性和不准确性。但是在建立模糊规则库上，需要花费很长时间，尤其是复杂的系统，而且建立的规则库十分庞大，不便于找出规则间的关系。另外，建立好的模糊规则库很难实现自学习和自适应，不便于系统改进。

（3）神经网络信息融合技术

神经网络信息融合技术是模拟人类大脑而产生的一种信息处理技术。BP 神经网络是一种典型的多层前馈神经网络，它在监督学习的方式下，使用基于误差修正学习规则的误差反向传播算法来进行学习，能够通过训练，掌握学习样本的输入输出关系。BP 神经网络的结构包括输入层、隐藏层和输出层。BP 神经网络学习算法采用的是误差反向传播算法（BP 算法），属于监督式学习中典型的误差纠正型学习，它能够逼近任意的非线性函数，具有很强的容错性，适用于多传感器信息融合。但是，神经网络的学习训练时间较长，网络权值不能保证误差的全局最小值，网络的学习和记忆具有不稳定性。

（4）模糊神经网络融合决策方法

基于模糊神经网络的融合方法，即将神经网络和模糊逻辑的优点相结合而构成的方法。模糊逻辑不需要系统精确模型，神经网络自适应学习能力强且能并行处理大规模数据。这种融合方法具有神经网络和模糊信息处理的共同功能，性能比单一神经网络和模糊控制具有更大优势[53]。将模糊控制器用神经网络来表示，可以改善和提高模糊逻辑推理的自适应能力，如图 5-3-17 所示，各层的节点数量根据实际需要调整，图示给出的模糊神经网络结构图分为 5 层，具体描述如下。

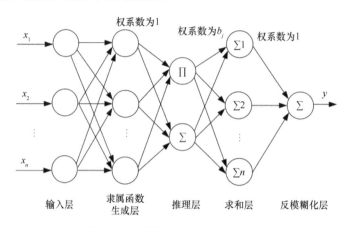

图 5-3-17　模糊神经网络结构示意图
∑1、∑2、∑n 表示加权

第 1 层为输入层，将输入信号转入下一层。

第 2 层为隶属函数生成层，即求取隶属函数，该层可以是函数链网络。第 2 层至第 3 层的权系数为 1。

第 3 层为推理层，实现模糊集运算的功能，得到神经元输出 μ_j。图中的两个神经元分别用乘积（$\prod$）和求和（$\sum$）标记。第 3 层至第 4 层的权系数是 b_j。

第 4 层为求和层，计算 $\sum_{j=1}^{R}\mu_j b_j$ 和 $\sum_{j=1}^{R}\mu_j$ 值，第 4 层和第 5 层的权系数是 1。

第 5 层为输出层（反模糊化层），实现反模糊化功能，输出最终的决策结果 y。

网络学习可以采用 BP 神经网络算法。BP 算法的学习规则是使用最速下降法，通过反向传播来不断调整网络的权值和阈值，使网络的误差平方和最小。为了增强网络的学习能力，引入重要度概念 a，重要度体现在第 2 层和第 3 层的权系数，分别为 a_j、b_j。当模糊规则的重要程度相同时，$a_j=1$；当重要程度不同时，可以调整 a_j，一般取值在 0～1，由决策专家给出，即用重要度来度量每一条模糊规则的重要性。这时系统的输出可以表示为：

$$y = \frac{\sum_{j=1}^{R}\mu_j(a_j b_j)}{\sum_{j=1}^{R}\mu_j} \tag{5-3-28}$$

将模糊逻辑和神经网络的结合称为模糊神经网络，研究由模糊神经网络构成的模糊推理控制器，应用于多传感器信息融合系统，使得融合决策方法同时具备了两种理论系统的决策优点。东南大学的宋爱国等根据移动机器人运动学模型，融合神经网络的自主学习功能与模糊控制的模糊推理能力，提出了基于自适应模糊神经网络的机器人导航控制器，将生成的 Takagi-Sugeno 型模糊推理系统作为机器人局部反应控制的参考模型。

该自适应模糊神经网络控制模型能够实时输出扰动角度，在线调整移动机器人的预瞄准方向，使移动机器人能够无碰撞趋向目标[54]。

5.4　仿生触觉传感与智能感知技术的应用

触觉感知作为人的五大感知之一，是人类认知世界的一种重要感官，通过模仿生物触觉，可以感知现实世界中许多与触觉相关的信号，并利用智能感知算法对这些信号进行特征提取及智能识别，便可以完成许多其他感知方式无法完成的任务。目前，仿生触觉传感在高灵敏传感、人造电子皮肤、机器手及智能假肢领域有着广泛的应用，这些应用又进一步涉及人工智能、智能康复及治疗、生理检测、仿生机器人及脑机接口等前沿领域，是当前众多前沿科研团队的研究重点。

5.4.1　模仿生物触觉的高灵敏仿生传感应用

生物，尤其是动物依靠实时及储备的内在和外部世界的信息，来进行一系列行动，如进食、繁衍以及休眠，外在的信息对于动物而言是极其重要的。因此，生物，小到细菌，大到海中巨人鲸鱼及拥有智慧的人类，感知外界的方式（生物传感器）及对应的执行方式（生物执行器）繁多。在触觉传感中，生物对于机械力感应的过程与生物执行器产生机械力的过程相反，机械信号的解析和复杂运动的实现都需要复杂的数据处理。随着研究的深入，人们越来越了解到大量的感官过程发生在周围神经（即中枢神经系统之外），特别是在复杂程度较低的动物中，如昆虫和蜘蛛，它们的大脑通常很小，但感官及行动非常灵敏而迅速，这在很大程度上意味着，中枢神经系统在很大程度上摆脱了在长期嘈杂的环境中识别与行为相关的任务。对于这些大脑很小的动物而言，外周神经的触动可能直接对应了某种特定的行为模式，由此可以产生最快速的响应，类似于人类的膝跳反射。同样，生物执行器的巧妙设计通常允许较为复杂的运动，而不需要复杂的信号处理。虽然通过这种方式可能会失去复杂信号处理的响应灵活性，但获得的优势可能是响应速度要快得多。近年来，通过模仿人类皮肤或动物的智能触觉传感特征，仿生触觉传感器由于具有灵敏度高、应用范围广的特点，从而促进了一系列材料设计和器件结构的创新[55,56]。

（1）高灵敏度仿生胡须传感器

许多哺乳动物都拥有触须，如猫科动物、犬及海豹等，每根触须都有对应的神经细胞与之相连，在触须与外界环境相互作用时，神经细胞将这些触觉信号传递给大脑，使得拥有触须的动物能感受到头部周围细微的物体位置、气流变化及物体纹理等信号，以实现保护自身、补充皮肤功能的目标。加利福尼亚大学伯克利分校电气工程与计算机科学系的 Takei 等[57]设计了一种基于碳纳米管（CNT）和银纳米颗粒（AgNP）材料的应变灵敏度与电阻率可调节的复合型薄膜，将这种薄膜在高深宽比的弹性纤维上图案化后即可形成一种仿生胡须，这种仿生胡须的结构如图 5-4-1 所示。

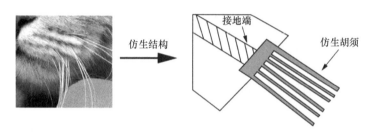

图 5-4-1　动物触须与 CNT-AgNP 仿生胡须[57]

　　这种仿生胡须首先是通过在硅片上刻蚀出高深宽比的胡须状沟道，再浇筑上聚二甲基硅氧烷（PDMS）并加热凝结之后形成柔性基底，剥离之后再于柔性胡须基底的顶部涂覆质量分数为 5% 的 AgNP 复合材料，底部涂覆质量分数为 30% 的 AgNP 复合材料，并在顶部及底部之间施加电压，检测器件应变带来的电阻变化。这种仿生胡须的特点是其具有动物胡须的可拉伸性及较高的灵敏度，同时灵敏度还可以根据柔性基底顶部和底部包含的 AgNP 复合材料的质量分数比例来进行调节。CNT-AgNP 复合材料中的 AgNP占比越高，材料的电阻率越低，导电性能越好，由此通过器件顶部及底部差异化的复合材料 AgNP 占比即可检测柔性基底的应变导致的电阻变化。这种仿生胡须阵列可以检测不同压强下的气流变化，在仿生机器人和人机交互中具有较广泛的应用前景。

　　此外，哈尔滨工业大学复合材料与结构研究中心的 Zhang 等[58]根据人类毛皮结构研发了一种钴基铁磁微丝阵列仿生毛发传感器，该传感器将敏感的毛发传感器和可承重的皮肤传感器集成到一个器件中并由此提高负载力的测量范围。该传感器可进行气流检测、材料特性表征等，并具有出色的耐用性能。

（2）高灵敏度仿生裂缝传感器

　　节肢动物的身体骨骼不仅为它们提供结构性支撑，给它们带来强大的运动能力，其中还遍布各类传感器，成为它们感知周围环境的重要方式。蜘蛛是自然界中依靠触觉感知捕获猎物的最强能手之一，它们的触角上遍布能感知周围气流的感觉性毛发以及一种能敏锐感知接触面机械振动的裂缝传感器阵列[59]。蜘蛛凭借着对振动的优秀感知，使它们即使在黑夜之中也能敏锐地感受到被捕于蛛网上的猎物带来的细微振动。韩国汉城大学机械与航天工程系的 Kang 等[60]在前人对于蜘蛛裂缝感知数学仿真的原理基础上设计了一种纳米级别的仿生裂缝振动传感器。

　　如图 5-4-2 所示，这种仿生裂缝传感器上遍布阵列宽度约 3 mm、裂缝深度 40～50 nm的裂缝，当受到外界应力时，这种阵列式的裂缝传感器会根据应力产生形变，从而改变整块传感器的电阻，当外加电压源（V）之后，由应力带来的电阻变化即可被检测出来。这种裂缝传感器首先通过滴加聚氨酯丙烯酸酯（PUA）前驱物于柔性聚对苯二甲酸乙二酯膜上，并将其覆盖于抛光平整的硅片上后进行紫外曝光以制作出约 10 μm 厚的紫外光固化的聚氨酯丙烯酸酯。之后运用溅射技术在 PUA 上形成 20～100 nm 厚的金属层。PUA上的金属薄膜分别被机械地弯曲成 1 mm、2 mm、3 mm 的曲率半径，以形成不同间距的裂纹用于后续传感。弯曲时，不同的曲率半径对应不同的裂缝之间的间隙，曲率半径与裂缝之间的间隙呈正相关。例如，当样品以 1 mm 的曲率弯曲时，裂纹之间的平均间距约为 10 μm。

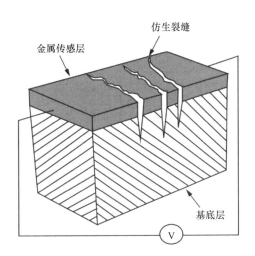

图 5-4-2　由 Kang 等设计的纳米仿生裂缝传感器[60]

这种纳米仿生裂缝传感器可以用于检测声音音调识别、语音识别及人体生理状态监测等领域。经过实验测试，将这种纳米仿生裂缝传感器用商用胶带固定于小提琴上，再由实验人员演奏不同的音调，传感器可以精准地识别出 B、E、A、D、G 音调，并可以计算出不同音调的基频；将裂缝传感器放置于音乐播放器上可以精准测试得出音乐的音频。

将这种新型仿生裂缝传感器放置于人喉颈处，可以根据人发声时的振动进行语音模式识别，利用该传感器能分别识别出测试人员说"走"（go）、"跳跃"（jump）、"射击"（shoot）及"停"（stop）时的不同发声方式，从而进行语音模式识别。除此之外，该实验团队还将仿生裂缝传感器贴附于手腕心率脉搏处，并分别测试了人处于静息状态下和运动之后的心率，测试结果显示该传感器能精确分辨出两种状态下人体心率的变化。

（3）高灵敏度多功能仿生触觉传感器

通过模仿人体触觉系统中的微观结构，或许能实现更灵敏的多维度触觉传感。在人体触觉系统中，主要的机械力感受器为位于真皮层的梅克尔触盘（MD）、迈斯纳小体（MC）、帕奇尼小体（PC）、鲁菲尼末梢（RE）。在表皮层和真皮层之间存在一种互锁结构，这种结构通过将应力集中在机械感受器（如 MD 和 MC）附近，将触觉刺激从皮肤表面放大并传递给机械感受器，使得人体皮肤能够敏锐地感受到压力、剪切力、拉伸力、弯曲力等不同形式的机械力。韩国蔚山科学技术院能源工程系的 Park 等[61]设计了一种带有模拟人体皮肤系统中互锁结构的多向力敏感柔性触觉传感器，柔性触觉传感器结构如图 5-4-3 所示。

这种高灵敏度多向力柔性触觉传感器是将两层具有半球状微柱结构及金属电极的 PDMS 结合构成。如图 5-4-4 所示，利用这种仿生柔性触觉传感器可以检测如剪切力、弯曲力等不同类型的机械力，根据电极层受应力带来的电阻变化可以识别出不同的机械力种类。这种仿生互锁微结构电子皮肤在未来可以运用到康复机器人及仿生人领域，具有十分广泛的应用价值。

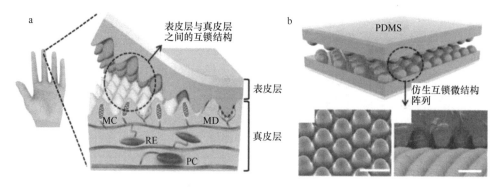

图 5-4-3　人皮肤中的互锁结构与仿生互锁微结构阵列图[61]（彩图请扫封底二维码）
（a）人皮肤中互锁结构示意图；（b）仿生互锁微结构阵列示意图

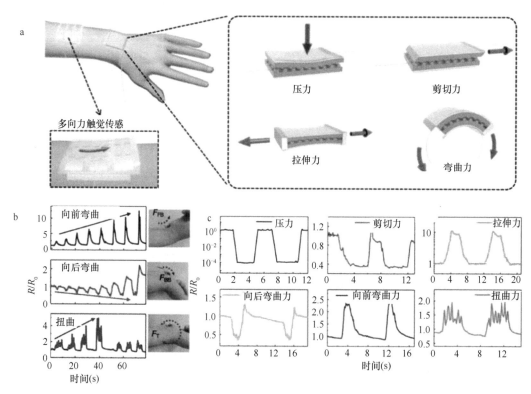

图 5-4-4　模仿人体皮肤系统互锁结构的多向力敏感柔性触觉传感器示意图[61]（彩图请扫封底二维码）
（a）多向力敏感仿生触觉传感器示意图；（b）多方向力检测结果（F_{FB} 表示向前弯曲力，F_{BB} 表示向后弯曲力，
F_T 表示横向扭曲力）；（c）多方向多种类型力检测结果
R/R_0 为拉伸后电阻值与拉伸前电阻值的比值

韩国汉阳大学电子与计算机工程系的 Wu 等[62]受体感信号产生和基于神经可塑性的信号处理的启发，基于摩擦电纳米发电机的原理，制备了一种具有学习和记忆功能的自供电智能仿生触觉传感器。单电极摩擦电纳米发电机利用纳米发电技术由压力触发电信号而无须外部供电，并利用嵌入摩擦层的还原石墨烯氧化物（RGO）作为电子

陷阱来获得神经可塑性从而模拟学习和记忆功能。中国科学院上海高等研究所先进材料实验室的 Wang 等[63]受手指纹理感受表面粗糙度的启发，研发了一种可用于微结构感知的石墨烯-聚二甲基硅氧烷微球 3D 打印柔性触觉传感器。该传感器具有独特的石墨烯-PDMS 微球结构，能够通过处理触觉信号来检测不同水平的表面粗糙度，具有优异的综合机械性能，包括稳定的拉伸能力、卓越的传感响应速率（短响应时间为 60 ms）、高灵敏度（2.4 kPa^{-1}）和重复使用稳定性（可重复使用超过 2000 个加载循环）。韩国首尔延世大学电气电子工程学院的 Park 等[64]基于二硫化钼（MoS$_2$）的半导体和机械优势研发了一种基于 MoS$_2$ 的大面积（8×8 阵列）有源矩阵触觉传感器，如图 5-4-5 所示，该传感器具有宽传感范围（1～120 kPa）、高灵敏度值（$\Delta R/R_0$：0.011 kPa^{-1}）和出色的线性度响应时间（180 ms）。这种传感器在准确感知多点触摸、跟踪指示笔轨迹以及通过使用人手掌抓住外部物体来检测外部物体形状方面具有广阔的应用潜力。

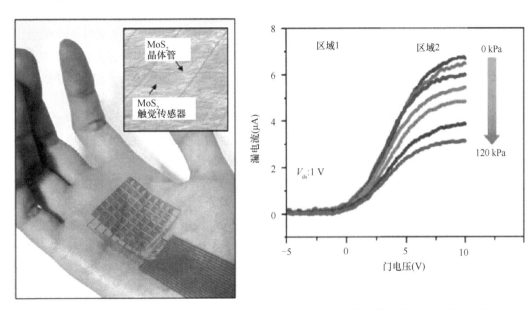

图 5-4-5 基于二硫化钼（MoS$_2$）的有源矩阵柔性触觉传感器示意图[64]（彩图请扫封底二维码）

V_{ds}. 场效应管漏源极之间电压

5.4.2 人造电子皮肤的应用

目前，对身体健康状态的监测通常在医院开展，而面对面的会诊、烦琐的检查过程会延误疾病治疗，此外，一些情况需要对健康状态进行长时监测，如运动期间对低血糖或脱水状态的监测等。因此，基于可穿戴设备和无线通信网络的物联网医疗保健体系有望实现即时持续、个性化的健康监测，从而大大改善当前医疗模式的不足。在个性化医疗保健领域，人体生理状态通过穿戴式传感器实现生物物理信号的实时获取。传感器的原始信号传输到手机应用程序或云平台，通过大数据分析和人工智能算法提取有用的健康信息。除了向用户提供健康监测结果，这些平台还提供患者与医生对接服务，医生根据传感器监测结果来制定干预和治疗方案。通过增加获取健康信息的途径，来制定相应对策,这种个性化的医疗体系使得我们更好地认识和调整身体状态。在可穿戴技术领域,基于柔性材料的人造电子皮肤是一个具有广泛应用性的前沿研究方向。在硬件上,电子皮肤的发展可以为仿生机器人提供更灵敏更精确的触觉反馈,让机器人实现更拟人的动作行为;在软件方面,通过用户长时间的穿戴连续监测采集大量数据,为人工智能领域的深度学习算法提供大量且多维的数据,由此产生更多样的个性化 AI 产品。除此之外,在生物医学方面,柔性电化学电子皮肤可以对人体血液、尿液及汗液进行多种生理参数的检测,提供更便捷的穿戴式生理检测平台[4,36,65]。

1. 多功能电子皮肤应用

韩国首尔基础科学研究所纳米粒子研究中心的 Kim 等[66]利用超弹性薄膜基底制作了一种可以感知温湿度、多维度机械力的多参数智能电子皮肤。这种智能电子皮肤还内置电阻加热器,从而可以对皮肤水分和温度进行动态调节。

这种智能电子皮肤底层是由聚二甲基硅氧烷(PDMS)构成的具有丝状图案的电阻加热器。这些电阻加热器间隔排布,以便于在表层的拉伸和收缩期间均匀加热。为了在加热期间监测触觉和热反馈,中间层是应变/压力和温度传感器阵列,由此可以精确监测触觉和温度信息。基于假肢模型的力学构造,这些传感器阵列以线性或蛇形进行排布。顶部封装层是由共面电容器构成的湿度传感器阵列,不同湿度会引起电容发生改变,从而获取环境湿度信息。每个传感器/加热器层与外部数据采集仪器独立连接。将具有通孔结构的各个功能层堆叠组合可以进一步简化布线要求。但是这种堆叠结构可能会引起传感器阵列间存在一定的机械干扰,例如,位于湿度传感器下方的应变/压力传感器由于附加刚度而降低对外部机械形变的敏感度。因此,将传感器堆叠结构进行交错分布,可以有效降低干扰。所有上述器件的超薄传感区域是由聚酰亚胺(PI)钝化的硅纳米带(SiNR)或金纳米带(AuNR)构成。另外,触觉压力传感器结构包含腔体,用以提高其对机械压力的灵敏度。制备这些触觉传感器的关键材料是 p 型掺杂单晶 SiNR,其具有高压阻率(测量系数:约 200)和低断裂韧性(约 1.0 MPa·m$^{1/2}$),使得弯曲产生的应变误差最小。这种多参数电子皮肤能够检测各向拉伸并根据温湿度传感器得到的数据进行温度调节,多层传感及反馈结构给多功能电子皮肤的构建带来了新的思路并拓宽了电子皮肤的应用场景。

2. 用于生理体征监测的多参数电子皮肤

美国西北大学的 Chung 等[67]针对当前硬质有线设备及插入动脉的导管式监测设备在监测婴幼儿体征过程中容易对其造成伤害研发了一种无线、非侵入性的新型多功能电子皮肤。这种电子皮肤可以实时有效地对婴幼儿心率、呼吸频率、体温和血氧含量进行准确测量,目前团队已经将这一新型电子皮肤器件作为婴幼儿看护病房中新的更安全高效的监测手段。这种新型电子皮肤除常规参数的监测外还包括记录婴幼儿的身体活动状态,评估皮肤状态,记录心音,记录哭声与时间,并监测收缩压/舒张压等。这种电子皮肤有潜力大幅度提高新生儿和儿科重症监护的质量。

这种新型电子皮肤使用模块化电池单元作为电源,通过一层薄的导电水凝胶耦合层，轻轻放置在胸部弯曲的皮肤上，可以记录心电图（ECG）、心率、声音、呼吸、身体活动及皮肤温度等参数，所有功能通过蓝牙低功耗系统（BLE）芯片（SoC）和相关传感器集合实现。总体结构由一种超薄柔性印刷电路板（FPCB）和传感检测组件构成可弯曲的传感及信号收发模块。这种穿戴式电子皮肤通过将不同的传感层进行堆叠，减少设备与婴幼儿体表的接触面积，从而降低对早产儿皮肤的伤害。通过精密力学的三维有限元分析（FEA），对元件分布结构进行优化，使器件的横向尺寸减小了 250% 左右，并在组装过程中将传感阵列排布成蛇形结构，以增强灵活性和可伸缩性。使用内硅凝胶衬垫（约 30 μm 厚，约 4 kPa）弹性外壳进一步改善电子皮肤的柔软性，提高与新生儿娇嫩且褶皱皮肤的相容性。用于 ECG 信号监测的导电水凝胶与柔性印刷电路板通过碳黑与聚二甲基硅氧烷（CB PDMS，体积电阻率为 4.2 Ω·cm）复合而成的薄导电结构进行连接。这种柔性电子皮肤可以将信号可靠、实时地无线传输到位于病房中 10 m 范围内的平板电脑，并且连续工作 24 h 不发热，不会烫伤新生儿皮肤。

　　该团队将这种新型电子皮肤器件在医生及家长同意的情况下用于危重病房的新生儿及幼儿的体征监测，经过测试，这种新型电子皮肤监测设备能精确高效地监测危重新生儿及幼儿的心率、呼吸速率、体温和血氧含量等生理参数，给可穿戴式电子皮肤带来新的应用前景。

　　用于长时生理监测的电子皮肤面临的一大难题就是监测器件的供电及通信问题，北京航空航天大学材料科学与工程学院的 Wang 等[68]开发了一种导电弹性体基压力传感器与柔性薄膜热电发生器（TF-TEG）相结合的自供电式脉搏长时间监测电子皮肤。这种电子皮肤可以收集人体体温对脉搏传感器进行供电，为长时间生理监测电子皮肤的供电及通信问题提供了一种创新的解决思路。

3. 监测汗液中离子浓度的类皮肤电子贴片

　　类皮肤电子贴片与电子皮肤类似，与检测机械力的电子皮肤不同的是，其需要通过对柔性基底上的电极进行不同的化学修饰以实现对不同的离子进行检测。将这种修饰了多种离子敏感材料的类皮肤电子贴片贴附于皮肤之上，可以实现对汗液的多参数实时监测。

　　浙江大学 Xu 等[69]基于丝网印刷柔性电子技术开发了一种以较低杨氏模量的聚二甲基硅氧烷（PDMS）作为基底，导电银纳米线（AgNW）墨水作为电极材料的汗液监测类皮肤电子贴片。这种皮肤贴片可监测汗液中葡萄糖浓度、钠离子浓度、钾离子浓度及氢离子浓度的变化，同时结合了柔性近场通信（near field communication，NFC）集成电路板，可以实现无线无源汗液分析监测，器件结构如图 5-4-6 所示。

　　无线无源汗液分析监测电子皮肤贴片的柔性电极部分是采用丝网印刷技术分别将 AgNW 导电电路层、Ag 电极层及 PDMS 封装层通过不同的丝网模板印制于柔性 PDMS 基底上制备而成，除柔性电极部分外，电子皮肤贴片还配备了 NFC 模块以用于电极的供能及信号的传输，使用者可使用手机中的 NFC 模块对电子皮肤进行供电并进行信号传输，结果可以通过手机 APP 快速读取。这种无线无源的方式解决了传统柔性电极供电及信号传输方式复杂的问题，是一种新颖且具有广泛应用前景的穿戴式柔性电极供电及数据采集方式。

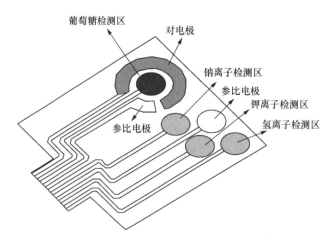

图 5-4-6　无线无源汗液分析监测电子皮肤贴片结构示意图[69]

美国伊利诺伊大学厄巴纳-香槟分校材料科学与工程系 Frederick Seitz 材料研究实验室的 Koh 等[70]开发了一种薄而软的结合了微流控的类皮肤贴片,可以直接可靠地从皮肤表面的毛孔中采集汗液。该器件将汗液输送到不同的通道和存储区,用于汗液成分的多参数检测,并提供与外部设备的无线接口选项,用于图像采集和分析。这种装置可以佩戴在身体的多个位置,由于利用了生物相容性黏合剂和特殊的用以提高柔韧性的结构设计,装置对人体几乎没有化学或物理刺激。该团队通过两项人体试验对装置进行了测试:一项环境可控的室内轻度出汗试验以及一项在长距离骑自行车比赛中的真实室外运动使用试验。结果显示该器件能非侵入且实时地监测使用者的汗液总流失量、酸碱度、乳酸盐、氯化物和葡萄糖浓度等参数。

英国爱丁堡大学材料与工艺研究所工程学院的 Chung 等[71]将热塑性聚氨酯(TPU)与金溅射涂层电纺丝相结合,制备了一种基于表面增强拉曼散射的柔性 Au/TPU 电纺纳米纤维汗液 pH 传感电子皮肤。这种基于表面增强拉曼散射的 pH 电子皮肤对于 pH 具有良好的分辨率,仅需 1 滴汗液即可完成一次检测,使用寿命达到 35 天。

加利福尼亚大学伯克利分校电气工程和计算机科学系的 Nyein 等[72]提出了一种结合微流控的电子皮肤贴片,这种电子皮肤贴片含有一个螺旋图案的微流控结构,并结合了离子选择性电化学传感器和基于电阻抗的出汗率传感器,通过将传感单元与用于信号检测、分析和传输的印刷电路板对接,实现离子(H^+、Na^+、K^+、Cl^-)浓度和出汗率的同步检测,为多参数汗液信息检测提供了一个集成平台。

5.4.3　仿生触觉在机器手与智能假肢中的应用

结合仿生触觉的机器手能够提高物品抓取精度与成功率,甚至进一步识别抓取物品的形态、表面状态等,是触觉传感的一大重要应用方向;结合触觉传感的触觉反馈智能假肢可以让截肢者通过假肢的触感反馈来控制假肢的抓取力度,从而提高抓握精度,为截肢者重构触觉感知,恢复日常肢体功能,也是目前仿生触觉的前沿应用。

1. 结合触觉感知的机器手物体识别抓取应用

人手之所以能轻松地抓取物品并对抓取的物品进行分类，是因为人手的皮肤中充满了丰富的触觉感知器，能敏锐地感知压力、摩擦力及温度等参数，以及视觉对物体位置及形状的初步估计及判断。对于机器手而言，精确地抓取物品并进行分类是一件异常困难的事情，主要的难点在于机器手的触觉传感不够灵敏，无法敏锐地感知物体的各项接触属性并做出相应的反馈调整，以及多感知融合效果较差。在之前的机器手抓物研究中，研究人员通常将重点放在视觉上，通过摄像机捕捉图像信号，并根据图像算法主导机器人移动到目标附近并完成抓取物体的任务。只专注机器视觉对于机器人抓取物体任务而言有着多方面的问题，首先，视觉会受制于相机技术的发展，在一些光线暗导致的目标无法清晰识别的情况下会产生较大的识别误差；其次，当视觉只能观察到物体的一部分时，很难通过视觉算法判断物体应属于数据库中的哪一类型，并且会导致目标索取模糊而无法完成物体定位；最后，除此之外，由于真实环境中人抓物时会根据物体的重量、粗糙度及硬度来判断抓握力度，单独运用视觉进行抓物判断与真实的抓物场景相悖，且会造成部分信息的缺失，从而导致抓物的失败。对于单一固定位置物体的拿起并放下这个任务中，完善且灵敏的触觉感知是顺利抓取物品的第一步，如果抓握力太强，会破坏抓取物体，抓握力不足又无法稳定地抓握物体，因此赋予传统机器手以触觉感知能力是开发能稳定抓取物品的机器手需要攻克的一大难关。

英国布里斯托大学工程数学系及机器人实验室的 James 等[73]开发了一种基于 3D 打印的三指触觉机器手，结构如图 5-4-7 所示，在每个手指的远端指骨上装有一个 TacTip 仿生触觉传感器，通过触觉感知对抓握物品的力度进行调节。James 将这种带有触觉传感的机器手称为 Tactile Model O。James 除用 Tactile Model O 完成抓取任务外，还利用触觉传感器收集到的触觉数据对物体进行分类并预测物体抓取的稳定性，给未来触觉机器手的广泛应用和研究带来有效的研究平台。

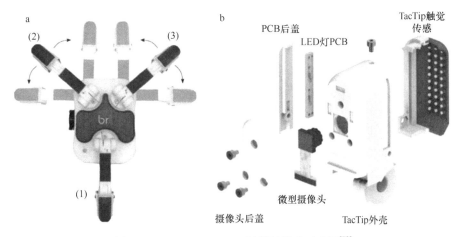

图 5-4-7　Tactile Model O 触觉机器手示意图[73]

（a）Tactile Model O 触觉机器手外观；（b）指尖触觉感知传感器

PCB 为印制电路板；图中（1）（2）（3）分别为机器手的 3 个类手指传感器，图中（2）（3）旁的
箭头表示类手指传感器的活动范围

James 等通过位于机器手指端的微型摄像头收集不同抓握物体的 TacTip 触觉传感点的视图信息，将收集到的图像信息用 CNN 卷积神经网络进行学习以进行抓握物体分类及抓取成功预测。通过一系列的抓取物品实验，结果显示，Tactile Model O 可以通过嵌入在机器人手中的软仿生触觉传感器手指表面变形的触觉信息准确地识别和分类物体（图 5-4-8）。在许多情况下，如仓库摆放杂乱的物品，以及通过机器视觉无法明确判断物品形态及位置时，这种不通过视觉对物体进行分类的能力是必不可少的。Tactile Model O 在目标识别和抓取成功预测方面对传感器故障具有较强的鲁棒性，表现出较高的性能。此外，James 还准备进一步改进机器手传感器设计，如增加指甲结构或改变传感器结构，以提高机器人的抓取性能。总而言之，Tactile Model O 是一款低成本的 3D 打印触觉机器手，具有多种触觉传感能力，并能进行在线计算，判断抓取物品的类型及预测抓取是否能成功。

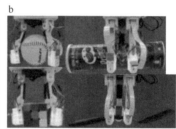

图 5-4-8　Tactile Model O 触觉机器手完成物品抓取任务示意图[73]

（a）触觉机器手能够成功抓取的物品合集；（b）Tactile Model O 能成功抓取大部分具有规则形状的
物体及少部分形状不规则的物体

仿生触觉在智能康复领域也具有很大的应用前景。因截肢或脊髓损伤而失去四肢或四肢无法正常行动的人可以使用假肢来恢复他们的部分行动能力，对于失去下肢的人而言，传统义腿可以一定程度上辅助患者行走，但对于失去上肢的患者而言，传统义手没有触觉反馈，也较难控制，很难帮助患者完成日常的生活需求。智能且灵巧的新一代仿生触觉智能假肢通过获取驱动机器手运动的控制信号，并传输触觉感知信号，向用户传达关于这些运动的结果信息。

此外，天津大学精密仪器与光电子工程学院精密测试技术及仪器国家重点实验室的 Yang 等[74]设计了一种集成纳米线温度传感器和导电海绵压力传感器的多功能的软机器手指，该机械手指可同时测量温度变化和接触压力。这种集成了触觉传感的机器手指的纳米温度和导电海绵压力传感器的灵敏度分别达到 1.196%/℃ 和 13.29%/kPa，可以快速识别三个接触压力范围内的 4 种金属和高接触压力范围内的 13 种材料。

2. 具有触觉反馈的新型智能假肢

正常人通常利用手与物体进行广泛多维度的交互，从用食指和拇指精确抓握到用所有手指和手掌用力抓握等一系列行为。手的多功能性在一定程度上得益于其复杂的解剖学结构（它由许多关节组成，由许多肌肉驱动）。人控制手的行动还需要一个复杂的神经系统，以适合实现目标的方式驱动手指，并对物体施加精确的握力。与驱动手产生动作同样重要的是来自手的触觉信号，它传达关于手的状态（运动和姿势）以及它与物体的相互作用（接触时间、位置和压力）信息。失去手的驱动或触觉感知功能可能会导致严重的身体残疾，由此造成的行动不便、幻肢疼痛及自卑心理甚至还会进一步对患者造成精神伤害。每年有成百上千的人因创伤事件或疾病而遭受上肢瘫痪或截肢，而新一代的仿生假肢可以让这些肢体受到创伤的人重新恢复日常生活并重拾自信。这种智能假肢的开发涉及从患者神经或肌肉获取信号并推断预期动作，以及假肢装置执行这些运动的意图。有多种技术可以从患者的肌肉、神经或大脑中提取控制信号，或者从患者当前可进行的运动中提取控制信号。然而，单向信号传递的假体系统的性能受到使用者可获得的触觉感知信号不足的限制：即使断肢前端用于控制假肢的残臂处肌肉会给使用者带来一些触觉反馈信号，以及来自机械执行器运转的声音可能为使用者提供听觉反馈，假肢运动也仍然主要通过视觉引导。并且，在正常人控制手时，肢体控制在很大程度上依赖于追踪肢体状态及其与物体互动的触觉体感信号。支配肌肉、肌腱、关节和皮肤的神经纤维传递有关肢体姿势和运动以及它们所施加的力量的信息，支配皮肤的神经纤维传递与物体开始和停止接触、手的哪些部分与物体接触、每个位置施加的力以及关于物体本身（其大小、形状和质地）的信息。即使没有视觉信息，触觉也能提供被接触物体的信息。触觉和本体感觉对我们灵巧地用手操纵物体的能力也是至关重要的，当我们失去这些感觉信号时，就会无法如往常一样操控手完成一系列操作，如我们依靠触觉对物体施加恰到好处的力，以免它们掉落，而当指尖被局部麻醉剂麻醉时，可能导致我们施加的力比平时要大得多，因此，非常容易在抓握脆弱物体时造成损坏。当失去多种感觉如触觉和本体感觉时，如患一些外周神经疾病时，即使运动系统依然完好，肢体也会丧失灵活性，从而影响手的功能。

因此，开发下一代具有触觉感知反馈的仿生智能假肢将大大提升假肢的使用体验及操作灵巧度。美国凯斯西储大学的 Tan 等[75]设计了一种带有触觉反馈的新一代仿生触觉智能假肢，这种假肢能使使用者产生类似真实触感的触觉反馈，让患者重获触觉感知的同时也能更灵敏地操控仿生假肢。与传统假肢不同的是，这种新一代仿生智能假肢需要在患者前臂中部的正中神经、桡神经和尺神经上植入神经刺激电极。这种仿生智能假肢共有 96 个刺激通道和 16 个记录通道，可以长时间同时监测几百个位于假肢各个部位的触觉和位置传感器，并实时将数据信号传输给电发放刺激器，随后这些数据就会被转译成电刺激传给神经。同时，智能假肢系统还将通过记录残肢上 16 块肌肉的运动状态来推测用户的意图，而记录数据将被编码成刺激信号传回并驱动假肢。

通过这种具有触觉反馈的仿生智能假肢，患者可以大大提高假肢的使用体验。受试者使用这款假肢，可以完成拔樱桃梗这种需要高精度力度控制的动作，当假肢施加力度太轻时，樱桃会从假肢中滑落，而力度太大时，樱桃又会被捏碎，受试者在开启触觉反馈之前很容易发生上述两种情况，而开启触觉反馈之后拔掉樱桃梗的成功率高达 90%以上，由此可以证明这种仿生触觉智能假肢能帮助使用者完成一些相对较为复杂的手部操作。除此之外，实验人员还发现，开启触觉反馈时的受试者对于抓握的自信心明显高于关闭触觉反馈功能时，由此可证明这种仿生触觉智能假肢给受试者恢复了部分自信，证明其一定程度上减轻了由截肢造成的心理创伤。目前这种仿生触觉智能假肢还处于实验阶段，由于庞大繁杂的导线及上位机控制系统，Tan 等准备之后开发更为便携、封装更为完整的仿生触觉智能假肢，给截肢患者带来更好的康复体验。

参 考 文 献

[1] Pan X, Wang Q, He P, et al. A bionic tactile plastic hydrogel-based electronic skin constructed by a nerve-like nanonetwork combining stretchable, compliant, and self-healing properties. Chemical Engineering Journal, 2020, 379: 122271.

[2] An J, Chen P, Wang Z, et al. Biomimetic hairy whiskers for robotic skin tactility. Advanced Materials, 2021, 33(24): 2101891.

[3] Wang S, Xu P, Wang X, et al. Bionic tactile sensor based on triboelectric nanogenerator for motion perception. 2021 IEEE 16th International Conference on Nano/Micro Engineered and Molecular Systems (NEMS), 2021: 1853-1857.

[4] Wang X, Dong L, Zhang H, et al. Recent progress in electronic skin. Advanced Science, 2015, 2(10): 1500169.

[5] 陈志佳, 李宏. 压电材料的发展现状及其展望. 科技经济导刊, 2016, (17): 1.

[6] Wilson S A, Maistros G M, Whatmore R W. Structure modification of 0-3 piezoelectric ceramic/polymer composites through dielectrophoresis. Journal of Physics D: Applied Physics, 2005, 38(2): 175-182.

[7] 黄勇, 陈善勇, 刘俊红. 导电复合橡胶用导电填料的应用研究进展. 云南化工, 2009, (5): 5.

[8] Faez R, Paoli M A. A conductive rubber based on EPDM and polyaniline: I. Doping method effect. European Polymer Journal, 2001, 37(6): 1139-1143.

[9] 刘平, 黄英, 仇怀利, 等. 力敏导电橡胶中的应变和压阻效应及工作原理分析. 高分子材料科学与工程, 2011, 27(5): 4.

[10] 仇月仙, 李斌. 导电橡胶复合材料压力传感特性研究. 功能材料, 2016, 47(11): 5.

[11] 李法利, 李晟斌, 曹晋玮, 等. 弹性敏感材料与传感器件. 材料导报, 2020, 34(1): 10.

[12] Seyedin S, Razal J, Innis P C, et al. Knitted strain sensor textiles of highly conductive all-polymeric fibers. ACS Applied Materials & Interfaces, 2015, 7(38): 21150-21158.

[13] 王政. 导电弹性纤维的研制. 东华大学硕士学位论文, 2007.

[14] Saraf R, Pu L, Maheshwari V. A light harvesting, self-powered monolith tactile sensor based on electric field induced effects in MAPbI$_3$ perovskite. Advanced Materials, 2018, 30(9): 1705778.

[15] Maheshwari V, Saraf R F. High-resolution thin-film device to sense texture by touch. Science, 2006, 312(5779): 1501-1504.

[16] Javed Y, Mansoor M, Shah I A. A review of principles of MEMS pressure sensing with its aerospace applications. Sensor Review, 2019, 39(5): 652-664.

[17] Zhao G, Zhang X, Cui X, et al. Piezoelectric polyacrylonitrile nanofiber film-based dual-function self-powered flexible sensor. ACS Applied Materials & Interfaces, 2018, 10(18): 15855-15863.

[18] Pang C, Zhao Z, Du L D. Development of capacitive pressure sensor based on MEMS. Micronanoelectronic Technology, 2007, 44(7-8): 249.

[19] Lee H K, Chang S I, Yoon E. A flexible polymer tactile sensor: fabrication and modular expandability for large area deployment. Journal of Microelectromechanical Systems, 2006, 15(6): 1681-1686.

[20] Chi C, Sun X, Xue N, et al. Recent progress in technologies for tactile sensors. Sensors, 2018, 18(4): 948.

[21] Askari H, Asadi E, Saadatnia Z, et al. A flexible tube-based triboelectric-electromagnetic sensor for knee rehabilitation assessment. Sensors and Actuators A: Physical, 2018, 279: 694-704.

[22] 平文. MEMS 硅谐振式压力传感器设计. 合肥工业大学硕士学位论文, 2017.

[23] Chortos A, Liu J, Bao Z A. Pursuing prosthetic electronic skin. Nature Materials, 2016, 15(9): 937-950.

[24] Khan S, Lorenzelli L, Dahiya R S. Technologies for printing sensors and electronics over large flexible substrates: A review. IEEE Sensors Journal, 2015, 15(6): 3164-3185.

[25] Wan Y B, Wang Y, Guo C F. Recent progresses on flexible tactile sensors. Materials Today Physics, 2017, 1: 61-73.

[26] Lipomi D J, Vosgueritchian M, Tee B C K, et al. Skin-like pressure and strain sensors based on transparent elastic films of carbon nanotubes. Nature Nanotechnology, 2011, 6(12): 788-792.

[27] Yamada T, Hayamizu Y, Yamamoto Y, et al. A stretchable carbon nanotube strain sensor for human-motion detection. Nature Nanotechnology, 2011, 6(5): 296-301.

[28] Allen M J, Tung V C, Kaner R B. Honeycomb carbon: A review of graphene. Chemical Reviews, 2010, 110(1): 132-145.

[29] Pereira V M, Castro Neto A H. Strain engineering of graphene's electronic structure. Physical Review Letters, 2009, 103(4): 046801.

[30] Wang Y, Wang L, Yang T T, et al. Wearable and highly sensitive graphene strain sensors for human motion monitoring. Advanced Functional Materials, 2014, 24(29): 4666-4670.

[31] Yan C Y, Wang J X, Kang W B, et al. Highly stretchable piezoresistive graphene-nanocellulose nanopaper for strain sensors. Advanced Materials, 2014, 26(13): 2022-2027.

[32] Tian H, Shu Y, Wang X F, et al. A graphene-based resistive pressure sensor with record-high sensitivity in a wide pressure range.Scientific Reports, 2015, 5: 8603.

[33] Pan L J, Chortos A, Yu G H, et al. An ultra-sensitive resistive pressure sensor based on hollow-sphere microstructure induced elasticity in conducting polymer film. Nature Communications, 2014, 5: 3002.

[34] Hammock M L, Chortos A, Tee B C K, et al. 25th anniversary article: The evolution of electronic skin (E-skin): A brief history, design considerations, and recent progress. Advanced Materials, 2013, 25(42): 5997-6037.

[35] Yao H B, Ge J, Wang C F, et al. A flexible and highly pressure-sensitive graphene-polyurethane sponge based on fractured microstructure design. Advanced Materials, 2013, 25(46): 6692-6698.

[36] Peng Y, Yang N, Xu Q, et al. Recent advances in flexible tactile sensors for intelligent systems. Sensors, 2021, 21(16): 5392.

[37] Sekitani T, Noguchi Y, Hata K, et al. A rubberlike stretchable active matrix using elastic conductors. Science, 2008, 321(5895): 1468-1472.

[38] Someya T, Sekitani T, Iba S, et al. A large-area, flexible pressure sensor matrix with organic field-effect transistors for artificial skin applications. Proceedings of the National Academy of Sciences of the United States of America, 2004, 101(27): 9966-9970.

[39] Javey A, Takei K, Takahashi T, et al. Nanowire active-matrix circuitry for low-voltage macroscale artificial skin. Nature Materials, 2010, 9(10): 821-826.

[40] Pan C F, Dong L, Zhu G, et al. High-resolution electroluminescent imaging of pressure distribution using a piezoelectric nanowire LED array. Nature Photonics, 2013, 7(9): 752-758.

[41] Loeb G E, Tsianos G A, Fishel J A, et al. Understanding haptics by evolving mechatronic systems. Progress in Brain Research, 2011, 192: 129-144.

[42] Fishel J A, Loeb G E. Bayesian exploration for intelligent identification of textures. Frontiers in Neurorobotics, 2012, 6: 4.

[43] Hu H, Han Y, Song A, et al. A finger-shaped tactile sensor for fabric surfaces evaluation by 2-dimensional active sliding touch. Sensors, 2014, 14(3): 4899-4913.

[44] Huang S, Wu H. Texture recognition based on perception data from a bionic tactile sensor. Sensors, 2021, 21(15): 5224.

[45] Zhao Y, Jiao L, Weng D, et al. Decoupling principle analysis and development of a parallel three-dimensional force sensor. Sensors, 2016, 16(9): 1506.

[46] 徐科军, 李成. 多维力传感器静动态联合解耦补偿方法. 应用科学学报, 2000, 18(3): 3.

[47] 马俊青, 宋爱国, 吴涓. 三维力传感器静态解耦算法的研究与应用. 计量学报, 2011, 32(6): 5.

[48] 李映君, 韩彬彬, 王桂从, 等. 基于径向基函数神经网络的压电式六维力传感器解耦算法. 光学精密工程, 2017, 25(5): 6.

[49] 余凯, 贾磊, 陈雨强, 等. 深度学习的昨天、今天和明天. 计算机研究与发展, 2013, 50(9):

1799-1804.

[50] Lecun Y, Kavukcuoglu K, Farabet C. Convolutional networks and applications in vision. 2010 IEEE International Symposium on Circuits and Systems, Proceedings of 2010 IEEE International Symposium on Circuits and Systems, 2010: 253-256.

[51] Salakhutdinov R, Hinton G. An efficient learning procedure for deep boltzmann machines. Neural Computation, 2012, 24(8): 1967-2006.

[52] 汪礼超. 基于机械手触觉信息的物体软硬属性识别. 浙江大学硕士学位论文, 2016.

[53] 张良杰, 李衍达. 模糊神经网络技术的新近发展. 信息与控制, 1995, 24(1): 8.

[54] 钱夔, 宋爱国, 章华涛, 等. 基于自适应模糊神经网络的机器人路径规划方法. 东南大学学报（自然科学版）, 2012, 42(4): 6.

[55] Amoli V, Kim S Y, Kim J S, et al. Biomimetics for high-performance flexible tactile sensors and advanced artificial sensory systems. Journal of Materials Chemistry C, 2019, 7(47): 14816-14844.

[56] Lee Y, Ahn J H. Biomimetic tactile sensors based on nanomaterials. ACS Nano, 2020, 14(2): 1220-1226.

[57] Takei K, Yu Z, Zheng M, et al. Highly sensitive electronic whiskers based on patterned carbon nanotube and silver nanoparticle composite films. Proceedings of the National Academy of Sciences of the United States of America, 2014, 111(5): 1703-1707.

[58] Zhang J, Hao L F, Yang F, et al. Biomimic hairy skin tactile sensor based on ferromagnetic microwires. ACS Applied Materials & Interfaces, 8(49): 33848-33855.

[59] Fratzl P, Barth F G. Biomaterial systems for mechanosensing and actuation. Nature, 2009, 462(7272): 442-448.

[60] Kang D, Pikhitsa P V, Choi Y W, et al. Ultrasensitive mechanical crack-based sensor inspired by the spider sensory system. Nature, 2014, 516(7530): 222-226.

[61] Park J, Lee Y, Hong J, et al. Tactile-direction-sensitive and stretchable electronic skins based on human-skin-inspired interlocked microstructures. ACS Nano, 2014, 8(12): 12020-12029.

[62] Wu C X, Kim T W, Park J H, et al. Self-powered tactile sensor with learning and memory. ACS Nano, 2020, 14(2): 1390-1398.

[63] Wang H H, Cen Y M, Zeng X Q. Highly sensitive flexible tactile sensor mimicking the microstructure perception behavior of human skin. ACS Applied Materials & Interfaces, 2021, 13(24): 28538-28545.

[64] Park Y J, Sharma B K, Shinde S M, et al. All MoS$_2$-based large area, skin-attachable active-matrix tactile sensor. ACS Nano, 2019, 13(3): 3023-3030.

[65] Ray T R, Choi J, Bandodkar A J, et al. Bio-integrated wearable systems: A comprehensive review. Chemical Reviews, 2019, 119(8): 5461-5533.

[66] Kim J, Lee M, Shim H J, et al. Stretchable silicon nanoribbon electronics for skin prosthesis.Nature Communication, 2014, 5: 5747.

[67] Chung H U, Rwei A Y, Hourlier-Fargette A, et al. Skin-interfaced biosensors for advanced wireless physiological monitoring in neonatal and pediatric intensive-care units. Nature Medicine, 2020, 26(3): 418-429.

[68] Wang Y L, Zhu W, Deng Y, et al. Self-powered wearable pressure sensing system for continuous healthcare monitoring enabled by flexible thin-film thermoelectric generator. Nano Energy, 2020, 73: 104773.

[69] Xu G, Cheng C, Liu Z Y, et al. Battery-free and wireless epidermal electrochemical system with all-printed stretchable electrode array for multiplexed *in situ* sweat analysis. Advanced Materials Technologies, 2019, 4(7): 1800658.

[70] Koh A, Kang D, Xue Y, et al. A soft, wearable microfluidic device for the capture, storage, and colorimetric sensing of sweat. Science Translational Medicine, 2016, 8(366): 366ra165.

[71] Chung M, Skinner W H, Robert C, et al. Fabrication of a wearable flexible sweat pH sensor based on SERS-active Au/TPU electrospun nanofibers. ACS Applied Materials & Interfaces, 2021, 13(43): 51504-51518.

[72] Nyein H Y Y, Tai L C, Ngo Q P, et al. A wearable microfluidic sensing patch for dynamic sweat secretion analysis. ACS Sensors, 2018, 3(5): 944-952.

[73] James J W, Church A, Cramphorn L, et al. Tactile model O: Fabrication and testing of a 3D-printed, three-fingered tactile robot hand. Soft Robot, 2021, 8(5): 594-610.

[74] Yang W T, Xie M Y, Zhang X S, et al. Multifunctional soft robotic finger based on a nanoscale flexible temperature-pressure tactile sensor for material recognition. ACS Applied Materials & Interfaces, 2021, 13(46): 55756-55765.

[75] Tan D W, Schiefer M A, Keith M W, et al. A neural interface provides long-term stable natural touch perception. Science Translational Medicine, 2014, 6(257): 257ra138.

第6章 仿生嗅觉传感与智能感知技术

6.1 概　述

在人类气味感知过程中，气味首先被嗅上皮中的受体识别，气味分子与受体结合后激活受体，通过生物催化过程打开离子通道，使细胞产生动作电位，随后将气味信息传递到嗅球，并通过嗅球传递到大脑皮层进行气味识别。人类嗅上皮存在约 400 种不同的嗅觉受体，每一种可与特定的气味分子结合。通过模拟或者直接利用这些不同功能的嗅觉受体，可以构建针对不同气体物质的仿生嗅觉传感器。

根据使用的嗅觉敏感材料，仿生嗅觉传感器可分为基于非生物敏感材料和生物敏感材料两种类型。通过模拟生物的嗅觉系统结构，人工电子鼻系统由具有选择性的气体传感器阵列和模式识别装置两部分构成。早期的电子鼻技术中使用的嗅觉传感器阵列由非生物敏感材料的气味传感器组成。近 20 年发展的生物电子鼻开始使用基于生物敏感材料的嗅觉传感阵列。本章主要从仿生嗅觉传感技术的研究、仿生嗅觉的智能感知技术和仿生嗅觉传感与智能感知技术的应用三个方面介绍仿生嗅觉传感与智能感知技术。

6.2　仿生嗅觉传感技术的研究

动物利用自身的嗅觉，辨识各种气味、躲避危险、查找危险物品，但是不同的应用场景使人类对气体检测的精度和准确度提出了更高的需求。天然的生物化学感受系统在许多领域的使用都存在很大的局限性，研究者一直期望能够研制出更客观准确的检测仪器来替代生物的感觉。长期以来，用于气体检测的标准方法主要是气相色谱-质谱联用仪（gas chromatography mass spectrometry，GC-MS）等。这些方法能够较为准确地分析混合物质中单一成分的种类和浓度，缺点是检测消耗时间长、设备仪器昂贵，且难以对混合物质做整体的评价。仿生嗅觉传感技术可以很好地弥补传统方法的不足。

6.2.1　气敏传感技术

仿生嗅觉传感技术的基本组成是仿生嗅觉传感器，用于实现对不同气味的感知和检测。仿生嗅觉传感器的关键部分是敏感材料和换能器，不同的敏感材料和换能器可以构成不同类型的气敏传感器。通常敏感材料和换能器是两种不同的组成元件，但是有的材料既是敏感元件同时也具有换能器的功能。例如，金属氧化物受到气体分子的影响发生电学特性改变。无须借助其他换能器，金属氧化物可以直接将气味信息转化为电信号的变化。根据敏感材料和换能器变换原理，常用的气敏传感器可分为 5 种：①金属氧化物半导体（metal oxide semiconductor，MOS）气敏传感器；②导电聚合物（conducting polymer，CP）气敏传感器；③电流型电化学气敏传感器；④基于光学的气敏传感器；⑤质量敏感型气敏传感器。

1. 金属氧化物半导体气敏传感器的原理

20 世纪 70 年代，日本的 Naoyoshi Taguchi 首次提出了用于可燃性和还原性气体检测的半导体设备。气体物质与敏感材料相互作用，从而导致电导率变化的传感器被称为电导型电化学传感器。常见的电导型电化学传感器包括金属氧化物半导体传感器和导电聚合物气敏传感器。

金属氧化物半导体（MOS）传感器由于制备简单、价格便宜、灵敏度高等，成为电子鼻系统研制最常用的传感器。根据导电的类型 MOS 可分为 p 型和 n 型。前者的主要载流子是空穴，后者则为电子。金属氧化物，如 SnO_2、ZnO、Fe_2O_3 和 WO_3 等属于 n 型半导体材料，其敏感膜表面存在大量空穴。在 300~500℃时，它们易被 H_2、CO、CH_4 和 H_2S 等还原性气体还原。敏感膜在得到电子后电导率发生改变。以 NiO 为例简要介绍 p 型 MOS 的传感机制。当 NiO 暴露在空气中，氧气分子吸附在材料表面，从 NiO 导带中捕获自由电子形成化学吸附氧离子如 O^{2-} 和 O^-等，并且在传感器表面形成空穴累积层（hole-accumulation layer，HAL），导致空穴浓度的增加和空穴积累层的扩大，该器件呈现低电阻状态[1]。传感器暴露于氢气后，氢气分子与表面吸附的氧基发生反应，捕获的电子被释放到 NiO 的导带中。这些电子与 NiO 敏感材料 HAL 中的空穴结合。这一过程减小了空穴累积层的宽度从而增加了电阻值[1]。对于某种特定气体，电导率的变化量和气体浓度相关。为了降低 MOS 传感器的工作温度，增加灵敏度，制备过程中常在金属氧化物敏感材料中掺杂铂、金、钯等贵金属。目前，MOS 传感器制作工艺已经十分成熟，产品商业化程度很高。

MOS 气体传感器采用特定的传感材料沉积在一组电极上，微加热器位于电极的底部，通过绝缘层与传感敏感元件实现电气隔离。图 6-2-1a 显示了 MOS 气体传感器的结构图。微机电系统（microelectromechanical system，MEMS）制造技术可以用于开发

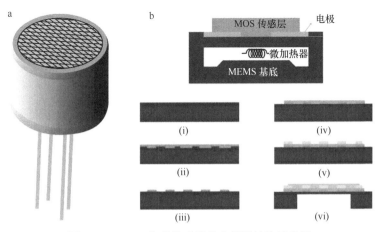

图 6-2-1　MOS 气体传感器及内部微结构示意图

（a）MOS 气体传感器结构示意图（自制）；（b）MOS 气体传感器内部结构示意图，包括一组电极、微加热器和使用 MEMS 制造技术建立在悬浮薄膜上的敏感元件层[2]

高效的温度平台上的 MOS 传感器，其中器件传感区域建立在一个悬浮薄膜上，以实现最佳的密封隔离结构。微纳加工技术是制造 MOS 传感器的常用技术（图 6-2-1b）。一般的制造流程包括热氧化硅基底、微加热器制作、微电极制作以及微电极上沉积气体敏感材料。

2. 导电聚合物气敏传感器的原理

导电聚合物包括聚苯胺（polyaniline，PANi）、聚吡咯（polypyrrole，PPy）和聚噻吩（polythiophene，PTh）及其衍生物等，通过掺杂等手段使其电导率介于半导体和导体之间。在吸附气体后，会产生聚合物分子链的溶胀或发生化学反应，影响聚合物分子链的电子密度，进而导致气敏材料电导率的改变。其电导率的变化与被测物的种类及浓度有关，因此，可以用于检测气体的种类和浓度。导电聚合物气敏传感器常用于大气环境中气体的检测，包括 NH_3、CO_2、SO_2 和 H_2S 等，同时也用于有机溶剂蒸汽的检测，包括醇类（甲醇、乙醇、丙醇、丁醇）、芳香烃（苯、甲苯、乙苯和苯乙烯等）、卤代烃类（卤代甲烷）、丙酮。PANi 在酸性溶液如樟脑磺酸中掺杂，使得 PANi 链质子化带上正电荷。通过静电纺丝技术，高质量掺杂的 PANi 纳米纤维在电场作用下，附着在接地的电极表面且释放电荷，进而实现敏感材料在叉指电极表面的修饰。对 H_2S 气体的响应机制：掺杂的 PANi 为 p 型半导体，其主要电荷载流子是空穴。当 PANi 与 H_2S 气体相互作用产生质子化的 $PANiH^+$，进一步增加 PANi 纳米纤维的导电性，传感器的电阻值会降低[3]。

3. 电流型电化学气敏传感器的原理

传感器输出信号为电流的电化学传感器称为电流型电化学气敏传感器。电流型电化学气敏传感器内部包含用液体或凝胶电解质（通常是硫酸）润湿的电极（图 6-2-2）。气体分子在透过另一个薄液膜形式的扩散屏障后，被吸附在适当极化的工作电极（working electrode，WE）表面上，并且参与电化学氧化或还原反应[4]。反应产物从电极表面解吸附并扩散到电解质溶液中。同时在对电极中存在平衡电子的反应。电化学反应引起的电流（I）的大小如下式：

$$I = \frac{nFAC_0}{\dfrac{L_{\text{eff}}}{D_{\text{eff}}}} \tag{6-2-1}$$

式中，n 为电极反应的化学计量值中存在的电子数；A 为工作电极表面积；C_0 为气体浓度；$\dfrac{L_{\text{eff}}}{D_{\text{eff}}}$ 为被测气体分子从传感器周围到工作电极表面的等效扩散系数和总扩散系数之比；F 表示法拉第常数。

4. 基于光学的气敏传感器的原理

基于光学的气敏传感器是近几年发展最快的传感器，传统的气敏传感器是测量电压、电阻、电势或频率等电信号，而基于光学的气敏传感器基于气体的不同光学特性进行检测。光学气敏传感器适用性很强，可使用各种不同的光源、各式的光纤以及检测器等。

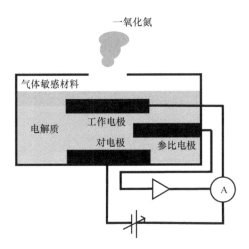

图 6-2-2　电流型电化学气敏传感器示意图

基于光学的气敏传感器中光纤气敏传感器最直接的测量方法是在特定的频率范围内检测目标气体吸光度的变化。光纤表面涂覆功能材料可实现浓度在 ppb①级别上的气体选择性检测[5]。光从高折射率的介质（纤芯）进入低折射率的介质（包层）过程中，当入射角大于临界角，折射光线消失，所有入射光在纤芯中被反射而不进入包层，在包层一侧产生隐失场（evanescent field，EF）。EF 是一种振荡的电场或磁场，它不作为电磁波传播，但其能量在空间上集中在源附近（振荡电荷和电流）。EF 的穿透距离（d）通过公式（6-2-2）得到。

$$d = \frac{\lambda}{2\pi\sqrt{n_{core}^2 - n_{clad}^2}} \tag{6-2-2}$$

式中，λ 为入射波波长；n_{core} 和 n_{clad} 分别为纤芯和包层的折射率。根据朗伯-比尔定律有：

$$\frac{I}{I_0} = c \times \alpha \times L \tag{6-2-3}$$

式中，I 和 I_0 分别为输出和输入光的强度；c 为吸光物质的浓度；α 为摩尔吸光系数；L 为吸光物质的光程长度。通过定量或定性检测输入输出的光变化可以计算出吸光气体分子的浓度。

一种光纤气敏传感器检测系统及原理如图 6-2-3 所示。光纤被剥离部分包裹层后，修饰上金属氧化物如二维的 WO_2（图 6-2-3b）。该材料具有近红外等离子共振特性[6]。对 NO_2 的传感机制为：NO_2 被二维的 WO_2 表面物理吸附，偶极子在二维的 WO_2 表面与吸附的气体分子一起形成，进而发生了电荷转移且导致等离子体系统内自由电荷载流子的重新分布和极化，最终导致吸收特性变化，随后导致光纤周围的隐失场发生变化。

① 1 ppb=10^{-9}

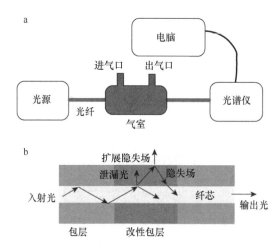

图 6-2-3　基于光学的气敏传感器检测系统及原理示意图
（a）光纤气敏传感器检测系统；（b）光纤气敏传感器检测原理

此外，光学气敏传感器的检测方法还可以用颜色作为指示信息，如金属卟啉（porphyrin）类物质作为指示剂，当与目标气体相互作用时，用 LED 等检测目标气体的吸光度。美国塔夫茨大学的 Dickinson 等[7]开发了一种基于二维光栅扫描技术的"嗅觉相机"电子鼻系统。该系统的电荷会在气体与传感器作用时发生变化，并且通过光栅对电荷进行扫描并记录。伊利诺伊大学厄巴纳-香槟分校的 Rakow 和 Suslick 等[8]发明了矩形卟啉传感器阵列，这种阵列以光谱的形式呈现出其检测的结果。

5. 质量敏感型传感器的原理

质量敏感型传感器是由交变电场作用在压电材料上而产生声波信号，通过测量声波参数（振幅、频率、波速等）变化从而得到被分析检测物的信息。它分为 QCM 体声波（bulk acoustic wave，BAW）和声表面波（surface acoustic wave，SAW）两种。QCM 因声波从石英晶体或其他压电材料的一面传递到另一面，在晶体内部传播而命名；而 SAW 是声波在晶体表面上传播，从一个位置传递到另一位置，因此称为声表面波。

相较于 SAW 器件，QCM 器件的结构更为简单。常见的 QCM 器件由石英晶体和表面的金薄膜构成（图 6-2-4）。其原理是基于压电效应的石英晶体，在施加电压后产生了谐振频率[9]。该频率也称为 QCM 信号，它随着晶体表面的质量变化而产生变化。为了实现气味检测的选择性，QCM 器件表面常常需要修饰功能材料，如纳米颗粒、碳纳米管和聚合物等。QCM 器件表面修饰敏感材料后，会引起频率的下降。在吸附目标物之后，进一步引起频率的下降，通过检测频率的变化进而计算出被测物的浓度。

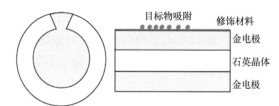

图 6-2-4　基于 QCM 的气敏传感器原理示意图

根据 Sauerbrey 方程，QCM 表面吸附/解附导致的频率变化：

$$\Delta f = -\frac{2f_0^2}{A\sqrt{\rho_q \mu_q}} \Delta m \qquad (6\text{-}2\text{-}4)$$

式中，Δf 为 QCM 的谐振频移（Hz）；f_0 为基本谐振频率（Hz）；Δm 为质量变化（g）；A 为电极表面积（cm^2）；ρ_q 和 μ_q 分别为剪切模量[$g/(cm \cdot s^2)$]和石英晶体的密度（g/cm^3）。此关系仅在以下条件下有效：①$\Delta f \ll f_0$；②添加的质量是刚性的；③质量均匀分布在传感区域[10]。

　　声表面波是指在固体的自由表面或者两种介质的界面上传播的声波。SAW 器件表面上的叉指电极激发和接收材料表面的波。如图 6-2-5a、b 所示，常见的叉指电极有两种不同的结构。在延迟线结构中，输入和输出叉指换能器（interdigital transducer，IDT）之间的间隔称为延迟线（图 6-2-5a）。它导致输入和输出信号产生时间延迟。另外一种是双端口谐振器装置，如图 6-2-5b 所示，双端口谐振器结构中输入和输出 IDT 更加接近且被反射器结构包围。这种反射结构导致明显且尖锐的谐振频率，使得 SAW 检测系统的设计更为简单。SAW 传感器最常用的压电材料是石英、铌酸锂和钽酸锂。当压电晶体受到外部机械力时晶格发生扭曲，在宏观层面上看来就是晶体表面产生了形变，同时发生了极化，从而会在受力部位产生一个电场。而且这一现象是可逆的，也就是说，当在晶体表面施加一个电场时，晶体相应部分的晶格也会发生扭曲，在宏观上看来就是晶体表面产生了形变。

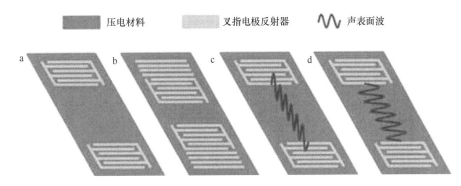

图 6-2-5　声表面波器件示意图[11]

（a）延迟线器件；（b）谐振器装置；（c）瑞利波；（d）水平极化横波

　　根据压电材料和晶体切割，可以获得不同的波类型。瑞利波（Rayleigh wave）垂直于表面的粒子位移（图 6-2-5c）。它是一种在半无限边界条件下沿介质表面传播的声波，由英国物理学家瑞利在 19 世纪 80 年代研究地震波的过程中偶尔发现的一种能量集中于地表面传播的声波。从理论上讲，波的能量越集中在表面，那么对表面环境量的变化就越敏感，由于瑞利波的能量都集中在几乎 1~2 个波长深度的范围内，这一特点使其十分适合应用于开发敏感器件。用于气体检测应用的 SAW 传感器通常是基于瑞利波器件。然而如果它们用于液体介质，波的能量会显著衰减。这是因为垂直于表面的粒子位移会产生辐射到液体中的压缩波。因此，用于液体的 SAW 设备需要支持剪切水平粒子位移的波，如水平极化横波（horizontally polarized shear wave，HPSW）（图 6-2-5d）。这包括乐甫波和表面横波（surface transverse wave，STW），其中波在器件表面的薄引导层（乐甫波）或金属条光栅（表面横波）中被引导。虽然瑞利波器件仅限于气体传感应用，但支持 HPSW 的 SAW 器件可用于液体和气体传感应用[11]。

行波和驻波在 SAW 器件的延迟线与谐振器中产生，通过薄膜占据的表面截面传播。声表面波速率取决于薄膜的特性（比质量、厚度、弹性系数、介电常数、电导率等）。SAW 器件被放置在高频放大器的反馈电路中，形成高频发生器。其工作频率由下式得出：

$$\omega_n = (2n\pi - \phi_e)V_R / L_{DL} \tag{6-2-5}$$

式中，n 为整数；ϕ_e 为叉指电极和放大器引起的相移常量；V_R 为声表面波速度；L_{DL} 为两个叉指电极中心之间的延迟线长度。被测物质无法改变 ϕ_e 和 L_{DL}，但是其影响了声表面波的速度。频率的变化值（Δf）与声表面波的速度变化（ΔV_R）关系如下：

$$\frac{\Delta f}{f} = \frac{\Delta V_R}{V_R} \tag{6-2-6}$$

因此，与 QCM 器件原理类似，SAW 器件的频率变化值与被测物质的浓度相关。SAW 气敏传感器的气体特异性和选择性取决于其表面的功能薄膜材料。SAW 器件表面通过四氢呋喃清洗后，在器件表面修饰上气体敏感材料后，则可实现挥发性气体检测。土耳其科学技术研究理事会马尔马拉研究中心材料所的 Kus 等[12]合成了纳米金棒和纳米银立方体分子改良的杯型芳烃（杯芳烃），并涂覆修饰在 SAW 换能器上，还测试了丙酮、己烷、乙醇、氯仿、戊二烯和甲苯 6 种挥发性有机化合物（VOC）。其中纳米银立方体的杯型芳烃对甲苯表现出选择性响应，纳米金棒修饰的杯型芳烃选择性地识别氯仿。

实际检测中，常采用双延迟线差分振荡电路。该方法最大限度地减少外界环境（温度、振动等）对传感器的影响。双延迟线声表面波振荡器系统的基本优点有：①由于压电波导基板，补偿温度对系统的差频的影响；②补偿了压力的影响；③将系统中的测量频率从 MHz 范围降低到 kHz 范围，更加有利于测量[13]。尽管通过电路的补偿优化了 SAW 检测的性能，但是 SAW 传感器自身也可以进一步地优化。为了分析 SAW 传感器的实时响应因素，中国科学院声学研究所刘建生团队利用微扰理论、朗缪尔公式和基本运输方程建立了分析模型[14]。氧化锌量子点被用作传感器的敏感元件，进行了磷酸二甲酯气体的吸附和解吸附实验。结果表明传感器具有周期性且与仿真结果接近。

6.2.2 仿生嗅觉传感技术

在生物体中，嗅觉感受细胞是嗅觉系统中气味感受的基本单元，其表面的嗅觉受体蛋白是最基本的气体敏感生物材料。1986 年美国特拉华大学的 Belli 和 Rechnitz 首次提出嗅觉气味传感器的概念[15]，他们将蓝蟹的触角作为嗅觉化学感受器，以电位电极作为二级换能器成功实现了氨基酸的选择性检测。由于引入了生物的原代组织、受体神经元、天然或异源表达的受体蛋白作为敏感元件，仿生嗅觉传感器部分继承了生物化学感受系统的优点，如灵敏度高、检测限低、选择性好等，在环境监测、食品安全、疾病检测等多个领域具有广阔的应用前景。目前用于仿生嗅觉传感器研究的生物敏感材料主要包括嗅觉相关受体蛋白、嗅觉细胞、嗅觉组织及器官。根据生物敏感材料的类型，生物嗅觉传感器可分为受体蛋白嗅觉传感器、细胞嗅觉传感器和组织及器官嗅觉传感器。

1. 基于受体蛋白的嗅觉传感原理

嗅觉受体蛋白（olfactory receptor protein，ORP）作为仿生嗅觉传感器的敏感材料，其活性直接影响传感器的灵敏度、特异性及稳定性。与嗅觉组织和细胞相比，嗅觉受体蛋白更容易长时间保存、稳定性和活性更好，有利于仿生嗅觉传感器朝着微型化和便携式的方向发展。制备具有功能的嗅觉受体蛋白是开发受体蛋白嗅觉传感器的核心问题之一，至少应该满足以下基本要求：①保持其天然构象及结合气味分子的能力；②制备成本低廉；③容易长期保存。尽管目前有很多制备嗅觉受体蛋白的方法，每种方法各具优势，但是还没有一种方法完全满足以上要求。常用的方法主要包括：①从活体嗅觉组织和细胞提取嗅觉受体蛋白；②在异源细胞系中表达嗅觉受体蛋白；③利用无细胞蛋白表达系统制备嗅觉受体蛋白；④化学合成。获得功能性嗅觉受体蛋白后，稳定有效地将其固定在二级传感器表面是决定仿生嗅觉传感器性能的关键因素之一。功能性固定过程既需保证嗅觉受体有效地固定在传感器表面，还需要保证受体在传感器表面的活性。目前，嗅觉受体固定在传感器表面的方法主要分为三类：物理吸附、抗体特异性结合、共价连接。

受体蛋白结合二级换能器后，可实现对特定气味分子的检测。场效应晶体管是一种常用的半导体放大器件，其基本原理是利用半导体的表面或内部电场效应对器件内多数载流子的运动进行控制。新西兰惠灵顿维多利亚大学化学与物理科学学院的 Murugathas 等[16]开发了带有昆虫嗅觉受体（OR）纳米圆盘的石墨烯 FET 仿生嗅觉传感器。对于器件制造，使用化学气相沉积将石墨烯预改性的 SiO_2/Si 基底上进行光刻和金属沉积。当配体与石墨烯上的受体结合时，FET 器件漏极和源极之间电流会减少。这种响应可能是由于 OR 构象变化或配体结合后配体门控离子通道的打开。这两种途径都会导致表面电荷的改变。与不含 Orco 亚基的脂质体相比，同时含有 DmOR 和 Orco 的脂质体显示出更高的敏感性，再次展示出了 Orco 的稳定性。

嗅觉受体可以用基因工程技术在不同的细胞系统中表达，QCM 器件可用于检测受体的功能（图 6-2-6）。韩国首尔大学 Park 团队把小鼠的嗅觉受体 I7 表达于人胚胎肾细胞（HEK-293）的细胞膜[17]。把线虫的嗅觉受体 ODR-10 表达于大肠杆菌，在证实该受体表达于大肠杆菌的细胞膜后，把含有该受体的细胞膜提取出来，然后固定在 QCM 的电极表面，以检测嗅觉受体和各种不同气味分子的相互作用。与其他气体分子相比，ODR-10 受体能与其天然配体丁二酮发生最强的相互作用。研究还表明，这些嗅觉受体对其特异的气味分子的响应在一定范围内是浓度依赖的，而且检测限很低。基于 QCM 的仿生嗅觉传感器可以作为检测嗅觉受体与气味分子相互作用的一种有效手段。浙江大学的王平团队[18]在 ODR-10 嗅觉受体蛋白的 N 端修饰上 6 个组氨酸标签（His_6），利用抗 His_6 的适配体将嗅觉受体蛋白修饰在 QCM 上，同时也实现 ODR-10 的纯化。如图 6-2-6 所示，被测气味通过气泵输送至 QCM 芯片上，通过 QCM200 系统采集被分析物作用后质量变化引起的 QCM 器件的输出频率的变化，从而实现高灵敏度和高特异性的气味检测。

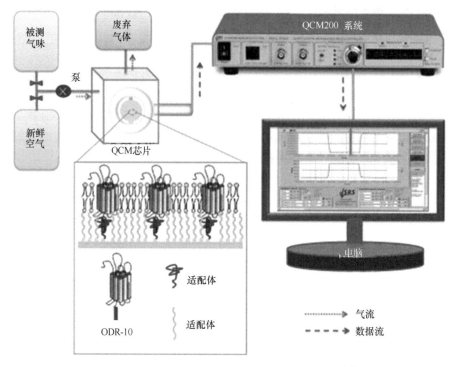

图 6-2-6　基于 QCM 阵列的嗅觉传感系统示意图[18]

SAW 器件与 QCM 同属于质量变化型二级换能器，可以检测嗅觉受体捕获气味分子后引起的质量变化。浙江大学的杜丽萍等采用双通道延迟线型声表面波器件作为换能器，通过检测嗅觉受体与气体结合过程中的质量变化情况，实现气体的特异性检测[19]。意大利国家研究委员会声学所和传感器研究所的 Pietrantonio 等[20]在声表面波器件上采用液滴法涂覆三种不同的嗅觉结合蛋白（olfactory binding protein，OBP），即牛的野生型 OBP（wtbOBP）、双突变体 OBP（dmbOBP）和猪的野生型 OBP（wtpOBP）。实验表明，wtpOBP 的 SAW 传感器对辛烯醇气味的检测灵敏度可以高达 25.9 Hz/ppm①。

2. 基于细胞的嗅觉传感原理

在生物嗅觉系统中，含有嗅觉受体蛋白的嗅觉感受神经元是最基本的传感单元，能够直接将气体刺激转化为神经电活动。而且相比于嗅觉受体蛋白，获取表达嗅觉受体蛋白的细胞可省去复杂的蛋白质提取步骤。以嗅觉细胞作为仿生传感器的敏感元件，需要制备具有嗅觉受体的嗅觉细胞，即功能性嗅觉受体细胞。相比于嗅觉受体蛋白，功能性嗅觉受体细胞具有更多可检测的敏感信息，受体配体相互作用后，细胞膜表面的嗅觉受体蛋白构象发生改变，细胞内 Ca^{2+} 等的浓度发生改变，甚至细胞产生动作电位，通过检测这些信息的改变，分析其与气味分子的相关性，可应用于研制仿生嗅觉受体细胞传

---

① 1 ppm=10^{-6}

感器实现气味物质的检测。目前用于研制仿生嗅觉传感器的细胞主要分为两类：原代嗅觉神经元细胞和表达了嗅觉受体的细胞株。具有嗅觉功能的细胞器与二级换能器结合可以构建嗅觉细胞传感器（图 6-2-7）。由于嗅觉感受神经元具有电兴奋信号，常见的嗅觉细胞传感器有基于微电极的嗅觉细胞传感器（图 6-2-7a）。细胞电信号检测的基础是界面的电化学特性。细胞黏附在微电极表面，最终电子转移到金属和金属转移产生电流相等，此时细胞和电极界面之间的净电流为零。这些电子转移产生的电场形成了内亥姆霍兹（Helmholtz）平面和外亥姆霍兹平面，最终导致双电层的形成（图 6-2-7b）[21]。

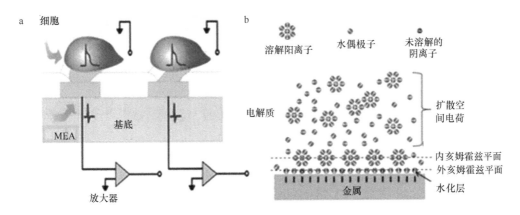

图 6-2-7　基于微电极的嗅觉细胞传感器及双电层模型示意图[21]

（a）基于微电极的嗅觉细胞传感器；（b）双电层模型

微电极器件输出到放大器的电压[22]：

$$V_{in}(t) = \frac{Z_{in}}{Z_e + Z_{in} + R_s} V_X(t) \tag{6-2-7}$$

式中，Z_{in} 为放大输入阻抗；Z_e 为电极阻抗；R_s 为体积导体如电解溶液的扩展电阻；$V_X(t)$ 表示 t 时刻在双电层外沿 X 点处的胞外电势；$V_{in}(t)$ 为 t 时刻微电极输入到放大器的电压值。

东京大学的 Misawa 等[23]将表达有离子通道类型昆虫嗅觉受体的 *Xenopus* 卵母细胞固定在微流控芯片中，使用两个电极记录气味物质刺激前后细胞内电流的响应，研制仿生嗅觉传感器。结果表明该传感器最低检测限可达 10 nmol/L，一旦检测到气味物质的浓度超过阈值，即可控制机器人头部的转动，实现实时监测。结合转基因工程技术，具有电兴奋的细胞被设计为对特定气味响应的敏感材料。进一步结合 MEA 器件，该方案可实现对特定气味的检测。浙江大学王平团队将嗅觉受体 ODR-10 转染到人神经母细胞瘤 SH-SY5Y 细胞系中[24]。如图 6-2-8 所示，SH-SY5Y 细胞培养在微电极阵列芯片上。ODR-10 可以通过改变细胞的胞外电位对丁二酮产生特异性反应，该反应被 MEA 芯片检测到，从而构建了一种爪蟾卵母细胞仿生嗅觉传感芯片。随着加入丁二酮的浓度升高，细胞胞外电位的频率也随之增大。该仿生嗅觉传感器对丁二酮气味具有高灵敏度。

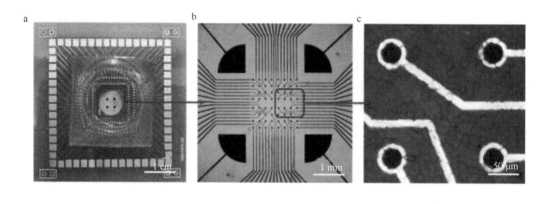

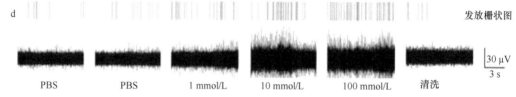

图 6-2-8　基于 MEA 的仿生嗅觉传感器示意图[24]（彩图请扫封底二维码）

（a）MEA 芯片；（b）64 通道 MEA 芯片电极排布照片；（c）电极点表面电镀铂黑，在芯片上培养 SH-SY5Y 细胞；
（d）传感器对不同浓度丁二酮的响应信号（PBS 表示磷酸盐缓冲液）

光寻址电位传感器（LAPS）是一种常用的半导体芯片。许多研究已经证实，LAPS 可以用于构建监测细胞外电位的细胞-半导体复合系统。LAPS 技术有许多优点，如 LAPS 的表面十分平滑以致很容易测量流动的液体、制作工艺非常简单、使用寿命较长、可以实现对芯片表面任意位置的寻址测量等。LAPS 是一种表面电压检测器，利用了半导体的内光电效应。当有适当的光照射于 LAPS 时，半导体由于本征吸收导致电子-空穴对的产生。在半导体与绝缘层接触的表面处于耗尽状态时，在耗尽层强电场作用下，通过扩散进入耗尽层的光生电子、空穴被分离，分别聚在耗尽层两侧，形成光电压。由于照射光是被恒定调制的激光束，因此光电压是交变的，于是通过绝缘层电容，在外电路会有交变电流通过。在光照条件（光波长、功率）和硅基底的电阻率、硅片厚度、传感器芯片的几何尺寸等参数一定的情况下，光电压的大小取决于耗尽层的厚度。耗尽层越厚，它能够收集到的光生载流子越多，光电压越大。理想情况下（不考虑界面态及氧化层中的电荷），耗尽层厚度由等效偏置唯一决定，当外加偏置电压不变时，耗尽层厚度仅由耦合在其上的细胞外电位决定（图 6-2-9a）。因此，用聚焦光点于 LAPS 表面靶细胞的方法，在光照区域测量局部表面电位就能记录到细胞外电位的改变。当神经元培养于 LAPS 的氧化硅表面时（图 6-2-9b），细胞-LAPS 复合系统界面的电路模型如图 6-2-9c 所示。浙江大学的刘清君等以嗅觉感受细胞作为敏感元件，将嗅神经元、僧帽细胞和丛状细胞有效地培养于半导体芯片上，以 LAPS 作为传感芯片来监测神经元的细胞外电位，实现气味和神经递质（如乙酸和谷氨酸）的检测[25]（图 6-2-9d）。

表面等离子体共振技术是一种光学技术，应用衰减波现象测量非常靠近传感器表面的物质折射率的改变。基于表面等离子体共振（SPR）的生物传感器已经被用于研究生物分子之间的相互作用，它能够做到实时监测，并且能无损地检测到由信号转导引起的

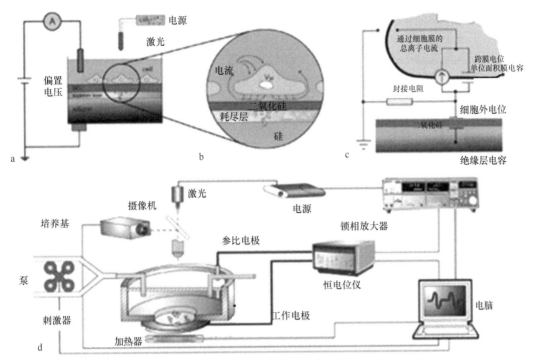

图 6-2-9 基于 LAPS 的嗅觉细胞传感器的原理和系统示意图[25]

细胞内分子组分的改变。这一技术能对受体结合配体的数量和生物分子结合率及脱离率进行高度精确且不需要标记的实时分析。目前 SPR 系统已经被用于检测由气味分子和嗅觉受体结合而引发的信号转导过程导致的细胞内分子组成的改变。当气味分子和嗅觉受体相互作用时，发生了由 cAMP 或 IP_3 介导的信号转导过程。随后，细胞内发生的组分改变，如离子的内流能够被 SPR 检测到。韩国首尔大学的 Park 团队[26]应用 SPR 技术构建基于细胞的仿生嗅觉传感器，用于检测气味分子。大鼠嗅觉受体蛋白 ORI7 表达于 HEK293 细胞质膜。目前 ORI7 的已知配体之一为辛醛。当把这些细胞固定于传感器表面并暴露于辛醛后，在 Ca^{2+} 的标准溶液中系统能检测到 SPR 信号，而在没有 Ca^{2+} 的溶液中则没有检测到 SPR 信号，并且信号强度对辛醛的浓度呈现出依赖性，随着辛醇浓度的增大而升高，检测的浓度上限和下限分别为 10^{-1} mol/L 和 10^{-4} mol/L。在特异性验证实验中，与庚醛、壬醛和癸醛等刺激物相比，辛醛有较强的响应。

3. 基于组织的嗅觉传感原理

嗅觉感受神经元是气味识别过程中最基本的感受元件，然而单个细胞无法完成对复杂环境中各种气味物质的检测识别。同时嗅觉受体蛋白和嗅觉感受神经元的获取方法复杂，而且难以模拟生物嗅觉系统中细胞之间形成网络连接结构。嗅黏膜作为嗅觉受体神经元聚集的生物组织，保留了嗅觉受体细胞本身的网络连接，同时也较容易提取。浙江大学王平团队将嗅黏膜组织与二级传感器有效耦合，探索研制仿生嗅觉传感器的可行性[27]。

自然界气体常以混合物的情况出现。混合气味分子在嗅觉受体中的相互作用难以采用传统的非生物敏感材料气体传感器来评价。而基于受体蛋白和细胞的嗅觉传感器由于缺乏生物体内的细胞连接,难以还原混合气体在生物体中的相互作用。浙江大学庄柳静等提出了基于动物嗅上皮的生物电子鼻系统,大鼠的嗅上皮组织从动物体中剥离并放置于微电极阵列芯片上。通过采集和分析在气味刺激下嗅上皮组织在不同电极位点上的神经振荡信号,该组织生物嗅觉传感器实现对气味分子的检测及与气味分子的交互响应的作用评价(图 6-2-10)。该系统为香水和食品等工业生产提供一种快速和低成本的方法[28]。这展示了基于组织的嗅觉传感技术相较于分散的嗅觉受体蛋白和细胞的优越性。

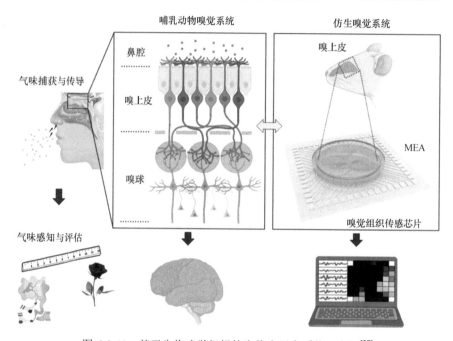

图 6-2-10 基于生物嗅觉组织的生物电子鼻系统示意图[27]

6.2.3 电子鼻与在体生物电子鼻技术

早在 19 世纪 80 年代,Persaud 和 Dodd 等就首先提出了一种模拟动物嗅觉的气味检测系统。该系统被称为电子鼻(electronic nose, E-nose)[29]。电子鼻通常由气味敏感元件组成的传感阵列以及模式识别算法构成。经过近 40 年的发展,电子鼻系统在食品质量控制、环境及公共区域安全监测和疾病早期筛查等领域得到了大量的研究和应用。

1. 电子鼻

电子鼻也称人工嗅觉系统,是模仿生物鼻的一种电子系统,主要根据气味来识别物质的类别和成分。其最早应用是 1982 年英国学者 Persaud 和 Dodd[29]用 3 个 SnO_2 气体传感器模拟哺乳动物嗅觉系统对戊基乙酸酯、乙醇、乙醚、戊酸、柠檬油、异茉莉酮等进行类别分析。Gardner 给电子鼻定义为:由有选择性的电化学传感器阵列和适当的识别方法组成的仪器,能识别简单和复杂的气味[30]。电子鼻的工作原理是模拟人的嗅觉对被测气体进行感知、分析和识别,如图 6-2-11 所示。人的嗅觉系统由三部分组成:①位于嗅上皮的初级神经元,对气体具有很高的灵敏度和交叉灵敏度;②位于嗅球的二级嗅觉神经元，对初级神经元收集的信息进行调节、放大等处理，完成信号特征提取；③位于大脑的嗅觉皮层，对信号进行识别、判断。电子鼻系统具有与其类似的构成：①气体传感器阵列，相当于人的初级神经元，对气体进行吸附、解吸附，并将其转化为电信号；②信号预处理单元，对气体传感器阵列产生的信号进行放大、滤波、A/D 转换、传输；③模式识别算法，相当于人脑，对信号进行识别和判断[31]。

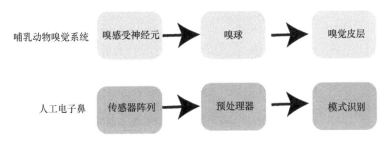

图 6-2-11 人工电子鼻与哺乳动物嗅觉系统比较

2. 在体生物电子鼻

仿生嗅觉传感阵列是电子鼻研制的关键技术，选择合适的传感器阵列对提高电子鼻检测系统整体的性能至关重要。仿生嗅觉传感器阵列通常指具有多个对不同气味具有特异性和选择性的仿生嗅觉传感单元的组合。在人工电子鼻系统中，仿生嗅觉传感阵列常采用的是基于非生物材料的气敏传感器。德国图宾根大学的 Gopel[32] 在 1998 年首次提出生物电子鼻的概念，直接利用生物嗅觉系统的受体、细胞以及组织作为传感器的敏感材料，结合二级换能器，将气味分子的化学信息转化为可以识别检测的信号，实现对气体的特异性、灵敏检测。

动物具有丰富的化学感知系统。通过外部植入电极、转基因技术和荧光成像等技术可以获取动物感受的外界信息，从而在环境检测、食品安全和疾病诊断等方面具有重大应用潜力。近年来，有研究者将自制的镍铬微电极阵列植入大鼠大脑的嗅觉区域，以检测和识别气味，这种检测气味的整体系统被称为在体生物电子鼻（图 6-2-12）。通过分析一些僧帽/丛状细胞的发放模式，浙江大学庄柳静等成功地区分了香蕉、橙子及与它们类似的单分子气味（乙酸异戊酯和柠檬醛），同时还可以区分 4 种不同的天然水果风味[33]。由于嗅球（olfactory bulb，OB）中的神经元表现出对不同气味的刺激或抑制作用，浙江大学郭添添等通过在体生物电子鼻技术成功测试了 9 种气味。该技术不仅能够以 92.67% 的准确度分辨出 9 种气味中的 3 种[34]，还可以记录位于 OB 和嗅觉皮层之间侧嗅束的神经信号以检测气味。当以高浓度（$5×10^{-4}$～$10×10^{4}$ mol/L）到低浓度（$1×10^{-4}$～$4×10^{-4}$ mol/L）刺激大鼠时，某些神经元的发放率会降低。另外，研究人员也关注提高气味的特异性，这不仅可以降低鉴别算法的复杂性，还可以提高在体生物电子鼻的成功率。浙江大学的张斌等开发了锰增强的 MRI 方法来表征对大鼠脑中特定气味响应的区域。N-丁酸、辛醇和乙酸异戊酯的刺激可以引起 OB 中的不同区域积累 Mn^{2+}。通过在特定位置植入电极，该基于细胞的生物传感器对正丁酸和乙酸异戊酯的检出限分别为 0.0072 μmol/L 和 0.033 μmol/L[35]。另外，转基因啮齿动物也可以适合于感测特定的气味。因为用绿色荧光蛋白标记了特定的嗅觉感觉神经元（olfactory sensory neuron，OSN），在荧光显微镜下将电极植入特定的嗅球细胞附近以提高检测的特异性和准确度[36]。

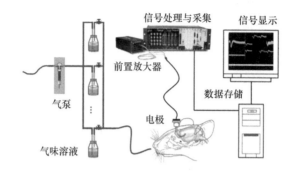

图 6-2-12　在体生物电子鼻系统示意图

6.3　仿生嗅觉的智能感知技术研究

　　模式识别与分类技术在电子鼻系统中发挥着重要的作用，其主要是根据从电子鼻传感器采集到的一组半独立变量数据进行分析的，从而区分不同类型的气体/气味。目前依据仿生嗅觉智能识别技术方式的不同，其模式识别可分为（图 6-3-1）：①基于统计方法的

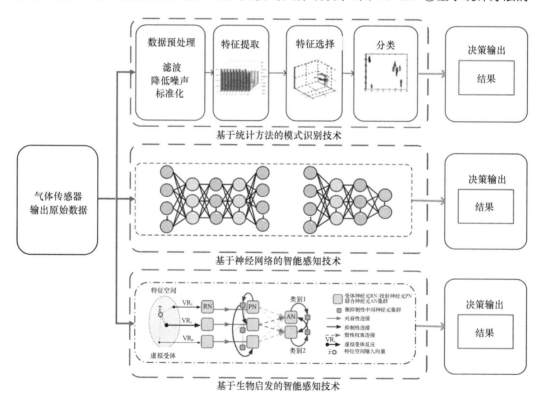

图 6-3-1　三类仿生嗅觉智能识别技术方式的识别原理示意图（彩图请扫封底二维码）

i 表示变量；n 表示总数量；x 表示变量

模式识别技术，主要包括数据预处理（滤波、降低噪声、标准化）、特征提取（从数据曲线中提取特征值）、特征选择（选择更有效的特征）和分类决策，如主成分分析（PCA）、层次聚类分析（hierarchical cluster analysis，HCA）、主成分回归（principal component regression，PCR）、支持向量机（SVM）、判别因子分析（discriminant factor analysis，DFA）、组间方差分析、偏最小二乘（partial least squares，PLS）、软独立建模类比（soft independent modelling class analogy，SIMCA）和聚类算法（clustering algorithm，CA）；②基于神经网络的智能感知技术，主要通过构建一个深度学习的神经网络，从仪器检测数据中自动提取有用信息，并最终输出决策信息，通过算法训练可以优化网络参数，如人工神经网络（artificial neural network，ANN）、卷积神经网络（convolutional neural network，CNN）、脉冲神经网络（spiking neural network，SNN）、多层感知器（multilayer perceptron，MLP）、径向基函数网络（radial basis function network，RBF）、自组织映射（self-organizing map，SOM）、学习向量量化（learning vector quantization，LVQ）、自适应共振理论（adaptive resonance theory，ART）等；③基于生物启发的智能感知技术，如基于模糊逻辑和模糊规则的算法（fuzzy logic and fuzzy rule based algorithm）、遗传算法（genetic algorithm，GA）、神经形态嗅觉芯片等。随着探索性和验证性两种类型的硬件性能的迅速提高，以上这些电子鼻模式识别与分类技术都已被广泛采用[37]。

　　确定一组自变量（传感器输出）和因变量（气味类别）之间的关系是电子鼻解决的主要问题之一。除了气体传感器输出信号外，其他一些物理参数如环境压力、气味通过传感器的流速、温度和湿度也可作为气味分类的特征，以获得更好的识别结果。模式识别单元一般由训练数据、数据准备和分类器三部分组成（图 6-3-2）。模式识别单元的主要部分是分类器。使用分类器来用于预测未知输入样本的类别。分类方法可从生物学与统计学、定量与定性、无监督与有监督三个角度进行分类。除了按照本章生物学与统计学的方法进行分类，另外两类重要的分类器是监督式和无监督式。在有监督分类方法中，训练数据作为一系列具有相应确定类别的实例，而无监督分类方法不需要任何训练数据。

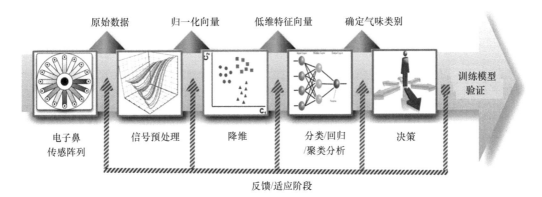

图 6-3-2　电子鼻中典型信号处理的各个阶段框图[38]

图中的第一块代表了电子鼻硬件。在已经获得传感器信号之后，保存到计算机中，第一计算阶段（即信号预处理）开始并服务于各种用途，包括补偿传感器漂移，从传感器阵列中提取特征参数并准备要进一步处理的特征向量。随后将该初始特征向量投影到较低的维度空间上，以避免与高维、稀疏的数据集和冗余相关联的问题。由此产生的低维特征向量用于解决给定的预测问题，通常采用的方法是分类、回归或聚类，直至做出最终决策所用方法的选择取决于从传感器获得的可用输入数据的类型和所寻求的信息的类型。最简单的数据简化形式是图解分析，用于比较样品或比较未知分析物与参考库中已知来源的气味识别元素。多元数据分析包括一系列技术，用于分析具有一个以上变量的数据集，主要是通过降低变量部分相关时多变量问题的高维数，使数据集可以显示为二维或三维。对于电子鼻的数据分析，当传感器对样品混合物中存在的单个化合物具有部分覆盖敏感性时，多元数据分析是非常有效的。多元数据分析可以分为未经训练或经过训练的分析方式。未经训练的分析方式适用于当已知样本的数据库尚未建立时，因此识别样本本身是什么物质并不是必要的，而只是为了在不同的未知样本之间进行比较以区分它们。最简单也最广泛使用的未经训练的多元数据分析技术是主成分分析。当没有已知的样本，或者样本与变量之间的隐藏关系被怀疑时，主成分分析是最有效的。相反，经过训练或监督学习的分析方式可以根据已知样本的特征或一组具有已知属性的样本集对未知样品进行分类，这些样本通常保存在分析过程中所访问的参考数据库。

人工神经网络（ANN）是商用电子鼻统计软件包中最广泛应用和最先进的分析技术，从本质上来说它也是基于生物启发的其中一类智能识别技术。它通过模拟人脑的嗅觉感知过程，包含了并行工作中互联的数据处理算法。通过模式识别算法使用各种仪器训练方法，计算气味检测数据集中已知响应信号之间的相似性和差异性。训练过程中需要离散已知样本数据来训练系统，人工神经网络可以有效对样本集与测试集进行比较。人工神经网络数据分析的结果通常是样本集与测试集中已知来源的气味模式元素的百分比匹配。

基于生物启发的智能感知技术这条演进路径的内涵非常丰富。从算法设计思路源头的角度来看，启发源至少包括生物演化进程、生物个体不同发育阶段特点、生物脑功能和结构（宏观、介观和微观）、生物个体智能行为的外显特性、生物群体智能行为特性等；从可启发的维度来看，至少包括架构、功能、结构和行为等不同的角度或层次。

6.3.1 基于统计方法的模式识别技术

通过机器学习算法识别单个模式的过程称为模式识别，表示数据中具有识别规律或特定模式的能力，分类是模式识别的一个典型例子，即经过训练的模型可以将数据分为不同的类别。在监督学习过程中，利用收集的训练数据对分类器进行建模和训练，以识别感兴趣对象的特征分类标签。而无监督学习过程是指在未标记的数据中检测到类似的隐藏组。一些基于学习的方法被应用于电子鼻的模式识别算法中，可以进一步提高电子鼻系统的检测性能。机器学习的实现过程一般包括数据收集、建模、训练和评估阶段。对于每一项机器学习（machine learning，ML）研究一般都需要收集相关数据集。如果没有与当前问题相关的数据集，就无法获得所需的成功解决方案。因此，总是需要预先收集或自定义构建的数据集。在收集到确认研究相关信息和规范的合适数据集后，采用 ML 算法设计模型。在这个建模步骤中，参数选择过程对于模式识别成功的准确率至关重要。在完成训练程序后，可以通过交叉验证等多种方法对系统进行评估。在电子鼻技术中，机器学习由于能够处理和理解大量数据，校准气敏传感器阵列，并提供准确的分类和识别结果而得到广泛应用。模式识别算法通常用于对电子鼻检测到的化学物质进行量化和分类。此外，分类算法通常结合数据分析技术来识别不同的气味。

主成分分析是一种传统、被广泛使用的无监督数据集线性降维工具。它保留了数据的方差结构。将高维数据用一个新的低维子空间来表示，该低维子空间由原始变量中方差最大的主成分组成。这些主成分被指定为数据协方差矩阵的特征向量。幅值最大的特征值及其对应的特征向量保持最大变化，因此对维数的贡献最大。PCA 在电子鼻中得到了广泛的应用。摩洛哥慕莱·伊斯梅尔大学的 Saidi 等[39]研究了基于一系列化学传感器的电子鼻用于区分季节过敏性鼻炎（SAR）患者组和健康对照组的呼出气体中挥发性有机化合物（VOC）的能力。研究构建了患者电子鼻信号响应数据库，然后通过采用无监督和有监督方法的多元数据分析来评估其电子鼻性能。主成分分析（PCA）、层次聚类分析（HCA）和支持向量机（SVM）这三种多元分析方法被用作解决复杂分类情况的替代工具。在这三种分类方法应用条件下，从电子鼻得到的 VOC 特征可以准确地区分 SAR 患者与健康对照组。这些发现表明，电子鼻可能会成功作为一种非侵入性诊断工具，以及低成本和快速的呼吸分析技术用于疾病诊断及初步分析。

法国格勒诺布尔-阿尔卑斯大学的 Maho 等[40]利用表面等离子体共振成像开发了一种新型光电鼻，并提出了一种用于快速、实时、可重复检测多种 VOC 的机器人平台。该平台通过两种分类方法：有监督的线性 SVM 和无监督的 k 均值分类方式，并在不同的环境条件下生成了大量数据集。通过 PCA-CC 方法调整 2 个关键参数，即所用的校准器及需要去除的气味成分的数量，用于校正漂移。结果表明，该设备可用于高可靠性地识别 VOC，即使获取的训练和测试数据相隔数月也是如此。

波兰格但斯克工业大学的 Dymerski 等[41]使用含有 6 个半导体传感器的气体传感器阵列研制了电子鼻系统，用于分析质量不同的农业馏出物样品的挥发性成分。结果分析涉及三种多元数据分析技术：主成分分析、单连锁聚类分析和球体聚类分析方法。研究结果证明了所提出的技术在农业馏分油的质量控制中的有效性。澳大利亚伍伦贡大学智能聚合物研究所的 Barisci 等[42]使用基于导电聚合物的 E-nose 传感器识别和量化一系列芳香烃，包括苯、甲苯、乙苯和二甲苯，并最终通过 PCA 方法对结果进行分析，结果表明该系统能够区分被测试的各种化合物及其不同浓度。美国国家可再生能源实验室的 Wolfrum 等[43]采用市售的包含 14 个金属氧化物的传感器构建了传感器阵列，这些阵列通过检测空气中的 VOC 成分，可以实现对甲苯、丙酮、异丙醇等挥发性有机化合物的微量识别。该研究中使用的 PLS-2 校准模型是使用稳态传感器阵列响应开发的，能够检测、区分和量化具有典型室内环境浓度的不同 VOC，浓度测定范围达 0.01～0.30 ppm。

丹麦儿科肺部服务部的 Joensen 等[44]使用基于导电聚合物的 E-nose（Cyranose 320）分析了 64 名患有囊性纤维化（CF）的儿童患者的呼吸特征。慢性铜绿假单胞菌感染的 CF 患者与非慢性感染的 CF 患者获得的 VOC 具有显著差异。改进的电子鼻技术为增加非侵入性诊断的准确性做出了重要贡献。当 E-nose 与 GC-MS 或 NMR 等方法并行使用时，可以为疾病诊断提供全面和个性化的呼吸组学方法[45]。

线性判别分析是一种线性映射降维技术。与 PCA 不同的是，LDA 是一种有监督的降维分类方法，在降维的同时可以实现分类。LDA 分类算法利用已知样本的分类信息，寻找可以将已知样本不同类别之间的数据得到最佳分离的投影子空间，具有实现简单、分类直接的优点。它适用于大型的多类数据集，其中单类的可分离性是降低数据维数的重要特征。浙江大学王平团队[46]基于金属氧化物传感器阵列通过气体分析方便、直接和实时地评估冰箱中的食品新鲜度。结合传感器阵列的响应与新鲜度人为感官结果，对猪肉、韭菜和香蕉三种食物或水果的新鲜度进行训练，选择了传感器阵列的响应峰值、响应时间和响应期峰面积作为特征值，采用 LDA 算法进行相应的新鲜度判别。检测仪器的食物新鲜度分类总体准确率为 85.7%。其中，智能电子鼻对于腐败食物的区分达到 100%的正确率，并且通过将几种食物同时放置在冰箱中进行实验，结果表明所设计的电子鼻对混合食物的腐败也有较好的响应。俄罗斯萨拉托夫工业大学的 Musatov 等[47]基于 MOS 微阵列和线性判别分析（LDA）模式识别用于评估肉类的新鲜度。结果表明，利用保存在 4℃和 25℃的两种肉类样品挥发物，对电子鼻训练并建立 LDA 模型，可以实现腐败食物的早期识别。该研究证实 MOS 电子鼻可以应用于食品行业的产品新鲜度评估，而且具有训练成本低、识别准确率高、适用性广等优点。

浙江大学王俊团队[48]自主研发了一种便携式电子鼻，用于识别不同标记年份的米酒。E-nose 的传感器阵列由 12 个 MOS 传感器组成，获得的响应值通过无线通信模块传输到智能手机。电子鼻的所有操作都由一个特殊的智能手机应用程序控制，并使用云存储平台来存储响应和识别模型。电子鼻的测量由味道信息获得阶段（TIOP）和余味信息获得阶段（AIOP）组成。将 TIOP 得到的区域特征数据和 TIOP-AIOP 得到的特征数据应用模式识别方法对米酒进行识别。主成分分析（PCA）、局部线性嵌入（LLE）和线性判别分析（LDA）被应用于这些米酒样本的分类。LDA 基于从 TIOP-AIOP 获得的区域特征数据，被认定是一个强大的工具，并显示出最好的分类结果。偏最小二乘回归（PLSR）和支持向量机（SVM）用于预测米酒年份，SVM 的效果比 PLSR 更有效。结果表明，电子鼻可以准确地识别具有不同标记年龄的黄酒。此外，王俊团队[49]于 2019 年使用带有 10 个金属氧化物半导体气体传感器的电子鼻预测猕猴桃的成熟度。通过线性判别分析（LDA），采用 3 种不同的特征提取方法（最大值/最小值、差值和第 70 s 值）对不同成熟时间的猕猴桃进行判别。此方法能够获得 100%的原始准确率和 99.4%的交叉验证准确率。偏最小二乘回归（PLSR）、支持向量机（SVM）和随机森林（RF）在此研究中也被用于构建整体成熟度、可溶性固形物含量（SSC）和硬度的预测模型。回归结果表明，RF 算法在预测采后猕猴桃成熟度指标方面的性能优于 PLSR 和 SVM，说明 E-nose 数据与整体成熟度具有较高的相关性。

支持向量机（SVM）既可用于回归问题，也可以用于分类问题。作为一种监督学习技术，它被广泛应用于线性和非线性二值分类问题。支持向量机基本上确定了一个最佳拟合超平面（即决策边界），以帮助明确分类数据点。为了获得最佳超平面，以最大间隔把两类样本分开的超平面被称为最大间隔超平面，而在样本中距离该超平面最近的数据点被定义为支持向量。支持向量机在相关应用中通常是首选。印度高级计算发展中心的 Saha 等[50]使用电子鼻机器学习算法对红茶质量进行有效预测，并对比了三种不同类型的多类支持向量机模型的预测效果。研究表明，与 OVO（one-versus-one）或 DAG 多级 SVM 模型相比，OVR-SVM 方法用于红茶质量预测的效果更好。采用高斯 RBF 核的 OVR 多类 SVM 训练的模型最适合于红茶品质预测应用。菲律宾电气电子和计算机工程学院的 Leal

等[51]采用电子鼻的呼气分析检测戊烷、氨和其他挥发性有机化合物（VOC）的浓度，实现精神分裂症疾病的初步诊断。该研究初步证明该电子鼻可以区分精神分裂症患者组和正常组的 VOC 模式。混淆矩阵用于验证系统检测精神分裂症的准确性，通过使用支持向量机进行分类，对精神分裂症和非精神分裂症受试者的分类准确率可达 80%。

浙江大学吴迪团队[52]使用基于 MOS 的 E-nose 来鉴定蜂蜜的植物来源，并测定其主要质量成分和酸度。该研究采用主成分分析（PCA）和判别因子分析（DFA）从 14 个植物起源产生蜂蜜样品的散点图。通过最小二乘支持向量机（LS-SVM）建立具有 100% 整体精度的原点辨别模型。在质量测量方面，LS-SVM 优于偏最小二乘回归算法，表明 E-nose 响应之间的非线性相关性对于其分析很重要。此外，该研究首次应用三个传感器选择算法，即未顺势变量消除算法、连续投影算法和竞争自适应重复采样分析蜂蜜的电子鼻指纹。传感器选择算法可以有效减少电子鼻数据的冗余，优化电子鼻的传感器阵列以及提高模型的鲁棒性。结果表明，相比于高效液相色谱、酸碱滴定和分光光度法等传统方法，电子鼻可实现快速和无侵入地鉴别食品种类及蜂蜜品质。西班牙埃斯特雷马杜拉大学的 de Aguilera 等[53]设计了一种电子鼻用于预测葡萄酒分类。该电子鼻采用偏最小二乘法和独立分量分析（ICA）的降维模式识别算法，通过检测葡萄酒顶空气体成分来实现葡萄酒分类，如图 6-3-3 所示。

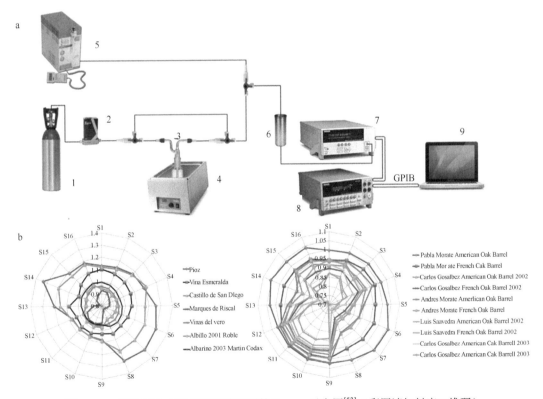

图 6-3-3　基于 PLS 方法进行气味识别的 E-nose 示意图[53]（彩图请扫封底二维码）

（a）测量装置图：1. 氮气瓶；2. 质量流量计控制器；3. 样品瓶；4. 恒温槽；5. Tekmar 3100 吹扫捕集器；6. 传感器单元；7. 数字万用表；8. 多路复用器；9. 电脑。GPIB 控制器本质上就是一个接口协议转换器，实现的功能是从 PCI 协议到 GPIB 协议的转换。（b）分别用极图表示白酒和红酒的传感器电阻变化浙江大学王平团队[34]通过构建在体植入生物电子鼻获取在体嗅觉神经信号，实现了9 种不同气味的检测。通过对不同气味响应所得到的神经信号进行神经元发放率、神经信号非线性能量以及局部场电位锁相性这三种类型特征的提取，进一步准确分析基于植入生物电子鼻的气味响应。该研究采用最大似然估计法进行气味预测，其是建立在最大似然原理的基础上，实现参数的有效估计。该研究通过对 11 个神经元类型特征的量化，并保存为其相应的响应模式，来实现气味的分类分析。在高斯分布模型的基础上，概率密度函数对每种测试气味进行统计估计。该生物电子鼻对辛醇、戊醛和丁酸表现最佳，辛醇、戊醛、丁酸的鉴别精度合计约为 90%。生物电子鼻技术是大鼠嗅觉器官和脑机接口的混合产物，提供了一种无须训练即可挖掘哺乳动物敏感嗅觉应用潜力的新方法。

6.3.2 基于神经网络的智能感知技术

人工神经网络的灵感来自生物神经网络的工作原理，通常被设计为全连接多层网络，隐藏层的数量取决于要完成的任务。输入层及输入层与隐藏层之间的权重决定了隐藏层的激活情况。同样地，隐藏层和它们之间的权重决定了输出层的激活情况。其中，单个神经元的激活函数实现神经元从输入到输出的转换，通常选择非线性激活函数实现复杂的函数映射，从而实现准确的数据分类和识别。目前常用的一些激活函数包括恒等函数（线性）、二阶函数、s 型函数（sigmoid）、双曲正切函数（tanh）和线性整流函数（linear rectification function，ReLU）。虽然 tanh 和 sigmoid 函数以前被广泛使用，但如今 ReLU 函数由于速度运行快和更好的性能而被普遍选择。此外，在多层网络中由于梯度消失问题而不能使用 tanh 和 sigmoid 函数的情况下，仍可以使用 ReLU 函数。ReLU的更新版本是 Leaky ReLU，它可以防止负输入值导致的 ReLU "死亡"问题。人工神经网络是一种机器学习方法，可以实现数据模式的学习和分类。尤其当使用包含足够和良好样本的数据集进行模型训练时，人工神经网络尤其是深度学习算法具有很好的预测效果。在仿生嗅觉的智能感知应用中，由多个传感器组成的气体传感器阵列可以提供大量的样本数据集，为人工神经网络的应用提供了良好的条件。此外，人工神经网络具有连接不同传感器输出的能力。目前已有大量的人工神经网络模型如多层感知器、径向基函数神经网络等与电子鼻技术相结合，应用于各类气体检测。

北京科技大学王沁团队等[54]选用多种气体传感器以及温湿度传感器构建 E-nose 传感阵列。传感器阵列产生的温度、湿度及三个传感器响应共 5 个自变量作为输入向量，使用反向传播（BP）神经网络进行模型训练以用于预测气体浓度。基于 MOS 传感器的交叉灵敏度特性，使用传感器阵列数据进行模式识别可以实现比使用单个 MOS 传感器数据更高的精度，用于监测生活环境中的空气质量。荷兰马斯特里赫特大学的 Hooren等[55]使用电子鼻系统识别头颈部鳞状细胞癌（HNSCC）和肺癌。研究首先使用算法对数据进行缩减，并使用人工神经网络进行分析以获得头颈癌或肺癌的诊断结果。通过留一法对数据进行交叉验证，该电子鼻系统区分头颈部与肺癌患者的准确率为 93%。美国Bottomland Hardwoods 研究中心的 Wilson 等[56]研制的便携式电子鼻气体传感设备可以通过分析患者呼吸、尿液或粪便样本中存在的顶空 VOC 来进行胃肠疾病的诊断。

深度学习是一种相对较新的机器学习技术，作为人工神经网络的扩展方法，近年来被广泛应用于各个领域。其中，最典型的深度学习网络模型是卷积神经网络（CNN），其网络结构包括输入层、多个卷积层、池化层、非线性激活层、全连接层和输出层（通常是附属于 softmax 和分类层的全连接人工神经网络）。与传统的基于特征的模式识别算法相比，CNN 技术的特征提取和选择是自动进行的，因此不需要对输入数据进行预处理。CNN 在电子鼻系统中的最新应用实例包括酒的分类和气体分类与识别。浙江大学王平团队提出了一种基于深度卷积神经网络的仿生电子鼻气味识别算法 GAF+GAFNet。该算法首先使用改进的 GAF 算法将传感器阵列的响应值从二维转换为三维，然后将三维数据送入深度残差卷积神经网络 GAFNet 进行特征自动提取和分类。为了验证算法的有效性和优越性，利用专门设计的仿生电子鼻系统，通过实验建立了腐败水果气味数据集，并使用该数据集对 GAF+GAFNet 算法和其他常用算法 LDA、SVM、PCA+ANN、1D-DCNN、ResNet-18 进行了训练与测试。实验结果表明，GAF+GAFNet 算法的验证和测试准确率均为最高，在测试集所有腐败水果种类上均有较高的准确率，平均测试准确率达到 89.92%，特别是对于较难分类的复杂气体样本，该算法仍然具有很强的分类能力。从实验结果可以看出，GAF+GAFNet 算法具有特征提取能力强、模型收敛快、识别准确率高等优势，证明了所提出的仿生电子鼻气味识别算法对复杂气味具有最佳的识别能力，如图 6-3-4 所示。针对传统电子鼻数据处理方法所需采样时间长、数据预处理

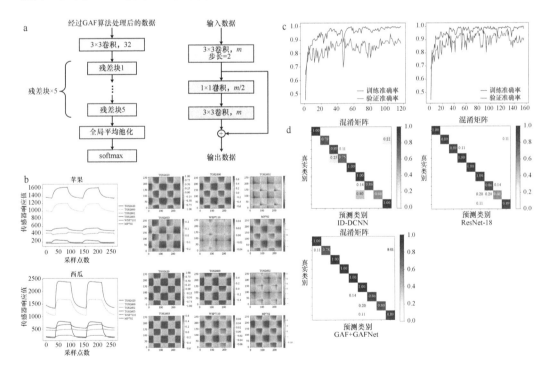

图 6-3-4　基于深度卷积神经网络的仿生电子鼻气味识别算法 GAF+GAFNet 示意图（彩图请扫封底二维码）
（a）GAFNet 网络结构；（b）腐败水果气味样本的传感器响应曲线及其对应的格拉姆角场差分（Gramian difference angular field，GDAF）方法变换结果；（c）ResNet-18 和 GAF+GAFNet 的训练和验证准确率变化曲线；（d）三种深度学习算法的混淆矩阵。m 代表该层使用的卷积核的个数

步骤烦琐等问题，天津大学曾明团队[57]提出了一种基于卷积神经网络的电子鼻数据处理方法。CNN 不仅使用较少采样点进行分类，而且仅需使用传感器原始响应曲线，无须任何信号预处理步骤，即可自动实现特征生成。这显著提高了检测效率并简化了电子鼻的数据处理程序。在电子鼻中使用 CNN 作为数据处理方法，其测试结果表明，与传统方法（92.9%）相比，具有更高的分类准确率（95.7%），且可以大大缩短采样时间（15 s）并简化原始数据处理步骤。

深圳大学叶文彬团队[58]提出了一种为气体分类量身定制的新型深度卷积神经网络（deep convolutional neural network，DCNN）。受到 DCNN 在计算机视觉领域的巨大成功的启发，该研究设计了一个高达 38 层的 DCNN 作为气味识别神经网络 GasNet，其包括 6 个卷积块，每个块由 6 层组成，以及一个池化层和一个全连接层。这些不同的层共同构成了一个强大的气味分类深度学习模型，它以气体特征向量作为输入端，以气体类别标签作为输出端。实验结果表明，DCNN 方法是一种有效的电子鼻数据分类技术。由于网络架构中存在大量非线性激活神经元，DCNN 更擅长挖掘和提取有效特征，从而可提供比支持向量机（SVM）方法和多层感知器（MLP）更高的分类精度。山东工商大学魏广芬团队[59]提出了一种用于电子鼻的 LeNet-5 气体识别卷积神经网络结构。该电子鼻系统由 12 个传感器阵列组成，电子鼻对不同浓度的 CO、CH_4 及其混合物的响应数据是通过自动气体分配和测试系统获得的。通过调整 CNN 结构的参数，对 LeNet-5 进行了改进，可以忽略浓度的影响识别 CO、CH_4 及其混合气体。为了避免过拟合并获得更可靠的统计结果，该研究通过平移的方式扩展了气体数据。将矩阵数据转化为灰度图像，使不同种类数据之间的差异更加显著。基于改进的气体 LeNet-5（图 6-3-5b），三类气体的测试准确率均大于 98%。与 MLP、PNN 和 SVM 方法相比，改进后的 CNN 识别的准确率显著提高，验证了深度学习网络在气体感知识别方面的有效性。

意大利博洛尼亚大学的 Romani 等[60]使用基于 10 个金属氧化物半导体传感器阵列的电子鼻与人工神经网络用于预测咖啡烘焙度。其中，主成分分析（PCA）用于降低传感器数据集的维数（每个传感器 600 个值）。选定的主成分被用于 ANN 当作输入变量。该研究中使用了两种类型的 ANN 方法［多层感知器和一般回归神经网络（GRNN）］来预测电子鼻结果。对于这两种神经网络，输入值由传感器数据集主成分的分数表示，而输出值是不同烘焙时间的质量参数。两种人工神经网络都能够很好地预测咖啡烘焙度，对烘焙时间和咖啡质量参数都给出了良好的预测结果，特别是 GRNN 显示出最高的预测可靠性。实际上咖啡烘焙度的评价主要是人工操作，基本上是基于经验的最终颜色观察。因此，它需要训练有素且具有长期专业技能的操作员。电子鼻和人工神经网络（ANN）的耦合可能代表着烘焙过程自动化的有效可能性，并为最终咖啡豆质量表征建立更具可重复性的程序。

台湾清华大学电机系的陈昕团队[61]引入了一种可扩展且适应性强的概率模型的开发，用于识别 E-nose 信号并将该模型中的集成电路实现定制化设计。可扩展性是指将多个芯片互连，形成一个大的概率模型网络，用于处理高维感官信号，或者形成一个多专家系统，能够估计属于不同类型气味的可能性。此外，还结合了片上适应性以实时学习新的数据分布或可变性。通过将自适应概率模型与 E-nose 传感器阵列、模数转换器和数字处理器集成在单个芯片上，将形成智能 E-nose 微系统，用于生物医学领域。

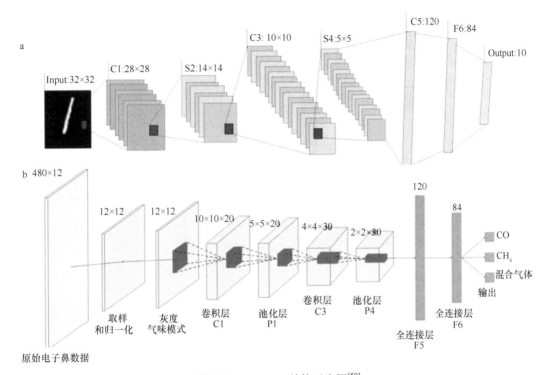

图 6-3-5　LeNet-5 结构示意图[59]

（a）在计算机视觉领域应用的 LeNet-5 结构图：它的输入层（图中对应为 Input）是一张大小为 32×32 的 0～9 的手写数字图片，输出层（图中对应为 Output）有 10 个节点，对应 0～9 的数字。（b）改进了应用到电子鼻识别的 LeNet-5 结构图：输入层为 12×12 的气体传感器特征矩阵，输出层包含基于目标的三个神经元，分别对应于 CH₄、CO 及其混合物的三个目标类别

　　浙江大学王平团队提出了一种新颖的基于深度脉冲卷积神经网络的电子鼻食品气味识别算法。该算法将深度残差 CNN 和 SNN 的优势相结合，建立了由 10 层带跳跃连接的脉冲卷积层和 2 层脉冲全连接层组成的 RSCNN-12 模型。为了评估 RSCNN-12 模型的性能，通过大量实验构建了变质食品混合气味数据集，并结合水果腐败气味数据集对 RSCNN-12 与其他 4 种经典气味识别算法进行了训练和测试。实验结果表明，RSCNN-12 在识别准确率上与 ResNet-18 相当，且优于其他几种经典模型，如图 6-3-6 所示。此外，RSCNN-12 在模型总参数量和计算效率等方面优于 ResNet-18，基于 RSCNN-12 的气味识别算法可以实现利用小尺寸模型进行高精度的气味识别。因此该研究中提出的算法具有一定的创新性和实用性，适合用于仿生电子鼻检测变质食物的多种气味。

　　以上模式识别算法被引入电子鼻领域，大致可分为统计模式分析方法和智能模型分析方法。一般的模式识别方法依赖于高性能计算机，通常不适合于小型电子鼻，因此有必要开发可在小型电子鼻嵌入式系统中运行的在线模式识别算法。在线计算是指便携式电子鼻利用自己的微处理器而不是其他电脑资源（如台式计算机或服务器）进行实时计算。印度加尔各答先进计算发展中心的 Chowdhury 等[62]使用前馈多层感知器（FF-MLP）进行气味评估。该算法利用 MATLAB 实现的反向传播（BP）算法对 MLP 进行训练，

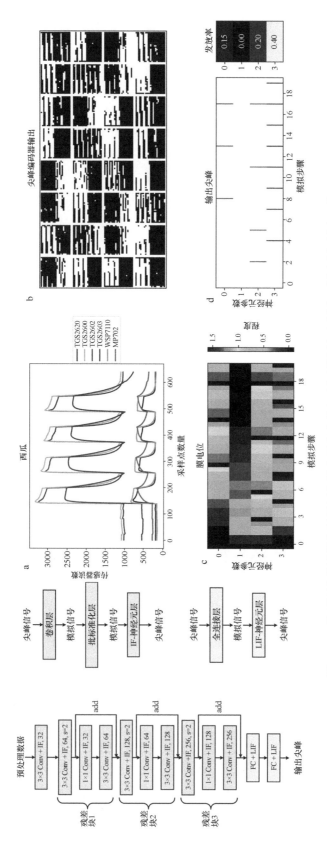

图 6-3-6 基于深度脉冲卷积神经网络的电子鼻食草品气味识别算法示意图（彩图请扫封底二维码）

第一个图为 RSCNN-12 网络结构；第二个图为 RSCNN-12 对数据集-1（对应不同的数据集库）中腐败水果类测试样本的计算过程：（a）腐败西瓜测试样本的传感器响应曲线；（b）脉冲编码器输出；（c）输出层脉冲神经元的部分输出；（d）输出层脉冲神经元的输出脉冲序列

其中包括来自传感器阵列的指纹信息和品茶者的标签数据，以获得最佳的网络结构和神经元的权重参数。当训练完成后，计算出的神经元权重和偏差就会在微控制单元（multi control unit，MCU）中编程，用于直接计算未知气味样品的响应结果并实现模式识别。

哈尔滨工业大学的王琦团队[63]采用在线 BP-NN 算法，该神经网络由包含 4 个节点的输入层（4 个传感器输出作为 4 个节点的输入）、包含 30 个神经元的隐藏层和包含 9 个节点的输出层（分别代表三种目标气体的不同组分）组成。网络的训练过程在计算机上进行，训练完成后，在电子鼻微控制器中对神经元的权重和偏差进行编程，使其成为一种可直接在液晶显示器上给出气体成分分析结果的便携式仪器。印度理工学院的 Murugan 和 Gala[64]也提出了一种针对小型电子鼻的多层 BP-NN 算法，并利用 LabVIEW 对网络进行建模。该结构图由输入层的 7 个神经元、隐藏层的 3 个神经元和输出层的 1 个神经元组成。为了实现实时学习和预测，该研究在硬件上实现了神经网络模式识别。在超高速集成电路硬件描述语言（VHDL）中实现，并在 Virtex FPGA 上进行仿真。

台湾清华大学的郑桂忠团队[65]提出了一种基于片上 BP 学习的模拟 MLP 神经网络电路来实现电子鼻中的分类器。与采用微处理器或 FPGA 作为分类器的电子鼻相比，采用模拟电路作为分类器的电子鼻速度更快、体积更小，更有利于便携式电子鼻的研制。该系统由 4 个信号输入神经元、4 个激活函数为超正切的隐藏神经元和 1 个激活函数为线性的输出神经元组成。20 个隐藏突触和 5 个输出突触用来连接不同层之间的神经元。这种简单的结构使得电路具有更小的面积和更低的功耗。该电路采用 CMOS 技术实现，结果表明，所提出的模拟 MLP 电路可以连续训练识别三种水果气味。

此外，电子鼻还可以实现无线计算，即将检测到的传感器数据传输到远程高性能计算机上，由计算机运行复杂程序以实现实时监测和识别的目标。由于电子鼻嵌入式系统只进行数据传输，因此大大减少了计算量，更好地提高了实时识别性能。德国 JLM 创新公司（JLM Innovation GmbH）的 Jaeschke 等[66]研究了一种简便、易用的嗅探电话装置，可以非侵入性地检测胃部疾病。它使用气体传感器阵列来分析用户呼出的气体。该设备与智能手机连接，智能手机控制呼吸分析过程，并将数据发送到外部数据分析服务器，最后服务器向用户提供反馈。西班牙埃斯特雷马杜拉大学的 Herrero 等[38]在 LabVIEW 中开发了一种测量和控制程序，该程序将传感器数据发送到服务器，并使用 ANN 进行训练和分类。使用服务器而不是电子鼻的微处理器能够增加分类器的内存容量和运算能力，并允许外部用户执行数据分类。为了解决电子鼻硬件计算能力不足的问题，他们还提出了基于万维网的框架，允许远程用户训练 ANN 并请求分类值，而不必考虑用户的位置和所使用的设备类型。便携式无线电子鼻系统支持通过 Wi-Fi 连接进行数据采集，并使用专门为此目的开发的神经网络对水中的污染物进行分类。基于 web 的框架使用永久数据存储库提供在线服务，可根据远程用户的请求提供分类结果。该团队[67]也利用 web 服务方法实现了以下功能：①从便携式电子鼻中获取数据；②使用神经网络和模糊逻辑方法对污染物进行分类；③根据在线请求提供高性能服务进行检索分类结果。

6.3.3 基于生物启发的智能感知技术

受到人类智能、生物群体社会性或自然现象规律的启发，人们发明了很多生物启发智能算法来解决上述复杂优化问题，主要包括：模仿自然界生物进化机制的遗传算法；通过群体内个体间的合作与竞争来优化搜索的差分进化算法；模拟生物免疫系统学习和认知功能的免疫算法；模拟蚂蚁集体寻径行为的蚁群算法；模拟鸟群和鱼群群体行为的粒子群算法；源于固体物质退火过程的模拟退火算法；模拟人类智力记忆过程的禁忌搜索算法；模拟动物神经网络行为特征的神经网络算法等。这些算法有一个共同点，即都是通过模拟或揭示某些自然界的现象和过程或生物群体的智能行为而得到发展的，在优化领域称它们为生物启发智能优化算法，它们具有简单、通用、便于并行处理等特点。

关于生物启发的嗅觉感知技术，英国萨塞克斯大学的 Diamond 等[68]结合了受生物启发的广域虚拟受体（virtual receptor，VR）概念和受昆虫嗅觉系统架构启发的尖峰网络模型（图 6-3-7），采用受昆虫触角叶神经元间互相竞争和抑制作用启发的通用分类器的设计，将其应用于从金属氧化物传感器的响应时间序列中构建模式识别，从而能够达到识别 20 种不同的化学气味。这种仿生电子鼻识别模型包含 43 个 VR 的分类器设计（与果蝇中化学受体类型的数量相匹配）和 6000 个尖峰神经元，利用传感器从气味响应开始到 30 s 内的信号，实现 92%的分类准确率。与之前的方法相比，这种模型一旦完成训练，就可以将连续的传感器信号输入分类器而无须离散化。对于连续数据，使用尖峰网络模型具有概念上的优势，尤其在处理携带了时间信息的数据时。进一步，开发 GPU 加速尖峰神经网络模拟器能够实现对气味的实时分类。

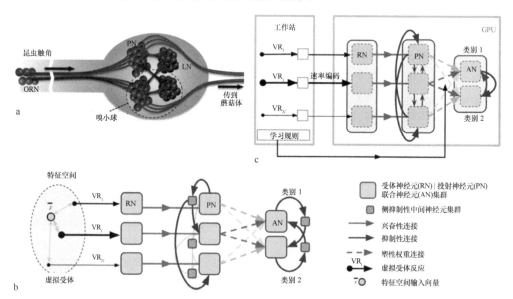

图 6-3-7 受昆虫嗅觉系统架构启发的尖峰网络模型的构建示意图[68]（彩图请扫封底二维码）

（a）昆虫触角叶（AL）示意图，触角中的嗅觉受体神经元（ORN）支配 AL 中投射神经元（PN）的"嗅小球"簇，局部抑制性神经元（LN）触发嗅小球之间的竞争，导致刺激的气味调节激活模式传递到蘑菇体（MB）以进行关联；（b）从昆虫嗅觉系统中提取的概念性仿生分类模型设计，分布在特征输入空间的虚拟受体（VR）模拟嗅觉受体的宽场响应；（c）在基于 GPU 的尖峰网络模型上实现三个神经元群的分类器模型采用遗传算法（genetic algorithm，GA）有助于确定电子鼻响应特征的最佳组合[69]。河南科技大学食品与生物工程学院的殷勇团队[70]为提高电子鼻对 6 种中国白酒的识别准确率，提出了结合遗传算法（GA）的核熵成分分析（KECA）识别方法。首先，研究中提取积分值（INV）、相对稳态平均值（RSAV）和小波能量值（WEV）作为电子鼻响应特征值。其次，选择径向基函数（RBF）作为核函数，然后核参数 η 通过矩阵相似度测量方法和遗传算法对 RBF 进行优化。对应优化后的核参数 η 分别为 16.8608（矩阵相似度测量）和 67.9039（GA）。对于训练集和测试集，结合矩阵相似度测量的识别准确率分别为 93.58% 和 91.67%。因此，内核参数 η GA 确定的结果显著优于矩阵相似性测量。最后，进一步比较费希尔判别分析（Fisher discriminant analysis，FDA）和 KECA+FDA 对 6 种中国白酒的鉴别结果，发现 FDA 对训练集和测试集的识别准确率分别为 82.14% 和 79.92%。因此，KECA+FDA 结合 GA 的识别性能优于 FDA。重庆大学的田逢春团队[71]提出了一种基于混合遗传算法和最小二乘支持向量机（GA-LSSVMR）的混合回归模型，用于模式识别和气味浓度估计。在系统中嵌入了最优回归模型用于实时浓度估计。训练过程在 PC 上完成。FPGA 处理器接收来自 ADC 的数字信息，然后执行所需的计算，并在 LCD 上显示预测的浓度。该模型的预测相对误差小于 10%，优于基于混合遗传算法的反向传播神经网络回归（GA-BPNNR）模型。此外，最好的回归模型被嵌入系统中以进行实时浓度估计，系统的预测与特定气体探测器的预测基本一致。

此外，生物嗅觉系统启发了电子鼻系统的研发，进一步通过神经形态工程将电子鼻系统整合到单个芯片上并结合人工神经网络实现模式识别，从而改进电子鼻技术。这种方法可以广泛应用于多种场合，如化学物质检测、疾病诊断、公共安全维护等，同时也可作为基础研究手段验证生物系统嗅觉的功能机制。具有嗅觉功能的神经形态系统包含对特定的化学物质具有选择性的传感模块，其输出信号用于神经形态计算。

神经形态嗅觉系统通过模拟生物嗅觉系统的传感机制，建立具有相似工作原理的基于神经形态超大规模集成电路（VLSI）的人工嗅觉系统。这种技术主要面临两方面挑战：一方面，需要开发性能与生物嗅觉系统相匹配的化学传感器；另一方面，需要通过构建算法对传感器信号进行分析，以实现对气味刺激的快速检测和准确识别。第一个完整的神经形态嗅觉装置是由英国沃里克大学的 Koickal 等[72]在 2007 年提出的，这是一种完全集成的神经形态嗅觉芯片，该芯片包括化学传感器阵列、信号调理电路和具有时间可塑性的脉冲神经网络模型[73]。超大规模集成电路器件采用奥地利微系统公司（AMS）的 0.6 μm CMOS 工艺制造。在后处理过程中沉积了气味敏感材料（碳黑复合材料）。这种装置由不同类型的传感器构成，可以检测多种不同化学物质。化学传感器阵列输出信号经过预处理将模拟信号转换成数字信号，并作为脉冲神经网络第一层的输入。这些传感器等效于嗅觉受体神经元。第二层模拟投射神经元（projection neuron，PN）结构，每个 PN 接收来自几个嗅觉受体神经元的输入，并输出嗅觉响应信号。PN 层的侧抑制结构提高神经元响应的选择性，整个系统集成在一块芯片上。通过仿真电路对芯片的模块功能和信号传输过程进行测试，并对神经形态计算性能进行评估后，研发出原型芯片，并对该芯片进行测试和评估，提出改进方案。这种神经形态装置可以提高气味检测速度，尤其是在有背景干扰的情况下。芯片基于尖峰时间依赖可塑性（spike timing dependent plasticity，STDP）学习法则、低功耗及时域脉冲信号输出等特性，为进一步研究神经形态嗅觉系统提供了技术标准，然而该团队并没有对这项技术开展后续研究，而是继续使用传统的数字硬件[74]。此外，美国加利福尼亚大学圣巴巴拉分校的 Beyeler 等[75]提出了一种模拟黑腹果蝇触角叶（antennal lobe，AL）系统的神经形态计算架构。与上述不同的是，这里的研究重点不是气味识别，而是通过软件和硬件系统实现仿生网络拓扑结构对气味信息的处理。通过模拟神经元集群放电的脉冲信号，并使用神经形态 VLSI 芯片进行实时仿真。他们将果蝇嗅觉受体神经元的电生理信号作为输入，研究了全局前馈抑制对气味信息的调控作用。结果表明，AL 的前馈抑制可以增强气味特异性响应，从而提高对气味的辨别能力。

香港科技大学的 Ng 等[76]提出的气体识别装置为气味编码提供了一种新颖的解决方案：构建 4×4 氧化锡气体传感器阵列，每行传感器输出一组相似的响应曲线，得到气味相关的二维时空响应模式，通过与数据库中的气味信号进行匹配，实现气味识别。传感器的响应波峰出现时间编码了气味浓度信息，不同浓度的气味具有特定的时空响应模式。通过在每组传感器敏感层中引入不同的催化剂，可以实现多种气体化合物的检测，传感器产生的延迟响应信号转化成时间脉冲序列[77]。这些二维时空脉冲序列代表了特定气体的特征，并与数据库中已知气体的脉冲信号进行匹配，从而减少模式匹配的计算量[78]。气体识别电路通过单片 CMOS 芯片构建和实现，功耗低至 6.6 mW，实验结果表明，气体传感器阵列对丙烷、乙醇和一氧化碳的识别准确率为 94.9%。

台湾清华大学的郑桂忠团队[79]提出了一种生物启发的识别方法。他们提出了一种模拟啮齿动物嗅球结构的脉冲神经网络神经形态 VLSI 架构（图 6-3-8）。通过训练，每片

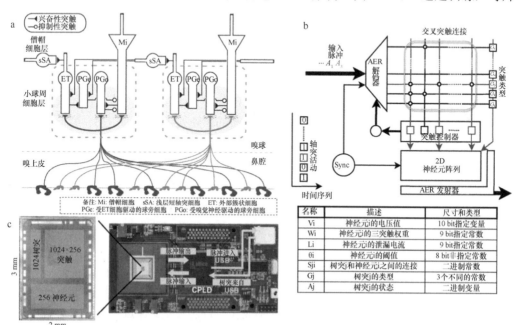

图 6-3-8　受啮齿动物启发的嗅小球层数字神经突触核芯片示意图[80]（彩图请扫封底二维码）

（a）哺乳动物嗅球的嗅小球层的电路模型图；（b）数字神经突触核心芯片的架构；（c）测试板上制作的芯片实物图。

CPLD. 复杂可编程逻辑器件；Sync. 同步命令；AER. 地址事件表示

芯片输出气体响应的神经脉冲平均频率编码信息，可识别三种不同气体，而超过三种气体的识别需提高芯片数量。利用商用电子鼻（Cyranose 329）采集的气味数据对三种气体的分类性能进行了评估，系统的正确检出率达到 87.59%。此外，美国康奈尔大学的 Imam等[80]提出了一种模拟哺乳动物嗅球的嗅小球层结构的神经形态模型，并开发出神经突触芯片，芯片包含 256 个基于 MOS 场效应晶体管的模拟脉冲神经元、1024×256 个可编程突触。芯片的神经网络模型模拟了嗅球内僧帽细胞、球周细胞、外丛状细胞和短轴突细胞之间的连接方式，接受来自模拟嗅觉感觉神经元的传感器阵列的输入。这种芯片能够实时模拟嗅小球层对气味信息的处理过程，获取未知气体的特征信号，进而可以实现相似气味的区分。芯片的工作电压为 0.85 V，平均功率为 45 pJ。这些工作是国际上首批构建的具有神经形态的低功耗仿生嗅觉传感系统。

美国加利福尼亚大学圣巴巴拉分校的 Beyeler 等[75]致力于构建模拟生物嗅球气味处理过程的神经网络模型，这些模型提高了气味信息编码的有效性，并通过参数设置对输出信号进行调整，最终得到气味编码信息。进一步，信号经过模式识别系统对气味进行分类。虽然这些模型的气味识别性能并没有被定量评估，但这些模型促进了仿生神经形态嗅觉系统的研究，用于实现嗅觉信息的脉冲编码。此外，最近的一项研究提出了一种仿生嗅觉混合神经网络结构，通过加入侧抑制神经元提高系统的气味特异性和选择性[81]。这些方法受到哺乳动物嗅觉处理过程的启发，通过构建神经形态网络架构实现气味检测和识别[82]。德国约翰·沃尔夫冈·歌德大学的 Schmuker 和 Schneider[82]提出了一种基于昆虫嗅觉系统结构的神经网络模型，但这个模型结构与昆虫生物解剖结构仍具有一定差异。这个模型的计算过程包含三个步骤：第一步，通过"虚拟受体"采集气味信息；第二步，通过基于侧抑制结构对信号进行去相关处理；第三步，通过机器学习分类器构建气味感知模型。研究发现，第二步的信号去相关可以显著提高气味分类的准确性。通过这个模型实现了气味信号的降维处理，并且相比于主成分分析，具有更好的特征输出结果。这种模型已被成功用于高精度预测药物活性化合物的生物活性，实现了将化学结构与生物活性的有效关联。Schmuker 团队[83]最近提出了一种模拟昆虫嗅觉系统的神经网络硬件系统，用于对多元数据集进行分类，这个系统包括：①构建虚拟受体模块，将数据转换为 ORN 脉冲序列；②构建具有嗅小球结构和侧抑制功能的模块，对信号进行去相关处理；③来自具有神经可塑性的投射神经元层将信号传递到不同的关联神经元池（associated neuron，AN），其中每个池代表一种数据类别。在训练阶段，通过基于奖励的学习算法对 PN 和 AN 之间的权重进行优化。利用不同的数据集，包括手写体数字MNIST 数据集，对模型进行测试，结果显示其运行能力与朴素贝叶斯分类器相当。

浙江大学王平团队提出了一种基于仿生嗅觉脉冲神经网络的电子鼻食品气味识别算法 BOBM+SCNN，该网络由改进的仿生嗅球模型与基于脉冲卷积神经网络的仿生嗅觉皮层构成，其工作原理高度模拟了哺乳动物的嗅觉机制。首先，采用 BSA 脉冲编码方式将食品气味样本的传感器响应信号编码为脉冲信号；其次，由多个嗅觉受体神经元、僧帽细胞、颗粒细胞、球周细胞和短轴突细胞组成的仿生嗅球模型对脉冲信号进行数据处理与特征提取，并由僧帽细胞输出多维脉冲信号；最后，由两层脉冲卷积层和两层脉冲全连接层构成的仿生嗅觉皮层对仿生嗅球模型输出的多维脉冲信号进行进一步的特征提取和分类,并最终输出气味识别结果。采用变质食品混合气味数据集和水果腐败气味数据集对该算法以及其他几种相关算法进行了训练与测试,对比了不同种类的食品气味经过仿生嗅球模型处理后的输出脉冲信号,分析了模型的抗干扰能力,统计了多种气味识别算法的平均测试准确率,如图 6-3-9 所示。实验结果表明,所提出的 BOBM+SCNN 算法具有抗干扰能力强、模型参数量少、识别准确率较高等优势,且 BOBM 提取到的脉冲特征有利于提高传统气味识别算法的识别准确率,因此该算法具有一定的发展潜力。

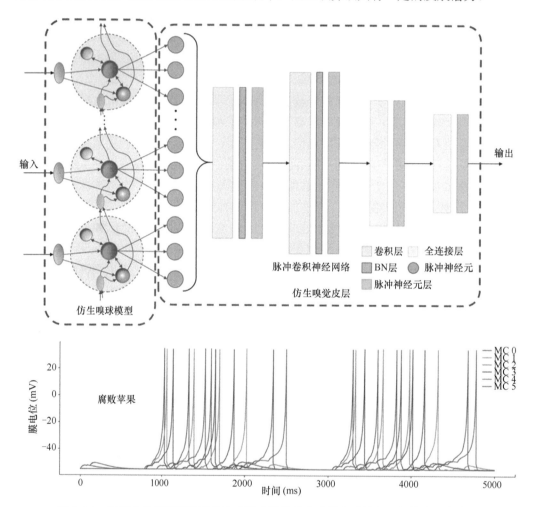

图 6-3-9　基于仿生嗅球模型和仿生嗅觉皮层的仿生嗅觉脉冲神经网络的电子鼻食品
气味识别算法 BOBM+SCNN(彩图请扫封底二维码)
上图:仿生嗅觉脉冲神经网络的整体结构;下图:仿生嗅球模型对水果腐败气味样本的 MC 膜电位变化

英国《自然·机器智能》杂志在 2020 年发表了一项关于人工智能嗅觉芯片研究的论文[84],英特尔神经形态计算实验室和康奈尔大学团队联合报道称,他们实现了一种模拟生物嗅觉的神经算法。Loihi 拥有 130 000 个"神经元"和 1.3 亿个"突触",并可以调整内部神经元网络连接方式以允许几种不同类型的学习:有监督、无监督、强化学习和其他。神经形态计算能够大幅提升数据处理能力和机器学习能力,有望支持低功耗、小体积的设备，是高性能计算的未来方向。受大脑启发，神经形态芯片由人工神经元和突触组成，但是，如何利用这种机器解决实际问题仍不明确。这主要是因为我们还没完全掌握生物神经系统的工作机制。该团队通过"Loihi"神经形态系统，实现一种基于哺乳动物嗅觉系统的神经算法，并通过风洞实验获取甲苯、氨、丙酮、一氧化碳和甲烷的传感响应数据，实现了气味学习和识别。该研究结果有助于理解哺乳动物嗅觉以及改进人工嗅觉系统的信息处理过程。同时，通过模拟生物神经系统，有助于开发优于当前人工智能算法的新方法。研究人员表示，该算法适用于在背景噪声中识别高维信号，如训练人工嗅觉系统识别复杂环境中的特定气味。

目前，传统的统计方法仍然是电子鼻常用的数据处理方法，然而，选择合适的算法有利于得到更好的分析结果。因为如果一种算法缺乏足够的塑性对非线性数据进行建模，或者一个高塑性模型在训练数据不足的情况下过度训练，都会增加数据分析的难度[37,85]。人工智能技术如人工神经网络，具有与人类相似的嗅觉功能，已经成功地解决了模式识别领域的许多问题。统计方法与人工智能相结合是人工嗅觉进一步发展的方向。采用集成神经网络电子鼻对山羊乳中的青霉素 G 进行检测，通过 LDA、Fisher 判别分析（FDA）和多层感知器（MLP）神经网络实现了样品中青霉素 G 浓度的判别区分[86]。摩西二世（MOSES Ⅱ）电子鼻可区分不同的水果，如草莓、柠檬、樱桃和甜瓜等[87]。进一步，通过构建人工蜂群算法对神经网络进行优化，该神经网络分为两个隐藏层，每个隐藏层分别有 8 个输入和 4 个输出。结合反向传播人工神经网络（BP-ANN）和 ANN-ANN 对采集的数据中进行判别分析，分别可以达到 60% 和 76.39% 的准确度。此外，采用径向基函数和主成分分析相结合的方式可以有效预测冷链中罗非鱼片的新鲜度[88]。

在嗅觉智能感知的算法研究领域，如何实现算法的高精度、速度快、训练简单、内存要求低、鲁棒性强是研究人员一直追求的目标。近年来，极限学习机（extreme learning machine，ELM），又称超限学习机（overlimit learning machine），被提出来用于代替单一隐藏层的前馈神经网络。传统的前馈神经网络（如 BP-ANN）需要人工设置大量的网络训练参数。而极限学习机算法只需要设置网络结构，不需要设置其他参数，易于实现。输入层对隐藏层的权重是随机确定的。该算法在执行过程中不需要调整，且从隐藏层到输出层的权重仅需求解一个线性方程组，提高了其计算速度。针对背景气味的干扰问题，提出了两种简单有效的方法：一种方法是用目标气味数据训练自表达模型（SEM）；另一种方法是构建基于极限学习机的训练自表达模型（SEM）[89]。利用 ELM 算法可以弥补单一隐藏层前馈神经网络的不足。传感器在长时间工作后会发生漂移。为了补偿传感器漂移，香港理工大学计算机系的张大鹏教授团队[90]提出了一种用于电子鼻系统气体分类的域自适应 ELM 算法。通过在源域和目标域学习分类器，提出了两种基于 ELM 的分类方法。采集的数据证明了这两种方法处理传感器漂移的有效性。进一步地，该团队[91]结合气体传感器，采用 ELM 来区分苯甲酸和壳聚糖这两种食品添加剂。研究表明，集成 ELM 的电子鼻能够实现快速、经济的检测，利用片上学习规则可实现可靠、实时的数据分类。但是，由于简化隐藏层的代价高和计算速度的加快，ELM 算法的精度会受到限制。

深度学习的优点是利用无监督/半监督学习和分层提取算法实现特征的自动获取。台湾清华大学电机工程系的陈昕团队[92]将连续受限玻尔兹曼机（CRBM）嵌入电子鼻中。

这种基于 CRBM 的电子鼻可以根据新的输入数据自行调整参数。MLP 已被用来同时估计不同种类气体的浓度[93]。采用单 MIMO（single MIMO，SMIMO）和多 MIMO（multiple MIMO，MMIMO）两种结构成功地实现了对室内空气污染物浓度的检测。38 层深层卷积神经网络（DCNN）也被证明在训练后能够有效地对不同种类的气体进行分类[58]。当传感器存在漂移时，基于深度学习的方法甚至可以提高电子鼻的分类性能。然而，深度学习方法依赖于硬件性能和大量数据。因此，如何设计有效的深度学习算法实现更广泛应用是需要进一步研究的重要课题。

6.4 仿生嗅觉传感与智能感知技术的应用

6.4.1 仿生嗅觉传感与智能感知在疾病诊断中的应用

1. 挥发性有机化合物与相关疾病

人体产生的挥发性有机化合物（volatile organic compound，VOC）通常反映个体的代谢情况，在感染传染类或代谢类疾病之后会导致 VOC 成分发生变化。在人类呼出气体中，发现了 3000 多种 VOC，它们与体内的生化过程直接或间接相关。电子鼻技术通过非侵入性地检测人体呼出气体中的标志物，在呼吸系统和全身性疾病的筛查与诊断中具有潜在的应用价值[94]。近年来，有报道指出经过训练的动物或者具有超级嗅觉的人类可以嗅探出某类疾病患者的特征气味，这也为仿生电子鼻系统用于疾病筛查的可能性提供了生物学方面的支持。经过训练的动物如犬类已被尝试用于疾病检测。2020 年 1 月，世界卫生组织宣布新冠病毒疫情为全球突发公共卫生事件。世界卫生组织 COVID 突发事件委员会[WHO Emergency Committee（EC）on COVID-19]建议继续支持加强冠状病毒肺炎（COVID）监测系统研发，包括快速有效的诊断方法。阿拉伯联合酋长国阿布扎比高等技术学院（Higher Colleges of Technology）的 Hag-Ali 等[95]训练爆炸物嗅探犬闻患者汗液中的 COVID-19 气味，成功地从 3290 人的队列中筛选出 3249 个 SARS-CoV-2 检测呈阴性的人。此外，使用贝叶斯分析，发现嗅探犬测试的灵敏度优于对 3134 人的鼻拭子逆转录聚合酶链反应（RT-PCR）测试。鉴于其灵敏度高、周转时间短、成本低、侵入性小和易于应用，嗅探犬可作为 RT-PCR 的替代方案用于无症状 SARS-CoV-2 患者筛查。此外，除了用于嗅探癌症或糖尿病，法国国家科学院的 Catala 等[96]训练犬对癫痫患者发病时的气味进行检测，发现具有非常高的灵敏度和特异性。这项研究首次证明了癫痫发作过程中可能产生挥发性标志物。

帕金森病（Parkinson's disease，PD）是一种神经退行性疾病，临床症状反映在患者的运动表现上。英国曼彻斯特生物技术研究所的 Trivedi 等[97]偶然发现了一个"超级嗅觉者"，其可以仅通过气味来识别 PD 患者。他们研究了 64 名参与者（21 名对照组和 43 名 PD 受试者）上背部皮脂样品的挥发性代谢物，并且确定了与 PD 相关的挥发物标志物，包括紫苏醛和二十烷。而"超级嗅觉者"描述的气味感觉与 PD 标志物高度相似。因此，仿生嗅觉传感技术有望通过模拟人或者动物的嗅觉感知过程实现疾病检测。基于嗅觉检测疾病的案例见图 6-4-1。

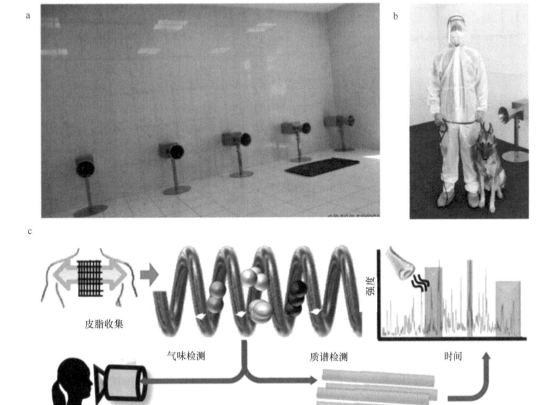

图 6-4-1　基于嗅觉检测疾病的案例示意图

（a）动物气味嗅探环境与测试桩[95]；（b）训练员与受训犬[95]；（c）"超级嗅觉者"嗅探帕金森病气味[97]

2. 人工电子鼻在疾病检测中的应用

糖尿病（diabetes mellitus，DM）是一种由胰岛素分泌缺陷或胰岛素作用障碍所致的，并且以高血糖为特征的代谢性疾病。糖尿病检测方法有静脉抽血空腹血糖、随机血糖、糖耐量试验、糖化血红蛋白、胰岛素释放试验、C 肽释放试验等。然而，这些检测方法虽然准确度高，但具有侵入性，操作复杂，并且需要定期进行多次检测。因此需要开发一种可靠的非侵入性糖尿病检测技术。最近研究发现人的眼泪、唾液、尿液和呼出气体中存在葡萄糖，这为开发无创血糖检测技术提供了新思路。

此外，呼出气体检测被认为是一种很好的监测葡萄糖水平的非侵入性技术。此外，呼出气体中有多种标志物，对这些物质进行检测可以对多种慢性疾病进行筛查和预测。其中，呼出气体中的丙酮含量可以有效地预测血液中葡萄糖水平，通过分析呼吸样本中的丙酮水平可以实现糖尿病的无创监测。

阿尔及利亚 Frères Mentouri Constantine 大学的 Boumali 等[98]开发了用于无创血糖监测的电子鼻传感器，包括基于三氧化钨（WO$_3$）、二氧化锡（SnO$_2$）和氧化锌（ZnO）

的金属氧化物气体传感器。对于不同浓度的丙酮和乙醇，可以得到不同的传感器响应信号。随后，进行模式识别分析，提取信号中的 6 个特征：两个常规稳态特征、两个瞬态特征和两个从变换域提取的特征，使用 ReliefF 算法选择最有效的特征。最后，采用基于线性核函数的 SVM 分类方法估计丙酮和乙醇的浓度，使用分类步骤中相同的训练数据成功创建了基于最小二乘支持向量机的预测模型。

联合多种气味检测手段可以有效提高糖尿病检测的成功率。摩洛哥的 Saidi 等[99]采用电子鼻和气相色谱飞行时间质谱（gas chromatography quadrupole time-of-flight mass spectrometry，GC/Q-TOF-MS）对慢性肾病（chronic kidney disease，CKD）、糖尿病和健康人群的呼出气体进行了研究。研究人员收集了 44 名志愿者的呼吸样本，包括 14 名女性和 30 名男性。志愿者的尿液标本被收集后，通过紫外-可见分光光度法测定其肌酐水平（creatinine level，CL）。采用 GC/Q-TOF-MS 对 CKD、DM 和健康受试者在不同 CL 浓度下呼出的挥发性有机化合物进行了鉴定。同时，采用 PCA、SVM、层次聚类分析和偏最小二乘回归对数据集进行处理。通过 PLS 模型建立呼出气体成分与尿 CL 浓度的对应关系。研究表明，通过上述方法可以实现低成本、无创地检测 CKD、DM。

智能感知算法的优化进一步提高了仿生嗅觉传感系统在疾病检测中的可靠性，得到更准确的诊断结果。印度尼西亚泗水理工学院的 Sarno 等[100]提出一种电子鼻，可以通过人体呼出气体的检测来识别健康状态和糖尿病的两种发展阶段（糖尿病前期和糖尿病）。这种电子鼻系统被称为 DENS，其传感器可以有效检测到人体的呼出气体，通过对响应信号进行预处理，采用优化的深度神经网络对糖尿病多个阶段进行分类。该系统成功地对糖尿病不同阶段进行区分，准确率达到 96.29%，最小分类误差为 0.050。

肺癌是全球死亡率最高的癌症，根据美国癌症协会早期检测指南，癌症早期筛查有助于患者生存。早期发现和治疗可以使得 I 期和 II 期肺癌患者的五年生存率分别提高至70% 和 20%。人工电子鼻技术被认为是肺癌早期筛查和诊断的有效手段。早在 20 世纪80 年代末期就有研究者提出呼出气体中可能含有肺癌标志物，而事实也表明经过训练的犬可以区分肺癌患者的呼吸样本，但是人们无法对犬进行标准化。随着电子鼻技术的快速发展，越来越多的研究者投入电子鼻检测识别肺癌呼吸标志物的研究当中。浙江大学的王平团队[101]提出结合了金属氧化物半导体（MOS）传感器和 SAW 传感器的 MOS-SAW呼吸检测的 E-nose。4 种模式识别算法，即主成分分析（PCA）、线性判别分析（LDA）、人工神经网络（ANN）和偏最小二乘（PLS）被用于分析 MOS-SAW 数据。通过这 4 种算法建立了诊断模型，然后选择优化后的模型对未知样本进行检测。

重庆大学的皮喜田团队[102]设计了一种由 14 个 4 种不同类型的气体传感器组成的微型电子鼻系统，并对 52 个呼吸样本进行分析（图 6-4-2）。为了研究该系统在识别、区分肺癌与其他呼吸道疾病和健康对照的性能，他们采用了 5 种特征提取算法和两种分类器。另外，还分析了不同类型传感器对传感器系统识别能力的影响。结果表明，使用LDA 模糊神经网络分类方法的电子鼻系统，对区分肺癌患者与健康对照组的敏感性、特异性和准确性分别为 91.58%、91.72% 和 91.59%。该系统与 MOS-SAW 的结果都可以表明不同类型的传感器可以显著提高电子鼻系统的诊断准确性。不同种类传感器组合的电子鼻系统在肺癌筛查中具有潜在的实用性和良好的表现。

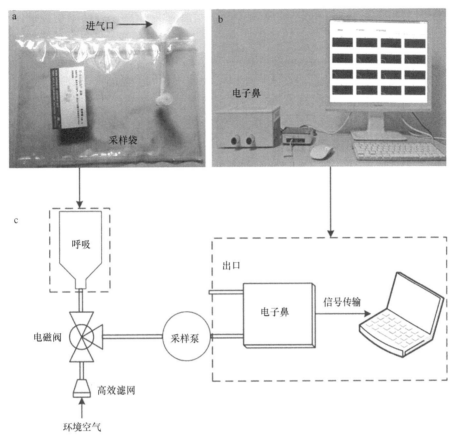

图 6-4-2　微型电子鼻系统框图[102]

重庆大学微电子与通信工程学院的曾孝平团队[103]设计了一个带有新型热解吸预富集子系统的 E-nose 平台，以验证分析 VOC 是否能够可靠地将肺癌患者与健康个体以及肺良性疾病患者区分开来。为此，共纳入 87 名受试者（46 名肺癌患者、36 名健康志愿者和 5 名良性肺部疾病患者）进行传感器阵列数据收集。从每个传感器中提取了 13 个复合特征，并建立了一些经典分类器来验证 VOC 识别肺癌患者的可行性。为了提高性能，针对 E-nose 数据的固有特性，将群稀疏特征选择（FS）方法应用于传感器阵列原始数据。结果表明，FS 方法可以降低数据维数，显著提高分类性能。并且，年龄和吸烟经历不会对分类结果造成显著影响。

由于缺少有效的诊断技术，在临床上早期卵巢癌（ovarian cancer，OC）很难被诊断发现。意大利米兰国家肿瘤研究所的 Raspagliesi 等[104]研究了采用由 10 个 MOS 传感器组成的电子鼻用于 OC 诊断的可行性。他们通过电子鼻对疑似 OC 女性患者和健康女性志愿者的呼出气体进行分析。251 名女性的呼吸样本被分为 3 组：86 例 OC 组，51 例良性肿块，114 例对照组。通过主成分分析（PCA）和 KNN 对采集的数据进行分析，针对三组样本数据，提出了两个 KNN 模型。第一个 KNN 模型用于区分 OC 病例和对照，分级预测结果的灵敏度为 98%，特异性为 95%。进一步，将非肿瘤组（对照组+良性）进行分组，建立第二个 KNN 模型，考虑病例和对照+良性两类。当采用严格的分类预测时，模型在预测中的灵敏度为89%，特异性为86%。该结果初步证明了电子鼻在 OC 检测中的潜在作用，但仍然需要进一步测试电子鼻在 OC 早期诊断中的应用潜力。泰国曼谷玛希隆大学的 Seesaard 等[105]设计并开发了一种用于肝癌检测的便携式电子鼻，装置结构类似于公文包，可供临床或现场使用。电子鼻由 8 个商用金属氧化物半导体气体传感器组成，对多种挥发性化学物质敏感，如氨、硫化物、乙醇和碳氢化合物，这些物质几乎覆盖了人类呼出气体中所含的化学物质。通过收集患者佩戴口罩中的呼出气体，将气味样本传递到电子鼻。采用主成分分析（PCA）比较肝癌（HCC）患者组和健康对照组中受试者的呼出气体响应信号，可以对两者进行识别。这项研究证明了便携式电子鼻用于早期肝癌诊断的可行性，从而降低肝癌患者死亡率。

甲烷氢检测已经被用于评估肠道菌群状态或诊断多种胃肠疾病（图 6-4-3），如小肠细菌过度生长（small intestinal bacterial overgrowth，SIBO）、肠易激综合征（irritable bowel syndrome，IBS）、碳水化合物消化不良和口盲传输时间缩短等。浙江大学的王平团队提出了一种呼气检测电子鼻，可检测人体呼出气体中 H_2 与 CH_4 浓度，并根据 CO_2 浓度进行修正，排除室外气体、患者呼吸模式等因素对肺泡气的影响，为相关疾病的初筛与诊断提供更可靠的检测数据。开发上位机软件，记录病例信息，绘制分析特征曲线，初步建立 SIBO 诊断模型。系统经过标准气体标定后，对 CO_2 浓度的检测范围为 0.1%～10%，

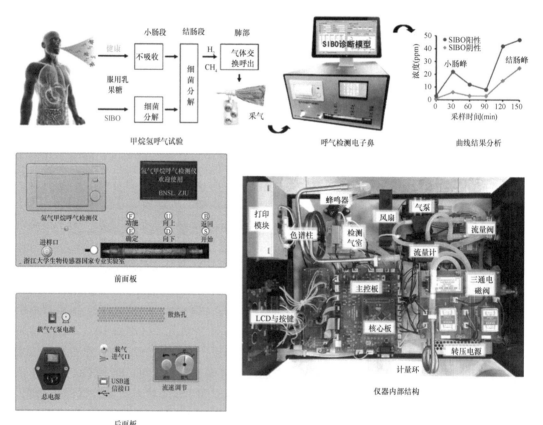

图 6-4-3 呼气检测电子鼻整体技术路线及仪器前、后面板与内部结构实物图

LCD. 液晶显示器

分辨率为 0.1%，对 H_2 和 CH_4 浓度的检测范围为 1～200 ppm，分辨率为 1 ppm，采集健康人与患者样本，结合学界共识确立 SIBO 诊断标准，分析曲线建立单峰与双峰模型，给出 SIBO 阴性与阳性诊断建议。该研究中设计的呼气检测电子鼻具有重复性与稳定性良好、无创且操作便捷等优点，未来可用于大规模的临床及家庭患者的数据采集与诊断分析。

3. 光电鼻在挥发性气味疾病标志物中的应用

作为气味检测手段，比色传感器被用于检测显色剂与被测化学物质发生反应时引起的颜色变化信息。常用的显色剂包括 pH 响应染料、路易斯酸/碱指示剂、氧化还原染料、气相变色剂和表面改性的银纳米粒子。反应产生的色差图像信息可用于相似化合物之间甚至混合物的检测和识别。比色传感器阵列利用被测物的化学特性，而不是物理或吸附特性实现信息的转化。通常将由比色传感器阵列和光学读取器构成的小型化仪器称为光电鼻。

用于呼气检测的传统分析设备由于庞大的体积限制了它们在临床中的即时检测。因此，光学传感阵列已被用于多种呼吸系统疾病的诊断，如肺癌。马佐尼等使用比色传感阵列对 200 多名研究对象进行呼气检测，发现通过调整临床预测因子可以很好地将肺癌患者与对照者区分开来。同时，也被用于识别昏迷患者是否有细菌感染，以及早期结核病患者尿液中的 VOC 标志物。

美国伊利诺伊厄巴纳-香槟分校的 Li 和 Suslick[106]提出了一种三甲胺 *N*-氧化物（trimethylamine *N*-oxide，TMAO）的快速定量方法（图 6-4-4），TMAO 是心脏和肾脏疾病的主要标志物。对体液中 TMAO 浓度进行快速、定量检测可实现疾病的即时诊断。他们将 13 个由多孔二氧化硅染料微球构成的传感单元作为比色传感器阵列，尿液中 TMAO

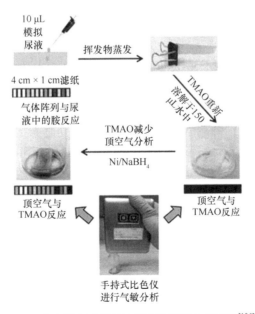

图 6-4-4　光电鼻在疾病气味标志物检测中的应用[106]

经过催化还原产生三甲胺而引起颜色变化，从而得到 TMAO 浓度信息。结果显示，这种方法对尿液 TMAO 的检测限为 4 μmol/L，远低于健康人类受试者的正常浓度（380 μmol/L）。通过 HCA 和 PCA 对所有的测试浓度进行分类，准确度>99%。这种比色传感器阵列有可能作为一种快速且廉价的即时护理工具，用于 TMAO 相关疾病的早期诊断。

6.4.2 仿生嗅觉传感与智能感知在智能机器人中的应用

1. 自然环境中气体流动特征

自然界中气味分子是不停运动的，当气味分子从其源头扩散并随风流动时就产生了气味羽流，气味羽流结构受到大气扩散特性的影响。当分子团远离源时，体积增大，其中分子的平均浓度下降。这个过程涉及两种方式：①分子扩散，分子的随机运动使它们逐渐分离；②湍流扩散，大气的湍流作用导致分子团扩散稀释。气味羽流模型的可视化构建和分析有助于我们理解动物通过羽流对气味源进行搜索和导航。美国佐治亚理工学院土木与环境工程系的 Webster 和 Weissburg[107]在水槽中释放荧光素来构建液体环境下的气味羽流模型。随着荧光素释放速度的变化而产生可视化的流动的气味场，并且通过平面激光诱导荧光素技术对流动场的浓度进行量化。实验表明，羽流的浓度分布度取决于环境中液体的流动情况。

不同生物对于气味羽流展示出不同的取向策略。气味羽流结构复杂并包含了环境的时间和空间信息。自然界中动物利用嗅觉功能在复杂的气流中识别出特定的气味分子，以达到寻找配偶、食物以及识别天敌等目的[108]。英国弗朗西斯·克里克研究所感觉回路和神经技术实验室的 Ackels 等[109]通过动物行为学、神经成像和电生理等技术证明了哺乳动物的嗅觉系统可以检测气味羽流中的快速波动。这也说明了哺乳动物的嗅觉系统在空间物理信息处理和生存决策中有重要的指导作用。雄蛾等昆虫通过嗅探空气中的性信息素成功地实现对配偶的远距离定位。在此过程中它们采取了统一的行为方式——当感应到气味团时它们向逆风方向快速飞行，当气味信息消失时执行投射式扩展搜索。这种气味追踪策略是应激性的，即动作完全由当前的感知决定[110]。细菌通过游动模式之间的交替转换来实现气味搜索[111]。因为细菌的长度小于白细胞，所以难以感知到环境中化学物质微小的浓度变化。而当它们游动时，就可以感知到化学物质浓度随时间的变化。一般细菌的游动路径呈直线型，同时会突然改变运动方向。如果检测到的化学物质浓度随着时间增加，细菌就会减少转向频率，向着源头方向直线前进，而当检测到浓度随时间下降时，则意味着细菌在向反方向游动，这时细菌会进行转动并重新寻找正确的方向。

通过模仿自然界中动物的气味检测和气味导航策略，仿生嗅觉传感技术应用于机器人中，可以实现机器人的气味识别、气味分离和空间导航功能。在爆炸物或危险气体源头寻找等场景中具有潜在的应用价值。目前已经报道的工作主要是在移动机器人中搭载或安装气体传感器来验证或者实现机器人的嗅觉功能，进而实现地面或空气中气味分子的识别、气味羽流追踪、搜寻导航及绘制气味分子分布图等功能。

2. 嗅觉机器人对自然环境中气味的识别与分类

自然环境中的气味成分非常复杂，待检测的几种目标气体通常混合存在，这给嗅觉机器人在实际场景中的应用带来巨大的挑战。法国格勒诺布尔-阿尔卑斯大学的 Maho 等[112]为了实现大量挥发性有机化合物气体检测和识别，开发了一种以多肽材料作为敏感元件及表面等离子体共振成像为传导方法的光电鼻。为了验证系统的功能，他们设计了两种测试方案。第一个方案是通过这个系统装置对 24 种气味源中的 12 种 VOC 进行识别；第二个方案是研究了封闭空间中气味源的混合过程。通过字典学习算法进行实时的气体识别和分类，准确率达 73%。这个结果说明 24 种气味源中的 73%VOC 可以被识别，此外，这个系统也可以正确识别组成混合物的挥发性有机化合物气体。

工蚁会从食物源往蚂蚁窝返回路径上留下信息素踪迹，其他蚂蚁可通过追踪信息素找到食物源头。在特定路径或地点设置气味标记的策略使得气味携带了空间位置信息。葡萄牙科英布拉大学的 Larionova 等[113]提出了一种基于嗅觉传感的未知区域自动覆盖方法，通过在扫地机器人中安装低成本的化学传感器，以区分干净和肮脏的区域，从而实现了用一组扫地机器人完成打扫工作。实验结果表明，利用嗅觉传感技术可以有效地划分和清洁特定区域，并证明了协调多个移动机器人的可能性，且成本低廉、不需要地图构建或复杂的任务调度算法。

3. 嗅觉机器人气味源定位

通过检测气味羽流中气味团的浓度，嗅觉机器人可以通过模拟动物行为策略实现气味源的定位（gas source localization，GSL）。天津大学电气自动化与信息工程学院的李吉功等[114]提出了一种基于粒子滤波（particle filter，PF）的 GSL 算法，用于移动机器人对室外环境中随时间空气流变化的气味源进行定位。当检测到气味分子时，机器人会执行搜索行为，如羽流追踪策略，从而收集更多关于未知气味源的信息。同时，根据收集到的信息，采用基于 PF 的 GSL 算法实时估计气味源的位置。如果估计的气味源位置在给定的小区域内收敛，则终止气味源搜索行为。

意大利的 Ferri 等[115]提出了一种用于室内环境中气味源的自主定位算法。在没有强气流的环境中，气味在空气中湍流扩散，因此，空气中的气味浓度分布可能是不均匀的，呈现出区域性和离散性。采用上述提出的算法，使机器人沿着螺旋轨迹运动，并根据获得的气体浓度分布信息调整螺旋运动轨迹。这使得机器人不需要对气流进行检测，而实现气味源的定位。

西班牙巴塞罗那科学技术研究所的 Burgués 等[116]开发了目前体积最小的嗅觉无人机，这种微型无人机可用于复杂环境中的气体检测。这个系统也被称为嗅觉纳米飞行器（smelling nano aerial vehicle，SNAV），是基于一个微型的商用纳米四轴飞行器（27 g），并配置了气体传感模块，含有两个金属氧化物半导体的气体传感器（图 6-4-5）。由于体积小，使用安全，SNAV 可以在公共场所或建筑物内使用。它可以在地面机器人和大型无人机无法到达的危险环境中自动执行气体检测任务，如搜寻受害者、地震或爆炸后倒塌建筑物内的气体泄漏。研究评估了 SNAV 中的金属氧化物传感器对不同距离气味源的响应模式，对传感器响应曲线求导并提取特征值，实现了气味源的实时定位。在空旷的室内环境中（160 m²），将气味源放置在天花板或电源插座盒等隐蔽位置，通过两种 GSL 策略实现了气味源的定位：一种是基于气体传感器的瞬时响应；另一种是基于"bout"（回合）频率。沿着预先设置的路径采集气味信息，SNAV 可以在短时间内（<3 min）构建三维气体分布图，并确定气味源的可能位置。使用回合频率策略通过调整附加参数（噪声阈值）可以比瞬时器响应得到更高的定位精度（误差分别为 1.38 m 和 2.05 m）。

图 6-4-5　仿生嗅觉纳米飞行器示意图

SHT75. 温湿度传感器。配备了 MOX 甲板和超宽带标签（中间）的 CrazyFile 2.0 通过外部定位系统获得其 3D 位置，由 6 个超宽带锚点组成（左）；位置和传感器数据通过 2.4 GHz 工业、科学和医疗无线电波段（industry，science，medicine radio frequency band，ISM）频段传输到地面站（右）[116]

4. 嗅觉与其他感官融合定位

为了提高对气味羽流信息的获取能力，仿生嗅觉技术常与其他传感技术联合使用。近年来，危险气体泄漏对社会安全造成了严重的影响。在平面环境中利用透水策略定位气味源或在固定高度安装气体传感器，会丢失三维环境中气味羽流的分布特征。在某些情况下，用于平面环境气味检测的方案往往不适用于三维环境。为了提高识别成功率和定位效率，研究者提出了一种基于多传感器融合的局部三维扩散环境中的气味源定位方法。通过同时获取嗅觉和视觉信息，可以在气味羽流定位过程中排除干扰源和风速的影响。新疆大学电气工程学院的袁杰团队[117]模拟灰狼种群的社会机制和狩猎行为，开发了一种自主移动机器人（autonomous mobile robot，AMR）对羽流进行定位。采用包容体系结构对 AMR 的移动行为进行优先级定义，成功完成气味源定位任务。现场测试结果显示，AMR 的平均定位误差为 0.13 m，平均运行时间为 147.7 s，平均行驶距离为 21.35 m。该方法能够较好地完成局部三维扩散环境下的泄漏气味源定位任务，并提高了羽流搜索的速度和羽流定位的可靠性。

5. 昆虫控制机器人

相比于基于物理和化学原理的气体传感器，动物的嗅觉结构（如昆虫触角）可以对气味快速响应。因此，研究者尝试将动物嗅觉结构作为嗅觉移动机器人的"鼻子"，以提高气味响应和气味源定位速度。法国国家科学研究中心的 Martinez 等[110]提出了一种机器人与昆虫触角结合的方案。利用玻璃银丝电极记录球菜夜蛾触角中的嗅觉神经元活动，即触角电位图（electroantennogram，EAG），信号稳定记录时间长达一天。将触角与移动机器人通过硬件/软件接口进行连接，实现了气味源定位。系统响应时间小于 0.1 s，显著小于气体传感器响应时间。此外，该系统也可以对信息素源进行定位。通过将动物嗅觉结构作为传感元件，该基于动物触角嗅觉技术的移动机器人平台为构建具有生物优势的气味定位方法提供了技术支持。此外，将不同昆虫触角或模仿触角功能的微纳传感器与机器人结合，可以实现不同气味的检测和定位。

将昆虫触角作为嗅觉传感器并与移动机器人结合构成的系统也可以用于验证感觉和运动系统环路的工作机制，同时也有助于理解昆虫适应环境的行为机制。尽管昆虫触角与脑分离，但与机器人结合后使得机器人具有与昆虫相似的行为，并表现出对环境的适应能力。生物的适应性行为是神经系统对个体和环境间相互影响的调控结果。然而，机器人的结构系统、体积大小及运动感知过程与昆虫存在本质差异，难以对它们进行一一对比，而使机器人具备快速适应新环境的能力是主要的研究重点。与 Martinez 团队构建的昆虫控制机器人不同，东京大学尖端科学技术研究中心的 Ando 等[118]提出了由球形跑步机和带有微控制器单元的移动装置组成的昆虫机器人。将雄性蚕蛾固定于聚苯乙烯浮球上，当它感知到同族雌性性信息素时，飞蛾会产生运动行为使得浮球发生转动。通过光学鼠标传感器测量浮球的转动信息，并通过微控制器将信号转化为对机器人平移和旋转运动的控制信号。机器人前端安装了两路气味采集通道，将信息素传递给机器人上的飞蛾，机器人产生类似于飞蛾的飞行行为。这里，研究人员并不是通过解析昆虫的嗅觉信号和仿生气味追踪算法实现机器人的运动控制，而是通过生物行为控制机器人行为的方式提高了系统的适应性，同时构建的昆虫机器人闭环运动模型可用于评估昆虫的气味追踪能力。

6.4.3 仿生嗅觉传感与智能感知在食品与环境监测中的应用

与基于化学传感器的传统电子鼻不同，仿生嗅觉传感技术通过模拟生物嗅觉系统结构，将生物活性材料作为气味敏感元件，结合二级传感器实现对气味的检测，从而获得类似生物嗅觉系统的检测性能。由于使用了生物原代组织、受体神经元、天然或异源表达的受体蛋白，仿生嗅觉传感器具备生物化学感受系统的优势，如灵敏度高、检测限低、选择性好等，在环境监测、食品安全、疾病检测等多个领域具有广阔的应用前景。目前针对环境中污染气体检测技术通常设备庞大、操作复杂，涉及的气体采样过程复杂费时，因此，开发快速、便捷、定量的气体检测方法的需求不断增加。基于气体传感器技术的生物电子鼻被认为是有效的解决方案。生物电子鼻可以快速地检测不同环境中有毒或有害物质的泄漏情况，以及环境中挥发性气体或爆炸物的浓度。此外，该技术也适用于土壤污染等环境监测。金属氧化物半导体传感器由于具有重量轻、成本低和使用寿命长、响应快速、重复性高等优势，是环境污染现场监测中应用最广泛的传感器之一。

1. 食品安全及评价

食品安全对保障和提高人类健康具有重要影响，因此，需对食品质量进行有效控制。

其中，对引起食物腐败的微生物进行检测可以实现对食品新鲜度的评价和控制。仿生嗅觉传感技术为快速、准确和可重复地监测食品中的食源性病原物提供了一种有效的检测方法。美国普渡大学电子与计算机工程技术学院的 Panigrahi 等[119]开发了一种基于嗅觉受体的 QCM 系统，通过将合成多肽修饰在 QCM 电极表面，对常温环境中 10～100 ppm 低浓度乙酸进行了检测分析，平均检测限（LOD）约为（2±1）ppm。乙酸与肉类沙门菌污染相关，因此，基于嗅觉受体的 QCM 系统可作为用于快速、早期检测沙门菌的技术，为食品安全提供可靠有效的技术手段。

韩国首尔大学生物物理与化学生物学系的 Tai Hyun Park 团队[120]开发了一种基于果蝇气味结合蛋白（OBP）衍生肽和碳纳米管场效应晶体管（CNT-FET）的生物电子鼻（图 6-4-6），用于检测火腿中的沙门菌污染。当 3-甲基-1-丁醇（由沙门菌污染的火腿产生）气味分子刺激嗅觉系统时，OBP 与气味结合并将气味分子转移到嗅觉受体。该研究显示，对 FET 表面使用肽进行功能化修饰，器件的 p 型特性显著提高，可以特异性识别出浓度达到 1 fmol/L 的 3-甲基-1-丁醇，并成功评估了火腿中的沙门菌污染程度。这些结果表明这种生物电子鼻可以实现对食品中沙门菌污染的快速检测。

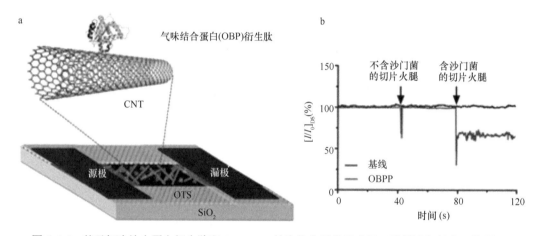

图 6-4-6　基于气味结合蛋白衍生肽和 CNT-FET 的生物电子鼻示意图（彩图请扫封底二维码）
（a）生物电子鼻示意图[120]；（b）肽通过 Phe 残基和 CNT 之间的 π-π 相互作用直接固定，实时监测切片火腿中的沙门菌污染。OTS. 辛基三氯硅烷；OBPP. 气味结合蛋白衍生肽；$[I/I_0]_{DS}$. 相对漏源极电流

2. 爆炸性气体检测

此外，基于嗅觉受体的仿生嗅觉传感器也可以用于有毒有害或爆炸性气体的检测。2,4,6-三硝基甲苯（2,4,6-trinitrotoluene，TNT）是一种常见的爆炸物，空气、水和土壤中含有 TNT 将影响公共安全。此外，TNT 生物降解产物具有致突变性、致癌性，严重危害水生和陆生生物的生存。因此，TNT 及其代谢物的检测对于公共安全以及环境和人类健康至关重要。传统的 TNT 检测基于昂贵和复杂的实验室仪器，如高效液相色谱（HPLC）、气相色谱-质谱（GC-MS）、表面增强拉曼光谱（SERS）等。美国加利福尼亚大学生物工程系的 Kim 等[121]将单壁碳纳米管 SWNT-FET 和基于共轭聚合物聚二乙炔（PDA）的脂质膜与 TNT 肽受体结合，开发了一种响应快、特异性高的 TNT 传感器，

检测灵敏度达到 1 fmol/L 的快速选择性（图 6-4-7）。该传感器的工作原理是：将 TNT 肽受体（色氨酸-组氨酸-色氨酸，WHW）与 PDA 连接后修饰到 SWNT-FET 传感器表面，WHW 与 TNT 结合引起 SWNT-FET 电导发生变化。具体过程为：当 TNT 与 WHW 选择性结合时，TNT 分子的 π 电子与 WHW 的三个芳族侧链的富电子 π 轨道产生相互作用，由于结合位点与缀合的 PDA 之间的距离约为 1 nm，因此会改变 PDA 电子带结构并引起电子迁移，电子引起电导变化。结果显示，TNT 浓度从 1 fmol/L 提高到 1 nmol/L 过程中，SWNT-FET 的电导率不断增加，在 TNT 浓度到达 10 nmol/L 后逐渐饱和。并且该电子鼻系统对 TNT 具有非常高的灵敏度和重复性。通过制备选择性受体，将受体与转导脂质膜进行有效结合后，修饰到传感器表面使之具有选择特异性，这种方法为开发用于有毒挥发性有机化合物、杀虫剂、生物毒素和病原体等其他小分子高灵敏、高特异性、实时检测的传感器提供了有效的技术支持。

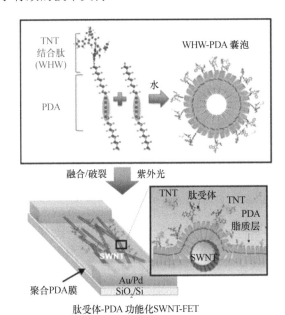

图 6-4-7　基于 WHW-PDA（TNT 结合肽与聚二乙炔聚合物偶联）功能化 SWNT-FET 的
TNT 传感器示意图

在水中形成 WHW-PDA 囊泡后，将囊泡应用于 SWNT-FET，这导致 SWNT-FET 上的 WHW-PDA 膜破裂、
融合和紫外线（UV）聚合[121]

3. 环境污染物检测

仿生嗅觉传感系统基于不同的工作原理，可用于环境中不同污染物的检测。空气污染对人类健康、气候和生态系统产生严重影响，工业中释放的有毒气体、车辆排放尾气及大气有害气体和颗粒物浓度增加是造成空气污染的主要原因。空气污染会导致许多严重的健康问题，如人类的呼吸系统疾病、心血管疾病和皮肤疾病。随着基于物联网的便携式空气质量测量设备的开发及其广泛使用，人们可以实时监测居住区域的空气质量。土耳其马尼萨·塞拉尔·巴亚尔大学电子技术系的 Taştan 和 Gökozan[122]开发了一种

E-nose 移动系统，可以对空气中的多种参数进行实时监测，如 CO_2、CO、PM_{10}、NO_2、温度和湿度（图 6-4-8）。该电子鼻使用 GP2Y1010AU、MH-Z14、MICS-4514 和 DHT22 传感器阵列对空气质量参数进行检测，通过 32 位 ESP32 Wi-Fi 控制器和 Blynk 物联网平台开发的移动接口将接收的信号储存在云服务器中。关于室内空气的检测结果显示，室内空气质量与室内人数、活动状态、卫生情况和烹饪等因素密切相关，实现了空气质量的有效实时监测。

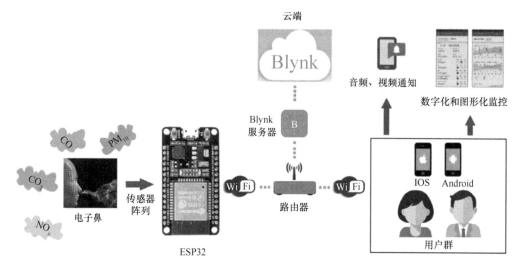

图 6-4-8　结合物联网技术的电子鼻系统示意图[122]

此外，污染水源中常含有有害的可溶性挥发物质，为此，韩国首尔大学的 Tai Hyun Park 团队[123]通过将人类嗅觉受体（human olfactory receptor，hOR）修饰到单壁碳纳米管场效应晶体管（swCNT-FET）构建了用于实时监测水质毒素的电子鼻系统。其中，土臭味素（geosmin，GSM）和 2-甲基异冰片（2-methylisoborneol，MIB）是由细菌产生的代表性气味化合物，是评估水质量的重要指标。通过在 HEK-293 细胞细胞系中表达 hOR，并结合 CRE-萤光素酶测定方法筛选出对两种气味具有选择性的 hOR，即 GSM 敏感的人源气味受体 OR51S1 和 MIB 敏感的 OR3A4。进一步，制备含有 hOR 的纳米囊泡以作为气味敏感材料，结果显示，这种传感器对两种气味的检测限达到 10 ng/L，证明了在水质评估中的应用潜力。

参 考 文 献

[1] Zhang D, Yang Z, Yu S, et al. Diversiform metal oxide-based hybrid nanostructures for gas sensing with versatile prospects. Coordination Chemistry Reviews, 2020, 413: 213272.

[2] Nazemi H, Joseph A, Park J, et al. Advanced micro- and nano-gas sensor technology: A review. Sensors, 2019, 19(6): 1285.

[3] Mousavi S, Kang K, Park J, et al. A room temperature hydrogen sulfide gas sensor based on electrospun polyaniline-polyethylene oxide nanofibers directly written on flexible substrates. RSC advances, 2016, 6(106): 104131-104138.

[4] Popoola O A M, Stewart G B, Mead M I, et al. Development of a baseline-temperature correction

methodology for electrochemical sensors and its implications for long-term stability. Atmospheric Environment, 2016, 147: 330-343.

[5]　Yao Q, Ren G, Xu K, et al. 2D plasmonic tungsten oxide enabled ultrasensitive fiber optics gas sensor. Advanced Optical Materials, 2019, 7(24): 1901383.

[6]　Muthusamy S, Charles J, Renganathan B, et al. *In situ* growth of Prussian blue nanocubes on polypyrrole nanoparticles: facile synthesis, characterization and their application as fiber optic gas sensor. Journal of Materials Science, 2018, 53(22): 15401-15417.

[7]　Dickinson T A, White J, Kauer J S, et al. A chemical-detecting system based on a cross-reactive optical sensor array. Nature, 1996, 382(6593): 697-700.

[8]　Rakow N A, Suslick K S. A colorimetric sensor array for odour visualization. Nature, 2000, 406: 710-714.

[9]　Fauzi F, Rianjanu A, Santoso I, et al. Gas and humidity sensing with quartz crystal microbalance (QCM) coated with graphene-based materials–A mini review. Sensors and Actuators A: Physical, 2021, 330: 112837.

[10]　Srivastava A K, Sakthivel P. Quartz-crystal microbalance study for characterizing atomic oxygen in plasma ash tools. Journal of Vacuum Science and Technology A, 2001, 19(1): 97-100.

[11]　Länge K. Bulk and surface acoustic wave sensor arrays for multi-analyte detection: A review. Sensors, 2019, 19(24): 5382.

[12]　Kus F, Altinkok C, Zayim E, et al. Surface acoustic wave (SAW) sensor for volatile organic compounds (VOCs) detection with calix[4] arene functionalized gold nanorods (AuNRs) and silver nanocubes (AgNCs). Sensors and Actuators B: Chemical, 2021, 330: 129402.

[13]　Jakubik W P. Surface acoustic wave-based gas sensors. Thin Solid Films, 2011, 520(3): 986-993.

[14]　Qi X, Liu J, Liang Y, et al. The response mechanism of surface acoustic wave gas sensors in real time. Japanese Journal of Applied Physics, 2019, 58(1): 014001.

[15]　Belli S, Rechnitz G. Prototype potentiometric biosensor using intact chemoreceptor structures. Analytical Letters, 1986, 19(3-4): 403-416.

[16]　Murugathas T, Hamiaux C, Colbert D, et al. Evaluating insect odorant receptor display formats for biosensing using graphene field effect transistors. ACS Applied Electronic Materials, 2020, 2(11): 3610-3617.

[17]　Ko H J, Park T H. Piezoelectric olfactory biosensor: ligand specificity and dose-dependence of an olfactory receptor expressed in a heterologous cell system. Biosensors and Bioelectronics, 2005, 20(7): 1327-1332.

[18]　Du L, Wu C, Peng H, et al. Piezoelectric olfactory receptor biosensor prepared by aptamer-assisted immobilization. Sensors and Actuators B: Chemical, 2013, 187: 481-487.

[19]　Du L, Wu C, Liu Q, et al. Recent advances in olfactory receptor-basedbiosensors. Biosensors and Bioelectronics, 2013, 42: 570-580.

[20]　Di Pietrantonio F, Cannata D, Benetti M, et al. Detection of odorant molecules via surface acoustic wave biosensor array based on odorant-binding proteins. Biosensors and Bioelectronics, 2013, 41: 328-334.

[21]　Liu Q, Wu C, Cai H, et al. Cell-based biosensors and their application in biomedicine. Chemical Reviews, 2014, 114(12): 6423-6461.

[22]　Guo L. Principles of functional neural mapping using an intracortical ultra-density microelectrode array (ultra-density MEA). Journal of Neural Engineering, 2020, 17(3): 036018.

[23]　Misawa N, Mitsuno H, Kanzaki R, et al. Highly sensitive and selective odorant sensor using living cells expressing insect olfactory receptors. Proceedings of the National Academy of Sciences of the United States of America, 2010, 107(35): 15340-15344.

[24]　Gao K, Gao F, Du L, et al. Integrated olfaction, gustation and toxicity detection by a versatile bioengineered cell-based biomimetic sensor. Bioelectrochemistry, 2019, 128: 1-8.

[25]　Liu Q, Cai H, Xu Y, et al. Olfactory cell-based biosensor: a first step towards a neurochip of bioelectronic nose. Biosensors and Bioelectronics, 2006, 22(2): 318-322.

[26] Lee S H, Ko H J, Park T H. Real-time monitoring of odorant-induced cellular reactions using surface plasmon resonance. Biosensors and Bioelectronics, 2009, 25(1): 55-60.

[27] Liu Q, Ye W, Xiao L, et al. Extracellular potentials recording in intact olfactory epithelium by microelectrode array for a bioelectronic nose. Biosensors and Bioelectronics, 2010, 25(10): 2212-2217.

[28] Zhuang L, Wei X, Jiang N, et al. A biohybrid nose for evaluation of odor masking in the peripheral olfactory system. Biosensors and Bioelectronics, 2021, 171: 112737.

[29] Persaud K, Dodd G. Analysis of discrimination mechanisms in the mammalian olfactory system using a model nose. Nature, 1982, 299(5881): 352-355.

[30] Gardner J W, Bartlett P N. A brief-history of electronic noses. Sensors and Actuators B: Chemical, 1994, 18(1-3): 211-220.

[31] Adiguzel Y, Kulah H. Breath sensors for lung cancer diagnosis. Biosensors and Bioelectronics, 2015, 65: 121-138.

[32] Göpel W. Chemical imaging: I. Concepts and visions for electronic and bioelectronic noses. Sensors and Actuators B: Chemical, 1998, 52(1-2): 125-142.

[33] Zhuang L, Guo T, Cao D, et al. Detection and classification of natural odors with an *in vivo* bioelectronic nose. Biosensors and Bioelectronics, 2015, 67: 694-699.

[34] Guo T, Zhuang L, Qin Z, et al. Multi-odor discrimination by a novel bio-hybrid sensing preserving rat's intact smell perception *in vivo*. Sensors and Actuators B: Chemical, 2016, 225: 34-41.

[35] Zhang B, Qin Z, Gao K, et al. Characterization of *in vivo* bioelectronic nose with combined manganese-enhanced MRI and brain-computer interface. 2017 ISOCS/IEEE International Symposium on Olfaction and Electronic Nose, IEEE, 2017: 1-3.

[36] Gao K, Li S, Zhuang L, et al. In vivo bioelectronic nose using transgenic mice for specific odor detection. Biosensors and Bioelectronics, 2018, 102: 150-156.

[37] Scott S M, James D, Ali Z. Data analysis for electronic nose systems. Microchimica Acta, 2006, 156(3-4): 183-207.

[38] Herrero J L, Lozano J, Santos J P, et al. On-line classification of pollutants in water using wireless portable electronic noses. Chemosphere, 2016, 152: 107-116.

[39] Saidi T, Tahri K, El Bari N, et al. Detection of seasonal allergic rhinitis from exhaled breath VOCs using an electronic nose based on an array of chemical sensors. 2015 IEEE Sensors, 2015: 1-4.

[40] Maho P, Dolcinotti C L, Livache T, et al. Olfactive robot for gas discrimination over several months using a new optoelectronic nose. 2019 IEEE International Symposium on Olfaction and Electronic Nose (ISOEN), 2019: 1-3.

[41] Dymerski T, Gębicki J, Wardencki W, et al. Quality evaluation of agricultural distillates using an electronic nose. Sensors, 2013, 13(12): 15954-15967.

[42] Barisci J N, Wallace G G, Andrews M K, et al. Conducting polymer sensors for monitoring aromatic hydrocarbons using an electronic nose. Sensors and Actuators B: Chemical, 2002, 84(2-3): 252-257.

[43] Wolfrum E J, Meglen R M, Peterson D, et al. Metal oxide sensor arrays for the detection, differentiation, and quantification of volatile organic compounds at sub-parts-per-million concentration levels. Sensors and Actuators B: Chemical, 2006, 115(1): 322-329.

[44] Joensen O, Paff T, Haarman E G, et al. Exhaled breath analysis using electronic nose in cystic fibrosis and primary ciliary dyskinesia patients with chronic pulmonary infections. PLoS One, 2014, 9(12): e115584.

[45] Santini G, Mores N, Penas A, et al. Electronic nose and exhaled breath NMR-based metabolomics applications in airways disease. Current Topics in Medicinal Chemistry, 2016, 16(14): 1610-1630.

[46] Wang M, Gao F, Wu Q, et al. Real-time assessment of food freshness in refrigerators based on a miniaturized electronic nose. Analytical Methods, 2018, 10(39): 4741-4749.

[47] Musatov V Y, Sysoev V, Sommer M, et al. Assessment of meat freshness with metal oxide sensor microarray electronic nose: A practical approach. Sensors and Actuators B: Chemical, 2010, 144(1): 99-103.

[48] Wei Z, Xiao X, Wang J, et al. Identification of the rice wines with different marked ages by electronic

nose coupled with smartphone and cloud storage platform. Sensors, 2017, 17(11): 2500.

[49]　Du D, Wang J, Wang B, et al. Ripeness prediction of postharvest kiwifruit using a MOS e-nose combined with chemometrics. Sensors, 2019, 19(2): 419.

[50]　Saha P, Ghorai S, Tudu B, et al. Multi-class support vector machine for quality estimation of black tea using electronic nose. 2012 Sixth International Conference on Sensing Technology (ICST), IEEE, 2012: 571-576.

[51]　Leal R V, Quiming A X C, Villaverde J F, et al. Determination of schizophrenia using electronic nose via support vector machine. 2019 9th International Conference on Biomedical Engineering and Technology, 2019: 13-17.

[52]　Huang L, Liu H, Zhang B, et al. Application of electronic nose with multivariate analysis and sensor selection for botanical origin identification and quality determination of honey. Food and Bioprocess Technology, 2015, 8(2): 359-370.

[53]　Aguilera T, Lozano J, Paredes J A, et al. Electronic nose based on independent component analysis combined with partial least squares and artificial neural networks for wine prediction. Sensors (Basel), 2012, 12(6): 8055-8072.

[54]　He J, Xu L, Wang P, et al. A high precise E-nose for daily indoor air quality monitoring in living environment. Integration, 2017, 58: 286-294.

[55]　Hooren M R, Leunis N, Brandsma D S, et al. Differentiating head and neck carcinoma from lung carcinoma with an electronic nose: A proof of concept study. European Archives of Oto-Rhino-Laryngology, 2016, 273(11): 3897-3903.

[56]　Wilson A D. Recent applications of electronic-nose technologies for the noninvasive early diagnosis of gastrointestinal diseases. Multidisciplinary Digital Publishing Institute Proceedings, 2017, 2(3): 147.

[57]　Qi P, Meng Q, Zeng M. A CNN-based simplified data processing method for electronic noses. 2017 ISOCS/IEEE International Symposium on Olfaction and Electronic Nose (ISOEN), 2017: 1-3.

[58]　Peng P, Zhao X, Pan X, et al. Gas classification using deep convolutional neural networks. Sensors, 2018, 18(1): 157.

[59]　Wei G, Li G, Zhao J, et al. Development of a LeNet-5 gas identification CNN structure for electronic noses. Sensors, 2019, 19(1): 217.

[60]　Romani S, Cevoli C, Fabbri A, et al. Evaluation of coffee roasting degree by using electronic nose and artificial neural network for off-line quality control. Journal of Food Science, 2012, 77(9): C960-C965.

[61]　Tang C T, Huang C M, Tang K T, et al. A scalable and adaptable probabilistic model embedded in an electronic nose for intelligent sensor fusion. 2015 IEEE Biomedical Circuits and Systems Conference (BioCAS), 2015: 1-4.

[62]　Chowdhury S S, Tudu B, Bandyopadhyay R, et al. Portable electronic nose system for aroma classification of black tea. 2008 IEEE Region 10 and the Third international Conference on Industrial and Information Systems, 2008: 1-5.

[63]　Wang Q, Song K, Guo T. Portable vehicular electronic nose system for detection of automobile exhaust. Proceedings of the 2010 IEEE Vehicle Power and Propulsion Conference, 2010: 1-5.

[64]　Murugan S, Gala N. ELENA: A low-cost portable electronic nose for alcohol characterization. 2017 IEEE Sensors, 2017: 1-3.

[65]　Pan C H, Tang K T. Analog multilayer perceptron circuit with on-chip learning: Portable electronic nose. Proceedings of the AIP Conference Proceedings, 2011. American Institute of Physics, 2011, 1362(1): 121-124.

[66]　Jaeschke C, Padilla M, Turppa E, et al. Overview on SNIFFPHONE: a portable device for disease diagnosis. 2019 IEEE International Symposium on Olfaction and Electronic Nose (ISOEN), 2019: 1-2.

[67]　Herrero J L, Lozano J, Santos J P, et al. A web-based approach for classifying environmental pollutants using portable E-nose devices. IEEE Intelligent Systems, 2016, 31(3): 108-112.

[68]　Diamond A, Schmuker M, Berna A Z, et al. Classifying continuous, real-time E-nose sensor data using a bio-inspired spiking network modelled on the insect olfactory system. Bioinspiration & Biomimetics, 2016, 11(2): 026002.

[69] Raymer M L, Punch W F, Goodman E D, et al. Dimensionality reduction using genetic algorithms. IEEE Transactions on Neural Networks, 2000, 4(2): 164-171.

[70] Yu H, Yin Y, Yuan Y, et al. A KECA identification method based on GA for E-nose data of six kinds of Chinese spirits. Sensors and Actuators B: Chemical, 2021, 333: 129518.

[71] Tian F, Kadri C, Zhang L, et al. A novel cost-effective portable electronic nose for indoor-/in-car air quality monitoring. 2012 International Conference on Computer Distributed Control and Intelligent Environmental Monitoring, IEEE, 2012: 4-8.

[72] Koickal T J, Hamilton A, Tan S L, et al. Analog VLSI circuit implementation of an adaptive neuromorphic olfaction chip. IEEE Transactions on Circuits and Systems I: Regular Papers, 2007, 54(1): 60-73.

[73] Markram H, Lübke J, Frotscher M, et al. Regulation of synaptic efficacy by coincidence of postsynaptic APs and EPSPs. Science, 1997, 275(5297): 213-215.

[74] Pearce T C, Karout S, Capurro A, et al. Rapid processing of chemosensor transients in a neuromorphic implementation of the insect macroglomerular complex. Frontiers in Neuroscience, 2013, 7: 119.

[75] Beyeler M, Stefanini F, Proske H, et al. Exploring olfactory sensory networks: simulations and hardware emulation. 2010 Biomedical Circuits and Systems Conference (BioCAS), IEEE, 2010: 270-273.

[76] Ng K T, Boussaid F, Bermak A, et al. A CMOS single-chip gas recognition circuit for metal oxide gas sensor arrays. IEEE Transactions on Circuits and Systems I: Regular Papers, 2011, 58(7): 1569-1580.

[77] Ng K T, Guo B, Bermak A, et al. Characterization of a logarithmic spike timing encoding scheme for a 4×4 tin oxide gas sensor array. Sensors, 2009: 731-734.

[78] Ng K T, Boussaid F, Bermak A. A frequency-based signature gas identification circuit for SnO_2 gas sensors. 2010 IEEE International Symposium on Circuits and Systems, 2010: 2275-2278.

[79] Hsieh H Y, Tang K T. VLSI implementation of a bio-inspired olfactory spiking neural network. IEEE Transactions on Neural Networks and Learning Systems, 2012, 23(7): 1065-1073.

[80] Imam N, Cleland T A, Manohar R, et al. Implementation of olfactory bulb glomerular-layer computations in a digital neurosynaptic core. Frontiers in Neuroscience, 2012, 6: 83.

[81] Pfeil T, Grübl A, Jeltsch S, et al. Six networks on a universal neuromorphic computing substrate. Frontiers in Neuroscience, 2013, 7: 11.

[82] Schmuker M, Schneider G. Processing and classification of chemical data inspired by insect olfaction. PNAS, 2007, 104(51): 20285-20289.

[83] Schmuker M, Pfeil T, Nawrot M. A neuromorphic network for generic multivariate data classification. PNAS, 2014, 111(6): 2081-2086.

[84] Imam N, Cleland T A. Rapid online learning and robust recall in a neuromorphic olfactory circuit. Nature Machine Intelligence, 2020, 2(3): 181-191.

[85] Gutierrez-Osuna R. Pattern analysis for machine olfaction: A review. Sensors Journal, 2002, 2: 189-202.

[86] Ding W, Zhang Y, Kou L, et al. Electronic nose application for the determination of penicillin G in Saanen goat milk with fisher discriminate and multilayer perceptron neural network analyses. Journal of Food Processing and Preservation, 2015, 39(6): 927-932.

[87] Adak M F, Yumusak N J S. Classification of E-nose aroma data of four fruit types by ABC-based neural network. Sensors (Basel), 2016, 16(3): 304.

[88] Shi C, Yang X, Han S, et al. Nondestructive prediction of tilapia fillet freshness during storage at different temperatures by integrating an electronic nose and tongue with radial basis function neural networks. Food and Bioprocess Technology, 2018, 11(10): 1840-1852.

[89] Zhang L, Deng P. Abnormal odor detection in electronic nose via self-expression inspired extreme learning machine. IEEE Transactions on Systems, Man, and Cybernetics: Systems, 2017, 49(10): 1922-1932.

[90] Zhang L, Zhang D. Domain adaptation extreme learning machines for drift compensation in E-nose systems. IEEE Transactions on Instrumentation and Measurement, 2014, 64(7): 1790-1801.

[91]　Qiu S, Wang J. The prediction of food additives in the fruit juice based on electronic nose with chemometrics. Food Chemistry, 2017, 230: 208-214.

[92]　Wang J H, Tang C T, Chen H, et al. An adaptable continuous restricted Boltzmann machine in VLSI for fusing the sensory data of an electronic nose. IEEE Transactions on Neural Networks and Learning Systems, 2016, 28(4): 961-974.

[93]　Zhang L, Tian F. Performance study of multilayer perceptrons in a low-cost electronic nose. IEEE Transactions on Instrumentation and Measurement, 2014, 63(7): 1670-1679.

[94]　Behera B, Joshi R, Anil Vishnu G K, et al. Electronic nose: a non-invasive technology for breath analysis of diabetes and lung cancer patients. Journal of Breath Research, 2019, 13(2): 024001.

[95]　Hag-Ali M, AlShamsi A S, Boeijen L, et al. The detection dogs test is more sensitive than real-time PCR in screening for SARS-CoV-2. Communications Biology, 2021, 4(1): 1-7.

[96]　Catala A, Grandgeorge M, Schaff J L, et al. Dogs demonstrate the existence of an epileptic seizure odour in humans. Scientific Reports, 2019, 9(1): 1-7.

[97]　Trivedi D K, Sinclair E, Xu Y, et al. Discovery of volatile biomarkers of Parkinson's disease from sebum. ACS Central Science, 2019, 5(4): 599-606.

[98]　Boumali S, Benhabiles M T, Bouziane A, et al. Acetone discriminator and concentration estimator for diabetes monitoring in human breath. Semiconductor Science and Technology, 2021, 36(8): 085010.

[99]　Saidi T, Zaim O, Moufid M, et al. Exhaled breath analysis using electronic nose and gas chromatography-mass spectrometry for non-invasive diagnosis of chronic kidney disease, diabetes mellitus and healthy subjects. Sensors and Actuators B: Chemical, 2018, 257: 178-188.

[100]　Sarno R, Sabilla S I, Wijaya D R. Electronic nose for detecting multilevel diabetes using optimized deep neural network. Engineering Letters, 2020, 28(1): 5-16.

[101]　Wang Y, Yu K, Wang D, et al. Multi-model diagnosis method for lung cancer based on MOS-SAW breath detecting E-nose. AIP Conference Proceedings, American Institute of Physics, 2011, 1362(1): 163-164.

[102]　Li W, Liu H, Xie D, et al. Lung cancer screening based on type-different sensor arrays. Scientific Reports, 2017, 7(1): 1969.

[103]　Liu B, Yu H, Zeng X, et al. Lung cancer detection via breath by electronic nose enhanced with a sparse group feature selection approach. Sensors and Actuators B: Chemical, 2021, 339(12): 129896.

[104]　Raspagliesi F, Bogani G, Benedetti S, et al. Detection of ovarian cancer through exhaled breath by electronic nose: A prospective study. Cancers, 2020, 12(9): 2408.

[105]　Seesaard T, Khunarak C, Kerdcharoen T, et al. 2012. Development of an electronic nose for detection and discrimination of exhaled breath of hepatocellular carcinoma patients. Proceedings of the IEEE International Conference on Systems, Man, and Cybernetics (SMC), Seoul, South Korea.

[106]　Li Z, Suslick K S. Ultrasonic preparation of porous silica-dye microspheres: sensors for quantification of urinary trimethylamine N-oxide. ACS Applied Materials & Interfaces, 2018, 10(18): 15820-15828.

[107]　Webster D R, Weissburg M J. Chemosensory guidance cues in a turbulent chemical odor plume. Limnology and Oceanography, 2001, 46(5): 1034-1047.

[108]　Vickers N J. Mechanisms of animal navigation in odor plumes. The Biological Bulletin, 2000, 198(2): 203-212.

[109]　Ackels T, Erskine A, Dasgupta D, et al. Fast odour dynamics are encoded in the olfactory system and guide behaviour. Nature, 2021, 593(7860): 558-563.

[110]　Martinez D, Arhidi L, Demondion E, et al. Using insect electroantennogram sensors on autonomous robots for olfactory searches. Journal of Visualized Experiments, 2014, (90): e51704.

[111]　Gunn D L. The meaning of the term 'Klinokinesis'. Animal Behaviour, 1975, 23: 409-412.

[112]　Maho P, Herrier C, Livache T, et al. Real-time gas recognition and gas unmixing in robot applications. Sensors and Actuators B: Chemical, 2021, 330: 129111.

[113]　Larionova S, Almeida N, Marques L, et al. Olfactory coordinated area coverage. Autonomous Robots, 2006, 20(3): 251-260.

[114]　Li J, Meng Q, Li F, et al. Mobile robot based odor source localization via particle filter. Proceedings of

the 48h IEEE Conference on Decision and Control (CDC) Held Jointly with 2009 28th Chinese Control Conference, IEEE, 2009: 2984-2989.

[115] Ferri G, Caselli E, Mattoli V, et al. A biologically-inspired algorithm implemented on a new highly flexible multi-agent platform for gas source localization. The First IEEE/RAS-EMBS International Conference on Biomedical Robotics and Biomechatronics, 2006. BioRob 2006, IEEE, 2006: 573-578.

[116] Burgués J, Hernández V, Lilienthal A J, et al. Smelling nano aerial vehicle for gas source localization and mapping. Sensors, 2019, 19(3): 478.

[117] Shen X, Yuan J, Shan Y. A novel plume tracking method in partial 3D diffusive environments using multi-sensor fusion. Expert Systems with Applications, 2021, 178: 114993.

[118] Ando N, Emoto S, Kanzaki R. Insect-controlled robot: A mobile robot platform to evaluate the odor-tracking capability of an insect. Journal of Visualized Experiments: JoVE, 2016, (118): e54802.

[119] Panigrahi S, Sankaran S, Mallik S, et al. Olfactory receptor-based polypeptide sensor for acetic acid VOC detection. Materials Science and Engineering: C, 2012, 32(6): 1307-1313.

[120] Son M, Kim D, Kang J, et al. Bioelectronic nose using odorant binding protein-derived peptide and carbon nanotube field-effect transistor for the assessment of *Salmonella* contamination in food. Analytical Chemistry, 2016, 88(23): 11283-11287.

[121] Kim T H, Lee B Y, Jaworski J, et al. Selective and sensitive TNT sensors using biomimetic polydiacetylene-coated CNT-FETs. ACS Nano, 2011, 5(4): 2824-2830.

[122] Taştan M, Gökozan H. Real-time monitoring of indoor air quality with internet of things-based E-nose. Applied Sciences, 2019, 9(16): 3435.

[123] Son M, Cho D, Lim J H, et al. Real-time monitoring of geosmin and 2-methylisoborneol, representative odor compounds in water pollution using bioelectronic nose with human-like performance. Biosensors and Bioelectronics, 2015, 74: 199-206.

第7章 仿生味觉传感与智能感知技术

7.1 概　　述

20 世纪 80 年代后期，人工智能研究取得了重大进展，针对人或动物的味觉系统结构和功能，科学家对其生物机制进行了深入研究，基于生理学、生物化学、细胞生物学、分子生物学等基础学科的研究成果，结合仿生技术、电子技术、测控技术和计算机技术等多学科，提出了基于人工智能技术的仿生味觉传感系统。仿生味觉传感系统把生物味觉系统中味蕾的交互敏感原理应用到传感器阵列多组分分析，使用交叉敏感的传感器阵列模拟人类味觉细胞对味觉物质的响应，使用信号处理建模等技术模拟大脑对味觉信息的加工和处理，最终完成对味觉物质的定性和定量分析。

仿生味觉传感系统具有客观性强、重复性好、响应速度快、可定量的优点，越来越受到研究者的关注，并且被广泛地用于航天、环境、食品、医学、药物分析等多个领域。本章将主要从仿生味觉传感技术的研究、仿生味觉智能识别技术研究和仿生味觉传感与智能感知技术的应用三个方面进行介绍。

7.2　仿生味觉传感技术的研究

仿生味觉传感系统主要由味觉传感器、信号采集系统和模式识别系统三部分组成，如图 7-2-1 所示，味觉传感器由非特异性的交叉敏感传感器阵列组成，模拟生物系统中的味觉感受器，其表面敏感膜能与特定味觉物质发生相互作用，引起电学、化学、光学等信号的变化；信号采集系统模拟生物系统中的神经元，采集响应信号并传递到计算机；模式识别系统模拟生物系统中大脑信息处理的功能，使用多元统计方法或模式识别对信号进行特征提取，建立模式识别模型，对不同味道刺激物进行定性和定量分析。本节重点介绍味觉传感器敏感材料、味觉传感器的构造方法及其原理以及常见的生物电子舌。

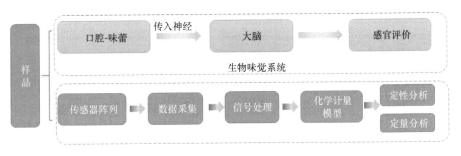

图 7-2-1　仿生味觉传感系统示意图

7.2.1 味觉传感器敏感材料

仿生味觉传感系统对物质的识别主要依靠传感器表面敏感材料,它能与味觉物质发生物理化学、吸附或催化反应等,产生特异性响应,从而检测出各种味觉物质,类似于生物味觉的感受过程。随着材料科学、微加工技术以及分子生物学的不断发展,更多新的材料被用作表面敏感膜,从而进一步提高传感器的检测性能。目前比较常用的表面敏感材料有:人工类脂膜、硫属玻璃薄膜、高分子聚合物膜、非修饰贵金属、生物敏感材料等。

1. 人工类脂膜

受到生物膜结构的启发,研究者提出具有模拟生物功能的人工类脂膜,用于构建仿生味觉传感系统。人工膜的研究开始于 20 世纪 50 年代末,利用人工膜来识别味觉物质的研究则开始于 20 世纪 80 年代。用于味觉传感器研究的人工膜主要是液膜和脂膜。波兰格但斯克技术大学的什帕科夫斯卡等将含有油酸钠和 4 种味觉物质(蔗糖、盐酸奎宁、柠檬酸、氯化钠)的液膜作为振荡器,研究不同味觉物质对水相之间电势差振荡模式的影响,发现对特定味觉物质体系,吸引子的形状和尺寸是不同的,并且依赖于味觉物质的浓度,因此可以作为鉴别相应物质的依据。日本名古屋大学的吉川贤一和松原康弘[1]研究了跨液膜的电位振荡现象,液膜是由水-油-水相构成的,并且在其中的一个水相中加入化学物质后,产生类似生物膜兴奋的电学响应,因此,这一体系可用于味觉物质检测。前期研究发现,氨气也可以引起膜电势发生改变并出现振荡信号,因此,这一体系也可用于气味检测。进一步,他们研究了酸、甜、苦和咸对油酸钠+丙醇/含 2,2 联吡啶的硝基苯/氯化钠溶液体系电位振荡的影响。

华东师范大学的张文等分别以十六烷基三甲基溴化铵+乙醇/含苦味酸的硝基苯/蔗糖溶液体系、十二烷基二甲基苄基氯化铵/含苦味酸的硝基苯/蔗糖溶液体系、十六烷基三甲基溴化铵+乙醇/含苦味酸的 1,2-二氯乙烷/蔗糖水溶液的液膜体系以及十六烷基三甲基溴化铵/含苦味酸的二氯甲烷/蔗糖溶液体系等作为研究体系,在油水界面制备可兴奋人工膜[2],设计了简单可行的实验装置,研究了不同味觉物质对液膜电位振荡参数的影响,对油水体系各成分的配比等实验条件进行了优化,利用 C_{60} 修饰电极测定表面活性剂分子的浓度变化,解释了自发振荡产生机制及振荡膜对不同味觉物质的响应机制,结果表明呈酸、甜、苦、咸、鲜味的不同物质在不同体系中所得到的振荡波形是不同的,由此实现对不同味觉物质的定性检测。

日本九州大学 Kiyoshi Toko 课题组[3]研制出由脂质、增塑剂和聚氯乙烯(polyvinyl chloride,PVC)组成的人工脂质/聚合物膜,其作为传感材料以模拟生物细胞膜膜电位的变化。脂质和增塑剂决定了膜表面的电化学特性,PVC 用作支撑材料,并有助于改变与增塑剂的混合比例。该膜与生物味觉细胞膜中的脂质层类似,脂质分子排列成双层,疏水基团朝向膜内侧,亲水基团朝向膜两侧。基于经典的古依-查普曼(Gouy-Chapman)理论,当人工类脂膜浸入水溶液时,脂质分子解离,在膜表面形成双电层,产生膜电位。

然后由于静电作用和疏水作用，人工类脂膜可以吸引溶液中相应的味觉物质。如图 7-2-2 所示，HCl 等酸性物质通过阻止脂质分子解离，改变膜电位；NaCl 等盐类物质影响传感器表面的双电层，引起膜电位的变化（称为屏蔽效应）；而奎宁等苦味物质的响应机制与 NaCl 和 HCl 不同，结合电子光谱法进行化学分析，表明苦味物质被吸附在膜的疏水部分，并通过改变电荷密度，引起膜电位的变化。鲜味物质谷氨酸钠与脂质膜具有非常轻微的疏水相互作用。另一种解释是，谷氨酸钠带正电的氨基能与带负电的类脂膜相互作用，而谷氨酸钠本身羧基携带的负电使得结合后类脂膜上携带的负电更多。在此基础上，他们通过优化膜的电荷密度和疏水性，提高了味觉物质检测的选择性和灵敏度。

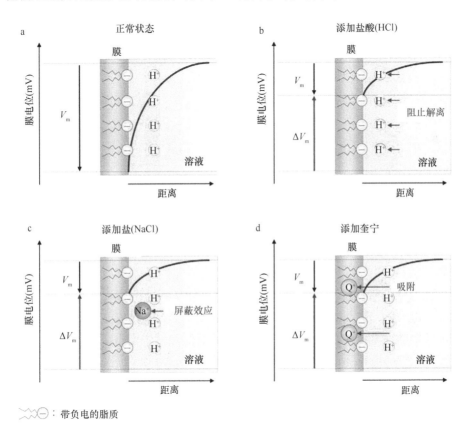

图 7-2-2　类脂膜的敏感原理示意图[3]（彩图请扫封底二维码）

Q^+. 奎宁离子；V_m. 膜电位；ΔV_m. 膜电位变化

2. 硫属玻璃薄膜

硫属玻璃薄膜在电子舌传感器阵列中的应用，由俄罗斯圣彼得堡大学的莱金与弗拉索夫团队于 1995 年提出[4]。硫属玻璃薄膜的敏感机制是膜表面活性基团参与了离子交换的过程。弗拉索夫[5]还提出了一种模型来解释硫属玻璃薄膜电极的表面灵敏度响应机制，他认为当膜表面与溶液接触时，存在表面修饰层（modified surface layer，MSL）。表面修饰层是表面部分晶格缺陷与待测离子溶液接触产生的结果，而且这个过程中还伴随着活性离子交换位点的产生。因此，离子交换的过程即发生在这些活性位点和溶液待测离子之间。由于晶格缺陷，表面空位产生，表面修饰层的原子密度小于硫属玻璃体密度的一半，因此，提高了表面交换离子的扩散系数。该类薄膜对溶液中的多组分具有非特异性、低选择性和交叉响应的特点，被广泛应用于各种液体，包括在食品中进行定性和定量分析。

莱金教授和弗拉索夫教授研究小组研究开发了 GeS-GeS$_2$-Ag$_2$S、Ag$_2$S-As$_2$S$_3$、Ge-SbSe-Ag、AgI-Sb$_2$S$_3$ 等多种硫属玻璃薄膜非特异性传感器，实现了对不同浓度的重金属离子以及 H$^+$ 溶液的检测。此外，德国亚琛应用科技大学的克鲁克[6]等通过脉冲激光沉积工艺制备了具有不同离子选择性的硫属玻璃薄膜，如图 7-2-3 所示，这种硫属玻璃薄膜是以 Cd-Ag-As-I-S、Pb-Ag-As-I-S 以及 Cu-Ag-As-Se-Te 等为材料，在真空环境下利用聚焦激光束将其加热到 900℃ 气化，定向沉积在 Si/SiO$_2$ 基质表面成为薄膜，用于检测水质中的金属离子（Pb^{2+}、Cd^{2+}、Cu^{2+} 等）。

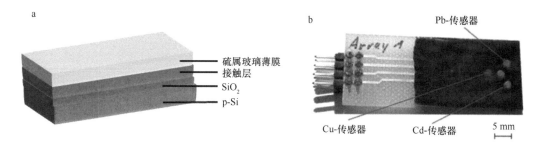

图 7-2-3　硫属玻璃薄膜及其传感器阵列示意图

(a) 硫属玻璃薄膜示意图；(b) 焊线封装后的硫属玻璃薄膜传感器阵列实物图[6]

3. 金属电极

瑞典林雪平大学弗雷德里克研究小组最先开发了一种由具有交互敏感作用的贵金属裸电极（镍、金、铱、铼、铑等）构建的传感器阵列，通过在工作电极和参比电极上施以外加大幅脉冲电压，采集不同金属电极传感器对溶液中带电离子和易氧化还原组分响应的充电电流与法拉第电流，然后通过计算机对其进行模式识别处理，构建了可应用于环境、食品、生物化工等各领域的电子舌。这类仿生味觉系统最大的优点在于传感器电极无须修饰，传感器阵列非常容易构建，并且在稳定性、使用寿命等方面相比于修饰电极具有明显优势。

西班牙瓦伦西亚理工大学的马丁内斯等在非修饰贵金属传感器方面做了许多研究工作[7]，他们研究的金属主要有金、银、铜、镍等。此外，他们还制作了另一种基于金属的味觉传感器，将不同的金属材料通过厚膜制作技术沉积于铝基底上，电极排布在一块边长为 2 英寸①、厚度为 0.635 mm 的氧化铝基板上。同时在电极表面依次排布了导电层、活性层和上保护层，通过导电胶连接传感接口与电路板。利用丝网印刷方法制备厚膜电极，与金属导线连接的金属电极作为工作电极，与溶液中的化学物质接触反应引起表面电势变化，通过对输出信号进行 PCA 分析，能够实现对不同水域天然水的定性分析。此外，意大利罗马大学的纳塔利等采用 6 种金属材料（铜、锡、铁、铝、黄铜、

---

① 1 英寸=2.54 cm

不锈钢）制作金属丝传感器，并搭建仿生味觉系统对 3 种由葡萄酒酿制的醋饮料（原浓度和不同稀释浓度）和 9 种不同厂家生产的果汁（橙汁、葡萄汁、梨汁等）进行了区分。

为了提高传感器的交叉选择性和检测性能，研究者开发了多种基于不同材料的敏感膜，如聚合物、石墨-环氧树脂、酞菁和掺杂剂等。通过在导电聚合物中添加掺杂剂可以对其敏感特征进行优化，实现被测物的快速吸附/脱附，并具有部分选择性。西班牙马德里理工大学的罗德里格斯等致力于开发各种电极修饰材料及制备方法[8]，对导电聚合物（聚吡咯、聚苯胺、聚 3-甲基噻吩）、酞菁及其衍生物（铜酞菁、钴酞菁、镥酞菁等）、二萘嵌苯及其衍生物等膜材料进行了研究。酞菁及其衍生物、二萘嵌苯及其衍生物电极的制作方法采用了 LB（Langmuir-Blodgett）膜和 LS（Langmuir-Schaefer）膜技术，同时与经典的铸塑法进行了比较，结果表明 LB 膜和 LS 膜技术制备的膜电极比铸塑法具有更高的灵敏度及稳定性。基于导电聚合物的味觉传感器已经被用来评估苦、甜、咸、酸和涩味。此外，基于双酞菁表面修饰的伏安电极阵列也已被用于区分 5 种基本口味的样品[9]。不同的酞菁衍生物具有不同的离子结合能力和电催化特性，因此，构建由多种酞菁衍生物修饰的传感器阵列可以显著提高交叉选择性。此外，通过不同的技术对酞菁衍生物进行性能优化，可以进一步提高传感器的检测性能。

4. 生物敏感材料

传统的仿生味觉系统主要依赖类脂膜或金属电极的自身特性，将味觉信号通过物理化学响应转化为可测量的电信号。然而，这种物理化学作用与生物味觉系统的味觉感受过程存在本质上的差异，因此其味觉检测性能仍不及生物味觉系统。为了更加接近生物体的味觉感受过程，研究者利用生物活性材料作为敏感元件，与特定的转换元件结合构建生物传感器，开发新一代仿生味觉传感技术。1962 年，美国亚巴拉马大学医学院的克拉克和里昂首次通过嫁接酶法将具有生物选择性的酶固定在离子选择性电极表面，开发了可用于测定葡萄糖含量的酶电极，开创了生物传感器的先河[10]。生物传感器常见的生物活性材料包括蛋白质（包括酶）、抗体/抗原、DNA 等生物活性分子以及细胞、组织等（图 7-2-4），这类材料具有选择性好、灵敏度高、精度高等特点。

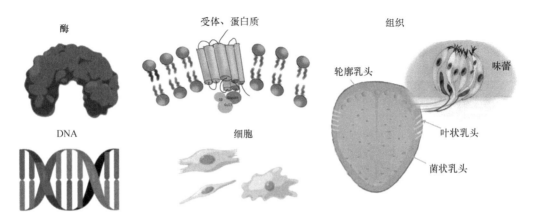

图 7-2-4　常见的生物活性材料

生物传感器的转换元件将敏感元件捕获的生物信息转变成电信号输出。以酶传感器为例，生物体内一些生化分子的浓度会随着生理状态发生变化，通过在适合的电极（如离子选择电极、过氧化氢电极、氢离子电极等）上固定具有生物选择性的酶，可将这种物质的变化转换为电信号。目前绝大部分的生物酶传感器的工作原理均属于此类。另外，有些生物敏感膜在分子识别时伴随着热变化，由生物敏感膜加上热敏电阻构成的传感器可将热量转化为电信号。大多数酶促反应均有热变化，一般在 25～100 kJ/mol。有些生物敏感膜在分子识别时伴随着发光的现象，如过氧化氢酶能催化过氧化氢/鲁米诺（3-aminophthalhydrazide，一种化学荧光分子）体系发光。还有一些生物敏感膜在分子识别时会形成复合体，而这一过程可使酶促反应伴随电子转移、微生物细胞的氧化或通过电子传送体作用在电极表面上直接产生电信号，若在固体表面进行，则固体表面的电位发生变化。此外，细胞、组织和类器官的识别作用是由于嵌合于细胞膜表面的受体与外界的配体发生了共价结合，通过细胞膜通透性的改变，诱发了一系列生化反应，细胞膜产生的响应变化再通过半导体器件、热敏电阻、光敏二极管或声波检测器等转换成电信号，形成生物传感信息。

7.2.2　味觉传感器

目前国内外研究较多的是基于电化学方法的味觉传感器，包括电位法、伏安法、阻抗谱法等，将化学信号转换成电信号（包括电流、电压等），具有检测简单、灵敏度高、操作方便等优点。此外，研究中还使用光吸收法、声表面波、石英晶体微量天平、表面等离子共振等技术实现对味觉物质的检测，如表 7-2-1 所示。

表 7-2-1　味觉传感器的类型及其方法

类型	方法	工作原理
电化学方法	电位法	敏感膜上由电荷数量的变化所引起的电位变化
	伏安法	待测物质溶液通过测定电解过程中电压-电流参数的变化来进行定量、定性分析
	阻抗谱法	以小振幅的正弦波电位（或电流）为扰动信号的电化学测量方法
物理方法	表面等离子共振	对附着在金属薄膜表面的介质折射率敏感，当表面介质的属性改变或者附着量改变时，共振角发生偏移
	石英晶体微天平	分子吸附到传感器表面后共振频率降低，频率变化与单位面积吸附分子的质量成正比
	声表面波	分子吸附引起 SAW 谐振器振荡频率变化
	光吸收法	溶液中物质分子对光的选择性吸收

味觉传感器阵列特点有：①每个独立的传感器需具一定的交叉敏感能力，即能同时对溶液中几种不同的组分有一定的响应。②传感器具有一定的选择性，即对不同的组分具有不同的响应能力。③传感器的各项参数以及响应信号必须稳定，而且具有重现性。④从现场以及实时监测方面考虑，传感器在不同的检测环境下需要有较长的使用寿命。

1. 基于电位法的传感器

电位分析法包括直接电位法和电位滴定法，主要用于传感器阵列的液体多组分分析。利用敏感膜对特定离子进行选择吸附产生电位响应，该响应值与特定离子浓度的对数值呈线性关系。检测系统中通常加入稳定的电极作为参比电极，常用的有饱和甘汞电极和 Ag/AgCl 电极等。常用的工作电极为金属电极和离子选择性电极（ion selective electrode，ISE）。离子选择性电极的种类很多，但它们具有相同的基本结构，即由敏感膜、电极管壳体、内参比电极等组成，其中敏感膜是其最重要的组成部分，决定着离子选择性电极的性能。敏感膜两侧分别为待测溶液和内参比溶液，两个固液界面上分别发生离子交换和扩散，产生膜内和膜外相界电位，两个相界电位之差就产生了膜电位。在原电池内，化学反应的进行使自由电子发生转移，只要反应未达到平衡，就会有电势差的产生，基于这个原理，在无电流通过的情况下测量膜两端电极的电势（膜电势），通过分析此电势差来研究样品的特性。

敏感膜可以是不同的材料，它们通常对特定的化学物质表现出一定的选择性。例如，硫属玻璃薄膜、PVC 或脂质/聚合物膜、LB 膜等已用于电子舌的设计。这些膜电位传感器表现出较大的交叉敏感性，它们的响应与模式识别算法相结合，已被用于区分某些不同的水溶液。基于 PVC 或脂质/聚合物膜的电子舌系统最早由日本九州大学的 Kiyoshi Toko 等研发，图 7-2-5 是基于类脂膜/聚合物薄膜的味觉传感系统。针对酸、甜、苦、咸、鲜 5 种基本味觉，以 PVC 聚合物为载体，以邻苯二甲酸二辛酯（dioctyl phthalate，DOP）、二辛基苯基磷酸酯（dioctyl phenyl phosphate，DOPP）或磷酸三甲苯酯（tricresyl phosphate，TCP）为增塑剂，以四癸基溴化铵 [tetrap（decyl）ammonium bromide，TDAB]、

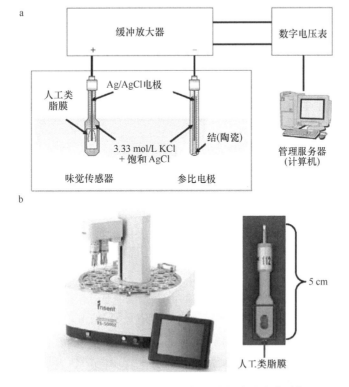

图 7-2-5　基于类脂膜/聚合物薄膜的味觉传感系统
（a）味觉系统示意图；（b）TS-5000Z 味觉系统实物图[3]

三辛基甲基氯化铵（trioctyl methyl ammonium chloride，TOMAC）、油酸、1-十六醇、五倍子酸、磷酸二正癸酯等作为活性物质制备了脂质/聚合物膜，构建了对不同物质具有交叉敏感性的味觉传感器阵列。通过检测味觉传感器与 Ag/AgCl 参比电极之间的开路电压，把脂质/聚合物膜与各种味觉物质之间的亲和作用强度转化成电位信号进行表征。此类电子舌一般由 6~8 个电极组成，分别感受不同味觉物质。该味觉传感器具有全局选择性，与人类感官评估相近，已成功应用于食品行业的味觉评价。

电位传感器虽具有成本低、结构简单和易于制造等特点，但也存在以下不足：①受温度影响大；②受溶液变化的影响；③对溶液中部分干扰物具有吸附作用；④只对电解质敏感而对非电解质和弱电解质物质（如大多数甜味物质和一些苦味物质）不敏感；⑤对电子噪声敏感，这就对电子装置和测量装置提出了更高的要求。可用的解决办法包括：①控制检测温度，或把检测温度作为分析数据；②用清洗剂清洗电极以限制吸附作用；③通过使用单分子膜如含硫醇类的脂膜，以改进敏感性等。

2. 基于伏安法的传感器

基于伏安分析的仿生味觉系统通常使用电化学三电极体系，即工作电极、对电极和参比电极。在工作电极和参比电极之间搭建成一个恒电位系统，控制溶液体系中的电压值保持稳定。在工作电极和辅助电极之间有电流通过时，待测溶液中物质在电极表面发生氧化还原反应并产生电流，得到电压-电流曲线。因为工作电极的电位随外加电压的改变而改变，通过控制外加电压来改变工作电极电位，使具有不同还原电位的离子在不同的电位析出，从而产生不同的极谱波，不需预分离就可同时测定同一溶液中的多种组分。伏安法有许多分析技术可以采用，包括循环伏安法、脉冲伏安法、方波伏安法等，又衍生出脉冲循环伏安法等。在伏安型仿生味觉中常用的是脉冲伏安法，包括大幅脉冲伏安法、小幅脉冲伏安法和阶梯脉冲伏安法。对于基于伏安分析的传感器阵列，工作电极可以采用多种类型的材料来构造，主要分为惰性贵金属和非贵金属、导电聚合物和酞菁薄膜三大类。

伏安型仿生味觉系统最早是由瑞典林雪平大学的温奎斯特等[11]于 1997 年提出的。他们报道了第一个由 2 个工作电极（金、铂）、1 个参比电极（Ag/AgCl）和 1 个辅助电极（不锈钢片）组成的伏安电子舌，并应用于区分不同的饮料（橙汁、苹果汁、牛奶）。之后根据不同的用途采用了不同惰性贵金属和非贵金属的工作电极组合[12]。浙江大学王平课题组致力于用于海洋环境检测的新型仿生味觉仪器的研制，开发了一种全自动仿生味觉检测仪器，用于海水中痕量重金属元素检测[13]。该传感器部分由硅基汞包覆金微电极阵列组成，用于使用阳极溶出伏安法检测 Zn（Ⅱ）化合物、Cd（Ⅱ）化合物、Pb（Ⅱ）化合物和 Cu（Ⅱ）化合物，以及使用电流-电压扫描（I/V 扫描）检测 Fe（Ⅲ）化合物和 Cr（Ⅵ）化合物的光寻址电位传感器。控制部分采用泵、阀和管实现对水样的自动采集与预处理。该监测仪实现了上述 6 种金属的 ppb 级检测。此外，浙江工商大学的田师一等[14]研究了一种基于正弦包络伏安法的电子舌。正弦包络伏安法（SEV）的波形仅由两个不同频率和相位的单纯正弦波构成。利用该电子舌，实现了对 4 种味觉物质（乙酰磺胺酸钾、味精、氯化钾和酒石酸）和 5 种品牌的黄酒的检测与识别。

伏安型传感器具有许多优点：①灵敏度高、操作简单、鲁棒性强、通用性强；②与电位法相比，伏安法较少受到电干扰而具有较高的信噪比；③由于伏安法可采用很多不同的分析技术，可以获得更多的溶液信息。同时，伏安型传感器也具有一些缺点：①由于其检测原理的局限性，该方法只适用于对样品中的电活性物质（氧化还原活性）进行检测；②伏安法获得的数据，对于单一成分的样品来说很容易解释，但对于复杂样品来说，数据会发生重叠，根据工作电极的不同会产生复杂的 I/V 特性图，I/V 图包含了所有样品成分的整体信息。在信号分析过程中会采集到大量的变量，而且这些变量中会存在部分变量冗余、携带有较少的样品信息等，从而涉及如何缩减变量、压缩数据的问题。

3. 基于阻抗的传感器

与电位法，尤其是与伏安法相比，基于阻抗的测量方法具有操作简单、响应快的优势。电化学阻抗传感器的检测原理是在一定电位或电流下对研究体系施加一小振幅正弦信号，并采集相应的电流或电位响应信号，最终得到体系的阻抗谱或导纳谱，然后根据数学模型或等效电路模型对阻抗谱或导纳谱进行分析、拟合，以获得体系内部的电化学信息。基于阻抗的传感器阵列以电化学阻抗谱法为基础，在贵金属电极上修饰导电聚合薄膜，通过测量系统阻抗谱来对不同样品进行定性和定量分析。

巴西 Embrapa 农业仪器公司路易斯等提出了一种由 4 种不同类型超薄膜材料构建的电子舌[15]。传感器的等效电路如图 7-2-6 所示，该电路显示了修饰低电导率薄膜的金属电极在电解液中的电路模型。C_g 表示浸入电解液中的叉指电极的几何电容，G_t 表示通过薄膜/电解质界面的电荷转移相关的电导，C_d 表示在覆盖电极和电解质的膜表面离子吸附形成双电层，它通过电解电导 G_d 充电。电解质的总电导率（G_d+G_t）与 G_d 近似，因为薄膜的电导率与 G_d 相比可以忽略不计。覆盖电极的薄膜由 C_b（覆盖电极薄膜的几何电容）与 G_b（通过薄膜的电导）并联表示，后者与溶液阻抗串联。对于各种元件的相关值范围，可以看出在 $100\sim10^4$ Hz 时，阻抗主要由双层电容决定，在高于 10^5 Hz 时，阻抗主要由电极的几何电容决定。使用超薄（纳米级）薄膜可提高传感器灵敏度，薄膜是通过 LB 膜和自组装技术，沉积在用于光谱阻抗测量的交叉电极上。为满足对不同的味觉物质具有良好的检测性能，采用了导电聚合物以及两种能够螯合金属离子的材料，即钌络合物和磺化偶氮苯聚合物。由于 LB 修饰膜非常薄，利用电化学阻抗谱的方法可以很灵敏地检测各种薄膜传感器对酸、甜、苦、咸等味觉物质的相互作用信号，也可以对矿泉水、茶、咖啡和红酒进行分类。

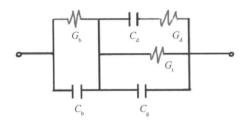

图 7-2-6　基于阻抗的传感器系统的等效电路示意图

意大利比萨圣安娜大学的皮奥贾等[16]提出了一种基于复合传感器阵列和化学计量技术相结合的阻抗电子舌，旨在区分可引起不同味觉的可溶性化合物。传感器阵列包括三种不同的敏感材料：一种碳纳米管（carbon nanotube，CNT）负载的水凝胶，两种碳黑负载的商用聚合物和两种导电聚合物。传感器的响应取决于基质中溶液渗透、机电响应时间和离子亲和度/迁移率之间的复杂相互作用。每一种传感器类型都有不同的识别机制，具有不同的动态响应，从而有助于电子舌的整体识别。该系统测试了 5 种具有不同化学特征的化合物（葡萄糖、脱氧胆酸钠、氯化钠、柠檬酸和谷氨酸），它们能够引发不同的味觉感受，代表 5 种经典口味。该方法是通过施加外加固定频率电流，测量传感器阵列对溶液中不同物质产生的阻抗变化来实现的。西班牙巴塞罗那自治大学的科尔蒂纳等[17]研究了在微电极上使用掺杂离子载体的导电聚合物的阻抗传感器，旨在量化不同的碱性离子，即钾离子、钠离子和铵离子。在工作电极表面修饰导电聚合物敏感材料，并在金电极表面沉积离子掺杂聚吡咯化合物，提高传感器选择性，通过聚合物和溶液之间的离子交换过程产生响应信号，测试系统采用三电极体系，通过微纳加工技术将工作电极和对电极集成在同一芯片上，外部 Ag/AgCl 电极作为参比电极，在恒温、60 Hz 至 1 MHz 频率范围、直流电压为零、交流电压为 20 mV 的条件下记录工作电极的阻抗谱。

西班牙瓦伦西亚大学吉尔团队[18]构建了电化学测量和电化学阻抗谱（electrochemical impedance spectrum，EIS）相结合的电子舌，测定了碎肉中氯化钠、硝酸钾和亚硝酸钠的含量。使用同轴针电极作为传感电极，针电极的内部和外部导体材料为不锈钢，介电材料（环氧树脂）位于两者之间作为绝缘层，电极直径为 0.46 mm。输出信号最大值为 0.35 V，分辨率高于 0.1 mV。参比电极和对电极与针电极的外导体连接，工作电极与内导体连接。对检测得到的三种碎肉样品的奈奎斯特响应曲线进行分析，可以准确区分三种样品。

4. 基于光学分析的传感器

基于光学检测的仿生味觉系统涉及多种光学传感器，美国得克萨斯州立大学的古迪等[19]研制出模仿生物味蕾的离子图像传感器阵列芯片和检测识别系统，如图 7-2-7 所示。通过制备单个聚苯乙烯、聚乙二醇和琼脂微球，并将单个微球排布在不同的硅结构微腔中，构建了基于微球的传感器阵列芯片。这些微腔通过各向异性蚀刻而成，用作微型反应容器和分析单元，腔体具有锥形凹坑形状，允许流体流过，并允许光进入微球，一滴液体可以提供 100 个腔体所需的分析量。这种传感芯片的检测原理是将味觉受体共价连接到聚合物微球，当存在被测物时，指示剂分子的比色及荧光发生变化，利用电荷耦合装置可有效地从阵列中提取光谱数据，从而实现流体中分析物的实时检测和定量分析。该微球阵列检测方法可用于分析包含各种分析物的复杂液体，包括酸、碱、金属阳离子等。此外，德国伊尔梅瑙工业大学的希特等提出了光化学舌（optochemical tongue）的概念，这种光化学舌由具有非特异识别特性的荧光微点阵列组成，阵列由嵌入水凝胶基质中的各种荧光染料的二元混合物组成。荧光染料与其在水凝胶内部的分子之间的相互作用会影响它们的荧光波长和强度。通过分析该阵列的荧光变化模式以及单个点的荧光强度变化快速识别和表征不同的复杂液体[20]。

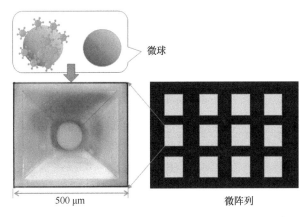

微球

500 μm

微阵列

图 7-2-7 构成光化学舌系统的微球、微腔和微阵列示意图

5. 基于压电效应的传感器

声波器件的工作原理主要依赖于压电效应,当特定材料在应力下发生形变,引起内部正负电荷中心相对位移而发生极化,从而产生电位差。反之,当对这些材料施加电压时,它们会发生形变,导致逆压电效应。声波器件有许多不同类型,根据声波传导过程以及传播模式,声波器件可以分为如下三大类(图 7-2-8):体声波(bulk acoustic wave,BAW)器件、声表面波(surface acoustic wave,SAW)器件以及平板声波模式(acoustic plate mode,APM)器件。其中,BAW 器件中声波在基底内部传播,且无须引导;SAW器件中声波是沿着基底的一个表面进行传播的,引导和无引导均可;而 APM 器件的声波是在多个表面之间反射的引导下传播。SAW 和 APM 器件均可以归为表面产生声波(surface generated acoustic wave,SGAW)器件,这是由于这两种器件声波都是在压电基底表面产生并检测的,因此 SGAW 器件具有相似的工作原理[21]。

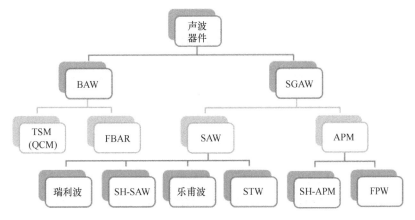

图 7-2-8 声波器件的分类示意图[21]

通常,最常见的声波传感器是基于厚度剪切模式(thickness shear mode,TSM)的器件。TSM 器件属于 BAW 器件的一种,其最典型的代表是石英晶体微天平(quartz crystal microbalance,QCM)。在声学器件领域,QCM 是最早用作传感器的器件,它

依赖于器件表面质量变化引起的振动频率变化。最经典的 QCM 器件是由 AT 切（厚度振荡切割，一种石英切割的工艺）石英晶体薄片加工而成的。传感器电极分布在石英晶片正面和背面两端，通过在电极上施加射频信号从而激发出声波。QCM 激发出来的是水平剪切波，所以 QCM 传感器可以在液体环境下工作。1959 年德国柏林工业大学的索布里[22]提出了 QCM 谐振频率变化与传感器表面沉积质量密度的关系，从而促进了 QCM 器件在传感检测领域的应用。目前，QCM 传感器已经实现了多种生化参数的检测，包括多肽、蛋白质、核苷酸、噬菌体、病毒、细菌以及细胞之间的相互作用等，同时也被广泛地应用于各个传感领域。其检测灵敏度可以达到 66.6 cm^2/g，质量分辨率达到 10 ng/cm^2，然而随着检测要求不断提高，QCM 传感器灵敏度和 LOD 仍需进一步提升[21]。

近年来，越来越多的新型声波器件不断涌现，其灵敏度优于传统 QCM 传感器，其中包括薄膜体声波谐振器（thin film bulk acoustic resonator，FBAR）、水平剪切声表面波（shear-horizontal surface acoustic wave，SH-SAW）、乐甫波（Love wave，LW）、表面横波（surface transverse wave，STW）、水平剪切平板声波（shear-horizontal acoustic plate mode，SH-APM）以及柔性平板波（flexural plate wave，FPW）。

英国华威大学的莱昂特等[23]提出了一种基于高频双延迟线和谐振器传感器的 SH-SAW 味觉传感器，在 433 MHz 的无线 ISM 频段下运行。传感原理基于物理相互作用，根据不同样品的物理特性进行味道的分类，如黏度、介电常数、导电率。样本溶液经过基于微立体光刻技术加工的液体流动系统，到达 SH-SAW 传感区域，传感器基板对信号进行采集。该味觉传感器不仅能表征咸、甜、酸和苦这 4 种基本味道，还可检测鲜味和金属味。并且该味觉传感器系统体积小、坚固耐用、功耗低，不需要在电极表面修饰选择性化学材料或生物化学膜即可区分 6 种基本的味觉物质样品。

6. 基于场效应晶体管的传感器

离子敏感场效应晶体管（ion-sensitive field-effect transistor，ISFET）和光寻址电位传感器（light addressable potentiometric sensor，LAPS）也被常用于构建电子舌。这些基于半导体和微加工技术的硅基传感器更容易实现小型化，并为同时检测多种化合物提供了有效平台。

ISFET 是一种微电子离子选择性敏感元件，兼有电化学和晶体管的双重特性。ISFET 生物传感器在金属氧化物半导体场效应晶体管（metal-oxide-semiconductor field-effect transistor，MOSFET）的基础上发展而来，其绝缘栅直接与电解液接触，绝缘层-电解液界面的电势与电解液中离子浓度有关。通过溶液和传感层之间产生电荷转移，形成界面电位，从而改变 FET 的电流。ISFET 传感器绝缘栅的选择应具备以下三个特性：钝化硅表面，减少界面态和固定电荷；具有抗水化和阻止离子通过栅极向半导体表面迁移的特性；对所检测离子具有灵敏度和选择性。ISFET 以其敏感区面积小、响应快、灵敏度高、输出阻抗低和成本低等优势，在味觉传感领域发挥着重要作用，可应用于 DNA、蛋白质、细胞、离子等生物识别物的检测。

西班牙巴塞罗那微电子研究所的莫雷诺等[24]开发了一种基于 ISFET 的电子舌。他们在 ISFET 栅极上沉积对 pH、K^+、Na^+、Ca^{2+} 和 Cl^- 敏感的光固化聚氨酯膜，可用于矿泉水、葡萄汁和葡萄酒样品的鉴定。日本大阪大学前桥贤三等通过缬氨霉素（一种选择性 K^+ 载体）修饰石墨烯 FET，制备了一种高灵敏度和选择性的 K^+ 传感器[25]，K^+ 与缬氨霉素结合后，使石墨烯通道电势改变。传感器的工作区间在 10 nmol/L 到 1.0 mmol/L 浓度范围。中国台湾清华大学常俞华等制作了一种用于 pH 传感检测的超薄氮化铟（indium nitride，InN）ISFET[26]。超薄 InN 通道表面聚集大量电子，会引起 ISFET 栅极偏置电流发生变化。在 2～12 的 pH 范围内，其栅极灵敏度为 58.3 mV/pH，电流变化率为 4.0%/pH，检测分辨率小于 0.03 pH，响应时间小于 10 s。

LAPS 是一种基于光伏效应的离子敏感半导体器件，最初由美国 Molecular Device 公司的哈夫曼等于 20 世纪 80 年代末提出[27]，通过溶液中离子产生的电化学反应实现对不同离子的检测。LAPS 的基本原理及其构造类似于 ISFET，它们都是基于 EIS（电解质溶液-绝缘体-半导体）结构的敏感器件。LAPS 是一种基于场效应的电位传感器，通过检测传感器表面电势从而获得分析物的浓度信息。敏感层对分析物的特定吸附会改变传感器的表面电势，这种检测机制本质上与 ISFET 相同。与 ISFET 不同的是，LAPS 器件不含 PN 结，其载流子主要来自半导体对光子的本征吸收产生的电子-空穴对。LAPS 最大的特点和优势就是其具有可自由、灵活定义的传感区域。使用调制光束，可在同一芯片上获得任意形状和大小的测量区域。

LAPS 传感器具有 EIS 结构，分析溶液直接与传感器表面的敏感层接触，从而影响表面电位。在 LAPS 的典型结构中，掺杂的硅作为半导体基底材料，硅底部与金属铝层形成欧姆接触，连接外围电路；薄氧化硅作为绝缘层，可与半导体形成耗尽层，同时分离电解液与半导体。绝缘层表面覆盖的氮氧化物可作为检测 pH 的敏感材料，在水环境中会形成硅胺基团（$Si\text{-}NH_2$）和硅醇基团（$Si\text{-}OH$）。在高 pH 条件下，LAPS 表面形成 $Si\text{-}O^-$ 和 $Si\text{-}NH_2$ 基团，电势变负；在低 pH 条件下，LAPS 表面形成 $Si\text{-}OH$ 和 $Si\text{-}NH_3^+$ 基团，电势变正。因此，溶液的 pH 变化会引起 LAPS 表面基团的改变，从而影响传感器表面电势 Φ 的变化。测得电流-电压特性曲线（I-V 曲线）的方法是施加线性扫描的偏置电压，然后记录光生电流随电压的变化。当 LAPS 的表面电势跟随分析物的浓度而变化时，I-V 曲线也会相应偏移。这种变化可以通过测量工作点的水平位移进行量化。

7.2.3　生物电子舌

电子舌的检测过程是通过一组半选择性识别元件及模式识别技术来完成的，但这些传感器对复杂混合物的识别能力远不及生物味觉系统。因此，开发更接近人类味觉系统的仿生舌至关重要。丹麦皇家兽医和农业大学的埃里克首次将生物活性材料与电子舌传感器结合，提出了生物电子舌（bioelectronic tongue，B-ET）的概念。生物电子舌具备生物味觉系统特性，与电化学传感器阵列相比，可以更好地模拟生物味觉感知过程。

生物电子舌主要由两部分组成，生物功能部件作为敏感元件，与目标物质结合并产生特异性的响应；微纳传感器作为换能器，将响应信号转化为更易于处理的光、电等物理信号。根据生物敏感元件的不同，生物电子舌可分为三类：分子生物传感器（基于酶、

DNA、受体或离子通道)、细胞生物传感器和组织生物传感器。将生物活性材料作为味觉传感器的敏感元件,提高了传感器响应的灵敏度、选择性和特异性。传感过程涉及一系列电子、离子或分子传输的生化反应。近年来,随着纳米生物和生物电子技术的发展,生物电子舌的检测性能得到了大幅提升。

1. 基于酶的生物电子舌

酶生物传感器用于定性、定量分析不同目标检测物的工具,在环境监测、食品质量控制和制药工业中得到广泛应用。用于葡萄糖、乳酸、谷氨酸、尿素、肌酐和胆固醇检测的传感器是最常见的酶生物传感器。酶修饰场效应器件因快速响应、小尺寸以及与传统集成电路的兼容性使它们成为生物传感器应用的绝佳选择。酶场效应晶体管(enzyme field effect transistor,ENFET)是一种将酶固定在离子敏感场效应晶体管表面的器件,该酶层将被测物转化为可检测信号。ENFET 的生化传感原理是基于位点结合理论,该理论首先由耶茨等[28]于 1974 年提出。ENFET 栅极表面含有质子化或去质子化位点,由酶催化产生的生化反应会引起位点电位发生改变,从而改变栅极中的电流。

西班牙巴塞罗那自治大学的谷特斯等[29]开发了一种伏安型生物传感器,将含有不同催化剂的环氧-石墨烯纳米复合材料与葡萄糖氧化酶结合作为敏感材料,通过将不同的生物传感器组合,该系统已成功地用于葡萄糖和抗坏血酸的同步检测。韩国浦项科技大学的林根贝团队制备了一种基于功能化凝血酶适配体与单壁碳纳米管(single-walled carbon nanotube,SWNT)复合材料的 FET 生物传感器[30],SWNT 膜通过介电泳排列技术修饰在电极表面,从而提高检测特异性和检测速度。该生物传感器可实时、无标记地对凝血酶分子进行检测,检测浓度低至 7 pmol/L,具有秒级响应速度。

英国伦敦帝国理工学院的普雷马诺德等[31]提出了一种基于肌酐酶、肌酸酶和脲酶的 FET 酶生物传感器,实现了肌酐和尿素的实时检测。比利时的布雷肯等报道了另一种基于谷氨酸氧化酶(glutamate oxidase,GLOD)的 FET 酶生物传感器,该传感器对谷氨酸的测定具有较高的灵敏度和长期稳定性[32]。丹麦皇家兽医和农业大学埃里克等研制了一种酶修饰的电流型生物电子舌[33]。电子舌阵列包含 8 个铂电极,其中 7 个修饰了 4 种不同的酶:酪氨酸酶、辣根过氧化物酶、乙酰胆碱酯酶和丁酰胆碱酯酶。恒定电位下,通过测量每个传感器上的电流强度,检测了不同废水样品处理后的水质情况。

为了检测尿素,湖南大学姚守拙团队研制了一种基于 SAW 器件的生物传感器[34],并将其应用于尿样和血样的分析,检测范围为 0.5~1.5 μg/ml。在另一项研究中,西班牙巴塞罗那自治大学的古铁雷斯等通过碳二亚胺反应,将尿素酶共价固定在氨基和氢离子选择性电极的敏感 PVC-COOH 层上,构建了尿素生物传感器[35],提供了一种简单直接的方法来检测真实样品中的尿素浓度,而不需要消除碱性干扰或补偿内源性氨。为了检测酚类化合物,已经开发了一系列利用漆酶、酪氨酸酶、过氧化物酶的生物传感器。这些传感器使用改性的酶将酚类化合物氧化成醌类化合物,并通过安培传感器直接测量酚类化合物。这种方法已经应用于葡萄酒和啤酒的分析。西班牙巴塞罗那自治大学的塞顿[36]开发了一种酶修饰石墨-环氧电极的生物电子舌,用于测定啤酒中发现的三种主要酚类化合物,即阿魏酸、没食子酸和芥子酸,还探索了其他应用,包括多酚及其混合物的分析。虽然基于酶的离子传感器具有特异性，但是酶的制备条件苛刻，稳定性和重现性差，从而限制了其应用。

2. 基于 DNA 的生物电子舌

DNA 生物传感器是一种将目标 DNA 分子转变为可检测电信号的传感装置。原理是通过在传感器探头表面上固定已知核苷酸序列的单链 DNA 分子（也称为 ssDNA 探针），通过 DNA 分子杂交，对另一条含有互补序列的目标 DNA 分子进行识别（碱基互补配对原则），形成稳定的双链 DNA，会产生相应的物理信号，最后由换能器转化为可以观察记录的信号（如电流大小、频率变化等）。

目前，DNA 电化学传感器以电极为换能器，以单链或基因探针为敏感元件，与识别杂交信息的电活性指示剂共同构成。当 DNA 探针分子与目标物选择性杂交后，引起电极表面结构发生改变，从而改变电极的信号传导，通过优化反应条件可提高其灵敏度。中国香港科技大学邢怡铭团队[37]设计了 Hg^{2+} 电化学生物传感器，基于 Hg^{2+} 引发富含胸腺嘧啶（thymine，T）的 DNA 探针构象发生变化，再由外切酶Ⅲ（ExoⅢ）从双链末端的 3′端开始剪切，实现循环放大。此富 T 探针末端标记亚甲基蓝（MB），当 Hg^{2+} 存在条件下，诱导形成 T-Hg^{2+}-T 错配结构，使直链富 T 探针转变成发夹结构，经过 ExoⅢ 剪切释放单核苷酸以及 MB 标记的富 T 探针。通过检测电活性分子 MB 的电流信号，实现了对 Hg^{2+} 的定量检测。由于外切酶的信号扩增，该方法对 Hg^{2+} 的检测限达到 0.2 nmol/L。

三磷酸腺苷（adenosine-triphosphate，ATP）被认为是味蕾中用于味觉信号传递和处理的关键神经递质，浙江大学王平团队提出了一种基于适配体的生物传感器[38]，用于检测单个味觉受体细胞局部分泌的 ATP。ATP 敏感的 DNA 适配体用作识别元件，DNA 竞争物用作信号转导元件，共价固定在 LAPS 的表面。LAPS 芯片是一种基于硅的表面电位检测器，由于其光寻址能力和场效应机制，它对局部表面电荷变化很敏感。图 7-2-9 所示为 LAPS 与 DNA 结合的生物电子舌。当激发光照射到 LAPS 芯片时，光能会被半导体吸收，产生电子-空穴对。在耗尽层施加偏置电压时，电子-空穴对导致光电流的产生，可以被外围电路检测到。当味觉受体细胞在 LAPS 芯片表面培养时，TRC 分泌的 ATP 导致适配体从 LAPS 表面分离。因为适配体是一种带负电荷的分子，这导致 LAPS 的表面电荷发生变化。在被照射的局部，表面电荷的变化导致光电流产生相应的波动，这可以通过记录工作电位的变化来检测，即 I-V 曲线的变化（ΔV）。此外，ATP 越多，越多的 ATP 敏感适配体从 LAPS 芯片表面离开，从而引起更强的电位变化。因此，可以通过监测 LAPS 的工作电位变化来检测来自单个味觉受体细胞的局部 ATP 分泌及其浓度变化。

DNA 生物传感器具有检测快速、操作简单、灵敏度高、选择性好、实验方便等优点。但生物材料对于环境的要求是比较严苛的，在化存、运输、检测过程中如何保证其活性是传感器研究中需要解决的问题。

3. 基于味觉受体的生物电子舌

味觉受体通常是从功能性味觉细胞中提取的，具有结合特定化学物质的能力。因此，

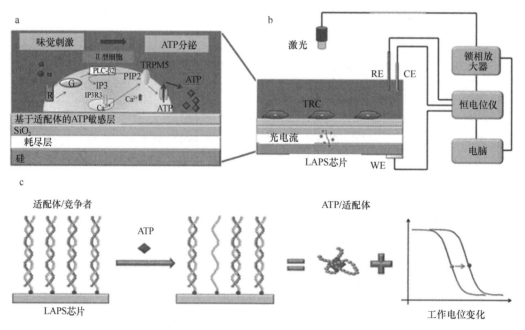

图 7-2-9 LAPS 与 DNA 结合的生物电子舌示意图[38]

(a) Ⅱ型味觉受体细胞中 ATP 分泌途径示意图。(b) 味觉受体细胞与 LAPS 测量装置相结合,用于检测局部 ATP 分泌。TRC. 味觉受体细胞;WE. 工作电极;RE. 参比电极;CE. 对电极。(c) 在一定的 ATP 浓度下,基于适配体的 ATP 敏感生物传感器的检测机制示意图

功能性受体作为生物传感识别元件,越来越多地被用于仿生味觉系统研究。根据二级传感器检测原理的不同,基于味觉受体的仿生味觉系统主要分为电学检测类和质量检测类。电学检测类主要应用了场效应管、电化学阻抗谱等传感技术,通过检测味觉受体与味觉物质结合之后的构象变化实现对味觉物质的识别;质量检测类使用的二级传感器主要有石英晶体微天平和声表面波等器件,可以检测味觉受体与味觉物质结合之后引起的质量变化。

韩国首尔大学帕克团队[39]开发了一种基于功能化人类味觉受体蛋白 hTAS2R38 与羧化聚吡咯纳米管(carboxylated polypyrrole nanotube,CPNT)复合材料的场效应晶体管(FET)生物传感器,具有与人类似的灵敏度和选择性。PAV 和 AVI 型 hTAS2R38 在大肠杆菌细胞膜中表达后,提取并分离细胞膜上的受体,将其固定在 CPNT-FET 传感器表面。在检测的各种味觉物质中,PAV-CPNT-FET 对含有硫脲(N—C=S)结构的化合物(如 PTC、PROP 和蔬菜中的甲状腺毒素)具有特异性响应,对苦味化合物苯硫脲(phenylthiocarbamide,PTC)和丙硫氧嘧啶(propylthiouracil,PROP)的检测灵敏度达到 1 fmol/L。这种生物电子舌对不同苦味物质的感知能力取决于修饰在传感器表面的 hTAS2R38 受体。这种传感系统与人类味觉系统相似,能够以接近生物感知的性能有效地检测混合物和真实食物样品中的目标味觉物质。

浙江大学王平团队[40]利用无细胞蛋白表达系统合成了苦味受体 T2R4,并通过纯化,保证了苦味受体高效、特异性地偶联到石英晶体微天平表面。值得一提的是,无细胞蛋白表达系统具有巨大的潜力,系统中包含转录、翻译的全部元件,如 T7 RNA 聚合酶、

核糖体、氨基酸等，加上核酸模板（DNA 或 mRNA），无须活细胞即可以进行蛋白质合成，能够实现受体分子特别是膜受体的快速高效表达。所设计的受体分子能够保持其天然结构以及对特定化学信号做出响应的能力，并且提供了与换能器敏感区域高效偶联的直接位点，几乎消除了无关蛋白质的非特异性偶联。苦味受体 T2R4 被用作敏感元件，结合实时石英晶体微天平，通过记录晶体谐振频率的偏移来监测其表面上的质量变化，实现了对苦味物质的特异性检测（图 7-2-10）。与组织和细胞相比，味觉相关蛋白的稳定性和重复性更好，活性保持时间较长，易于存储和运输，有利于生物仿生味觉系统向微型化和便携式的方向发展。因此，基于味觉受体的生物电子舌显示出其固有的优点，并且可以替代味觉检测用作其他生物识别。

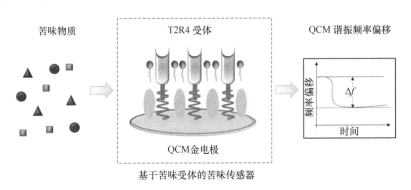

图 7-2-10　基于苦味受体的生物电子舌[40]

4. 基于细胞的生物电子舌

细胞传感器的概念最早是美国斯坦福大学的生物学家麦康奈尔教授于 1990 年初提出的，诺贝尔奖获得者、德国马克斯·普朗克学会生物物理化学研究所的厄温·内尔教授进一步提出将细胞与微电子相结合的细胞芯片技术。基于细胞的生物电子舌最早是由浙江大学王平教授团队提出的，是一种基于味觉感受机制的仿生味觉传感器的设计方法。该方法利用仿生味觉和细胞传感器技术，在芯片表面培养味觉受体细胞，记录味觉物质与细胞作用时的电学信号，达到样品检测目的。这种味觉细胞芯片更具有仿生传感的意义。

基于细胞的生物电子舌由表达味蕾的味觉感受细胞、表达有人类味觉受体的异源表达系统、内源性表达味觉受体的永生细胞系等构建而成。获得功能性味觉受体细胞的主要方法可分为以下三类：①直接从动物味蕾分离原代味觉受体细胞，其中包含对味觉物质中存在的化学信号做出反应的天然味觉受体细胞。味觉受体细胞通常直接从哺乳动物的舌上皮中分离出来。②从非口腔组织提取且培养内源性表达味觉受体的细胞以及内源性表达味觉受体的永生细胞系，如小鼠 HL-1 心肌细胞、Caco-2 结肠癌细胞等。③异源表达功能性味觉受体的哺乳动物生物细胞系，它们与细胞内味觉转导所必需的分子（如 gustducin、G 蛋白味转导素）共表达，如表达有特定味觉受体的人胚胎肾细胞 HEK-293 和表达有苦味受体的人类肠内分泌细胞 STC-1。前两类功能性味觉受体细胞能够对味觉物质产生电兴奋响应，容易被检测和进行信号分析处理，结合多种二级传感器，适合构建基于细胞的生物传感器,但存在无法确定受体和敏感物质的种类,响应信号的解读和分析较为复杂,因此稳定性和特异性较差等。为克服这一问题,研究人员使用转基因等技术手段,将表达味觉受体的基因转入特定的细胞系中,从而获得第3类具有明确受体种类的味觉细胞,应用于生物仿生味觉系统的研究。根据细胞的不同类型,可以选择不同的微纳传感器作为换能器,如 FET、LAPS、微电极阵列(microelectrode array,MEA)、细胞阻抗传感器(electric cell-substrate impedance sensor,ECIS)等。

浙江大学王平团队[41]通过分离培养味蕾味觉受体细胞(II型细胞、III型细胞),并将细胞种植在 LAPS 芯片上,构建了离体仿生味觉系统,用于味觉物质检测,见图 7-2-11a。LAPS 芯片通过可寻址扫描任意位点来记录细胞的胞外信号,调制光聚焦在味觉感受细胞表面($\varphi \approx 10\ \mu m$)。与 LAPS 芯片表面耦合的胞外电位引发光电流,然后由 LAPS 系统记录。图 7-2-11b 显示了不同刺激下细胞发放率,发现味觉细胞的发放率对味觉刺激物具有浓度依赖性响应(图 7-2-11c)。根据 PCA 分析,证明该系统可以区分不同类型味觉感受细胞的反应(图 7-2-11d)。此外,利用 LAPS 测试了味觉细胞对不同味觉刺激(氯化钠、盐酸、硫酸镁、蔗糖和谷氨酸盐)的响应[42]。此外,课题组开发了基于味觉细胞与 MEA 的生物电子舌以及基于大鼠心肌细胞[43]、Caco-2 结肠癌细胞[44]等的生物电子舌等用于味觉物质检测识别。

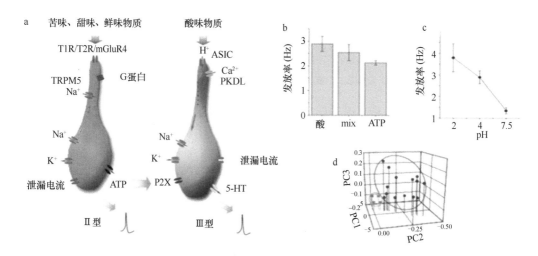

图 7-2-11　基于味觉细胞的生物电子舌[41](彩图请扫封底二维码)

(a)II型和III型味觉感受体细胞,神经递质 ATP 在两种细胞之间传递;(b)不同刺激下的发放率统计;
(c)发放率对酸味刺激的 pH 依赖性;(d)对酸(蓝色)和 ATP(红色)的时间激发响应的 PCA 分析
T1R. 甜味受体;T2R. 苦味受体;mGluR4. 鲜味受体;TRPM5. 离子通道蛋白;ASIC. 酸敏感离子通道;
PKDL. 可能的酸受体蛋白;P2X. 味觉传导相关蛋白;5-HT. 5-羟色胺

基于细胞的生物电子舌由表达味觉受体的活细胞和用于监测细胞信号的二级换能器组成,能够更精确地模拟自然感觉和神经传递系统,用于细胞生理参数检测、药效分析、环境毒性试验等。与基于分子的方法相比,基于细胞的生物电子舌具有广泛的检测能力。此外,除分析物传感和检测外,基于细胞的生物电子舌还可以为细胞原位监测提供快速、灵敏的分析优势。细胞天然地封装了分子传感器阵列。酶、受体和离子通道都处于稳定状态，可以通过天然细胞机制对其相应的分析物做出响应。然而，基于细胞的生物电子舌仍然存在一些固有的缺点。基于细胞的生物传感器优化面临的常见问题包括如何获得令人满意的稳定性、如何提高特殊传感器设计的选择性以及如何延长细胞的寿命等。

5. 基于组织的生物电子舌

在哺乳动物的舌上皮组织中，作为味觉感受器的味蕾广泛分布。每个味蕾含有 50～100 个味觉细胞，味觉细胞伸长的纤毛与外界味觉物质接触以感受味觉信息，味觉细胞的另一端与神经纤维突触连接传导味觉信息。并且与培养细胞相比，完整的组织更易于获取，且味觉编码网络结构保存完整。浙江大学王平团队[45-47]在国际上率先提出了以味觉上皮组织为敏感元件，以 MEA 作为换能器的生物电子舌（图 7-2-12），记录了味觉上皮组织的电生理活性。该系统具有几个优势：首先，MEA 可以长期记录多个组织位点的细胞电生理活动。其次，味觉的信息完好地保存在完整组织和一级结构中，因此，能够更真实地记录味觉受体细胞对味觉刺激的响应。此外，与在 MEA 上培养的细胞网络仅限于二维环境且可能会通过生化和机械作用失去内部细胞间通信不同，味觉上皮组织可以提供具有相邻细胞之间固有相互作用的三维环境。研究提取舌上皮组织对 5 种味觉刺激的电生理信号，通过时域和频域分析显示了对不同味觉物质的时空响应模式，为味觉物质的检测与识别提供了有效和可靠的平台。同时，该团队探究了基于舌上皮与 MEA 阵列的生物电子舌对食品添加剂的响应，在对蔗糖和柠檬酸进行定量检测的基础上，探究了酸甜之间的味觉交互作用，定量分析了柠檬酸对蔗糖的抑制/增强作用，最后与人类的感官评价进行了对比，结果一致[48]。

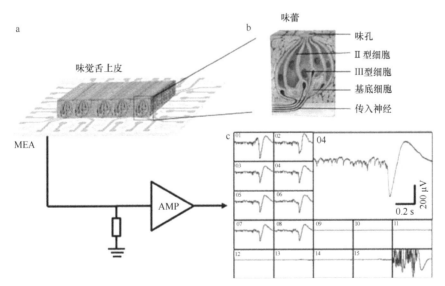

图 7-2-12 基于味蕾组织与微电极阵列的生物电子舌用于味觉物质识别检测示意图[47]
分图 c 中，横、纵坐标分别表示时间和膜电压

6. 在体生物电子舌

与传统电子舌相比，生物电子舌在检测性能方面有显著的提升。基于味觉敏感材料

的生物电子舌系统提高了味觉物质检测的灵敏度和特异性，但生物组织和细胞等活性材料的维持具有难度，使用场合也受到了限制。因此，为了保持生物化学感受与生俱来的高灵敏、高特异性的优点，浙江大学王平团队率先提出了在体生物传感的概念，并构建了在体生物电子舌系统[49]。该系统主要包括以下几个部分：①大鼠完整的味觉感受系统；②在体神经信号记录电极；③神经信号记录设备；④神经解码算法。大鼠的味觉信息汇集至脑岛的味觉皮层，该区域的神经元活动受外周味觉感受细胞的调控，每个神经元或神经网络均可以视为单独的味觉传感器，神经元集群与交叉敏感的化学传感器阵列相似，对不同种类和强度的味觉刺激形成了可辨识的编码模式。在体神经记录电极与大鼠味觉皮层神经元形成良好的耦合关系，稳定地记录神经元的胞外电位活动。神经信号记录设备对输出的微弱神经信号进行放大、滤波等调理并传输至处理终端。神经解码算法对记录到的信号进行特征提取，并最终建立各种味觉响应模式的分类模型和味觉物质浓度的定量检测模型。系统整体概念满足电子舌的定义，是一种全新的生物电子舌。

如图 7-2-13 所示，浙江大学王平团队通过使用脑机接口技术将微电极阵列与大鼠的味觉皮层进行长期耦合，记录了一组神经元的细胞外电位[50]。局部场电位（local field potential，LFP）代表神经网络的电生理活动，由于在整个试验过程中都具有稳定的响应模式，因此被选择为目标信号，并进一步分为不同的振荡。实验结果表明，基于清醒大鼠的在体生物电子舌的局部场电位信号时域波形具有苦味特异性，其时域特征可以用于苦味响应模式的识别。局部场电位的频域信息由多个窄频振荡构成，其中 β 振荡和

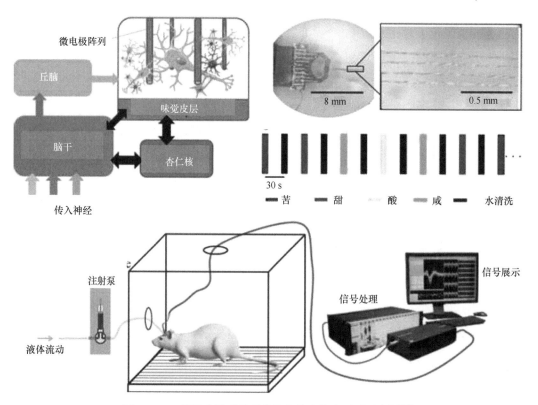

图 7-2-13　基于味觉感受系统的在体生物电子舌示意图[50]

γ 振荡的功率特征与苦味刺激的浓度呈正相关。并且,与 β 振荡相比,γ 振荡功率谱密度对苦味刺激的浓度变化更加敏感,对苯甲地那铵的检出限为 0.076 μmol/L,比先前的离体生物电子舌和常规电子舌低两个数量级;此外,对盐酸奎宁和水杨苷的检出限分别为 0.16 μmol/L 和 0.87 μmol/L,与现有检测技术相当,完成了多种苦味物质的高灵敏检测。结果表明,这种结合脑机接口(brain-machine interface,BMI)的在体生物电子舌提供了一种高灵敏的苦味检测方法,并有望为定量苦味程度提供新的平台。此外,为了减少运动噪声对检测的不利影响,进一步优化了在体生物电子舌系统,在苦味物质的检测中使用麻醉大鼠替代清醒大鼠[39]。考虑到水合氯醛引起的味觉相关神经元活动的改变,本研究针对性地补充分析了在体生物电子舌锋电位信号携带的味觉信息,以弥补局部场电位信息不足的问题。实验结果表明,该在体生物电子舌的锋电位和局部场电位都可以对苦味刺激产生快速的响应,平均响应延迟约为 0.2 s,平均响应时长小于 4 s,与传统电子舌及生物电子舌相比,具有响应快、样本消耗低等优点。在使用支持向量机算法建立的模型中,锋电位和局部场电位信号的特征融合显著提高了苦味响应识别的准确度,苦味与非苦味物质的二元分类准确度达到 88.15%。同时,本研究分别建立了基于锋电位发放率和局部场电位功率的苦味定量检测模型,其检出限略高于基于清醒大鼠的在体生物电子舌。但是,使用寿命得以延长,稳定的信号输出平均可维持 30 天。

7.3 仿生味觉智能识别技术

仿生味觉系统主要由两部分组成,一部分涉及上文提到的味觉传感器,其主要功能是采集味觉信息;另一部分就是对采集到的味觉信息进行智能识别,这主要涉及模式识别技术。模式识别是一个研究表征事物或现象的信息,对其进行处理、分析、分类和解释的过程。它的目的是利用计算机对具体对象按照不同的特征进行分类,确保错误概率最小。模式识别技术诞生于 20 世纪 20 年代,随后计算机的出现和人工智能的兴起推动了模式识别技术的发展,在 20 世纪 60 年代初模式识别迅速发展成一门学科。模式识别系统主要由 3 个部分构成:①数据预处理,采集到的原始信号数据中可能存在噪声、缺失、冗余或与识别系统不一致的数据,会对后续模式识别过程产生干扰,因此需要对其进行去噪,并删选保留相关有用信息;②特征提取,同种物质具有相似的特征信息,提取原始数据中最能反映分类本质的特征信息,减少数据处理的量的同时提高模式识别准确度;③分类决策,用已知或未知的信息进行训练,获得一定分类准则,并根据该准则将相近的模型归为一类。

用于仿生味觉的模式识别技术主要有:①基于统计算法的识别技术,如主成分分析(PCA)、偏最小二乘法-判别分析(PLS-DA)、聚类分析(CA)等;②基于生物机制的识别技术,如人工神经网络模式识别方法、模糊识别方法等。其中,人工神经网络模式识别方法包括 BP 神经网络、SOM 神经网络、RBF 神经网络等,模糊识别方法包括模糊 c-均值算法(FCM)等;③联合识别技术;④基于电生理信号的识别技术。

7.3.1 基于统计算法的识别技术

1. 主成分分析

主成分分析是一种最古老的多元统计分析技术，皮尔隆在 1901 年首次提出了主成分分析的概念。主成分分析的中心目的是将数据降维，用较少数量的特征来描述原有的较多数量信息。它通过正交变换将一组可能存在相关性的变量转换为一组非线性相关的变量，转换后的这组变量称为主成分。这些变量要尽可能多地表征原变量数据的有效信息，仅损失少量次要信息，假设原始采集数据矩阵 X，由 n 行（样品）和 P 列（特征值）构成，通过主成分分析，可以把矩阵 X 分解为

$$X=TL \tag{7-3-1}$$

式中，T 为得分矩阵，由 n 行和 d 列（主成分数目）构成；L 为载荷矩阵，由 P 行 d 列构成，$T'T$ 的对角线元素即为特征值。根据得分矩阵 T 作图，给出样品之间的区分归类效果；根据载荷矩阵得到载荷图，找出样品之间真正的性质差异点。在仿生味觉模式识别技术中，主成分分析方法是最常用的一种方法。下面以心肌细胞作为敏感元件的生物电子舌的信号分析方法，说明主成分分析在仿生味觉识别中的应用。

浙江大学王平教授团队[43]利用大鼠的心肌细胞与微电极阵列耦合，制备了一种用于苦味和鲜味物质检测的电子舌。心肌细胞中的自律细胞具有规律性发放动作电位的能力，在无外界刺激的状态下检测到的信号如图 7-3-1 中对照所示。当检测环境中存在不同苦味物质，如苯甲地那铵（denatonium benzoate，Dena）、地芬尼多（diphenidol，Diph）以及丙硫氧嘧啶（propylthiouracil，Prop）时，信号会发生变化。不同苦味物质的特征信号如图 7-3-1 所示。

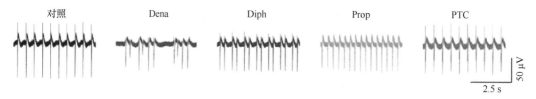

图 7-3-1　不同种类苦味物质刺激下基于心肌细胞的生物电子舌的响应信号[43]

（彩图请扫封底二维码）

首先根据信号的特点确定了信号的 8 个特征，包括发放率（firing rate，FR）、场电位幅值（field potential amplitude，FPA）、场电位持续时间（field potential duration，FPD）、峰值时间、50%上升时间、50%恢复时间、第二峰值时间和间隔时间。随后以无刺激状态下，心肌细胞发放的信号对不同苦味物质刺激下心肌细胞发放的信号特征值进行归一化处理。不同苦味物质检测信号特征值归一化后如图 7-3-2 所示。

利用主成分分析的方法，将这 8 种特征值数据进行降维处理，生成了 3 个主成分，分别为主成分 1、主成分 2、主成分 3。结果表明，数据降维后生成的 3 个主成分能够很好地代表原数据的特征，成功实现了不同苦味物质的区分（图 7-3-3）。

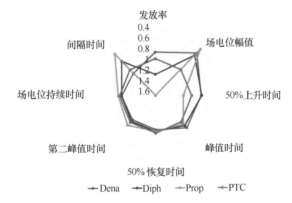

图 7-3-2　基于心肌细胞的生物电子舌的响应信号归一化后特征值的雷达分布图[43]
（彩图请扫封底二维码）

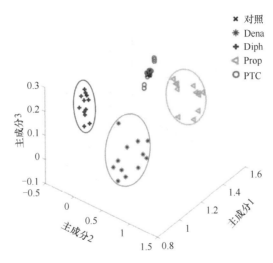

图 7-3-3　PCA 算法分析不同种类及浓度的苦味信号示意图[43]（彩图请扫封底二维码）

2. 偏最小二乘法

偏最小二乘法（PLS）是一种新兴的多元统计数据分析方法，它主要研究的是多自变量 X 对多因变量 Y 的回归建模，当变量的个数多于观测样本数目或存在多重相关性时最适合采用该方法。PLS 的原则是寻找输入矩阵（X）的那些与输入变量尽可能相关的成分，同时与 Y 矩阵的目标值达到最大相关。因此，PLS 模型寻找描述 Y 的隐变量的同时也能描述 X 的隐变量。偏最小二乘判别目标是寻找校正集中类判别的变量和方向。校正集中最佳隐变量个数由交叉有效性检验确定。X 的载荷是通过 Y 的得分来计算的，而 Y 的载荷是通过 X 的得分来确定的，分解过程不是独立的。在 PCA 中，只对自变量 X 矩阵做了分解，消除了其中的无用信息，这种分解是独立于因变量矩阵 Y 进行的。在 PLS 分析中，利用非线性迭代方法对因变量矩阵 Y 和自变量矩阵 X 都进行了分解

$$X = t_1b_1 + t_2b_2 + \cdots + t_nb_n + E = TB + E$$
$$Y = u_1v_1 + u_2v_2 + \cdots + u_nv_n + F = UV + F$$

（7-3-2）

式中，T 和 U 分别为矩阵 X 和 Y 的得分矩阵；B 和 V 分别为矩阵 X 和 Y 的载荷矩阵；E 和 F 分别为矩阵 X 和 Y 的残差矩阵。将 T 和 U 作线性回归，若 D 为系数矩阵，则

$$U = TD$$
$$D = (T'T)^{-1}T'U \tag{7-3-3}$$

在预测时，由未知样本的矩阵和校正得到：

$$Y = TDV \tag{7-3-4}$$

近些年，PLS 在仿生味觉模式识别领域得到了研究和应用：浙江大学王平教授团队与俄罗斯圣彼得堡州立大学莱金教授团队[51]合作研究了电子舌在中药苦味检测中的适用性，并结合感官小组的评价结果，构建了 PLS 回归模型（图 7-3-4）。研究发现，利用电子舌构建的 PLS 回归模型对所有苦味等级从 0（无苦味）到 6（苦味最大）的苦味物质的评价准确度非常高（预测均方根误差约为 0.9），说明了基于电子舌的 PLS 模型可应用于中药苦味检测中。

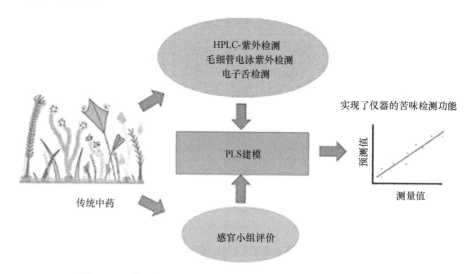

图 7-3-4　基于电子舌的 PLS 模型用于中药苦味检测示意图[51]

7.3.2　基于生物机制的识别技术

1. 人工神经网络

人工神经网络的研究起始于 20 世纪 40 年代，起初发展较慢，经历了低谷时期，20 世纪 80 年代 Hopfield 提出了离散神经网络，推动了人工神经网络的复兴，现在人工神经网络已经成为仿生味觉传感识别的一种重要方法。人工神经网络的基本思路是基于神经元的工作原理来模拟人类思维方式，以网络拓扑知识为理论基础建立模型来处理复杂事物。人工神经网络发展至今出现了多种算法，其中较为常用的是反向传播（BP）。误差反传算法是一种典型的三层前馈神经网络，从下往上分别称为输入层、隐藏层和输出层（图 7-3-5），各层节点之间通过权重系数和活性函数相连接。输入层接收外界输入，并将信号传递给神经元。中间层模拟人脑，神经元相互之间传递信息。输出层表示神经

元经过多层次相互传递后对外界的反应。将输入信息经过多次训练和权重系数调整，使输出结果与预期结果的误差小于一定误差，即为训练结束。

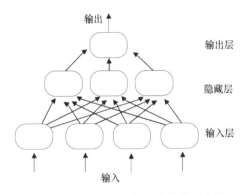

图 7-3-5　人工神经网络基本结构示意图

　　该模型具有并行分布的处理能力、高容错性、智能化和自适应学习等优点，但是人工神经网络理论存在一些问题，优化过程可能陷入局部最小值、网络的泛化能力不强、网络的结构设计依赖于设计者的先验知识和经验而缺乏有理论依据的严格设计程序、无法控制网络的训练过程是否收敛以及收敛的速度。

　　由于味觉传感器阵列的响应机制较为复杂，给响应特性的近似及线性化处理带来了一定的难度，而人工神经网络方法则可以处理较为复杂的非线性问题，而且能抑制漂移和减少误差，通过对数据进行训练，得到尽可能与预想输出相近的结果。因而有改进的人工神经网络算法不断出现，并结合了许多优化算法，如模拟退火算法、遗传算法等；支持向量机也是为弥补上述缺点而提出的新的模式识别方法之一，并得到不断发展和广泛应用，是迄今为止用于识别问题的最佳算法之一；此外，新提出的模式识别方法也在不断地被引入人工味觉系统中，将不断提高系统的识别性能。

　　马来西亚塞恩斯大学的拉赫曼等[52]开发了一种基于微控制器的电子舌系统。液体样品的味觉物质使用特制的一次性丝网印刷非特异性脂膜传感器阵列进行"感知"，并通过 ANN 进行分类。该系统能够很好地区分含有东革阿里（一种植物）和不含东革阿里的液体样品。江苏大学黄星奕教授团队[53]使用电子舌结合反向传播人工神经网络对中国酱油的 4 个不同品牌和 2 个类别（由不同工艺生产）进行分类。他们使用法国 Alpha M.O.S. 公司的电子舌系统用于样品的数据采集，并通过主成分分析从电子舌数据中提取有效变量。最后使用反向传播人工神经网络（BP-ANN）建立识别模型。PCA 得分图显示了二维空间中不同品牌和不同类别酱油的明显聚类趋势。同时，基于 BP-ANN 的判别模型在校准集和预测集中对不同品牌和类别的酱油的识别率均为 100%。结果表明，电子舌技术结合合适的模式识别方法可以用于不同品牌和类别的酱油分类。

　　中国水稻研究所胡贤巧团队[54]开发了一种新颖的相似性分析-人工神经网络（SA-ANN）方法来确定大米感官质量。他们从信号中提取特征数据，与对照样本的数据进行比较，并使用相似性分析方法进行分析，得出的相似度作为人工神经网络的输入变量。使用 SA-ANN 方法与传统的感官评价比较，气味、外观、适口性、质地和总分的相关系数分别为 0.9669、0.9711、0.9760、0.8654 和 0.9848。结果表明，开发的 SA-ANN 技术是一种有效的数据处理方法，可用于电子舌系统来表征和预测大米感官质量。

2. 模糊模式识别

模糊模式识别是利用模糊数学的理论和方法进行模式识别。它适用于分类识别对象本身或要求的识别结果具有模糊性的场合，即在特征空间的各模式类之间不存在明确的边界。在仿生味觉的识别应用中，模糊模式识别技术的优势非常明显，它算法简单，分类过程易于理解，透明度高。

浙江大学王平教授团队[55]提出了一种基于模糊神经网络识别技术和传感器融合技术的葡萄酒分析新方法。该模型是尝试实现人类感知和识别系统的工程模型，结合了人工嗅觉和人工味觉的所有特征，即用于葡萄酒分类的"电子鼻"和"电子舌"。这个系统有两个处理阶段。一是预处理阶段，包括使用嗅觉和味觉特征的预分类；二是数据融合阶段，使用一种模糊神经网络［改进的基于伪外积的模糊神经网络（pseudo outer-product based fuzzy neural network，POPFNN）］融合第一阶段获得的预分类结果。具体来讲，通过传感器获得的不同种类的酒（啤酒、白兰地或伏特加）的信号首先通过模糊 c-均值（fuzzy c-means，FCM）算法进行预分类和识别，最后传输到模糊神经网络中，输出的结果决定酒的最终分类。该模糊神经网络的 4 层拓扑结构如图 7-3-6 所示。

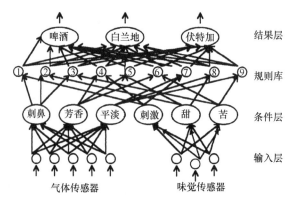

图 7-3-6 改进后的 POPFNN 4 层拓扑结构示意图[55]

因为在预分类中已经利用模糊 c-均值算法实现了数据的模糊分类和识别，所以删去了 POPFNN 中的去模糊模块。相应地，POPFNN 的学习过程也被调整。传统 POPFNN 的学习过程包括三个阶段，即自组织、伪外积（POP）学习和监督学习。在改进的 POPFNN 学习过程中，自组织阶段加入了 FCM，以获得存储在隶属函数中的模糊信息，该隶属函数保存在输入标签中。改进的 POPFNN 具有极高的识别准确性，并且使用方便，极大地提高了识别效率。

3. 遗传算法

遗传算法模拟了自然选择和遗传中发生的复制、交叉和变异等现象，从任一初始种群（population）出发，通过随机选择、交叉和变异操作，产生一群更适应环境的个体，使群体进化到搜索空间中越来越好的区域,这样一代一代地不断繁衍进化,最后收敛到一群最适应环境的个体,求得问题的最优解,算法的基本流程如下。

1)编码:确定寻优参数,进行编码。

2)初始群体的生成:随机产生一组初始解(即个体)组成初始种群。初始种群中个体的数目称为初始种群的规模。

3)适应度值评价检测:适应度函数表明个体或解的优劣性。对于不同的问题,适应度函数的定义方式不同,计算种群中各个体相应的适应度函数值。

4)选择:将选择算子作用于群体。交叉:将交叉算子作用于群体。变异:将变异算子作用于群体。

5)若遗传代数(迭代次数)达到给定的允许值或其他收敛条件已满足时停止遗传,否则返回步骤 3)。

上述遗传算法的计算过程可用流程图 7-3-7 表示。

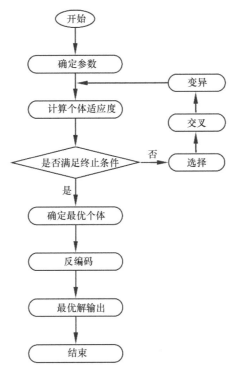

图 7-3-7　遗传算法流程图

江苏大学的吴瑞梅等[56]使用傅里叶变换近红外光谱结合遗传算法等模式识别方法确定绿茶口感质量。在模型建立过程中,首先利用联合区间偏最小二乘法(siPLS)筛选特征子区间;然后,用遗传算法(GA)在特征子区间内优选特征变量。最优模型在优选出 38 个特征变量、主成分因子数为 6 时获得,模型预测集相关系数为 0.8908,预测均方根误差为 4.66。研究结果表明,利用近红外光谱技术结合 siPLS-GA 算法检测绿茶滋味品质是可行的,同时表明 siPLS-GA 算法相对于其他方法在本研究中的应用具有一定的优越性。

7.3.3 联合识别技术

近年来，研究者尝试使用多种类型的算法联合对仿生味觉进行识别来提高识别精度。江苏大学陈全胜团队[57]分别应用偏最小二乘法（PLS）和主成分分析人工神经网络（PCA-ANN）两种识别算法来建立预测模型。他们首先使用多变量校准的味觉传感器技术确定了绿茶中儿茶素和咖啡因的含量。根据预测集中的预测均方根误差和相关系数评估最终模型的性能。研究工作表明，开发的具有多变量校准的味觉传感器技术具有较高的识别性能。伊朗大不里士医科大学的苏丹尼等[58]联合了三种不同的定量药物结构与其结构关系的模型（即多元线性回归、支持向量机和人工神经网络）来预测229种肽的苦味。三种不同的定量结构与苦味关系的模型均使用通过算法计算出的结构参数。开发的模型使用内部和外部验证方法进行验证，并且使用平均百分比偏差和绝对平均误差值预测误差来核对预测误差。所有开发的模型都成功预测了物质的结构与苦味的关系，并且预测误差小于实验误差值。

伊朗德黑兰大学农业工程与技术学院农业机械工程系的卡西米等[59]通过多种化学计量学方法识别并评估商业无酒精啤酒品牌的回味，同时他们还使用了概率神经网络和具有径向基函数的概率神经网络及具有反向传播学习方法的前馈网络来建立预测模型。他们首先对不同的啤酒样品进行了检测，包括苦味、酸味、甜味等味道的强度和持续时间，对这些数据进行主成分分析（PCA）和线性判别分析（LDA）等，结果表明，不同类型的啤酒可以被有效区分。该团队还使用了PLS-DA对啤酒进行分类，分类准确率为49%～86%。此外，使用了两种人工神经网络，即具有径向基函数的概率神经网络和具有反向传播学习方法的前馈网络进行分类。具有径向基函数的概率神经网络的最高分类成功率约为97%，具有反向传播学习方法的前馈网络的预测成功率约为94%。波兰华沙理工大学的西奥斯等[60]结合了PCA、PLS-DA和ANN这三种识别技术，提高了电子舌对果汁分类的能力。他们通过与单独使用ANN或PLS-DA方法，以及联合使用PCA和ANN，或PLS-DA和ANN处理数据的结果比较，最终得出，三种识别技术联用的方法能够显著提升仿生味觉系统的识别能力。

浙江大学王俊团队[61]通过PCA和聚类分析（CA）对三种不同标记年龄（1年、3年和5年）的中国黄酒进行分类，并利用PLS和反向传播人工神经网络（BP-ANN）建立预测模型对黄酒的酒龄进行预测。这项研究中，他们开发了一种伏安电子舌（VE-tongue）对中国黄酒进行检测，通过PCA和CA可以准确地对三种黄酒进行分类，并且通过PLS和BP-ANN成功地预测了三种黄酒的标记年龄。西班牙巴塞罗那自治大学的塞顿等[62]使用线性判别分析（LDA）和人工神经网络（ANN）识别技术对不同葡萄酒进行区分。他们首先使用快速傅里叶变换（FFT）对数据进行预处理，然后使用逐步法去除冗余的数据并进行特征提取。通过与专业的味觉物质品评小组品尝不同葡萄酒的总体评分进行对比，该方法对葡萄酒的识别准确率达到92.9%。西南交通大学万军团队[63]采用软独立建模类比（SIMCA）、PCA、判别因子分析（DFA）、LDA及BP-ANN的联合识别方法鉴别生黄连、酒黄连、姜黄连及萸黄连。他们制备了中药水提液并使用电子舌进行检测。

检测结果使用 SIMCA、PCA 及 DFA 进行分类分析,具有很好的区分效果。BP-ANN 被用来建立预测模型,其对测试集未知样品的判别率高达 91.7%。

7.3.4　基于电生理信号的识别技术

1. 胞外场电位信号识别技术

基于细胞或组织的仿生味觉识别技术一般是基于细胞的胞外场电位(extracellular field potential,EFP)信号的识别。当与电位传感器耦合的味觉敏感细胞暴露于不同味觉物质或不同浓度的味觉物质时,其 EFP 会发生相应的变化。因此,可以通过识别细胞 EFP 的变化来反映细胞对不同味觉物质的响应。下面以心肌细胞作为味觉敏感细胞的仿生电子舌为例说明基于胞外场电位的信号识别技术。

由于心肌细胞上表达有多种苦味和鲜味受体,同时具有规律性发放电生理信号的特性(图 7-3-8a),目前已作为味觉敏感元件在仿生味觉传感中使用[43]。浙江大学王平教授团队定义了不同的信号特征参数用于定量化分析不同味觉物质刺激下心肌细胞电位发放信号差异,如图 7-3-8b 所示。这些信号特征参数包括发放率(FR)、场电位幅值(FPA)、场电位持续时间(FPD)、峰值时间、50%上升时间、50%恢复时间、第二峰值时间和间隔时间。图 7-3-8c 为从不同味觉物质处理后的信号中提取得到的 8 个信号特征参数雷达图,可见 FR 和 FPA 与其他参数相比呈现出明显的变化。信号特征参数中 FR 和 FPA 的归一化统计见图 7-3-8d。可以发现,酸味、咸味、甜味的归一化 FR 和 FPA 统计图与对照组相似,而苦味和鲜味的归一化值与其他组有显著差异。为了进一步研究信号间的差异,使用主成分分析对提取出的信号特征参数进行降维处理,以实现数据可视化分析。图 7-3-8e 为基于前三个主成分的数据可视化结果图(累积贡献率为 93.8%),从图中可以发现,信号被聚集到三个区域,其中酸味、甜味、咸味物质刺激下的信号与对照组位于同一个区域,而苦味、鲜味物质刺激下的信号则位于另外两个不同区域。以上结果验证了利用心肌细胞构建的仿生味觉传感器在 5 种味觉物质中对苦味和鲜味物质具有特异性响应,并且利用 PCA 算法对信号特征参数进行降维处理后能够在三维空间中区分出苦味和鲜味物质。不仅如此,该团队还利用该种识别技术实现了对不同苦味物质(苯甲地那铵、地芬尼多以及丙硫氧嘧啶)在不同浓度下的识别。

2. 神经信号识别技术

基于在体生物电子舌的仿生味觉识别技术一般是基于神经信号的识别。一般记录的神经信号,其原始信号为宽频信号。采集之后,通过滤波处理,可以得到局部场电位信号(LFP)及单个神经元锋电位 spike 信号。LFP 信号频率较低,在 0.5~200 Hz 内,而 spike 信号频率则较高(200~4000 Hz)。虽然这两种信号都属于电信号,但这两种信号特点不同,因此分析方法也不尽相同。

(1)局部场电位信号识别

LFP 能够反映某一区域内总体神经元的活动情况,当生物机体受到味觉物质刺激时,

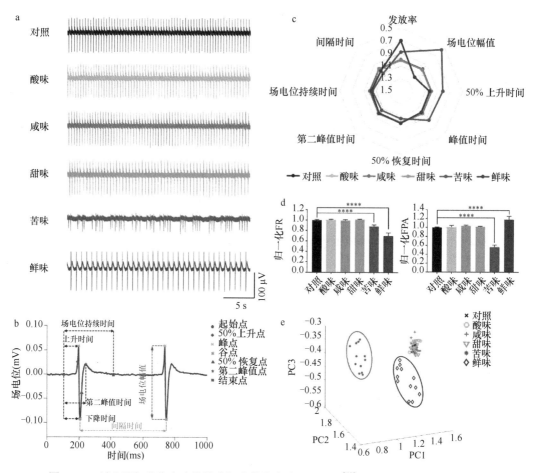

图 7-3-8　以心肌细胞作为味觉敏感细胞的仿生味觉示意图[43]（彩图请扫封底二维码）
（a）经过不同味觉物质刺激后心肌细胞的典型 EFP 信号，包括酸味（HCl）、咸味（NaCl）、甜味（蔗糖）、苦味（苯甲地那铵）和鲜味（谷氨酸钠）；（b）检测到的心肌细胞典型 EFP 信号波形及参数定义；（c）提取到的信号参数的雷达图；（d）不同味觉物质处理后响应信号的归一化发放率 FR 和信号幅值 FPA 的统计（**，$P<0.01$；***，$P<0.001$；****，$P<0.0001$；$n=12$）；（e）基于 PCA 算法降维处理后的前三种主成分的数据可视化结果

LFP 也会发生相应的变化。因此，分析这种变化就可以实现味觉物质的识别和检测。LFP 分析的一项重要手段是时频分解（time-frequency decomposition），将信号划分为等长的时间窗，相邻时间窗之间可以重叠，对每个时间窗内的信号进行快速傅里叶变换。将其结果整合为二维矩阵，其中横轴为时间，纵轴为频率，即可以反映出不同频率的 LFP 信号在刺激前后功率谱密度（power spectral density，PSD）的变化。浙江大学王平教授团队探究了在体生物电子舌在甜味特异性检测中的性能。该团队主要针对频率在 30～120 Hz 的 LFP 信号进行了频域分析。在不同味觉物质的刺激下，LFP 的功率谱密度的响应具有不同的模式。其中，对比天然糖（图 7-3-9a）和人工糖（图 7-3-9b）的平均 LFP 频域响应，其结果具有一定的相似性，即 50～80 Hz 的 LFP 频域 PSD 因为味觉刺激而显著上升。

进一步地，该团队使用皮尔逊相关系数（Pearson correlation coefficient，Pearson r）定量描述波形之间的相似性。皮尔逊相关系数是一种线性相关系数，可以反映两个变量的线性相关程度，计算时，分别以 500 mmol/L 蔗糖（图 7-3-10a）和 50 mmol/L 安赛蜜

（图 7-3-10b）刺激引起的目标信号平均值为参考，时间窗为 1 s，相邻时间窗的间隔为 0.5 s。结果表明，味觉刺激后 200 ms 时，化学感受阶段开始，具有相似味觉属性的天然糖和人工糖，其目标信号波形之间的相关性较强，即两种甜味物质引起的目标信号具有较高的相似性；但是，在以蔗糖为天然糖参考的相关分析中，500 mmol/L 葡萄糖刺激引起的目标信号波形与天然糖参考波形的高相关性（$r>0.7$）维持至第 6 个时间窗，随后缓慢下降，覆盖范围为刺激后 0.2～3.2 s；然而，两种人工糖刺激引起的目标信号波形与天然糖参考波形相比，高相关性仅维持至第 3 个时间窗，时间为 0.2～2.2 s，随后下降至 0 附近的速度较快；在以 50 mmol/L 安赛蜜为人工糖参考的相关分析中，结果相反，糖精刺激引起的 LFP 目标信号波形与人工糖参考波形的高相关性持续时间较长（0.2～3.2 s），而两种天然糖刺激引起的目标信号与人工糖参考波形的高相关性维持时间较短（0.2～2.2 s）；分析结果表明，刺激后 0.2～2.2 s，表现为味觉种类（taste quality）的识别，如甜味、苦味的识别；刺激后 2.2～3.2 s，表现为具体味觉物质，如天然糖和人工糖的识别。

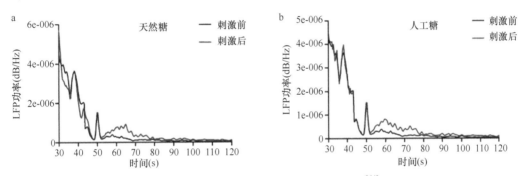

图 7-3-9　刺激前后在体生物电子舌中大鼠味觉皮层 LFP 信号变化[64]（彩图请扫封底二维码）

天然糖（a）和人工糖（b）刺激前后 LFP 频域 PSD 的变化

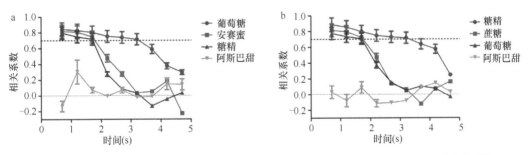

图 7-3-10　蔗糖（a）和安赛蜜（b）刺激后 LFP 包络的皮尔逊相关系数随时间的变化[64]

（彩图请扫封底二维码）

因此，将目标信号按时间进一步划分为两段，T1 表示味觉种类识别时间段，范围为刺激后 0.2～2.2 s；T2 表示具体甜味信息处理的时间段，范围为刺激后 2.2～3.2 s。T1 共有 2000 个采样点，经过 PCA 降维后（图 7-3-11a），不同味觉种类刺激引起的目标信号特征值具有明显的差异，同种味觉刺激引起的目标信号特征值投影点较集中。选用较为简单的随机梯度下降（stochastic gradient descent，SGD）算法完成不同味觉物质刺激模式的分类。

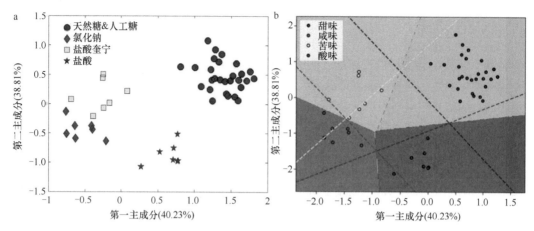

图 7-3-11 PCA 算法处理后信号分类示意图[64]（彩图请扫封底二维码）

（a）各种味觉物质刺激后 T1 阶段 LFP 包络特征点在二维 PCA 平面上的投影；（b）利用 SGD 方法得到的"味觉分布图"

分类结果如图 7-3-11b 所示，使用一对多方法（one versus all）构建了一组共 4 个二元分类器，将二维 PCA 投影空间划分为 4 个独立的味觉响应特征区域。该结果表明，大鼠味觉皮层甜味响应区域的 LFP 信号对各种味觉刺激均可以产生特异性的响应模式，且甜味响应模式与其他几种味觉显著不同，易于区分，酸、甜、苦、咸多分类结果分别如表 7-3-1 所示，其中 F1 值（F1 反映准确度和灵敏度，准确度和灵敏度越高，F1 值越高）为参数 $\alpha=1$ 时的 F-分数（F-score）：

$$F = \frac{\left(\alpha^2 + 1\right)PR}{\alpha^2\left(P + R\right)} \tag{7-3-5}$$

式中，P 为正确率；R 为召回率。

表 7-3-1 SGD 多元分类器性能

类别	准确度（%）	灵敏度（%）	特异性（%）	F1（%）
甜	91.19	88.41	88.67	89.78
酸	79.26	86.23	86.35	82.60
苦	83.13	91.73	83.04	87.22
咸	87.11	89.36	83.60	88.22

完成甜味物质的特异性检测后，该团队利用 T2 时间段内的信息和 SGD 算法，将甜味响应模式进一步分类为天然糖和人工糖的响应模式。T2 共 1000 个采样点，使用 PCA 将 100 维数据压缩至二维，前两个主成分分别占据原数据集方差的 52.1%和 36.0%（图 7-3-12a）。利用 SGD 算法得到的二元分类平面如图 7-3-12b 所示。使用该种 LFP 分析方法，该团队开发的在体生物电子舌对天然糖识别的准确度达到 93.43%，灵敏度达到 90.61%，特异性达到 87.10%，而对人工糖的识别准确度、灵敏度和特异性分别达到 89.38%、87.10%和 90.61%。

（2）spike 信号识别

与 LFP 不同，spike 信号代表的是单个神经元的动作电位波形的胞外记录，每个记

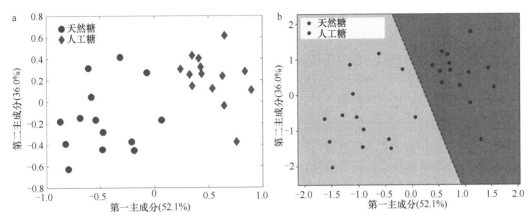

图 7-3-12　算法处理后信号分类示意图[64]（彩图请扫封底二维码）

（a）天然糖和人工糖刺激后 T2 阶段 LFP 包络特征点在二维 PCA 平面上的投影；

（b）利用 SGD 算法得到的糖分类器

录到的 spike 为该神经元的一次发放过程，信号具有离散性。spike 分析的基础是检测和分类，spike 检测指使用合适的方法提取出 spike 波形，并准确记录每个 spike 发放的时间点；spike 分类是指当某个电极同时记录到 2 个或更多神经元的信号时，使用合适的方法将检测到的 spike 波形分类，并针对每一个神经元构建其独立的 spike 发放序列。常用的 spike 检测方法包括阈值法、模板法、相关分析法等。其中阈值法最为简单，适用于多种微电极结构记录的信号。以阈值法中的单阈值和双阈值这两种方法为例，说明 spike 检测的方法。单阈值 spike 检测适用于噪声较弱的情况，当信号波谷值小于阈值时，记为一次 spike。阈值设置与基础噪声的强度有关，一般为噪声幅值的 95% 置信区间下界。对于信噪比更高的 spike 信号，可以使用绝对值更大的阈值，以减小噪声的影响。双阈值 spike 检测不仅对信号波谷划定检测阈值，还对波峰的幅值进行阈值判定，波峰阈值一般设置为噪声幅值的 95% 置信区间上界。图 7-3-13a 所示为记录到的一段 spike 信号，红线为双阈值检测 spike 波形时的波峰阈值与波谷阈值，检测到的 spike 波形如图 7-3-13b 所示。

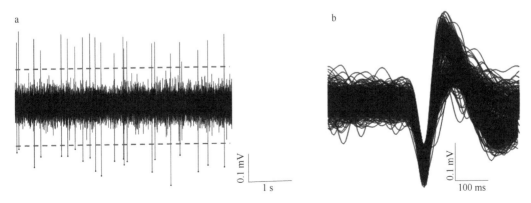

图 7-3-13　spike 信号示意图[65]（彩图请扫封底二维码）

（a）阈值法检测 spike，图中上下红线分别为波峰阈值和波谷阈值；（b）检测到的 spike 波形叠加，可以看出不止一种 spike 波形由于 spike 表示单个神经元的活动，但是同一个通道可能记录有 2 个或更多神经元的活动，因此，为了准确分析单个神经元的活动，需要将不同的神经元产生的 spike 信号进行分类。分类的参数一般基于 spike 信号本身的波形，如峰值、谷值、半高全宽等，电极记录的 spike 信号中，各个 spike 波形并不完全相同，其信号来源也不是同一个神经元。由于描述 spike 波形的参数之间具有相关性，可以使用主成分分析进行降维和可视化分析。图 7-3-13b 中 spike 波形特征的降维结果如图 7-3-14 所示，前两个主成分分别占据了原始数据集方差的 56.2%和 31.8%。由于缺乏对每个神经元 spike 波形的先验信息，对 spike 分类本质上属于非监督学习，也称为聚类分析。聚类分析有许多种方法，我们主要使用 k 均值算法对 spike 波形特征进行分类。不再介绍算法具体步骤。

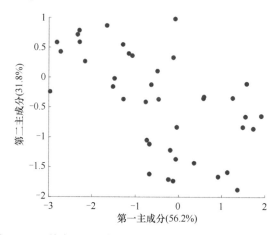

图 7-3-14　单个 spike 波形特征值在 PCA 二维平面的投影[65]

在 k 均值算法中，k 值的确定以及均值点的初始化十分重要，常见方法包括 Forgy 法和随机划分法。以 Forgy 法为例，从数据集中随机选择 k 个观测点作为初始的均值点。以 $k=5$ 至 1 等 5 种情况为例，使用类内间距作为定量描述聚类效果的参数，其结果如图 7-3-15a 所示。当初始类别下降时，平均类内间距逐渐上升，当 $k=2\sim5$ 时，平均类内间距变化较平缓。然而，当 $k=1$ 时，平均类内间距较 $k=2$ 时显著上升。因此，初始类别设置为 2 更合适，即该电极记录的信号中含有两个神经元的 spike。具体的 spike 二类聚类结果如图 7-3-15b 所示，分类出的两类 spike 波形如图 7-3-15c 所示，两个神经元产生的 spike 在峰谷值、半峰全宽等参数上具有明显的差别。

原始 spike 信号经过分类，即可以利用单个神经元的 spike 发放序列进行单细胞级别的分析。由于 spike 信号具有离散性，因此，spike 的波形信息可以抛弃，只保留 spike 发放的时间戳信息。发放率是衡量神经元活动程度的一项重要参数，通常使用光栅图表示 spike 信号的时域分布，如图 7-3-16 所示，光栅图中的每条短竖线表示一次 spike 发放，短竖线越密集，则发放率越高。为了定量表示其发放率随时间的变化，常使用刺激后时间直方图，直方图中立柱的高度代表其发放率的大小。

浙江大学王平教授团队利用苦味物质浓度和苦味响应神经元发放率之间的关系，使用 spike 信号识别方法实现了对苦味物质的超低浓度检测[50]。该团队检测的苦味物质主要为苯甲地那铵、盐酸奎宁及水杨苷。苯甲地那铵的浓度为 0.1～10 mmol/L，盐酸奎宁的

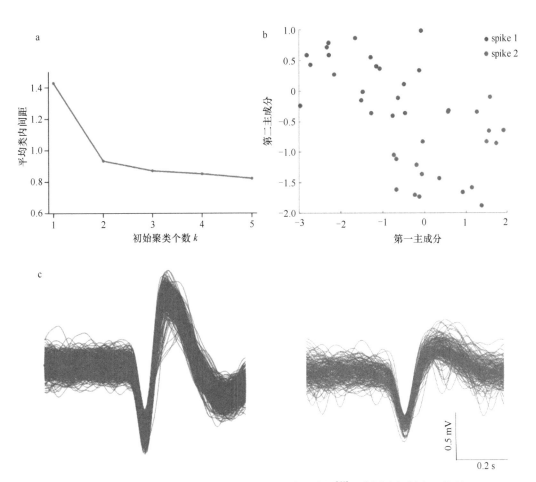

图 7-3-15　使用 k 均值算法后 spike 信号的分类示意图[65]（彩图请扫封底二维码）

（a）算法收敛时，平均类内间距与初始聚类个数 k 的关系；（b）初始聚类个数 k 为 2 时，k 均值算法对 spike 波形
特征的分类情况；（c）k 均值算法分类出的两种 spike 波形叠加

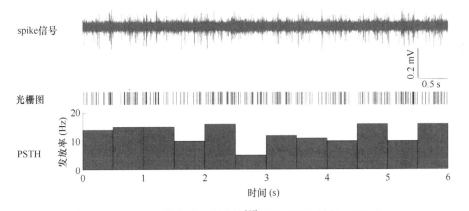

图 7-3-16　spike 信号预处理方法[65]（彩图请扫封底二维码）

浓度为 1～100 mmol/L，水杨苷的浓度为 1～500 mmol/L。通过计算刺激后 0.2～1 s 时间段内的平均发放率，并使用 10 mmol/L 苯甲地那铵刺激后 0.2～1 s 内的 spike 平均最大发放率为参照进行归一化，结果如图 7-3-17 所示，刺激后苦味响应细胞的 spike 发放率与苯甲地那铵等三种苦味物质的浓度具有相关性，且线性关系较为明显。其中，苯甲地那铵的检出限低至 0.076 μmol/L，盐酸奎宁和水杨苷的检出限均小于 1 μmol/L，均低于传统电子舌的检出限。

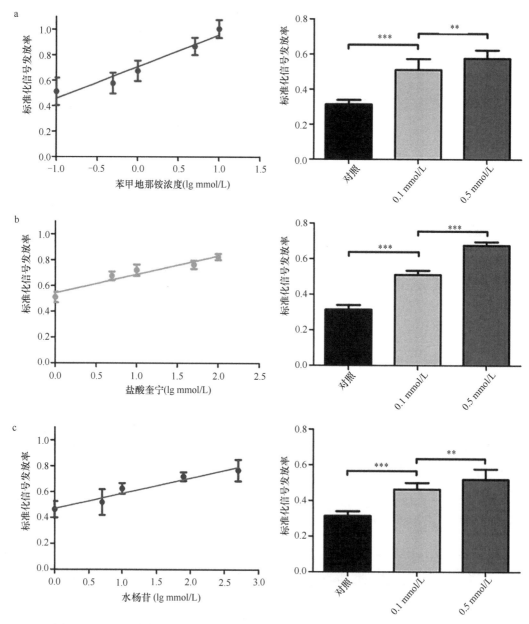

图 7-3-17 不同浓度的苯甲地那铵（a）、盐酸奎宁（b）和水杨苷（c）引起在体生物电子舌 spike 发放率的变化及其与对照组的对比[50]

P<0.01，*P<0.001

7.4 仿生味觉传感与智能感知技术的应用

7.4.1 仿生味觉传感与智能感知在食品检测中的应用

仿生味觉在食品检测中的应用主要有以下几类：①食品种类鉴定；②食品品质鉴定；③食品加工工艺过程的监测；④食品新鲜度的评估。仿生味觉传感器能够检测出不同食品之间主要成分种类及其含量存在的差异，根据这些信息对不同食品进行种类或等级划分，将具有相同特性的食品划归于相同属性类别，就能够实现对食品的种类鉴定。例如，按主要特征成分和乙醇浓度的不同可以将采集到的酒样分为白酒组、红酒组、黄酒组、啤酒组等类别。仿生味觉传感系统在食品检测领域不仅能进行定性鉴定，还能进行定量测定。定量测定是对食品所含成分进行定量分析，在实际应用中主要用于食品品质的鉴定，各种食品和饮料包括红茶、绿茶、牛奶、火腿、大米、猪肉、食盐和人参，已使用味觉传感系统进行量化。另外，仿生味觉系统还可以应用于食品加工过程中的质量监控，以及食物新鲜度的评估和保质期的确定等。

1. 食品种类鉴定

利用仿生味觉传感技术对食品进行种类鉴定的研究从 20 世纪末就已经开始。早在 1996 年，日本的拓扣团队[66]就利用电子鼻识别饮料，通过多通道类脂膜味觉传感器对啤酒、咖啡、矿泉水、牛奶、蔬菜和日本清酒进行识别，发现电子舌能够很好地对这些物质进行区分，并且检测结果与清酒中的可滴定酸及酒精浓度有很好的相关性。2000 年，俄罗斯的弗拉索夫和意大利的纳塔利实验室[67]开发了一种非特异性、交叉选择性的电位化学传感器阵列，能够很好地辨别各种饮料（咖啡、啤酒、茶、果汁等）。2009 年，葡萄牙学者迪亚萨等[68]用含有 36 个交叉敏感性的传感器阵列搭建的仿生味觉系统，成功地识别了 5 种基本的味道（酸、甜、苦、咸、鲜等），且对酸、咸和鲜味表现出较高的敏感性能，并成功应用于牛奶检测工业，对山羊奶、牛奶和混合奶等几类样本进行区分，准确率达到 97%。马来西亚塞恩斯大学的乔塞克等[69]利用基于离子选择电极（ISE）传感器阵列的电子舌对矿泉水和苹果汁进行检测，并使用人工神经网络对电子舌采集到的信息进行处理，成功识别了这两种液体。匈牙利科维努斯大学的坎特等[70]应用法国 AlphaAstree 仿生味觉系统对不同品种杏进行区分，对在不同储藏条件下杏糖度和酸度进行了预测；浙江大学生物系统工程系王俊团队[71]应用法国 AlphaAstree 仿生味觉系统和自行设计的伏安型仿生味觉系统成功对不同蜂蜜、红酒、牛奶、矿泉水、茶叶、黄酒、水果进行区分。浙江大学王平教授团队利用大鼠味觉系统与传感器结合开发出的在体生物电子舌，成功识别出了天然糖和人工糖（图 7-4-1），该生物电子舌能够有效识别可乐和零度可乐。

2. 食品品质鉴定

俄罗斯圣彼得堡州立大学鲁尼特卡亚教授团队[72]对 2～70 年不同品种的 160 个葡萄

酒样品进行检测并预测酒龄，误差在 5 年左右，对 10～35 年葡萄酒样品的预测误差小于 1.5 年；比利时鲁汶大学的贝尔棱斯团队[73]应用基于硫化电极的电位型仿生味觉系统将不同等级的番茄进行了有效区分，并对糖度、酸度和矿物质进行很好的预测；浙江工商大学食品口腔加工与感官科学研究所的田师一等[74]设计了一种基于多频率大幅脉冲作为激发扫描信号，以金、银、铂等金属裸电极为工作电极的伏安型仿生味觉系统，结合特定的数据分析方法对葡萄酒、白酒、茶叶、肉类、牛乳等食品品质进行评估，以及对食源性致病菌、农药残留进行了定性定量分析[68]。浙江大学王平教授团队[43]利用大鼠心肌细胞与传感器结合开发出的生物电子舌，能够对鲜味及苦味物质进行定量分析（图 7-4-2），该生物电子舌有望用于食品的风味检测和品质评估。

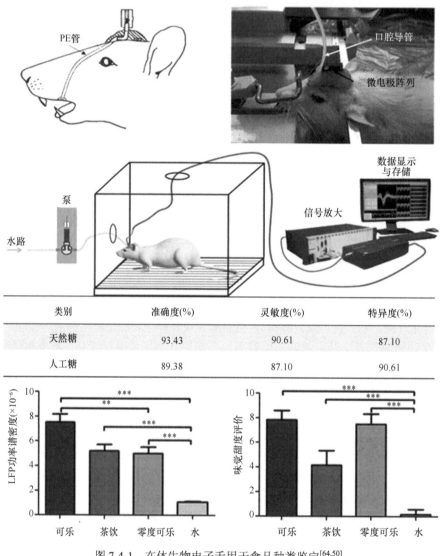

类别	准确度(%)	灵敏度(%)	特异度(%)
天然糖	93.43	90.61	87.10
人工糖	89.38	87.10	90.61

图 7-4-1 在体生物电子舌用于食品种类鉴定[64,50]

P<0.01，*P<0.001

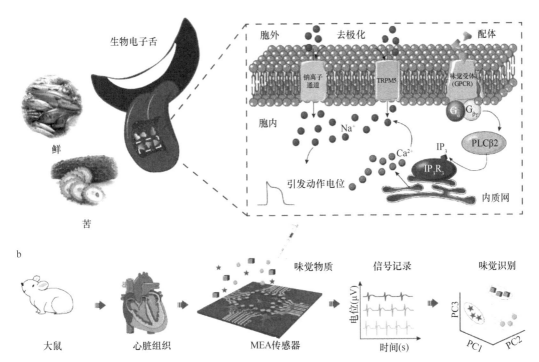

图 7-4-2   以大鼠心肌细胞作为敏感元件用于食品品质的鉴定[43]

TRPM5. 一种钙离子通道；PLCβ2. 磷脂酶；G_α 和 $G_{\beta\gamma}$ 分别是 G 蛋白偶联受体的 α 亚基和 βγ 亚基复合体；
IP3. 肌醇三磷酸；IP3R3. 肌醇三磷酸酶

3. 食品加工工艺过程的监测

美国长岛园艺研究实验室的宫崎隆之等[75]以法国 Alpha M.O.S.公司生产的 Astree 仿生味觉传感器为基础，分析检测了受柑橘黄龙病不同程度影响的柑橘果汁。实验样品选择为健康柑橘植物酿产的果汁、感染黄龙病菌的柑橘植物酿产的果汁及感染黄龙病菌无表象的柑橘植物酿产的果汁。健康柑橘植物酿产的果汁具有很浓的橙味，味道新鲜且糖分较足，而感染黄龙病菌的柑橘植物酿产的果汁则味道较酸、较咸，有比较重的土霉味。瑞典林雪平大学的 Bjorklund 等[76]将电位型传感器、伏安型传感器与阻抗谱型传感器组成混合传感器组，区分出不同种类的酸奶以及不同发酵过程中样品有机体的活性。波兰华沙理工大学的库提拉等[77]使用传感器阵列——由电位型传感器和伏安型传感器组成的电子舌系统来区分乙醇发酵过程中获得的样品，以监控啤酒发酵过程是否完成。

4. 食品新鲜度的评估

西班牙瓦伦西亚大学的吉尔等[78]对同一批猪肉样品进行了氧化还原电位和多种生化指标的检测。他们用电子舌测量氧化还原电位的同时，还检测了以下参数：pH、微生物数量和肌苷 5′-单磷酸、肌苷、次黄嘌呤的浓度。结果显示，电子舌测量的冷藏条件下储存的猪里脊电位值与其他参数之间（PH 等）具有相关性。经过多元分析发现，通过检测肉类电位可以评估肉类变质程度。因此，该团队的研究结果表明，这种简单的电子舌可用于在多种场合下肉类样品新鲜度的快速定性或半定量评估。西班牙巴利亚多利德大学的罗德里格斯等[79]将基于金属电极和碳糊电极的两种伏安型仿生味觉系统应用于鱼新鲜度的检测。结果表明，结合 PCA 与 PLS 能够很好地区分不同时间死亡的鱼；克罗地亚萨格勒布大学的赫鲁斯卡尔等[80]应用法国 AlphaAstree 仿生味觉系统区分出不同口味的酸奶，以及根据时间、温度变化下酸奶的品质变化而预测保质期。

7.4.2 仿生味觉传感与智能感知在药物分析中的应用

因为大多数药物本身具有强烈的苦味，会使患者，特别是年龄较小的患者产生对药物的抵触，因此，如何提高患者的依从性是药物生产商的任务之一。在掩蔽药物苦味的研发过程中，如何发现药物的苦味并对药物的苦味掩蔽效果进行评价是非常关键的一环。传统药物苦味评价的方式是利用人的味觉系统。但药物往往具有一定的副作用，对人体有一定的损害。因此，仿生味觉传感技术在药物苦味评价领域具有非常广阔的应用前景。

日本武库川女子大学的片冈等[81]在日本 Intelligent Sensor Technology 公司生产的 SA402B 型仿生味觉系统上分析评价了 11 种药用植物和 10 种中草药的苦味及涩味。经过仿生味觉检测和模式识别分析，其中 6 种苦味药用植物汤剂可以分为三类，5 种涩味药用植物汤剂可以分为两类。西班牙瓦伦西亚大学的坎波斯等[82]应用基于金、铂、铜等金属电极的伏安型仿生味觉系统能够有效区分不同神经性毒剂和不同浓度的毒剂；德国杜塞尔多夫大学的韦尔茨等[83]应用日本 SA402B 型仿生味觉系统能够对药物中奎宁的含量进行有效预测；西班牙巴利亚多利德大学的阿佩特雷等[84]应用基于修饰的碳电极和铂电极的伏安型仿生味觉系统对奎宁、酚类等 6 种苦味物质进行有效区分。

浙江大学王平教授团队[43]也将仿生味觉传感器用于药物苦味程度的检测。该团队首次利用大鼠心肌细胞作为味觉敏感元件，以微电极阵列作为次级传感器，开发了一种用于苦味和鲜味检测的仿生生物电子舌。表达有苦味和鲜味受体的大鼠原代心肌细胞在传感器表面贴附生长良好，形成的复合体能够有效地进行电位传导和机械搏动。通过测试不同的鲜味和苦味物质，发现该生物电子舌能够实现对两种苦味剂（苯甲地那铵、联苯醇）和鲜味化合物（谷氨酸钠）的特异性检测，检测限达到 10^{-6} mol/L。浙江大学王平教授团队[50]还将电极植入大鼠的味觉皮层（GC），将 GC 神经元与微电极阵列耦合开发了一种在体生物电子舌以用于药物的苦味分析。通过记录麻醉大鼠 GC 神经元中的细胞外电位，能够精确地观察到苦味刺激引起的神经信号变化。实验结果证实了在苦味传递后的前 4 s 内，信号携带了丰富的味觉信息，能够实现味觉的快速检测。该在体生物电子舌对药物苦味的识别准确率达到 94.05%，并且能够在存在干扰的情况下实现对药物苦味的检测。不仅如此，王平教授团队[44]还以人 Caco-2 细胞作为味觉敏感元件（图 7-4-3）、叉指阻抗传感器作为次级传感器，开发了一种仿生味觉传感器，实现了对药物苦味的检测。作为一种肠癌细胞系，Caco-2 内源性表达有人类苦味受体 T2R38。当 T2R38 苦味受体被苦味物质激活时，其细胞形态会发生改变，从而被叉指阻抗传感器检测到。在配置和优化参数（包括给药时间和细胞密度）后，该团队利用这种味觉传感器建立了定量苦味评价的模型。类似地，该团队[85]还开发了一种仿生味觉传感器，该仿生味觉传感器同样以叉指阻抗传感器作为次级传感器,但以雄性小鼠睾丸生殖细胞作为味觉敏感元件进行药物苦味的检测。雄性小鼠生殖细胞表达有苦味受体 T2R,能够对苦味化合物产生特异性响应。结果表明,该生物传感器能够检测出不同浓度的苦味化合物,其中奎宁的检测限能够达到 0.125 mmol/L。

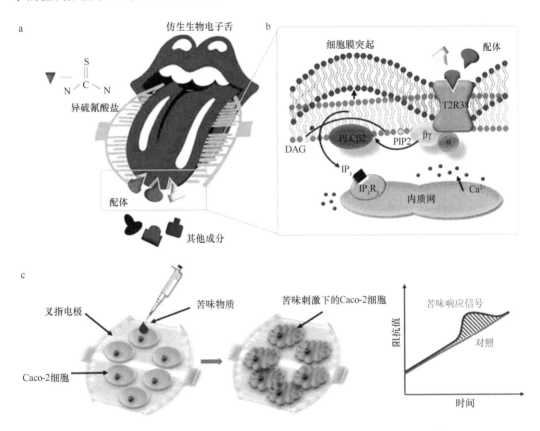

图 7-4-3 利用 Caco-2 细胞作为敏感元件实现对苦味的检测示意图[44]

T2R38. 一种苦味受体;PLCβ2. 磷脂酶;α. G 蛋白偶联受体 α 亚基;βγ. G 蛋白偶联受体 βγ 亚基复合体;PIP2. 磷脂酰肌醇二磷酸;DAG. 二酰甘油;IP₃. 肌醇三磷酸;IP₃R₃. 肌醇三磷酸酶

7.4.3 仿生味觉传感与智能感知在水环境检测中的应用

近年来,随着中国经济的不断发展,来自国内水环境恶化的压力也在不断攀升。定期对水环境进行检测能了解水环境的实时情况,是水环境治理中的关键一环。目前,仿生味觉已经被用于水环境的检测。浙江大学王平教授团队开发并设计了一种可用于太湖重金属现场监测的仿生味觉系统(图 7-4-4)。该系统主要由传感器节点、无线路由及控制中心三部分组成,通过 Wi-Fi 通信形成无线网络。传感器节点出通信模块、水路模块、检测模块及电源模块构成。传感器节点结合 MEA 与 LAPS 复合传感器,设计有 MEA 与 LAPS 的检测电路,可实时地现场检测水环境中的重金属离子及 pH。

不仅如此,浙江大学王平教授团队还采用电化学溶出伏安法结合计算机信号处理以及自动识别等多种技术,研制出了一台高可靠性和高稳定性的能用于海水重金属元素自动分析的仿生味觉传感仪器（图 7-4-5）。该仪器的整个测试过程极少或无须人工干预和操作。仪器通过了权威的第三方检测，并经历了多次现场海试，证明了其用于水质检测的有效性。

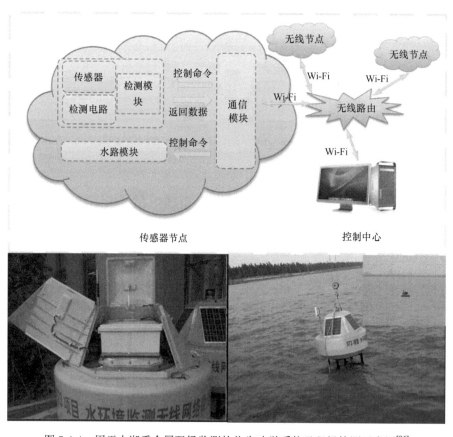

图 7-4-4　用于太湖重金属现场监测的仿生味觉系统及现场检测示意图[86]

图 7-4-5　用于海水重金属元素自动分析的仿生味觉传感仪器[87]

1998 年，瑞典的鲁克等利用仿生味觉监测饮用水（自来水）处理过程中的水质，试验表明使用仿生味觉传感技术进行环境监测是可行的。美国航空航天局在其先进环境和控制先进能源材料化学（AEMC）计划中，制定的主要研究内容之一就是研制用于监控飞船和行星水质的电子舌。我国的门洪等研究了一种重金属检测电子舌并应用于检测我国近海水域中重金属的新型船载在线监测仪中，检测部分海域海水污染情况，取得了显著成果。

圣彼得堡大学安德烈实验室的鲁德尼茨卡亚等研究了 PVC 电极和硫属玻璃电极混合阵列对重金属超低浓度的检测。结果表明，传感器阵列在缓冲溶液体系下的检测下限可达 nmol/L 的级别，对 Zn^{2+}、Pb^{2+}、Cd^{2+}、Cu^{2+} 4 种离子的检测下限分别达到 30 nmol/L、0.4 nmol/L、0.06 nmol/L、0.2 nmol/L。温奎斯特实验室的鲁克研究了伏安型电子舌对不同处理过程中饮用水的质量评估和区别。水样选取包括未净化的水、一级处理的水、二级处理的水以及最后加盐和调 pH 之后的饮用水。经过 PCA 分析，各水样之间均可以得到很好的区分。

7.4.4　多传感器技术融合

在仿生味觉研究领域，多传感器技术融合包括两种类型：一种是采用不同传感器技术分别构造仿生味觉和其他感官系统，形成"多感官系统"（图 7-4-6），分别对样品的不同参数进行检测，然后将检测结果进行融合分析，从而得到更多的特征信号用于模式识别，此时与其他技术相结合就可以获得更好的分类或回归模型；另一种是将多种传感器技术结合起来共同构造仿生味觉系统，即所谓的混合仿生味觉（hybrid electronic tongue）。

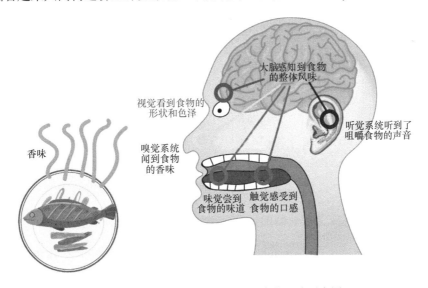

图 7-4-6　多感官系统同时识别食物风味示意图

1. 味觉、嗅觉和视觉融合的仿生传感系统

（1）嗅觉与味觉传感器的融合

意大利罗马大学电子工程系的 Di Natale 等[88]将电位型仿生电子舌与基于石英晶体

微天平的电子鼻（QMB）相结合用于区分由不同来源的葡萄酿造的红酒等样品，结果表明结合分析的区分效果均优于各自检测的分析结果。瑞典林雪平大学瑞典传感器中心（The Swedish Sensor Center）的温奎斯特等[89]将研制的伏安型电子舌与由 10 个金属氧化物场效应晶体管构成的电子鼻的分析数据相结合用于区分苹果汁、橙汁、菠萝汁，结果表明虽然单独使用以上两种仪器可以将样品区分开，但是两者结合后能得到更好的区分效果。巴西联邦法鲁皮尔哈研究所（Federal Farroupilha Institute）的法贡德斯等[90]将研制的电流型电子舌与商品化 PEN2 电子鼻或林雪平大学开发的商品化电子鼻相结合用于识别不同来源和产地的 Barbera 红酒及预测干红葡萄酒的感官描述符。印度加尔各答贾达普大学（Jadavpur University）的班纳吉等[91]从电子鼻和电子舌的响应中提取小波能量特征（wavelet energy feature，WEF），用于对不同等级的印度红茶进行分类。针对这两种不同的系统，他们测试了不同分解级别的小波包变换，并使用 k 最近邻分类方法评估了性能。他们通过计算和融合电子鼻（EN）与电子舌（ET）最适合的分解水平的能量特征来获得组合的传感器响应（对于融合数据，每个茶叶样品的能量向量对应于 EN 和 ET 的组合能量值）。结果证实，通过对电子舌和电子鼻的融合，聚类性质（PCA 图）和分类准确度得到了提高（准确度为 99.75%）。浙江大学王平教授团队[55]将研制的多通道脂膜电位型味觉传感器阵列与基于金属氧化物半导体的电子鼻相结合（图 7-4-7），用于区分啤酒、白兰地、伏特加，结果表明，单独使用电子鼻采集的数据的分类正确率为83.3%，仿生味觉的正确率为 70.0%，结合分析的正确率为 94.4%。

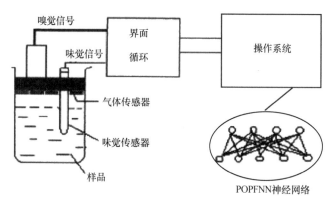

图 7-4-7 仿生味觉与仿生嗅觉融合同时识别酒的种类示意图[55]

（2）味觉、嗅觉和视觉传感器的融合

罗马尼亚贾拉底大学欧洲环境问题卓越研究中心［European Excellence Research Centre for Environmental Problems，Dunărea de Jos University of Galati（Romania）］的罗德里格斯团队[92]将研制的伏安型电子舌与由 13 个金属氧化物构成的电子鼻及电子眼的分析数据相结合用于区分 3 类不同苦度的 25 个橄榄油样品。他们使用了标准化步骤将来自三个系统的数据合并。然后使用 PCA 作为数据结构分析技术，并应用 PLS-DA 有监督模式识别算法进行橄榄油的分类。实验结果表明，组合系统的辨别能力优于分别使用三种仪器对橄榄油样品的辨别能力。

2. 味觉多传感器的融合

电子舌的工作原理基于传感器对化学物质的选择性响应机制，其响应原理包括离子识别（离子交换）、官能团识别、分子识别（吸附作用）及氧化还原反应（电子转移）等。每种传感器可以实现对特定物质的检测，在检测混合溶液时，将不同识别机制的传感器结合可获取更多化学信息。这种方法借鉴了生物味觉系统通过表达不同受体的味觉细胞实现单一或几种味觉物质的识别，即味觉细胞具有交叉敏感性。因此，将不同检测原理的传感器（如电位型、伏安型、阻抗型、光学型）集成在一起模拟舌头的味觉细胞，基于各自的识别机制，扩大待测样品的信息来源。

俄罗斯圣彼得堡州立大学化学系的安德烈团队将电位型（PVC）膜和硫属玻璃薄膜相结合，和伏安型（工作电极为金、铱、铂、铑）传感器的检测信号进行结合分析，用于区分 4 种霉菌（食源性微生物）和 1 种酵母。瑞典林雪平大学的温奎斯特等[12]将伏安型（工作电极为金、铱、钯、铂、铼、铑）、电位型（Cl^- 电极、pH 计、CO_2 气体电极）传感器和导电计的检测信号进行结合分析，用于区分 6 种不同类型的发酵酸奶；该团队[93]还将伏安型（工作电极为金、铱、铂、铑）和电位型（脂膜和聚合物膜）传感器的检测信号进行结合分析，用于区分不同种类的茶（红茶、绿茶）和不同品牌的清洁剂。西班牙瓦伦西亚理工大学的马丁内斯团队[94]将伏安型和阻抗型仿生味觉的分析数据相结合，用于预测碎肉中的盐（Cl^-、NO_3^-、NO_2^-）浓度。浙江大学王平教授团队[95]研制了一种混合仿生味觉系统，该仪器采用溶出伏安法、离子选择性电位型传感器和光寻址电位传感器检测技术，结合计算机快速检测技术，可以同时快速检测工业和生活污水中多种重金属离子的浓度。

7.4.5　智能机器人

人工智能（artificial intelligence，AI）是计算机科学的一个分支，通过学习解码人类智能，开发用于模拟、延伸或扩展人类智能的理论、方法和技术，并开发出与人类相似的机器人。将仿生味觉传感技术与 AI 结合，有望诞生具有像人一样品尝食物功能的智能机器人。目前，IBM 公司的研究团队正在开发一种名为"Hypertaste"的人工智能电子舌。"Hypertaste"能够解决在实际应用场景中，快速、可靠地识别液体，满足用户在工业、科学研究等方面的需求。例如，对湖泊或河流进行实时的水质监测，对食品的溯源，识别假冒的葡萄酒或威士忌，以及在其他制药和医疗保健行业中的应用。

目前，应用较多的化学传感仪器包括功能较为单一的便携式传感系统（用于测量食品或饮料中特定的性质，如 pH），还有体积庞大的精密仪器，用于精确分析单种分子成分。但是大多数实际生活中的液体成分复杂，含有多种化合物，而食物的风味也正是由多种化合物组合产生的。所以，只用某种或某几种分子作为标志物，相对来说比较片面。但是，如果使用现有仪器分别感知每种成分来进行识别是非常低效的，不仅十分昂贵，而且非常耗时。因此"Hypertaste"的目标是使用组合感知，即建立一种交叉敏感传感器阵列，利用多种传感器对不同化学物质同时做出反应。这就类似我们品尝食物的味道时，不能尝出食物里面具体盐有多少，味精有多少或者糖有多少一样，但是我们却能有一个总体感觉。

"Hypertaste"使用由电极对组成的电化学传感器，每对电极将检测到的液体信息转换成电压信号。所有电极对的综合电压信号代表了液体的指纹。将传感器与现有的电子设备相结合，并将它们传递给移动设备，如智能手机。移动应用程序将数据传输到云服务器，在云服务器上，经过训练的机器学习算法将刚刚记录的数字指纹与已知液体的数据库进行比较。该算法计算出数据库中与被测液体最为匹配的结果，并将结果报告给移动应用程序。通过多次训练，"Hypertaste"可以在不到 1 min 的时间内识别液体的种类。

参 考 文 献

[1] Yoshikawa K, Matsubara Y. Spontaneous oscillation of electrical potential across organic liquid membranes. Biophysical Chemistry, 1983, 17(3): 183-185.

[2] Zhang W, Bai Z, Jin L, et al. The study of taste sensor—Qualitative determination of sour, sweet, bitter and salt substances with a new liquid memberane oscillation system by computer. Journal of East China Normal University, 1997, 2: 56-61.

[3] Kobayashi Y, Habara M, Ikezazki H, et al. Advanced taste sensors based on artificial lipids with global selectivity to basic taste qualities and high correlation to sensory scores. Sensors, 2010, 10(4): 3411-3443.

[4] Di N C, Davide F, Brunink J A, et al. Multicomponent analysis of heavy metal cations and inorganic anions in liquids by a non-selective chalcogenide glass sensor array. Sensors and Actuators B: Chemical, 1996, 34(1-3): 539-542.

[5] Vlasov Y G. New solid-state ion-selective electrodes—Sensors for chemical analysis of solutions. Fresenius' Zeitschrift für Analytische Chemie, 1989, 335(1): 92-99.

[6] Kloock J P, Mourzina Y G, Ermolenko Y, et al. Inorganic thin-film sensor membranes with PLD-prepared chalcogenide glasses: Challenges and implementation. Sensors, 2004, 4(10): 156-162.

[7] Martinez-Máñez R, Soto J, Garcia-breijo E, et al. An "electronic tongue" design for the qualitative analysis of natural waters. Sensors and Actuators B: Chemical, 2005, 104(2): 302-307.

[8] Rodríguez-Méndez M L, Parra V, Apetrei C, et al. Electronic tongue based on voltammetric electrodes modified with materials showing complementary electroactive properties. Applications. Microchimica Acta, 2008, 163(1-2): 23-31.

[9] Ha D, Sun Q, Su K, et al. Recent achievements in electronic tongue and bioelectronic tongue as taste sensors. Sensors and Actuators B: Chemical, 2015, 207: 1136-1146.

[10] Clark L C Jr, Lyons C. Electrode systems for continuous monitoring in cardiovascular surgery. Annals of the New York Academy of Sciences, 1962, 102(1): 29-45.

[11] Winquist F, Wide P, Lundström I. An electronic tongue based on voltammetry. Analytica Chimica Acta, 1997, 357(1-2): 21-31.

[12] Winquist F, Holmin S, Krantz-rülcker C, et al. A hybrid electronic tongue. Analytica Chimica Acta, 2000, 406(2): 147-157.

[13] Cai W, Li Y, Gao X M, et al. Full automatic monitor for *in-situ* measurements of trace heavy metals in aqueous environment. Sensor Letters, 2011, 9(1): 137-142.

[14] Tian S, Xiao X, Deng S. Sinusoidal envelope voltammetry as a new readout technique for electronic tongues. Microchimica Acta, 2012, 178(3-4): 315-321.

[15] Riul A, Dos Santos D, Wohnrath K, et al. Artificial taste sensor: efficient combination of sensors made from Langmuir-Blodgett films of conducting polymers and a ruthenium complex and self-assembled films of an azobenzene-containing polymer. Langmuir, 2002, 18(1): 239-245.

[16] Pioggia G, Di Francesco F, Marchetti A, et al. A composite sensor arrayimpedentiometric electronic

tongue: Part II. Discrimination of basic tastes. Biosensors and Bioelectronics, 2007, 22(11): 2624-2628.

[17]　Cortina-Puig M, Munoz-Berbel X, Alonso-Lomillo M A, et al. EIS multianalyte sensing with an automated SIA system—An electronic tongue employing the impedimetric signal. Talanta, 2007, 72(2): 774-779.

[18]　Labrador R H, Masot R, Alcañiz M, et al. Prediction of NaCl, nitrate and nitrite contents in minced meat by using a voltammetric electronic tongue and an impedimetric sensor. Food Chemistry, 2010, 122(3): 864-870.

[19]　Goodey A, Lavigne J J, Savoy S M, et al. Development of multianalyte sensor arrays composed of chemically derivatized polymeric microspheres localized in micromachined cavities. Journal of the American Chemical Society, 2001, 123(11): 2559-2570.

[20]　Thete A R, Henkel T, Gockeritz R, et al. A hydrogel based fluorescent micro array used for the characterization of liquid analytes. Analytica Chimica Acta, 2009, 633(1): 81-89.

[21]　张希. 声表面波传感器及其在肺癌标志物与毒素快速检测中的应用研究. 浙江大学博士学位论文, 2017.

[22]　Saubrey G J Z P. The use of quartz crystal oscillators for weighing thin layers and for microweighing applications. Materials Science, 1959, 155: 206-222.

[23]　Leonte I I, Sehra G, Cole M, et al. Taste sensors utilizing high-frequency SH-SAW devices. Sensors and Actuators B: Chemical, 2006, 118(1-2): 349-355.

[24]　Moreno L, Merlos A, Abramova N, et al. Multi-sensor array used as an "electronic tongue" for mineral water analysis. Sensors and Actuators B: Chemical, 2006, 116(1-2): 130-134.

[25]　Maehashi K, Sofue Y, Okamoto S, et al. Selective ion sensors based on ionophore-modified graphene field-effect transistors. Sensors and Actuators B: Chemical, 2013, 187: 45-49.

[26]　Chang Y H, Lu Y S, Hong Y L, et al. Highly sensitive pH sensing using an indium nitride ion-sensitive field-effect transistor. IEEE Sensors Journal, 2010, 11(5): 1157-1161.

[27]　Hafeman D G, Parce J W, Mcconnell H M. Light-addressable potentiometric sensor for biochemical systems. Science, 1988, 240(4856): 1182-1185.

[28]　Yates D E, Levine S, Healy T W. Site-binding model of the electrical double layer at the oxide/water interface. Journal of the Chemical Society, Faraday Transactions 1: Physical Chemistry in Condensed Phases, 1974, 70: 1807-1818.

[29]　Gutés A, Ibanez A B, Del Valle M, et al. Automated SIA E-tongue employing a voltammetric biosensor array for the simultaneous determination of glucose and ascorbic acid. Electroanalysis: An International Journal Devoted to Fundamental and Practical Aspects of Electroanalysis, 2006, 18(1): 82-88.

[30]　An T, Kim K S, Hahn S K, et al. Real-time, step-wise, electrical detection of protein molecules using dielectrophoretically aligned SWNT-film FET aptasensors. Lab on a Chip, 2010, 10(16): 2052-2056.

[31]　Premanode B, Toumazou C. A novel, low power biosensor for real time monitoring of creatinine and urea in peritoneal dialysis. Sensors and Actuators B: Chemical, 2007, 120(2): 732-735.

[32]　Braeken D, Rand D R, Andrei A, et al. Glutamate sensing with enzyme-modified floating-gate field effect transistors. Biosensors and Bioelectronics, 2009, 24(8): 2384-2389.

[33]　Tonning E, Sapelnikova S, Christensen J, et al. Chemometric exploration of an amperometric biosensor array for fast determination of wastewater quality. Biosensors and Bioelectronics, 2005, 21(4): 608-617.

[34]　Liu D Z, Ge K, Chen K, et al. Sensitive specialization analysis of urea in human blood by surface acoustic wave urea sensor system. Microchemical Journal, 1996, 53(1): 6-17.

[35]　Gutiérrez M, Alegret S, Del Valle M. Potentiometric bioelectronic tongue for the analysis of urea and alkaline ions in clinical samples. Biosensors and Bioelectronics, 2007, 22(9-10): 2171-2178.

[36]　Cetó X, Céspedes F, Del Valle M. Assessment of individual polyphenol content in beer by means of a voltammetric bioelectronic tongue. Electroanalysis, 2013, 25(1): 68-76.

[37]　Xuan F, Luo X, Hsing I M. Conformation-dependent exonuclease III activity mediated by metal ions reshuffling on thymine-rich DNA duplexes for an ultrasensitive electrochemical method for Hg^{2+} detection. Analytical Chemistry, 2013, 85(9): 4586-4593.

[38] Wu C, Du L, Zou L, et al. An ATP sensitive light addressable biosensor for extracellular monitoring of single taste receptor cell. Biomed Microdevices, 2012, 14(6): 1047-1053.

[39] Song H S, Kwon O S, Lee S H, et al. Human taste receptor-functionalized field effect transistor as a human-like nanobioelectronic tongue. Nano Letters, 2013, 13(1): 172-178.

[40] Du L, Chen W, Tian Y, et al. A biomimetic taste biosensor based on bitter receptors synthesized and purified on chip from a cell-free expression system. Sensors and Actuators B: Chemical, 2020, 312: 127949.

[41] Chen P, Wang B, Cheng G, et al. Taste receptor cell-based biosensor for taste specific recognition based on temporal firing. Biosensors and Bioelectronics, 2009, 25(1): 228-233.

[42] Zhang W, Li Y, Liu Q, et al. A novel experimental research based on taste cell chips for taste transduction mechanism. Sensors and Actuators B: Chemical, 2008, 131(1): 24-28.

[43] Wei X, Qin C, Gu C, et al. A novel bionic *in vitro* bioelectronic tongue based on cardiomyocytes and microelectrode array for bitter and umami detection. Biosensors and Bioelectronics, 2019, 145: 111673.

[44] Qin C, Qin Z, Zhao D, et al. A bioinspired *in vitro* bioelectronic tongue with human T2R38 receptor for high-specificity detection of N-C=S-containing compounds. Talanta, 2019, 199: 131-139.

[45] Liu Q, Zhang F, Zhang D, et al. Bioelectronic tongue of taste buds on microelectrode array for salt sensing. Biosensors and Bioelectronics, 2013, 40(1): 115-120.

[46] Liu Q, Zhang F, Zhang D, et al. Extracellular potentials recording in intact taste epithelium by microelectrode array for a taste sensor. Biosensors and Bioelectronics, 2013, 43: 186-192.

[47] Liu Q, Zhang D, Zhang F, et al. Biosensor recording of extracellular potentials in the taste epithelium for bitter detection. Sensors and Actuators B: Chemical, 2013, 176: 497-504.

[48] Qin C, Chen C, Yuan Q, et al. Biohybrid Tongue for evaluation of taste interaction between sweetness and sourness. Analytical Chemistry, 2022, 94: 6979-6985.

[49] 秦臻, 董琪, 胡靓, 等. 仿生嗅觉与味觉传感技术及其应用的研究进展. 中国生物医学工程学报, 2014, 31(5): 11.

[50] Qin Z, Zhang B, Hu L, et al. A novel bioelectronic tongue *in vivo* for highly sensitive bitterness detection with brain-machine interface. Biosensors and Bioelectronics, 2016, 78: 374-380.

[51] Yaroshenko I, Kirsanov D, Kartsova L, et al. Exploring bitterness of traditional Chinese medicine samples by potentiometric electronic tongue and by capillary electrophoresis and liquid chromatography coupled to UV detection. Talanta, 2016, 152: 105-111.

[52] Rahman A S A, Yap M M S, Shakaff A Y M, et al. A microcontroller-based taste sensing system for the verification of *Eurycoma longifolia*. Sensors and Actuators B: Chemical, 2004, 101(1-2): 191-198.

[53] Qin O Y, Zhao J W, Chen Q S, et al. Study on classification of soy sauce by electronic tongue technique combined with artificial neural network. Journal of Food Science, 2011, 76(9): S523-S527.

[54] Lu L, Tian S Y, Deng S P, et al. Determination of rice sensory quality with similarity analysis-artificial neural network method in electronic tongue system. RSC Advances, 2015, 5(59): 47900-47908.

[55] Li R, Wang P, Hu W L. A novel method for wine analysis based on sensor fusion technique. Sensors and Actuators B: Chemical, 2000, 66(1-3): 246-250.

[56] Wu R M, Zhao J W, Chen Q S, et al. Determination of taste quality of green tea using FT-NIR spectroscopy and variable selection methods. Spectroscopy and Spectral Analysis, 2011, 31(7): 1782-1785.

[57] Chen Q S, Zhao J W, Guo Z M, et al. Determination of caffeine content and main catechins contents in green tea (*Camellia sinensis* L.) using taste sensor technique and multivariate calibration. Journal of Food Composition and Analysis, 2010, 23(4): 353-358.

[58] Soltani S, Haghaei H, Shayanfar A, et al. QSBR study of bitter taste of peptides: Application of GA-PLS in combination with MLR, SVM, and ANN approaches. Biomed Research International, 2013, 2013: 501310.

[59] Ghasemi-Varnamkhasti M, Mohtasebi S S, Rodriguez-Mendez M L, et al. Classification of non-alcoholic beer based on aftertaste sensory evaluation by chemometric tools. Expert Systems with Applications, 2012, 39(4): 4315-4327.

[60] Ciosek P, Brzozka Z, Wroblewski W, et al. Direct and two-stage data analysis procedures based on PCA, PLS-DA and ANN for ISE-based electronic tongue-effect of supervised feature extraction. Talanta, 2005, 67(3): 590-596.

[61] Wei Z B, Wang J, Ye L S. Classification and prediction of rice wines with different marked ages by using a voltammetric electronic tongue. Biosensors and Bioelectronics, 2011, 26(12): 4767-4773.

[62] Ceto X, Gonzalez-Calabuig A, Capdevila J, et al. Instrumental measurement of wine sensory descriptors using a voltammetric electronic tongue. Sensors and Actuators B: Chemical, 2015, 207: 1053-1059.

[63] 周霞, 杨诗龙, 胥敏, 等. 电子舌技术鉴别黄连及其炮制品. 中成药, 2015, 37(9): 1993-1997.

[64] Zhou N, Zou C, Qin M, et al. A simple method for evaluation pharmacokinetics of glycyrrhetinic acid and potential drug-drug interaction between herbal ingredients. Scientific Reports, 2019, 9(1): 11308.

[65] 秦臻. 基于生物味觉的仿生电子舌及其在味觉检测与识别中的应用. 浙江大学博士学位论文, 2018.

[66] Akiyama H, Toko K, Yamafuji K. Detection of taste substances using impedance change of phospholipid Langmuir-Blodgett membrane. Japanese Journal of Applied Physics, 1996, 35(10): 5516-5521.

[67] Vlasov Y G, Legin A V, Rudnitskaya A M, et al. "Electronic tongue"—new analytical tool for liquid analysis on the basis of non-specific sensors and methods of pattern recognition. Sensors and Actuators B: Chemical, 2000, 65(1-3): 235-236.

[68] Dias L A, Peres A M, Veloso A C A, et al. An electronic tongue taste evaluation: Identification of goat milk adulteration with bovine milk. Sensors and Actuators B: Chemical, 2009, 136(1): 209-217.

[69] Ciosek P, Brzozka Z, Wroblewski W. Classification of beverages using a reduced sensor array. Sensors and Actuators B: Chemical, 2004, 103(1-2): 76-83.

[70] Kantor D B, Hitka G, Fekete A, et al. Electronic tongue for sensing taste changes with apricots during storage. Sensors and Actuators B: Chemical, 2008, 131(1): 43-47.

[71] Wei Z, Wang J. Tracing floral and geographical origins of honeys by potentiometric and voltammetric electronic tongue. Computers and Electronics in Agriculture, 2014, 108: 112-122.

[72] Rudnitskaya A, Delgadillo I, Legin A, et al. Prediction of the Port wine age using an electronic tongue. Chemometrics and Intelligent Laboratory Systems, 2007, 88(1): 125-131.

[73] Beullens K, Kirsanov D, Irudayaraj J, et al. The electronic tongue and ATR-FTIR for rapid detection of sugars and acids in tomatoes. Sensors and Actuators B: Chemical, 2006, 116(1-2): 107-115.

[74] Tian S Y, Deng S P, Chen Z X. Multifrequency large amplitude pulse voltammetry: A novel electro-chemical method for electronic tongue. Sensors and Actuators B: Chemical, 2007, 123(2): 1049-1056.

[75] Miyazaki T, Plotto A, Baldwin E A, et al. Aroma characterization of tangerine hybrids by gas-chro-matography-olfactometry and sensory evaluation. Journal of the Science of Food and Agriculture, 2012, 92(4): 727-735.

[76] Bjorklund R B, Magnusson C, Martensson P, et al. Continuous monitoring of yoghurt fermentation using a noble metal electrode array. International Journal of Food Science & Technology, 2009, 44(3): 635-640.

[77] Kutyla-Olesiuk A, Zaborowski M, Prokaryn P, et al. Monitoring of beer fermentation based on hybrid electronic tongue. Bioelectrochemistry, 2012, 87: 104-113.

[78] Gil L, Barat J M, Baigts D, et al. Monitoring of physical-chemical and microbiological changes in fresh pork meat under cold storage by means of a potentiometric electronic tongue. Food Chemistry, 2011, 126(3): 1261-1268.

[79] Rodriguez-Mendez M L, Gay M, Apetrei C, et al. Biogenic amines and fish freshness assessment using a multisensor system based on voltammetric electrodes. Comparison between CPE and screen-printed electrodes. Electrochimica Acta, 2009, 54(27): 7033-7041.

[80] Hruskar M, Major N, Krpan M, et al. Evaluation of milk and dairy products by electronic tongue. Mljekarstvo, 2009, 59(3): 193-200.

[81] Kataoka M, Miyanaga Y, Tsuji E, et al. Evaluation of bottled nutritive drinks using a taste sensor. International Journal of Pharmaceutics, 2004, 279(1-2): 107-114.

[82] Campos I, Gil L, Martinez-Manez R, et al. Use of a voltammetric electronic tongue for detection and classification of nerve agent mimics. Electroanalysis, 2010, 22(14): 1643-1649.

[83] Woertz K, Tissen C, Kleinebudde P, et al. Performance qualification of an electronic tongue based on ICH guideline Q_2. Journal of Pharmaceutical and Biomedical Analysis, 2010, 51(3): 497-506.

[84] Apetrei C, Rodriguez-Mendez M L, Parra V, et al. Array of voltammetric sensors for the discrimination of bitter solutions. Sensors and Actuators B: Chemical, 2004, 103(1-2): 145-152.

[85] Hu L, Xu J, Qin Z, et al. Detection of bitterness *in vitro* by a novel male mouse germ cell-based biosensor. Sensors and Actuators B: Chemical, 2016, 223: 461-469.

[86] 万浩. 用于水环境重金属检测的微纳传感器及系统研究. 浙江大学博士学位论文, 2015.

[87] 蔡巍. 水环境重金属检测微传感器及自动分析仪器的研究. 浙江大学博士学位论文, 2012.

[88] Di Natale C, Macagnano A, Martinelli E, et al. Lung cancer identification by the analysis of breath by means of an array of non-selective gas sensors. Biosensors and Bioelectronics, 2003, 18(10): 1209-1218.

[89] Winquist F, Lundstrom I, Wide P. The combination of an electronic tongue and an electronic nose. Sensors and Actuators B: Chemical, 1999, 58(1-3): 512-517.

[90] Fagundes G A, Benedetti S, Pagani M A, et al. Electronic sensory assessment of bread enriched with cobia (*Rachycentron canadum*). The Journal of Food Process Engineering, 2021, 45(7): e13656.

[91] Banerjee M B, Roy R B, Tudu B, et al. Black tea classification employing feature fusion of E-nose and E-tongue responses. Journal of Food Engineering, 2019, 244: 55-63.

[92] Apetrei C, Apetrei I M, Villanueva S, et al. Combination of an E-nose, an E-tongue and an E-eye for the characterisation of olive oils with different degree of bitterness. Analytica Chimica Acta, 2010, 663(1): 91-97.

[93] Ivarsson P, Kikkawa Y, Winquist F, et al. Comparison of a voltammetric electronic tongue and a lipid membrane taste sensor. Analytica Chimica Acta, 2001, 449(1-2): 59-68.

[94] Campos I, Masot R, Alcaniz M, et al. Accurate concentration determination of anions nitrate, nitrite and chloride in minced meat using a voltammetric electronic tongue. Sensors and Actuators B: Chemical, 2010, 149(1): 71-78.

[95] Men H, Wang J G, Gao J, et al. On board-ship seawater heavy metal automatic measurement system based on electronic tongue. 2006 6th World Congress on Intelligent Control and Automation, 2006: 5058-5061.

第8章 仿生传感与智能感知未来发展趋势

8.1 概　　述

微纳制造、神经接口、人工智能等技术的发展给仿生传感技术领域带来了革命性变化，同时也对生物-电子交互界面和复杂信号处理提出新的要求。生物系统不仅具备感知视、听、触、嗅、味单种信息的能力，同时具备多种信息的同步感知能力。未来，仿生传感技术将应用于更复杂的检测环境，因此，对其抗干扰性、多模态信号识别等性能提出挑战。随着生物医学工程领域多学科交叉融合的发展，细胞芯片、类器官芯片以及脑机交互技术的转化应用将进一步促进仿生传感与智能感知技术的研究与应用。

8.2　仿生视觉传感与智能感知的未来发展

视觉被认为是人类最重要的感觉系统。灵长类动物的大脑几乎一半与视觉功能有关，近 30 个不同的区域用于处理视觉信息。人类认识世界的方式主要基于视觉，视觉使人类能够在高度复杂的环境中感知物体的形状、运动状态和颜色。视觉传感及其识别技术经过几十年的发展，性能得到极大提升，并在各个领域得到广泛应用。然而，现实环境的开放性、三维世界的复杂性、场景动态的变化以及层次性结构的多样性等，对视觉传感及其识别技术提出了更高的要求。随着各种新型材料、视觉传感元件、深度学习技术等的不断发展，研究更加仿生、高度智能化的人工视觉技术将是未来重要的发展方向。

8.2.1　视觉假体技术的未来发展

1. 电极及其封装技术

视觉假体的关键问题之一是如何最好地设计神经刺激电极，包括电极材料、数量、间距、尺寸等，用于提高视觉分辨率和扩大视野面积，同时确保电极在整个植入周期内的寿命和生物稳定性。常用电极材料具有电荷注入极限（charge injection limit，CIL），当超过电荷承载能力时会发生腐蚀，导致神经元死亡并限制了植入装置的寿命和性能。而激活神经元需要一个最小阈值电压，因此，电刺激信号需达到一定强度。使用金属电极时，电极暴露的表面积与其电化学性质直接相关，电极面积越大，在相同电刺激条件下被腐蚀的可能性就越小。另外，引起神经激活所需的最小刺激量与目标神经元和电极之间的距离存在相关性。高密度电极阵列通常是视觉假体设计中用于提高视觉分辨率的理想方法，但由于玻璃体的惯性和逆流运动，快速的眼球运动会在视网膜上施加大的剪切力，因此需要将设备小型化。而只有使用具有更高电荷传输能力的材料或建立更紧密（更低阻抗）的神经界面时，才能减小电极的尺寸。尽管电极技术最近取得了进展，但由于材料生物相容性、封装，设备相对较大的物理尺寸，以及机械性能等长期存在的挑战，所有现有的植入式电极仍然存在长期稳定性和串扰问题[1]。

研究人员正在研究更好的用于视觉假体的生物材料，包括导电聚合物、纳米材料等。导电聚合物（CP）具有低阻抗和高 CIL 的特性，因此是一种有前景的电极材料替代品。用于生物医学研究的 CP 主要包括聚吡咯（PPy）、聚（3,4-乙烯二氧噻吩）（PEDOT）、聚苯胺（PANi），它们已被证明具有较优的生物安全性、化学稳定性和电化学特性。CP 在体外测试中表现良好，但植入生物体后产生的排异反应限制了其在体内的性能。通过修改 CP 结构、研究基于 CP 的复合材料以及 CP 材料的生物功能化等可解决该问题。此外，使用纳米级 CP 可提高电极性能，将 CP 与较软的材料（如水凝胶）相结合有望克服机械性质的限制。除导电聚合物外，纳米材料如碳纳米管、纳米晶金刚石、纳米线等由于独特的表面形貌和电荷注入机制，受到研究人员的广泛关注。纳米材料能够提供良好的电化学性能并形成神经元与电极之间的连接，其中纳米探针和纳米电极已被证明可用于激活视网膜神经元。

除电刺激外，另一种方法是通过光敏组装体激活视网膜神经元，这一方法为无线、自供电自主视网膜假体提供新途径。例如，将光伏聚合物和量子点（QD）作为光电视网膜界面。QD 是一种半导体纳米晶体（直径通常为 2～6 nm），当光经过 QD 时，会改变电介质的电偶极矩并形成局部电场。通过抗体或多肽直接连接到细胞膜上的 QD 或 QD 薄膜可被用于光激活神经元。实现基于这种光电接口的视网膜假体需要克服的挑战包括光电响应的效率和速度以及光敏量子点的潜在毒性。

提高电极生物相容性的另一种方法是将活细胞加入电极涂层中，以减小神经元-电极的间距，增强电极部位和目标组织之间的相互作用，从而最大限度地减少宿主对植入物的免疫反应。建立细胞负载涂层需要相应的材料，使得仿生装置植入期间和之后支持细胞黏附与生长。这种材料需要考虑物理和生化因素，包括具有天然组织刚度、提供细胞生长因子、具有导电性等。基于聚乙烯醇（PVA）或聚乙二醇（PEG）的合成水凝胶是一种常用的电极涂层材料，通过微调水凝胶的机械性能，添加生长因子以促进细胞生长，从而提高生物相容性[2]。

研究电子封装技术以保护刺激电路免受体液腐蚀的影响仍然是最艰巨的任务之一。通常有源电子设备（如微芯片）被封装在一个密封腔中，电路通过腔壁，以便与电极或其他系统组件建立连接。封装结构需要密封以保证水或离子几乎不渗透进入，使电子设备正常工作 10 年以上。同时，封装必须具有电气通孔，将电路连接到与神经细胞接触的电极。然而，由于植入设备的总尺寸需要很小才能安全地放入体内，因此，要求必须保证植入物尺寸最小化且有效地封装各种电子元件。总的来说，密封腔材料需要具备生物稳定性、机械稳定性、介电性和小型化。

基于聚合物的密封材料被广泛研究，但是其机械稳定性和气密性会随时间的推移而降低。聚二甲基硅氧烷（硅橡胶）是一种具有良好的生物稳定性的材料，可作为屏障抵挡体液的腐蚀，但无法提供良好的气密性。与硅橡胶相比，聚氨酯具有更高的硬度和弹性模量，但是长时间植入体内会出现明显的应力开裂。聚对二甲苯和聚酰亚胺已用于临床试验。这两种材料都适用于光刻微加工技术，可用于设计和加工复杂、精细的结构。

然而，两者都容易出现结构不稳定的情况，导致分层现象而使体液腐蚀金属材料。

由硅、氮化硅、二氧化硅或玻璃组成的无机封装也很常见，通常在其基底表面修饰聚合物涂层作为额外保护。除此之外，使用金属封装在心脏起搏器、除颤器和其他植入式神经刺激设备中，具有很好的可靠性。但是在基于无线电遥测技术的视觉假体中，金属封装可能会影响电感耦合数据的传输/接收及供电可靠性。陶瓷封装的使用寿命长达100 年，然而，封装体积庞大，难以实现芯片级封装，近年来发展的微图案技术有望解决这一问题。此外，其他新型纳米材料如碳纳米管、纳米晶金刚石等材料也有望推动视觉假体技术的进一步发展。

2. 视觉场景理解

除制造技术外，视觉假体的另一个难题是假体佩戴者对于视觉场景的理解，在植入电极数量有限的情况下，如何保证盲人获得足够的拓扑信息。由于视觉假体将输入图像编码为刺激信号，因此如何进行最优的编码，以提升视觉假体的性能是需要解决的问题。如图 8-2-1 所示，当人工视网膜植入物产生的神经节细胞脉冲活动与自然脉冲相差太大时，会导致假体使用者对图像认知错误。理想的编码器模型能针对给定的视觉场景为电极提供精确的刺激。如何编码复杂的时空视觉场景如静态图像和动态视频等是当前视觉假体的一大难点，人工智能技术的不断发展使得复杂的视觉场景的分析处理成为可能，如根据视网膜神经元和神经元环路的生物物理特性发展出的编码模型以及基于人工神经网络的编码模型。由于目前还不清楚大脑如何通过视觉感知和处理颜色信息，因此视觉假体很难产生可控的色觉，目前的视觉假体只呈现由幻视形成的"黑白"视觉。为仿生眼添加色觉的研究还在进行中，色调编码还有望与人工智能结合，从而可以准确识别

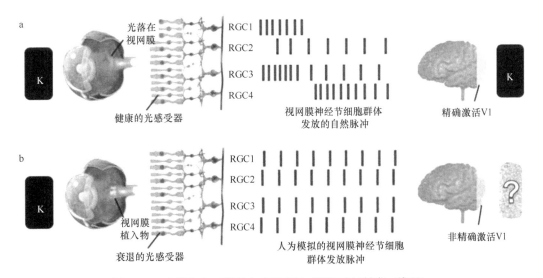

图 8-2-1　自然和人工编码方式示意图（彩图请扫封底二维码）

（a）在自然编码过程中，健康视网膜中的神经节细胞（retinal ganglion cell，RGC）产生异质种群编码，精确激活初级视觉皮层（V1）进行视觉感知；（b）当人工视网膜植入物产生的神经节细胞脉冲活动与自然脉冲相差太大时，假体使用者的大脑会感到困惑[3]

周围环境中的重要信息。通过深入解析神经系统的原理，模仿神经系统的行为，研制真正实现视网膜复杂功能的人工系统将是未来的发展方向。

进一步，视觉刺激是由视网膜神经元以多种方式编码的，因此仿生视觉的最佳方法通过电刺激模拟视网膜的神经编码方式，从而改善植入仿生眼的视觉功能。空间和时间复用刺激技术是一种用于克服视觉假体中电极和刺激通道数量有限这一不足的方法。空间复用是将电流或电压同时施加到多个电极。当几个电极同时刺激时，会形成重叠的电场，从而激活不同区域的神经组织，这种电流定向技术已成功用于人工耳蜗。人工耳蜗通过电流定向技术产生虚拟通道，这些虚拟通道引发的音高感知介于刺激物理电极时产生的音高感知之间。电流定向技术同样适用于视觉假体。以两个电极为例，当施加相同的电流时，产生的电场在两个电极之间的中间位置达到峰值，改变电极的电流比可以使产生的电场峰值向电流较大的电极移动。通过电流定向的控制方式可以改变视觉假体的激活模式，并引发类似物理刺激激发的光幻觉视觉感受，从而增强视觉假体的视觉感知。然而，当同时激活几个电极时，电场强度增加会对神经元产生抑制作用。快速时间多路复用技术是将电流按照时间顺序施加到不同电极上，这种方式可以有效地激发与空间复用类似的皮层反应，而不会产生神经抑制作用。除脉冲刺激外，还可以采用其他刺激波形。正弦波电刺激被更多地用于脑深部刺激等领域，该刺激方式也被用于刺激视网膜网络内的不同细胞。然而，类似研究是在离体的视网膜中进行的，因此仍然需要在体内验证这些响应是否有效地传播到更高级的视觉皮层。

3. 感官替代

感官替代是指将视觉信息转换为其他感官信息，以帮助因脑卒中或脑损伤而视力受损的患者产生替代视觉感官。研究人员已研发出的感官替代装置可用于触觉替代、听觉替代等。20 世纪 60 年代研究者开发了由指尖针阵列组成的触觉替代系统，该系统将来自摄像机的输入信号转换为指尖阵列振动信号，从而为视觉障碍者提供一定的阅读能力。除此之外，舌头上分布了密集的神经且唾液中含有电解质，非常适合放置感官替代装置[4]。刺激舌头的触觉替代装置的刺激阵列包含 100 多个电极位点。这种装置的一个缺点是将电极阵列放置在舌头表面会限制日常活动，如交谈和进食。另外一些触觉替代系统通过刺激患者背部，使患者获得物体识别和区分的能力。刺激手套、头带、背心和腰带等也被用于导航、动觉和视觉再现。

除触觉刺激外，听觉刺激也有可能替代视觉感官。这类替代设备使用音高或频率替代图像的垂直位置，用双耳强度或时间扫描替代水平位置，用响度替代亮度，以及用音色替代颜色。虽然听觉替代系统的研究晚于触觉替代系统，但发展迅速，目前已成为感官替代研究的前沿技术。视力正常的人可以识别 600 种不同的音调，由于盲人通常表现出增强的听觉感知，因此可识别音调总数可能超过正常水平。然而，这类设备由于使用听觉替代视觉，限制了听觉本身的感知能力，可能使高度依赖听觉的盲人受到干扰。

8.2.2 计算机视觉技术的未来发展

当前计算机视觉领域主要包括图像处理、分析与理解，但计算机视觉与真实的视觉仍然存在一定差距。计算机视觉方法通常根据基准数据集进行评估，大多数系统在一个数据集上训练的结果比在另一个包含相同类别对象的数据集上表现得更好，也就是说实际数据集与这些基准数据集存在一定程度的偏差。因此，将深度学习方法部署到实际应用中时，性能结果可能并不好。此外，大多数计算机视觉测试的数据集都是"封闭集"，即系统预测的类别都是预先标记的。而实际的视觉世界中大量信息难以明确标记，也就是一个"开放集"[5]。以人脸识别为例，依靠计算机视觉技术的人脸识别能基于大量数据准确识别各类的人脸图像与视频，但这种识别算法在实际应用中对光照、遮挡等情况的鲁棒性比较差。而人眼的人脸识别功能很强，但只能识别少数人的脸，超过一定范围之后很难识别出陌生人的脸。另外，人是在生活情景当中利用了不同层次的特征进行主动性的样本学习。所以，尽管人眼识别人脸的数量少，但抗干扰的能力很强。这表明人类和深度神经网络中表征的性质仍然存在本质的不同，人工系统和生物系统的性能之间仍存在差距。

1. 图像传感器的未来发展

计算机视觉处理和视觉数据应用的发展与相机技术的发展密不可分。相机技术的小型化、高清化使我们能以更多方式收集视觉数据。飞行时间（time of flight，TOF）技术越来越多地被用于测量三维图像的深度信息。这项技术可以用于各种应用，包括人数统计、安全控制、工业机器人、手势识别、自动驾驶、人像模式和增强现实等。飞行时间相机是一种范围成像相机系统，它采用飞行时间技术，通过测量拍摄物体的往返时间来解析图像每个点上相机与物体之间的距离。索尼公司开发出一款堆叠式直接飞行时间深度传感器[6]。直接飞行时间法是一种检测从光源发出并被物体反射的光到达传感器的飞行时间（时间差），从而测量物体距离的方法。该传感器的单光子雪崩二极管（single photon avalanche diode，SPAD）像素电路通过雪崩倍增放大来自单个入射光子的电子，产生像雪崩一样的级联，可以检测到微弱的光信号。通过将 SPAD 像素和测距处理电路集成在单个芯片中，可以在 15 cm 分辨率下高精度、高速地测量长达 300 m 的距离，可应用于汽车激光雷达。

人工神经网络学习算法在广泛的领域取得了巨大的成功。然而执行机器学习任务所需的计算资源非常苛刻。因此，提供比传统计算机架构具有更佳性能和能效的专用硬件解决方案已成为主要的研究焦点。近年来，光电神经形态系统的研究已经取得了很大的进展，通过模仿人眼的生物结构和功能开发的成像系统，可用于图像对比度增强、降噪或事件驱动数据采集。奥地利维也纳科技大学的 Mennel 等[7]提出了一种基于二维材料的神经网络图像传感器。它由排列在 2D 阵列中的 N 个光电像素组成，每个像素分为 M 个子像素。每个子像素由一个光电二极管组成，通过互连子像素来形成集成的神经网络和成像阵列，网络的突触权重存储在一个连续可调光响应矩阵中。图像传感器本身构成一个 ANN，能够无延迟、同时感测和处理光学图像。Mennel 等实现了两种类型的 ANN：分类器和自动编码器。分类器模块中，阵列作为单层感知器运行，非线性激活函数在片外实现，整体构成一个分类 ANN 模块，这种类型的 ANN 是一种监督学习算法，能够将图像分类为不同的类别。自动编码器也是一个 ANN，包括编码和解码两部分，编码器由光电二极管阵列本身组成，解码器由外部电子元件组成。编码模块将图像进行有效表征，解码模块将编码后的压缩数据重新转化为原始图像。自动编码器在无监督训练过程中同时进行编码和解码过程，从而对图像进行自动编码。

不同的成像传感器已被大量用于遥感、医学成像、视频监控、机器视觉和安防等领域。因此，融合多个传感器捕获的不同形式信息的方法是非常有意义的。例如，通过图像融合技术将不同传感器获取的多幅图像合并为一张图像，可比单个图像提供更丰富的信息，从而可以更好地解释场景。

2. 计算机视觉的未来发展

（1）基于神经网络的计算机视觉

相比于生物神经系统，当前的深度网络结构还是非常简单的。大多数网络是前馈型神经网络，而真正的视觉皮层要复杂得多。局部皮层回路包含无数局部突触连接和皮层区域之间的反馈连接，以及皮层下回路和远程调控连接。视觉皮层分为 6 个具有特定连接模式的层，包含至少数十种可区分的细胞类型，这些细胞类型可能在网络中提供不同的功能[5]。视觉信息处理基本涉及大脑皮层的各个区域，如图 8-2-2 所示。在神经科学领域，目前对视觉 V1 区研究得比较清楚，关于 V2 及其后面的 V4 和 IT 区以及前额叶等高级皮层的机制尚不清楚。人的大脑具有很多不同的功能性结构，而且这种功能性结构是可塑的。因此，计算机视觉不仅考虑深度，还要把网络的宽度、结构可重构性与可塑性结合起来。此外，还需要研究不同的结构层次，同时把不同模块之间的连接关系考虑到网络中。

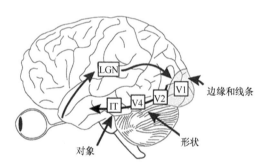

图 8-2-2 初级视觉皮层相关的区域示意图[8]

LGN：外侧膝状体核

（2）知识图谱

知识图谱通常用来描述现实世界中存在的各种概念以及它们之间的关系。当前的计算机视觉专注于像素处理而忽略了语义关系和人脑机制。随着图像分析和处理技术的发展，图像中的信息变得越来越复杂。人类可以了解物体的特征以及它们之间的关系，这是区分人类视觉与基于学习的计算机视觉的重要特征。如何充分利用类别中的语义关系，将生物视觉知识应用于图像，通过构建图像知识图谱，将语义关联和场景关联结合起来，是计算机视觉领域研究的重要问题。

昆明大学的 Zhang 等[9]充分利用了更接近生物视觉信息处理模式的知识图谱的推理模型，提出了图像知识图谱（image knowledge graph，IKG），将语义关联和场景关联结合起来，充分考虑了对象（外部和内部）之间的关系，以提高图像分类性能。图像知识图谱构建过程首先从图像中获取预测标签，并将它们划分为真实标签和周围标签。然后，以真实标签为中心节点，以周围标签为侧节点，构造"细胞图"（cell graph）。"细胞图"之间的关联值是从邻接矩阵获得的。之后，每个相关的"细胞图"被合并到子图中，每个子图都是一个主要类别。结合所有的子图构造一个全局图。该图包含有关对象-对象关联的知识信息。该方法解决了图像分类中的两个主要问题：背景复杂度（如斧头或鳄鱼的周围）和视觉不一致（如猫和虎猫），并在 ImageNet 数据集上取得了良好的效果。

（3）视觉注意

近年来，研究人员一直在研究和模拟人类视觉注意机制。视觉注意是人类大脑的高阶认知过程，是人类视觉感知的一部分。神经生物学家对大脑如何实现视觉注意进行了大量的研究。受这些研究的启发，机器人和计算机视觉领域的研究人员试图构建计算模型以模仿人类视觉注意。

动态视觉注意计算模型通过模拟人类大脑的工作模式，可以预测人在观看视频时关注的场景区域。伊朗沙希德·拉贾伊师范大学的 Bosaghzadeh 等[10]提出了一种模型，可以在复杂场景的动态环境中提取视觉信息并生成显著图。北京理工大学的 Wang 等[11]对视觉注意在无监督视频对象分割任务中的作用进行了系统研究。他们对三个视频分割数据集（DAVIS、Youtube-Objects 和 SegTrackV2）进行了眼动追踪标注，定量验证了人类观察者视觉注意行为的高度一致性，并发现在动态的、任务驱动的观看过程中，人类注意力和明确的主要对象判断之间有很强的相关性。

（4）基于 SNN 的视觉识别

生物神经系统通过动作电位或脉冲信号来传递信息。脉冲神经网络（SNN）是一种模拟生物神经系统的人工神经网络，人工神经元之间传递脉冲信号，通过突触将具有可调权重值的神经元连接在一起。由于 SNN 是一种基于脉冲的网络，脉冲序列在时间上具有稀疏性，能够携带大量信息的同时产生较少的能量消耗，因此相比于传统神经网络，SNN 高效节能，并且具有广泛的应用场景，随着算法理论和计算能力的不断改进以及新兴的神经形态硬件的发展，SNN 在机器视觉领域的研究也不断增加。

北京大学深圳研究院的 Xiao 等[12]基于动态视觉传感器提出了基于脉冲和神经形态硬件可实现的神经网络，它具有面向信号的自适应滤波时间窗口，用于在 DVS 捕获的数据中稳健地过滤噪声。与传统噪声滤波器相比，基于 SNN 的滤波器实现了更高的信噪比，并且对不断变化的信号具有更强的适应性。德国博世人工智能研究中心的 Kugele 等[13]提出了一种混合架构，用于端到端的深度神经网络训练。他们将脉冲神经网络与经典的人工神经网络相结合，SNN 用于高效地提取事件特征，ANN 用于解决同步分类和检测任务。混合 SNN-ANN 的训练无须额外的转换步骤。结果表明，对于不同的事件输入，只需要调整 ANN 的结构来适应不同的任务。由于 SNN 和 ANN 需要不同的硬件实现计算效率最大化，因此可以在不同的处理单元上分别执行 SNN 和 ANN。

（5）多模态融合

当前大多数用于视觉计算的人工神经网络是孤立的系统，通常将图像作为输入、输出类别标签或向量，实现分类或识别等功能。然而，真正的视觉系统并不是孤立的。人类通过同时处理和融合来自多种模态的高维输入来感知世界，不同模态信息包括来自不同感官的信息、同一感官不同类型的信息（二维、三维的视觉传感信息）等。人类的5 种感官通过大脑神经网络的相互作用，使人们能够探索、学习和适应世界。与计算机视觉针对特定模态以及集中处理重复任务的功能不同，生物系统中的分布式处理对于复杂多模态信息的有效分析具有适应性和认知性。集成多种感官并融合来自多种感官的多模态信息的方法极其重要。受人类感官处理和感知机制的启发，具有传感器和机器学习算法的神经形态传感与计算系统已被应用于感知和处理视觉、触觉、听觉、嗅觉和味觉信息，如图 8-2-3 所示。除此之外，在多模态中需要解决的另一个问题是不同模态间的对齐与因果关系。当同时存在从多个模态获取的信息时，时空对齐及因果或关联关系是非常重要的挑战。在未来的计算机视觉研究中不同模态的结合和关联是一个重要的发展趋势。

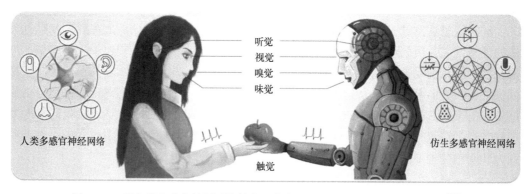

图 8-2-3　受人类多感官神经网络的交互启发的仿生多感官神经网络示意图[14]

8.3　仿生听觉传感与智能感知的未来发展

语音识别主要趋向于远场化、融合化，但远场可靠性方面仍存在很多难点，如人机多轮交互、噪声复杂等场景还有待突破，还有需求较为迫切的人声分离等技术。新的技术应该有效解决这些问题，使机器听觉远远超过人类的感知能力，这就要求传感技术和识别技术同步发展，此外，还存在回声、噪声对语音识别的影响，以及语音识别与语义理解的结合等问题。让机器听懂人类语言，仅靠声音信息还不够，下一步还需要整合"声光电热力磁"这些物理传感技术及生物化学传感技术，从多维度感知世界的真实信息。而且，机器必然要超越人类的五感，能够看到人类看不到的世界，听到人类听不到的声音。

8.3.1　仿生听觉传感技术的未来发展

1. 仿生听觉的生物机制研究

耳蜗中的毛细胞是听觉感受细胞，其核心是机电转导过程，当声波振动传递到毛细胞上时，会导致毛细胞上的纤毛偏转，打开机械门控离子通道，毛细胞去极化。毛细胞上的纤毛在机械力的刺激下打开或关闭离子通道从而将声音信号转变为电信号，毛细胞会将电信号通过与之相连的螺旋神经节传递到后面的听觉中枢[15]。根据这个机制，浙江大学生物医学工程系王平团队提出可以用电生理的方法探究毛细胞的机电转导特性，即在不同频率机械力刺激下，记录毛细胞的电发放，从而提出基于听觉感受细胞机电转导的仿生听觉脉冲编码算法，以及构建以听觉感受细胞为敏感元件的仿生听觉传感器。首先对分离出的科蒂器上面的毛细胞做了免疫学的表征，在图 8-3-1 可以看到毛细胞的形态。

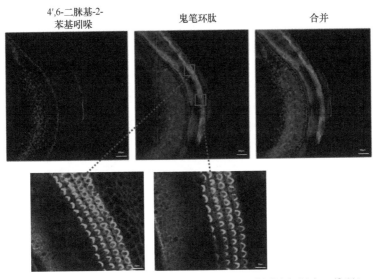

图 8-3-1 科蒂器和毛细胞免疫荧光表征结果（彩图请扫封底二维码）
绿色的结构为毛细胞

将提取出来的科蒂器贴附在微纳传感芯片上，并给予一个声音的刺激，检测科蒂器中的毛细胞在声波刺激下振动的电信号。离体培养科蒂器实验结果示意图和检测到的电信号见图 8-3-2。

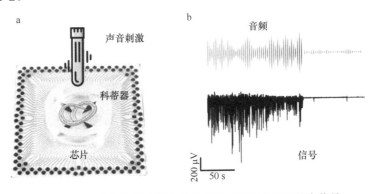

图 8-3-2 离体培养科蒂器实验结果示意图和检测到的电信号
（a）科蒂器培养在传感芯片上；（b）在声音刺激下检测到的信号

另外，用电生理的方法探究螺旋神经节对于电信号的传递和编码，类似于人工耳蜗对神经元的直接电刺激，从而提出一种基于听觉螺旋神经节细胞的仿生听觉脉冲编码算法。同时对螺旋神经节神经元进行了离体培养，在图 8-3-3 免疫荧光的表征中能够看出神经元骨架。将神经元离体培养在微纳传感芯片上，检测到胞外电信号，并给予神经元一定频率的电刺激，模拟人工耳蜗对螺旋神经节的电刺激来记录刺激后的神经元电位发放（图 8-3-4）。

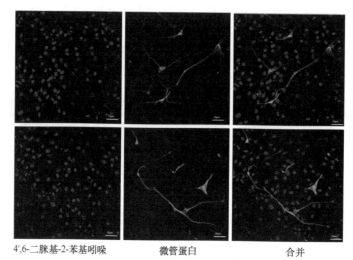

4',6-二脒基-2-苯基吲哚　　　　微管蛋白　　　　　合并

图 8-3-3　螺旋神经节神经元免疫荧光表征结果（彩图请扫封底二维码）

绿色为神经元

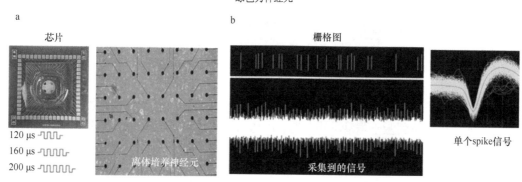

图 8-3-4　离体培养神经细胞测试结果示意图（彩图请扫封底二维码）

（a）微纳传感芯片和离体培养神经元；（b）检测到神经元电位发放

2. 高性能仿生人工耳技术

听力障碍是一种发病率很高的疾病。据世界卫生组织统计，55 岁以上中老年人听力障碍的发生率约为 20%。一些听力损伤的患者仍然可以通过佩戴助听器来恢复听力。然而，内耳听觉毛细胞受损导致的听力障碍必须通过植入人工耳蜗来修复。近年来，世界各地的许多听力障碍患者通过植入人工耳蜗获得了听觉。基于生物听觉系统的声电转换机制，大量研究者通过将生物组织与电子器件结合研发新型的仿生嗅觉系统，使其具备比人类听觉系统更强的功能。

美国普林斯顿大学的 Mannoor 等[16]提出了一种将生物组织与功能性电子设备集成的新方法，通过 3D 打印技术制造了一个仿生耳结构，并在其中填充含有细胞的水凝胶基质，注入银纳米颗粒组成的导电聚合物，制备出仿生耳，如图 8-3-5 所示。耳蜗形电极可以接受声音信号，3D 打印的耳朵能够增强声音信号的接收，同时互补的左耳和右耳可以收听立体声音频信号。

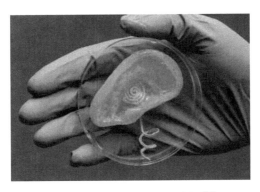

图 8-3-5　高性能仿生耳示意图[16]

3D 打印等增材制造技术提供了将组织工程与功能性电子设备集成的解决方案，能够快速地借助计算机辅助设计耳朵模型，采用层状结构，使用生物细胞作为骨架来构建仿生耳，通过更加仿生的结构达到与人类更加相近的听觉性能，有望实现对于噪声、回声等更好的抑制作用。随着 3D 打印等加工技术的发展，高性能仿生人工耳将会是未来热门的研究方向之一。

3. 基于忆阻器的仿生听觉传感技术

除数据采集功能外，传感系统还需要处理数据，并实时从数据中提取特征信息。在不同的计算体系结构中，神经形态感觉系统以其高能效、低延迟和出色的处理能力脱颖而出。仿生的神经网络、神经形态的处理器和记忆组件的出现有望在传感系统中发挥重要作用，特别是建立在记忆神经形态系统上的人工智能感知技术表现出占用空间小、低功耗、3D 堆叠能力和高密度的突出特点。

建立在视觉、听觉和触觉传感器基础上的传统感觉系统主要涉及 CMOS 技术。然而，这些传统系统在面对复杂的认知任务时会产生大量冗余数据。为了从这些海量、实时的原始数据中提取有用的信息，通常使用处理能力更强的中继设备将这些数据发送到云端进行进一步的信号处理。随后，决策或指令从云端发送回终端。在终端和云端之间来回发送大量信息所需的巨大计算和数据传输负担会导致高延迟和低效性能。因此，需要对采集的数据进行本地计算，以实现更快、更有效的处理过程并降低网络压力。

为了应对这些技术挑战，神经形态计算和感觉系统已经被开发出来。这些感觉系统使用超大规模集成电路来模拟感觉器官的神经生物学结构，从而产生异步脉冲输出，以类似于神经信号的方式显示感觉信息。神经形态感觉系统能够从捕获的稀疏脉冲信号中提取有用的信息，有效地降低功耗，并采用更有效的并行计算方法来处理高吞吐量的实时数据。通过这种方式，传感器信号可以在本地立即处理，显著降低了计算负担和带宽压力。

忆阻器是将电阻与存储器功能相结合的电子器件，脉冲调制可以改变忆阻器的电导特性，具有高速、低功耗等性能。因此，被认为是模拟生物突触的理想硬件，其特征在于忆阻器的电阻随流过它的电荷量呈非线性变化，但会在停止电刺激后保持不变，从而实现多级电导状态，这些电导状态可用于模拟突触权重。

前面章节中已讨论过，对于声音信号的处理存在两大主要的问题：语音识别和声源定位。基于忆阻器构建对应的听觉神经网络系统，可以同时处理这两类问题，大大提升计算效率。

北京大学的杨玉超教授团队[17]提出了一种基于多级忆阻器阵列的脉冲神经网络来识别语音信号，他们制备的 W/MgO/SiO$_2$/Mo 忆阻器展现出非易失性阻变开关性能。忆阻器的电导权重可以通过多级电导分布进行精确调整。此外，还用基于 W/MgO/SiO$_2$/Mo 忆阻器阵列构建了用于语音识别的单层脉冲神经网络。通过 MFCC 提取语音信号的频谱特征，用延迟编码的方式将特征信号编码成脉冲信号输入忆阻器阵列中，通过神经网络学习实现了对语音的识别（图 8-3-6）。

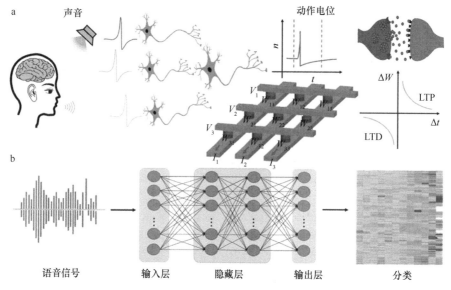

图 8-3-6　忆阻器阵列语音识别示意图

(a) 生物系统中的语音识别，忆阻器阵列可以在基于脉冲的编码中模拟生物神经网络；(b) 基于忆阻器的神经网络，用于从音频数据集中学习过程[17]。LTP. 长时程增强；LTD. 长时程抑制；Δt. 间隔时间；ΔW. 权重变化；t. 时间；n. 电位；V_1、V_2、V_3. 电压；I_1、I_2、I_3. 电流；W_{11}、W_{12}、W_{13}、W_{21}、W_{22}、W_{23}、W_{31}、W_{32}、W_{33}. 权重

意大利米兰理工大学的 Wang 等[18]利用忆阻器构建了面向时空预测的学习模型，从而实现声源定位。人脑通过使用耳间时间差（interaural time difference，ITD）来检测声音位置，ITD 被定义为声音到达左耳和右耳的时间差。通过基于 HfO$_x$ 的 1 晶体管 1 电阻（HfO$_x$-based 1-transistor-1-resistor，1T1R）脉冲神经网络的突触设计，实现了声音定位检测（图 8-3-7a）。将忆阻器与晶体管串联，实现对突触权重的精确调控（图 8-3-7b、c）。基于 1T1R 的神经网络具有时空可编码性，实现了声波时间间隔的精确检测。类似于生物神经系统，两个突触前神经元（分别代表左耳和右耳）作为输入端，两个突触后神经元作为输出端输出内部电压信号（图 8-3-7d）。通过测量两个突触后神经元的内部电位之间的差异，计算 ITD，从而精确地识别声源方位（图 8-3-7e、f）。

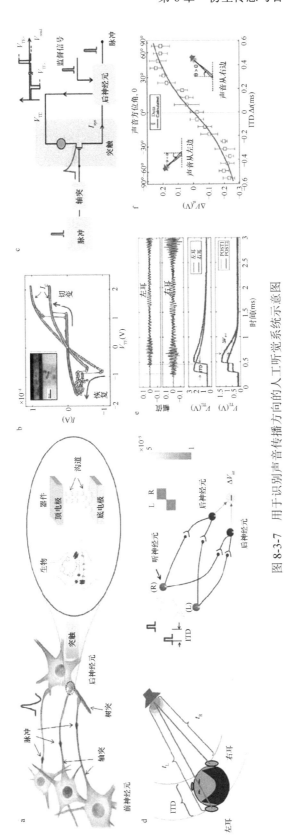

图 8-3-7 用于识别声音传播方向的人工听觉系统示意图

（a）突触前神经元与突触后神经元通过突触相连的生物神经系统的图示。具有电阻开关行为的忆阻器件可用于模拟人工突触。（b）典型伏安特性曲线。（c）ITIR 突触示意图，将前神经元轴突连接到神经元。（d）双耳效应示意图，其中 ITD 提供了相对于听者的声音传播方向的估计，以及用于检测的声音方向的示意结构。（e）左、右耳的实验声音波形，对应于两个前神经元的轴突脉冲电位，以及其相应的差异。（f）测量和计算的电压作为声音方位角的函数，揭示了关于声音传播方向的信息[18]

8.3.2 听觉智能感知技术的未来发展

1. 基于脉冲神经网络的听觉识别技术

由于传感器获取的数据量不断增加及对识别算法计算能力的需求不断提高，深度学习技术获得了迅猛的发展，面向不同应用的各类人工神经网络模型也层出不穷。新加坡国立大学的 Wu 等[19]提出了一种基于人机听觉界面的仿生脉冲神经网络（SNN），即 HuRAI。HuRAI 集成了语音活动检测、声源定位和语音命令识别功能，并整合到统一的框架中，可以在新型低功耗神经形态计算设备上运行。实验结果表明，SNN 具有卓越的建模能力，可以对每个任务实现准确、快速的预测。此外，与基于 NVidia 图形处理器的人工神经网络相比，该网络最多可节省三个数量级的能耗。因此，集成大规模 SNN 模型的低功耗神经形态计算设备为实时、低功耗机器人应用提供了有吸引力的解决方案。

首先将音频信号分割成重叠帧，然后通过短时傅里叶变换计算其功率谱，计算每个频带的功率。将各个频带功率特征输入循环 SNN，通过训练对每个单独帧进行语音活动识别。此外，与其他机器学习模型（如 MLP、CNN）相比，使用循环神经网络可以显著提高语音活动检测速度，这是由于需对训练后的机器学习模型进行保存并把多个语言帧的信息转换成频谱图像。由于其长时在线的特性，语音活动检测系统需要解决能耗问题。通过利用事件驱动的 SNN 模型的时间和空间稀疏性，与基于 ANN 的对应模型相比，所提出的语音活动检测模型可节省高达三个数量级的能耗。

声源定位在整个语音检测中起着至关重要的作用，机器人需要很好地理解声音的来源，以便对说话者做出适当的反应。此外，位置信息是语音增强中波束成形的有用线索。传统上，根据声学环境的空间分布，可以使用信号处理技术分析确定扬声器的位置。但是，如果实际环境复杂，可能导致定位性能严重下降。在实践中，如果有足够数量的特定位置的训练数据，基于 ANN 的系统将表现得非常好。受 ANN 的启发，通过对麦克风阵列信号提取方位特征信息，利用深度 SNN 来实现定位功能。

为保证人机自然交互，还要求机器人理解语音信号的语言内容，从而响应语音命令或将查询到的信息返回给说话者。语音信号具有动态的时域和频域特征，可以通过视觉直观地从频谱图中区分不同的单词。基于这一原理，用于视觉模式识别的 CNN 已经应用于语音识别和说话人识别任务。CNN 的平移不变特性提高了对语音识别的鲁棒性。同时，CNN 采用权重共享方案，与全连接网络相比，显著减少了参数数量。因此，有研究将基于脉冲的 CNN 应用于语音命令识别任务。通过将逐帧语音频谱能量特征向量存储在缓冲区，并将它们连接到固定的时间维度，然后再将它们输入脉冲卷积神经网络中，实现准确的语音识别。通过与声源定位结果结合，实现机器人的运动轨迹规划和社交互动。

上述脉冲神经网络的网络结构主要参考的是目前主流的深度学习网络框架，其生物可解释性较差。研究人员希望能够通过研究动物的听觉通路，提出一种更加合理、更符合生物结构的脉冲网络结构。哺乳动物听觉通路的第一级神经元为蜗螺旋神经节内的双极细胞，其周围突分布于内耳的螺旋器；中枢突组成蜗神经，与前庭神经一道在延髓和脑桥交界处入脑，止于蜗神经腹侧核和背侧核。第二级神经元胞体在蜗神经腹侧核和背侧核，投射纤维大部分在脑桥内形成斜方体并交叉至对侧，至上橄榄核外侧折向上行，称外侧丘系。外侧丘系的纤维经中脑被盖的背外侧部大多数止于下丘。第三级神经元胞体在下丘，其纤维经下丘臂止于内侧膝状体。第四级神经元胞体在内侧膝状体，发出纤维组成听辐射，止于大脑皮质的听区颞横回，见图 8-3-8a。

如图 8-3-8b 所示，英国牛津大学的 Higgins 等[20]构建了仿生听觉神经网络结构，包括听觉神经层、耳蜗核层、下丘层和听觉皮层层，其中听觉皮层包括初级皮层和高级皮层。耳蜗核分为梳状反应细胞、类初级细胞、给刺激反应细胞三类，其中梳状反应细胞始终把声音编码为各个频率上的分量，根据不同的特征频率，各个分量上的值有区别。类初级细胞的声音信号编码与声音信号的共振峰基本吻合。给刺激反应细胞会在声音起始的时候编码，代表了声音的时间信息。网络中的学习规则都是根据尖峰时间依赖可塑性（spike timing dependent plasticity，STDP）来实现的，更加符合生物过程。

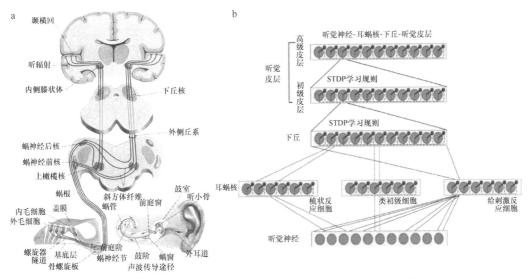

图 8-3-8　听觉通路和仿生 SNN 架构示意图（彩图请扫封底二维码）
（a）听觉通路；（b）仿生 SNN 架构，其中蓝色代表兴奋性神经元，红色代表抑制性神经元[20]

2. 基于深度学习的多模态语音情感识别技术

多模态语音情感识别是情感计算的一个重要研究领域，新西兰奥克兰大学的 Siriwardhana 等[21]探索了使用特定模态的预训练模型 BERT（Bidirectional Encoder Representation from Transformers）中预先训练的自监督学习（self supervised learning，SSL）结构来表示语音和文本，进而完成多模态语音情感识别任务。通过在三个公开可用的数据集（IEMOCAP、CMU-MOSEI 和 CMU-MOSI）上进行实验，结果发现联合微调 BERT 的 SSL 体系结构可以达到最好的结果。同时还对融合语音和文本模态的方法进行了评估，结果表明，当使用具有与 BERT 相似的体系结构属性的 SSL 模型时，简单的融合机制可以优于复杂的融合机制。

在这项工作中，首先使用两个预训练的模型来解决多模态情感识别的下游任务。引入 BERT 模型来处理语音信号，可提高情感识别等多模态任务的性能。其通过结构相似的架构来表示语音和文本，能够以简单的方式融合模态，并快速适应自然语言处理实践。在未来的工作中，需进一步测试 SSL 结构在多模态情感识别任务中的性能及可视化管理。探索使用类似的预训练模型来表示语音，可以使自然语言处理领域的进步更容易地用于语音领域。同时这种采用相同架构抽取多模态信息的结构，可以为未来多模态融合提供一个新的方法。

3. 语音助手的未来发展

智能语音助手在消费市场上已出现多年，可以执行各种任务，包括报告天气或交通情况、定位餐馆或购物中心等目的地，以及回答用户的简单问题。数字语音助手还可以充当用户与其连接设备之间的通信中心，包括智能手机、笔记本电脑、电视、扬声器、可穿戴设备，甚至汽车仪表板。目前最常用的语音助手包括亚马逊的 Alexa、谷歌助手和苹果的 Siri。这些声控产品允许用户与连接设备进行简单的交互，具有多任务处理的能力，极大地方便了用户的使用。

尽管过去几年语音助手已经集成到大多数日常任务中，但该技术极少在科学研究等实验室环境中进行部署和使用。声控助手在提高科学研究的质量和效率方面具有巨大潜力。如图 8-3-9 所示，LabTwin 开发了第一款基于人工智能和语音驱动的数字实验室助手，将语音助手技术的优势带入实验室。一旦引入语音助手，将无需打印纸质协议和其他重要实验信息，如安全信息或标准操作规程（standard operating procedure，SOP）。这些可以通过语音助手轻松访问，让科学家可以自由地使用实验室设备并维持无菌环境。

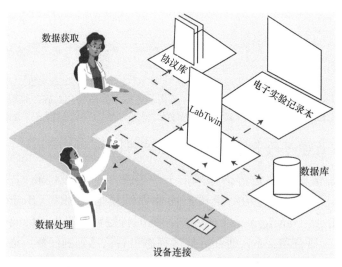

图 8-3-9　LabTwin 在实验室中的集成示意图

语音助手可以通过多种方式使科学家在执行实验室工作时更加高效：通过记录实验操作过程和使用试剂的详细信息，语音助手可以更轻松地追溯实验步骤并获取实验结果和所需试剂。科研工作者不再需要将纸质信息带到不同的工作空间，也不必暂停当前的工作浏览打印的页面。语音助手还可以提示科学家遵循安全预防措施或无菌操作，而不会中断他们的工作流程。此外，实验室语音助手还可以帮助科研工作者记录实验结果，相比于摘下手套并将信息记录在笔记本，这个功能将极大地缩短实验时间。

将语音助手应用到药物研发领域也是未来的发展方向之一。除了指导科学家完成实验，语音助手还可以进行快速计算，从而代替人工计算，进一步提高实验效率。语音技术还可以帮助定位实验的材料和试剂，从而改善库存管理，甚至可用于检查实验室库存并在缺货时订购更多材料。此外，语音助手还可以与实验室设备连接来提高工作效率：在实验开始之前确保设备已经开启、处于良好工作状态且无人占用。随着人们更多地通过智能语音技术使日常生活更便利，他们开始期待在工作场所获得类似的体验，而在实验室使用集成语音助手技术具有巨大发展潜力。

数字语音助手技术目前处于早期发展阶段，随着用户群的增长，数字语音助手技术不断改进，通过学习更专业的科学术语，让机器学习算法变得"更聪明"。通过为科学家提供数字语音助手，该技术现在从通用助手——类似于目前市场上的消费产品（如Alexa 或 Google Home），转变为为用户定制的专业的科研助手和实验室管家。这将对所有科研机构产生重大影响。

4. 听觉机器人的未来发展

如图 8-3-10 所示，高性能机器人听力有以下要求：①内置的语音识别算法能在多个语音和噪声源存在的情况下有效地定位、分离和识别声源。②它可以提供与信号处理相关的模块，包括声源定位、声源分离、自动语音识别、声音输入设备等功能。③它可以提供一种简单的方式来选择和组合各种类型的模块。④支持语音信号的实时处理，或至少允许模块之间共享声音数据，以最大限度地减少时间延迟。⑤它具有高可用性，可以满足不同人员和应用场景的使用要求。虽然基于这些需求设计和实现一个完整的机器人听觉系统非常复杂，但其潜在的应用比人形机器人要广泛得多。

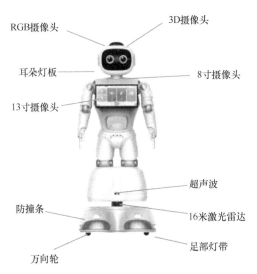

图 8-3-10　具备听觉的医疗服务机器人结构图

未来的研究领域包括：①情绪多模态加工和跨模态加工。通过声音、步态、姿势等多种信息表达机器人的情绪。②地图生成。移动机器人通过激光测距仪或带摄像头的激光雷达测距仪进行定位并构建地图。日本国立先进工业科学技术研究院（Advanced Industrial Science and Technology，AIST）的孔雀移动机器人使用 64 通道麦克风阵列，用激光雷达创建地图，定位和跟踪移动的扬声器。声源的定位和分离需要对移动声源的数量和音量差做出计算与评估，结合非参数贝叶斯模型，机器人可以同时对声音进行定位和分离。③极端环境下的部署。仿生听觉技术已应用于软管形状的救援机器人，该机器人配备了一套交替放置的麦克风和扬声器。通过声音信号处理，对扬声器位置进行估计实现对机器人的定位，然后利用麦克风对求救人员进行定位。此外，仿生听觉技术也被应用于无人机，通过在四旋翼飞行器上设置麦克风阵列，利用 iGSVD-MUSIC 增量估计噪声相关矩阵，从而抑制旋翼噪声。

5. 人工耳蜗的未来发展

在过去 30 年中，人工耳蜗的性能没有得到显著提升。到目前为止，电极尺寸仍然比神经元直径大 1000 倍，这导致电极数量只能相应地少 1000 倍，电极与神经元的尺寸失衡问题仍没有得到解决。由于电极数量少且尺寸较大，导致人工耳蜗的频谱分辨率较差，从而限制了其性能。

限制人工耳蜗性能提升的主要原因是电极技术发展较慢。在过去的 30 年里，电极位点的形状从圆形和环形，到目前的方形[22]。而电极阵列排布方式演变成具有不同的长度、宽度、直线或曲线形状。当前电极和听觉神经元之间的大小（1 mm vs. 1 μm）和数量（12~24 vs. 35 000）均存在严重的不匹配情况，这个问题有待进一步解决。由于听觉神经元逐步退化，这种不匹配情况可能会进一步加剧。95%的人工耳蜗用户会发生听觉神经元数量减少的现象[23]。听觉神经元退化也是造成当前植入用户对声音有较差的频率分辨率，难以将听力修复到正常水平的原因。当前的人工耳蜗用户还无法获得纯音的音高感知，也无法将识别纯音的谐音。然而，尺寸与数量引起的不匹配问题是所有其他神经假体所共同面临的问题。

听觉神经元末端突的直径约为 1 μm，细胞体的直径约为 10 μm，投射到大脑的中枢突的直径约为 4 μm。每个内毛细胞由 10~20 个听觉神经元支配，这些听觉神经元具有相同的特征频率，但自发放电、阈值和动态范围不同。澳大利亚的科利耳公司是目前国际上最大的人工耳蜗制造商，占全球市场份额的 60%~70%。自 20 世纪 90 年代初以来，市场规模一直呈指数增长，每十年增长两倍。然而，由于市场缺乏竞争，数量的指数增长并没有导致单价的显著下降，从而严重限制了人工耳蜗的普及性和可负担性。

目前相关的研究主要集中在扩大人工耳蜗的实用性和适应性，几乎没有从根本上解决电极-神经元接口问题。主要的改进是将电极制备成柔性弯曲结构，使刺激电极与耳蜗接触更紧密，从而能更好地激活残余的听觉神经元。一些创新的研究方案也正在出现以解决这一问题，如注射神经营养因子或干细胞以吸引神经元向电极生长，使用针或薄膜电极穿透听觉神经束，或利用光遗传学刺激听觉神经。但这些新策略仍处于探索阶段，距离实际应用仍有一段距离。

8.4　仿生触觉传感与智能感知的未来发展

触觉感知目前已被应用于人工智能、医疗康复、脑机接口及仿生机器人等领域。未来，研究人员可能开发出具有真实触觉反馈的智能机器人，可以帮助人们完成提重物、递送工具等需要精确触觉反馈的任务，或者开发出具有真实触感的远程手术机器手，使医生能远程实现手术，使医疗资源能进一步地远程共享，又或者开发出真正能模拟人体肢体功能的仿生假肢，使截肢患者重获新生。仿生触觉传感与感知技术目前取得了快速发展，且仍然具有巨大的发展潜力。细胞层面的仿生触觉技术、触觉与多模态感知融合及触觉与虚拟现实技术的结合很可能是触觉传感与智能感知技术未来发展的热点方向。

8.4.1　基于生物机制研究的仿生触觉感知的未来发展

目前，触觉传感器大多是从物理角度如电容变化、电阻变化来模拟触觉的，这主要是因为人们对于生物触觉的根本机制尚且存在很多未知。2021 年的诺贝尔生理学或医学奖揭晓，获得该奖项的是美国的生理学家戴维·朱利叶斯（David Julius）和美国分子生物学家阿尔代姆·帕塔普蒂安（Ardem Patapoutian），这两位科学家揭示了细胞层面上生物产生机械压力觉和冷热觉的原理，主要原因是细胞中带有的 TRPV1 热敏感受体和有关冷觉的 TRPM8 冷敏感受体分别在受到热源和冷源作用时会打开离子通道，从而产生动作电位传送给神经。与机械力觉相关的 Piezo1 受体在受到机械力时同样会打开离子通道以产生动作电位。随着生物触觉机制的揭示，未来仿生触觉传感领域的重要发展方向之一是基于生物触觉机制结合新型纳米材料构建具有灵敏度高、响应速度快、可检测多种压力模式等特点的新型仿生触觉传感器。相较于传统集成于硬质基底的触觉传感器而言，基于生物触觉机制的新型仿生触觉传感器未来将更偏向于集成到柔性基底之上以适应多种应用场景[24]。

人体皮肤上的感觉器官被称为"机械感受器"，能够高效地将外界环境中的物理刺激转化为感受器电位。例如，快自适应（FA）和慢自适应（SA）脉冲分别对离子通道中的动态和静态作用力做出反应，然后这些脉冲将通过神经元传输到大脑，由大脑对这些信号进行分析从而判断受到的是动态作用力还是静态作用力。最近，一些研究人员通过模仿人类皮肤中机械感受器的机械结构及生物机制，开发出低功耗、高灵敏度的仿生触觉感觉系统。美国斯坦福大学电气工程学院的 Tee 等[25]研发了一种以柔性聚合物为基底，搭载压阻式传感器和电压控制有机振荡器的仿生触觉传感系统，其中金字塔形的多角度仿生压力传感单元由柔性碳纳米管和聚氨酯复合材料构成，可以以类似皮肤中 FA 触觉感受器反应的方式在较宽的压力范围内高灵敏度地检测外部刺激；有机振荡器则以类似于 SA 触觉感受器反应的方式将模拟压力刺激信号转换成数字频率信号。通过两种传感器的有机结合，可以较为拟真地模仿人体皮肤中的 FA 及 SA 触觉响应。这种基于生物触觉机制的仿生触觉传感系统可集成到可穿戴手套中以适用于多种应用领域。在另一项研究中，高丽大学先进机械设计技术研究所的 Chun 等[26]研发了一种自供电式模仿人体皮肤触觉系统中 Merkel 圆盘对触觉信号的响应方式的新型仿生触觉传感器，该传感器包括压电膜（Au 和聚偏氟乙烯）、电极（涂有导电碳的铝箔）、电解质（聚苯胺溶液）和刻蚀聚碳酸酯薄膜。该人工传感器中的压电膜和离子通道膜分别可以模仿人体触觉传感系统中 FA 和 SA 信号的检测，利用这种仿生触觉传感器可以更好地实现多维度触觉传感。

8.4.2 触觉与多模态感知融合的发展前景

生物体感知外部世界通常是基于多种感知融合实现的，触觉、视觉、听觉、嗅觉、味觉等多感知融合优于单一感觉，因此如何将触觉与其他感觉信息融合进行同步检测及模式识别将是未来的重要研究方向，并且这将是智能机器人领域进一步发展的基础。触觉与虚拟现实技术结合，利用触觉传感器接收到的传感信号或由计算机模拟的信号重建触摸感觉，并借由实体触觉感知重构器传递给远程操作者，这种跨越时空乃至虚拟与现实的触感将大大拉近人与人之间的距离，由此带来许多新的应用。

1. 触觉与多感知融合的发展

触觉、视觉、听觉、味觉、嗅觉等多种传感单元协调有序的结合所带来的信息量与信息维度是单一传感单元无法比拟的。同时，人工智能的目标之一就是让计算机模拟人类的视觉、听觉、触觉等感知能力，尝试去看、听、读，理解图像、文字、语音等。在此基础上，再让人工智能具有思维能力、行动能力，实现高度的拟人化。而现阶段其他仿生感觉传感器多数已投入使用，甚至部分传感器的感知能力远远超过了人体的感知能力。例如，围绕机器视觉，机器人可以实现一系列图像识别、目标检测和文字识别等功能，得到广泛应用；围绕自然语言处理，机器人可以进行基本的语音理解、机器翻译、语音对话等。目前，触觉感知技术大部分仍停留在研发阶段，且各个感知之间也没有做到互通。因此，触觉感知技术的实用及与其他感知技术的融合将是下一步重要的发展方向。

对于人体而言，感官获取信息的 83%来自视觉，11%来自听觉，3.5%来自嗅觉，1.5%来自触觉，1%来自味觉。然而对于机器人来说，触觉所能得到的信息更多，因为触觉传感器可以获得力、温度、湿度、酸碱度等信息的精准数据。基于这一特点以及目前机器人视觉在图像处理上的发展，机器人触觉与视觉的结合具有重要的意义。之前，大部分机器人的抓握解决方案都是基于机器人的视觉感知，主要的解决办法就是通过数据库进行图像匹配，将目标物体的状态和自身动作进行实时监测，最终调整合适的抓取算法来完成物体的抓取，但是控制抓握的接触力度，则是机器视觉无法完成的。因此，需要触觉感知数据进行数据融合与辅助决策。目前科研人员已经对视觉和触觉融合技术进行了一定的探索。

在临床上，视觉和触觉融合技术有助于开展肿瘤手术。与传统的开腹手术相比，腹腔镜手术有着许多优点。腹腔镜切除早期胃肿瘤（位于胃内表面，从外表面看不见）是根据经口内镜下术前标记获得的信息进行的。然而，在手术中发现肿瘤是相当困难的，因为通过腹腔镜图像无法目视检测到肿瘤，并且在手术过程中胃大部分变形，很难直接观测。通常肿瘤组织比正常组织硬，医生可以通过触觉识别肿瘤。如果外科医生能获得这些触觉信息，将会在腹腔镜肿瘤切除手术中减少不必要的正常组织切除，从而提高手术质量。安徽医药大学生物医学工程学院的 Jin 等[27]为此开发了一种简单且具有生物相容性的触觉传感器，研究并设计了一种基于视觉和触觉反馈的检测方法，可用于腹腔镜手术时对肿瘤组织的检测和识别。

清华大学集成电路学院和北京信息科学与技术国家研究中心的 Xu 等[28]提出了一种基于眼电和触觉的多感知传感系统以实现快速准确的 3D 空间人-机器交互操作，如图 8-4-1 所示。眼动电波信号（EOG）主要用于快速、方便、非接触式的 2D（xy 轴）交互，触觉传感接口主要用于 3D 交互中复杂的 2D 运动控制和 z 轴控制。采用激光感应工艺制备了用于眼电信号采集和触觉阵列化感知的蜂窝石墨烯电极。两对超薄且透气的蜂窝石墨烯电极安装在眼睛周围，用于监测 9 种不同的眼球运动。该多感知传感系统配合设计了一种机器学习算法以对 9 种不同的眼动进行训练和分类，平均预测准确率为 92.6%。此外，在手臂上安装了由一对 4×4 平面电极阵列组装的超薄（90 μm）、可伸缩（约 1000%）、灵活的触觉传感接口，用于二维运动控制和 z 轴交互，可实现单点、多点和滑动触摸功能。结合眼动信号和触觉信号综合控制，这种多感知传感系统可以实现高达 8 个方向的控制，甚至可以实现更复杂的运动轨迹控制。这种结合眼动与触觉感知接口之间的多感知传感系统在快速准确的 3D 人-机器交互中具有极大的应用前景。

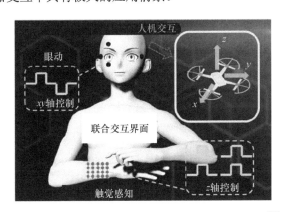

图 8-4-1　结合眼电和触觉的多感知传感系统示意图[28]

在机器人抓取动作优化上，视觉与触觉结合也有很大的应用前景。在实际应用中，希望指导机器人既可以执行强有力的抓取任务，也可以进行灵巧的操作。而这是凭借单一触觉和视觉的反馈无法完成的。尽管许多学者都在研究机器手抓取路线的优化，并有了一部分进展与成果。例如，西班牙阿利坎特大学的 Jara 等[29]提出了一种同时考虑机器手动力学模型和指尖力的混合操作控制方案。日本九州大学机械工程系的 Choi 等[30]提出了一种新型视觉与触觉传感器；此外，通过使用视觉与触觉传感器检测接触位置，提出了一种用于多功能机器手抓取物体的操纵方法。但如何将触觉与视觉融合技术应用于实际，这将是未来发展的一个重要攻克方向。

2. 触觉与虚拟现实技术结合

虚拟触觉技术涉及使用电气或机械手段刺激皮肤中的传入神经或机械感受器，以此为基础创建物理触摸感,从而可以扩展虚拟现实或增强现实体验,而不仅仅是只有视觉和听觉体验。这一领域的新兴方向是开发基于虚拟现实的力触觉交互平台,利用电子皮肤等触觉技术,在身体的任何区域,提供时空触觉信息,而不影响用户日常生活。虚拟现实的力触觉交互技术在许多领域都有重要的应用价值。1994 年,美国 NASA 就开始针对空间作业任务的要求研制具有力觉反馈的虚拟预测环境。2000 年,美国罗格斯大学和斯坦福大学联合研制成功虚拟操作和遥感操作的辅助康复系统,通过力触觉和视觉的交互,医生能够远程帮助在家中的残疾患者进行手臂功能的恢复锻炼。2001 年,德国 Karlsruhe 商用虚拟内窥镜手术训练装置研制成功,操作者通过操作带有力触觉的机器手模拟控制手术刀进行虚拟内窥镜手术,同时在图形界面上逼真地模拟手术过程中的人体组织切割、变形、流血等现象。瑞典 Swemac 公司开发的 TraumaVision 是一款结合 VR 技术与触觉反馈技术的手术模拟设备,这款设备主要实现股骨头矫正手术的仿真模拟培训[31],未来有望开发远程手术执行设备如医疗器械臂、医疗机器人等,并结合 VR 与触觉反馈技术,实现线上远程手术,这将大大提高医疗资源的利用效率。2004 年,美国俄亥俄州立大学机械工程系的研究人员建立了虚拟触诊系统,用于专家对学员的训练。然而,他们所采用的力反馈系统都是虚拟的。不仅如此,虚拟现实技术也正逐渐在日常生活中发挥着重要的作用,如通过模仿真实世界触觉增加身体接触以促进 VR/AR 的发展。在社交领域,分享、感知和操纵虚拟物体,以及与手或身体的其他部位进行复杂而微妙的互动,有望进一步促进人与人之间的远程交流。随着新型冠状病毒的流行,具有触觉功能的虚拟互动将促进远程医疗的发展,近年来呈现迅速发展的趋势。例如,通过舒适的触觉反馈为儿童或老人提供情感支持,以鼓励安慰并为他们提供安全感。类似的治疗甚至也可以扩展到一系列精神障碍,从创伤引起的精神压力到自闭、情绪不稳定、焦虑和某些神经性障碍等。然而,随着虚拟现实中虚拟操作任务越来越复杂,对虚拟操作的精度要求越来越高,目前的虚拟现实力触觉交互技术中力触觉接口装置、虚拟环境模型的还原程度还不能够满足虚拟现实的力触觉人机交互技术的需要,还有待于进一步发展和提高。

8.5　仿生嗅觉传感与智能感知的未来发展

仿生嗅觉传感技术充分结合了电子学、化学、生物技术和微纳加工技术等手段,模拟了生物嗅觉系统中的气味检测功能。进一步结合智能感知技术后,仿生嗅觉传感不仅可提高识别准确率和优化分类性能,而且能增强仿生嗅觉系统的决策能力。近年来,两种技术也得到了快速的发展。本节主要从仿生嗅觉传感技术、仿生嗅觉智能感知技术的未来发展两个方面进行介绍。

8.5.1　仿生嗅觉传感技术的未来发展

1. 柔性嗅觉传感技术

目前,常见的气敏传感器在工作期间需要很高的工作温度且功耗高,如基于陶瓷

材料的 CO_2 传感器, 其工作温度在 200℃ 以上且功耗在 30 W 以上[32]。而柔性材料有望在低功耗且较低温度下运行, 同时外形更加小巧轻便, 有利于便携式和可穿戴应用。自 2004 年英国曼彻斯特大学的诺沃肖洛夫·康斯坦丁(Novoselov Kostya)和海姆·安德烈(Geim Andre)从石墨中分离出石墨烯以来[33], 这种二维材料由于优异的电学、机械和化学性能而成为先进电子设备研究的热门材料。它们的低功耗、载流子的高迁移率、低质量、高可拉伸性、可靠的机械强度、优异的光学透明度和良好的环境稳定性使其成为柔性设备的理想选择。最近, 包括石墨烯、过渡金属二硫属化物(transition metal dichalcogenide, TMDC)和二维过渡金属碳化物、氮化物或碳氮化物在内的几种二维材料显示出它们在制造可拉伸和柔性设备方面的可能性, 可应用于可折叠显示器、存储设备、化学传感器、光电探测器、超级电容和锂电池等。以化学传感为例, 二维材料具有高比表面积[34]。TMDC 包括 MoS_2、$MoSe_2$、WS_2、WSe_2 和 VS_2 等, 可应用于气体检测, 其敏感机制主要由目标气味分子与材料之间的电荷转移过程决定[34], 而转移方向则与气体分子的氧化还原性质相关。对于氧化性气体如 NO_2, 氮原子上有一个未成对的电子对可以获得电子, 而还原性气体如 NH_3 在氮原子外部有一对孤电子对可以提供电子。因此这些气体分子和材料表面反应位点的电子相互作用而导致电荷载流子浓度变化从而引起 TMDC 材料的电导率变化, 这也与第 6 章介绍的 MOS 气敏传感器原理类似。

美国华盛顿大学研究团队采用金辅助剥离方法获得 $MoSe_2$ 纳米片, 并对薄膜的电学和光学性质进行表征[35]。高性能的柔性气体传感器可以集成到人体皮肤上, 用于 NO_2 和 NH_3 的检测。该传感器可在高达 30% 的拉伸应变下表现出良好的稳定性。该设备能够对气体快速响应(<200 s), 检测阈达到 1 ppm。同时, 该系统可有效提供及时预警, 并将传感数据上传到基于云的终端, 以便医疗机构可以访问并提供更准确的诊断。

郑州大学庞瑞团队通过设计活性材料的组成和结构, 开发了一种基于掺杂 CoS_2 纳米颗粒的二维 MoS_2 纳米片材料的静电纺丝碳纳米纤维网络。该网络可在室温条件下用作有毒或有害气体检测的柔性气体传感器。由于 MoS_2 可以被 NO 选择性地 n 掺杂, 而 CoS_2 可以有效地捕获 NO 分子, 从而提高选择性和灵敏度。与气体 NO_2 和 CH_4 相比, 碳纳米纤维(carbon nanofiber, CNF)/CoS_2/MoS_2 杂化薄膜对 NO 表现出非常高的选择性。

2. 嗅觉类器官技术

类器官是源自原代组织、胚胎干细胞或诱导多能干细胞的体外自组织、自我更新的 3D 细胞聚集体, 具有器官功能性。类器官芯片(organoid-on-a-chip)是综合了生物技术、微电子技术的热门研究领域之一, 通过体外培养类器官可模拟特定器官生理微环境并采用传感器检测类器官的生理参数。未来可利用 3D 培养的嗅觉类器官作为敏感元件, 结合换能器实现气味检测功能。嗅觉类器官由嗅觉祖/干细胞培养而成, 复旦大学余逸群团队采用了基于基质胶(matrigel)的三维系统建立了鼠源和人源的嗅上皮类器官[36]。通过加入不同的生长因子, 对嗅上皮细胞群的生长进行调控, 其中 LY411575 会促进类器官内嗅感觉神经元的形成。如图 8-5-1a、b 所示, 培养的嗅觉类器官细胞中含有 G 蛋白 alpha 亚基, 说明成功表达了气味受体。通过钙成像实验, 结果表明类器官能够对气味表现出响应信号。同时, 关于其如何有效结合于传感器芯片上还有待研究与挖掘。

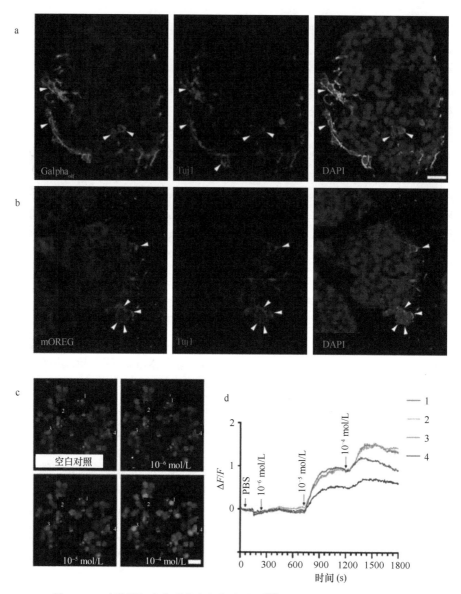

图 8-5-1　嗅黏膜细胞集群鉴定与气味响应[36]（彩图请扫封底二维码）

（a）嗅黏膜细胞集群 Galpha$_{olf}$ 和 Tuj1 的抗体免疫染色（DAPI 表示 4',6-二脒基-2-苯基吲哚，用于标记细胞核）；（b）嗅黏膜细胞集群 mOREG（一种嗅觉受体）和 Tuj1 的抗体免疫染色；（c）不同浓度气味混合物刺激的共聚焦图；（d）不同浓度的气味混合物刺激下嗅黏膜细胞集群的钙成像响应曲线（$\Delta F/F$ 表示钙成像相对荧光强度）。c、d 图中的 1、2、3、4 分别代表不同细胞区域的钙成像亮度

3. 结合微流控技术的仿生嗅觉传感技术

微流控是指在微米尺度上实现流体的精确操纵控制。该技术具有许多优势，如试剂和样品的使用量较少、精确控制实验条件以及以自动化和高通量方式执行多重任务，从而提高分辨率和灵敏度，并且其制造和操作成本低，分析时间较短，能够进行原位操作。由于价格低，无毒性且透明，PDMS 通常是制造微流控芯片器件的首选材料，借助不同的微纳加工技术，如光刻、软光刻和微铣削，构建微通道和微几何形状，并在芯片中完

成样品的多次处理。微流控技术有望用于开发基于人工嗅觉的 VOC 传感装置,通过与气体传感器集成,可以检测从液体或气体样品中释放的 VOC 分析物。

大多数气体传感器对不同的 VOC 缺乏选择性。提高气体传感器选择性的常用方法包括对将样品通入至气体传感器的微型气相色谱柱进行化学吸附。伊朗图西理工大学的 Hossein-Babaei 等报道了内壁涂有导电聚合物聚(3,4-乙烯二氧噻吩)-聚(苯乙烯磺酸盐)(PEDOT:PSS)的微通道装置[37]。该装置由通用气体传感器、聚甲基丙烯酸甲酯(PMMA)和硼硅玻璃基板玻璃基底构成。为了对比验证,制备了两种结构:一种是 PMMA 通道内壁没有 PEDOT:PSS,另一种是 PMMA 通道涂有 PEDOT:PSS。通过这两种微通道装置对 10 种不同气味进行了分析,发现微通道不会影响己烷、苯和一氧化碳通过后的浓度,但会使醇和酮类物质(甲醇、乙醇、丙酮、异丙醇、异丁醇和 2-戊酮)的浓度在经过微通道后明显降低。通道涂层的选择性过滤可以通过分析物和涂层壁之间形成的氢键来解释:醇和酮与壁形成氢键并因此被过滤,而其他分析物则没有。因此,带有 PEDOT:PSS 涂层壁的微通道可用作有效的醇和酮过滤器来调节选择性。

8.5.2 仿生嗅觉智能感知技术的未来发展

1. 基于忆阻器的神经嗅觉芯片

忆阻器是除电容、电阻和电感外的第 4 种电子电路设计中的基本元件,是一种只与电荷相关的电阻,其单位为欧姆(Ω)。忆阻器与电阻的差别在于,元件断电后忆阻器仍能"记忆"之前通过的电荷量。理想情况下,忆阻值为磁通量(Φ)随电荷(q)的变化率,记作 M:

$$M(q) = \frac{\mathrm{d}\Phi}{\mathrm{d}q} \tag{8-5-1}$$

以惠普实验室的金属-金属氧化物(TiO$_x$)-金属结构的忆阻器为例,TiO$_x$ 忆阻器的原理如图 8-5-2 所示[38-40]。该忆阻器有高阻态(R_{OFF})和低阻态(R_{ON})。在忆阻器的两端施加偏置电压后,忆阻器中的 TiO$_x$ 层受到电场作用形成掺杂区和非掺杂区,掺杂区的电阻比非掺杂区的电阻小,此时两个区在电路中串联(图 8-5-2)。当 $R_{\mathrm{OFF}} \gg R_{\mathrm{ON}}$ 时,忆阻器的阻值为

$$M(q) = R_{\mathrm{OFF}}\left(1 - \mu_{\mathrm{V}}\frac{R_{\mathrm{ON}}}{D^2}q(t)\right) \tag{8-5-2}$$

式中,μ_{v} 为电场中平均离子迁移率;D 为金属氧化物半导体薄膜的厚度;$q(t)$ 为 t 时刻电荷量。通过忆阻器的电压与电流的关系为

$$v(t) = \left(R_{\mathrm{ON}}\frac{w(t)}{D} + R_{\mathrm{OFF}}\left(1 - \frac{w(t)}{D}\right)\right)i(t) \tag{8-5-3}$$

式中,w 为忆阻器状态变量,范围在 0~D;v 和 i 分别为输入忆阻器的偏置电压和忆阻器输出的电流;t 为 t 时刻。当输入信号为正弦时,其 I-V 曲线通常为频率相关的李萨如曲线。与电阻不同,忆阻器的 I-V 曲线是非线性的。当电流沿着一个方向流动,忆阻器的电阻值增加;当电流沿着相反的方向流动时,电阻减小,但阻值不会低于零。当电流

停止时，忆阻器保存之前的阻值。忆阻器制作成本低、运行功耗低且具有"记忆"和开关功能，可模拟突触工作充当人工突触，应用在神经形态智能感知算法中。

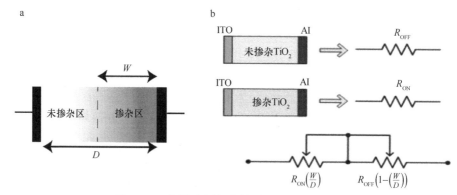

图 8-5-2 金属-金属氧化物-金属结构的忆阻器
（a）忆阻器结构示意图；（b）等效电路图[40]

吉林大学高志一等提出了一种柔性人工嗅觉系统[41]，该系统由基于 Sr-ZnO 材料的气体传感器、基于 HfO_x 的忆阻器控制单元和动作执行单元构成（图 8-5-3）。该气体传感器对 NH_3 表现出较好的选择性。当 NH_3 存在时，气体传感器的阻值降低。由于传感器与忆阻器串联，此时忆阻器上的分压会增大。当气体浓度小于 29.36 mmol/L 时，忆阻器上的分压不足以其切换至低阻态，从而保持原先的高阻态。而当气体大于 29.36 mmol/L 时，忆阻器切换至低阻态，进而控制动作执行单元使其产生形变。在忆阻器两端施加反向偏置可以使其重新恢复至高阻态。该方法简单地模拟了人在闻到异味后，大脑控制手部肌肉执行捂鼻子动作。

图 8-5-3 基于忆阻器的柔性人工嗅觉系统示意图

2. 结合物联网的仿生嗅觉智能感知技术

能够收集和传输数据的联网设备，通常称为物联网（internet of things，IoT）。结合嗅觉传感的 IoT 技术在实际应用中的问题主要有：①随着 IoT 的功能需求增大，连接的传感器设备的数量也在增加，而每个传感器在持续工作时功耗较大；②大量的冗余数据增加了实时数据处理的难度。这也对仿生智能感知技术提高了要求。除需要具备快速和准确的智能识别功能外，在仿生智能感知技术的实现过程中需要考虑到系统的功耗控制。

克罗地亚爱立信-尼古拉特斯拉公司的耶莱娜·丘利奇·甘比罗扎等提出使用长短期记忆神经网络学习并随后直接从传感器瞬态数据中预测实际气体浓度。在使用气体传感器时，通常在预热几分钟后，才对气体信息进行采集。而在传感器加热时采集气体信息，即瞬态数据，无须等待传感器完全升温。传感器无须一直在线或完全预热，只需开启 20 s，然后休眠 120 s。与传感器始终在线的系统相比，该方法可降低 85% 的能耗。与传感器采集完全预热后信息的系统相比，能耗降低 50% 以上。

　　西班牙加泰罗尼亚能源所亚历克斯·莫拉塔团队提出一种性价比高和自供电的基于纳米结构的热电硅织物 H_2 传感器，初步验证开发无源物联网传感器节点的可行性[42]。该传感器是由功能化的热电硅纳米管制成的低密度纸状织物，能够从放热反应（如氢催化氧化）释放的热量中获取能量。在不需要任何外部供电的情况下，传感器可以给出气体浓度的精确值。实验结果表明，这种自供电传感器可以自动测量空气中低至 123.76 mmol/L 的 H_2 浓度，同时在室温下利用 $3\%H_2$ 产生的高达 $0.5\ \mu W/cm^2$ 能量，用于数据存储和发送数据。这类新型设备将促进其他先进的自供电传感器节点在物联网中的发展并应用于不同的安全场景。

3. 动物嗅觉机器人技术

　　动物机器人是指以研究、控制、实验或康复为目的，对动物包括其身体或精神实行外部控制而形成基于生物体的自动执行任务的设备。军事组织的研究倾向于利用动物机器人实现假定的战术优势。2006 年，美国国防高级研究计划署要求美国科学家提交"开发创造昆虫机器人的技术的创新提案"。昆虫的运动将由微机电系统控制，可以用于调查环境或检测爆炸物和特定气体。装备有无线传输大鼠脑电信号的大鼠机器人可以协助人类找到埋在倒塌的建筑物残骸中的幸存者。此外，大鼠机器人被训练后还能够嗅出爆炸物位置，用于排查战争后可能会藏在隐秘地方的爆炸物。可以通过固定在其背上的定位芯片实现大鼠位置的跟踪。在未来发展中，在体生物电子鼻和大鼠机器人方案可以结合起来[43]，即通过在大鼠的嗅觉相关脑区植入电极，采集大鼠嗅到气味所产生的信号。信号被解码后，根据解码刺激大鼠的运动相关区域，从而构建了一种实现气味引导与闭环控制的大鼠嗅觉机器人。该方案有望用于大鼠对特定气味的定位而无须先前对大鼠进行气味识别的训练（图 8-5-4）。

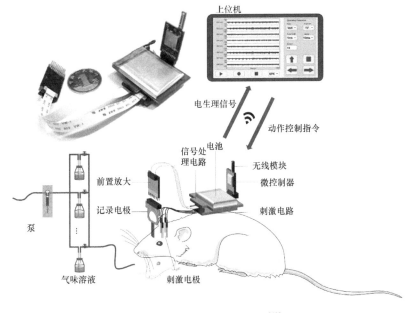

图 8-5-4　大鼠嗅觉机器人[43]

8.6　仿生味觉传感与智能感知的未来发展

仿生味觉传感技术结合了生物技术和电子学等许多领域的成就,该技术的发展主要集中在生物敏感元件的研究和数据的处理新方法方面。人工味觉、人工嗅觉以及计算机视觉或电子眼的融合,有助于改进电子感官的样本分类能力。此外,纳米技术和微流控技术的发展使高通量仿生传感技术的发展成为可能,将大大扩展仿生味觉传感技术的应用领域。本节主要介绍基于类器官培养技术、微流控技术、纳米技术以及数据融合技术的仿生味觉传感与智能感知技术的未来发展方向。

8.6.1　仿生味觉传感技术的未来发展

1. 味觉类器官传感技术

类器官,是一类由干细胞,包括多能干细胞和成体干细胞,在体外培养时形成的能够进行自我组装的微观三维(3D)结构。与传统 2D 细胞培养模式相比,3D 培养的类器官包含多种细胞类型,形成了更加紧密的细胞间生物通信,细胞间相互影响、诱导、反馈,协作发育并形成具有功能的迷你器官或组织,能更好地用于模拟器官组织的发生过程及生理病理状态。宾夕法尼亚州费城的莫奈尔化学感官中心的蒋培华等已经使用分离的表达 Lgr5 或 Lgr6 的味觉干细胞/祖细胞在离体条件下成功创建了味觉类器官,其中味觉信号转导分子功能性表达。并且钙离子成像结果表明味觉类器官能够对酸味剂、甜味剂等味觉物质产生响应[44]。此外,韩国首尔延世大学的 Adpaikar 等[45]研究表明,悬浮培养的类器官诱导了味觉受体细胞的顶端定位,可以进行基因改造和移植以用于再生医学研究。

未来,基于味觉类器官的仿生味觉传感器有待研究与挖掘,味觉类器官作为敏感元件,结合微电极阵列传感器等二级换能器,期望能实现不同味觉物质的检测与识别(图 8-6-1)。此外,味觉类器官可进行冻存、传代培养等操作,对于味觉传感器的使用寿命及其稳定性具有重要的价值。

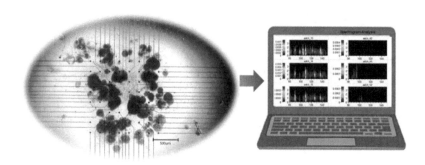

MEA芯片上培养的味蕾类器官　　　　　　　信号采集分析

图 8-6-1　基于味觉类器官的仿生味觉传感器示意图

2. 结合 3D 打印技术的味觉传感技术

近年来，3D 细胞培养技术的发展引起了越来越多的关注。其中基于支架的 3D 细胞培养技术，将细胞与组织工程支架相结合，是目前构建 3D 细胞/微组织最常用的方法之一。它可以为细胞提供三维微环境，包括适宜的生长环境、最佳的氧含量、有效的营养输送和合适的机械性能。

利用心肌细胞表达味觉受体及其下游信号转导通路的特性，浙江大学王平团队将心肌细胞作为味觉敏感元件，开发了基于心肌细胞与 MEA 电位传感器的仿生电子舌。在此基础上，他们又将组织工程支架制造技术与生物传感技术相结合，利用投影式光固化生物 3D 打印技术，以 GelMA 水凝胶为材料，设计并制造了仿生舌形支架，并与 MEA 芯片相耦合，初步研究并构建了一种新型 3D 仿生舌味觉传感器（图 8-6-2），并初步探究了其在苦味物质检测方面的功能。在未来研究中，可以结合 3D 打印技术及水凝胶进一步探究具有味觉感知功能的 3D 仿生舌的构建。

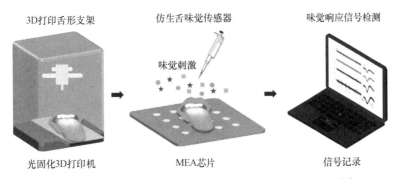

图 8-6-2　基于光固化 3D 打印的仿生舌味觉传感器示意图[46]

3. 结合微流控技术的味觉传感技术

微流控技术促进了许多领域新的发展。微芯片形式的微流控系统通常包括一个复杂设计的网络，能够在单个设备或特定模块中执行多种操作，如采样、过滤、萃取、浓缩、分离和检测等。并且，采用纳米/微升级别的操作可显著降低成本。因此，结合微流控对于新型味觉传感技术的发展非常重要，特别是在少量和微量样品的高效筛选与测试方面。

通过微流控装置能够实现可控和可重复的味觉受体纳米囊泡的合成，这对于获得味觉传感器的功能性敏感元件至关重要。此外，微流控技术为生物材料与仿生味觉系统的集成提供了绝佳平台。如图 8-6-3 所示，在细胞和组织工程方面，微流控系统可以通过重构组织特异性微环境，为 3D 细胞和味觉类器官芯片系统的创建提供通用的解决方案。韩国延世大学承宇秋构建了用于 3D 舌特异微环境味觉感知的人工味觉传感系统[47]。他们将舌细胞外基质（tongue extracellular matrix，TEM）（0.02 mg/mL 和 0.1 mg/mL）涂覆到由 PDMS 构成的微流体装置中的微通道表面上，并培养初级味觉细胞。来自组织的脱细胞基质的 3D 水凝胶在组织工程应用中显示出了巨大的潜力，因为它们可以产生对细胞功能和生存至关重要的组织特异性微环境。通过在微流控系统中加入 TEM，可以改善初级味觉细胞的表型特征和味觉感知功能。该系统能灵敏地检测味觉物质，如 NaCl，这意味着微流控设备作为高通量、标准化味觉传感平台的潜在应用。

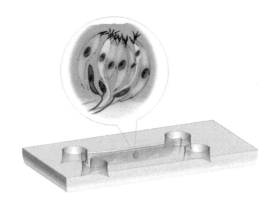

图 8-6-3　基于微流控的人工味觉传感系统示意图

4. 结合纳米技术的味觉传感技术

随着纳米技术的显著进步，各种尺寸和形状的纳米材料，如纳米颗粒、纳米线、纳米管、纳米棒和纳米片已经应用于各个领域。特别是导电纳米材料，如碳纳米管、石墨烯、导电聚合物纳米材料和其他导电纳米线已集成到电子仪器中。它们出色的电气特性有利于开发新的高性能传感器，如基于电容、循环伏安法、化学电阻和场效应晶体管的味觉传感器。此外，纳米材料显示出许多独特的物理和化学特性。例如，纳米表面效应、微小尺寸效应、量子尺寸效应，甚至宏观量子隧道效应都是纳米材料非常重要的特性。

纳米材料与生物敏感元件相结合以选择性识别生物分子，促进了新型纳米仿生味觉传感器的发展。纳米材料因独特的物理、化学、机械、磁性和光学特性，显著提高了检测的灵敏度和特异性。生物识别元件，如味觉受体、嗅觉受体、神经递质和激素受体等天然受体已被应用于纳米生物电子舌、纳米生物电子鼻、神经递质和激素传感器的开发，如图 8-6-4 所示。由于基于导电纳米材料的传感器是检测目标分析物与天然受体之间的特异性结合，因此具有很高的检测灵敏度。

纳米技术已与酶生物传感器设计相结合，构建了基于酚氧化酶的纳米结构伏安生物传感器形成的多传感器系统，用于葡萄糖的检测分析[49]。在这项工作中，酶被固定在一个结构类似于生物膜的纳米结构脂质层中，这种仿生环境有助于保持酶的功能，提高动态行为和检测限（范围在 $10^{-8}\sim10^{-7}$ mol/L）。在另一项研究中，韩国首尔大学帕克团队[50]将人类苦味受体蛋白固定在具有脂质膜的单壁碳纳米管场效应晶体管上，从而实现所谓的"生物电子超味觉"。利用该装置，该团队实现了浓度低至 100 fmol/L 的苦味剂的检测，并区分具有相似化学结构的苦味和非苦味。更有趣的是，具有人类味觉受体蛋白 hTAS2R38 功能化的基于羧化聚吡咯纳米管的 FET 被开发为纳米生物电子舌（nano-bioelectronic tongue，NBE-tongue）[51]，它能以高灵敏度和选择性显示出与人类似的性能。图 8-6-5 给出了纳米生物电子舌示意图。PAV 型 hTAS2R38 苦味受体修饰的纳米生物电子舌可以专门响应目标苦味化合物，即苯硫脲（phenylthiocarbamide，PTC）和丙硫氧嘧啶（propylthiouracil，PROP），在低至 1 fmol/L 的浓度下具有高灵敏度。相反，AVI 型 hTAS2R38 苦味受体修饰的纳米生物电子舌对 PTC 和 PROP 无响应。此外，通过对含有甲状腺毒素的真实蔬菜样品的测试，制作的纳米生物电子舌表现出不同的苦味感知来模拟人类舌头的功能。

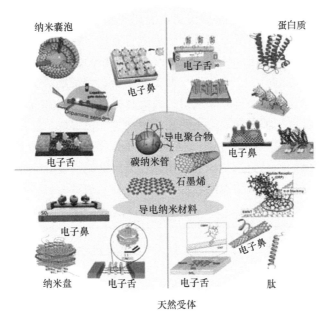

图 8-6-4　纳米仿生味觉与嗅觉传感器示意图[48]

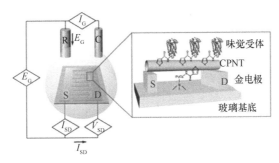

图 8-6-5　纳米生物电子舌示意图[51]

R. 参比电极；C. 对电极；I_G. 栅极电流；E_G. 栅极电压；I_{SD}. 漏极-源极电流；V_{SD}. 漏极-源极电流；CPNT. 羧基化聚吡咯纳米管

8.6.2　多传感器技术融合与数据融合的味觉感知技术

味觉描述了味觉系统对食物中的分子做出反应的化学过程，主要用来描述个人的、独立的感觉，而风味更抽象，它可以随意被称为味道，但实际上是味道、气味、质地等的结合，用于描述食物对多种感官的整体影响。尽管嗅觉和味觉是独立的感官，但它们是相互关联的，并且在大多数情况下，两者之间存在相互作用以提供对味道的感知。显然，暂时性嗅觉失灵，如寒冷时黏液分泌过多，会导致对食物味道的感知发生变化。

此外，其他因素也会影响对味道的感知，以产生大量信息供大脑处理。而信息融合技术正是包括不同来源的多元信号的处理方法。

信息融合技术也可称为数据融合技术，它是利用计算机技术将来自多个传感器的观测信息进行综合分析和处理，从而得出决策所需的信息的处理过程。融合后的信息是对被感知对象或环境的更为确切的相关解释和更高层次的描述，与单一的传感器获得的信息相比，经过集成与融合的多传感器信息具有以下特点：信息的冗余性、信息的互补性、信息的实时性以及信息的低成本性。数据融合方法包括经典的检测与估计理论、滤波理论、D-S 证据理论（Dempster-Shafer evidence theory），此外还包括人工智能方法。

信息融合技术可以划分为三个级别：数据级融合、特征级融合、决策级融合。数据级融合，顾名思义，即将多个传感器获得的数据直接进行拼接融合，并未对原始数据做任何的处理和分析；特征级融合需将原始数据进行特征值提取，针对特征数据来实现融合，处理分析后对目标对象的属性加以描述；决策级融合数据是最高层次的数据融合，对单独的传感器得到的数据分别处理和分析，并得出结论，最后综合所有的独立结论得到联合判决的结果。上述三种信息融合层次的优缺点见表 8-6-1。

表 8-6-1 不同层次信息融合的比较

融合方式	信息损失	计算量	精度	容错性	难易度	融合水平
数据级	小	大	高	差	难	低
特征级	中	中	中	中	中	中
决策级	大	小	低	好	易	高

深入研究仿生味觉与仿生嗅觉技术的结合是我们发展仿生技术的关键，而将仿生味觉与仿生嗅觉的数据进行融合是两种技术融合的根本。图 8-6-6 显示了仿生嗅觉与仿生味觉的三种不同数据方法。目前大部分仿生味觉与仿生嗅觉技术的融合都集中在数据级融合，所面临的重要问题即大量数据引起的维数剧增。当然，仿生味觉与仿生嗅觉在特征级与决策级融合也有所涉及，但是研究仍处于初始阶段，还没有成熟的方案能够将仿生味觉与仿生嗅觉完美结合。据国内外对于仿生味觉与仿生嗅觉的研究成果报道，几乎很少有人采用数据融合技术将二者进行融合，以至于仿生技术发展缓慢。由此可见，研究仿生味觉与仿生嗅觉的数据融合势在必行。

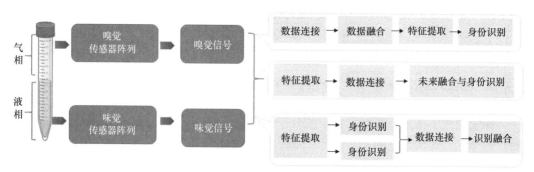

图 8-6-6 仿生味觉与仿生嗅觉的不同数据融合方法示意图

此外，在用于评估食品和药品的技术中，电子鼻和电子舌作为两种快速、非侵入性、非破坏性和可靠的分析仪器，二者的结合也发挥着重要的作用。在仿生味觉研究领域，多传感器技术融合包括两种类型：一种是采用各种传感器技术分别构造仿生味觉或仿生嗅觉系统并分别对样品进行检测，然后将得到的数据进行融合分析，即在进行模式识别时样品的特征数增加，此时可以改善单靠仿生味觉的分析结果不能充分显示样品的特征这一问题，从而获得更好的分类或回归模型；另一种是将各种传感器技术结合起来共同构造仿生味觉系统，即所谓的混合仿生味觉。对人工味觉系统及其阵列的开发都是基于单个传感器的化学选择性机制的假设而进行的，这一假设认为，甚至在复杂的溶液中，传感器的化学选择性也是相对简单的，最终可以归结为离子识别（离子交换）、官能团识别、分子识别（吸附作用）及氧化还原反应（电子转移），而且出于获得更全面的传感器响应信号的考虑，将具有不同识别机制的传感器相结合也是可行的。此外，考虑到生物味觉的识别机制，即采用分布在舌上皮不同区域的味蕾来识别食物中的不同味觉物质，其中味蕾含有不同的味觉细胞，能识别单一的味道或能识别几种不同的味道，即不具有专一性，而具有一定的交叉敏感性。因此，将各种基于不同检测原理的传感器集成在一起，发挥各自的识别机制，以扩大待测样品的信息来源，这也许是仿生味觉新的发展方向之一。

8.7　与元宇宙结合的智能感知机器人的未来发展

仿生机器人是指模拟生物或按照生物特点工作的机器人。仿生传感的目的是替代甚至超越人类的感官性能，诸多感官的仿生研究为综合性的仿生传感奠定了基础，于是仿生机器人应运而生。21 世纪，人类社会日趋老龄化，发展仿生机器人将弥补年轻劳动力的严重短缺，解决老龄化社会的家庭服务和医疗等社会问题，创造新的产业和新的就业机会。因此，仿生机器人的飞速发展是时代的必然要求。20 世纪中叶以来提出和发展起来的人工智能，更是将多传感、多感知的智能仿生机器人加速变成现实，使得世界各国争相开展智能仿生机器人研究。

2021 年世界机器人大会上，展出了当前最先进的智能仿生机器人产品，涉及三大产业的众多领域，从中可以窥见未来发展的趋势。从领域来看，智能仿生机器人的应用已经从早期的工业机器人，迅速渗透到其他领域，不但可以替代大量重复低效的人工操作，满足工业领域的大规模生产需求，还可以跨领域满足其他生产生活的需求，如消防、医疗、农业、排雷防爆、救援、公共服务机器人等。从工程技术来看，仿生机器人正向着小巧、集成、智能、低功耗、高适应性的方向发展，这需要从以下几方面加大研究投入：一是功能卓越的仿生材料和结构的设计，只有立足于材料和结构的仿生，才会使得仿生机器人无比逼真；二是高效环保的新能源技术，在全球节能减排的大背景下，如何使得仿生机器人的功耗降低、储能途径拓宽、储能速度加快，不管对于保护环境还是占领市场都十分重要；三是低延时的通信技术，目前国内已经研发生产的第一台 5G 动作传感仿生机器人，实现了毫秒级时延，推动了仿生机器人在响应速度上的优化和发展；四是高度集成的多传感融合技术。多传感融合技术是仿生机器人的重要支柱，只有立足于可靠的传感数据，才能实现真正仿生的交互。从基础理论上看，仿生机制研究不断向微观发展，将为仿生机器人的设计提供强有力的理论支撑，使得机器人的控制更加精细化。另外，解码大脑的信息处理机制，可为智能算法模型的革新提供更可靠的借鉴，使得仿生机器人的性能可以不断逼近真实的人，甚至可以自我学习、存储记忆、表达情感，这在服务型机器人如教育机器人、娱乐机器人、情感机器人等应用中就可见一斑。

值得注意的还有智能仿生机器人与最近兴起的"元宇宙"相结合，这也是智能仿生机器人的一大发展方向。"元宇宙"是凭借多种新技术而产生的新型虚实结合的互联网应用和社会形态，如基于扩展现实技术提供沉浸式用户体验，基于数字孪生技术构建现实世界的镜像，基于区块链技术搭建金融体系，从而在经济系统、社交系统、身份系统等层面上将虚拟与现实密切融合，更重要的是还将创造性权力赋予每个用户，充分发挥每个人的主观能动性。基于中国首个超大规模智能模型"悟道2.0"诞生的首个原创虚拟学生"华智冰"则是虚拟化的仿生机器人的一个典型代表，可以由此联想出未来与"元宇宙"的融合方式。"华智冰"具备持续的学习能力，可以逐渐"长大"，还多才多艺，拥有一定的情感交互能力。这种新的产品化技术可以虚拟生成不存在的面部及声音，从而实现精度更高的视觉化交互内容，且有利于保护个人隐私。总而言之，多传感、多感知的智能仿生机器人将走进千家万户，在现实和虚拟两个空间冲击传统的生产生活方式，带来全新的科技体验，并为社会发展中存在的诸多问题提供系统性的解决方案。

参 考 文 献

[1] Yang W, Gong Y, Li W. A review: electrode and packaging materials for neurophysiology recording implants. Frontiers in Bioengineering and Biotechnology, 2021, 8: 622923.

[2] Barriga-Rivera A, Bareket L, Goding J, et al. Visual prosthesis: interfacing stimulating electrodes with retinal neurons to restore vision. Frontiers in Neuroscience, 2017, 11: 620.

[3] Im M, Kim S W. Neurophysiological and medical considerations for better-performing microelectronic retinal prostheses. Journal of Neural Engineering, 2020, 17(3): 033001.

[4] Pissaloux E, Velazquez R. Mobility of Visually Impaired People: Fundamentals and ICT Assistive Technologies. Switzerland: Springer, Cham, 2018: 167-200.

[5] Cox David D, Dean T. Neural networks and neuroscience-inspired computer vision. Current Biology, 2014, 24(18): R921-R929.

[6] Kumagai O, Ohmachi J, Matsumura M, et al. A 189×600 back-illuminated stacked spad direct time-of-flight depth sensor for automotive lidar systems. 2021 IEEE International Solid-State Circuits Conference (ISSCC), 2021, 64: 110-112.

[7] Mennel L, Symonowicz J, Wachter S, et al. Ultrafast machine vision with 2D material neural network image sensors. Nature, 2020, 579(7797): 62-66.

[8] Herzog M H, Clarke A M. Why vision is not both hierarchical and feedforward. Frontiers in Computational Neuroscience, 2014, 8: 135.

[9] Zhang D H, Cui M L, Yang Y, et al. Knowledge graph-based image classification refinement. IEEE Access, 2019, 7: 57678-57690.

[10] Bosaghzadeh A, Shabani M, Ebrahimpour R. A computational-cognitive model of visual attention in dynamic environments. Journal of Electrical and Computer Engineering Innovations (JECEI), 2022, 10(1): 163-174.

[11] Wang W, Song H, Zhao S, et al. Learning unsupervised video object segmentation through visual attention. Proceedings IEEE/CVF Conference on Computer Vision and Pattern Recognition, 2019: 3064-3074.

[12] Xiao K, Cui X, Liu K, et al. An SNN-based and neuromorphic-hardware-implementable noise filter with self-adaptive time window for event-based vision sensor. 2021 International Joint Conference on Neural Networks (IJCNN), 2021: 1-8.

[13] Kugele A, Pfeil T, Pfeiffer M, et al. Hybrid SNN-ANN: energy-efficient classification and object detection for event-based vision. *In*: Bauckhage C, Gall J, Schwing A. Pattern Recognition. DAGM GCPR 2021. Lecture Notes in Computer Science, vol 13024. Cham: Springer, 2021: 297-312.

[14] Tan H, Zhou Y, Tao Q, et al. Bioinspired multisensory neural network with crossmodal integration and recognition. Nature Communications, 2021, 12(1): 1-9.

[15] Schwander M, Kachar B, Muller U. The cell biology of hearing. Journal of Cell Biology, 2010, 190(1): 9-20.

[16] Mannoor M S, Jiang Z W, James T, et al. 3D printed bionic ears. Nano Letters, 2013, 13(6): 2634-2639.

[17] Wu X L, Dang B J, Wang H, et al. Spike-enabled audio learning in multilevel synaptic memristor array-based spiking neural network. Advanced Intelligent Systems, 2021: 2100151.

[18] Wang W, Pedretti G, Milo V, et al. Learning of spatiotemporal patterns in a spiking neural network with resistive switching synapses. Science Advances, 2018, 4(9): eaat4752.

[19] Wu J B, Liu Q, Zhang M L, et al. HuRAI: A brain-inspired computational model for human-robot auditory interface. Neurocomputing, 2021, 465: 103-113.

[20] Higgins I, Stringer S, Schnupp J. Unsupervised learning of temporal features for word categorization in a spiking neural network model of the auditory brain. PLoS One, 2017, 12(8): e0180174.

[21] Siriwardhana S, Reis A, Weerasekera R, et al. Jointly fine-tuning "BERT-like" self supervised models to improve multimodal speech emotion recognition. arXiv preprint, 2020: arXiv: 200806682.

[22] Spelman F A. Cochlear electrode arrays: past, present and future. Audiology and Neuro-Otology, 2006. 11(2): 77-85.

[23] Fayad J N, Linthicum Jr F H. Multichannel cochlear implants: relation of histopathology to performance. The Laryngoscope, 2006, 116(8): 1310-1320.

[24] Chortos A, Liu J, Bao Z A. Pursuing prosthetic electronic skin. Nature Materials, 2016, 15(9): 937-950.

[25] Tee B C K, Chortos A, Berndt A, et al. A skin-inspired organic digital mechanoreceptor. Science, 2015, 350(6258): 313-316.

[26] Chun K Y, Son Y J, Jeon E S, et al. A self-powered sensor mimicking slow- and fast-adapting cutaneous mechanoreceptors. Advanced Materials, 2018, 30(12): 1706299.

[27] Jin M, Jin M, Zhang L, et al. Visual tactile sensor based on infrared controllable variable stiffness structure. IEEE Sensors Journal, 2021, 21(23): 27076-27083.

[28] Xu J, Li X, Chang H, et al. Electrooculography and tactile perception collaborative interface for 3D human-machine interaction. ACS Nano, 2022, 16(4): 6687-6699.

[29] Jara C A, Candelas F A, Puente S T, et al. Hands-on experiences of undergraduate students in automatics and robotics using a virtual and remote laboratory. Computers and Education, 2011, 57(4): 2451-2461.

[30] Choi S, Tahara K. Development of a visual-tactile fingertip sensor and an object manipulation method using a multi-fingered robotic hand. 2020 IEEE/SICE International Symposium on System Integration, 2020: 1008-1015.

[31] Li L, Yu F, Shi D, et al. Application of virtual reality technology in clinical medicine. American Journal of Translational Research, 2017, 9(9): 3867-3880.

[32] Molina A, Escobar-Barrios V, Oliva J. A review on hybrid and flexible CO_2 gas sensors. Synthetic Metals, 2020, 270: 116602.

[33] Novoselov K S, Geim A K, Morozov S V, et al. Electric field effect in atomically thin carbon films. Science, 2004, 306(5696): 666-669.

[34] Kumar R, Goel N, Hojamberdiev M, et al. Transition metal dichalcogenides-based flexible gas sensors. Sensors and Actuators A: Physical, 2020, 303: 111875.

[35] Guo S, Yang D, Zhang S, et al. Development of a cloud-based epidermal $MoSe_2$ device for hazardous gas sensing. Advanced Functional Materials, 2019, 29(18): 1900138.

[36] Ren W, Wang L, Zhang X, et al. Expansion of murine and human olfactory epithelium/mucosa colonies

and generation of mature olfactory sensory neurons under chemically defined conditions. Theranostics, 2021, 11(2): 684-699.

[37] Hossein-Babaei F, Hooshyar Zare A. The selective flow of volatile organic compounds in conductive polymer-coated microchannels. Scientific Reports, 2017, 7(1): 42299.

[38] Radwan A G, Zidan M A, Salama K N. On the mathematical modeling of memristors. 2010 International Conference on Microelectronics, IEEE, 2010: 284-287.

[39] Strukov D B, Snider G S, Stewart D R, et al. The missing memristor found. Nature, 2008, 453(7191): 80-83.

[40] Mohamad Hadis N S, Manaf A A, Rahman M F, et al. Fabrication and characterization of simple structure fluidic-based memristor for immunosensing of NS1 protein application. Biosensors, 2020, 10(10): 143-158.

[41] Gao Z Y, Chen S, Li R, et al. An artificial olfactory system with sensing, memory and self-protection capabilities. Nano Energy, 2021, 86: 106078.

[42] Pujado M P, Gordillo J M S, Avireddy H, et al. Highly sensitive self-powered H_2 sensor based on nanostructured thermoelectric silicon fabrics. Advanced Materials Technologies, 2021, 6(1): 200870.

[43] Zhang B, Zhuang L J, Qin Z, et al. A wearable system for olfactory electrophysiological recording and animal motion control. Journal of Neuroscience Methods, 2018, 307: 221-229.

[44] Ren W, Lewandowski B C, Watson J, et al. Single Lgr5- or Lgr6-expressing taste stem/progenitor cells generate taste bud cells *ex vivo*. Proceedings of the National Academy of Sciences of the United States of America, 2014, 111(46): 16401-16406.

[45] Adpaikar A A, Zhang S, Kim H Y, et al. Fine-tuning of epithelial taste bud organoid to promote functional recapitulation of taste reactivity. Cellular and Molecular Life Sciences, 2022, 79(4): 1-14.

[46] 魏鑫伟. 基于心肌细胞的生物传感器及其在药物评价和味觉检测中的应用研究. 浙江大学博士学位论文, 2021.

[47] Lee J S, Cho A N, Jin Y, et al. Bio-artificial tongue with tongue extracellular matrix and primary taste cells. Biomaterials, 2018, 151: 24-37.

[48] Kwon O S, Song H S, Park T H, et al. Conducting nanomaterial sensor using natural receptors. Chemical Reviews, 2019, 119(1): 36-93.

[49] Medina-Plaza C, De Saja J A, Rodriguez-Mendez M L. Bioelectronic tongue based on lipidic nanostructured layers containing phenol oxidases and lutetium bisphthalocyanine for the analysis of grapes. Biosensors and Bioelectronics, 2014, 57: 276-283.

[50] Kim T H, Song H S, Jin H J, et al. "Bioelectronic super-taster" device based on taste receptor-carbon nanotube hybrid structures. Lab on a Chip, 2011, 11(13): 2262-2267.

[51] Song H S, Kwon O S, Lee S H, et al. Human taste receptor-functionalized field effect transistor as a human-like nanobioelectronic tongue. Nano Letters, 2013, 13(1): 172-178.